专利文献研究

2014

主　编◎甘绍宁　　副主编◎曾志华

知识产权出版社
全国百佳图书出版单位

图书在版编目（CIP）数据

专利文献研究. 2014/甘绍宁主编. —北京：知识产权出版社，2014.9

ISBN 978－7－5130－2958－2

Ⅰ.①专… Ⅱ.①甘… Ⅲ.①专利—文集 Ⅳ.①G306－53

中国版本图书馆 CIP 数据核字（2014）第 201115 号

内容提要

本书系统梳理了 2013 年文献研究的新特点与动向，从文献基础研究、宏观政策研究、检索审查服务和产业促进服务等四方面选取了三十余篇文章。

读者对象：知识产权研究人员、企事业管理人员、科研人员。

责任编辑：王　欣　龚　卫　　**责任校对：**董志英

装帧设计：张　冀　　**责任出版：**刘译文

专利文献研究（2014）

Zhuanli Wenxian Yanjiu 2014

甘绍宁　主　编

曾志华　副主编

出版发行：知识产权出版社有限责任公司	**网　址：**http：//www. ipph. cn
社　址：北京市海淀区马甸南村 1 号	**邮　编：**100088
责编电话：010－82000860 转 8120	**责编邮箱：**gongwei@ cnipr. com
发行电话：010－82000860 转 8101/8102	**发行传真：**010－82000893/82005070/82000270
印　刷：北京科信印刷有限公司	**经　销：**各大网上书店、新华书店及相关专业书店
开　本：787mm×1092mm　1/16	**印　张：**31
版　次：2014 年 9 月第 1 版	**印　次：**2014 年 9 月第 1 次印刷
字　数：635 千字	**定　价：**98.00 元

ISBN 978-7-5130-2958-2

《专利文献研究2014》编委会

《专利文献研究2014》编辑部

序

“十八大”提出创新驱动发展战略，加强知识产权运用与保护，这为专利文献信息的传播与利用提供了新的机遇。作为蕴含丰富的技术、法律和商业信息的专利文献，在支撑专利确权、促进科技创新、服务经济发展、优化产业布局等方面正发挥着越来越重要的作用。

随着对专利文献利用的需求愈加旺盛，专利文献研究的广度和深度也在不断扩展。一方面，在专利分类、资源管理、数据加工等基础领域的研究持续深入，以保障专利文献资源的建设与管理，从而为后续专利文献检索与审查、分析服务工作提供良好基础；另一方面，基于专利文献的信息分析工作已延伸至技术升级改造、产业发展规划、竞争情报开发等诸多领域，也在为促进科技创新、产业发展提供有力支持。

为更好地发挥专利文献的价值，国家知识产权局加大了对专利文献传播利用工作机制、专利信息服务模式、专利信息服务经济科技发展评价指标等宏观政策研究，形成了一些相应的研究成果。为更好地推广这些成果，国家知识产权局在吸收借鉴以往选编经验的基础上，系统梳理了2013年文献研究的新特点与动向，从文献基础研究、宏观政策研究、检索审查服务和产业促进服务等四方面选取三十余篇文章，形成《专利文献研究（2014）》的出版内容。

本书集中反映了2013年专利文献研究工作的最新进展，呈现出以下显著特点：一是突出展示专利文献在产业促进中的重要作用，对热点领域的专利信息应用和专利发展动态进行重点研究；二是更加关注专利文献宏观政策研究，为专利文献工作的未来发展进行顶层设计；三是着力强化专利文献的基础建设研究，密切关注专利文献资源的组织管理及有效获取。

专利文献研究工作正在不断延伸、发展，在文献资源建设、专利信息工作体系、专利审查服务等多方面形成了越来越丰硕的智慧成果，希望《专利文献研究（2014）》的出版能够促进专利信息的传播利用，推动专利事业的蓬勃发展，使专利文献在打造中国经济升级版、建设创新型国家的征程中发挥更大作用。

2014 年 7 月 11 日

目　录

文献基础研究

宏观政策研究

检索审查服务

产业促进服务

WENXIAN JICHU
YANJIU

文献基础研究

关于专利技术标准的一些思考

崔瑞梅

摘　要　本文试图说明专利技术标准自身存在的矛盾，同时，对发达国家的专利标准化状态进行了分析，并结合我国国情提出了相应的对策。

关键词　专利技术标准　矛盾　自主创新

一、专利技术标准是矛盾的统一体

事物的矛盾法则，即对立统一的法则。那么作为研究对象的“专利技术标准”中，专利与技术标准本质的矛盾是什么呢？为此，首先需要了解二者的本质。

专利作为一种工业产权的知识产权形态，是一种独占权，指国家专利行政管理部门对提出专利申请的发明创造经审查合格后，向专利申请人授予的、在规定的时间内对该项发明创造享有的专有权。专利申请是专利权人谋求以发明创造获得最大的市场经济利益为目的的国际认可的通用手段。

专利技术标准，顾名思义，就是指含有专利技术的技术标准。在传统观念中，技术标准与专利权本来是相互独立甚至是相互冲突的，技术标准的目的是让公知领域的技术更加优化协调，使公众领域秩序化；而专利权的目的则是使技术成为专有、排他性的权利。因此，早期的标准化组织尽可能地避免将专利技术带入标准中。但是，新技术的发展使得公共领域的技术越来越少，且知识产权权利人也希望自己的专利成为标准技术并从中获得最大收益，因此标准与专利技术就有了结合的契机。专利技术标准化的合法性基础来自 WTO《技术性贸易壁垒协议》（Agreement on Technical Barrier to Trade，TBT 协议）的相关规定。TBT 协议中明确规定了一国或地区可以基于保护国家安全，保护人类、动植物生命及健康，环境保护，保护产品质量等方面的正当原因，制定与国际标准不相一致的技术法规、标准、合理评定程序。❶ 技术标准与专利权的矛盾并不随着专利标准化的合法性而有所改变。

---

❶ 张平，郑胜利，等. 北大知识产权评论［M］. 北京：法律出版社，2004.

（一）专利与技术标准之间的矛盾[1]

由技术标准的技术特性、法律特性和商业特性与专利技术本身所固有的具有明显垄断特征的基本性质之间的差异性所决定，当专利技术和技术标准相结合时，两者之间的矛盾就不可避免了，主要表现在以下三个方面。

1. 公益性与私利性之间的矛盾

技术标准是建立在广泛规范社会生产行为基础之上的，具有明显的公益性质，而专利技术却是建立在对技术成果的私人拥有的私利性基础之上的，具有明显的私利性质，因此两者是对立关系。

2. 无偿与有偿之间的矛盾

技术标准要求公开推广，因此，其使用是无偿的，至少无需直接缴纳使用费；而专利技术的使用则是有偿的，无论是转让还是许可，即使是在国家计划实施、强制实施等非常情况下，包括制造、销售、许诺销售、使用专利方法等在内的各种使用专利技术的行为本身可以不需要征得专利权人的同意，使用专利技术的使用费还是必须要支付的。

3. 开放与垄断的矛盾

技术标准的公开和无偿的特性决定了其应用只能是开放式的，但凡在该领域内生产其所规范的那个产品的经营者，都应当使用该技术标准，否则可能就因市场的基本准入条件而被市场所淘汰。相反，专利制度的基本特征也决定了专利技术的应用是建立在垄断和专有的基础之上的，并且国家对这种垄断和专有还提供法律保障。这就形成了开放与垄断的矛盾。

（二）专利与技术标准的同一性

矛盾的法则，即对立统一的法则。矛盾着的事物依一定的条件有同一性，因此能够共居于一个统一体中，又能够相互转化到相反的方面去。专利技术标准作为矛盾的统一体，其矛盾的双方又不分你我，相互转化，相互促进。

1. 专利是标准的基础条件

由于专利的垄断性能取得可观的经济利益，所以标准的所有者更愿意将专利作为实现标准的最佳路径，其他人要想达到技术标准就不得不使用其专利技术，于是专利许可就演变成技术标准许可，利用专利控制技术标准，从而使技术标准成为一种私有资源和控制市场竞争的工具，标准所有者利用专利把本属于专利的利益扩张至整个技术标准的范围，进而控制整个行业。最典型的案例就是众所周知的我国 DVD 产业，它急速衰落的直接原因就是 3C、6C 和 1C 等国际厂商组成的专利联盟向我国 DVD 生产企业征收专利

[1] 蒋坡．论技术标准与专利技术之融合与冲突［J］．政治与法律，2008（8）．

费。据统计，2002 年专利许可费占总成本的 39%，2004 年其占总成本的比例仍高达 32%[1]。在这种压力下，DVD 行业陷于被动境地最终导致衰落。因此，以专利技术为支撑的先进的技术标准体系，已经成为衡量一个国家创新能力与水平、竞争能力与水平的重要标志，所以专利是标准的基础条件。

2. 专利标准化是专利技术追求的最高体现形式

对专利权人而言，取得专利权不是其最终目的，其最终目的是将具有独占权的专利最大化地应用到市场从而取得经济效益。而技术标准作为公开推广的技术应用，其拥有最广大的用户群，所有的生产企业要想生产出合格的产品，就必须达到本行业技术标准的要求。可见，标准拥有的广大用户群和专利权人追求的应用最大化就是矛盾双方同一性的条件。因此，矛盾双方在这个条件下就能相互转化到相反的方面去，相互促进。这就意味着专利权人为了追求其专利技术被社会承认从而获得最大的经济收益，将主动或被动地将技术标准作为专利技术追求的最高体现形式，从而推动其专利技术实现其预期目标。

（三）矛盾统一体化身为利器

当矛盾双方互相转化、互相促进时，专利技术标准的经济价值就产生了“1 + 1 > 2”的效果，最大限度地发挥专利技术的效益。这也使得“得标准者得天下”并不是一句妄言。时至今日，国际知识产权的发展态势呈现出“创新技术专利化→专利技术标准化→技术标准国际化”的最新趋势，许多发达国家、跨国公司、产业联盟都力求将自己的专利与标准融合来追求最大的经济利益。专利技术标准已经成为国际竞争中新的游戏规则，成为国与国之间利益博弈的重要手段。

许多案例都证明了专利技术标准这一专利武器的威力。像熟知的微软，之所以能在短短数年之内成长为电脑业界的巨无霸，标准制胜战略起了决定性的作用：其 Windows 视窗操作系统并不是神奇的技术，当时与其并驾齐驱的还有 Linux 系统，但微软通过强有力的市场运作能力，使 Windows 占据了操作系统市场的主要份额，从而使其应用接口程序成为事实上的标准。同时，它还开发了大批的应用软件以巩固其事实标准，结果，事实标准加上其大量的用户优势使其稳坐霸主地位。还有大家所熟知的欧盟针对我国生产的打火机的 CR 法案，该法案标准使得我国企业必须支付有关安全锁的专利使用费，使我国的产品进入欧盟市场受到很大限制。在机电产品方面，一些发达国家实行 CE 标准认证制度，使我国电视机、收音机等产品出口也受到严重影响。西方的跨国公司利用其所掌握的专利技术标准及中国在此问题上的软肋，实施专利标准卡位战，导致我国企业在国际市场上举步维艰。

---

[1] 黄铁军. AVS：走在专利私有权和标准公益性中间［EB/OL］.［2012 - 02 - 01］. http：//tech. sina. com. cn/it/2005 - 05 - 18/1712611158. shtml.

二、发达国家专利标准化战略

面对专利标准化在国际竞争中的地位日益显著，西方发达国家未雨绸缪，早早制定了专利标准化的国家战略，使其成功地占领国际经济竞争的制高点。

（一）美国的标准化战略

美国作为全球科学技术的领跑者，有着强大的研发系统，还拥有庞大的跨国企业群体，技术推广能力、专利技术的运作能力和标准化的运作能力都很强；同时，美国还拥有一个庞大和统一的内部消费市场。这就决定了美国的标准化战略主要有：（1）国际标准和全球事实标准一起上，美国的 IEEE 承担 ISO/ICEJTC1 秘书处工作，包揽了 1/3 的 ISO 和 IEC 的国际标准；美国的跨国企业缔造的实际标准占据事实标准的绝对优势；（2）同时积极推动国际标准化和北美地区标准一体化，推动亚太地区的标准一体化；（3）在全球范围推广“分散决策，自愿采用的标准化体系”的思想，在不同的国家政府强化“政府不要干预”的理念；（4）在全球范围推动知识产权保护力度，保护美国技术的先发优势。

（二）欧洲的标准化战略

欧洲不是世界的科学中心，技术储备难以在全球领先。但是，欧洲市场广大，各国之间努力合作，形成高度一体化的消费市场，同时将各国的技术法规体系加以协调统一，进一步加强欧盟市场一体化。另一方面，通过建立并加强与国际组织的制度化合作，以互相合作来发展欧洲。欧盟、欧洲各国政府、协会组织、企业及研究机构都能广泛合作，把细小的程序运用得恰如其分。虽然欧盟倾向于采用成熟的技术，但总能后发先至，对世界的影响力不亚于美国。

（三）日本的标准化战略

第二次世界大战后日本在许多方面都远远落后于美国和欧洲，加上其内部消费市场小，各种资源缺乏，客观条件并不好，但是经过几十年的发展，成功实现了高科技产业的跨越式的发展。通过分析看到，其政府一直不间断地组织研发攻关、标准攻关，通过标准联盟和技术联盟攻关，突破核心技术和核心标准，培养世界级的跨国企业和研发能力。同时积极争取国际标准组织席位，通过国际标准推广自己的技术，跨国企业大量参与事实标准的制定；在实现国际化的同时，倡导区域化，并且是通过走国际标准组织和区域标准组织的路线实现国际化和标准化战略。

从以上分析可以看出，西方发达国家的专利标准化具有极强的时代性，体现了各国的标准化工作由工业经济时代向知识经济时代的重大转移及应对经济全球化挑战的战略思想，并且明确了以标准为武器占领国际经济竞争的制高点以确保国家经济利益的战略目的。

三、我国专利标准化现状及问题

经过30年的发展，我国综合国力、国际地位有了长足的提升，科技水平和自主创新的能力也在不断加强，但是综合看来，我国的技术水平仍相对落后，在国际标准化的竞争中仍居于弱势。截至2010年年底，在国际标准化组织（ISO）和国际电工委员会（IEC）的标准中，英国、德国、美国、法国、日本5国就占到67.5%。ISO和IEC发布的国际标准中，95%主要由欧美发达国家主导制定。为此，有必要对我国专利标准化现状及问题进行研究，以便能更好地制定出相应对策。

（一）专利申请量持续快速增长，有效发明专利数量少

专利技术与技术标准的有机融合，首先要有厚实的创新基础。这就首先需要专利技术质量作保障。为此，国家制定了知识产权战略，在专利申请上出台了一系列的鼓励政策，如减免相应的申请费用、授予高新技术企业资格、给予申请人奖励等；但是有很多企业还是没有发挥自身的主观能动性，只是把专利申请当成任务去做，甚至只是为了获得政府的资金补助，这就造成了我国专利申请量有了大幅增长，而有效发明专利数量却很少，专利技术质量难以保障的局面。

数据显示，2010年我国发明专利申请量跃居世界第二，发明专利授权量居世界第三；但是截至2010年年底，我国内地（不含港澳台地区）有效发明专利量为229 855件、每万人发明专利拥有量为1.7件；而同期日本、美国和韩国国内有效发明专利数量分别为1 255 359件、1 015 879件和461 602件，每万人发明专利拥有量日本为98.3件，美国为32.9件，韩国高达191.9件[1]。同样地，我国通过《专利合作条约》（PCT）提交的国际申请量近几年来也持续快速增长，但与美国、日本等发达国家相比，仍存在较大差距。2012年，美国、日本两国PCT国际申请量分别占全球总量的26.3%和22.5%，我国仅占全球总量9.6%。2010年我国向EPO、JPO、KIPO和USPTO等四局提交发明专利申请仅占四局发明专利申请总量的1.02%；我国在美国有效发明专利也仅占美国有效发明专利总量的0.3%；在日本有效发明专利仅占其总量的0.05%；在韩国有效发明专利仅占其总量的0.12%；而在我国的有效发明专利中，美国、日本和韩国分别占我国总量的10.3%、24.0%和4.7%。

综上可以看出，一方面，随着国家知识产权战略的深入实施，我国的发明专利申请量持续快速增长，表明我国自主创新能力有所提升；但是另一方面，专利的质量却难尽人意，使得我国企业在国际竞争中因技术创新不足而导致的劣势地位并没有得到明显改善。究其原因，主要是我国大多数企业仍未能真正地重视专利，在科研上投入不足，远远落后于国外同类企业。据调查，我国国有大中型企业研发经费支出占销售收入的比例

[1] 知识产权局信息［R］. 国家知识产权局办公室，2011，49.

不足1%，发达国家的这一比例为5%。这直接导致我国企业在基础创新方面难以取得突破性进展，更难以在此基础上形成核心专利，国内企业大多申请的是外围专利或改进专利，掌握的核心专利很少，不能形成国际标准。

（二）各行业技术水平和标准化水平差异较大

专利与标准化相结合被认为是实施知识产权战略的最高层次和境界，是最高级的知识产权战略，国内企业也开始尝试建立自己的技术标准战略，并取得了一定的成果，但是纵观整个企业状况，各行业的技术水平和标准化水平差异较大。

随着国家知识产权战略的实施，我国的制造企业向核心技术领域不断迈进，一些企业的技术实力有了很大的提高，陆续出现了一批高发明专利密集度产业，其集中在通信设备、计算机及其他电子设备制造业、医药制造业、化学原料及化学制品制造业、通用设备制造业等几大行业。高发明专利密集度产业的创新资源配置和综合能力较强，其在专利标准化的进程中也成为领头羊，开创了“中国创造”之路。像大家所熟知的华为、中兴、海尔、大唐电信等企业均能制定出有效的技术标准战略，并在国际标准的制定中具有了一定的话语权。海尔，其先后在“防电墙”“双动力”和海尔家庭网络系列产品开发中积极争取国际标准的话语权，最终实现成套家电技术向欧洲发达国家出口的历史性突破；大唐电信早期的TD－SCDMA基础专利已经写入国际通信技术标准，大量的TD－LTE相关基础专利也已写入3GPP国际标准，都在实际中得到大量的使用；又如，在高清影碟标准的战争中，中国抓住契机，将具有自主知识产权的AVS视频编码标准和DRA音频编码标准加入了蓝光标准，使蓝光标准的专利由原来的单向授权变为双向交叉授权；在中国政府和中国移动的联合推动下，由我国拥有核心自主知识产权的TD－LTE增强型成功被国际电联确定为4G国际标准。

相对于拥有较多资源的大型企业，我国的大多数中小企业仍然处于“中国制造”的状态，而中小企业的发展也是国民经济中重要基础力量，其生存和发展也关乎国家竞争力的提高。中小企业涉及行业众多，其行业标准及国家标准大多处于空白状态，这就使得大量国外产品顺利占领市场并成为该产业的“事实标准”，而一旦这些“事实标准”被普遍应用，国内企业要进入同类产品市场就非常困难，更别提开拓海外市场了。而纵观我国中小企业，在全球竞争已达白热化的情况下，大多缺乏战略思想，在发展了相当长的一段时间后，仍是无法明确自己的定位，总是跟在别人后面，无法摆脱“落后挨打”的局面。这类的例子数不胜数，像家化行业，迄今为止只有寥寥几家是国内企业，市场份额被海外企业牢牢占据；又如食品包装机械行业，经过长期的发展其已经成为国民经济中增长速度最快的产业之一，但是有专家称，其仍落后于国际先进食品工业企业20年，产品技术水平低、标准化程度低及创新能力不足等问题仍是严峻，短期内，仍将是以价格取胜，而不是以先进技术水平占领市场。中小企业的困境，凸显了其发展中的一些问题：一方面，企业缺乏战略思想，短期行为严重，对实施标准化的重要性认识不足，认为这是大企业的专利，没有把专利和标准化战略提高到关系自己以后生存和发展的高度；另一方面，笔者在对中小企业的调研工作中发现，由于环境和资金等条件的限制，大多数企业没有建立专门的知识产权管理机构，缺乏实施标准化战略人才，常见的做法是让公司员工兼任知识产权联络员，对知识产权人才的培训也是缺失的。

四、我国专利标准化的对策

那么在我国现状下的标准化，该采取什么样的发展策略呢？笔者认为有以下所述的几项工作需要加强。

（一）政府职责

1. 形成政府联动机制

专利标准化战略的实施是全社会工程，主要涉及政府、企业和科研界，政府是战略的制定者和各项战略措施的组织实施者。只有政府重视标准化战略的实施，标准化战略才能处于应用的位置。

近年来，我国在参与国际标准制定工作中组建了一些由相关政府部门组成的工作小组，在联合应对全球标准竞争中，积累了一些经验。但总体来说，政府部门还处在单打独斗的状态，尚缺乏一个整体的标准化战略系统。最近几年，国家也陆续制定了一些战略，如 2005 年国家制定了《国家标准化战略纲要》，涉及标准化管理部门、科技部、国家知识产权局、商务部等众多部门；2011 年由国家知识产权局、国家发展改革委、科技部、工信部、商务部、质检总局、工商总局和版权局等十部委共同编制并发布了《国家知识产权事业发展“十二五”规划》。但是，这些战略的实施还需要各部门有效的衔接和沟通协调机制，否则无法实现战略制定的发展目标。因此，应当建立由政府牵头，其他各部门参与的标准化战略协调推进机制和联席会议制度，政府做好标准化政策和科技政策、产业政策、对外贸易政策等的衔接和协调，加大资金投入和人才建设力度，将企业纳入技术标准制定的体制中，通过激励政策将创新及标准化后的利益归于企业，支持企业、科研机构及高校等方面参与国际标准化活动；在国际标准化对策、信息收集和分析以及专家培养、资金保障等方面提供服务并创造条件。

2. 加强国家知识产权局的建设

作为知识产权的管理部门，国家知识产权局在这场看不见硝烟的战场上处于重要的位置。作为知识产权管理和专利审批部门，国家知识产权局更直接地面对市场的主体——企业，在引导企业制定其专利战略中是不可替代的角色。因此，政府应当重视国家知识产权局的建设，加大政策和资金的投入，将国家知识产权局的功能进一步拓展，培养出更多的知识产权和标准化方面的专家，为企业出谋划策。

事实上，国家知识产权局也一直致力于自身的建设，如2008年颁布了《国家知识产权战略纲要》，2010年发布了《全国专利事业发展战略（2011—2020年）》，纲要中均对自身的发展提出了更高的要求：全面推进知识产权人才的培养，培养一批知识产权领域领军人才、骨干人才及国际型审查员，从而进一步加强在知识产权战略中的作用。经过近十年的建设，国家知识产权局取得了一系列喜人的成果：在实现优质高效审查的同时，充分利用审查资源，深入开展社会服务，先后开展了优先审查、巡回审查、专利代理机构业务能力促进、建立我国首个重点产业专利信息服务平台、专利分析普及推广、编写《企业专利工作实务手册》，进行课题研究，引导企业有效开展专利工作，公开出版发行了《产业专利分析报告》及《专利分析实务手册》等一系列工作，引导创新主体的专利申请向着质量高、结构优的方向发展。对外方面，则与俄罗斯、丹麦和芬兰等7个国家开展了PPH（专利审查高速路）项目，有效缩短了我国创新主体获得海外专利权的时间。以上措施在我国创新型国家建设和知识产权战略实施中发挥了重要作用。

（二）企业的职责

1. 提高技术创新能力，形成自己的核心技术和专利

当今社会，创新是企业的原动力，没有创新，企业在市场中就难以生存。特别是外国企业在我国专利化进程中大肆“专利侵略”的今天，创新是我国众多企业今后发展的唯一道路。如在地铁领域，噪声和减振领域的专利布局一直掌控在德国企业手中，北京九州一轨隔振技术有限公司通过多年的研发，自主研发了地铁阻尼减振器，两年间，凭借这一技术，企业订单金额达到2.5亿元，在专利大战中成功突围。

对有实力的企业，要积极探索“技术专利化—专利标准化”的实现路径，在创新取得成果后，要及时部署专利战略，掌握核心技术和专利，构建专利池，整合专利资源，形成行业或产业的技术标准。而对一些难以形成自己的核心技术和专利的企业，通过并购其他先进企业也是一条有效途径，如吉利集团先后并购了瑞典沃尔沃和英国锰铜，其中就包括其知识产权在内的全部核心资产，在此基础上，吉利集团快速发展，如今已是中国品牌车企中的专利大户，被评为“中国企业知识产权自主创新十大品牌”。如今，中国企业海外并购的案例逐年增多，通过并购方式获得专利无疑加快了技术提升和追赶的步伐。

另外，在提高技术创新能力的同时，企业需要重视知识产权的其他相关工作，如重视知识产权人才的培养，利用知识产权人才对本行业进行专利分析，找准创新点，以达到事半功倍的效果；完善知识产权的管理，建立奖励制度，组织开展全员化的知识产权培训活动，使得一线科研人员具有较强的知识产权意识，更好地将创新和专利结合起来。那些取得成功的企业，无一例外都是遵循了上述的规律。

2. 提高自身标准化意识，积极参加标准化活动

企业是创新的主体，也是标准制定的主体。建立具有自主知识产权的技术标准体系，

是企业实现跨越式发展、突破发达国家技术重围的必由之路。国外的大企业，特别是跨国公司，都有一套完备的技术标准与知识产权的管理制度和管理机构，像 IBM、松下、佳能等，都是如此，甚至出现了像美国高通公司这样专门以经营专利技术和技术标准作为主业的专业公司。我国企业要想在国际市场上分得“一份羹”，就必须走标准化路线。由于目前采用的所谓国际标准，很多都是由国家标准或某企业的企业标准转化而来的，因此，对有能力参与国际标准制定的企业，要积极制定利于我国的国际标准，才能在国际市场上享有更多的话语权。对能力欠缺的中小企业，也不能妄自菲薄，应当积极寻求适合自己的发展战略，如利用我国庞大的用户资源，通过市场确立事实标准；或者接受现有的技术标准，以此为基础进行组件创新；或者同行业企业建立技术联盟，围绕核心技术，合作开发专利以推动技术标准的形成，如我国在家电行业就已经形成闪联产业联盟、中国家庭网络标准产业联盟和顺德热水器产业标准联盟等一批家电产业标准联盟，目前由我国自主并主导制定的家电国家标准已达 20 多项。

3. 联合科研院所

同时，企业还要注重与科研院所的合作。我国企业掌握了市场的最新信息，但是科研方面可能处于弱势地位，整体上创新能力不足，企业研发机构少。据统计，目前全国规模以上企业开展科技活动的仅占 25%，研究开发支出占企业销售收入的比重仅占 0.56%，大中型企业仅为 0.71%；只有万分之三的企业拥有自主知识产权。而我国的科研机构和高等院校经过多年来的积累，有着丰富的人才资源、技术资源，已经具备了比较充足的技术条件和潜力，同时有源源不断的原始创新成果涌现出来。因此，应让企业与科研院所联姻，合理高效地配置、利用资源。在这方面有很多成功的例子，如为了摆脱国外的技术垄断，北京基础设施投资公司和北京交通大学等单位联合研究开发了轨道交通信号系统，使得我国成为继德国、法国、加拿大后第四个成功掌握该项核心技术、应用于实际工程并顺利开通运营的国家，实现了企业和科研单位的双赢。

五、结　语

世界经济竞争正在由资本竞争向技术竞争转变，其核心正逐步演变为专利和标准的竞争，专利标准化的进程对我国而言，并非可以一蹴而就。但是也应当看到自己的优势——我国拥有巨大的用户市场，这是中国标准成为国际标准或实施标准得天独厚的条件。应以中国移动和海尔为榜样，做到双向交流，既与国际接轨，同时又提高自己技术创新的能力，把技术要素变成他人的标准或至少是组成部分，让国际与我接轨，从而提高我国的国际竞争力，将我国打造成创新型国家。

专利文献资源标准化处理探讨

董小灵

摘 要 标准化处理是专利文献资源管理的重要环节之一。本文基于对标准化处理基本概念的准确理解，并且深入分析专利文献资源标准化处理的现行做法，提炼专利文献资源标准化处理的组成环节，把握专利文献资源标准化处理实施的关键，为专利文献资源标准化处理搭建整体化的理论性框架。

关键词 专利文献资源　标准　标准化处理

一、引　言

标准化处理是专利文献资源管理的重要环节之一，其基本目标是确保专利文献数据的可靠、统一与规范。在传统纸质专利文献管理过程中，实施标准化处理要把握两个方面内容：一方面对纸载体专利文献的纸张与印刷进行核查，避免纸质专利文献的缺失与污损；另一方面要按照特定规格对纸载体专利文献进行装帧，实现纸质专利文献的统一与规范。随着信息化技术的日新月异，专利文献资源的发展呈现出新特征与新变化，在数字化条件下专利文献资源的标准化处理已成为专利文献资源管理过程中亟待破解的新问题。

二、标准化处理的基本概念

标准化处理是确保管理过程中专利文献资源的可靠性、统一性与规范性，对专利文献资源所存在的实际的或潜在的问题，制定并实施标准或规范的一系列业务活动过程。为了更好地理解与把握标准化处理的概念内涵，需要从四个方面进一步地认知与解读。首先，标准化处理的实施前提。解决专利文献资源在实施管理过程中出现的问题，清除专利文献资源管理的实施障碍，是进行标准化处理的原动力。其次，标准化处理的实施目标。通过对专利文献资源的标准化处理实现其规范与统一，获得最佳的管理秩序和管理效益，是进行标准化处理的实质。再次，标准化处理的实施基础。通过对专利文献资源管理内在规律的深入挖掘，建立对其标准化处理的显性标准或规则，是进行标准化处理的保障。最后，标准化处理的实施方式。

构建专利文献资源标准化处理的业务流程，推动专利文献资源处理标准或规则的具体化和工具化，是开展标准化处理的支撑。

三、标准化处理的具体过程

基于对标准化处理基本概念的全面把握，深入分析专利文献资源标准化处理的现行做法，归纳提炼出其标准化处理过程的组成环节，具体如图 1 所示。专利文献资源标准化处理的具体过程主要包括数据抽取、数据验证、数据转换和数据规范等四个环节，每个环节独立发挥着各自的功能，也相互支撑，体现协同作用，共同推动专利文献资源标准化处理工作。

图 1　标准化处理具体过程的组成环节示意图

1. 数据抽取

数据抽取是从不同载体的专利文献数据源中提取数据的过程。通过数据抽取可以摆脱专利文献资源原始载体的束缚，减少专利文献资源载体的多样性，为简化专利文献数据的处理奠定基础。在专利文献的数据抽取实践中，专利文献资源的载体主要是传统的纸质载体和数字化载体。对纸质载体而言，要通过数据抽取工作实现纸质专利文献资源的数字化处理，利用光学字符识别（OCR）技术读取相关内容并转化成为计算机设备能够直接使用的数据对象。对数字化载体而言，进行数据抽取要重点关注两个问题。一是内容编码的转化，将不同时期或不同阶段的数据内容编码进行统一，降低数据处理的难度。举例而言，将 EBCDIC 编码的专利文献数据转化为 Unicode 编码[1]，如图 2 所示。二是数据字段截取，流式（顺序）文件的数据字段长度不固定，通过对数据字段内容的全面分析，合理截取数据字段长度，既要避免无关字符内容的干扰，也要避免相关字符内容的损失。

2. 数据验证

数据验证是目标专利文献数据与专利文献数据源比对匹配的过程。通过对专利文献数据的验证，一方面要确保目标专利文献数据的完整性，避免目标专利文献数据的缺失；另一方面要确保其正确性，避免出现异常。在专利文献的数据验证实践中，通过比对检查和约束检查，保证专利文献数据的完整性和准确性。比对检查是目标专利文献数据与专利文献数据源本身或者列表文件进行逐条比对，检查目标专利文献数据是否缺损或者

```
002020  FF FF 00 00 02 00 FF FF  00 00 00 00 04 00 00 00  ................
002030  47 16 90 01 00 00 02 02  06 03 05 04 05 02 03 04  G...............
002040  87 3A 00 20 00 00 00 00  00 00 00 00 00 00 00 00  .:. ............
002050  FF 01 00 00 00 00 00 00  54 00 69 00 6D 00 65 00  ........T.i.m.e.
002060  73 00 20 00 4E 00 65 00  77 00 20 00 52 00 6F 00  s. .N.e.w. .R.o.
002070  6D 00 61 00 6E 00 00 00  35 16 90 01 02 00 05 05  m.a.n...5.......
002080  01 02 01 07 06 02 05 07  00 00 00 00 00 00 00 10  ................
002090  00 00 00 00 00 00 00 00  00 00 00 80 00 00 00 00  ................
0020a0  53 00 79 00 6D 00 62 00  6F 00 6C 00 00 00 33 26  S.y.m.b.o.l...3&
0020b0  90 01 00 00 02 0B 06 04  02 02 02 02 02 04 87 3A  ...............:
0020c0  00 20 00 00 00 00 00 00  00 00 00 00 00 00 FF 01  . ..............
0020d0  00 00 00 00 00 00 41 00  72 00 69 00 61 00 6C 00  ......A.r.i.a.l.
0020e0  00 00 3B 06 90 01 86 07  02 01 06 00 03 01 01 01  ..;.............
0020f0  01 01 03 00 00 00 00 00  0E 08 10 00 00 00 00 00  ................
002100  00 00 01 00 04 00 00 00  00 00 53 00 69 00 6D 00  ..........S.i.m.
002110  53 00 75 00 6E 00 00 00  8B 5B 53 4F 00 00 22 00  S.u.n....[SO..".
002120  04 00 30 08 88 18 00 F0  D0 02 00 00 68 01 00 00  ..0.........h...
002130  00 00 E2 23 A5 86 69 42  A5 26 00 00 00 00 01 00  ...#..iB.&......
002140  25 00 00 00 06 00 00 00  25 00 00 00 01 00 01 00  %.......%.......
002150  00 00 04 00 03 10 01 00  00 00 06 00 00 00 25 00  ..............%.
002160  00 00 01 00 01 00 00 00  01 00 00 00 00 00 00 00  ................
002170  69 23 00 F0 10 00 00 00  01 00 00 00 00 00 00 00  i#..............
002180  54 68 69 73 20 69 73 20  61 6E 20 65 78 61 6D 70  This is an examp
002190  6C 65 20 6F 66 20 61 6E  20 4D 53 20 57 6F 72 64  le of an MS Word
0021a0  20 64 6F 63 75 6D 65 6E  74 00 00 00 00 00 00 00   document.......
0021b0  00 00 00 00 00 00 00 00  00 00 00 00 00 00 00 00  ................
```


图 2　Unicode 编码的专利文献数据示意图

丢失。例如，美国专利商标局（USPTO）为公开出版的所有专利文献制定“权威文档”[2]。约束检查是对目标专利文献数据内容的描述规格与范围进行检验，检查目标专利文献数据是否合理，避免出现异常数据。

3. 数据转换

数据转换是将专利文献数据的不同文件格式统一为特定标准格式的过程。通过对专利文献数据格式的转换，消弭其格式差异，构建通用的专利文献数据格式。举例而言，欧洲专利局（EPO）接收的专利文献著录项目数据格式有 XML、SGML、TXT 等，仅有 20% 的专利机构向 EPO 提交的专利文献数据符合 WIPO ST. 36 标准。因此，EPO 需要通过专利文献数据转换实现统一的标准数据格式。[3]在专利文献数据格式转换的实践过程中，首先，要确定其标准格式。一般而言，专利文献文本类数据的标准格式为 XML，专利文献图像类数据的标准格式为 PDF。当然，标准格式也会随着信息技术的不断发展而变化。其次，要确定专利文献数据非标准格式与标准格式的映射关系，实现不同专利文献数据格式之间的无缝对接，保证其内容的无损迁移，从而实现专利文献数据格式的统一化。

4. 数据规范

数据规范是将专利文献数据的不同表述形式变换为规范表述形式。由于专利法的不断演变，各国专利机构在公开出版专利文献的过程中，同一数据内容的表述形式会千差万别。例如，美国专利文献著录项目数据中日本优先权数据的表述形式在不同历史时期就差异明显[4]，如图 3 所示。通过对专利文献数据表述形式的规范，实现其表述形式的“千篇一律”，为专利文献数据的关联奠定坚实的基础。在专利文献数据规范的实践过程中，首先，要全面理清专利文献数据在各个历史时期或阶段的不同表述形式，尤其是专利申请号、专利公布号和优先权号；其次，要深入挖掘专利文献数据不同表述形式的内在规律，建立其表述形式的统一规范，从而实现专利文献数据表述形式的规范化。

JP	9/62290	19970227
JP	98-150280	19980529
JP	98051/1999	19990405
JP	H8-25422	19960213
JP	H8-48471	19960213
JP	HEI9-062,667	19970317
JP	JP 2002-367231	20021218
JP	JP2000-72485	20001003
JP	JP2001-374922	20011207
JP	JPAP2001-002482	20010110
JP	P 2002-370864	20021220
JP	P. 2002-219567	20020729

图 3　美国专利文献著录项目数据中不同历史时期的日本优先权数据的表述形式

四、标准化处理的实施关键

专利文献资源的标准化处理，究其实质是依据标准或规范处理专利文献数据，其核心任务在于标准或规范的制定与实施。一方面，要根据专利文献资源的特点及其发展变化建立恰如其分的标准或规范；另一方面，要将标准或规范进行具体化，演绎为可操作、可执行的业务规则。

1. 标准或规范的制定

专利文献资源标准化处理的首要问题，是标准或规范的制定，要围绕专利文献数据全方面地审视标准化处理的实践过程，深入挖掘标准化处理标准或规范的需求，为标准或规范的制定奠定坚实的基础。一是依据专利文献数据的物理属性特点，探究专利文献数据处理的技术方式，制定合理的技术标准或规范，主要涉及专利文献数据内容编码标准和数据文件格式标准。二是紧密跟踪专利文献数据内容的持续变化，分析归纳专利文献数据内容形式的发展规律，制定专利文献数据内容表述的标准或规范。例如，欧洲专利局在充分研究各国专利文献数据的文献号与申请号基础上，制定了文献号与申请号编码规范。[5]

2. 标准或规范的实施

在专利文献数据标准化处理过程中，标准或规范的高效实施在于标准或规范的业务化以及工具化。一方面，要依据专利文献数据标准化处理的业务逻辑，推动标准或规范的合理分解与细化，形成一系列专利文献数据处理的业务规则，集中构建专利文献数据标准化处理的业务规则库；另一方面，专利文献数据标准化处理的业务规则库应当与相应的业务处理引擎相互配套，发挥协同作用，实现专利文献数据标准化处理的工具化与自动化，提升其标准化处理效率，如图 4 所示。

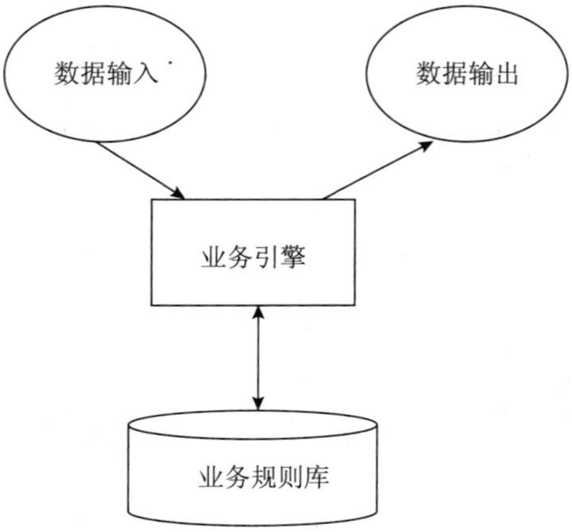

图4　专利文献数据处理业务规则库与业务引擎示意图

五、结　语

专利文献资源的异构性、多样性与复杂性是专利文献资源管理过程中的棘手问题。通过标准化处理能够实现专利文献数据转变为“标件”，为解决上述问题提供有力的途径和手段。国家知识产权局已经着手制定《专利文献数据规范》（ZC 0014—2012），为专利文献数据文件格式转换提供依据，但仍缺乏对其内容表述形式相关标准或规范的全面深入研究。同时，在专利文献数据标准化处理过程中，还要注重标准或规范的动态调整与维护，及时把握专利文献资源发展呈现出的新变化和新特点，有力契合专利文献资源管理的新需求，推动专利文献资源管理的持续发展。

参考文献

[1] LEO SARASUA. XML Patent Standards Implement in the EPO's Publication system. Patent Documentation and Classification Forum [C]. EPO Vienna, 2007.

[2] 余洋. 美国专利权威文档研究思考 [M] //甘绍宁. 专利文献研究（2012）. 北京：知识产权出版社，2012：7-12.

[3] 朱涛. 欧洲专利局专利信息资源质量保证策略分析 [M] //甘绍宁. 专利文献研究（2011）. 北京：知识产权出版社，2011：7-10.

[4] REX BOSMA. Data Resources and Data Flows. Patent Documentation and Classification Forum [C]. EPO Vienna, 2007.

[5] Coding of Document Numbers and Application Numbers, Cooperation Programmes and Inpadoc [C]. EPO Vienna, 2007.

专利文献分类界的新成员——联合专利分类

廖佳佳　高菲*　吕良

摘 要　2013 年 1 月 1 日，由欧洲专利局和美国专利商标局联合开发的联合专利分类（CPC）系统正式上线启用。作为专利文献分类领域的新成员，CPC 在欧美两局的积极推动下，正以其兼容性强且细分程度高等特点不断向专利文献的全球分类体系演进。本文首先从发展历程、应用特点和体系结构等方面对该分类体系进行深入分析，然后结合分类查询和文献检索的实际过程对其具体运用进行详尽的展示，为更广泛、有效地使用 CPC 体系提供参考信息。

关键词　专利文献　国际专利分类　联合专利分类

一、引　言

专利文献分类系统是快速、准确地检索专利文献的有效工具，同时还为各知识产权局或其他使用者提供了便于编排和传播专利文献以及研究和评价现有技术的途径。目前世界范围内存在的主要专利文献分类体系包括：国际专利分类体系（IPC）、美国专利分类体系（USPC）、欧洲专利分类体系（ECLA/ICO）、日本专利分类体系（FI/FT）。[1] 其中，IPC 由世界知识产权组织（WIPO）发布，应用最为广泛，为各国专利局所采纳，但其版本更新速度较慢；而其他专利分类体系，虽然各具特色，但却存在分类规则复杂且文献覆盖不全等缺陷。为此，联合专利分类（Cooperative Patent Classification，CPC）作为一套更加统一、细化且覆盖全面的分类体系应运而生。

二、联合专利分类（CPC）概述

联合专利分类（CPC）是欧洲专利局（EPO）和美国专利商标局（USPTO）共同开发形成的一套联合分类体系。该分类体系大部分以欧洲专利分类体系（ECLA/ICO）为

* 说明：第二作者所做的贡献与第一作者相同，等同于第一作者，但限于版面设计，被列为第二作者。

基础，结合了美国专利分类（USPC）实践，并可兼容现有的国际专利分类（IPC）；其目标是为专利公开文献制定一个统一通用的分类体系。

（一）CPC 的发展历程

2010 年 10 月 25 日，欧洲专利局和美国专利商标局签署了共同创建和实施联合专利分类（CPC）的合作文件。2012 年 10 月 1 日，欧美两局发行了 CPC 试用版，并于 2013 年 1 月 1 日正式启用，其中包括完整的 CPC 分类表、所有已经确定的 CPC 定义以及 CPC 与 IPC 和 ECLA/ICO 的对照索引表。

今后欧美两局所公布的专利文献将仅包含传统的 IPC 分类号和统一的 CPC 分类号，也就是说，CPC 分类将分别代替原有的 ECLA/ICO 分类和 USPC 分类。其中，欧洲专利局已自 2013 年 1 月起对其出版的欧洲专利文献和《专利合作条约》（PCT）最低文献范围内的专利文献取消分配 ECLA/ICO 分类号；美国专利商标局则将在 2015 年后终止 USPC 的使用，而在 2013 ~ 2014 年的过渡时期内，USPC 和 CPC 将同时并存。此外自 2013 年起，德温特世界专利索引（DWPI）数据库也增加了 CPC 的检索标引。[2]

（二）CPC 的应用特点

相比于现有基于 IPC 的各种专利分类体系，CPC 分类的细致程度达到前所未有的水平。目前 CPC 包含约 26 万个分类号，涵盖美国专利数据、欧洲专利数据以及 PCT 最低文献量；而相比之下，IPC 具有 6.9 万个分类号，ECLA 具有 14.5 万个分类号，USPC 具有 15 万个分类号，FI 具有 18 万个分类号。[3] 通过对 IPC 的细分，CPC 每个分类条目所涉及的技术主题更为具体，从而将有效提高专利文献的检索效率。此外，IPC 分类表每年修订一次，而 CPC 分类表则每月修订一次，因此对于一些技术发展迅速的领域，CPC 则具有更强的适应性。

三、联合专利分类（CPC）体系

为实现与 IPC 的兼容，CPC 分类体系大体上沿用了 IPC 的分类规则，但同时也具有不少自身的特点。下面从三个方面进行详细的介绍。

（一）CPC 分类表的结构

CPC 分类表包括主体部分（main trunk）和引得码（indexing code）。其中主体部分采用了与 IPC 相同的分层结构，包括 5 个主要层级，从高到低分别是“部、大类、小类、大组或小组”。分类号命名规则是，部采用 A ~ H 和 Y 这 9 个字母表示，大类采用两位十进制数表示，小类采用 A ~ Z 中的任意一个字母表示，大组和小组中符号“/”前面的部分采用 1 位以上的十进制数表示，“/”后面的部分采用 6 位以内的十进制序列表示。此外，小组还可以进一步细分为1点组、2点组等，在分类表中小组的层级通过分类号和类名之间的点数来表示，点数越大层级越低。

CPC中引得码的命名规则与主体部分有所区别，主要体现在引得码的大组采用以"2"开始的4位十进制来表示，因此又称为"2000"系列。

在CPC分类表中，类名紧跟在该类名对应的分类号之后。通常分类大组和小组之后的类名并不是对该组技术主题的完整解读，准确理解某个下位组的技术主题需要同时结合多层上位组的类名，直至其对应的小类。CPC分类表中，有些类名用大括号{}表示，说明这些类名是在IPC基础上新增加的内容。

CPC分类表共分9个部，分别是A~H部和Y部。其中A~H部与IPC的A~H部相同，Y部是CPC新增的一个部，用于容纳新技术和跨领域技术等，其中Y10S小类加入了USPC交叉索引（XRACs）的内容。[2]

CPC系统中也采用发明信息和附加信息相结合的方式进行分类。其中，发明信息用于体现某专利文献全部公开文本中对现有技术作出贡献的技术信息，而附加信息则用于体现那些没有给现有技术带来贡献但对检索者而言可能有用的信息。CPC分类表的A~H部的主体部分，包含约16万个分类号，可同时作为发明信息或附加信息；而A~H部中的约8.2万个引得码和Y部中的约7300个分类号则只能用作附加信息。

（二）CPC分类定义

CPC分类表中的大多数小类具有对应的定义（definition）。定义涉及该小类所包含的技术主题的范围、与该小类的技术主题相关的其他分类号、该小类的特殊分类规则以及对该小类中技术术语特定含义的解释等。分类定义有助于增强使用者对分类规则的理解，对分类的培训和控制质量十分有用。其中"与该小类的技术主题相关的其他分类号"，即横向索引，有利于将检索范围从一个技术主题扩展到与其相关的其他技术主题。

（三）CPC与IPC和ECLA/ICO的映射关系

CPC可视为对IPC的进一步细分。CPC分类条目的数量约为IPC的4倍，主要是因为CPC中具有比IPC更多的细分大组和小组，两者的层级结构关系如图1所示。

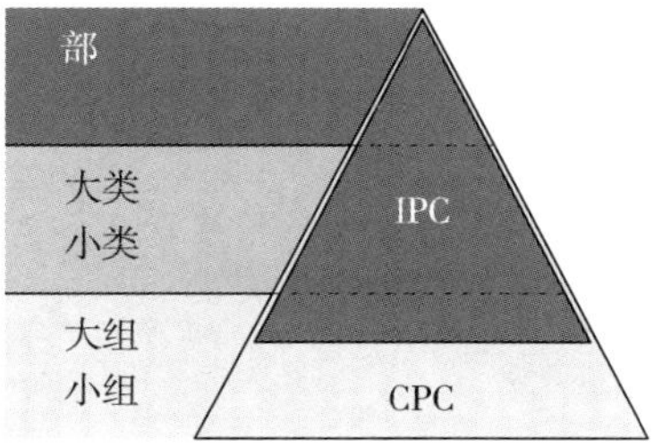

图1　CPC与IPC的层级对比

ECLA/ICO也是对IPC的进一步细分，其通过在原有IPC分类号之后，增加字母和数字相间隔的字符串的方式生成层级更低的小组。其中，ECLA（European Patent Classification）是欧洲专利分类的主体部分，ICO（Indexing Code）又分为 3 类，分别是镜像（mirrored）ICO、正交（orthogonal）ICO 和细分（breakdown）ICO。[4] 目前 CPC 分类表的主体部分是通过对 ECLA 和镜像（mirrored）ICO 分类号重新编码得到的。对 ECLA 分类号，其编码规则是将分类号中“/”后由字母和数字组成的字符串映射为 6 位以内的数字；对镜像（mirrored）ICO 分类号，则是先将 ICO 分类号中的部替换为 ECLA 中对应的部编号，然后再将分类号中“/”后由字母和数字组成的字符串修改为数字。下面通过图例的方式说明 ECLA 分类号 H01L 21/027B2 如何映射为 CPC 分类号 H01L 21/02718。

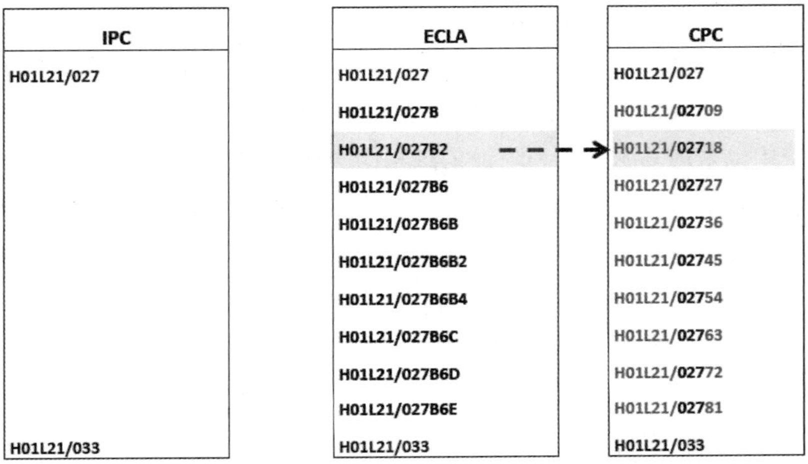

图 2 ECLA 转换为 CPC

对细分（breakdown）和正交（orthogonal）ICO 以及 IPC 引得码，其编码规则是在上述对 ICO 变形的基础上，在其“/”之前的数字前增加数字“2”或“20”以补足 4 位来实现。[5] 这部分映射得到的内容将形成 CPC 分类表中的引得码。一个具体的映射实例如图 3 所示。

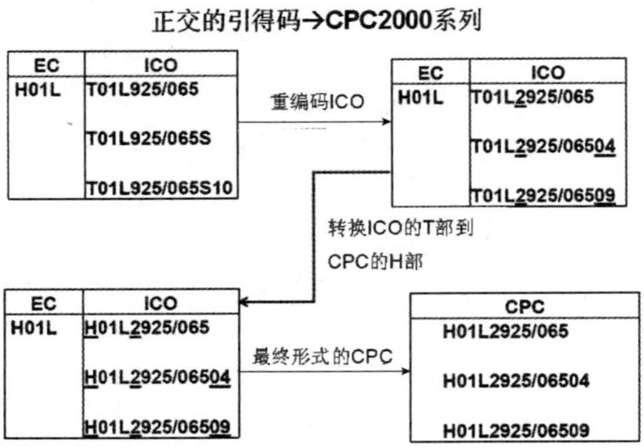

图 3 正交 ICO 转换为 CPC2000 系列

四、CPC 分类表的查询及检索

CPC 项目的最新信息通过其官方网站进行发布。欧美两局的官方网站上也具有 CPC 同步更新的内容，同时还将基于 CPC 的检索入口也纳入其所提供的专利文献高级检索模块中。

（一）利用 CPC 官网查询分类表

为了方便公众及时了解 CPC 项目，CPC 官方网站于 2011 年 10 月 25 日上线，其网址是 http：//www. cpcinfo. org。CPC 项目主要包括：分类表（Scheme）和定义（Definitions）、分类号（Symbols）和属性（Attributes）、修订（Revision）、质量保证（Quality Assurance）和培训（Training）等。[5] 其中分类表和定义是 CPC 项目最核心的发布内容，可通过官网主页左侧列表中的“CPC Scheme and Definitions”标签获得。点击该标签页面中的“Table”链接，即可浏览 CPC 分类表的电子层以及小类对应的分类定义，具体如图 4所示。

A		B		C		D		E		F		G		H		Y
Scheme	Def	Scheme	Def	Scheme	Def	Scheme	Def	Scheme	Def	Scheme	Def.	Scheme	Def.	Scheme	Def.	Scheme
A ≡	A	B ≡	B	C ≡	C	D ≡	D	E ≡	E	F ≡	F	G ≡	G	H ≡	H	Y ≡
A01B ≡	A01B	B01B ≡	B01B	C01B ≡	C01B	D01B ≡	D01B	E01B ≡	E01B	F01B ≡	F01B	G01B ≡	G01B	H01B ≡	H01B	Y02B ≡
A01C ≡	A01C	B01D ≡	B01D	C01C ≡	C01C	D01C ≡	D01C	E01C ≡	E01C	F01C ≡	F01C	G01C ≡	G01C	H01C ≡	H01C	Y02C ≡
A01D ≡	A01D	B01F ≡	B01F	C01D ≡	C01D	D01D ≡	D01D	E01D ≡	E01D	F01D ≡	F01D	G01D ≡	G01D	H01F ≡	H01F	Y02E ≡
A01F ≡	A01F	B01J ≡	B01J	C01F ≡	C01F	D01F ≡	D01F	E01F ≡	E01F	F01K ≡	F01K	G01F ≡	G01F	H01G ≡	H01G	Y02T ≡
A01G ≡	A01G	B01L ≡	B01L	C01G ≡	C01G	D01G ≡	D01G	E01H ≡	E01H	F01L ≡	F01L	G01G ≡	G01G	H01H ≡	H01H	Y04S ≡
A01H ≡	A01H	B02B ≡	B02B	C01P ≡	C01P	D01H ≡	D01H	E02B ≡	E02B	F01M ≡	F01M	G01H ≡	G01H	H01J ≡	H01J	Y10S ≡
A01J ≡	A01J	B02C ≡	B02C	C02F ≡	C02F	D02G ≡	D02G	E02C ≡	E02C	F01N ≡	F01N	G01J ≡	G01J	H01K ≡	H01K	
A01K ≡	A01K	B03B ≡	B03B	C03B ≡	C03B	D02H ≡	D02H	E02D ≡	E02D	F01P ≡	F01P	G01K ≡	G01K	H01L ≡	H01L	
A01L ≡	A01L	B03C ≡	B03C	C03C ≡	C03C	D02J ≡	D02J	E02F ≡	E02F	F02B ≡	F02B	G01L ≡	G01L	H01M ≡	H01M	
A01M ≡	A01M	B03D ≡	B03D	C04B ≡	C04B	D03C ≡	D03C	E03B ≡	E03B	F02C ≡	F02C	G01M ≡	G01M	H01P ≡	H01P	
A01N ≡	A01N	B04B ≡	B04B	C05B ≡	C05B	D03D ≡	D03D	E03C ≡	E03C	F02D ≡	F02D	G01N ≡	G01N	H01Q ≡	H01Q	
A21B ≡	A21B	B04C ≡	B04C	C05C ≡	C05C	D03J ≡	D03J	E03D ≡	E03D	F02F ≡	F02F	G01P ≡	G01P	H01R ≡	H01R	
A21C ≡	A21C	B05B ≡	B05B	C05D ≡	C05D	D04B ≡	D04B	E03F ≡	E03F	F02G ≡	F02G	G01Q ≡	G01Q	H01S ≡	H01S	
A21D ≡	A21D	B05C ≡	B05C	C05F ≡	C05F	D04C ≡	D04C	E04B ≡	E04B	F02K ≡	F02K	G01R ≡	G01R	H01T ≡	H01T	
A22B ≡	A22B	B05D ≡	B05D	C05G ≡	C05G	D04D ≡	D04D	E04C ≡	E04C	F02M ≡	F02M	G01S ≡	G01S	H02B ≡	H02B	
A22C ≡	A22C	B06B ≡	B06B	C06B ≡	C06B	D04G ≡	D04G	E04D ≡	E04D	F02N ≡	F02N	G01T ≡	G01T	H02G ≡	H02G	
A23B ≡	A23B	B07B ≡	B07B	C06C ≡	C06C	D04H ≡	D04H	E04F ≡	E04F	F02P ≡	F02P	G01V ≡	G01V	H02H ≡	H02H	
A23C ≡	A23C	B07C ≡	B07C	C06D ≡	C06D	D05B ≡	D05B	E04G ≡	E04G	F02W ≡	F02W	G01W ≡	G01W	H02J ≡	H02J	

图 4　CPC 分类表和定义

CPC 分类表的首行排列着 9 个部，分别是 A ~ H 部和 Y 部。每个部对应的列又分为左右两栏，其中左栏“Scheme”是该部下所有小类的列表，点击其中的特定小类就可以浏览该小类的分类表；右栏“Def. ”是相应小类的定义部分。

（二）利用欧洲专利局官网查询和检索

在欧洲专利局 Espacenet 网站（网址为 http：//worldwide. espacenet. com）中点击左上角列表栏中的“Classification search”标签，即可查询 CPC 分类表，其查询页面如图 5 所示。其中标号为 1 的文本框是分类号查询入口，可以通过输入 CPC 分类号或关键词查询具体的分类条目，包括分类号、类名和相关的电子层。在标号为 1 的文本框右侧是标号为3的分类表索引和9个部的索引。在标号为1的文本框下方是标号为2的10个控键，左起第1个和第2个控键用于调整分类号和类名的显示形式，第3个和第4个控键用于调整电子层的显示形式，第5个和第6个控键用于控制附注和提示信息的显示，第7个控键用于高亮类名中“{}”内的文字，第8个控键用于控制每个分类号版本日期的显示，第9个控键用于控制参见信息的显示，第10个控键用于控制引得码的显示。图5中标号4指示的区域是所查询的分类表的主显示区。图5左下角标号为5的“Selected classifications”输入区域提供了根据查询到的分类号进行专利文献检索的快捷途径，其中“Find patents”标签可以基于CPC分类号直接检索专利文献。

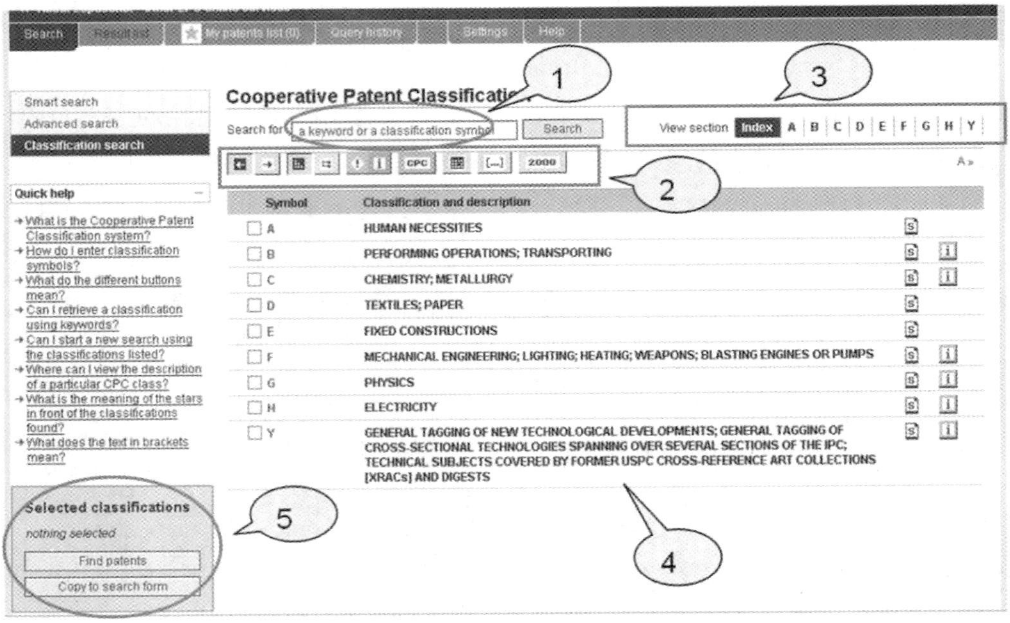

图5 分类号查询页面

通过图5中左上角的“Advanced search”标签和左下角的“Selected classification”区域中的“Copy to search form”标签可以链接到高级检索页面，在这里可以将CPC与多个检索入口相结合进行专利文献的检索，如标题、申请人、公开日期、发明人等。

（三）利用美国专利商标局官网查询和检索

在美国专利商标局官网（网址为http：//www.uspto.gov/）的首行菜单中选择“PATENTS”标签以产生下拉菜单，在该下拉菜单中选择“Patent Classification”项，即可进入与专利分类相关的页面。在该页面的中部选择“browsing the CPC scheme”链接，即可进入CPC分类表浏览页面。进一步点击各个部可浏览对应部的电子层和分类表。

在上述专利分类相关的页面中部选择“Classification Search Page”链接或在上述CPC分类表浏览页面中选择“Classification Search Page”标签，即可进入分类号查询页面。在

“Enter Classification symbol”右侧的文本框内输入分类号，即可查询该分类号对应的类名，该入口可支持对 CPC 和 USPC 两种分类号的查询。

通过分类号查询将得到相应的分类表，如图 6 所示。其中方框内“Indent Level”行中的控键用于控制电子层的显示，“Guide Headings”用于控制导引标题的显示，“Maingroups”用于控制小类中大组的缩放，数字“1～6”用于控制小类中 1～6 点组的缩放，最后“Expand All”可将电子层全部展开。此外，点击电子层中带有下画线的分类号将获得该分类号所对应的分类定义。

图 6　查询得到的分类表

点击美国专利商标局官网主页右上角的“search for patents”标签将进入专利检索页面，该页面中美国专利商标局专利全文和图像数据库［USPTO Patent Full－Text and Image Database（PatFT）］和美国专利商标局专利申请全文和图像数据库［USPTO Patent Application Full－Text and Image Database（AppFT）］所提供的快速检索（Quick Search）和高级检索（Advanced Search）链接均可支持基于 CPC 分类号的专利文献检索。

五、结　语

CPC 分类体系融合了欧洲专利分类和美国专利分类的最佳实践经验，并在两大局的推动下已经成为专利文献检索的有效途径。本文从 CPC 的发展概况、体系结构以及在查询和检索中的实践等多个角度对这个全新的分类体系展开介绍。在第三个方面中，我们重点剖析了CPC分类体系结构，有助于深入理解CPC的形成规则；在第四个方面中，我们着重展示了分类表的查询和分类号检索的过程，有助于实现CPC的灵活应用。作为一种标准统一、更加细化且兼容性更强的分类体系，CPC将有利于提升现有专利文献的检索效率，为国际化的专利检索提供可能的途径。

参考文献

[1] CPC项目组. Cooperative Patent Classification (CPC) – EPO and USPTO bilateral classification system [EB/OL]. 2011 (10). http://www.cooperativepatentclassification.org/publications/CPCPresentation.pdf.

[2] CPC项目组. CPC News – Latest developments about the Cooperative Patent Classification [EB/OL]. 2012 (10). http://www.cooperativepatentclassification.org/publications/CpcNewsOct2012.pdf.

[3] CPC项目组. Cooperative Patent Classification (CPC): General Introduction into CPC [EB/OL]. 2012 (7). http://www.cooperativepatentclassification.org/publications/UsptoUserDayGeneralIntro.pdf.

[4] CPC项目组. Cooperative Patent Classification (CPC): CPC Workshop for external users [EB/OL]. 2012 (3). http://www.cooperativepatentclassification.org/publications/WorkshopMarchVienna.pdf.

[5] CPC项目组. Cooperative Patent Classification (CPC): CPC User Interaction and Resources [EB/OL]. 2012 (7). http://www.cooperativepatentclassification.org/publications/UsptoUserDayUserInteractionAndResources.pdf.

[6] 朱雅琛，黄非. CPC分类体系：开创专利分类体系新纪元 [J]. 中国发明与专利，2013 (2): 39–43.

[7] 世界知识产权组织. 国际专利分类表使用指南 [M]. 8版. 北京：知识产权出版社，2008: 20–35.

中美欧公开专利文献中专利引文情况研究

王媛　冀小强　于红　高建业　李珊霞

摘　要　本文一方面以 2006 ~2011 年 SIPO、USPTO、EPO 公开的专利文献为分析对象，分析其中专利发明人和专利检索报告施引九国两组织专利文献的基本概况。另一方面研究了 USPTO、EPO 公开专利文献中引用中国专利的年度变化情况。通过分析专利被引次数的综合排名，可以了解各国、各组织受理公开专利的对外影响力，进而了解各国、各组织公开专利在世界专利中的地位。

关键词　专利引文　专利被引次数　著录项目　影响力

一、引　言

专利引文数据是专利的重要组成部分，可以通过专利引文数据来衡量专利技术的重要程度。首先，一项基本专利技术被后续专利引用的次数高低可以揭示该技术的影响力和指导力，一个国家的专利被其他国家引用的情况，可以衡量该国家在该技术领域的实力与地位。其次，专利技术的引用与被引用关系揭示了知识交流的流向，不同国家不同地区的技术知识流向也可通过专利引文信息来反映。

近年来，国外专利引文分析发展更趋成熟，其重心已转移到通过专利间的引用情况分析企业的技术策略、技术实力乃至技术特点等情报内容。如 Adam B. Jaffe 等人利用专利引用关系分析了不同发明间的关联，描述了技术的发展历程，评价申请人的技术影响力；Mogee 和 CHI 等咨询机构都研究构建了专利引文库，开发了专利引文分析工具，利用专利引用信息分析企业的技术实力、技术策略等竞争情报，提供行业内核心企业的技术报告。

在国内，专利引文分析研究始于 1991 年，孙艳玲研究了专利引文分析方法在分析技术分布、识别核心技术，进行技术评价及预测中的功能和作用；赵黎明、高杨等人利用专利引文分析对专利文献所引用的科学论文进行统计，探讨了基础研究与技术创新之间的关系；邱均平、马瑞敏等利用有机电激发光技术领域的相关专利，通过专利的被引频率统计分析识别核心专利。

目前，对区域专利创新质量的研究还比较少，基于此，本文通过国家、组织间的专利引用分析，力图展现各国、各组织专利引用的纵向变迁过程，还可以更加全面地认识和了解国家知识产权局（SIPO）、美国专利商标局（USPTO）及欧洲专利局（EPO）专利引用的状况，为专利以及科技经济工作的有效开展提供依据。

二、研究方法

本文将对SIPO、USPTO、EPO在2006~2011年的公开专利文献进行分析，考察其专利发明人和专利检索报告施引九国两组织（中国、美国、日本、德国、瑞士、俄罗斯、法国、英国、韩国和世界知识产权组织WIPO、欧洲专利局EPO）专利文献的情况。其中，USPTO、EPO专利施引，主要通过检索EPOQUE系统的EPODOC数据库（欧洲专利局专利文献数据库）得到。EPOQUE系统为SIPO从EPO引进的一个功能很强的专利查询系统。EPODOC数据库将同一个专利文献的多个公布级别视为一条记录，统计准确。在EPODOC数据库，可以通过CT字段、RF字段方便地对检索报告中的专利引文（Patents cited in the search report）、申请人引用的专利引文（Patents cited by the applicant）进行检索和统计分析。对2006~2011年SIPO受理公开专利文献的施引情况，主要在中国专利技术开发公司所承担的专利数据深加工业务中，引文标引工作所建立的发明人、审查员专利引文数据库进行检索查询而得到。

三、专利引文分析研究内容

（一）2006~2011年中美欧三局专利发明人引用九国两组织专利情况

1. 2006~2011年，中国公开专利中，发明人引用九国两组织专利统计

图1的灰色实心柱形为2006~2011年中国公开专利中专利发明人引用九国两组织专利的数量统计。2006~2011年，九国两组织被引用专利次数排名在前5位的有美国、日本、中国、WIPO、EPO；俄罗斯、瑞士排名靠后。被中国发明人引用的次数，美国是瑞士的372倍。

图1的黑色实心柱形为2006~2011年所引用九国专利中各国本国申请人在华公开专利所自引的专利数量。例如，2006~2011年，中国公开专利中共引用美国专利845 700次，其中，美国申请人在华公开的专利共引用304 657次美国专利引文；其他540 000余次专利引文主要被中国专利申请人所引用。中国公开专利中引用的日本专利次数为469 399，其中，日本申请人在华公开的专利所自引用的引文次数为281 741次；其他180 000余次日本专利引文主要为中国申请人所引用。中国公开专利中引用的中国专利为246 495次，其中大部分，即206 140次均被本国申请人所申请的专利引用。

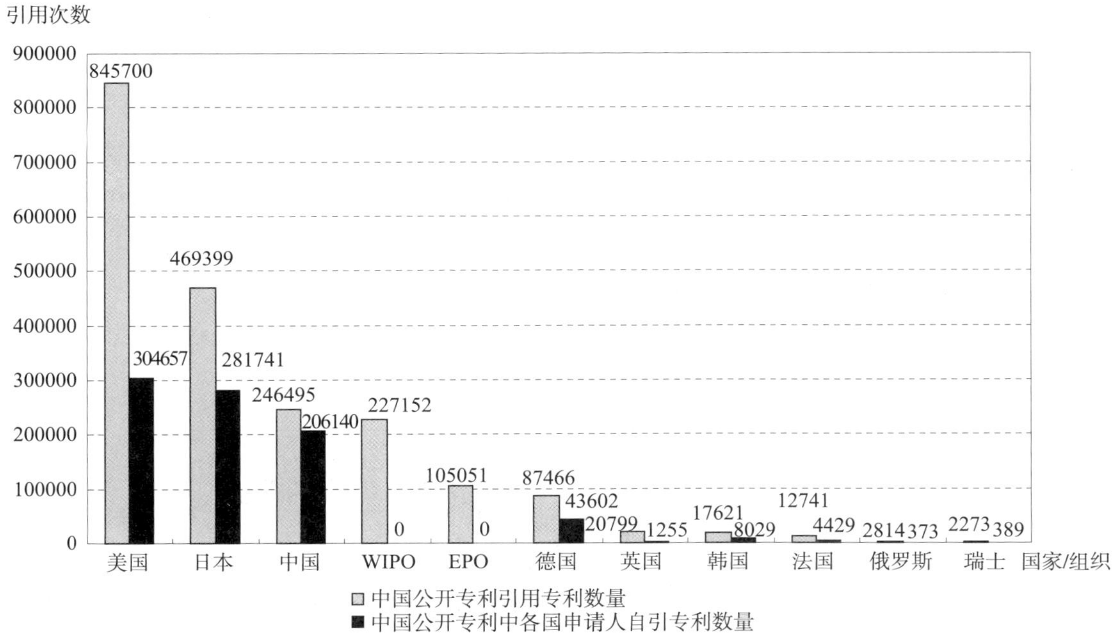

图1　2006～2011 年中国公开专利中发明人引用九国两组织专利统计

虽然统计对象为中国受理公开专利的引用情况，但被引用数量却是美国专利文献数量居第一位，即使排除美国来华申请人本身所引用的专利数量，中国申请人引用美国专利的数量也要远远大于引用中国专利本身的数量。这说明美国科技水平较高，专利可参考价值更大，对中国技术的发展影响较大。

中国专利引文中的大部分均为本国申请人所引用，也说明其他国家对中国专利的利用率还不是很高。

2. 2006～2011 年美国公开专利中发明人引用九国两组织专利统计

图 2 显示了 2006～2011 年美国专利发明人引用九国两组织专利的数量统计。2006～2011 年九国两组织发明专利被美国专利发明人引用次数排名在前 5 位的国家和组织有美国、日本、WIPO、EPO、德国；排名后 3 位的国家是中国、法国、俄罗斯。美国、日本的专利被发明人引用的次数分别为 670 515 次、281 297 次，远高于俄罗斯的 4 403 次，被美国专利发明人引用的次数，美国是俄罗斯的 834 倍。说明除本国专利对美国专利发明人的影响最大以外，日本、WIPO、EPO、德国专利的质量较高，影响也较大。

3. 2006～2011 年 EPO 公开专利中发明人引用九国两组织专利统计

图 3 显示了 2006～2011 年 EPO 专利发明人引用九国两组织专利的数量统计。2006～2011 年九国两组织的发明专利被 EPO 专利发明人引用次数综合排名在前 5 位的国家和组织为美国、EPO、日本、WIPO、德国；排名后 3 位的国家为瑞士、中国、俄罗斯。美国、EPO 的发明专利被申请人引用的次数分别为 71 978 次、42 958 次，远高于中国的463 次、

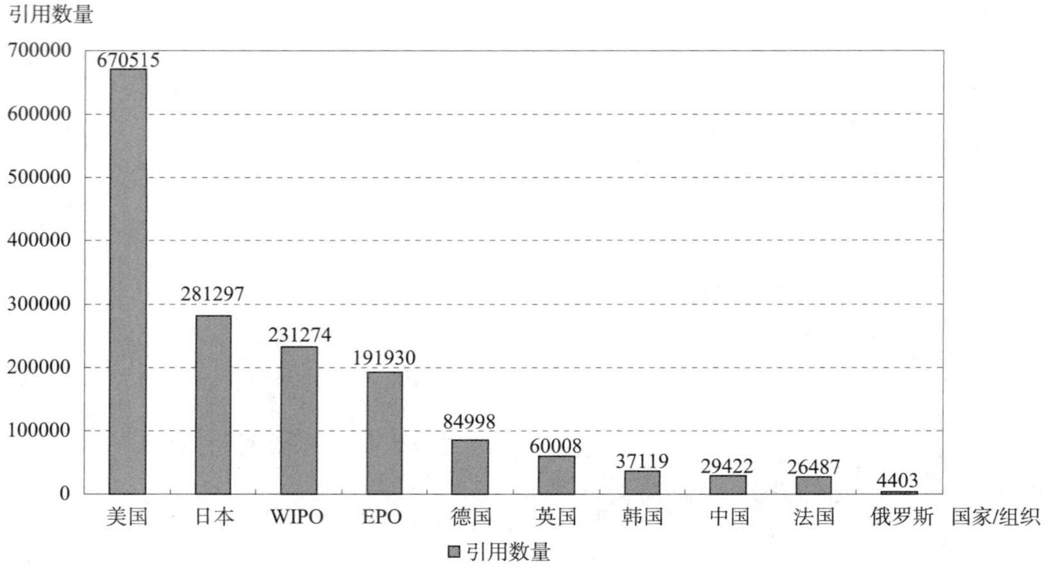

图2　2006～2011 年美国公开专利中发明人引用九国两组织专利统计

俄罗斯的 175 次；被 EPO 专利发明人引用的次数，美国是俄罗斯的 411 倍。可见美国、EPO、日本专利技术对 EPO 专利申请的技术创新影响力较大。

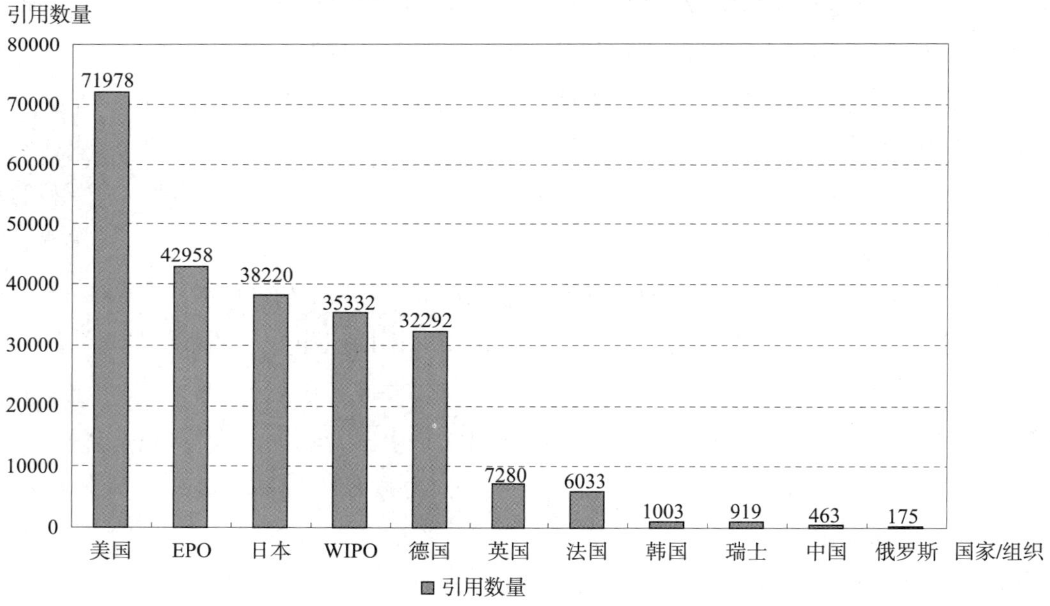

图3　2006～2011 年 EPO 公开专利中发明人引用九国两组织专利统计

（二）2006～2011 年中美欧专利检索报告引用九国两组织专利情况

1. 2006～2011 年中国公开专利中专利检索报告引用九国两组织专利统计

图4 显示了 2006～2011 年中国公开专利中检索报告引用九国两组织专利的数量统

计。2006～2011 年，九国两组织的专利被中国检索报告引用次数排名在前 5 位的国家和组织为中国、美国、日本、WIPO、EPO。中国、美国、日本的专利被检索报告引用的次数分别为 970 030 次、858 761 次、658 953 次，要远高于瑞士的 9 838 次和俄罗斯的8 074 次。出现这种现象的主要原因在于统计对象为中国公开专利，由于语言的原因，审查员通常优先检索本国专利数据库，因此，被引专利数量中国占很大优势。除中国专利之外，被中国检索报告引用较多的是美国专利、日本专利，美国专利被引次数是俄罗斯的 120 倍。说明相对于其他国家，美国、日本的专利可参考价值更大，专利质量更高，对中国技术的发展影响较大。

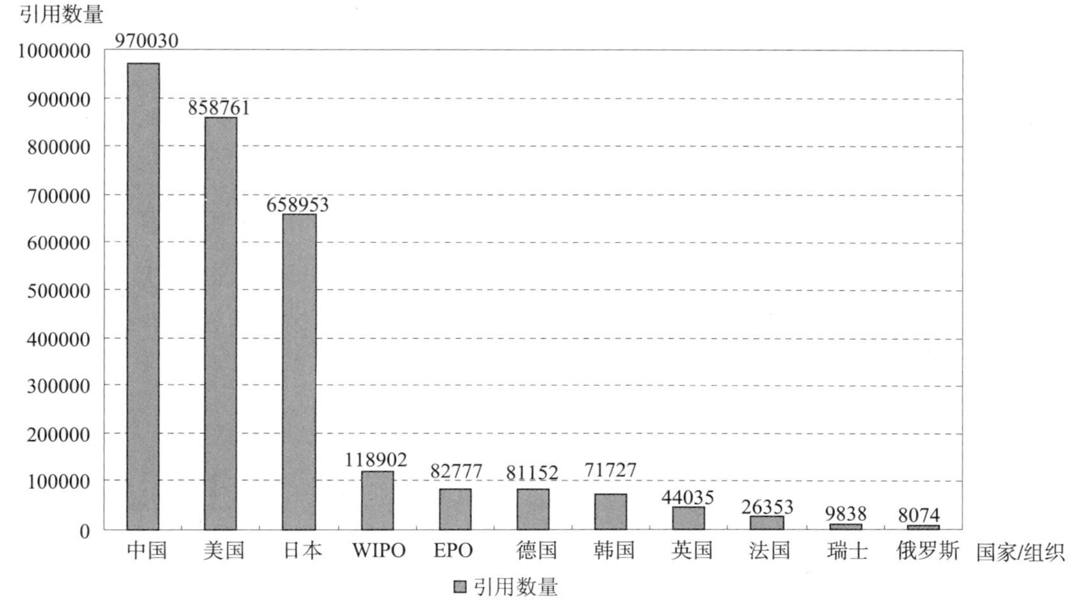

图 4　2006～2011 年中国公开专利中专利检索报告引用九国两组织专利统计

2. 2006～2011 年美国公开专利中专利检索报告引用九国两组织专利统计

图 5 显示了 USPTO 专利检索报告引用九国两组织公开专利的情况。2006～2011 年九国两组织的发明专利被 USPTO 检索报告引用次数综合排名在前 5 位的为美国、日本、WIPO、EPO、德国；排名后 3 位的为中国、俄罗斯、瑞士。

2006～2011 年，被 USPTO 检索报告引用次数排名第一位的是美国，引用次数为 1 202 028次，远大于引用日本、WIPO 等八国两组织专利数量的总和。一方面是由于 USPTO审查员通常优先检索本国受理公开的专利；另一方面也反映出美国科技水平较高，原创技术在全球占比例较大；因此，专利被引用数量较大。另外，为保护自身在美国这个庞大市场的经济利益，各国申请人的先进技术也通常会考虑在美国进行专利布局，使得各国创新技术在美申请的专利量较大。

日本、WIPO、EPO 的发明专利被 USPTO 专利检索报告引用的次数分别为 68 146 次、

图 5　2006～2011 年美国公开专利中专利检索报告引用九国两组织专利统计

50 750 次和 22 628 次，远高于俄罗斯的 525 次、瑞士的 439 次，被 USPTO 检索报告引用的次数，日本是瑞士的 155 倍。这是由于日本及欧洲发达国家科技创新能力较强，专利技术含量较高，影响力较大。

3. 2006～2011 年 EPO 公开专利中检索报告引用九国两组织专利统计

图 6 显示了 2006～2011 年 EPO 检索报告引用九国两组织专利的数量统计。2006～2011 年，九国两组织的发明专利被 EPO 检索报告引用次数综合排名在前 3 位的为美国、EPO、WIPO；排名后 3 位的为中国、韩国、俄罗斯。美国、EPO、WIPO 的发明专利被检索报告引用的次数分别为 274 285 次、177 056 次和 161 571 次，远高于中国的 2 399 次、

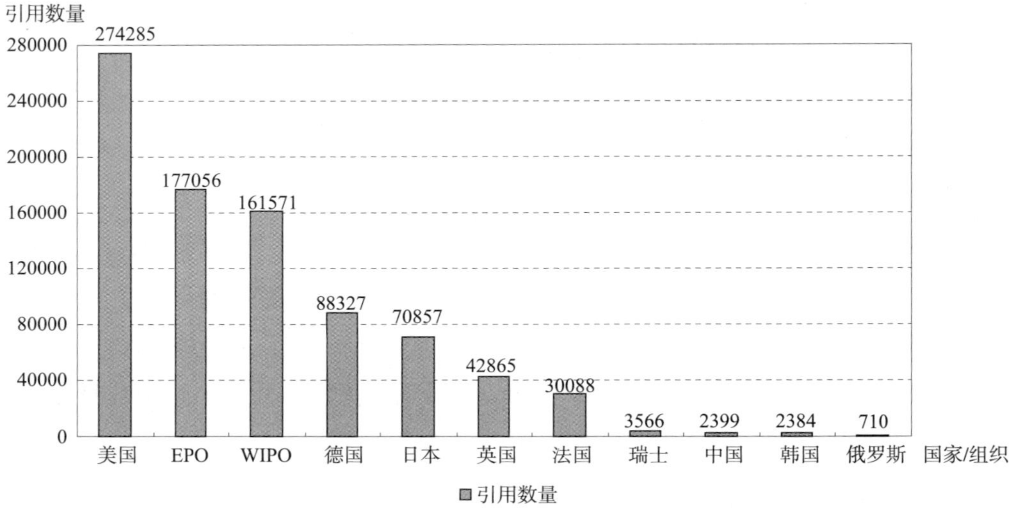

图 6　2006～2011 年 EPO 公开专利中检索报告引用九国两组织专利统计

韩国的2 384次、俄罗斯的710次。除有美国专利技术含量较高的原因之外，EPO审查员在检索对比文献时，更乐于引用语言相同的美国专利文献。

（三）2001～2009年美国、EPO公开专利中引用中国专利的年度分布

图7、图8分别显示了2001～2009年，美国、EPO公开专利中引用中国专利的年度分布。考虑到国外科技人员对中国专利收藏和翻译利用的滞后性，主要取2001～2009年的专利引用情况作为研究对象。从图7和图8可以看出，美国专利发明人引用中国专利的数量远远大于EPO专利发明人引用中国专利的数量。从2001～2009年，美国、EPO专利发明人引用中国专利的数量，均呈现不断增长的态势，并在2009年达到峰值，分别为6 388次、104次。这说明中国专利对世界各国的专利技术影响力在逐年快速提高。但从总量看，相对于中国公开专利引用美国专利的数量，美国公开专利引用中国专利的数量还非常小，反映了我国科技创新能力有待进一步提升。

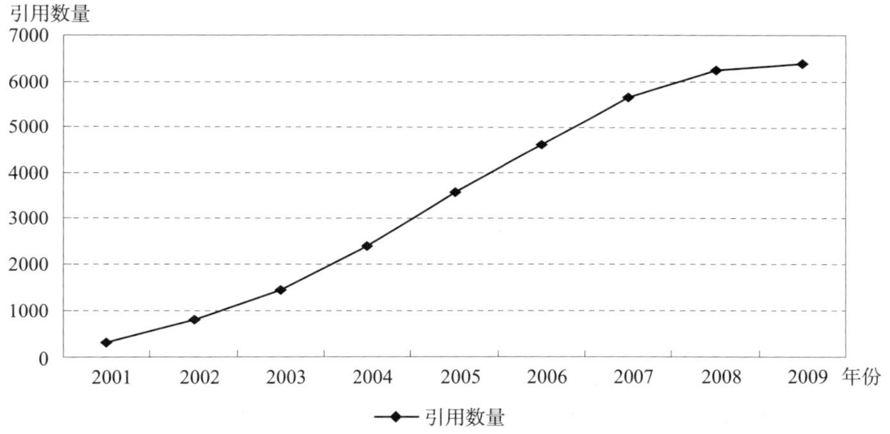

图7　2001～2009年美国公开专利中引用中国专利的年度分布

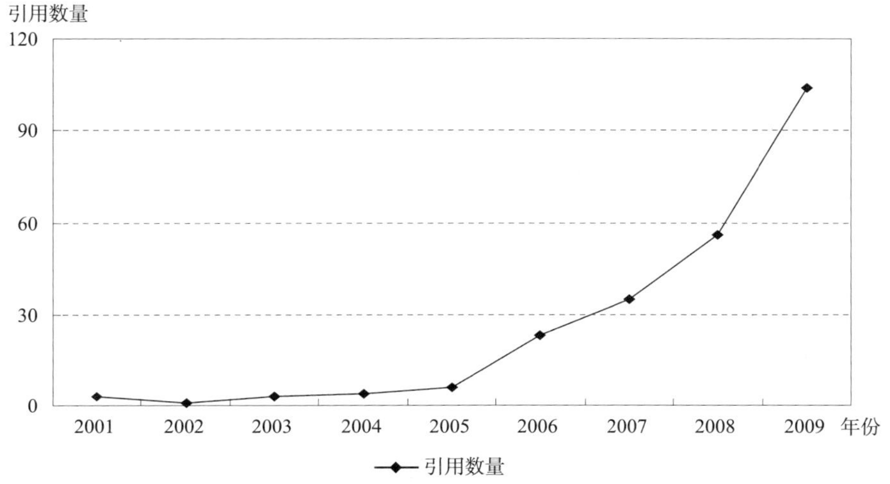

图8　2001～2009年EPO公开专利中引用中国专利的年度分布

（四）2001～2009年USPTO、EPO公开专利中专利检索报告引用中国专利的年度分布

图9、图10分别显示了2001～2009年USPTO、EPO公开专利中检索报告引用中国专利的年度分布。考虑到国外科技人员对中国专利收藏和翻译利用的滞后性，同样取2001～2009年的专利引用情况作为研究对象。从图9和图10可以看出，从2001～2009年，USPTO专利检索报告、EPO专利检索报告引用中国专利的数量，均呈不断增长的态势，并在2009年达到峰值，分别为265、422次。这说明，中国专利的水平在不断提高，但总的来说，引用数量都不算高，其专利影响力还有待加强。

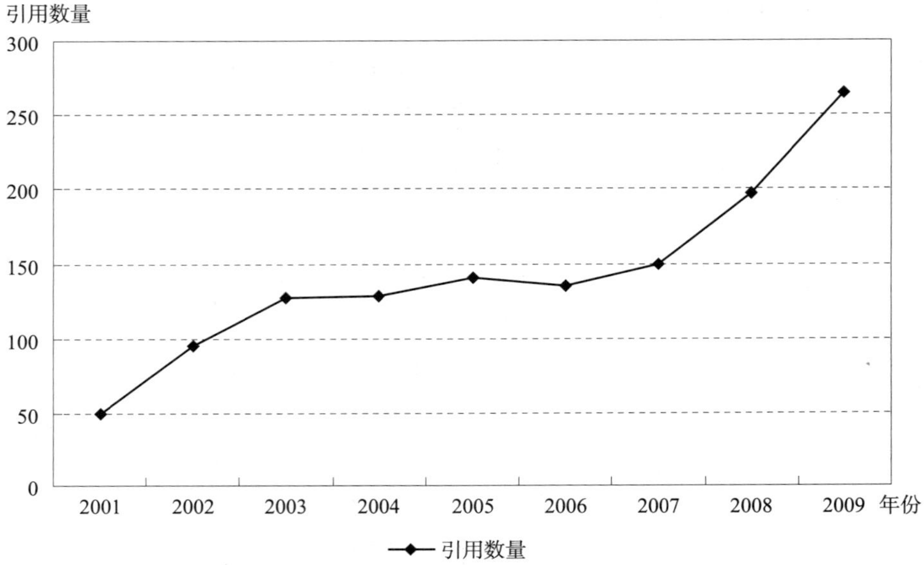

图9　2001～2009年USPTO公开专利中检索报告引用中国专利的年度分布

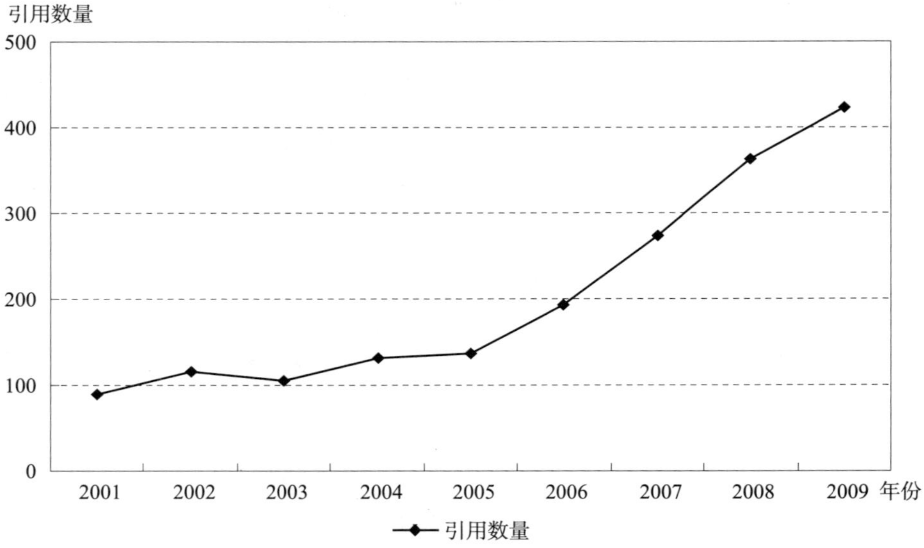

图10　2001～2009年EPO公开专利中检索报告引用中国专利的年度分布

四、结论和建议

（1）2006～2011 年，在美国、EPO、中国公开专利中，不论是专利发明人还是检索报告所引用的专利文献中，均是美国、日本、EPO、德国公开的专利被引用的数量最多。一定程度上说明这些发达国家的技术创新能力比较强，拥有对世界科技较重要和较具影响力的专利技术。WIPO 公开专利被引用的次数较多，主要是因为 PCT 专利申请通常也是申请人希望在多个国家布局专利的技术，这些专利的技术含量相对较高，因而其被借鉴引用的程度也较高。

（2）2006～2011 年中国专利发明人、检索报告所引用的专利文献中，除 SIPO 受理公开的专利，不论是发明人还是检索报告的专利被引次数，美国、日本、WIPO、EPO、德国公开的专利排名均靠前。其中，美国、日本公开的专利文献被中国专利发明人共引用 131 万次，占总量的 64%，被中国专利检索报告共引用 182 万次，占总量的 62%。其中，美国以 84.6 万次排名第一，日本以 46.9 万次排名第二。表明美国、日本及欧洲各发达国家专利质量较高，对我国专利技术的发展具有较大影响。

（3）USPTO 和 EPO 的审查员和专利申请人引用中国专利的数量，均呈现不断增长的态势。这说明我国技术水平不断提高，使得我国专利数量和技术含量都不断提高。但另一方面被外国申请人借鉴引用的专利总量还相对较小，也说明我国技术创新还有待进一步提升。

（4）值得注意的是，即使排除外国申请人在华申请所引用本国专利数量较多的情况，中国专利发明人对本国专利的引用量也远低于引用美国专利的数量，与引用日本专利的数量也差距不大。这显示了美国、日本强大的科技影响力，也反映出我国科技创新能力不足。目前，我国科技创新多为引进消化吸收再创新的模式，而全球科技合作是未来科技发展的大趋势，如何在吸收外国的先进技术的基础上，培养自我创造意识，开拓新技术，对我国技术发展和科技进步具有重要意义。对技术创新加大研发经费投入的同时，要注意对高质量专利产出的高效资助，鼓励原创技术，真正提高创新能力和专利水平。

参考文献

[1] 李建蓉. 专利引文分析及其应用研究［M］. 北京：知识产权出版社，2002.

[2] 赵黎明，高杨，韩宇. 专利引文分析在知识转移机制研究中的应用［J］. 科学研究，2002（3）.

[3] JAFFE A. B，TRAJTENBERG M，HENDERSON R. Geographic Localization of Knowledge Spillovers as Evidenced by Patent Citations［J］. The Quarterly Journal of Eco－nomics，1993，108（3）：577－598.

[4] 国家知识产权局专利局人教部教育处. EPOOQUE 实用手册，2002.

［5］孙艳玲．专利引文在技术评价及预测中的作用［J］．情报学报，1991（4）．

［6］杨中楷．基于 USPTO 中专利引用状况的国家创新能力分析［J］．图书情报工作，2009（1）．

［7］杨中楷，等．USPTO 中我国专利引用状况的统计分析［J］．图书情报工作，2009（2）．

［8］Hu A, JAFFE A B. Patent citations and international knowl2edge flow: the cases of Korea and Taiwan［J］. Interna2tional Journal of IndustrialOrganization, 2003, 21（6）: 849 – 880.

［9］郝敏．日本专利战略发展评析［J］．国际技术经济研究，2007（2）．

数据挖掘技术在专利信息分析中的应用

张春荣

摘 要 专利作为衡量技术创新能力的重要指标而成为决策者进行技术创新、开拓市场的重要依据，专利文献中蕴含了重要的技术细节和技术保护等内容，因此对专利文本内容的深层次分析和潜在利用价值探索尤其重要。运用数据挖掘技术从这些非结构化文本中抽取潜在信息、揭示技术细节及技术间相互关联关系，从而提炼出商业发展趋势、预测技术发展方向，以辅助制定生产决策，是当前专利分析领域的研究热点。本文介绍了目前应用于专利信息分析中的相关数据挖掘技术，旨在为技术发展趋势预测、核心技术挖掘及专利战略布局的研究提供参考。

关键词 数据挖掘 专利信息分析 聚类 引证分析 数据整理

一、引 言

近年来，我国专利申请量急剧增长，全世界专利文献也有数千万件，可以说，专利信息正在成为重要的技术文献和知识宝库。根据世界知识产权组织统计，有效运用专利文献信息，可以缩短60%的技术和产品研发时间，可见专利对企业及其他科研人员都是极其重要的信息资源。

虽然我国已经在专利分析评价方面做了较多的分析与研究，但目前国内在专利分析方面还存在一些问题。例如，专利分析深度不够，国内学者大多停留在专利数据数量特征统计以及定性分析和信息计算水平上，而对专利数据中的各种偏差考虑较少；与发达国家相比，专利分析结果与实际差距较大，并不能有效针对企业实力和技术、管理等方面进行比较；对专利分析的具体方法，尤其是微观分析、问题表达等方面，还有待进一步提高。

数据挖掘（Data Mining）就是从大量的、有噪声的、不完全的、模糊的甚至随机的实际应用数据中，提取出隐含的、人们事先未知的，但有潜在价值的信息和知识的过程。随着全球产业经济的迅猛发展，涌现出数量巨大的专利信息，并且每年都以很快的速度增长。专利数据信息中蕴含了丰富的技术信息、法律信息与经济信息，对专利信息进行准确分析，有助于把握和预测最新的科技动态；更全面、深层地挖掘专利中的信息，有助于专利战略的研究、制定和实施。从专利信息的角度看，在专利信息数据挖掘时，一般是对某些特定的指标、特定的区域、特定的年限进行统计和分析，针对性较强。由此可见，数据挖掘技术能够有效地从专利信息中提取有价值的相关信息，从而解决信息分析中的问题。

与传统的基于统计的专利信息分析方法（如查询、报表、联机应用分析等）相比，专利信息数据挖掘方法具有很多优点：首先，从方法上来讲，数据挖掘是在没有明确假设的前提下去挖掘信息、发现知识，数据挖掘更适用于对海量信息的分析，而对庞大的专利数量及专利文献的具体技术内容分析，是一般的数理统计分析方法很难实现的；其次，数据挖掘技术同一般统计分析方法相比较，挖掘算法的研究成果无论从数量上还是实用性上均具有明显优势，如根据数据挖掘任务的不同，数据挖掘算法可包括分类或预测模型发现、数据总结、聚类、关联规则发现、序列模式发现、依赖关系或依赖模型发现、异常和趋势发现等。近几年来，自然语言理解、语义关联分析、词频分布统计、语料学研究等作为情报分析的技术方法和工具均被应用到专利信息分析中，这些数据挖掘技术能够帮助专利分析人员对海量专利文献内容进行深度分析，为决策提供支持。

目前，大多数国内学者对专利信息的分析仍停留在对数量特征的统计分析上，对专利数据中的各种偏差性影响几乎没有考虑到，对专利信息的利用目前基本仍处于定性分析和信息的统计计算管理水平上。而国外学者多数则正在利用数据挖掘理论和数据可视化手段，研究专利信息的自动分析方法。因此，本文对目前应用到专利信息分析中的相关数据挖掘技术进行简单的介绍，藉此促进国内对专利信息自动挖掘技术的研究和应用。

二、专利信息数据挖掘的方法和流程

要从一个大型数据库海量的数据中挖掘出知识，通常需要经过以下几个步骤，如图1所示：在数据挖掘过程中，（1）首先要确定挖掘对象，如选择需要分析的专利数据库、专利查询网站或其他专利信息存储库等；（2）第二步是对挖掘对象进行数据整理工作，主要包括数据采集、清洗、集成与交换，采用数据预处理技术从目标数据集中剔除错误数据和冗余数据，去除噪声及无关数据，进行有效数据提取，经数据集成后形成特定领域的信息分析数据集，为专利信息分析做准备，这是数据挖掘过程中最为繁琐也最为重要的一步；（3）然后选择合适的工具，采用相应的分析方法和算法对数据进行处理并分析，得到易于理解的直观知识或模式（图、表等）；（4）分析人员结合自己的专业知识，对得出的结果进行分析和评估，针对新技术研发、现有技术防御、潜在的竞争对手等方面形成分析报告，最终提供给用户。

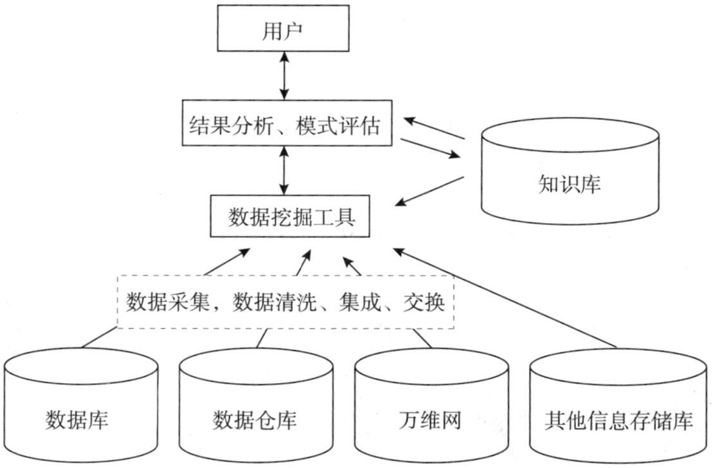

图1　数据挖掘过程

在专利信息分析中，常用的专利数据挖掘技术包括关联规则分析和聚类分析方法。（1）关联规则分析法：包括性质相关分析、结构相关分析、数量相关分析、内容相关分析等，分析方法可以以定性方法为主，也可以以定量方法为主，或者两者结合。若两项或多项变量的取值之间存在某种规律性，那么其中一项变量的属性值就可以依据其他变量的属性值进行预测，称为关联分析，简单来说就是寻找数据库中值的相关性。而整个关联分析的目的就是寻找在同一个事件中出现的不同数据项的相关性，从而找出数据库中隐藏的关联网，获得一个数据项和其他数据项之间依赖或关联的知识，从而指导决策战略的制定。（2）聚类分析方法：又称数值分类学，它是以大量对象的统计数据为基础，把具有相似性的一些数据组合为类群的方法总称。尽管从结果来看，分类和聚类的结果都是得出若干个类别，但聚类和分类的区别在于：聚类不依赖于预先定义好的类，不需要训练集，用以聚类分析的数据，不仅数据量大，而且联系不明显甚至表面无联系，在聚类之后要由信息分析人员解释这样分群的意义，也就是说，聚类可以揭示分析对象事先不为人知的各种相关的关系。常见的有逐步聚类法、系统聚类法、图示聚类法、模糊聚类法等。聚类分析研究相关关系所用的尺度是相似度，类别的判定准则一般是依据距离最小或相似最大的原则。但是，聚类分析应用到专利情报的研究中还需要有必要的分析工具作为技术支持，例如，一些分析软件及一些可视化产品，如 Thomson 集团公司的 Vantagepoint 分析软件和 Aureka 专利检索和可视化产品等。

三、专利信息数据挖掘的具体应用

1. 专利地图

Aureka 信息平台作为 Thomson 集团旗下的一个重要产品，针对专利文本提供了一种聚类分析工具——专利地图（Aureka ThemeScape），该工具以分析的专利样本为基础，对其中相关词汇的词频应用聚类分析生成主题（词汇）地形图（如图2所示），以此来描述专利技术主题分布情况。该分析工具可以辨别和提出词汇系列中经常出现的关联词组，以及它们在文献中的相互关系。

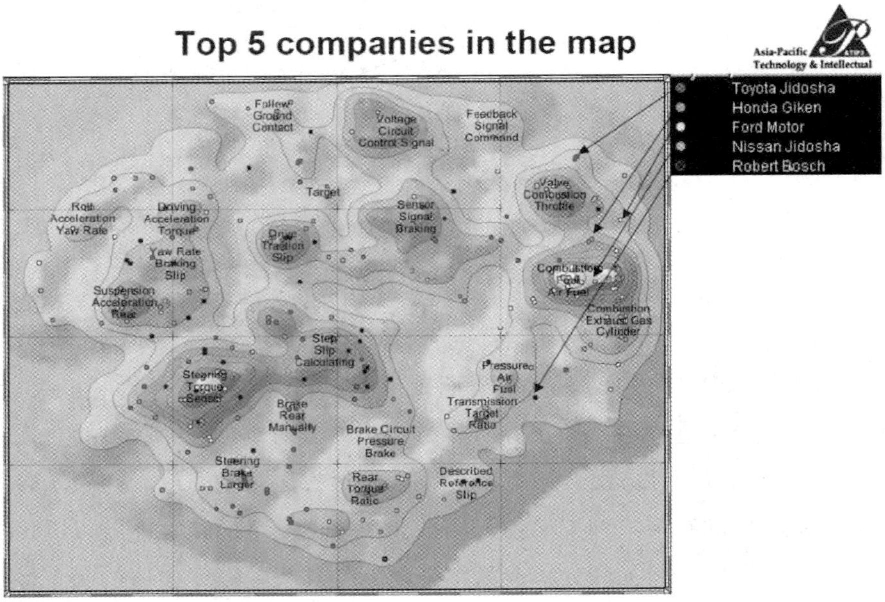

图2　全球五大汽车公司相关专利技术分布地图

在图2中，用点代表五个公司的专利数据，在该地形图中主要采用等高线图作为全图绘制的基准，内容相近的文献在图中的距离也相近，最终形成山峰，图中不同山峰区域内表示某一特定技术主题中聚集的相应的专利群。同一区域的文献数量与地图中山峰的高度相对应。文献内容越相似，文献点在图中的位置就越近；等高线表明了相关文献的密度；最高峰的高点区域包含的文献最多，低点区域包含的文献相对较少；峰间距离越近，表明所包含的专利内容相似性越近；反之，则越远。从点的分布中可以看出，不同的公司各自在汽车制造领域的技术分支、技术侧重点、各公司的技术重叠区域以及技术空白区等，有助于启发技术人员的思路、激发新的创意，从而发现新的技术领域、技术方向和技术手段，也可以发现在技术相对密集的领域的技术发展机会点，以及可以对现有技术进行改进的区域，最终促进创新活动，推进科学研究和技术开发。

2. 专利引证树

Aureka 信息平台还提供了一种专利引证树工具（Aureka Citation Tree），对专利文献进行基于引证分析的技术关联挖掘。利用专利引证信息构建双向多级引证树，形象化地显示出研究对象（所指定的专利）引用在先专利和被其后专利引证的信息。根据需要，用户可以按专利申请人、发明人、申请日和公开日等不同内容构建引证树，由此确定某一技术领域的发展趋势、技术发展线和研究某一竞争对手的专利布局等。根据专利申请人的专利相互引证的信息，研究竞争对手间技术相似性，为企业技术合作、并购等经营活动提供决策依据。根据大量的前向和后向引用信息，还可以确定核心专利技术、基础技术等，为企业技术开发、研发投入、专利布局等提供帮助。引证树的主要应用价值包括以下几点。

（1）评价专利的影响力和新颖程度，评估企业的技术实力。

如图 3 所示的专利引文分析结果，中间的是宝洁公司在某技术领域的一个基础专利，根部是后向引用，分支是前向引用，引用基础专利的公司包括宝洁公司在该领域的竞争对手欧莱雅和露华浓公司，系统自动为树的不同特征（如年代，专利权人等）着色。

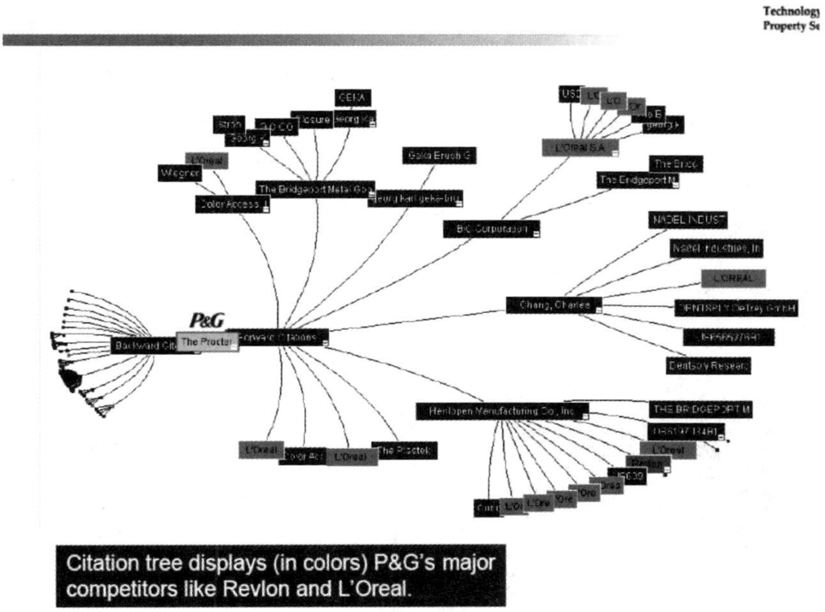

图 3　专利引文分析结果

基础专利被后期专利引用的次数越多，说明该专利质量越佳，对后期专利的影响力越大；某企业在某一技术领域内的所有专利与它们所引用专利之间的时间间隔的平均值越小，说明该企业能够运用最新的技术并在此基础上更快地进行技术创新，反之则说明该企业对技术变化的反应较为迟钝。

（2）追踪技术发展趋势。

通过专利引证树，用户可以快速追踪一项技术的发展历程，了解技术发展的最新方向。如图 4 所示，某公司在一篇关于变速杆的核心专利的基础上演变出一系列的专利，如驾驶控制系统、操作控制系统和方法等，通过专利引证树分析，可以了解这家公司的技术发展状况，哪些技术该公司持续进行研发，哪些技术已经被舍弃等。

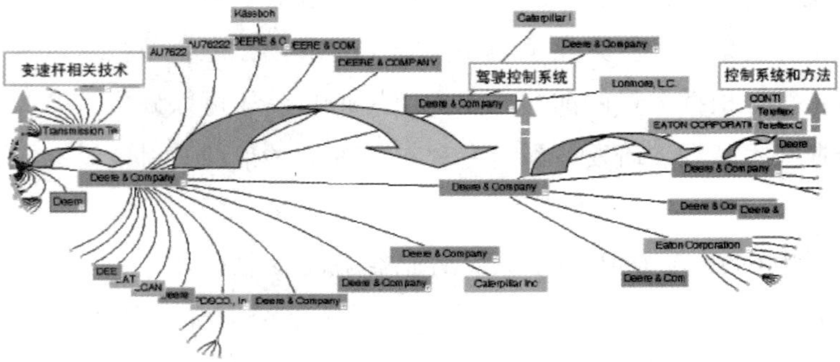

图4　核心专利演变的系列专利

（3）专利防御。

通过专利引证树，用户可以了解竞争对手对其核心技术的专利保护策略。如图5所示，某公司的一篇关于用于抗雌激素的化合物专利，橙色均代表该公司的专利，黑色代表其他公司的专利。从图5中可以看出，该公司在这篇核心专利外围设置了数百篇引用其的外围专利，用以对核心技术进行专利防御，用户可以分析这些外围专利，了解竞争对手的专利技术保护范围，从而制定研发策略，突破技术壁垒，找出技术研发空间。

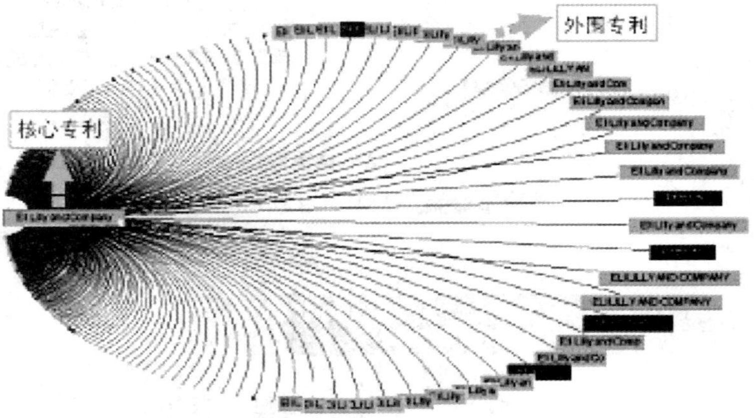

图5　核心专利的专利防御

3. 发明人（申请人）合作网络

通过统计分析不同发明人（申请人）之间的引证频次，借助于社会网络分析手段构建发明人（申请人）之间的合作网络，由此发现某个技术领域内部的核心发明人，揭示专利创新主体的知识来源和构成以及创新主体之间的桥接关系。

（1）图6所示的即为两个发明人Nakamura和Anasari的合作网络，从中可以看出较之于Nakamura，Anasari的创新活动更多地体现了不同创新主体之间隐性知识的交互；此外，发明人Yamada则充当了Akasaki和另外几个发明人之间的接口和桥梁。这种基于引证的社会网络分析可以辅助企业技术创新过程中的人力资源获取、R&D合作伙伴搜寻和竞争者分析等决策活动。

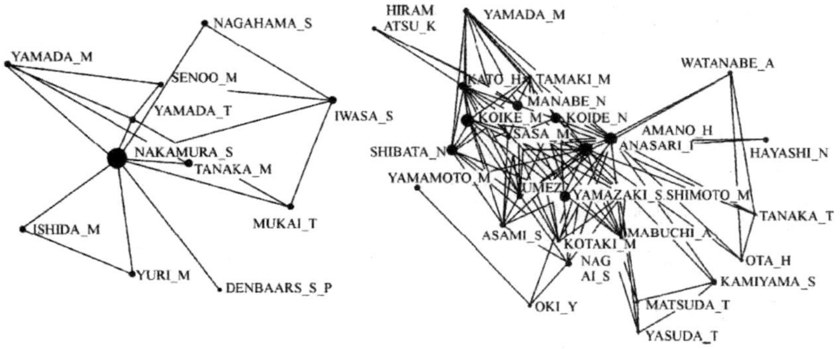

图 6　发明人合作网络

（2）图 7 所示的为发明人合作关系分析示意图，其中每个结点（见图中的圆圈）代表一个发明人或一个发明人的不同数据，结点的大小表示不同的数据量，结点间连线代表它们间的关系。连线越粗，或连线越近，表示相关性越强；连线越细，或连线越远，表示相关性越弱。该图揭示了在同一技术领域中出现的不同发明人的相关性，从而帮助使用者找出该技术领域中隐藏的关联网，获得一个发明人和其他发明人之间的依赖或关联关系，为用户提供战略合作依据和竞争对手信息。

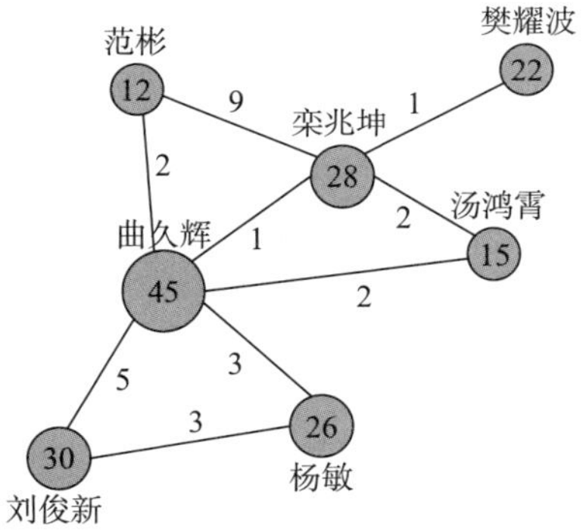

图 7　发明人合作关系分析示意图

四、总　结

本文对数据挖掘技术在专利信息分析中的应用进行了介绍，并针对目前流行的文本挖掘技术和关联规则挖掘技术的具体应用进行了重点介绍。鉴于专利文献的多样性，及其在数据库中存在的形式的多样性，为数据挖掘技术在专利信息分析中的应用提出了许多挑战。如何有效挖掘专利文献信息，并给专利工作者及企业用户提供高效的、有价值的挖掘结果，是专利信息挖掘的工作重点。本文介绍了目前应用于专利信息分析领域的相关数据挖掘技术，旨在为从业人员从多个角度对产业现状进行研究，分析产业核心技术和发展趋势，研究专利布局策略提供参考。

参考文献

[1] 陈燕，邓鹏，李芳. Aureka信息平台介绍［J］. 中国发明与专利，2007（5）.

[2] 王兴旺，孙济庆. 国内外专利地图技术应用比较研究［J］. 情报杂志，2007（8）.

[3] 赵蕴华，张静. 基于数据挖掘的专利数据预处理系统的设计与实现［J］. 情报科学，2011（12）.

[4] 袁冰，朱东华，任智军. 基于数据挖掘技术的专利情报分析方法及实证研究［J］. 情报杂志，2006（12）.

[5] 马芳，王效岳. 基于数据挖掘技术的专利信息分析［J］. 情报科学，2008（11）.

[6] 李振亚. 基于数据挖掘专利著录信息聚类研究［J］. 科技与管理，2011（6）.

[7] 陈燕，黄迎燕，方建国，等. 专利信息采集与分析［M］. 北京：清华大学出版社，2006：295－324.

[8] STERNITZKE C，BARTKOWSKI A，SCHRAMM R. Visualizing patent statistics by means of social network analysis tools［J］. World Patent Information，2008（30）：115－131.

俄语系专利文献　不可忽视的检索资源

刘斌强　徐秋香　王蕊

摘　要　本文对俄语系专利文献数量与时间分布进行了分析，从引证视角研究了俄语系专利文献在国家知识产权局（下文简称“国知局”）和国外专利审查机构审查工作中被用于评述专利申请专利性的状况。与国外局相比，国知局运用俄语系专利文献评述专利申请专利性的水平有提升空间。应当加强审查中对于俄语系专利文献的检索和运用，加大俄语系专利文献资源收集与加工力度，完善检索手段和俄语系专利文献翻译，为国知局专利审查提供更丰富、更高质量的检索资源，服务于审查质量的进一步提高和强局建设。

关键词　俄语　专利文献　检索　审查

一、引　言

源自古代斯拉夫语并以西里尔字母书写的语言❶在世界范围内广泛应用（全球使用人数超过3亿），在文化和科技领域均具有举足轻重的作用，如在专利领域中，俄语是PCT申请规定的申请语言之一❷；俄罗斯的专利文献（含苏联时期的专利文献）是PCT最低文献量规定的专利检索范围之一。可见，以俄语为代表的该语系语言公开的专利文献❸是专利世界中不可或缺的重要信息资源。俄语系专利文献的整体分布情况如何？世界范围内的专利审查实践中又得到了怎样的应用？对我国专利审查具有什么样的影响？对这些问题的探讨，有利于更加清晰地认识俄语系专利文献的地位及其在专利审查中的作用。遗憾的是，或许由于俄语本身的特殊性，尚未见到针对上述问题的研究。基于此，本文针对上述问题展开，并主要从引证的角度进行分析，得出相关结论与建议，以期达到抛砖引玉之效，引发更多关于俄语系专利文献的研究与思考。

---

❶　主要的有俄语、保加利亚语、乌克兰语、哈萨克语和白俄罗斯语等。

❷　国际专利申请的语言可以是中文、英语、法语、德语、日语、俄语、西班牙语等。

❸　考虑到各个主要的斯拉夫语族之间在语言上的相似性，为简洁和易于理解起见，本文以下统一简称为“俄语系专利文献”，特此说明并请读者注意。

二、俄语系专利文献概况

以下主要研究俄语系专利文献数量、时间、技术领域和申请来源国分布等情况。

（一）总体数量

俄语系专利文献主要来源于8个国家或组织，分别是：苏联（专利文献国别代码SU）、俄罗斯联邦共和国（RU）、保加利亚（BG）、乌克兰（UA）、哈萨克斯坦（KZ）、白俄罗斯（BY）、乌兹别克斯坦（UZ）和欧亚专利局（EA）。❶

以国知局S系统中的SIPO ABS数据库为基础统计，全球范围内专利文献数量为81 346 324项❷，其中俄语系专利文献数量1 921 234项，约占总量的2.4%，排名第7位❸。

（二）时间分布

在时间特性方面，S系统收录的俄语系专利文献申请时间最早可以追溯到20世纪初期。到20世纪70年代，年专利申请数量不超过1万件，此后申请量迅猛增加，尤其是在苏联政府高度重视科技的政策之下，20世纪70年代中期到1991年苏联解体期间，专利年申请量均在5万件左右。随后约10年间，由于苏联解体，新诞生的各个政府没有太多精力顾及专利和知识产权，导致年均申请量下降到约2万件/年❹。但从2001年开始，随着新政权的逐步稳定和对经济与科技发展的重视，专利年申请量又开始增加。对俄语系专利文献分别以申请年份公开年份为据，并以5年周期进行统计。俄语系专利文献申请时间和公开时间分布情况如图1、图2所示。

（三）技术领域

考虑到俄语系专利文献数量非常庞大，难以对其进行细分技术领域的统计分析。本文分别以国际专利分类号（IPC）的部、大类为基础对其技术领域的分布情况进行了统计分析。统计结果表明，俄语系专利文献主要集中在A部的医药卫生/农林畜牧、B部的通用物理或化学设备/方法、C部的有机化学、E部的钻探/采矿、F部的机械工程设备、G部的测量测试和H部的电子元件、发电配电等技术领域。其中，IPC大类分类位于前

---

❶ 数据来源主要基于国知局目前能够使用的检索系统，包括S系统与Sea系统。结合因特网资源的进一步分析表明，PCT申请中有部分文献也可能以俄语公开（因为俄语可以作为PCT申请语言），不过其一般均有WIPO之外的同族专利文献，此外，吉尔吉斯斯坦（国别代码KG）的专利文献也是俄语，但其未在国知局检索系统中收录且文献量较少，摩尔多瓦（国别代码MD）的专利文献有时候也以俄语公开其摘要。总体而言，本文所列8个国家或组织已经包括了俄语系专利文献的绝大多数。

❷ 本文专利数据检索截至：2012年12月15日，后同。

❸ 注意，是以专利文献的公开语言为据，而非国别，全球专利文献中，英文文献数量占比最高，占比超过25%，其次是日文文献，占比将近20%，德文文献第三，占比10%左右，中文文献（不含外观设计专利、不含中国台湾地区专利文献）位居第四位，占比7%左右。

❹ 尽管保加利亚等不是苏联共和国成员，但是由于其申请量总量在俄语系专利文献总量中并不突出，所以其对总体趋势的影响不大，换句话说，总体趋势的变化，主要是由于苏联解体所致。

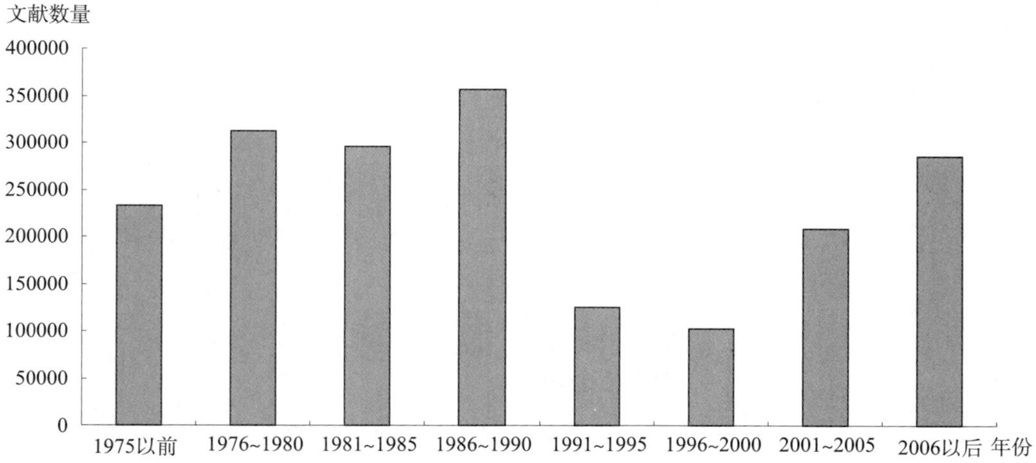

图 1　俄语系专利文献数量申请时间分布情况

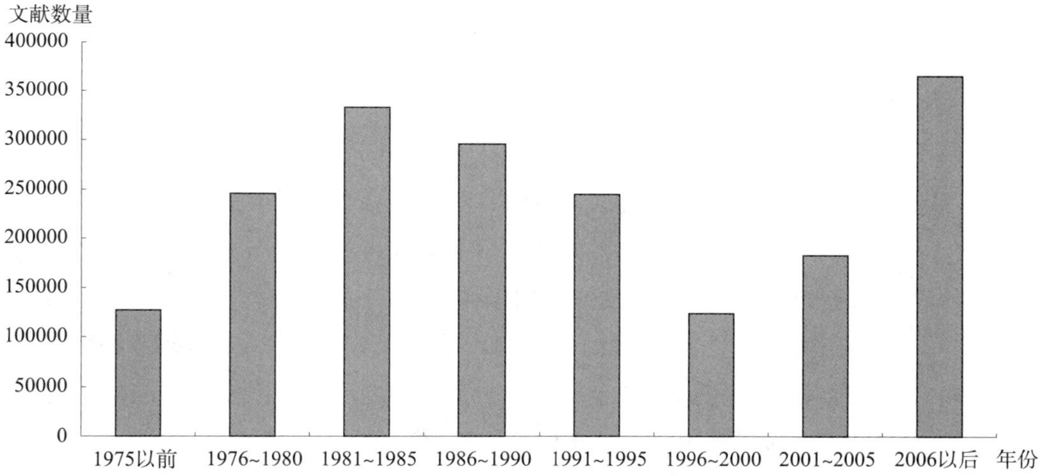

图 2　俄语系专利文献数量随公开时间分布情况

20、且来自上述主要技术领域的俄语系专利文献数量占总量的57%以上，其中又以位列前10的IPC大类下的文献比例最高，占总量的39%。俄语系专利文献以IPC大类为依据的前10技术领域及其数量分布情况如图3所示。

从图3可知，在前10位IPC大类分类中，又以G01（测量技术）、A61（医药卫生）占据最大份额，即在对应的技术领域中，以俄语提交的专利申请非常活跃。

（四）申请来源国

通过对俄语系专利文献对应的申请来源国别进行统计分析发现，本国效应❶非常明

❶ 在专利世界中，存在一种现象，即某个国家的申请人，其在本国的申请量相比在国外申请量更大、要求本国优先权的比例更大、引用本国申请的频率更高，这种现象不妨称为专利的“本国效应”。这种现象产生的主要原因，应该是由于语言本身所致，毕竟对专利申请人而言，使用本国母语进行专利撰写和申请要更加熟练。

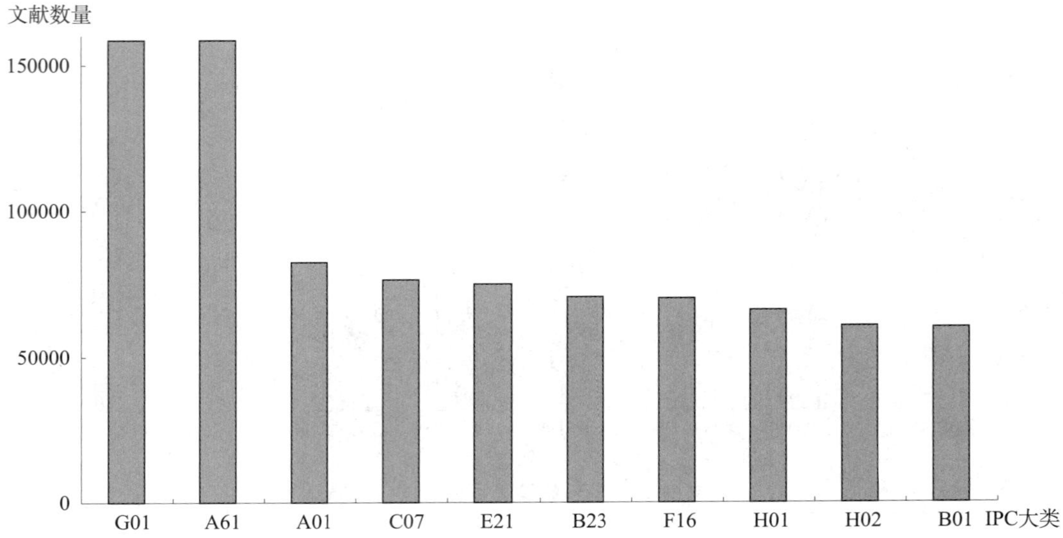

图3　俄语系专利文献技术领域分布（前10位）

显，俄语系国家的苏联共和国、现俄罗斯联邦共和国、乌克兰的申请人占据了前三位（以苏联的比例最高）。除保加利亚之外，其余几个俄语国家申请量都位居前20名之外；在非俄语系国家的申请人中，来自美国、德国、法国和日本等国申请人的申请量位居前列。表明这些国家的申请人非常重视相应的俄语系国家市场专利布局保护。与之形成对比的是，作为当今全球专利申请排名第一的中国申请人，在俄语系国家的专利申请仅排名第27，总计申请量仅1 200余项，比日本、韩国的11 524件、4 603件均差距巨大，反映出我国申请人对俄语系国家的专利布局和保护意识不足。俄语系专利文献的主要申请人中，俄语系申请人非俄语系申请人分布情况如图4❶、图5所示。

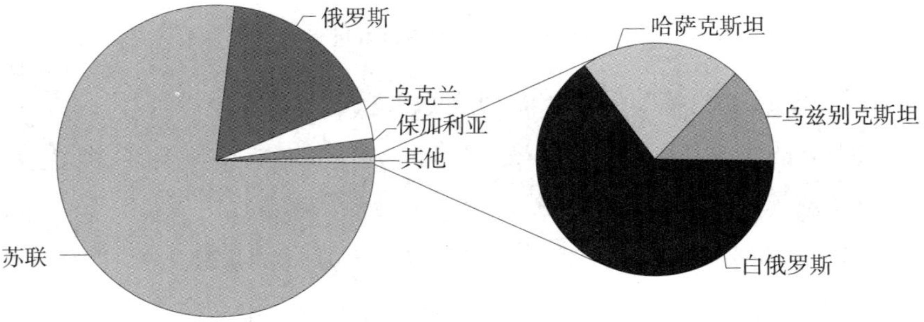

图4　俄语系专利文献的俄语系申请人分布

---

❶ EA不是具有独立政府行政和管辖权的国家，因此不在申请人来源国别之列。

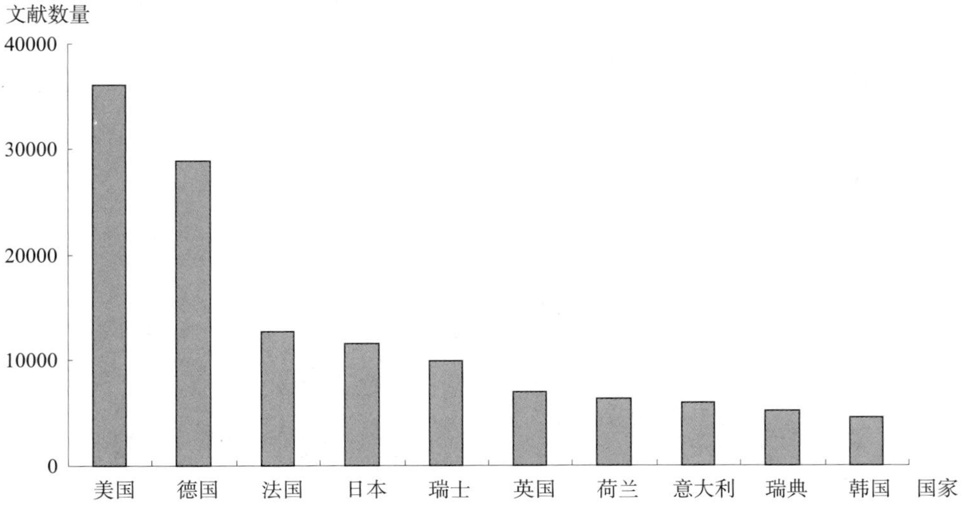

图5　俄语系专利文献的非俄语系申请人分布

三、俄语系专利引证分析

以俄语系专利文献作为引证文献❶为基础的分析，主要内容为：施引文献的同族分布、来源国别、时间特性和技术领域分布，被引文献的同族分布、来源国别、时间特性和技术领域分布等。

（一）施引文献分析

经统计，以俄语系专利文献为审查引证的施引文献记录共计 17 459 件❷，对施引文献进行同族分布、来源国别、时间特性和技术领域分布的分析如下所述。

1. 同族分布

以 2 位国别代码为依据进行统计，获得施引文献的同族分布中，排名前 10 位的国别代码分布情况参见图 6。

从图 6 可以看出，引用俄语系专利文献作为 X/Y 类型引证的施引文献，其同族专利文献分布基本涵盖全球主要专利申请目标区域（EPO、JPO、KIPO、SIPO 和 USPTO），以

❶ 考虑到引证文献的类型至少包括申请人引证、检索引证和审查员引证，其中，申请人引证是申请人在提交专利申请时，在申请文件的背景技术中记载的相关在先技术，而检索引证和审查员引证都是在专利局（或其委托机构）对专利的检索和审查过程中产生的引证文献，可统一称为“审查引证”。本文所指的引证（文献）即为“审查引证（文献）”，后同。

❷ 此处及之后所指的“审查引证”是指引用了俄语系专利文献为（审查）引证（文献）并且将相应的俄语系专利文献用作评述专利申请专利性（主要是新颖性和创造性）的 X 或 Y 类型的引证。作为一个初步的比较，笔者将对俄语系专利文献作为“X/Y 类型引证”占其用作审查引证的整体比例情况与日文专利文献的情况进行了对比，发现俄语系专利文献的比例比日本专利文献的要高出 4%（前者比例约 14%、后者约 10%），这表明在某种意义上而言，俄语系专利文献用于评述专利申请专利性的有效性比例要高于日文专利文献。

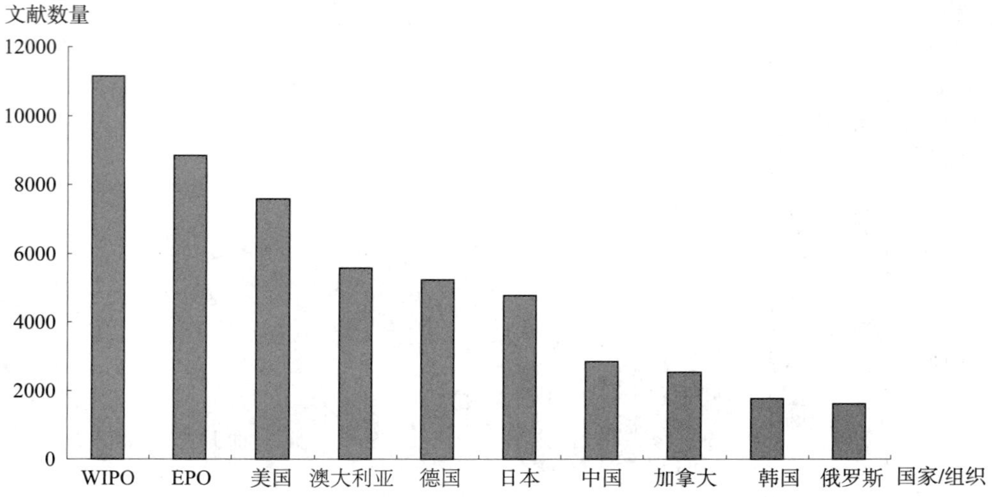

图 6　施引文献的同族分布（前 10 名）

WIPO、EPO 和美国的专利文献居多。❶ 虽然中国、俄罗斯的专利文献引证数据在检索数据库中没有收录，通过同族作为桥梁，仍然能够统计出在这两个国家的专利申请，并且其同族采用了俄语系专利文献用于专利申请专利性的审查。

2. 来源国别

对施引文献的专利申请来源国进行统计和分析，其排名前 10 的来源国分布情况如图 7所示。

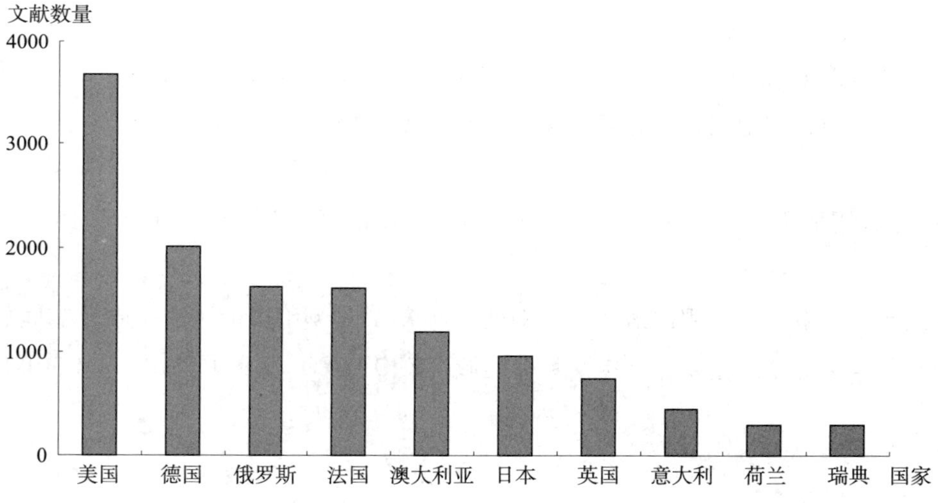

图 7　施引文献的专利申请来源国分布（前 10 名）

---

❶ 这里有两点需要解释，第一，通过对专利文献的随机阅读以及综合考虑前面提到的专利“本国效应”，对于引用俄语系专利文献作为（审查）引证的专利文献，其同族分布理论上应该是以苏联、俄罗斯等俄语国家（即“本国”）居多，但是，统计数据和图 6 中却并没有充分体现出这一点（尤其是苏联时期的专利文献），笔者对此进行分析发现，产生这种现象的原因在于，苏联、俄罗斯等俄语同族文献的引证数据没有在检索数据库中收录，由此导致了无法统计到苏联、俄罗斯等实际上大量引证了俄语系专利文献的专利同族文献；第二，排名前三的 WIPO、EPO 和美国，其法律法规体系下对于引证数据的规定、标引和加工较为完善。

从图 7 可以看出，引用俄语系专利文献作为引证的施引文献中，其来源国最多的并不是俄罗斯，而是美国、德国。❶ 前 10 名来源国的申请人所提交的专利申请中，可能有相当部分在俄语系专利文献中有在先记载，因此，面对来自这些国家的专利申请时，有必要对俄语系专利文献在先技术予以考虑。

3. 时间分布

与前文类似，同样对施引文献从申请时间和公开时间两个角度对其分布情况进行统计，如图 8、图 9 所示。

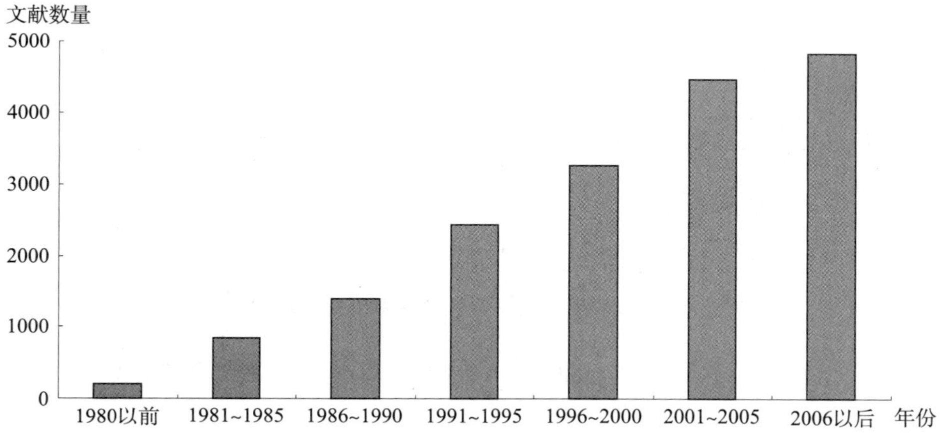

图 8　施引文献的申请时间分布

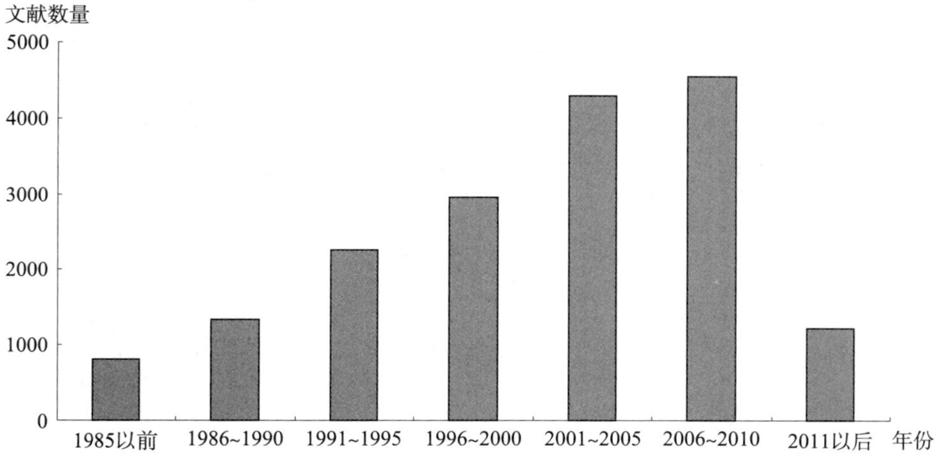

图 9　施引文献的公开时间分布

观察图 8 可知，以俄语系专利文献为引证的施引文献数量，在申请时间分布随时间的增加而迅速增长；而图 9 是这些申请随时间增长的公开情况，也同样呈现持续增长的

❶ 这一结论是建立在本文的检索数据基础上的，更明确地说，是建立在没有俄罗斯、苏联专利文献的引证数据的基础上。

态势。❶

4. 技术领域

对施引文献的技术领域情况进行统计（统计方式参照前文第二部分之（3）），前10个技术领域及其数量分布情况如图10所示。

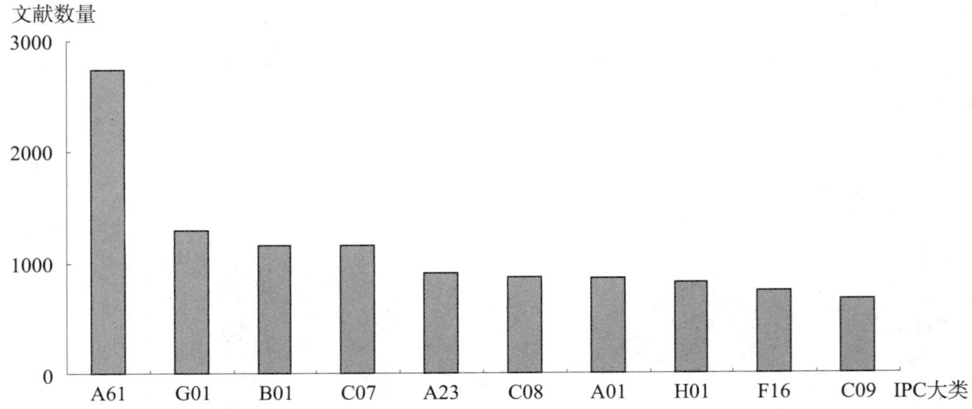

图10　施引文献技术领域分布（前10位）

观察图10，与图3比较可知，施引文献的主要技术领域与俄语系专利文献主要技术领域前10位的重合度有70%，从某种意义上讲，俄语系专利文献在相应的技术领域具有较为重要的作用。

此外，本文还对施引文献中最终授权和未授权文献的技术领域分布情况进一步分析，并统计获得授权比例低于60%的相应技术领域分布情况，如图11所示。

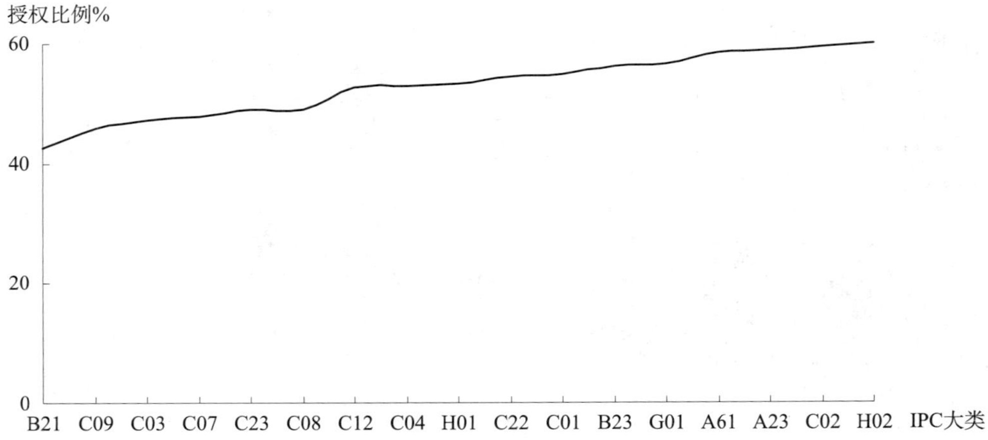

图11　施引文献中授权比例低于60%的技术领域

❶ 考虑到几乎所有专利审查机构都实行了专利申请的“在先公开、延迟审查”制度，专利申请从申请到公开往往都有一个时间滞后（目前较为常见的做法是在申请日后18个月公开）。因而，图9中，2011年及之后的公开数量表现出下降的趋势，但并不表明这些年份的申请数量降低。

将图 11 与图 10 两者进行比较可知，在授权比例低于 60% 的 17 个技术领域中，有 7 个位于施引文献技术领域分布的前 10 位技术领域，这从另一方面反映出俄语系专利文献在评判专利申请专利性时具有较为重要的作用。

（二）被引文献分析

经统计，被用作 X/Y 类型的（审查）引证的俄语系专利文献共计 21 634 件，对被引俄语系专利文献进行同族分布、来源国别、时间特性和技术领域分布的分析如下所述。

1. 同族分布

为了对被用作引证的俄语系专利文献同族分布情况进行统计，以 2 位国别代码为依据进行统计，获得被引俄语系专利文献的同族分布情况，其中，排名前 10 的国别代码分布情况如图 12 所示。

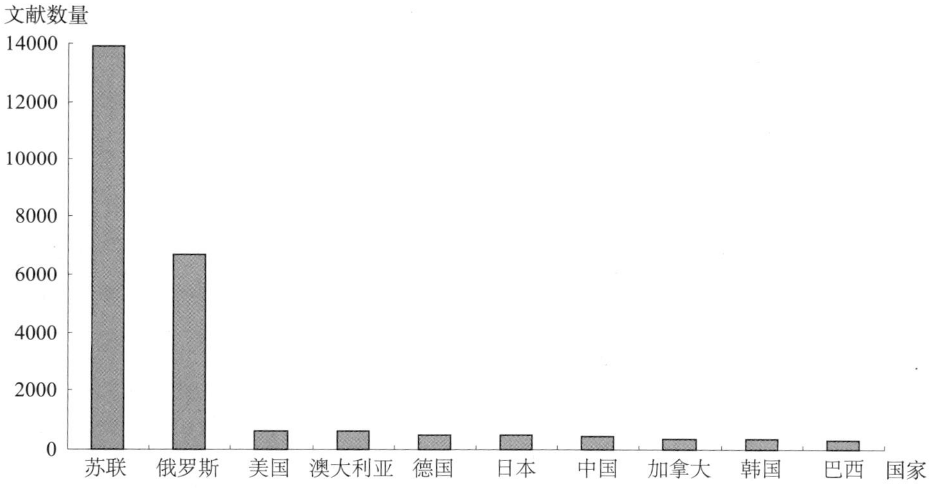

图 12　被引俄语系专利文献的同族分布（前 10 名）

从图 12 可以明显看出，被用作 X/Y 类型引证的俄语系专利文献，鲜有俄语之外的同族（并且主要以苏联时期和现俄罗斯联邦的专利文献为主，两者占全部被引俄语系专利文献的 90% 多），即被用作 X/Y 类俄语系专利文献中，90% 以上没有俄语之外的同族专利文献（如英文同族等）。与这些专利文献相应的技术内容，仅能够通过俄语系专利文献获得对俄语文献的检索与利用尤为重要。

2. 时间分布

对被引俄语系专利文献同样从申请时间、公开时间两个角度统计分析，其分布情况如图 13、图 14 所示。

申请时间位于 20 世纪 70 年代到 20 世纪 90 年代、公开时间位于 20 世纪 80 年代到 21 世纪初的俄语系专利文献是被用作 X/Y 类型引证的主体（其中，公开时间段滞后于申请时间段主要因为“先公开、后审查”制）。在审查和检索实践中，对这些相应时期的俄语系专利文献应当尤其予以重视。

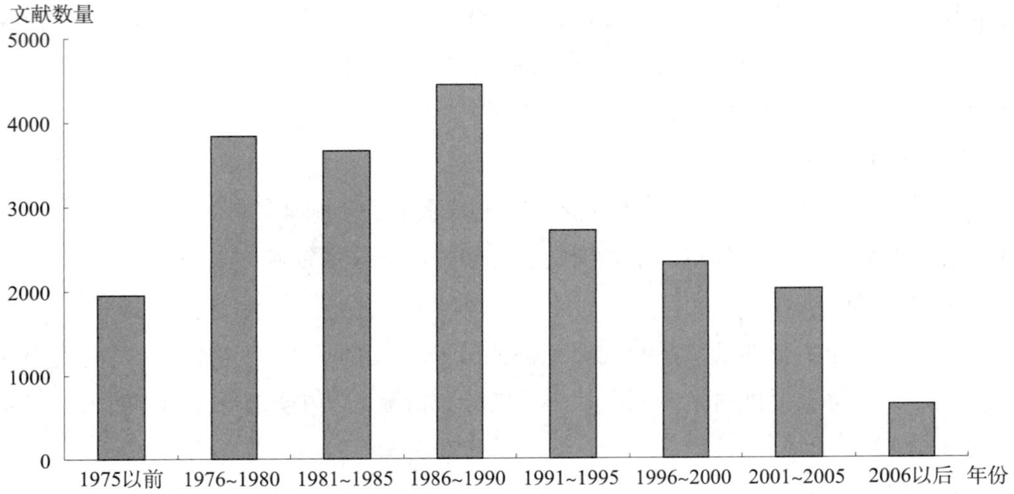

图 13　被引俄语系专利的申请时间分布

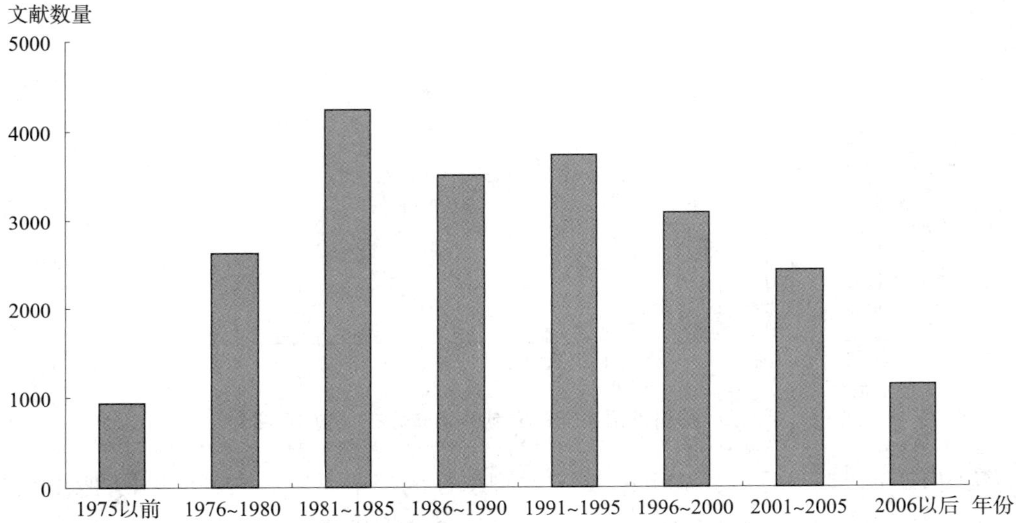

图 14　被引俄语系专利文献的公开时间分布

3. 技术领域

为了解被引俄语系专利文献的主要技术领域分布，同样对其进行统计（统计方式参照前文第二部分之（三）），获得其前 10 个技术领域及其数量分布情况如图 15 所示。

观察图 15，与图 10、图 3 比较，可以得出：排名前 10 的 IPC 大类中被引文献与施引文献重合率为 80%（仅施引文献的 C08、C09 不在被引文献中，被引文献的 B23、E21 不在施引文献中）、被引文献与整体俄语系专利文献的技术领域的重合率为 90%（仅被引文献的 A23 不在整体的分布中，而整体的 H02 不在被引文献中），这表明施引文献与被引文献间技术领域较接近。俄语文献集中的技术领域，正是大量被引证文献的技术领域。这说明了俄语系专利文献的重要性。

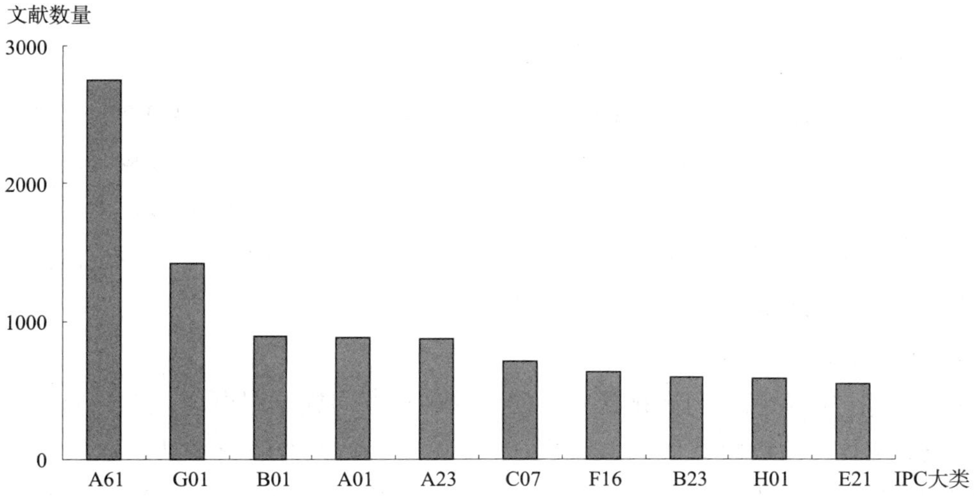

图 15　被引俄语系专利文献的技术领域分布（前 10 位）

四、国知局俄语系专利文献运用现状

本部分对使用俄语系专利文献进行专利申请的专利性审查有关情况进行初步研究，根据分析研究样本的不同，分为类型一：中国专利申请审查中的俄语系专利文献引证情况分析；类型二：国外同族利用了俄语系专利文献作为 X/Y 类型引证的中国同族情况分析。

（一）中国申请俄语引证情况

本部分对应类型一中的研究样本分析。以国知局 S 系统的 CNABS 数据库为基础，经统计发现，以俄语系专利文献为（审查）引证的施引文献记录共计 14 052 项，其中可能采用了俄语系专利文献作为 X/Y 引证的记录为 126 项，比例不足 1% 。[1]

（二）中国同族俄语引证分析

本部分对应类型二中的研究样本分析。为了进一步探讨国知局审查实践中利用俄语系专利文献的情况，本文再从另外一个视角进行研究，分析采用了俄语系专利文献作为 X/Y 引证的国外同族专利申请的中国同族的俄语引证情况，并分如下所述的三个方面

[1] 这里需要做进一步的说明，即该比例可能存在不完全准确性，因为笔者对于 CNABS 数据库中的引证加工数据进行的初步分析发现，第一，已加工的引证数据中，无法将被引证文献与其被用作的引证类型（是否是 X/Y 类型引证）直接对应；第二，已加工的引证数据中，有许多俄语系专利引证文献实际上是在数据加工过程中由申请人提供的背景技术中提取获得，但在实际审查中并没有用于评述专利申请的专利性，也即其并未用作 X/Y 类型引证；第三，实际审查中的部分引证数据没有被加工提取到 CNABS 数据库的引证信息字段中，导致一定程度的数据缺失。综合前述三点原因，基于目前能够获得数据，本文认为对俄语系专利文献用作 X/Y 类型引证的比例为 1% 左右。结合笔者对采用了俄语系专利文献作为引证的中国申请审查过程的随机阅读结果，笔者获得了相同的结论，因而尽管存在可能的数据缺失问题，但是这一比例仍然具有一定的说明意义，即我国实际审查过程中，对俄语系专利文献的应用存在较大的提升空间。

展开。

1. 授权情况分析

经统计，在引用俄语系专利文献为X/Y类型（审查）引证的17 459项施引文献记录中，有2 848项具有中国同族，其中有1 283项中国同族专利申请被授权，授权比例约45%，比引用俄语系专利文献为X/Y类型（审查）引证的非中国同族专利申请40%的授权比例高。在无法充分考虑各局审查速度差异的情况下，某种程度上反映出国知局在审查质量上比国外局整体情况要低，尽管差距不是那么明显。

2. 技术领域分析

对已授权中国同族专利和排除中国同族的未授权同族专利申请技术领域进行基于IPC大类的统计，已授权中国同族专利的前10位IPC大类的分布情况如图16所示。图17对对应技术领域的中国专利申请授权比例与其同领域国外同族申请授权比例情况进行了比较。

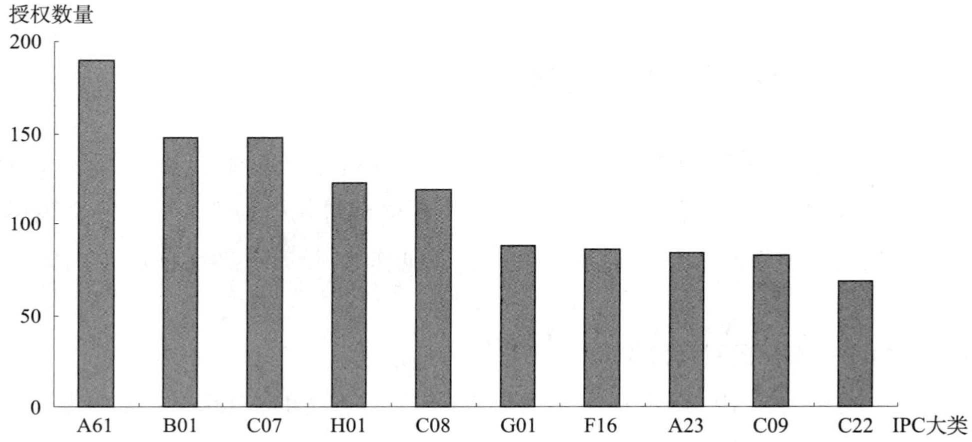

图16　已授权中国专利技术领域分布（前10）

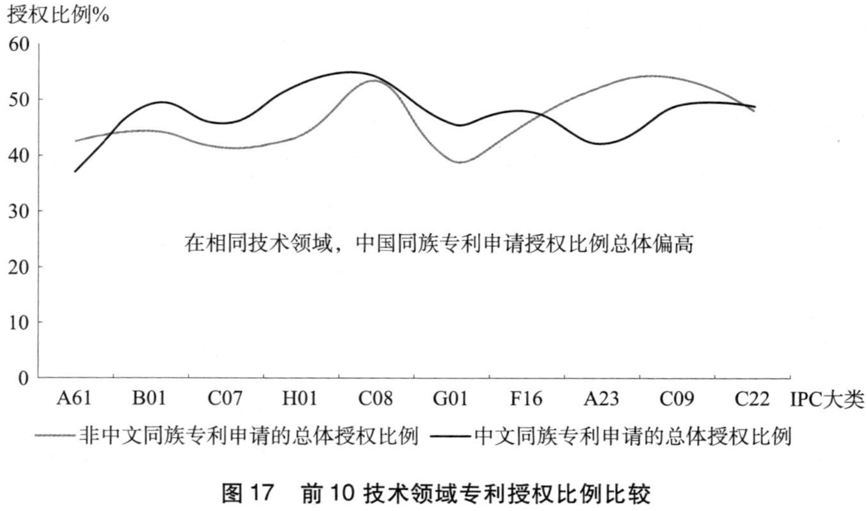

图17　前10技术领域专利授权比例比较

图 16 是中国专利申请❶中已经授权的前 10 位 IPC 大类技术领域。这些技术领域专利申请较为活跃并且获授权数量较多；图 17 显示的授权比例情况表明，在相应的技术领域，中国同族的授权比例基本都比国外同族的要高；国外同族又采用了俄语系专利文献作为 X/Y 类引证，从另一个侧面说明，国知局应当进一步加强实际审查中对俄语系专利文献的使用。

3. 申请来源国

通过对类型二中 2 848 项中国专利申请技术来源国情况统计分析，其前 10 位的分布如图 18 所示。

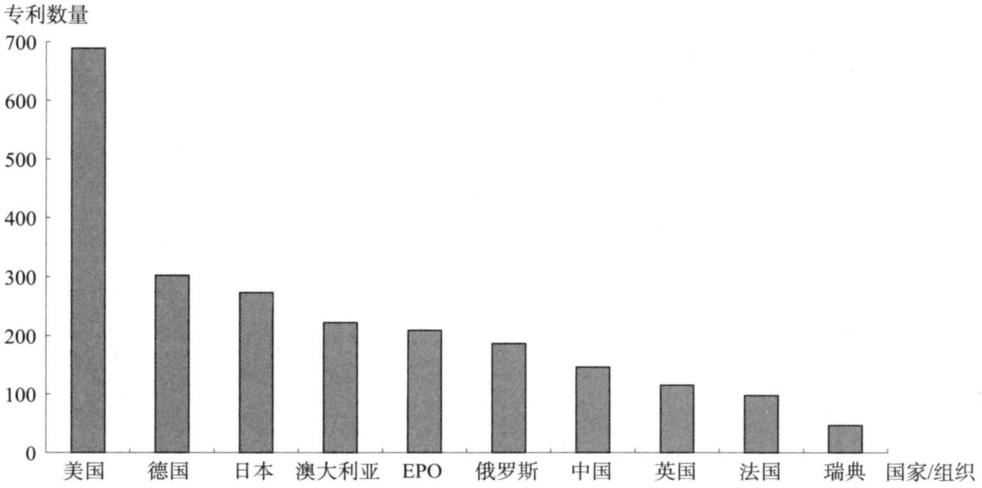

图 18　专利申请技术来源国别情况

从图 18 可以看出，对应于类型二的中国专利申请中，其专利申请技术主要来自国外，其中以美国、德国、日本为主（美国占近 25%），中国申请人仅排名第 7。考虑到类型二的样本确定方式，国外申请人申请的具有中国同族的申请中，国外同族具有 X/Y 类型的俄语系专利文献引证，中国专利申请则几乎没有。可以说，这是给国知局专利审查质量带来的一个挑战。

五、俄语系专利文献检索

从对前文尤其是第三、第四部分的分析可知，在几乎相同的技术领域中，国外专利申请大量采用 X/Y 类型的俄语系专利文献作为（审查和检索过程中的）引证文献，而中国同族专利申请则非常少，其原因可能来自多个方面，例如，相应审查领域审查员对所属领域的俄语系专利文献情况认识不足，用于检索俄语系专利文献资源或途径欠缺，我

❶ 其国外同族对应的具有俄语系专利文献作为 X/Y 类引证。

局审查员检索俄语系专利文献技能存在一定的差距等。本文主要针对这三个方面展开讨论，提出相应措施和建议，希望能够为提高国知局俄语系专利文献的运用水平提供参考。

（一）加强对俄语系专利文献的认知

囿于语言掌握能力和外部舆论环境的误导（如就专利领域话题进行讨论时，最常提到的美日欧中韩五局，在专利领域具有一定影响力的俄语系专利体系却鲜被提及），国知局审查员在实际审查和检索中，往往尤其关注美日欧中韩（尽管其相比其他四局要更少被关注）文献。在某些技术领域，俄语系专利文献能够起到相当重要的作用，大量国外同族采用俄语系专利文献作为审查过程的X/Y引证就已经表明了这一点。因此，有必要依据领域特点，有针对性地强化相应领域人员对俄语系专利文献的认知和重视程度，逐步提高对俄语系专利文献的运用水平。

（二）构建俄语系专利文献资源库

丰富、易用的专利文献是确保检索效率和质量的基础，这对大家并不熟悉的俄语系专利文献更为重要。实际上，俄语系专利文献的摘要信息（主要是英文），多数已经存在，可以检索（部分俄语系专利文献不具备可检索的摘要或标题信息❶，仅能够通过分类号、追踪检索等其他方式检索），不过，很多情况下仅通过摘要信息并无法充分反映专利文献公开的全部技术内容，说明书全文（并辅以可能存在的附图等）显然包含了更多的技术细节，这些信息目前似乎无法获得。因此，有必要建立一个资源覆盖全、易用性高的俄语系专利文献资源库，便于实际审查中的检索。❷

（三）提升俄语系专利文献检索能力

最后，应当在现有资源基础上，兼顾日后可能推出的俄语系专利文献资源，深入挖掘检索俄语系专利文献的各种有效途径，提高俄语系专利文献的检索能力，最终提高审查检索效率和质量。本文认为，除目前利用可获得的（英文）关键词信息、分类号信息等常规检索外，还应当注意以下两点。

1. 追踪检索

追踪检索对于没有摘要信息乃至分类号信息的专利文献检索尤其有用，因为对这类文献无法在检索系统中利用已有的常规索引或字段进行基于常规检索要素的检索。利用追踪检索，一方面可以越过由于语言障碍导致的检索要素选择困境，另一方面可以克服无常规检索入口（关键词、分类号、发明人与申请人等）的文献检索难题。下面这个案

---

❶ 笔者曾经以汽车安全车身技术领域为例做过一个关于“DWPI收录数据导致的缺失可能性”的研究（未公开发表），如有需要可联系笔者。分析结果表明：对于同一个技术领域之下（以IPC分类号为依据），DWPI数据库收录数据会明显少于SIPOABS数据库，同时SIPOABS数据库中存在大量仅有分类号而没有可检索摘要或标题的记录，其缺失率随着收录文献的年代越早而越高，例如本例分析中，1985年之前文献的缺失率高达将近41%。

❷ 关于如何建立这样一个资源库的构想超出了本文的探讨范围，但这里仍然就资源库最好具有的基本特点做简要说明：第一，收集数据应该全面而准确；第二，对数据应当做进一步的加工以更好的与现有检索系统匹配；第三，由于俄语本身的特点，国知局审查员中对俄语掌握的人员并非多数，因此有必要考虑构建一个俄语之外的语种的副本（如英文或中文），以提高实际检索的可行性和易用性。

例，是基于追踪检索获得俄语系专利文献，从而评述了专利申请的专利性。

案例简介：

申请号：CN200910135774.4

发明名称：多辊转向式输送机

申请人：株式会社太星技研

本申请涉及一种多辊转向式输送机，申请人声称的发明点在于“移动方向滚轮”和“变更方向滚轮”，并在权利要求中使用了较为详细的结构和安装方式的限定。

审查员在利用关键词和分类号未能检索到可以评述该案件新颖性的对比文献之后，通过追踪之前检索到的相关在先技术，获得公开号为SU284220A1的俄文专利文献，可以用于评述本申请全部权利要求的新颖性。

本案例反映出的一个问题在于，由于文献SU284220在检索系统中没有关键词、分类号、发明人、申请人等检索入口，使用常规的检索策略无法获得，仅能够通过追踪检索的方式检索到，表明了追踪检索在实际检索中的重要性。

2. 同族借鉴并辅以外网资源

笔者对第四部分之（二）中的中国同族专利申请的抽样阅读和研究发现，实际审查中，导致中国同族没有引用国外同族采用的X/Y类型俄语系专利文献引证的原因至少有两点：第一，没有及时获得国外同族引用的俄语系专利文献引证信息，这种情况主要发生在国外同族的检索报告或审查历史公布时间晚于中国同族的审查乃至于结案时间。第二，即使在国外同族采用俄语系专利文献引证时，中国同族仍然没有利用，可能是由于语言障碍给审查员造成消极的影响。

针对上述情况，在将来的实际审查中，一方面，要进一步关注国外同族审查过程；另一方面，还要注意结合国外同族审查历史，综合运用外网资源，切实了解作为引证的俄语系专利文献的技术内容，确保检索和审查结果的客观性、准确性。例如，对国外同族中引用的俄语系专利文献，在目前常规检索系统无法获得俄语全文文本的情况下，可以结合相应俄语系专利管理机关的因特网检索平台（如俄罗斯联邦专利和商标局RosPatent的因特网数据库FIPS❶；欧亚专利局EAPO的EAPATIS❷），获取俄语系专利文献的全文，并运用翻译工具（如Google Translate❸）获得对应的熟悉语种（如英文或中文）信息，以辅助理解俄语系专利文献的技术内容，为提高审查和检索绩效提供帮助。

❶ 网址：http：//www1.fips.ru.

❷ 网址：http：//www.eapatis.com/ensearch.

❸ 网址：http：//translate.google.com/translate_ t.

六、结论与建议

国知局审查和检索工作在运用俄语系专利文献方面存在较大的提升空间，主要原因是数据资源、检索手段和语言障碍三方面。为使审查工作中不遗漏、更好地运用俄语系专利文献，提出如下所述的展望建议。

（1）逐步丰富和完善国知局俄语系专利文献资源，尤其是尽快建立可以进行全文文本检索的俄语系专利数据库，并提供灵活、多样化的检索入口（如标题、摘要、权利要求书、说明书等）。

（2）在建立更完善的俄语系专利文献数据库的同时，基于检索系统现有数据和检索功能，重视对俄语系专利文献的追踪检索、基于分类号等非关键词检索入口的检索❶并持续改进，并应当建立在详细了解领域特点的基础之上，从而更具目标性和针对性。

（3）对检索系统功能的进一步改进，完善可供检索的俄语系专利信息资源、丰富检索功能和手段，提供目前常用语种和俄语之间的跨语言扩展检索，提供对俄语系专利文献（尤其是全文文本）的在线翻译灯，缓解审查员所面临的语言障碍。

以上三方面均具有较为迫切的现实意义，以尽快推进落实和实施为宜。此外，提升审查员对俄语系专利文献运用的意识是重要环节，但这是观念转变问题，需要逐步培养。相信随着俄语系专利文献在国知局实际审查中运用效果的提升，这种意识会逐步自行树立起来。

总之，俄语系专利文献在专利审查领域具有不可忽略的重要地位，能否充分、有效利用俄语系专利文献，对国知局专利审查的质量和效率都具有值得重视的影响。应当从技术领域特点出发，详细了解所属技术领域的俄语系专利文献现状，在国知局和国外审查实践中得以运用的程度和实际发挥的作用等，明确自己的强势和弱势。相信在国知局各方面的共同努力之下，将能有效地利用俄语系专利文献，进一步提高检索和审查质量，为国知局的强局建设作出贡献。

参考资料

[1] 李绩. 专利文献的特点及利用 [J]. 中国科技成果，2008（23）.

[2] 郭春玲. 登录 Rospatent 网站检索俄罗斯专利 [J]. 当代图书馆，2011（4）：54－56.

[3] 任晓玲. 俄罗斯联邦知识产权现状一瞥 [J]. 中国发明与专利，2012（7）：66－68.

[4] L. G. Kravets. Fifty years of patent information centres in Russia [J]. World Patent Information，2011，33

❶ 尤其是对于较早的俄语系专利文献和/或没有关键词检索入口的俄语系专利文献。

(3): 282 - 285.

[5] OLEKSANDR BRAGARNYK. Patent information of the former USSR countries [J]. World Patent Information, 2010, 32 (4): 331 - 334.

[6] MARGIT Höhne, JAN LUDWIG, REINHARD SCHRAMM. Efffcient access to Russian patent documents [J]. World Patent Information, 2000, 22 (1 - 2, 6): 23 - 33.

[7] K. MILUSHEV. Cyrillic databases of former Soviet Union countries [J]. World Patent Information, 2009, 31 (4): 304 - 307.

[8] 如何在国外保护你的发明:《专利合作条约》(PCT) 常见问题解答 [EB/OL]. [2012 - 04]. http://www. wipo. int/pct/zh/basic_ facts/faqs_ about_ the_ pct. pdf.

[9] 俄罗斯之声: 请问, 您讲俄语吗? [EB/OL]. [2012 - 04 - 11]. http: //chinese. ruvr. ru/2012_ 11_ 04/93463563.

[10] WIKIPEDIA. List of countries where Russian is an official language [EB/OL]. http: //en. wikipedia. org/wiki/List_ of_ countries_ where_ Russian_ is_ an_ official_ language.

[11] WIKIPEDIA. Languages written in a Cyrillic alphabet [EB/OL]. http: //en. wikipedia. org/wiki/Languages_ written_ in_ a_ Cyrillic_ alphabet.

基于数据深加工标引结果的IPC自动再分类

袁欣

摘 要 本研究针对专利文献这一特定的结构化文献，提出一套可行的数据深加工IPC自动再分类方法，以提高加工效能，且保证分类结果的准确性和一致性。研究基于目前数据加工单中体现的人工智慧的结果，以海量专利为依据、以加工单中的关键词字段为核心，采用IG（信息增益）法进行特征选择，并结合IPC分类定义和主题词表提供的主题词信息，完成特征向量的构建，进而搭建出一个特征空间模型。采用KNN（K值邻近法）算法对测试文档集进行分类，根据对分类结果的评价，完成分类器的修正，并给出自动再分类过程的优化建议。

关键词 数据深加工 IPC自动再分类 关键词类目 特征选择 向量空间模型 KNN算法 信息增益

一、引 言

IPC分类表包含了与发明创造有关的全部知识领域，其类别繁多，第8版包括约70 000项技术类别。面对如此海量数据，目前数据深加工IPC再分类仍采用人工分类，对加工员而言存在很多困难：①没有经过系统的学习，对分类规则不能全面把握；②没有长期实践的经验，对分类表的了解程度低；③没有最新分类知识获得途径，分类思想得不到及时更新，分类正确率不能保证；④任务量重，无法投入太多的时间研究专利文档再分类。在保证分类质量的前提下减少单位加工时间、增加加工效能，是现阶段IPC再分类面临的主要问题。

因此实现IPC自动再分类对数据深加工业务的开展有着重要的意义。首先，可提高分类效率，减少人工分类的不统一性、不确定性和分类错误；且即使现有的自动分类算法的分类准确率无法企及人工分类的准确率，本研究仍有助于对原始分类号进行核对和细分等再分类工作，能大大减轻工作量，提高能效。

二、研究方案

与现有专利文献的IPC自动分类方法不同，本文的IPC自动分类并不以专利文献说明书为依据进行特征词的选取，而是选取了经过数据深加工的关键词类目作为特征提取的数据源，利用海量专利提供的经验信息，并结合 IPC 分类定义的描述及主题词表中的词汇，得到特征词汇，进而构建起向量空间模型，最后采用 KNN 算法实现专利的自动分类。

具体的研究思路如下（见图 1）：

（1）在已经完成数据深加工的专利中按一定条件选取合适的专利组成训练集，并从相对应的数据加工单中选择合适的类目代表专利信息；

（2）对专利文本进行预处理，是指将所需的数据加工单中的各种信息进行提取、通过最新的主题词表对关建词类目进行处理等；

（3）专利文本特征选择和模型构建，通过特征评估函数，从预处理后的关键词集合中挑选包含重要信息的词汇作为特征词，将专利文本在相对低维的特征空间中用数学模型表示；

（4）分类测试，从已经完成数据深加工的专利中按一定条件选取合适的专利组成测试集，采用分类算法对测试集进行分类；

（5）分类结果评价，选取评价指标对分类结果进行评估，根据对评估结果的分析分类器进行修正；

（6）分类器实际应用，将所建分类器应用于待分类专利，完成专利自动分类。

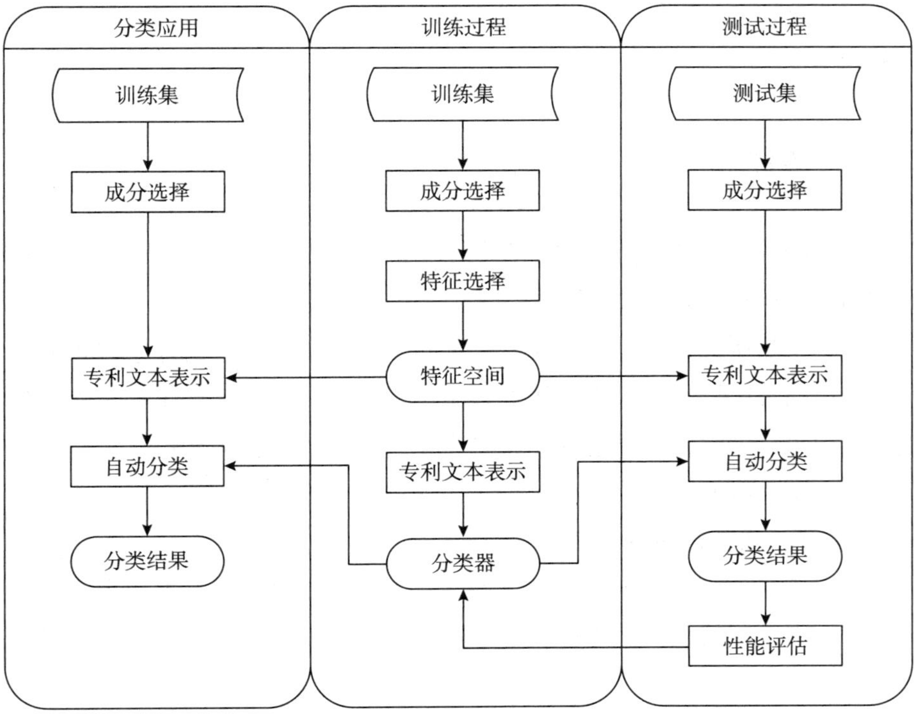

图 1　自动再分类流程图

三、专利代表成分选择

现有专利自动分类都是选用专利说明书中的名称、摘要、背景技术等，经分词处理后形成主题词作为代表专利的技术信息，这样的处理方式在实际中实现存在很多困难。首先语言本身描述的模糊性，导致将技术概念概括为主题词困难，存在不确定性和语义的多样性；对文本的分词操作方法复杂，实际处理过程困难；抽取的词汇作为专利的代表信息存在很大误差，主题词之间的描述差别大，而且受文档自身的可靠性影响大；提取出的词汇量大，使用计算机进行降维处理时运算量惊人。

目前，专利技术开发公司对专利文献进行数据深加工改写，针对每篇专利形成了一一对应的专利数据加工单，数据加工单为专利代表成分的选择提供了便利，为保证分类效果奠定了坚实的基础。

本研究利用数据深加工结果，从关键词类目中提取最能代表专利信息的词汇，这鉴于关键词类目的针对性。关键词类目是加工人员根据改写的摘要提取出来的词汇，其形式为用分号分隔的词汇形式，词汇的提取也是考虑其在整个说明书中的重要程度、对技术改进所做的贡献和对检索有用的信息几个方面，并经过了专业化词表和人工智慧的一个处理过程，最能表达专利中的技术信息。故以数据加工单中标引的关键词为分类器输入，采用 IG 法进行特征选择，可以得到较好的分类准确率和计算效率，且大大简化了整个方案的复杂程度。

四、特征选择

特征选择是指综合大量深加工数据提供的关键词信息以及 IPC 分类定义的描述信息，采用特征评估函数构建相对低维的特征空间。

若将训练集中的所有关键词都作为向量空间模型特征，会造成特征空间维数多，计算量过于庞大。而且这样庞大的特征数量会使得每个特征所含信息非常平滑，有用信息反而不能突出显示。因此，需要进行特征的选取，把最能代表某类专利文本信息的词汇挑选出来，作为文本特征。

（一）利用评估函数选择特征

在本文中采用 IG（信息增益）法来实现特征选择，信息增益是根据指定词汇在专利文本中出现与否来计算其为专利类别预测所贡献的信息量，IG 值越高，说明该词汇对分类预测提供的信息就越多。计算公式为：

$$IG(t_j) = -\sum_{i=1}^{m} P(c_i)\log P(c_i) + P(t_j)\sum_{i=1}^{m} P(c_i|t_j)\log P(c_i|t_j) +$$

$$P(\bar{t_j})\sum_{i=1}^{m}P(c_i|\bar{t_j})\log P(c_i|\bar{t_j})$$

其中 $P(c_i)$ 为训练集中类别 c_i 的专利文本出现的概率，$P(t_j)$ 和 $P(\bar{t_j})$ 分别为训练集中包含和不包含词汇 t_j 的专利文本出现概率，$P(c_i|t_j)$ 和 $P(c_i|\bar{t_j})$ 分别为在词汇 t_j 出现和不出现的前提下专利属于类别 c_i 的条件概率。

（二）其他途径的特征补充

在 IPC 的各个层次上，每一个类别都有其描述信息，如 B25B13/00，其分类定义为“扳钳；扳手”，这些描述信息提供的信息量巨大，且很有价值，人工分类的依据就是这些分类定义。故将分类定义中有价值的信息提取出来，作为对经过特征选择后确定的特征词的补充。

主题词表以《中国分类主题词表》为蓝本，是将自然语言转化为规范化的系统语言的术语控制工具，是概括由自然语言优选出的语义相关、族性相关的学科术语所组成的一种规范化动态词典。因此对主题词表的 IPC 分类字段进行筛选，筛选出 IPC 字段中含“B25B”的所有主题词，作为对经过特征选择后确定的特征词的补充。

五、专利文本数学表示及分类算法

（一）专利文本数学表示

专利文本表示的主要目的是将文本用一定的数学模型表示成计算机可以识别的形式。20 世纪 60 年代末由 Salton 等人提出的向量空间模型（VSM）具有较强的可操作性，是最简便和高效的文本表示模型之一。在本文中，将以向量空间模型作为研究对象，建立专利文本的数学模型。

1. 向量空间模型（见图 2）

向量空间模型是将每个专利文本表示成由特征组成的向量空间中的一个向量。给定一个专利文本集合 $\{d_i\}(i=1,2,\cdots,m)$，从专利对应的数据加工单关键词类目中选取具有代表性的词汇作为特征，组成特征集合 $\{t_j\}(j=1,2,\cdots,n)$，那么文本 d_i 可用向量 $(w_{i1},w_{i2},\cdots,w_{in})$ 来表示，其中 w_{ij} 表示第 j 个特征在文本 d_i 中的权重。

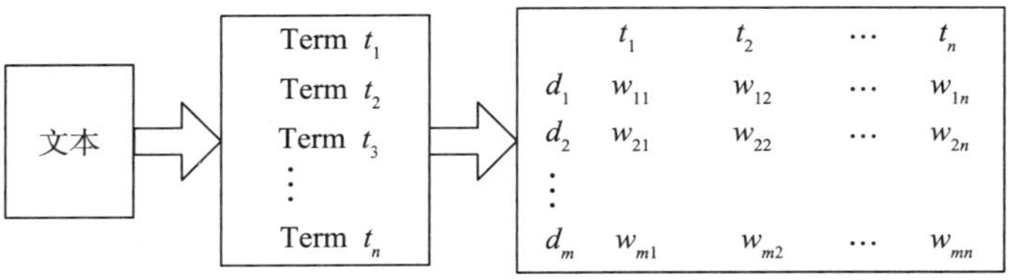

图 2　专利文本向量化过程

2. 特征权重计算

不同的特征对文本的重要程度不同，一个有效的特征权重应该综合反映：（1）特征对所标识文本内容的贡献大小；（2）特征将目标文本和其他文本相区分的能力。一般的，一个特征在目标文本中的词频越大，说明该特征在文本中更重要，对文本内容的贡献越大；而一个特征的文档频率越大，说明文本集中的大部分文本都含有该特征，其对目标文本的专指度就越差。利用 TF－IDF 公式实现对特征权重的计算，计算公式为：

$$w_{ij} = w(t_j,d_i) = \frac{tf(t_j,d_i) \times \log(N/n_{t_j} + 0.01)}{\sqrt{\sum_{t_s \in d_i}[tf(t_s,d_i) \times \log(N/n_{t_s} + 0.01)]^2}}$$

其中 $w(t_j,d_i)$ 表示特征 t_j 在文本 d_i 中的权重，$tf(t_j,d_i)$ 表示 t_j 在 d_i 中的词频，N 为文本集中总的文本数，n_{t_j} 为特征 t_j 的文档频率。

3. 专利文本相似度计算

通过计算夹角余弦来度量文本间的相似度，夹角余弦值越大，说明夹角 θ 越小，所衡量的两个文本越靠近、越相似。夹角余弦计算公式为：

$$Sim(d_i,d_j) = \cos\theta = \frac{d_i \cdot d_j}{\| d_i \| \times \| d_j \|}$$

其中分子为两文本向量的内积：$d_i \cdot d_j = \sum_{s=1}^{n} w_{is}w_{js}$，分母为两文本向量模的乘积：$\| d_i \| = \sqrt{\sum_{s=1}^{n} w_{is}^2}$，$\| d_j \| = \sqrt{\sum_{s=1}^{n} w_{js}^2}$。

（二）专利分类算法

本文使用 KNN 算法作为专利分类算法，其基本思想是在给定待分类文本 d_x 后，计算 d_x 与训练集中每一个文本 d_s 的相似度，文本间相似度计算采用夹角余弦公式：

$$Sim(d_x,d_s) = \cos\theta = \frac{d_x \cdot d_s}{\| d_x \| \times \| d_s \|}$$

找到与 d_x 最相似的 K 篇文本（即 K 个邻居，表示为 $d_s \in KNN$），根据这 K 篇文本

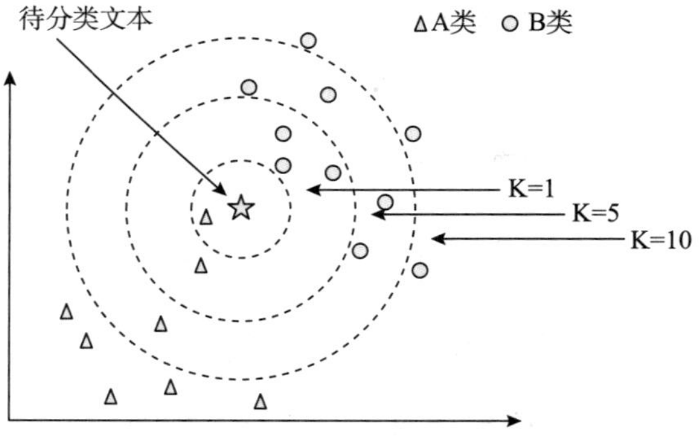

图 3　KNN 算法原理

所属的类别来判断 d_x 所属的类别，定义 d_x 与类别 c_i 的相似度为：

$$Sim(d_x, c_i) = \sum_{d_s \in KNN} Sim(d_x, d_s) y(d_s, c_i)$$

其中 $y(d_s, c_i)$ 为类别属性函数，若 $d_s \in c_i$ 其值为1，若 $d_s \notin c_i$ 其值为0。最终将待分文本归入相似度最大的类别。

六、分类测试与分类结果评价

（一）分类测试

实施过程以 B25B 小类为例，对算法进行实现。从 B25B 下面的 18 个大组下面抽取训练案件集和测试案件集，训练集抽取的具体方式是每个大组及其所属小组下面随机抽取 100 个案件，测试集抽取的具体方式是每个大组及其所属小组下面随机抽取 20 个案件，且和训练集的数据不重复。

对通过信息增益法选择出来的词汇，进行人工干预，以使最终用于构建特征向量的特征具有足够的代表性。人工干预主要从以下几方面进行：采用主题词表对关键词叙词化处理，合并相近词汇，同义词不全面的人工添加；对词汇的代表能力进行初步审查，如将“通孔”“部件”等含义过于宽泛或比较通用的词汇去除。最终经过特征选择确定的部分词汇如表 1 所示。

表 1　特征词汇例表

钳	电动螺丝刀	电动扳手	扳手
拉紧	夹持器	螺丝刀	工具
销	传动	套筒扳手	虎钳
定位	离合器	齿轮	丝杠
拆卸	套筒	活塞	电机
拆装机具	螺栓	夹头	夹钳
夹持	棘爪	夹具	螺杆
气缸	镊子	液压	电动机
钳柄	螺母	起子	手柄
钢丝	手钳	台钳	棘轮

特别需要强调的是由于词汇表达的多样性，同义词的引入充分地考虑了语义表达的多样性，在文档频率和词频的统计上更准确，提高了分类的查全率和查准率。

计算特征权重时，在专利深加工数据名称、技术方案类目标引结果中统计词频，而非直接在专利的某部分原始文本中统计词频。改写后的名称、技术方案类目与专利的原始文本相比，更能体现专利的重要信息，更能代表专利的技术内容，因此，可以在特征权重计算中得到更客观的特征权重值，即在特征空间中为专利找到更客观的空间位置。

（二）单个大组专利分类结果评价

分类测试在大组层次上进行，当一个专利具有 2 个或 2 个以上 IPC 号时，分类结果只要与其中一个一致，就认为分类正确。

$$\text{查全率}\ R = \frac{\text{分类正确的文本数}}{\text{该类应有的文本数}} \times 100\%$$

$$\text{查准率}\ P = \frac{\text{分类正确的文本数}}{\text{实际分到该类的文本数}} \times 100\%$$

采用 KNN 算法，K 取值为 5 时，测试专利自动分类的查全率、查准率如图 4 所示。

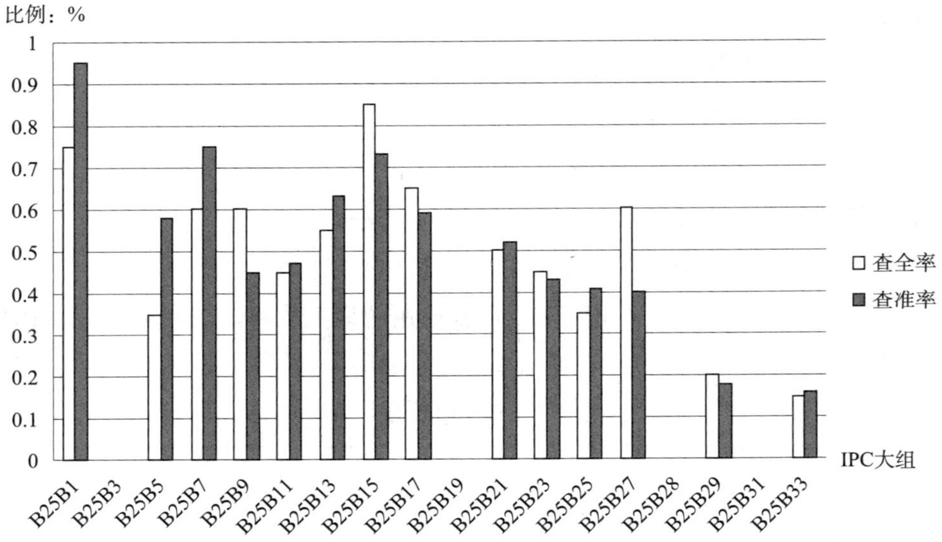

图 4　B25B 各大组的查全率、查准率对比图

某些大组（如 B25B1、B25B15）下专利的特征向量在特征空间中的分布相对按组集中，因此专利自动分类查全率、查准率均较高；某些大组（如 B25B29、B25B33）下的专利的特征向量在特征空间中的分布相对分散，因此专利自动分类查全率、查准率均较低；还有一些大组（如 B25B5、B25B9）下的专利特征向量较雷同，在特征空间中的分布集中（非按组集中），因此专利自动分类查全率、查准率也不高。由于 B25B3、B25B19、B25B28、B25B31 四个大组下没有满足测试条件的深加工数据，故查全率、查准率均为 0。

（三）整体分类效果评价

采用宏平均方法评价分类器总体的分类效果，宏平均首先计算每个类别的性能指标，然后对各个类别的指标求算术平均值得到总体性能评价。

$$\text{宏平均查全率 } R_{Macro} = \frac{\sum_{i=1}^{|C|} R_i}{|C|} = 0.503571$$

$$\text{宏平均查准率 } P_{Macro} = \frac{\sum_{i=1}^{|C|} P_i}{|C|} = 0.518894$$

虽然现有文献在 IPC 的部、大类、小类级别上的研究报道较多，但罕见在 IPC 大组级别上的自动分类研究报道。仅有的几篇提到在 IPC 组级别上的自动分类效果的文章显示，在 IPC 大组级别上的自动分类准确率均不高于 26.5%。而本课题 IPC 自动分类研究结果显示，在 IPC 大组级别上的自动分类准确率达到 51.9%。

七、优化建议

1. 深加工关键词标引原则倾向体现人工智慧

关键词类目很多时候没有最大程度地体现人工智慧。举例来说，一个转动扳手，它的转动功能在专利中是以“万向节”“转轴”这些零件体现，加工员标引了文章中出现的词汇，却把 IPC 分类定义中体现的最专指的信息屏蔽掉了。从这一点看，我们的加工思路可以有新的拓展，如在确定 IPC 合适的情况下，可以鼓励加工人员将 IPC 类目提供的专指词汇加入关键词类目，或通过自动手段直接添加。

2. 深加工数据体现对技术领域的标引

若能在数据深加工过程中体现技术领域的信息，则利于将一部分特征向量分布集中（非按组集中）的大组（如 B25B5、B25B9）下的专利区别开，可大幅度改善自动分类查全率及查准率。

3. 改进文本相似度计算方法

文本相似度计算是自动分类过程中耗时最长的步骤，建议对其加以改进，以期缩短自动分类所需时间。

八、结　论

本研究以深加工数据中关键词类目标引的关键词集合作为特征选择源，并与 IPC 类别描述信息有机结合，完善了特征词汇的选择，并在特征选择及特征权重计算中均采用深加工数据作为统计依据，参照主题词表 3.0 版对选取的特征词进行人工干预，通过分类结果评价，证实分类效果在大组这一层较现有文献有较大改善。最后根据分类结果，提出对数据深加工标引工作及自动分类方法的改进建议，且为将来自动化分类的实施提供可参考的依据。

参考文献

［1］国家知识产权局专利局．国际专利分类表关键词索引［M］．北京：知识产权出版社，2002.

［2］褚晓雷．基于机器学习的专利分类研究［D］．上海：上海交通大学，2008.

［3］马芳．基于神经网络的文本挖掘在专利自动分类中的研究和应用［D］．济南：山东理工大学，2009.

［4］李萍．现有英文版 IPC 关键词索引的介绍［J］．专利文献研究，2001（1）.

［5］郭炜强，戴天，文贵华．基于领域知识的专利自动分类［J］．计算机工程，2005，31（23）：52－54.

［6］刘玉琴，赖院根，雷孝平．基于 IPC 知识结构的专利自动分类模型［J］．小型微型计算机系统，2007，28（12）：2295－2298.

［7］刘玉琴，桂婕，朱东华．基于 IPC 知识结构的专利自动分类方法［J］．计算机工程，2008，34（3）：207－209.

［8］季铎，蔡云雷，蔡东风，苗雪雷．基于共享最近邻的专利自动分类技术研究［J］．沈阳航空工业学院学报，2010，27（4）：41－46.

［9］丁月华，文贵华，郭炜强．基于核向量空间模型的专利分类［J］．华南理工大学学报（自然科学版），2005，33（8）：58－61.

浅谈如何从检索角度做好有机领域专利文献关键词的标引工作

李蓉

摘　要　文献标引主要指选用检索语言词或自然语言词反映文献主题内容，并以之作为检索标识的过程。因此，专利文献的标引与专利检索和审查的需求密不可分。有机化学领域的专利文献具有复杂性且专业化程度高，用关键词检索和进行关键词标引都存在不能全面、准确表达的问题，影响了检索的查全率和查准率。本文对有机化学专利文献用关键词检索的难点进行分析，并基于分析结果，论述了就马库什化合物、具体化合物、化合物制备方法进行关键词标引的操作方法，以便于在最大程度上使关键词标引工作为检索和审查提供较好的参考。本文分析了有机化学专利文献用关键词进行检索和标引的局限性，并对如何针对有机化学领域进一步建立特色数据库提出了建议。

关键词　有机领域　专利文献标引　关键词标引　检索要素　检索策略

一、引　言

文献标引，是通过分析文献的内容属性（特征）及相关外表属性，用特定语言表达分析出的属性或特征，赋予文献检索标识的过程。文献标引过程一般包括两个环节：一是主题分析，二是转换标识。

文献标引可按使用检索语言的类型区分，使用分类检索语言时，称为分类标引；使用主题检索语言时，称为主题标引。主题标引又分为受控标引与非控标引。受控标引指须由事先指定的叙词表（主题词表）中选用相应规范词，对文献进行标引。非控标引又称自由词标引，指不设规范词表而由标引人员直接选用文献内自然语言词，对文献进行标引。标引是主题分析与用词表达两个步骤的结合。

专利文献的标引也遵循一般文献标引的方式。专利文献同时使用主题语言和分类语言进行标引，主题语言是专利数据深加工中的关键词类目，分类语言则是专利数据深加工中的国际专利分类和实用分类。当然针对专利检索和审查的特殊要求，专利数据深加工还需要提供可供检索和浏览的名称、结构化摘要，同时进行引文标引、机构代码标引。

本文将以有机领域为例，具体阐述有机领域专利检索特点对关键词的影响和要求。专利文献中的有机领域包括：有机化学的一般方法；所用装置（C07B）；无环或碳环化合物（C07C）；杂环化合物（C07D）；含除碳、氢、卤素、氧、氮、硫、硒或碲以外的其他元素的无环，碳环或杂环化合物（C07F）；未知结构化合物（C07G）；糖类及其衍生物（C07H）；和甾族化合物（C07J）。有机领域专利文献按照技术主题区分，最常见三种类型：马库什化合物、具体化合物、化合物制备方法。

二、马库什化合物关键词标引

（一）马库什化合物关键词检索的难点

马库什化合物就是有机通式化合物，其通式中存在多个并列的可选择要素，如取代基、键合类型等，导致一个通式化合物可以概括成百上千个化合物，范围很广。涉及此类化合物的专利文献通常仅公开具有部分结构片段的化合物通式，有的文献会给出部分结构片段的名称，有的则不会，因此对化合物的表达并不充分。

同时，文献中化合物的表达形式多样，如化合物名称、分子式和/或结构式等，甚至是作者的“自造词”等。化合物名称又可以有不同的系统命名、俗名、缩写、上述名称的混合形式。同时分子式也不具有唯一对应性，很多不同的化合物可能有相同的分子式。

鉴于上述分析，通式化合物的特点决定其检索具有下列难点：

（1）全面检索难度较大：通式化合物要求保护的化合物较多，因此可能存在大量的破坏新颖性、创造性的现有技术文献，并且这些文献可能分布在不同的技术领域，这使得通式化合物全面检索难度较大。

（2）使用关键词难以准确、一致地进行表达：化合物在文献中出现形式的多样性决定了使用关键词对通式化合物难以进行准确表达。例如，使用化合物名称、分子式，甚至是结合 IPC 分类号都难以准确表达通式化合物。因此，目前有机领域的审查员在 CNABS、CNKI 等数据库中利用关键词和分类号进行检索不能实现通式化合物的有效、全面检索，通常会使用 STN（the Scientific and Technical information Network）系统，但是 CNABS、CNKI 等数据库可以作一定程度的初检或补检等。

（二）马库什化合物的关键词标引

以上检索的难点与有机领域专利文献关键词标引的难点具有对应性。

（1）标引的关键词难以对通式化合物涵盖的所有结构进行准确表达：这主要是由于通式化合物概括范围较大，标引人员无法穷举大量的化合物，对可变部分的结构无法准确表达。

（2）标引的关键词对于同一结构的表达往往不具有一致性，其原因主要包括：通式有机化合物的结构不具有唯一性，用系统命名法标引化合物名称并不适用，在对结构片段进行命名时并没有可供参考的标准，因此一致性难以保证；叙词表虽然可以在一定程度上解决关键词表达多样性问题，但是鉴于通式有机化合物结构的复杂性和多变性，叙词表的编制原则是，一般不收录复杂、不规范、使用频率低的化合物结构名称作为叙词，因此通式有机化合物的结构片段一般都作为自由词进行标引，一致性难以保证。

通过上述分析，马库什化合物关键词的标引可以从以下所述的几个方面入手。

1. 标引马库什化合物的特定用途、功能、效果信息

标引特定用途、功能、效果信息可以界定马库什化合物的应用领域，指明其本质功能属性和产生的技术效果，一方面给检索提供信息，另一方面也为马库什化合物的结构标引提供参考。

2. 充分标引发明点信息

通过阅读说明书，充分理解技术方案，首先确定发明点是马库什化合物本身，还是马库什化合物中的部分结构。

如果发明点是马库什化合物本身，则需要确定马库什化合物中不具有可变性的结构片段即通常所说的母体结构，对其进行命名和标引；另外需要结合马库什化合物的应用领域，确定对其应用产生重要作用的结构片段并进行标引，例如，马库什化合物用作药物，标引时尽量给出产生药效的活性基团名称；马库什化合物用作半导体发光材料，标引时尽量给出产生发光效果的结构名称。

如果发明点是马库什化合物中的部分结构，则首先对属于发明点的部分结构名称进行标引；如果母体结构不涉及发明点，出于利于检索的角度，也建议对母体结构进行标引；然后标引对应用产生重要作用的结构片段。

3. 适当标引实例

马库什化合物涵盖的结构多，虽然所有的结构不能穷举，但是为了给检索提供更多的信息，还建议在具体的实施例中选择具有代表性的典型实例进行标引，作为化合物结构标引的补充。

三、具体化合物的关键词标引

（一）具体化合物使用关键词检索的难点

虽然具体化合物结构唯一确定，但是仍然存在化合物名称表达形式多样的问题，如不同的系统命名、不同数据库的标引名称、缩写、代号、作者的“自造词”等。

具体化合物在文献以及不同数据库中出现形式或标引的多样性决定了检索的难度。在专利数据库中，审查员通常采用关键词 + IPC 分类号进行检索，但是由于绝大多数关

键词、IPC 分类号并不是准确地、唯一地对应于化合物的结构，因此得到的结果噪音很大。

（二）具体化合物的关键词标引

鉴于上述特点，具体化合物关键词标引可以从以下所述的几个方面入手。

（1）在标引时，如果具体化合物的通用名或俗名具有唯一确定性，可以优先标引通用名或俗名，也可以同时标引系统命名，并在叙词表中建立二者的同义词关系。优先标引通用名或俗名是因为大多数的通用名或俗名简单易记，排除了系统命名中经常使用的表示位置关系的数字、标点符号等不利于计算机检索的因素。例如，药品的通用名，如“氯雷他定”，其系统命名为 4 –（8 – 氯 – 5，6 – 二氢 – 11H – 苯并 5，6 环庚并 1，2 – b 吡啶 – 11 – 亚基）– 1 – 哌啶羧酸乙酯；农药的通用名，如“氟虫腈”等，其系统命名为（RS）– 5 – 氨基 – 1 –（2，6 – 二氯 – a，a，a – 三氟 – 对 – 甲苯基）– 4 – 三氟甲基亚磺酰基吡唑 – 3 – 腈。

（2）如果具体化合物没有通用名或俗名，或者通用名或俗名不具有唯一确定性，则标引系统命名。

（3）标引特定用途、功能、效果信息，提高检索的针对性。

四、化合物制备方法的关键词标引

（一）化合物制备方法使用关键词检索的难点

在化合物的制备方法中，化合物本身可以是现有技术，也可以具有新颖性。化合物制备方法的发明点通常可以包括：使用新原料、中间体或中间试剂，具有新的反应步骤，改变了反应条件、反应装置、催化剂、溶剂、后处理方法，以及合成了新的产品等。此类技术方案通常步骤多、涉及的技术特征比较多，也就是说潜在的可标引要素比较多。

审查员在对工艺方法进行分析时，检索要素需要依靠审查员对说明书的理解程度、专业技术知识和审查经验来选择，检索要素的排列组合也较为复杂，这都给检索带来了不确定性，检索结果易于溢出或漏检。因此，在对化合物制备方法进行标引时，需要结合对说明书的理解、运用有机化学专业知识，通过分析选取对检索有用的技术特征进行标引。

（二）化合物制备方法的关键词标引

鉴于上述分析，化合物制备方法的关键词标引可以按照以下优先顺序进行。

1. 标引化合物名称（即主题名称）

无论制备方法的化合物是否为现有技术，化合物名称（即主题名称）都是最直接有效能命中相关文献的检索要素，因此首先要对化合物名称进行标引。化合物名称标引的具体方法在上面已经有所论述。

2. 标引发明点信息

化合物名称标引后，需要对属于发明点的技术特征进行标引。需要注意的是，对中间试剂、反应条件（即工艺参数）、反应装置、催化剂、溶剂、后处理方法（一般为纯化方法）等技术特征，只有其属于发明点信息，才会对其进行标引，否则一般情况下不予考虑，这充分体现了关键词标引过程中的重点原则。

3. 标引反应原料

对于化合物的制备方法而言，无论反应原料是否属于发明点信息，都需要作为对检索有用的信息进行标引。在马库什化合物制备方法中，反应原料通常也是通式化合物，其标引除了参考上述方法之外，还需要注意的是，要尽量体现发生化学反应的结构片段名称，以此提供关于反应方法的更多信息。

4. 标引化合物特定用途、功能、效果信息，提高检索的针对性

5. 标引重要的化学反应步骤

在化合物的制备方法中，使化合物的结构发生化学变化的反应步骤是重要的检索要素，对其进行标引能够直观描述工艺过程，提高检索效率。因此，对重要的化学反应步骤也可以进行标引。

在实际标引过程中，化学反应步骤的标引在完整性和准确性上存在一定的难度。主要因为撰写技术方案时，有些作者对于化学反应步骤不进行表达，或者表达不明确。例如，以下的撰写方式：化合物 A 的制备方法，其特征在于化合物 B 和化合物 C 反应，这种撰写方式仅提供了反应物，并没有明确化合物 B 和化合物 C 的反应名称，为标引带来了难度。当然标引人员可以根据对技术方案的理解，对化学反应步骤进行命名，但是有机化学反应的复杂性，以及标引人员专业程度的不同，对化学反应步骤的标引准确性都会有影响。

因此，建议在对化学反应步骤进行标引的时候，首先要充分考虑说明书原文的内容，尊重原文对化学反应步骤的表述。对原文中没有表述的，则需要对各步的反应物和中间产物进行充分标引，如果能够明确判断反应名称，可以对其进行命名，以此提供更多的检索信息。

6. 标引对制备方法较为重要的中间体

中间体的标引能够给化合物制备方法的检索提供更多的信息，尤其是在反应步骤不能充分标引的情况下。因此，对重要的中间体也可以进行标引。重要的中间体一般包括：说明书指明的属于新化合物的中间体，在属于发明点的反应步骤中使用或者得到的中间体。如果需要标引的中间体为马库什化合物，则要尽量体现发生化学反应的结构片段名称，便于体现反应步骤。

7. 适当标引实例

对马库什化合物的制备方法，还建议在具体的实施例中选取具有代表性的典型实例进行标引。

按照上述过程对化合物制备方法进行关键词标引，可以为审查员提供经筛选的检索要素，降低检索难度。

五、建　议

通过上述分析可知，由于有机化学领域的复杂性和特殊性，用关键词检索和关键词标引都较为困难。审查员在检索过程中，发现用关键词进行检索难以满足需求，而标引人员在加工过程中也发现关键词的选择和用词控制是难点。因此，只有充分研究和了解检索的难点和需求，从利于检索的角度出发，才能最大程度使关键词标引为检索和审查提供较好的参考。

当然，对有机化学领域专利文献的检索，使用关键词进行检索只是检索策略中的一种，本文仅从单纯使用关键词进行检索和标引的角度进行论述。从分析过程中可知，在有机化学领域，使用关键词检索确实具有一定的局限性，尤其是对马库什化合物的检索，即使结合分类号进行检索，仍然存在不能满足审查需求的问题。

目前，审查员普遍在全世界公认的、检索通式化合物最有效的 STN 系统中进行子结构检索。STN 是唯一一个能同时进行 CAplusSM、INPADOCDB 及 Derwent World Patents Index（DWPI）检索的平台。STN 提供专业化学的检索环境，检索 CAS No、分子式、结构检索（尤其是马库什化合物）等，并且其也提供了大量的检索工具，包括化学和生物物质检索、多个数据库检索、链接全文以及相同专利和专利族检索等。其中的 CAPLUS、REGISTRY、MARPAT 以及 CASREACT 等数据库都是非常有特色的检索资源。但是，STN 系统费用较高，审查员为在 STN 系统中更有效地制定和调整合理的检索策略，需要了解现有技术状况，因此一般先在 CNABS 中进行初检，同时，在 CNABS 中的检索尝试也可以防止后续检索漏检中文文献。可见，虽然 STN 系统具有较大的优势，但是审查员在使用时仍然不是十分方便快捷。

鉴于有机化学领域专利文献的检索和标引现状，在数据加工中，可以考虑构建更适合有机化学专利文献检索的专业数据库，充分借鉴 STN 系统和 CA（化学文摘数据库）的优势，引入结构式检索功能，完善关键词标引和分类标引，以提供更多维度的专利文献检索方式。

新能源领域专利及非专利文献资源初步分析

高连连　时嘉鸿　张宇　孙洁

摘　要　本文选取新能源领域作为研究对象，初步研究分析该领域审查相关非专利文献资源的加工建设。通过对专利申请量和非专利中文期刊文献发表量发展趋势的统计分析，以及对非专利期刊文献可加工数据的初步筛选分析及期刊引用频次分析，认为开展针对新能源领域期刊文献资源的筛选和数据加工工作具有很大的必要性，并对该领域文献的深加工工作提出了建议。

关键词　新能源　非专利文献　资源化　数据分析　专利分析

一、引　言

非专利数据资源建设是国家知识产权局信息资源建设的一项重要核心内容。近几年来，随着专利申请量的不断增加，专利审查工作中对非专利文献的需求量也一直在增加。非专利文献数据资源建设越来越凸显出其必要性和重要性。但是，非专利文献资源的加工工作是代价高昂并且耗时漫长的过程。目前国外，如欧洲专利局仍然是有重点、有选择、有步骤、有层次地开展非专利文献资源加工工作，根据不同资源对象和资源重要性差异开展非专利文献资源加工工作。[1,2]选取和确定加工领域，并且对数据进行科学筛选和加工，使其高效地服务于审查工作，具有重大意义。

本文依据“十二五”规划期间国家战略新兴产业及国家重点支持的高新技术领域，从中选取新能源领域作为研究对象，研究该领域审查相关非专利文献的资源化建设。近年来，新能源由于其可持续发展性以及有利于生态良性循环性已成为全世界的热点，发展清洁能源成为降低化石能源依赖、增强能源安全保障的重要途径。生物质能、风能、太阳能等作为目前最具工业开发规模的可再生能源，格外引人注目。选择新能源领域作为重点研究对象，更具有针对性和重要性。

本文主要针对新能源领域中的可再生清洁能源技术及其他能源如核能及氢能开展研究。这里可再生清洁能源技术主要包括太阳能、风能、生物质能和地热能。本文对新能源技术领域专利申请量和非专利中文期刊文献发表量的发展趋势进行了统计分析，并且对非专利期刊文献可加工数据进行了初步筛选分析，希望借此来了解我国新能源领域的技术发展脉络和趋势，为该领域审查相关非专利文献的资源化提供一点参考。

二、新能源领域专利申请分析

本文以向中国国家知识产权局专利局提交并公开的专利申请为检索对象，检索数据库为中国专利检索数据库（CPRS），检索样本为从1985年1月1日至2011年12月31日所收录的数据。另外，新能源技术是综合性很强的技术，以风电技术为例，设计气候、气动、机械设计制造、控制等较多技术门类和领域，为了避免样本收集不完全，本研究的检索以关键词和分类号相结合的方式来进行的。

（一）专利申请量趋势变化

图1是1986～2010年各领域的申请量统计图。从图1中可以看出新能源各领域申请量均呈不断增加趋势，特别是进入21世纪以后更是表现出突飞猛进的发展态势。

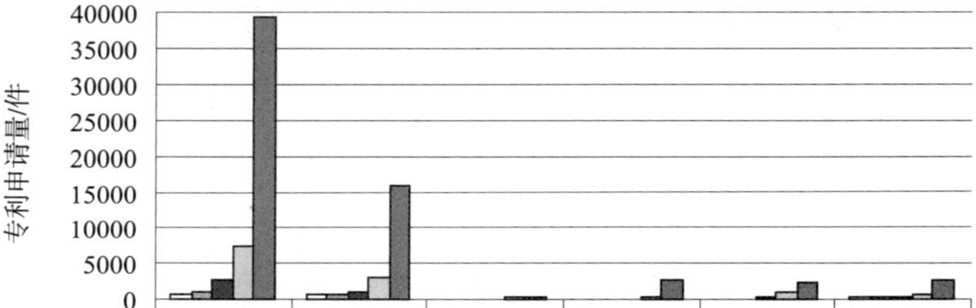

	太阳能	风能	地热能	生物质能	氢能	核能
□ 1986~1990	540	501	5	14	78	222
■ 1991~1995	1117	779	6	17	166	289
■ 1996~2000	2528	1074	35	66	324	454
□ 2001~2005	7441	3049	275	330	933	819
■ 2006~2010	39361	15863	470	2508	2440	2545

图1 专利申请量趋势图

其中太阳能和风能领域申请量最大，发展最快，说明这两个领域更引人关注，研究比较活跃，技术也相对成熟。地热能的申请量最小，分析主要是因为该领域的研究受地域的限制和影响较多。我国地热资源主要分布在西南的西藏和云南及四川南部高原地区，分配不均衡造成开发难度加大，同时，分布的地区由于交通不便利，经济较为落后，在客观上也阻碍了对地热资源的开发。[3]特别值得一提的是，生物质能虽然截至2005年申请量都比较小，但是2006～2010年的申请量达2500多件，增长了将近8倍，是所有能源中增长速度最快的，远远超过其他领域。这充分说明从2006年开始，生物质能也成为研究热点。

为了考察近年来的发展趋势，选取2007～2011年五年的时间做了更精细的年度分析，如图 2 所示。该图也反映出这五年来，太阳能和风能依然保持 50% 左右的稳步增长趋势。其他领域的增长相对比较平缓，地热能和生物质能个别年度出现了波动，但是 2010 ~ 2011 年都出现了较大的增长。

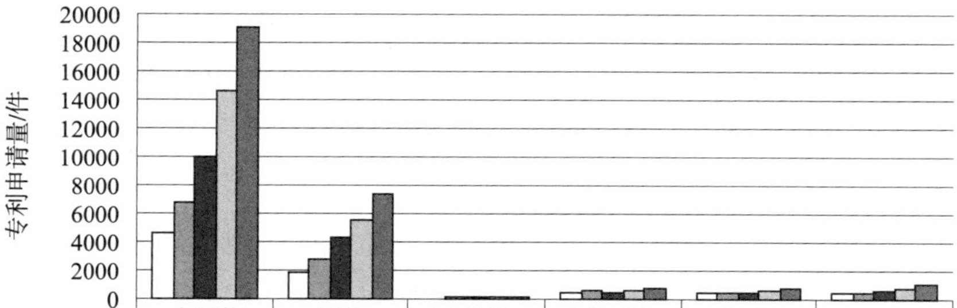

	太阳能	风能	地热能	生物质能	氢能	核能
□ 2007	4621	1883	64	440	457	447
■ 2008	6833	2820	89	587	478	476
■ 2009	10010	4277	137	492	510	561
□ 2010	14570	5488	120	649	650	746
■ 2011	19103	7329	191	823	727	1059

图 2　专利申请量年度趋势图

（二）专利申请类型分布

如表 1 所示，可以看出，我国太阳能、风能等新能源技术领域的发明创造主要为发明专利或者实用新型专利，尚有极小一部分外观设计。而地热能、氢能和核能领域外观设计的比例基本为零。基本专利类型的分布数据体现了这些领域自身的技术特征属性，说明我国系能源技术领域的发明创造以发明和实用新型为主导，比较注重具有“新颖性、创造性和实用性”的技术产品的创新和研发。

表 1　新能源各领域三种专利类型的比例

领域 类型	太阳能	风能	地热能	生物质能	氢能	核能
发明（%）	38. 6	45. 1	50. 2	82. 1	87. 3	72. 9
实用新型（%）	53. 6	53. 2	49. 8	17. 7	12. 7	27. 1
外观设计（%）	7. 8	1. 7	0	0. 2	0	0

三、新能源领域非专利文献分析

中文非专利文献资源包括期刊、图书、学位论文、会议论文、报纸、百科全书、字典、标准、公司披露物等，这些资源都包含了大量的现有技术信息。[4] 在考虑非专利文献资源的加工范围时，主要以期刊为主。本文对非专利文献资源的统计分析，主要基于

CNKI 的期刊全文数据库。

（一）非专利文献量趋势变化

通过关键词和主题词相结合的方式，在 CNKI 中对涉及新能源领域的数据进行检索和统计，从 1979～2011 年，新能源领域期刊文献总量达 100 190 篇。为了分析该领域的发展趋势，以每 5 年为一个时间段进行考察和比较。图 3 是新能源各领域从 1986～2010 年文献发表量的发展趋势图。

从图 3 可以看出，各领域从 21 世纪以后开始出现飞速发展，太阳能和风能领域依然是研究热点，文献量最大。另外，2006 年以后生物质能的表现格外抢眼，是所有领域中增速最快的，也说明近年来该领域开始成为研究热点。非专利文献与专利文献的发展趋势基本一致。

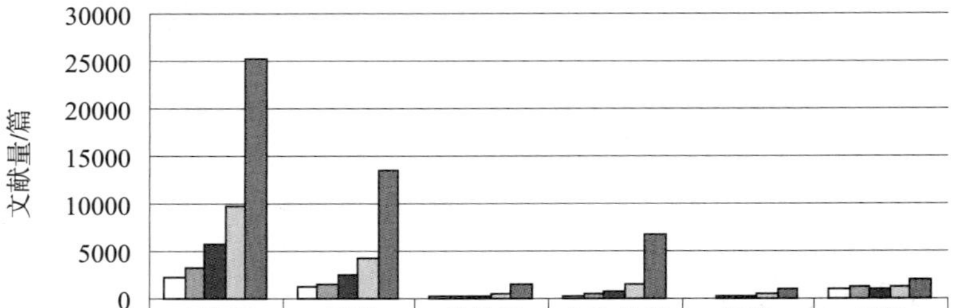

	太阳能	风能	地热能	生物质能	氢能	核能
□ 1986~1990	2257	1299	137	305	99	895
■ 1991~1995	3307	1568	146	451	155	1177
■ 1996~2000	5653	2598	244	692	226	1124
□ 2001~2005	9690	4180	549	1529	625	1239
■ 2006~2010	25188	13431	1498	6772	965	1939

图 3　非专利文献发表量趋势图

对非专利文献资源也选取 2007～2011 年五年的时间做了更精细的年度分析，如图 4 所示。该图反映出这五年来，太阳能、风能、地热能和生物质能依然持续增长，并趋于稳定。氢能数量在 200 篇上下浮动，变化不大。核能在个别年度出现回调，但 2011 年出现了快速增长。

（二）非专利数据筛选分析

非专利期刊文献信息量大，内容繁杂。其中包含有大量非技术类文献，而在技术类文献中，又有相当数量的技术方案，难以通过检索精确性较好的标题、关键词等途径检索到，很多需要通过全文检索途径来查找。而全文检索途径，检索噪音大，审查员一般需要阅读大量的文献进行查找，检索效率较低，不能满足审查检索的实际需求。笔者对检索到的十万多条信息进行了初步筛选，主要通过判断文章是否属于技术类文献、是否有技术方案、是否对专利审查具有检索意义等角度进行初筛等，初步统计有参考价值的文献总体比例为 31. 08%。可以推断，真正有加工价值的文献比例会更低。由此可见，非

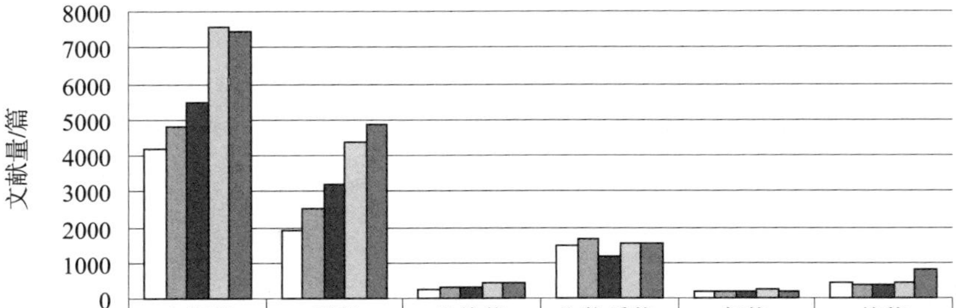

	太阳能	风能	地热能	生物质能	氢能	核能
□ 2007	4185	1922	272	1456	205	455
■ 2008	4822	2520	319	1649	190	360
■ 2009	5488	3203	318	1176	183	349
□ 2010	7570	4397	418	1537	227	413
■ 2011	7453	4844	446	1525	184	781

图 4　非专利文献发表量年度趋势图

专利文献不经过筛选和加工，难以作为“专利审查可用资源”。很有必要通过对非专利期刊文献进行整理与分析，科学的筛选和加工，才能将散布在海量信息中的目标文献转变为与专利审查紧密关联，具有较高检索价值的数据集，使文献的利用率得到大幅提高。

（三）非专利期刊引用频次分析

本文对 2008 ~2012 审查年度专利审查中引用的新能源领域的中文非专利期刊文献进行了初步分析，以期为中文非专利对比文献资源的信息化建设及相关研究提供参考。频次分析主要是参照董林水等[2]提出的方法进行。选取引用频次在 40 以上的期刊统计如表 2所示。

表 2　2008 ~2012 年新能源领域文献被引用篇次较多的刊物

刊　名	引用频次	刊　名	引用频次
核动力工程	141	中国电机工程学报	57
太阳能学报	131	太阳能	45
可再生能源	81	现代化工	43
原子能科学技术	79	中国油脂	42
中国沼气	74	电力系统自动化	40

非专利文献资源的加工工作需要持续投入较大的人力、资金等，因此，在对非专利文献进行加工的时候可以采取“长短结合”的方案。即短期内能形成利用率较高的数据资源的文献可以优先加工，如优先选取引用频次相对较高的文献进行分析，这样也可以为长期持续加工积累经验，奠定基础，而需要长期持续加工的数据资源，可以学习国外先进经验制订单独的长期加工计划。例如，美国化学文摘数据库（CA）可以通过 Chemical Substance or Reaction、Research Topic、Author Name、Document Identifier 等不同角度获

取文献信息、物质信息、反应信息。欧洲专利局（EPO）对审查过程中使用过的非专利文献进行深度加工，主要包括给定 XP 号和 EC 分类号等，从而使其具有专利文献的特征。除此之外，还可以根据所属技术领域的技术特点，进行化学物质信息标引、同义词标引、主题范畴分类标引等，以确保检索的准确性和全面性。

四、结　语

本文由国家战略新兴产业及国家重点支持的高新技术领域范围选取相关研究领域，希望由此确定有更高加工价值的技术领域。通过专利申请量发展趋势和非专利期刊文献发表量趋势的统计分析，以及对非专利期刊文献的初步筛选分析，认为开展针对新能源领域期刊文献资源的筛选和数据加工工作具有很大的必要性。

在具体的加工策略上，采取“长短结合”的方案，在加工规则上，可以从方法和产品两个角度，对非专利文献进行分类，或者通过给予范畴分类，IPC 等角度，对非专利文献进行筛选和深加工，从而为审查工作提供更多、更有效的检索入口，提高审查效率。

我国的新能源技术相对于西方一些发达国家来说起步较晚，自主创新能力还相对薄弱，核心技术不足，但近年来，政府大力鼓励应用新能源产业，并相继出台了一系列与之配套的行政法规和规章，如《可再生能源法》《可再生能源中长期发展规划》等来推动新能源的发展。这些政策的制定刺激了中国新能源产业的发展，使得我国的新能源技术领域在面对挑战和风险的同时也迎来了前所未有的机遇。我国各新能源领域的专利申请量和非专利期刊文献的发表量增长飞速，我们有理由相信新能源领域作为国家重点支持的高新技术领域及新兴产业，在未来必将有更加飞速的发展。针对该领域非专利期刊文献进行科学的筛选和加工，将会更好地服务于专利审查工作。

参考文献

[1] 董小灵. 欧洲专利局（EPO）非专利文献资源建设评述及我局（SIPO）非专利文献资源建设的发展战略思考 [J]. 审查业务通讯，2007（10）：26 - 37.

[2] 董林水，张秉斋，等. 中文非专利对比文献在专利审查中的应用情况分析 [J]. 数据加工通讯，2008，5（1）：20 - 27.

[3] 孙丽娜. 中文非专利文献作为专利审查对比文件的情况分析 [J]. 数据加工通讯，2010，7（7）：9 - 14.

[4] 李瑾. 关于地热能开发利用的现状及前景分析 [J]. 才智，2012（13）：37.

水处理领域专利申请及非专利对比文献引用情况分析

王欢　王晓慧　史一枝

摘　要　本文以2008～2012年水处理领域的专利申请和专利审查中使用的非专利对比文献为研究对象，对专利申请情况和申请趋势进行总体分析，统计非专利对比文献引用频率和引用期刊，总结出水处理领域常用的7种非专利对比文献期刊，并对水处理领域数据可加工文献量进行了统计分析。

关键词　水处理　专利申请　非专利对比文献引用

一、前　言

随着经济的发展，水污染现象日益受到社会的广泛关注，水资源保护面临严峻现状，据《中国环境状况公报》和水利部门报告显示，我国七大水系、湖泊、水库、部分地区地下水受到不同程度的污染，在所评价的5万多公里河段中，受污染的河道占42%，其中污染极为严重的河道占12%。[1]2008年4月14日颁布的《国家重点支持的高新技术领域》将资源与环境技术，尤其是水处理技术列入了重点支持范围。2010年10月10日发布的《国务院关于加快培育和发展战略性新兴产业的决定》中又指出：要加快推进节能环保产业，示范推广先进环保技术装备及产品，提升污染防治水平，积极推进海水综合利用等技术。[2]我国第十二个五年规划纲要中更是明确指出：提高城镇生活污水处理能力，城市污水处理率达到85%。[3]水处理领域是“十二五”规划期间技术领域发展的方向。

随着国家一系列产业政策的出台，水处理领域技术迅猛发展，专利申请量也逐年提升。在专利审查中，非专利文献是一笔数量巨大、内容广博的信息财富。非专利文献所记载的技术方案较为完整，可用于专利检索和专利审查，因此有必要对水处理领域的专利申请情况和非专利对比文献引用情况进行总体的分析，从而更好地指导非专利文献数据加工工作。本文以近些年水处理领域的专利申请和申请中使用的非专利对比文献为研究对象，总结了申请趋势以及非专利对比文献的可加工期刊种类和数量，为水处理领域下一步的数据加工工作提供依据。

二、水处理领域专利申请量及申请趋势分析

水处理领域在国际专利分类表中的分类位置比较集中，对应的 IPC 分类号为 C02（水、废水、污水或污泥的处理），C02 大类下只有 C02 F 一个小类。该小类按照处理方法和处理对象的不同又分为以下几个大组：①化学或物理处理：C02F 1/00、C02F 5/00；②生物处理：C02F 3/00；③水域的曝气 C02F 7/00；④多级处理 C02F 9/00；⑤污泥的处理 C02F 11/00。根据专利申请的 IPC 分类号，在中国专利文献检索系统（CPRS）中对 2008 ~ 2012 年各年度水处理领域专利申请量进行了统计，统计结果见图 1。

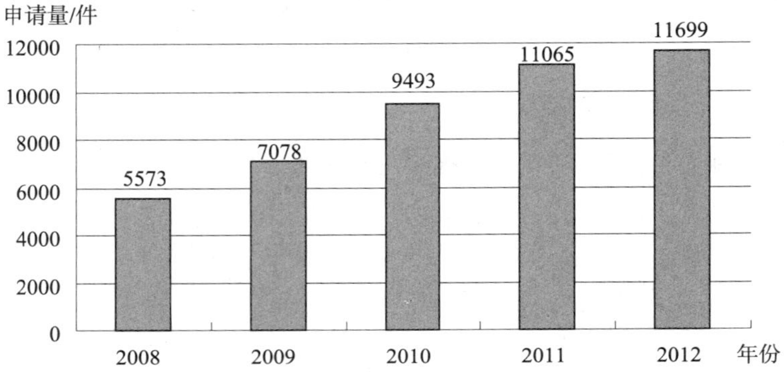

图 1　2008 ~ 2012 年水处理领域专利申请量

从图 1 可以看出，水处理领域在 2008 ~ 2012 年的公开的专利申请量呈现出逐年递增的趋势，截至 2012 年，水处理领域专利申请达 69 123 件。水处理领域专利申请量的增多，一方面说明该领域的技术研究正迅猛发展；另一方面也显现出对该领域进行非专利文献数据加工的必要性和实用性。

此外，通过 C02F 小类下各个大组的分类号，统计 2008 ~ 2012 年各大组对应的专利申请量，计算出各大组专利申请量占总申请量的百分比，可以了解专利申请的分布情况，统计结果见图 2。

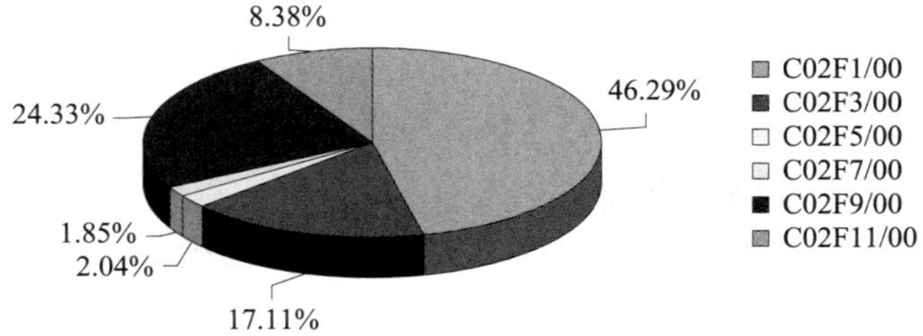

图 2　2008 ~ 2012 年水处理领域专利申请分类号分布

图 2 通过计算 C02F 下各大组专利申请量占总申请量的百分比，展示了 2008 ~ 2012

年水处理领域专利申请分类号分布情况。从图2可以看出，2008～2012年，水处理领域申请量较多的分类号是C02F 1/00（水、废水或污水的处理），占总申请量的46.29%。分入该大组下的专利申请均为水（包括废水和污水）的物理和化学处理方法及产品，该大组下有21个一点组，包括44个IPC分类号，与其他大组相比涉及的分类号较多，因此申请量几乎占到了总量的一半。此外，C02F 9/00（水、废水或污水的多级处理）、C02F 3/00（水、废水或污水的生物处理）对应的专利申请量百分比分别为24.33%、17.11%。水的多级处理是水处理领域最常使用的方法，其中生物处理具有明显的低成本、高效率等特点，所以在近期成为废水处理领域的重要研究方向。[4]该统计结果一方面表明水处理领域的发展趋势，同时也可看出，近些年水处理领域研究较为密集的方向是水的物理、化学、生物及多级处理方法，为水处理领域非专利文献数据加工的重点提供参考依据。

C02F 11/00（污泥的处理；其装置）、C02F 5/00（水的软化与防垢）、C02F 7/00（水域的曝气）对应的专利申请量相对较少，说明以上三部分的技术研究发展近些年来较为缓慢，有待进一步的跟踪调查。

通过对水处理领域专利申请量及申请趋势的分析，可以看出近年来水处理领域技术发展迅猛，专利申请量逐年提升，其中化学、物理、生物以及多级处理方法及相关产品的专利申请较多。

三、水处理领域非专利对比文献引用情况分析

1. 非专利对比文献引用次数总体分析

随着水处理领域专利申请量的增加，专利审查中的文献需求也随之增加，非专利文献以其技术内容具体全面已经被广泛运用于审查中。通过查询非专利对比文献引用数据，根据水处理领域所属IPC分类号，能够查询到该分类号对应的专利申请在审查中所引用的非专利文献次数，从而能够对非专利文献的引用情况进行总体分析。

图3显示了2008～2012年水处理领域专利审查中引用非专利文献的次数。从图3中可以看出，2008年后的连续4年引用次数大幅度提升。到2012年，水处理领域的非专利文献引用次数是2008年的近4倍。非专利文献引用次数的增加说明其在专利审查中确实发挥了越来越多的作用，其作为对比文献的用途也越来越重要，因此有必要对非专利文献进行统一的数据加工，从而更好地用于专利检索和审查。

此外，通过分析2008～2012年水处理领域中不同分类号的专利申请在审查中引用非专利文献次数，也能比较出各个分类号下的引用情况。表1列出了2008～2012年水处理领域引用非专利文献次数较多的前十个IPC分类号。从表1中可以看出，非专利文献引

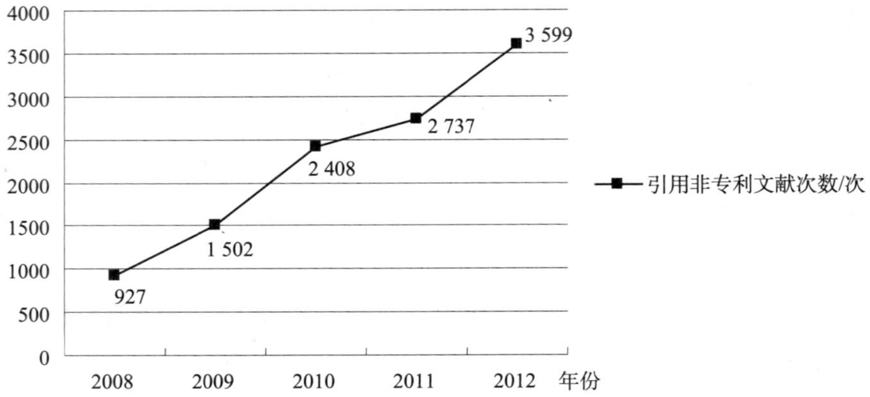

图3　2008～2012年水处理领域专利审查中引用非专利文献次数

用次数较多的前十个分类号主要分布在C02F 9/00、C02F 3/00、C02F 1/00这三个大组中，这与图2（2008～2012年水处理领域专利申请分类号分布）的分析结果是一致的。分析结果说明，水（包括污水和废水）的化学、物理、生物以及多级处理方法及相关产品不仅专利申请量较多，而且在审查过程中引用非专利对比文献的次数也相对较多。

表1　2008～2012年水处理领域引用非专利文献次数较多的前十个IPC分类号

C02F下IPC分类号	分类号说明	非专利文献引用次数/次
C02F 9/14	至少有一个生物处理步骤（水、废水或污水的多级处理的下位组）	1 430
C02F 9/04	至少有一个化学处理步骤（水、废水或污水的多级处理的下位组）	665
C02F 1/52	悬浮杂质的絮凝或沉淀	462
C02F 3/32	以利用动物或植物为特征的，如藻类	311
C02F 3/30	好氧和厌氧工艺	258
C02F 3/12	活性污泥法	242
C02F 1/28	吸附法	239
C02F 9/02	包括分离步骤（水、废水或污水的多级处理的下位组）	215
C02F 3/34	以利用微生物为特征的	194
C02F 9/06	电化学处理（水、废水或污水的多级处理的下位组）	156

2. 非专利文献期刊引用次数分析

在非专利对比文献引用数据查询界面，通过水处理领域IPC分类号C02F，查询到该分类号的专利申请在审查中引用的非专利对比文献期刊的种类和被引用次数。结果显示，共有 89 种中文期刊在 2008 ~2012 年被引用的次数超过了 10 次，被引用次数较多的前十种期刊如表 2 所示。

表 2　2008 ~2012 年水处理领域非专利文献期刊中被引用次数较多的前十种期刊

期刊名称	被引用次数/次
中国给水排水	369
工业水处理	255
给水排水	195
水处理技术	174
环境科学	161
环境科学与技术	129
工业用水与废水	107
环境污染治理技术与设备	96
环境污染与防治	92
化工环保	92

对引用次数超过 10 次的 89 种非专利文献期刊进行统计分析，以每种期刊五年（2011 年、2009 年、2005 年、2000 年、1990 年）共 20 期的文献为统计对象，统计项目包括：水处理领域可加工文献的量、含有其他技术方案的可加工文献量等；计算得出期刊文献总量、水处理领域可加工文献量占文献总量的百分比、含有其他技术方案的可加工文献量占文献总量百分比等。统计结果可见表 3、表 4、表 5。

表 3　89 种水处理领域期刊可加工文献量百分比较高的前十种期刊

期刊名称	水处理领域可加工文献量百分比
水处理技术	39. 40%
工业水处理	32. 34%
工业用水与废水	29. 11%
中国给水排水	24. 81%
能源环境保护	22. 76%
油气田环境保护	20. 72%
化工环保	20. 68%
环境工程	19. 94%
净水技术	19. 35%
给水排水	16. 50%

表 4　89 种水处理领域期刊可加工文献总量较高的前十种期刊

期刊名称	水处理领域可加工文献总量/篇
中国给水排水	2 441
工业水处理	2 057
水处理技术	2 032
给水排水	1 747
环境科学	1 156
环境工程	971
工业用水与废水	942
环境科学与技术	870
化工环保	842
工业安全与环保	740

表 5　水处理领域被引用 10 次以上 89 种期刊可加工文献量的统计表

<table>
<tr><th rowspan="3">期刊数/种</th><th rowspan="3">文献总量/万篇</th><th colspan="4">平均可标引文献统计</th><th colspan="4">近 2 年文献统计（2011 年、2009 年）</th></tr>
<tr><th colspan="2">水处理</th><th colspan="2">含有其他技术方案</th><th colspan="2">水处理</th><th colspan="2">含有其他技术方案</th></tr>
<tr><th>比例</th><th>篇数/万</th><th>比例</th><th>篇数/万</th><th>比例</th><th>篇数/万</th><th>比例</th><th>篇数/万</th></tr>
<tr><td>89</td><td>16.5</td><td>5.03%</td><td>3.0</td><td>23.62%</td><td>13.7</td><td>8.79%</td><td>0.48</td><td>31.56%</td><td>1.7</td></tr>
</table>

通过表 2、表 3、表 4 的统计可以看出，被引用次数、水处理领域可标引文献量和所占百分比均在前十位的期刊有：中国给水排水、工业水处理、给水排水、水处理技术、环境科学与技术、工业用水与废水、化工环保，共 7 种期刊。可以看出，以上 7 种期刊既在专利审查中引用较多，又有大量的水处理领域可加工文献，因此可作为水处理领域非专利文献数据加工的重点期刊。表 5 统计了 89 种期刊的可加工文献量。截至 2011 年，水处理领域可标引文献约 3 万篇，年度更新约 0.48 万篇。统计结果表明，水处理领域的数据加工工作是具有一定数量并不断更新的可加工文献，这也为下一步具体工作计划的制订提供了依据。

四、结　论

综上所述，水处理领域专利申请近年呈现逐年递增的趋势。其中，水的化学、物理、生物以及多级处理方法及相关产品的研究较为集中，专利申请量多，随着国家政策和产业政策的扶植，必将迎来更快速的发展。水处理领域专利审查中经常引用非专利对比文献，目前引用比较集中的有 7 种期刊，水处理领域数据加工工作文献量充足。下一步应该对引用的非专利对比文献进行具体加工方法的分析和探索，从而更好地进行数据加工工作，满足专利审查的需要。

参考文献

[1] 宋荼英. 浅议我国水资源现状及改良措施 [J]. 农民致富之友. 2012 (11): 149 - 150.

[2] 国务院办公厅. 国务院关于加快培育和发展战略性新兴产业的决定 [R]. 2010 - 10 - 10.

[3] 十一届全国人大四次会议. 中华人民共和国国民经济和社会发展第十二个五年 (2011 - 2015 年) 规划纲要 [C]. 2011 - 3 - 14.

[4] 王久明. 浅析生物技术在污水处理中的应用 [J]. 中小企业管理与科技. 2012 (9): 198 - 199.

HONGGUAN ZHENGCE
YANJIU

宏观政策研究

专利信息传播利用发展研究与展望

宋瑞玲　郑洁

摘　要　本文以国家知识产权局专利局专利文献部组织开展的一系列专利信息传播利用研究项目为基础，总结分析了国内外专利信息传播利用工作现状及特点，并针对工作体系建设、服务模式与内容等提出了优化我国专利信息传播利用工作的具体建议，以期为全国专利信息传播利用工作的发展提供支持。

关键词　专利信息　传播　利用　发展

一、引　言

为贯彻落实《关于加强专利文献信息传播与利用工作的意见》，推进全国专利信息传播利用工作开展，2013 年，国家知识产权局专利局专利文献部组织开展了一系列专利信息传播利用研究项目。这些项目在建设和完善专利信息传播利用工作体系、创新工作模式、服务区域经济发展等多方面进行了广泛而深入的研究，取得了较为丰硕的成果。本文以这些研究成果为基础，从专利信息传播利用工作实际出发，汇总国内外专利信息传播利用工作体系、政策支持、服务模式与内容等方面的基本情况，梳理、总结国内重点省市的专利信息传播利用工作现状，并通过比较分析提出优化我国专利信息传播利用工作的具体建议，从而为全国专利信息传播利用工作的进一步开展提供支持。

二、国外专利信息传播利用工作现状及特点

为大力推动本国科技和经济的发展，世界各国，尤其是专利强国高度重视专利信息的有效管理和运用，并将专利信息传播利用列为国家知识产权战略的重要组成部分。本文选出专利信息传播利用工作成效比较突出的美国、欧洲、日本和韩国 4 个国家/地区，对其专利管理机构建立的专利信息传播利用工作体系、提供的专利信息服务模式与内容，特别是面向企业、服务机构等的专利信息传播利用工作措施进行了汇总，并对这些国家/地区专利信息传播利用工作的特点进行了具体分析，以获得有益于我国专利信息传播利

用工作的启示。

（一）美国、欧洲、日本、韩国专利信息传播利用工作现状

1. 美国

1979 年，美国总统卡特第一次将以专利战略为主导的知识产权战略提升到国家战略层面，为专利信息的传播利用打下了坚实的基础；1980 年，《拜杜法案》及此后一系列鼓励和保护创新的法规政策的制定，为专利信息的传播利用提供了法律和制度保障。2002 年 6 月，美国专利商标局（USPTO）制定《21 世纪战略计划》，要求提高产品和服务质量，同时要求构建电子办公环境以方便专利信息的整理和利用。2013 年，为促进专利信息的利用和企业专利成果的转化，美国通过调整国内生产总值（GDP）的统计方式，将“企业对新技术专利的研发支出”也计入美国的国内生产总值，这一政策调整将使得创新及知识产权在经济发展中的作用得以显现，引导政府和企业更加重视专利创新。

USPTO 以官方网站、公共检索机构（PSF）和遍布美国各地的专利商标储备图书馆［PTDL，2011 年 10 月 1 日更名为“专利商标资源中心”（PTRC）］构成统一的专利信息服务体系，提供专利信息数据、专利信息检索、咨询、培训等多方面的专利信息传播利用与服务工作。USPTO 在官方网站上设立了一个虚拟电子商务中心，提供多种系统和工具，帮助公众申请专利、检索专利文献信息。自 2012 年起，建设在线图书馆进一步方便公众获取与专利相关的文献信息，满足其快速、系统获取信息的需求，该在线图书馆包括超过 200 个国家的立法文件、主题文件、联邦注册通知、公众听证及评议、条约及协议等。

USPTO 通过多种渠道主动发现并满足专利文献信息用户的实际需求，在线服务、定向服务、走进企业内部提供咨询服务及特色宣传等服务方式渐成系统。

USPTO 设置的创新发展办公室开展包括专利文献信息服务在内的一系列促进创新项目，旨在帮助独立的小型实业及依托大学院校的发明人，与政府其他机构紧密合作开展知识产权管理工作，支持小型企业、创业者并创造就业机会，设计、实施扩展项目支持大型团体，包括妇女、少数民族及其他现有项目未服务到的团体。USPTO 与联合美国国家科学基金会（NSF）和小型企业管理局（SBA）达成协议，制定相关措施鼓励外部相关利益人向获得小企业技术创新项目（SBIR）援助的企业提供公益性或低价的知识产权服务。

在专利信息传播利用人才培养方面，USPTO 设立全球知识产权学院（GIPA），负责为美国乃至全球的知识产权相关管理部门的官员与工作人员提供专利项目主题培训活动。

美国的商业化专利服务机构非常发达，很多商业公司和网络公司建立具有特色服务功能的数据库，其中知名企业如 Dialog 公司、Delphion 公司、Thomson 公司及 STN 检索系统都提供专利信息的专业检索及相关服务；一些公司开发了专业的专利分析工具，可为客户提供战略化、系统化和规模化的增值服务。这些商业专利信息服务机构以其专业化的加工与分析手段、成熟产品与客户服务，以及较广的覆盖面，成为美国专利信息服务体系，乃至国家创新体系的重要组成部分。

2. 欧洲

1988 年，欧洲专利组织管理委员会制定了欧洲专利局（EPO）的专利信息服务政策，其目的是提高欧洲公众和企业，特别是中小企业，接触专利信息的机会，从而刺激本地区的发明创造活动。2007 年，EPO 修改专利信息公共服务政策，重点提出专利信息“无障碍”概念，希望实现全欧洲均可便利使用专利信息，提高专利信息公共服务效能。

EPO 慕尼黑总部及在海牙、维也纳、柏林、布鲁塞尔设立的分局，均承担专利检索和文献服务工作。总体而言，EPO 以 esp@ cenet 网站和 epoline 网站为中心站点，遍布欧洲的专利信息中心（欧洲专利信息图书馆，PATLIB）网络为地区支持网点构成统一的专利信息服务体系。PATLIB 主要用当地语言提供各种知识产权实务服务，内容非常广泛，包括：提供知识产权文献、咨询服务、检索服务、技术和竞争者预警和分析、数据库和检索培训、知识产权研讨会和专利诊断等。2009 年起，部分 PATLIB 还对处于投资决定期的初期技术发展给予支持，对技术发展和竞争方的行为予以指导和监督。除此之外，欧洲专利学院（European Patent Academy）也开展专利信息咨询服务工作。

EPO 还通过网络服务、电话服务和现场检索咨询服务等多种形式，更便捷地向用户提供专利相关信息。EPO 会定期举行欧洲专利信息高端用户会议、专利信息年会及“东西方接触”年度论坛，以多种渠道主动发现并满足专利信息用户的实际需求。

对企业的专利信息传播利用上，EPO 主要通过 PATLIB 针对中小型企业开展创新服务，包括：提高中小企业的专利信息应用意识，改善专利信息服务方式；减少中小企业进行专利申请的障碍；提高其专利信息的利用及使用效率；部分 PATLIB 积极主动地与中小型企业进行联系，为之提供援助并组织“专利诊所”，并提供培训服务等。根据 2009 年欧盟委员会通过的一项重新定位专利信息中心职能的计划，各 PATLIB 提供的服务还应包括以下内容：对处于投资决定期的初期技术发展给予支持；提供专利技术商业化的建议；对技术发展和竞争方的行为予以指导和监督；对潜在的专利申请进行预先过滤。上述理念旨在打破 PATLIB 以往仅作为专利信息提供方的传统作用，转而向公众提供与专利有关的创新支持服务，推动企业的创新活动。

专利信息传播利用人才培养方面，欧洲设有欧洲专利学院，主要职责是与世界各国和国际机构与组织密切合作，制订欧洲范围内的培训与教育计划，从而促进欧洲专利体系的发展；提供专利技术商业化及产业化等各类培训，例如，如何评估专利价值、如何使授权期延长的技巧等，让公众和用户了解专利系统，学习如何查询专利信息。EPO 通过网络或现场教学的方式，针对不同对象提供不同的培训，例如，对机构内人员培训，包括各成员国及其他非成员国国家的专利局员工、政府机构雇员和公共机构的职员；对专利代理人的职业培训和再培训；对工业和政策制定者创新扶持培训，主要对象是新成立的中小企业；对法官和法律从业人员的司法培训，目的在于协调欧洲的专利执法和诉讼实践；对学术界的培训，旨在提高教育机构的知识产权意识，对象主要是学生、教授、教师和技术转让部门的员工。

由于 EPO 将专利信息服务目标设定在为公众提供免费的基础信息服务上，因此 EPO 主要针对各国公开专利信息数据进行收集、整理和标准化工作，而专利数据的深加工和专利信息分析等增值服务和深度服务则由欧洲各成员国成熟的商业信息服务机构来承担。欧洲通过这种定位明晰的发展模式，使得专利信息商业服务机构非常成熟。欧洲的专利信息商业服务体系包括技术中介公司、管理咨询公司、个人咨询者等，以英国的德温特专利数据库服务和法国的 Questel 专利数据服务为代表的商业专利信息服务公司发挥着重要的作用，许多大公司均通过付费的方式从这些专利数据服务商处获取优质的服务。

3. 日本

日本于 2002 年 7 月制定的《知识产权战略大纲》，对专利信息的建设和服务有着明确的规定，日本亦按照该大纲的要求落实各项措施，推动专利信息的有效传播和利用。

日本特许厅（JPO）主要以知识产权数字图书馆（IPDL）和工业所有权情报研修馆［INPIT，2004 年 10 月转至国家工业产权信息培训中心（NCIPI）］在东京的阅览室为中心、INPIT 的地方阅览室及设置在各都道府县的知识产权中心为地方网点构成专利信息服务体系。

INPIT 作为 JPO 的专利信息服务执行机构，除维护管理 IPDL 外，还提供其他服务，如提供审查和复审方面的文献，收集、制作日本和外国的书籍和技术文献，公报图书馆服务，促进专利许可服务，咨询服务等；2004 年 10 月后，增加信息传播服务、培训服务及人力资源开发服务等服务项目。另外，为了推动日本专利信息传播利用工作的开展，JPO 采取了一系列措施，如在全国 47 个都道府县设立 55 个知识产权中心，派遣 104 名专利流通促进顾问和 53 名检索咨询顾问，实施专利流通支援事业；由 INPIT 进行项目委托，社会组织具体承担专利流通促进资料的编辑；INPIT 委托日本专利情报机构（Japan Patent Information Organization，JAPIO）建立专利流通数据库等。

对企业的专利信息传播利用方面，JPO 鼓励企业制定知识产权经营战略，使知识产权真正成为企业竞争力的源泉；鼓励大企业把没有应用的专利向社会开放，便于中小企业、风险企业和个人有效运用知识产权；为企业提供知识产权信息和咨询服务，包括帮助企业开展海外侵权调查、为司法部门和海关提供专业咨询等。另外，由于日本政府格外重视对中小型企业的知识产权扶持，除政府成立中小型企业援助中心，在专利审查和海外侵权调查等方面给予资助外，日本特许厅还在审查中帮助中小型企业正确判断是否提出实审请求、指定商业机构为这些企业提供免费检索报告、为其提供律师信息、介绍和派遣律师或知识产权专家和顾问。2011 年 4 月，在各都道府县设立“知识财产综合支援窗口”，与发明协会的都道府县分会、工业产权情报研究所合作，提供包括知识产权咨询、申请援助、信息服务在内的“一站式”援助措施，协助解决中小企业在创业和企业经营各阶段的知识产权问题；该“窗口”的另一职责是发现未有效利用知识产权的中小企业，促进更多中小企业对知识产权的利用。

对科研机构的专利信息传播利用方面，日本构建了以企业为主体、大学为中坚力量、政府研究机构起促进作用的产学研联动体系，积极促进大学和公共研究机构专利的转让和流通，鼓励、资助大学、公共研究机构设立“知识产权本部”，将知识产权作为多项评估、审批工作的指标，加强了大学知识产权的创造和管理；政府通过在大学建立联合研究中心、举办多种形式的展览会和信息技术产业论坛等方式来引导大学与企业之间的合作；创办风险投资企业，建立技术转移机构（TLO）直接实现科研成果产业化，大学技术转让收入按研究成果重点分配，切实体现激励机制。

在专利信息传播利用人才培养方面，日本长期以来十分重视对高科技、高素质人才的培养，逐步建立起了良性的人才培养、选择、竞争、交流机制和充满竞争的研究环境。JPO 设立工业知识产权培训学院，针对不同对象提供不同的培训内容，如审查员、普通人员、部门负责人、诉讼审查的书记员、形式审查的专家、助理主管、主管和总经理人员等；根据不同语言需求提供各种语言培训，包括英语、中文、法文、德文等；根据不同专业领域提供不同领域的培训，包括法律培训、技术培训等。JPO 除委托 JAPIO 向公众提供一般的专利信息服务，如销售专利数据、开发和维护 IPDL 外，还负责招收富有知识产权知识及检索经验的人才，经过培训后以专利信息咨询师的身份派往各地方政府。为弥补知识产权高级专门人才的不足，日本文部科学省批准东京大学等 66 所大学从 2004 年 4 月起开设了总定员为 5 430 人的“法科大学院（研究生院）”，培养兼具法律、专利、标准等知识的高级专门人才。

对服务机构的专利信息传播利用方面，JPO 自 2002 年起开始加大向地方专利信息服务机构提供基础专利数据的力度，将其拥有的专利信息批量提供给社会，仅收取边际成本；鼓励私营信息提供商利用这些批量数据实现高质量、多样化的服务，为企业建立适合自身需求的内部数据库。目前，日本已有 200 多家信息服务提供商，规模都不是非常大，服务内容包括：在线数据库服务、检索服务、研究与分析服务、翻译服务、数据处理与发布服务、管理服务等，其中仅有 10 家左右的机构能够提供联机检索服务。因此，日本的商业专利信息服务机构呈现出一个小规模、大数量的趋势。日本的知识产权商业服务体系包括：商社、技术顾问公司、独立开业的咨询公司及各类高校、企业创办或从中分离出来的机构、主要针对行业内或相关领域提供多层次的知识产权服务。另外，日本行业协会特别是知识产权相关协会开展知识产权培训、咨询服务以及专利评奖等工作，在专利信息传播利用方面也发挥重要作用。

4. 韩国

从整体上看，韩国知识产权局（KIPO）专利信息传播利用工作体系由三个层面组成，分别包括作为政务信息的发布和公开、面向国内外社会公众的公益性信息服务以及各种增值性专利信息服务。KIPO 面向国内外社会公众的公益性服务主要是由韩国专利信息中心（KIPI）主导完成，其主要任务是面向公众提供全方位的知识产权信息服务和数据加工服务，促进韩国科技竞争力的提高。KIPI 除了通过其建立和维护的 KIPRIS 检索系统向公众提供免费的检索服务外，同时针对用户的个性化需求提供增值服务，包括可靠专家预见（FORX）服务、电子数据服务、商标和外观设计检索服务、专利文献翻译以及专利评估和评级（K－PEG）服务。

对企业的专利信息传播利用方面，韩国政府向企业提供专利技术融资贷款帮助中小企业实现技术产业化；KIPO 通过网上交易市场鼓励中小企业生产的优质专利产品的电子贸易，还建立线下知识产权交易市场以促进专利产品和技术的销售；KIPO 走进中小企业内部，亲自上门为企业提供咨询服务，尤其是从商业机构中选派律师和代理人等各类型知识产权专家深入企业进行培训和咨询。目前，韩国的中小型企业可通过私人企业的知识产权专家、KIPO 人员等获得量身打造的专利信息服务。另外，2010 年，KIPO 对中小企业的帮扶侧重于对其进行专利、商标和外观设计等各知识产权领域的全面支持；2011 年 6 月，KIPO 积极响应政府号召，对向社会经济地位不利群体提供社会服务和工作岗位的社会企业予以扶持，帮助其获得更系统和更有针对性的专利文献信息，以及在企业运营中引入知识产权管理，使之发展成为具有全球竞争力的知识产权型企业。

在专利信息人才培养方面，KIPO 在 2005 年 5 月建立了远程知识产权学院，为不同群体提供各种培训项目，并对完成课程的大学生授予证书。另外，KIPO 派遣专利管理顾问对高校和科研机构进行实地培训和咨询，培养专利信息人才。

在韩国，随着专利信息服务业的发展与深入，各种专利信息增值性信息服务也逐步形成了相当规模。除了 KIPI 之外，韩国还有从事知识产权信息服务的公司和机构 40 多家。这些机构主要是向国内外的公众提供各种增值性专利信息服务，包括专利情报分析、专利管理、专利检索等，并且在一定程度上提供基础数据的免费检索服务。以 WIPS 为例，除了面向公众提供服务外，还承担了部分为 KIPO 进行在先技术检索的任务。

（二）美国、欧洲、日本、韩国专利信息传播利用工作特点

对上述国家/地区专利管理机构开展的专利信息传播利用工作进行汇总和整理后，不难发现：近年来，各国家/地区均制定有效的专利战略，采取适宜的政策和举措，促进专利信息传播利用工作的开展，且内容丰富、形式多样。总体而言，具有如下所述的特点。

1. 政府创造良好的专利信息传播利用政策环境

在许多发达国家，知识产权立国、专利战略等已经成为重要的国家政策，专利信息传播利用工作体系在其中发挥了重要的支撑作用。各国在开展专利信息传播利用工作过程中，均制定了一系列的宏观政策文件来指导和规范有关行为。如 USPTO 的《21 世纪战略计划》，JPO 的《知识产权战略大纲》，EPO 的专利信息公共服务政策等，都对专利信息的建设、服务等有着明确的规定。

2. 专利信息传播利用工作体系基本健全

大多数国家的专利信息传播利用工作体系，都经历了从政府倡导、资助信息服务机构或非营利部门构筑信息服务产业基础，到不断推进信息服务的产业化和商业化的历程，即形成由政府部门、公益法人和民间营利机构组成的完整的、多层次的专利信息传播利用工作体系。因此，专利信息传播利用工作体系包括两种类型：政府主导的公益性专利信息传播利用工作体系和市场条件下的商业化专利信息传播利用工作体系。

政府主导的公益性专利信息传播利用工作体系主要指由政府推动、支持的机构和活动，商业化专利信息传播利用工作体系主要指由市场推动的机构和活动。通常，政府主导的公益服务机构重在提供文献阅览、文献提供、专利培训等基础性专利信息服务，而商业服务机构主要提供专利情报分析、专利翻译、专利评估、数据处理等深度和增值性专利信息服务，二者相辅相成，构成了高效运转的专利信息传播利用工作体系。

3. 构建完备的专利信息传播利用服务平台

为便捷、有效地开展专利信息传播利用工作，构建完备的专利信息传播利用服务平台是必要条件，也是基本手段。互联网具备的存储、阅览和互动等特点，延伸了专利信息的交流，扩大了专利信息传播利用的范围。各国专利管理机构均致力于建立和完善自己的专利信息服务平台，除提供常规性的专利信息服务外，还不断填充数据资源，增加服务方式，增强服务功能。以 JPO 和 EPO 为例，EPO 自 20 世纪 80 年代末期开始建立全面的专利数据库，由欧洲各国共同参与建设的 Espacenet 系统，堪称目前世界上提供公益性专利信息服务的典范，其收录范围多达全球 90 多个国家和组织；该系统除既有的服务功能外，近几年正增加多语言转换功能。JPO 的 IPDL 是日本最著名的知识产权信息提供机构，不仅拥有丰富的馆藏，且无需花费任何费用即可使用在线检索系统和各项功能，深受企业的欢迎并得以充分利用。

4. 构建顺畅便捷的专利信息传播利用渠道，提供多元化的专利信息服务

随着专利信息重要性的日渐显现，以及专利文献资源的日益丰富，各主要专利管理机构专利信息工作的关注点已渐从以往的重资源构建转向重传播和利用，服务方式、服务内容、服务群体和服务渠道也都随着专利信息传播利用工作的不断深化而适时扩充和调整。在线服务、定向服务，以及走向企业内部提供咨询服务等服务方式已逐渐成熟完

善。同时，利用电视、网络、书刊等多种传媒渠道开展专利信息利用宣传，提高全社会对专利信息的认知度。另外，以用户需求为导向，主动发现并提供服务内容，除传统意义上的公报图书馆服务、各类专利信息检索、咨询服务、培训服务外，还增加了利用专利地图进行专利信息分析统计服务，进行数据深加工服务，促进专利许可服务，协助企业进行专利战略分析等，同时积极发展机器翻译技术，开展培训和教育活动。

5. 针对企业开展的专利信息传播利用工作日臻成熟

随着企业对专利信息利用需求的不断加深，各国积极采取举措加强对企业，特别是中小企业的专利信息传播利用工作，提高企业专利信息利用意识，提升企业专利信息利用能力。如 JPO 对中小企业的服务工作具有“全面”和“细致”的特点。所谓“全面”是指普及援助处提供的服务内容全、范围广，不仅涉及审批程序中的方方面面、权利的灵活运用和产业化等一系列活动，还包括有关宣传培训、人才培育、个别商谈等旨在帮助中小企业有效利用自主产权的工作；“细致”是指普及援助处主要立足于利用者的角度紧密结合地区的未来发展与实际需求，提供详尽细致的服务，从“知识创造”至“权利应用”的各阶段，JPO 均对中小企业予以多方支持。

6. 积极开展培训和教育活动

美国、欧洲、日本、韩国等国家/地区非常重视专利信息的培训和教育活动，重视人才队伍建设。为此，多数专利发达国家/地区设有专门培训机构，如 USPTO 设有全球知识产权学员（GIPA），EPO 设有欧洲专利学院，JPO 设有工业知识产权培训学院等。以 EPO 为例，为提高欧洲成员国内企业和公民的专利意识和专利利用素养，EPO 推出了 WebEx 网络视频会议系统提供免费的视频课程，公众只要在线填写课程报名表，并按照课程提示，预先安装 WebEx 软件即可接受 EPO 专家的免费培训和指导，在课程进行中与培训专家进行互动和交流。

三、国内专利信息传播利用工作现状及特点

我国将专利信息传播利用工作列为“十二五”规划期间知识产权事业发展的主要任务之一。我国专利信息传播利用工作分两个层面开展：国家层面，主要是建立全国专利信息传播利用的宏观管理与业务指导体系，并促进专利信息的广泛传播与有效利用；地方层面，主要是指导创新主体加强专利信息利用，促进专利信息为科技创新与经济社会发展服务。

（一）国家层面的专利信息传播利用现状

为促进专利信息的有效传播和利用，贯彻落实《全国专利事业发展战略（2011—2020 年）》，2011 年 12 月，国家知识产权局发布了《关于加强全国专利文献信息传播与

利用工作的意见》（国知发办字〔2011〕151 号），明确了“全国专利信息人才培养工作全面加强，人才规模显著扩大、素质明显提升，基本消除专利信息人才制约；企事业单位等创新主体利用专利文献信息的水平显著提高，基本满足市场经济发展的需要；全国专利文献信息传播与利用的宏观管理和业务指导明显加强，各项工作统筹推进”的工作目标。截至目前，全国专利信息传播利用工作正如火如荼地进行，主要包括以下所述的 4 个方面。

1. 构建全国专利信息传播利用工作体系

2009 年，国家知识产权局发布的《全国专利信息公共服务体系建设规划》中指出，专利信息公共服务是为了满足全社会的专利信息基本需求、促进经济发展和科技创新而开展的专利信息传播利用活动。目前，我国正积极构建“国家专利数据中心、区域专利信息服务中心、地方专利信息服务中心”三级架构为支撑的全国专利信息公共服务体系，目标是为社会公众提供便捷、有效、优质的专利信息服务。

为进一步推动专利信息传播利用的开展，2012 ~ 2013 年，国家知识产权局通过严格的申报、评审程序，批准设立广东、北京、江苏、山东、四川等 12 家国家级专利信息传播利用基地，并发布《专利信息传播利用基地建设指南》，基本完成了专利信息传播利用工作体系在我国主要经济区域的布局。国家级专利信息传播利用基地是加强地方专利信息传播利用工作的重要平台，也是推动全国专利信息传播利用工作的重要组成部分。

2. 创新专利信息传播利用工作内容，拓展工作方式

我国传统的专利信息传播利用工作内容主要有：提供专利文献服务、提供专利文献阅览服务、专利信息检索服务、专利信息咨询服务、专利信息培训服务等。近几年，国家知识产权局不断创新服务内容，拓展服务方式，畅通服务渠道，满足不同对象的需求。

（1）开展专利信息利用促进与帮扶工作。2010 年起，国家知识产权局专利局根据专利信息传播利用工作实际，结合省市经济发展和企业创新发展需求，不断在山东、上海、四川、江苏、黑龙江、新疆等地探索开展专利信息利用促进与帮扶工作。2013 年，专利文献部确定安徽、重庆、贵州、青海和宁夏五省（区、市）为试点省份，开展区域性专利信息利用促进与帮扶工作，主要以培训、业务指导和项目支持等不同手段对各省及其企事业单位进行分类指导，以提升地方专利信息利用能力，探索全国专利信息利用促进与帮扶工作模式。

（2）培育专利信息利用重点促进单位，增强企业专利信息利用和管理能力。2013 年，国家知识产权局以推动《企业专利信息利用工作指南》实施为抓手，重点对 16 个专利信息利用重点促进单位进行阶段性培育，培育内容包括：推动落实《企业专利信息利用工作指南》，提升企业科技创新能力；从制度建设、部门人员配置、经费保障和资源建设等方面指导企业建立、完善专利信息利用管理制度，提升企业知识产权管理水平；指

导企业成立相关知识产权管理机构，配备专门人员；指导有能力的企业开展专利信息分析研究工作，强化专利信息分析利用，发挥引领带动作用。

（3）加强专利信息培训工作力度，分层级、分区域、分专题开展专利信息培训活动。国家知识产权局专利局专利文献部继续采用公益讲座、技能实训、巡回培训等多种培训形式，进一步分层级、分区域、分专题开展专利信息培训活动。以2013年为例，面向东北、华中、西北、中南、沿海等地区主办9个专利信息人才巡回培训项目，培训学员702人，为培养专利信息领军人才和师资人才奠定基础；在北京、江苏、山东、四川、广东5家专利信息传播利用培训基地，实施专利信息服务能力提升培训班和知识产权试点企业专利信息利用能力提升培训班，培训学员1 200余人，不仅有助于区域发展，还能辐射周边地区；设立专利信息人才培育项目，15个省、自治区、直辖市和计划单列市开设专利信息专题培训班，培训内容多样，培训学员达到1 200人。

3. 组建人才队伍，为专利信息传播利用工作发展提供人力保障

国家知识产权局通过选拔评审，全国专利信息领军人才达到53人，全国专利信息师资人才达到150人，已形成一支200余人的高层次专利信息人才队伍，并有望在2015年达到500人；发布《全国专利信息领军人才和师资人才培养与使用指南》；在全国范围内开展专利信息人才前瞻性研究项目、重点研究项目和人才培育项目，加强对人才的培养、管理和使用。至此，国家知识产权局引导，地方知识产权局、人才所在单位协同推进的专利信息人才工作格局已初步形成。

4. 开展专利信息传播利用基础研究工作

（1）撰写专利信息传播利用相关教材。近几年，国家知识产权局陆续编写完成《专利信息利用导引》《专利信息利用技能》《专利信息利用实践》《专利竞争情报理论与实践》等专利信息利用高级培训教材，为创新主体提高专利信息利用能力提供了良好的参考，进一步促进了专利信息的广泛传播和利用，夯实了专利信息传播利用基础工作。

（2）持续开展基础性、前瞻性学术研究工作。国家知识产权局从宏观政策、业务指导及应用层面不断组织开展专利信息传播利用研究项目，具体包括：专利信息体系建设、人才培养、行业应用和专利竞争情报等。这些研究项目的开展拓展了专利信息传播利用研究内容，推动了各地开展专利信息传播利用研究，提高地方专利信息人才的研究能力和水平，也为专利信息传播利用的深化开展积蓄了后劲、提供了参考。

（二）重点省市专利信息传播利用现状

在国家知识产权局的大力指导和支持下，全国各省市积极采取措施促进专利信息的广泛传播和有效利用。目前，国家级专利信息传播利用基地在专利信息传播利用工作方面推进较快，特别是北京、上海、广东、江苏等省市工作成效突出。

本文围绕体系构建、平台建设、服务种类与模式、人才队伍等对这些重点省市的专

利信息传播利用工作举措进行了全面和深入的梳理，特别是针对企业开展的专利信息传播利用工作，剖析优势和不足，为今后开展专利信息传播利用工作提供研究支撑。

1. 北京

北京建立了工作主站、工作分站、信息应用点的星型结构专利信息服务三级体系。以北京市知识产权信息中心为知识产权工作主站，在北京市知识产权局相关事业单位、各区县和行业协会建立分站，以保证知识产权服务范围能够覆盖全市，同时每个分站可以建立信息应用点，这些信息网点可以是直接的重点企事业单位用户自身，也可以是有条件借助市一级服务资源向其他公众提供信息服务的第三方服务机构，以保证引导企业正确选择专利代理机构，将其与企业和科研机构等创新主体的实际需求紧密结合起来，从而实现知识产权信息资源本地化服务，促进自主创新成果的知识产权化、商品化、产业化，把知识产权信息化建设与北京的重点产业、行业发展相结合，推动首都经济发展。

专利信息传播利用工作内容主要包括：完善专利信息传播基础设施，推广北京市知识产权公共信息服务平台应用；针对北京市战略性新兴产业发展的需要，分步分批建设专利专题数据库；开展重点产业、重点领域和重点区域的专利布局分析，建立定期跟踪机制，为政府决策和产业发展提供参考依据。

对企业的专利信息传播利用方面，北京市以“服务在京央企、服务中关村、服务中小企业”为着力点，以专利信息为手段服务于全市企事业单位。引导重点企业开展企业专利战略和布局分析，促推企业不断提高核心竞争力；以试点示范夯实工作基础，于2008年4月在全国率先启动了知识产权托管工程试点，以知识产权托管助推区域发展，以知识产权联盟工作服务产业发展；2011年制定出台全国首个专利预警工作指导性文件《企业海外知识产权预警指导规程》，为企业海外专利预警工作提供指导。

在科研院所的专利信息传播利用方面，北京与在京的19所高校建立了“北京市专利信息服务体系高校分站”，签订了服务协议；之后，北京知识产权信息中心按季度发布高校的专利申请、授权数据，而高校也可以通过专利信息服务平台发布自身的专利交易需求信息，如预备出让的专利种类、价格等。

对服务机构的专利信息传播利用方面，北京鼓励不同类型的知识产权服务机构针对不同的产业领域开展广泛的合作与联合，形成专业技术领域的知识产权中介服务网络；加强知识产权服务机构与本市重点企业的联系，通过建立重点企业知识产权联络员制度，使知识产权服务机构能够及时掌握服务需求，为企业提供优质高效的专利信息服务；加强知识产权服务机构与科研单位、高等院校的联合与协作；积极引导重要产业链中的相关企业成立产业知识产权联盟，并针对产业联盟和高校的专利信息服务进行研究和规划。另外，北京的知识产权代理、咨询、法律、交易、融资服务的中介机构数量在全国占有优势，具有较高服务能力的知识产权信息服务机构和知识产权代理机构均位于北京，这些机构拥有的人员和从业经验是任何其他省市都无法比拟的。

2. 上海

上海市依托上海市知识产权（专利信息）公共服务平台，建立了上海市知识产权服务中心、4 个分中心、16 个工作站的三级专利信息服务工作体系。其中，为充分利用区内的优势，区县专利工作站基本都设在有情报服务或专利服务能力的研究所、科技园区等单位，有助于为本地区企业开展现场咨询、检索服务、培训推广、公共阅读等个性化服务工作。

上海知识产权服务中心是上海信息公共专利服务机构的典型代表，其专利信息工作主要集中在以下方面：人才培训和培养方面、服务政府科学决策方面、企业专利信息自助服务方面、专利信息服务企业方面、专利信息服务园区和行业方面和区域合作和服务情况。

面向中小企业和社会公众的专利信息服务主要依托知识产权公共服务平台开展。从功能上看，平台能够为用户提供专利数据库检索、在线统计分析、在线专题库、企业专利管理、交易评估等服务；其中，在线专利价值评估功能独具特色。另外，平台服务范围不仅为上海市，并且辐射到长三角地区，为其提供各种知识产权信息的公益及增值服务。值得一提的是，2012 年，利用硬件虚拟化技术，配置构架出一台虚拟的江阴市知识产权公共服务平台服务器，实现了江阴市与上海市在专利信息服务上的连接。

上海市非常重视专利信息人才队伍建设。针对高校的专利信息传播利用，上海市制定《关于加强上海高校知识产权教育的实施办法》，在许多高校的《法律基础》等公共必修课程中增加知识产权方面的内容，部分高校在公共选修课程中也开设了知识产权选修课程，而有些高校还为本科生和研究生单独开设知识产权课程。在专业教育上，一些有条件的高校分别从本科生、双学位、硕士研究生、博士研究生等各个层面上较大规模地培养知识产权专门人才，因而设立了知识产权法学或知识产权管理学相关硕士点、博士点，提升知识产权的学科地位，同时也逐步形成了知识产权教学的系列课程群。另外，为培养专利信息专门人才，上海市在 2013 年陆续举办“合成生物学知识产权保护与管理”院士专家座谈会、“千人计划知识产权主题论坛”专家主题座谈会等活动，围绕专利信息利用进行深入研讨，相关在沪院士、“千人计划”专家等 150 余人参会；结合重大专项、重大工程知识产权服务、专利试点示范企业创建等工作的开展，培养企业知识产权及专利信息利用专业人才，开展各类专利信息利用及情报分析培训班 20 多场，培训人员超过 1 500 人次；举办党政领导干部知识产权形势报告会，共 200 多名学员听取了报告；举办专利行政执法培训班，培训学员 60 余人次；继续面向全市专业技术人员开展知识产权公需科目继续教育，已培训16 855人（截至2013年11月底）；组织高校知识产权巡讲活动5场，听讲人员700余人次。

3. 广东

广东省建立了省、市（区域）、重点行业（企事业单位）三级专利信息网络服务体系；形成全省各知识产权管理部门、各类知识产权服务机构共同参与的系统化服务体系。

近年来，广东省先后构建了各具特色的广东省专利信息服务平台、广东省知识产权公共信息综合服务平台、国家知识产权局专利信息（广州）区域中心综合服务平台、广东省产业发展专利信息综合应用服务平台、广东省重点产业、产业外观专利图像分析服务平台等。同时，围绕广东省产业、区域特点和重点产业发展的方向，通过对国内外专利数据的采集、加工和开发，先后建成包括家电、汽车摩托车、电池、陶瓷、电动汽车、光伏、数字电视、平板显示、精细化工、中国中药、世界医药、装备制造等重点产业专题数据库在内的20个省级专题专利数据库和包括液压件、打印耗材、水暖卫浴、五金刀剪等在内的5个地方特色行业专题数据库，并加强宣传推广，引导企业在经济、研发活动中有效运用产业专利信息。

广东省开展的专利信息传播利用工作包括：专利信息检索服务、专利信息分析研究、战略性新兴产业专利信息资源开发利用、知识产权宣传培训、知识产权维权援助、专利技术交易与转化等。另外，广东省制定了《关于加快推进广东省知识产权质押融资工作的若干意见》，搭建了专利投融资服务平台等。

广东省围绕新一代通信、物联网、数字家庭、新能源汽车、LED、OLED、生物医药等重点产业，会同省财政厅启动实施战略性新兴产业专利信息资源开发工程，形成了一系列产业专利分析及预警成果，并予以公开发布；创办《广东省战略性新兴产业知识产权工作动态》《广东省战略性新兴产业专利信息统计简报》，及时发布运用知识产权促进战略性新兴产业发展实施进展情况及相关研究成果；建设完成“广东省战略性新兴产业专利信息实时统计系统”等。

专利信息人才培养方面，广东省围绕“专利信息利用”“知识产权保护（维权援助）”等主要内容开展专题培训，每年均组织十多期专利信息应用的专题培训，此外在一些知识产权专利实务培训班上均专门设置专利信息课程，以全面传播专利信息。近5年来，累计组织培训班100多期，受训人员远超10 000人次。以2011年为例，共举办或协办培训班31期，培训人数约4 000人。培训主题全面，形式多样，内容涵盖多个方面。另外，广东积极开展知识产权复合型人才的高等教育体系的建设：暨南大学、华南理工大学和中山大学等高校中设置了知识产权学院，另有20余所大学设有知识产权研究机构，包括广东金融学院知识产权研究中心等，承担知识产权人才培养和科研任务；不少科研机构和高校也承担知识产权人才培养任务，如华南师范大学、广东外语外贸大学等招收知识产权专业硕士研究生；广东科学技术职业学院开设科技成果中介服务（知识产权管理）专业。

4. 江苏

江苏省依托江苏省知识产权公共服务平台和江苏省专利信息中心进行辐射全省的专利信息服务，先后为泰州、徐州、南通、南京等市和部分市、县（园区）以及徐工集团、金城集团等近500家企业建立了知识产权信息分平台，构建了省、市（县、园区）和企事业单位三级联动的专利信息服务体系，通过信息共享和资源集成，形成网络化、规模化的知识产权服务，实现专利信息利用效益最大化，更好地满足了社会的专利信息服务需求。

上述服务平台主要包含知识产权统计数据政府管理系统、行业、产业知识产权数据库及区域知识产权公共服务分平台，收录了全领域专利数据，汇集了知识产权法律法规、案例等12个知识产权基础信息资源数据库，建立了医药、电子、化工等11个主导及新兴产业专题专利数据库，形成了资源集聚与公共服务于一体的专利信息系统。除服务平台外，江苏省还建立了首个专门针对外观设计的无锡（国家）外观设计专利信息中心；积极开展战略性新兴产业、重点发展产业和重点企业的知识产权战略研究与预警分析；积极开展专利数据统计分析和态势研究工作、企业知识产权管理标准的评价工作；组建了知识产权服务联盟和知识产权专家顾问委员会，并开通了全国首个知识产权服务热线。另外，江苏还开展企业知识产权服务、知识产权统计分析、知识产权培训、重大项目知识产权审查、知识产权应用系统开发、知识产权评议等工作。

针对企业的专利信息传播利用方面，江苏研究制定了《企业知识产权管理规范》，建立了长三角地区重点产业知识产权战略研究与预警分析模块，加强了对知识产权评议，培育重点行业协会，鼓励企业参与增值性知识产权信息的开发利用，倡导中小型企业开展知识产权合约托管服务或知识产权外包服务。

江苏省积极培育和扶持与知识产权创造、运用、保护和管理相关的行业协会，支持行业协会开展知识产权工作；完善知识产权中介服务管理，建立诚信管理制度、研究制定规范知识产权中介服务机构管理办法、培育和发展市场化的知识产权信息服务，建立知识产权服务业信息平台。

在专利信息传播利用人才培养方面，江苏省组建了以江苏省专利信息服务中心为主导、多机构共同参与的知识产权服务联盟和汇聚省内外优秀服务人才的知识产权专家顾问委员会。江苏省知识产权培训服务分为集中培训和网上培训两种方式：集中培训针对用户的共性需求，在平台的培训点（如江苏省知识产权服务中心、知识产权学院、知识产权代理机构、各市县培训网点等培训场所），进行文献检索、运行分析系统等操作性培训；同时针对知识产权发展的热点问题和时事动向，及时地向企业传达知识产权信息，提高企事业单位运用知识产权制度的能力。网上培训则通过 Internet 及设在各地的多媒体培训点培训，通过流媒体技术提供高质量的图像传输，实现学员和教师之间的在线互动交流，并采取在线课堂、推荐图书、资料共享、专家讲座、实例分析等多种方式，涉及知识产权基础知识和专利代理的实务教程。

5. 四川

四川省在省会建立了四川省知识产权服务中心，选择专利信息工作基础较好的市州建立专利信息分中心，在服务机构建设国家知识产权局（四川）专利信息传播利用基地服务网点，在园区和企业建立专利信息传播利用工作联络站，逐步构建全省专利信息“省—市州—企业”三级专利信息服务体系。

四川省大力加强集政务服务、信息服务和交易服务于一体的知识产权公共服务平台，已经建成四川知识产权信息港和互联网版中外专利信息服务平台，并利用该平台面向产业、深入企业开展专利信息工作，推动专利信息的运用。

四川省开展的专利信息传播利用工作主要包括：筛选具有自主知识产权的核心专利，为相关部门掌握情况、制定决策起了重要作用；开展专利信息分析，助推产业发展；开展行业和企业数据库建设，已经完成了四川省“7 + 3”十个行业专题专利数据库和以乐山知识产权园区为重点的光伏多晶硅行业数据库及面向白酒金三角的白酒行业数据库等12 个行业数据库的建设；开展专利公共服务平台建设、专利预警分析、专利人才培养，以及制定实施专利战略等项目。

在专利信息人才培养方面，四川省人才队伍建设主要从人才规模建设、人才素质建设、人才环境建设三个方面展开。人才规模建设上，通过开展专利信息宣传活动、举办专利信息基础知识培训班和技能提高班、编发专利信息传播与利用普及资料，来吸引越来越多的人了解、认识和掌握专利信息，成为潜在的专利人才储备。人才素质建设上，通过组建专利信息帮扶顾问专家团队、举办专利信息高端应用技能培训班、推选和引进专利信息领军人才，培育师资人才，以此来提高现有专利人才的素质，以适应更高层次专利信息传播利用的需要。人才环境建设上，通过建立专利信息人才培养、考核与激励机制，营造专利信息服务良好氛围。为促进本省高校知识产权教育和人才培养工作，目前四川省有国家知识产权培训（四川）基地 1 个（四川大学），四川省知识产权教育培训基地 4 个（西南交大、四川师大文理学院、西华大学、西南科技大学），四川省知识产权远程教育平台 1 个。以 2013 年为例，四川省面向企事业单位、专利信息各类服务机构、科研院所大专院校等举办了“四川省知识产权试点示范企业专利信息利用能力提升培训班”和“专利信息传播利用（四川）基地服务能力提升培训班”等 10 余次培训活动，培训人员累计 3 000 余人次。

（三）国内专利信息传播利用工作特点

近年来，我国各省市均广泛开展专利信息传播利用工作，取得了一定成效，将其与国外专利信息传播利用工作进行比较，发现我国在专利信息传播利用工作方面既存在优势，也存在不足。

1. 优势

（1）制定专利信息传播利用相关政策，构建地区专利信息传播利用工作体系。

各省市在国家知识产权局的指导下，贯彻落实《关于加强全国专利文献信息传播与利用工作的意见》，结合本地区实际需要开展了一系列专利信息传播利用工作。同时，各省市制定适合本地区专利信息传播利用工作相关的政策文件，并在此基础上应运而生了一系列行之有效的激励机制和运营机制，如《上海市专利保护条例》为上海市专利信息工作的开展指明了总的方向和要求，《关于加强上海高校知识产权教育的实施办法》为上海市专利信息的传播提供了切实具体的工作思路和实施路径；另外，《广东省专利信息服务和管理意见》《关于印发四川省专利战略（2011～2020）年的通知》和《四川省知识产权（专利）事业“十二五”发展规划》等均为本地区开展专利信息传播利用工作提供了良好的政策环境。

除了国家知识产权局正在构建的全国专利信息公共服务体系外，各省市按照国家知识产权局的统一部署，不断加强专利信息公共服务工作的顶层设计和统筹协调，多数省市形成了“省—市/区—企业”三级专利信息传播利用工作体系：以省市知识产权信息中心为专利信息传播利用工作的服务平台主站，在本省市知识产权局相关事业单位、各区县和行业协会建立分站，同时每个分站可以建立信息应用点，这些信息网点可以是直接的重点企事业单位用户自身，也可以是有条件借助市一级服务资源向其他公众提供信息服务的第三方服务机构。

（2）重视专利信息服务平台建设，畅通服务渠道。

为促进信息资源共享和优势互补，切实提高专利信息服务和社会公众专利信息利用水平，各地区纷纷建立、完善具有区域特色的专利信息服务平台，如专利信息服务公共平台、专利数据检索与服务系统、维权援助服务公共平台、知识产权交易转化公共平台及各种综合性服务平台等，并构建省、市、县及重点行业多级专利信息网络服务。不仅如此，为满足专利信息用户需求，各地区深化平台专利信息服务功能，除提供专利信息查询外，还增加了知识产权交易、知识产权管理、知识产权保护、知识产权战略研究及预警、知识产权宣传培训等功能。例如，经过多年的建设和扩展，四川省现在已经构建起全省集知识产权政务信息、专利受理、专利文献、专利展示交易、知识产权维权援助为一体的公共服务平台和覆盖全省的知识产权网络体系。

各地区针对战略性新兴产业的发展和专利专题应用的需要，纷纷建立专题数据库。例如，广东省已经建立了包括重点家电、中国中药、世界医药等在内的10个省级重点行业专题数据库和包括珠海打印耗材、中山光学成像等在内的地方特色专题专利数据库。

另外，为提高企业专利信息利用水平，很多省市通过帮助企业建立行业专利信息分析系统，带动行业企业对专利信息的深层次开发和利用，提升行业知识产权信息运用的整体水平，或者鼓励社会资金投资专利信息化建设。这些举措都有利于专利信息的充分利用，带来很好的经济效益。

（3）创新专利信息传播利用工作内容，拓展工作方式，推进企业专利信息利用与开发。

为提高企业专利信息利用水平，很多省市通过帮助企业建立行业专利信息分析系统，带动企业对专利信息进行深层次开发和利用，从而提升行业专利信息运用的整体水平。

各省市除了配合国家知识产权局开展专利信息利用促进与帮扶工作外，还参照该模式选取本地区有需求的企业进行重点培育，以增强本地区企业整体专利信息利用和管理能力。以贵州省为例，贵州省将专利信息利用工作与本省“两大工程”及试点单位（知识产权优势企业培育工程、中小企业知识产权战略推进工程和知识产权试点单位）工作紧密结合，要求每批入选企业开展专利战略研究，要将专利信息利用贯穿到企业生产经营全过程，以实现提高研发起点、提高科研效率、规避知识产权风险等目标。

云计算的广泛运用也推动着专利信息传播利用工作模式的创新。例如，上海知识产权专利信息公共服务台积极尝试云计算技术的应用，利用硬件虚拟化技术，配置构架出一台虚拟的江阴市知识产权公共服务平台服务器，这种子平台建立方式投入少、见效快，不需要增加软硬件及数据维护人员，避免了大量重复投资，大大提高了上海知识产权专利信息公共服务平台的资源利用率，同时增强了平台对周边区域的服务辐射能力。

2. 不足

虽然我国在专利信息传播利用方面已经取得长足进步，但与国外发达国家相比，我国专利信息传播利用工作起步较晚，专利信息意识薄弱，专利信息利用水平偏低，专利信息服务市场正在培育中，尚有许多不足之处。

（1）专利信息传播利用工作体系有待健全，商业化专利信息服务机构能力有待提升。

发达国家的专利信息服务体系由政府主导的公益性专利信息服务体系和市场条件下的商业化专利信息服务体系两种类型组成，且二者相辅相成。而我国则呈现出公共专利信息服务丰富、商业专利信息服务单薄的特征。虽然我国涌现了东方灵顿、彼速、恒和顿等一批专利信息服务机构，但与美国、欧洲等相比，专利信息服务总体发展缓慢，分布不均，服务模式单一，服务质量良莠不齐，且未形成一定规模，难以跟上服务需求的增长，尤其在处理专利信息的深度加工和分析、多样化的增值服务和深度服务等方面显示出了能力不足。并且，这些专利信息服务机构正受到国外专利信息服务商的冲击，前景堪忧。

目前，我国公共专利信息服务与商业专利信息服务界限不清。一方面，有些本应由商业服务机构负责的工作却由公益服务机构代劳，致使商业服务机构的能力不能获得很好地提升，深层次、差异化的服务还不成熟；另一方面，公共专利信息服务又不能做到全面覆盖，不能满足产业经济发展过程中产生的各类专利信息利用需求。

（2）专利信息传播利用工作内容不能满足逐渐升级的需求。

随着企业和社会公众对专利信息资源的要求越来越高，对专利信息传播利用的需求不断升级，专利信息的交流愈加必要，而我国现有的专利信息传播利用服务项目、服务能力等还处于培育阶段，很难满足这种旺盛的需求；并且，与国外成熟的专利分析方法、专利战略等深层次服务相比，我国专利信息的分析与研究工作尚处于起步阶段。

（3）专利信息传播利用与产业化的结合不够密切，针对企业的专利信息传播利用工作尚不成熟。

目前，我国各省市通过政策资金引导、搭建供需平台、推进信息运用、组织参展办展、推进质押融资等措施，大力推动专利实施与产业化。但不可否认，目前的专利信息传播利用工作与产业化的结合不够密切，专利实施数量少，拥有专利权的产品所占比例较低，专利产业化的经济效益未见显著增长。政府主导的重点产业联盟、战略性新兴产业专题专利数据库、专利分析和预警等专项工作的成果还没有产生预期的效果。

虽然我国开展了主要针对企业的专利信息利用促进与帮扶工作，也取得了一定成效，但与发达国家相比还处于摸索阶段。首先，并未专门制订针对大型企业、中小企业和微型企业的专利信息传播利用工作计划；其次，未充分调动专利信息服务机构参与；再次，对中小企业的专利信息服务还不够全面和细致，即范围不广、内容不精；最后，虽然我国近年来专利信息应用的主体——创新型企业的专利申请意识已经显著增强，但对高端和市场化专利信息应用的整体层次仍然较低，不能深度挖掘专利的有效价值。

（4）人才欠缺是各地区开展专利信息传播利用工作的重要瓶颈。

虽然我国已建立了一支200余人的专利信息领军和师资人才队伍，但相对十几亿人口而言，该数量微不足道。即便在专利信息利用水平较高的上海市，经认定的专利代理机构仅有28家，其中涉外机构仅6家，专利代理人不足500人，且年龄、知识结构已趋老化，精通新技术领域、熟悉国际规则的人才更是寥寥无几。这些原因造成我国专利信息传播和利用无法获得新的突破与发展。

四、全国专利信息传播利用工作发展建议

立足我国重点省市专利信息传播利用工作现有工作基础，借鉴国外专利信息传播利用工作先进经验，为研究和制定适用于我国的专利信息传播利用宏观政策提出合理化建议如下所述。

（一）规划专利信息传播利用工作体系，建立健全专利信息传播利用工作机制

专利信息传播利用工作体系应该是一个由政府、商业服务机构和企业共同参与的对专利信息进行开发利用的完整多层次、多角度的立体系统。

首先，建议从全国出发，继续加强对专利信息传播利用工作的统筹规划和管理，充分利用国家相关政策和资源引导各省市区域开展专利信息服务工作，以公共专利信息服务加强示范引导，完善全国专利信息传播利用工作体系建设，明确不同层级的职责，并指导体系中各环节的主体有序开展工作。

其次，以现有的国家级专利信息传播利用基地为依托，带动、提升区域专利信息利用能力和水平，更好地为区域经济社会发展服务；各省市因地制宜、分层级建立完善适合地方专利战略总体规划和地方经济发展实际需要的多级专利信息传播利用工作体系（如省—市—区县—企业），深入开展专利信息利用促进与帮扶工作，在公共专利信息服务内容上做更多有益尝试，以提供更加全面、快速和专业化的专利信息服务，实现专利信息资源本地化服务，争取在专利的创造、保护、运用、管理各个环节中，均体现出专利信息的重要性。

再次，在确保公共专利信息服务的同时，加强商业专利信息服务的培育，逐步明晰公共专利信息服务与商业专利信息服务的界限，在商业服务机构数量不足和能力欠缺的情况下，政府或专利管理部门需要对商业服务机构的建设进行引导与示范，提升其专利信息利用和服务能力，引导其开展有序的专利文献信息服务工作，规范专利信息服务内容和流程，实现服务方与客户需求的高度匹配。

最后，建立健全专利信息服务体系的工作机制，将专利信息传播利用工作制度化，聚集不同层级的力量和资源，促进专利信息传播利用工作整体发展。例如，建立多部门联动的工作机制，完善各级各类服务机构的管理机制，建立专利信息服务资源的共享机制，建立服务成效评价机制，以及服务需求调查与反馈机制等。

（二）培育专利信息服务需求，提升专利信息服务能力

大力培育服务对象的专利信息服务需求，使企业在科技创新和经营管理活动的各个环节中重视专利信息传播利用工作，并逐步挖掘企业深层次的专利信息利用需求，将专利信息融入公司的专利战略制定、专利布局规划等工作中。服务机构在此过程中同样可以发挥积极作用，一方面，面向各类服务对象有针对性地进行专利信息利用方面的宣传和培训，逐步提高专利管理人员、技术人员等在专利信息利用方面的意识和能力；另一方面，应当充分发挥专利信息利用能力强的服务机构、企事业单位的模范带头作用，加强宣传和沟通交流，大力推广有效的专利信息传播利用方法。

专利信息服务需求的增长会进一步繁荣专利信息服务的市场，各类服务机构也需要顺应发展需求，大力提升自身的专利信息服务能力，提升服务水平；政府则加强示范和培育，制定相关专利信息服务规范，引导建立企业与服务机构之间良好的对接关系。

（三）加强对企事业等的专利信息传播利用工作的支持，促进产学研合作及科技成果转化，服务经济发展

建议加强对企事业单位、科研院所等专利信息工作的支持，特别是中小企业的专利信息利用扶持，鼓励其设立专门的专利信息管理部门和专利竞争情报分析部门，指导有能力和有迫切需要的企事业单位开展专利信息分析研究工作；支持和促进企事业单位创新成果的知识产权化、商品化、产业化。支持新兴产业领域企业与全国高等院校、科研院所共同承担国家重大科技项目；鼓励和推动科研院所和高校科技力量主动服务于创新型企业，为其突破核心技术瓶颈。除此之外，建议政府建立科技、经济活动与专利信息利用的关联政策，加强重大科技和经济活动中的知识产权管理，引导和促进科技和经济活动主体挖掘和利用专利信息中蕴含的科技和经济方面的竞争情报，为顺利实施并高质量完成各项科技经济活动提供有力支撑。

（四）培养各类专利信息人才，提高专利信息人才数量和质量

加大专利信息人才队伍建设，完善有利于专利信息人才成长的政策环境和体制机制；针对企业、高校、科研机构、政府部门和中介机构等各类专利信息人才需求，精选、细化培训课程，选择适合的基础课程、应用课程、技能课程等，举办不同的理论性培训、实务性培训及专题性培训；清晰定位专利信息人才培养目标，着力培养专家级服务人才，广泛培养实用型服务人才，全面培养初级后备队伍，建立多层级、多领域专家队伍；加强对各级专利信息人才的管理与使用，以邀请授课、委托项目等方式充分发挥现有专利信息师资人才和领军人才的作用。

大数据时代下的专利信息服务

梁建军

摘　要　信息化的加速发展，不可避免地把我们带入了大数据时代，这也将对专利信息服务产生巨大的推动作用。本文通过对大数据的解读和对专利信息加工过程的解剖，阐述了大数据对专利信息服务带来的机遇和挑战，指出专利信息服务要接轨大数据、融入大数据、利用大数据，使新技术成为提高专利信息服务水平的强劲支撑。

关键词　大数据　专利信息　信息服务

前　言

专利信息服务作为高技术服务业和知识产权服务的重要内容，已被越来越多的政府、行业及企事业单位所接受和重视。回顾专利信息服务发展的轨迹，每一次信息技术的重大突破，都对它产生了巨大的推动作用。微缩胶片的出现，大大加快了信息检索的速度；光盘的出现，使得大容量数据的存储问题得以逐步解决；数据库检索系统的应用，让专利信息服务的速度和效率都有了飞速的发展；“云”计算、大数据技术的出现，也必将给专利信息服务的内容和方式带来革命性的变化，对加快专利信息的传播和利用产生巨大作用和影响。

一、遭遇大数据

“大数据”作为时下最火热的词汇，随着数据仓库、数据安全、数据分析、数据挖掘等围绕其商业价值的利用，越来越为行业人士所追捧。早在1980年，著名未来学家阿尔文·托夫勒便在《第三次浪潮》一书中，将大数据热情地赞颂为第三次浪潮。不过，大约从2009年开始，“大数据”才成为互联网信息技术行业的流行词汇。美国互联网数据中心指出，互联网上的数据每年将增长50%，每两年便将翻一番，而目前世界上90%以上的数据是最近几年才产生的。此外，数据又并非单纯指人们在互联网上发布的信息，全世界的各类设备、仪表、移动终端上有着无数的数码传感装置，随时测量和传递着有关位置、运动、震动、温度、湿度乃至空气中化学物质的变化，也产生了海量的数据信息。物联网、云计算、移动互联网、车联网、手机、平板电脑、PC及遍布地球各个角落的各种各样的传感器，无一不是数据来源或者承载的方式。

大数据技术的战略意义不在于掌握庞大的数据信息，而在于对这些含有意义的数据进行专业化处理、挖掘和分析。换言之，如果把大数据比作一种产业，那么这种产业实现盈利的关键，在于提高对数据的“加工能力”，通过“加工”实现数据的“增值”。大数据分析相比于传统的数据仓库应用，具有数据量大、格式差异、查询分析复杂等特点。从某种程度上说，大数据是数据分析的前沿技术。简言之，从各种各样类型的数据中，快速获得有价值信息的能力，就是大数据技术。明白这一点至关重要，也正是这一点促使该技术具备走向众多行业和企业的潜力，对专利信息的传播和利用也不例外。

二、专利数据的机遇

专利制度源于西方发达资本主义国家，有着三百多年的历史。专利制度的本质是以信息的公开获得技术的保护，信息的公开方式对专利制度的发展起到了决定性作用。信息载体、信息技术的发展极大地推动了专利信息的公开和传播，让承载人类发明创造全过程的专利信息一览无余地展示在人们面前。专利信息，是指以专利文献作为主要内容或以专利文献为依据，经分解、加工、标引、统计、分析、整合和转化等信息化手段处理，并通过各种信息化方式传播而形成的与专利有关的各种信息的总称。

专利数据源于专利文献，专利文献以其内容广博、数量巨大、格式统一等特点，被人们誉为集科技、法律、经济信息于一体的科技信息资源。通过专利文献加工的专利技术信息、法律信息、经济信息和战略信息等被越来越广泛地应用在政府和各行各业。专利信息的丰富“知识宝库”和“知识源泉”的含义是全方位的，专利文献的应用也是科技创新活动和知识产权战略的基础之一，是创新发展的原动力。

据统计，目前全世界的专利文献超过8 000多万件，且每年以200多万件的速度在增长，它几乎覆盖了所有的技术领域，全世界95%以上的新技术信息都会最早在专利文献中得到反映。通过对专利文献的分析，可以预测到有关产品及技术进入市场的情况；通过授予专利权的国家/地区分布的分析，能够得出有关产品及技术的销售规模和潜在市场等有关经济情报；通过对竞争对手的专利信息分析，可以了解对方产品的技术水平、经营方向及市场范围，以便决定自己的经营战略与对策。分析专利信息，预测发展趋势，对一个企业乃至国家的经济发展都是生死攸关的。据世界知识产权组织（WIPO）有关统计表明：若能在研究开发的各个环节中充分运用专利文献和专利信息，则能节约40%的科研开发经费，同时少花60%的研究开发时间。把这些专利信息情报转变成竞争情报、转变为知识乃至智慧，并有效地进行管理和运营，将会带来社会效益和企业效益的一种崭新的经济增长方式。

三、消除信息孤岛

毫无疑问，在众多的企业决策支撑工具中，市场情报与信息占据着重要的位置。然而，新的时代对信息与情报提出了新的需求。当今社会是一个信息化社会，也是一个信息泛滥和信息爆炸的社会。早在20世纪80年代，全球信息量每隔20个月就增加近一倍。进入21世纪，各类机构拥有数据库的数据量增长更快。面对极度膨胀的信息量，人们受到“信息爆炸”“混沌信息空间”（Information Chaotic Space）和“数据过剩”（Data glut）的巨大压力。就专利信息而言，虽然大部分国家都在互联网上公开其各自国家的专利，但由于这些数据存在着数量巨大、结构异样、重复率高、更新频繁等特点，如何从海量复杂的专利信息中得到有价值的信息，自然就成为人们研究的课题。

另一方面，就专利文献的内容来看，主要以直接公开技术信息及相关的法律信息为主，其著录项目不可能包含所有竞争情报分析所需要的信息。如果我们把专利文献著录项目的内容看成是显性信息的话，其蕴藏的大量隐性信息就需要大数据的支持来获得。专利文献就其定义来说，主要是指各国专利局和国际性专利组织在审批专利过程中产生的文献，其来源是单一的、其形式是孤立的，犹如茫茫大海中一座含有宝藏的信息孤岛。信息分析的核心在于找到信息之间相互依存的关系，找到关系的基础在于消除信息孤岛。大数据技术的出现，将不仅使源于各部门的信息孤岛现象逐渐消失，而且会大大加快信息依存关系的显现，从而使更有价值的隐性信息一个个浮出水面。例如，专利文献中的企业名称信息，如果该信息和工商部门企业登记信息关联，就能够对不同类型的创新主体进行专利情报的分析；专利文献中的发明人信息，如果该信息和公安或者人事部门的信息关联，就能够从多个角度对不同类型创新人员进行专利情况的分析；如果更进一步，在专利文献服务系统中增加对每个用户每次操作的行为统计、关联和分析，将会带来更加巨大和潜在的信息与商机。

大数据可分成大数据技术、大数据工程、大数据科学和大数据应用等领域。目前，人们谈论最多的是大数据技术和大数据应用，工程和科学问题尚未被重视。大数据工程指大数据的规划建设运营管理的系统工程；大数据科学关注大数据网络发展和运营过程中发现和验证大数据的规律及其与自然和社会活动之间的关系。就专利信息系统和服务来看，同样存在上述问题。今后规划建设的专利信息服务系统一定是个数据关联度很高的系统，各类信息之间基本不存在割裂的现象，对专利信息的利用和分析，也不再局限于技术、法律、经济、战略等，而可能抽象到更加宏观的人类智力发展规律、地域社会发展变革等高度。

四、专利信息服务的新挑战

刚刚过去的“棱镜门”事件，让业已存在的、潜于水下的情报工作渐渐浮出水面，使每个国家都会对情报工作给予更加高度的关注和重视，这也对专利信息分析工作带来了新的机遇和挑战。

在信息的增值链上，分布着数据（data）、信息（information）、知识（knowledge）和智慧（wisdom）4个层次，每一个层次代表着信息加工的不同阶段。

一般来说，数据是指孤立的、互不关联的客观事实、文字、数据和符号。

信息是指人们对数据进行系统的采集、组织、整理和分析的结果，目的是使数据成为一种结构化的、有序的且具有相关性的产品。

知识是针对特定用户的需求和问题，在信息分析的基础上提供的解决方案。在将信息转变为知识的过程中，除了显性知识外，更多地涉及了隐性知识，包括方案制订者的经验、技能、直觉和策略。

智慧是指人能够对事物的发展提出具有前瞻性的看法，能够洞察事物的本质和规律，与数据、信息和知识相比，智慧的隐性知识含量更高。

按照信息增值链（图1）的各个层次，专利文献仅仅是最原始的数据，要使数据提升为信息，需要对其进行采集与筛选、组织与整理、压缩与提炼、归类与导航，也就是通常所说的统计分析；而将信息提升为知识，还需要根据用户的实际需求，对信息内容进行提炼、比较、概括、判断和推论，需要归纳和挖掘；通过对知识的推理演绎，最后变成人们的智慧。信息需要提取、整理、加工及增值服务才能会被社会更好地接受，才能成为真正的情报。

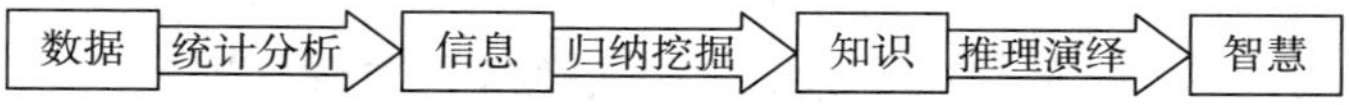

图1　信息加工增值链

专利信息服务离不开信息技术的支撑，每一项专利如果单从该技术的专利说明书看，它只代表非常具体的一项发明技术说明；但如果对成千上万的专利技术进行统计分析，其价值往往远远高于专利技术本身。专利文献只有通过加工后变成信息变成知识，才更能充分体现出其作用。大数据进一步拓宽了专利信息应用的领域，在关联其他领域信息的同时，也为别的领域提供了自身的服务。

物联网、云计算、大数据技术的出现和推广应用，对专利信息服务来说既是机遇，更是挑战。信息资源的充足、存储方式的便捷、分析工具的完善为加快专利信息的传播和利用提供了更加便利的条件，传统的信息服务方式将逐渐被新兴的、虚拟的、多样化的服务方式所取代。在线系统、云服务、精准推送、关联分析、智能工具等会越来越多地出现在人们面前。在新技术面前，我们不仅要利用先进的理念和方法，提高专利信息传播和利用的水平与能力，更要学会运用新技术来创新服务模式、提高服务效率、优化盈利方式，提高整个信息服务链的可持续发展能力。

当前，发达国家以知识为基础的服务业对经济增长的贡献不断增长，已经成为世界经济增长的主要驱动器。知识经济是科学技术和资源、需求结构变动的结果，知识经济时代也是产业结构在新层次上演变的开始。大数据时代的来临，将进一步推动信息服务业和知识服务业的发展。我们的政府、企业、科研院所及中介机构应该紧紧抓住这个来之不易的历史性机会，加大对专利文献和专利信息的传播和分析利用研究力度，接轨大数据、融入大数据、利用大数据，不断开发和探索新的信息加工和服务模式，共同推进高技术服务业知识服务业的发展，推动专利创新能力的提高，不断挖掘和提供最新的竞争情报和智慧信息，用信息和知识共享的机制来消除信息和知识的孤岛，助力经济转型发展。

参考文献

[1] 高汝熹，张洁. 知识服务业——都市经济第一支柱产业［M］. 上海：上海交通大学出版社，2004.

[2] 董小英. 运营知识与管理知识［J］. 管理科学文摘，2003（3）.

[3] 鲍红. 知识产权与创新发展论坛论文集［M］//梁建军. 专利信息与知识产业. 北京：知识产权出版社，2012.

[4] 百度百科. 大数据［EB/OL］.［2013－04－15］. http：//baike. baidu. com/link？url＝_ NI4Z9JqcCtol4xFUPa_ cx_ Y－Y0qQgKPJPt5h5fgEe9BwAAx7Whu－－E42WsI69MU8rs1Yvk53KnJZCh－efJzB_ .

文献基础研究

宏观政策研究

检索审查服务

产业促进服务

专利信息服务经济科技发展评价指标体系及实证研究*

陈世华　郑洁

摘　要　目前，学术界在专利信息对经济和科技发展的作用方面的研究主要集中在理论分析层面，较少涉及专利信息对经济和科技发展的贡献度计量，因此难以为政府出台相关的政策提供科学合理的依据。本研究基于专利信息运用的实践，从专利信息的投入、专利信息的传播和专利信息的利用三个方面出发，设计出一套较为科学完整的专利信息服务经济科技发展评价指标体系，选择主客观结合的方法进行指标赋权，利用生产函数模型和回归分析分别计算专利信息对经济和科技发展的贡献度，并以武汉市为例进行实证分析，基于以上理论研究结论和当前我国专利信息运用的实践，提出促进我国专利信息利用的政策建议。

关键词　专利信息　经济发展　科技进步　评价指标　贡献度

引　言

专利信息是指专利文献和以专利文献为主要依据，经过分解、加工、标引、统计、分析、整合和转化等手段处理而形成的与专利有关的各种信息的总称。专利信息具有巨大的使用价值，对专利信息进行分析可获取其中蕴藏的技术信息、法律信息和经济信息。在知识经济时代，专利信息的获取和利用在很大程度上影响了经济的发展和技术的进步。

学术界在专利信息的含义、特征、分类以及专利信息的获取方法、专利信息对经济和科技的作用等方面都进行了比较全面的研究，并且认识较为一致。同时，学术界针对专利信息中蕴含的重要的经济价值和技术价值进行了研究，对专利信息在创新活动和经贸活动中的运作做了一定的分析和总结，主要表现在以下两个方面：第一，专利信息的分析、利用在企业研发投资、技术开发、技术跟踪、产品定位等创新决策中有着无以替代的作用；第二，专利信息分析在企业并购、技术交易、专利联盟和产品贸易等企业经

---

* 本文摘编自国家知识产权局专利局专利文献部 2013 年专利信息人才前瞻性研究课题《专利信息服务经济科技发展评价指标体系研究》，课题负责人陈仁松、文家春，主要研究人员：陈仁松、文家春、卢炳克、王卫娟、董宏伟、刘红、何兆忠、夏媛、刘莹佳、李顺才、蒋逊明、丁秀好、刘立春、骆严。

济贸易决策活动中有广泛的应用。最近几年，随着产业技术创新能力评价研究逐渐深入，也有越来越多的学者从专利信息的角度对产业技术创新能力评价展开研究；同时，国内学者近年来对知识产权对经济发展的贡献度的评价在已有研究的基础上作了进一步拓展，注重研究知识产权与经济增长之间的内在机制问题，扩充了知识产权发展和保护的度量指标，丰富了知识产权对经济增长的贡献的论证方法。

目前，专利信息服务经济和科技发展的研究主要是理论上的论述，没有进行量化，关于专利信息对经济和科技发展的贡献度研究存在着空白，政府难以把握对专利信息采取的政策的强弱。因此，对专利信息服务经济科技发展评价指标体系进行研究，计算专利信息对经济科技发展的贡献度具有重大的价值和意义。

一、专利信息对经济发展和科技进步的作用机理

专利信息对经济发展的作用机理体现在以下两个方面：第一，在微观经济层面上，专利信息分析可以替代物质投入，节约物质资源、提高经济效益；专利信息分析为企业的经营战略提供信息指导。第二，在宏观经济层面上，专利信息的利用推动了科技进步，科技进步又进一步促进了产业结构的调整和升级。

专利信息对科技创新的作用机理体现在以下三个方面：第一，专利信息是创新动机形成的基础。专利信息的利用不仅可以开拓思路、启发创新思维，提高创新的起点，而且可以使企业少走弯路，避免人力、物力、财力的浪费。第二，对专利信息的利用可以丰富创新思想，完善创新产品设计，加速创新进程，从而减少创新的风险。第三，专利信息影响科技创新的路径。技术创新是市场需求、技术发展因素相互作用、促进的结果，而专利信息中包含着丰富的经济信息和技术信息，通过对专利信息的分析可以决定创新的路径。

二、指标体系的设计

专利信息服务经济和科技发展的评价指标体系是一套能够体现专利信息的经济、技术和法律价值，并且具有内在联系的、系统全面的指标群体，它是专利信息服务经济和科技发展的整体过程的客观反映。一个合理、完善的指标体系，是评价专利信息对经济和科技发展贡献度的先决条件，根据科学、全面的基本原则，从专利信息的投入、专利信息的利用和专利信息的传播三个一级指标出发设计了三级指标体系，并对每一个指标的科学含义、设置理由、计算方法作了解释。具体指标体系见表1。

表 1　专利信息评价服务经济和科技发展的指标体系

一级指标	二级指标	三级指标
专利信息投入	专利信息投入经费	专利信息年投入经费额
		专利信息投入占专利事业经费比重
		专利信息投入占财政支出比重
	专利信息投入人员	专利信息从业人员数
		专利信息从业机构数
		专利信息从业人员年增长率
		专利信息从业机构年增长率
		专利信息服务人员年培训数
专利信息传播	专利信息传播途径	公用专利信息服务平台数
		专利信息中心数
		商用专利信息服务平台数
		行业专利专题数据库数
		企业自建专利数据库数
		专利展会年次数
	专利信息传播效率	专利信息年下载量
		专利信息下载年增长率
		专利信息平台年登录量
		专利信息平台登录年增长率
		付费专利信息服务年客户量
		付费专利信息服务客户年增长率
		专利信息被引频次
		专利分析报告年产出量
专利信息利用	在创新活动中的利用	利用专利分析的技术研发年立项数
		利用专利分析的技术研发立项数年增长率
		利用专利分析的技术研发占研发立项数比重
		利用专利分析的技术研发年立项经费
		利用专利分析的技术研发经费年增长率
		利用专利分析的技术研发经费占研发经费比重
		利用专利分析获取技术创意数
		利用专利分析获取技术创意比重
		利用专利分析解决技术难题数
		利用专利分析解决技术问题比重

续表

一级指标	二级指标	三级指标
专利信息利用	在创新活动中的利用	利用专利分析判定发明专利性数
		利用专利分析申请专利数
		利用专利分析申请专利占专利申请量比重
	在经贸活动中的利用	利用专利信息的年专利交易数
		利用专利信息的专利交易占专利交易量比重
		利用专利信息的专利交易占技术交易量比重
		利用专利信息的年专利交易额
		利用专利信息的专利交易占专利交易总额比重
		利用专利信息的专利交易占技术交易总额比重
		利用专利信息的年技术合作数
		利用专利信息的技术合作占技术合作总数比重
		利用专利信息的年技术合作额
		利用专利信息的技术合作占技术合作总额比重
		利用专利信息的年风险投资数
		利用专利信息的风险投资占风险投资总数比重
		利用专利信息的年风险投资额
		利用专利信息的风险投资占风险投资总额比重
		利用专利信息的企业年并购数
		利用专利信息的企业并购占公司并购总数比重
		利用专利信息的企业年并购额
		利用专利信息的企业并购占公司并购总额比重
		利用专利信息的年海外投资额
		利用专利信息的海外投资占海外投资总额比
		利用专利信息的产品进出口额
		利用专利信息的产品进出口占进出口总额比
		利用专利信息的年技术人才流动量
		利用专利信息的技术人才流动占技术人才流动总量比重

一级指标从专利信息利用过程的角度出发，将指标划分为专利信息的投入、专利信息的传播和专利信息的利用。专利信息的投入关系到专利信息的传播和利用，进而影响到专利信息发挥作用；专利信息的传播的途径是否健全，传播速度的大小也会进一步影

响到专利信息的开发和利用，从而影响经济和科技的进步。同时，在经贸活动中，专利信息的利用在企业并购、专利交易、企业投资、对外贸易等方面具有重要的作用；在创新活动中，专利信息的合理利用在提高创新起点、解决技术难题、节约研发成本、避免侵权等方面具有重要的作用。

二级指标是针对一级指标划分的若干个支撑性指标。专利信息投入是指政府、企业及相关中介机构为了公共事业或者自身的发展，在专利信息方面进行的经费和人员的投入，因此从专利信息投入的类型出发，将专利信息的投入分为专利信息的经费投入和专利信息的人员投入。专利信息的传播是指国家及地方知识产权局和各类中介机构为了公共服务和自身发展的需要，通过一定的平台向企业用户和个人用户提供专利信息的方式，在专利信息的传播下设置专利信息传播的途径和专利信息传播的效率两个指标。专利信息的利用是指专利信息的使用者通过对专利信息进行分析，利用其更好地进行技术创新活动和经营管理活动，从专利信息应用的领域出发，把专利信息的利用划分为：专利信息在经贸活动中的利用和专利信息在创新中的利用。

三级指标从专利信息服务经济和技术发展的角度，把二级指标进一步细化为若干要素，这些要素均反映专利信息对经济或技术的发展产生的影响，并且大部分要素均可以量化。设置三级指标共 59 个，这些指标是计算专利信息绩效值的基础，也是估算专利信息对经济和科技发展贡献度的基础。

三、赋权方法的选择

对专利信息服务经济科技发展评价指标体系选择主客观组合赋权法。主观赋权方法主要采用综合咨询评分的定性方法确定权数，即估价权重。这种方法能够综合反映专家以及研究人员对于指标的主观认识，包含长期研究的经验性信息，得出的权重信息能够得到广泛认可。客观赋权方法是根据各个指标之间的相关关系或者各项指标的变异程度来确定权数，即信息权重。客观赋权方法避免了人为主观判断因素所带来的权重偏差。

主观赋权方法中层次分析法是理想的赋权方法，因为这种方法是一种能够进行多层次数据分析的方法，适合进行多层次的指标赋权。客观赋权方法中，熵权系数法易操作、适用范围广泛，指标信息熵值的效用价值适合对贡献度的评价，因此客观赋权法中选择熵权系数赋权法。以下分别介绍两种方法的原理及计算公式，并且通过组合赋权法将两种赋权方法结合从而得到更准确的指标赋权值。

（一）层次分析法

层次分析法的分析步骤和主要内容是：

首先，对指标进行两两比较，构造判断矩阵。判断矩阵是同一层次中各评价指标的相对重要性判断值，它是由若干专家根据一定客观现实作出的主观判断。层次分析法通过指标的两两比较，判断其相对重要性，并利用标度使这一重要性定量化。Satty 使用 1~9的比例标度（见表2）衡量其关系，[1] 全部指标成对比较后形成判断矩阵。

表2 判断矩阵的标度及含义

含 义	标度 a_{ij}
因素 i 与因素 j 同样重要	1
因素 i 与因素 j 稍微重要	3
因素 i 与因素 j 明显重要	5
因素 i 与因素 j 强烈重要	7
因素 i 与因素 j 绝对重要	9
介于上述相邻等级之间	2，4，6，8

因素 i 与因素 j 相比得到判断 a_{ij}，则因素 j 与因素 i 相比为 $1/a_{ij}$。

设评价指标体系包括 n 个指标，参评专家有 S 人，根据标度转换后每个专家对 n 个指标的估价权数构造判断矩阵 $A[K]$。

$$A[K]=\begin{bmatrix} a_{11}^k & a_{12}^k & \cdots & a_{1n}^k \\ a_{21}^k & a_{22}^k & \cdots & a_{2n}^k \\ \vdots & \vdots & \vdots & \vdots \\ a_{n1}^k & a_{n2}^k & \cdots & a_{nn}^k \end{bmatrix}$$

其中 $k=1, 2, \cdots m$，判断矩阵 $A[K]$ 中元素 a_{ij}^k 表示第 K 位专家给出的评价指标 x_i^k 相对于指标 x_j^k 的相对重要程度的两两比较值。a_{ij}^k 越大，表示指标 x_i^k 比 x_j^k 越重要。根据以上分析得 $a_{ij}^k>0$，$a_{ii}^k=1$，$a_{ij}^k=1/a_{ji}^k$，$(i, j=1, 2, \cdots, n)$。

其次，计算各指标的权数。层次分析法的原理表明，判断矩阵 A 的最大特征根所对应的特征向量就是各指标的权数向量。这样，计算各指标的权数就归结为求矩阵 $A[K]$ 的最大特征根所对应的特征向量。用简单实用的方根法计算各指标的权数，具体步骤如下所述。

第一步，计算判断矩阵 $A[K]$ 的每一行元素的积 M_i^k，公式为：$M_i^k=\prod_{j=1}^{n} a_{ij}^k, (i=1, 2, \cdots, n)$；

第二步，求各行 M_i^k 的 n 次方根 $w_i^{k'}=\sqrt[n]{M_i^k}$；

[1] SAATY T L. Nonlinear mathematics [M]. Courier Dover Publications, 1964.

第三步，对 $w_i^{k'}$ 作归一化处理，即得各指标的权数 $w_i^k = \dfrac{w_i^{k'}}{\sum_{j=1}^{n} w_i^{k'}}$

其中 $\sum_{j=1}^{n} w_i^k = 1$，则 w_i^k（i = 1，2，…，n）构成系数向量，即求得特征向量的近似值，这也是各元素的相对权数值。

再次，对判断矩阵进行一致性检验。层次分析法确定指标权数时，为使专家对各指标相对重要程度的判断协调一致，需要检验判断矩阵的一致性。判断矩阵 A［K］具有一致性的条件是矩阵 A［K］最大特征根 $\lambda_{\max}^k$ 等于指标个数 n。据此可设置一致性检验指标 CI 和 CR 来检验判断矩阵 A［K］偏离一致性的程度。

第一步，计算判断矩阵 A［K］的最大特征根 $\lambda_{\max}^k$：

$$\lambda_{\max}^k = \frac{1}{n}\sum_{j=1}^{n}\frac{(A[K]W^k)_i}{w_i^k}$$

其中，$W^k = (W_1^k, W_2^k, \cdots, W_n^k)$ 为权数向量，$(A[K]W^k)_i$ 为向量 $A[K]W^k$ 的第 i 个元素。

第二步，计算平衡判断矩阵 A［K］偏离一致性的指标 CI：

$$CI = \frac{\lambda_{\max}^k - n}{n - 1}$$

第三步，由上式可以看出，一致性指标 CI 与指标个数 n 有关数均适用的检验一致性标准，还需要计算随机一致性比率 CR：

$$CR = \frac{CI}{RI}$$

式中，RI 为随机一致性标准值，当 $n = 1$，2 时，$RI = 0$；当 $n = 3$ 时，$RI = 0.58\cdots$（见表3）。当 $CR < 0.1$ 时，一般认为判断矩阵 A［K］具有满意的一致性，否则需要调整判断值，直至通过一致性检验为止。

表3　*RI* 值

指标数	1	2	3	4	5	6	7	8	9
RI	0	0	0.58	0.9	1.12	1.24	1.38	1.41	1.46

最后，综合各位专家的指标权数，计算同一层次上各指标的综合权数。

$$W_i = \frac{\sum_{k=1}^{s} W_i^k}{s}，其中\ i = 1，2，\cdots，n$$

（二）熵权系数法

利用熵值模型来计算各指标权重，如果某个指标的信息熵越大，就表明其提供的信息不确定性越大，可提供的信息越少，对经济科技发展的作用越小，其相应的权重也越小。其具体的步骤如下所述。

第一步：数据标准化。假定需要评价某区域 m 年的专利信息对经济科技发展的贡献度问题，评价指标体系有 n 项，这就形成了有 m 个样本，n 个指标作综合评价的问题。对此，可以建立如下数学模型。

样本的集合为：

$$U = \{u_1, u_2, \cdots, u_i, \cdots, u_m\} (i = 1, 2, \cdots, m)$$

每一样本对应 n 个评价指标的数据集合为：

$$u_i = \{X_{i1}, X_{i2}, \cdots, X_{ij}, \cdots, X_{in}\} (j = 1, 2, \cdots, n)$$

采集数据，得到评价系统的初始矩阵：

$$X = \{x_{ij}\}_{m \times n} \tag{1}$$

其中 x_{ij} 表示第 i 个样本第 j 项评价指标的数值。对初始矩阵进行标准化处理，以消除指标的量纲、数量级和方向的差异，得到数据的标准化矩阵：

$$X' = \{x_{ij}'\}_{m \times n} \tag{2}$$

将标准数据转化为概率值，得到概率矩阵：

$$P = \{p_{ij}\}_{m \times n} \tag{3}$$

上式中 $p_{ij} = x'_{ij} \Big/ \sum_{i=1}^{m} x'_{ij}$

第 j 项指标的信息熵值为：

$$e_j = -K \sum_{i=1}^{m} p_{ij} \ln p_{ij} \tag{4}$$

式（4）中常数项 K 与系统的样本数 m 有关。对于一个信息完全无序的系统，有序度为零，则 $e=1$。当 m 个样本处于完全无序分布时，$p_{ij} = 1/mp_{ij} = 1/m$，由此得到，$K = 1/\ln mK = 1/\ln m$，$0 \leqslant e \leqslant 1$。

某项指标的信息效用价值 d 取决于该指标的信息熵 e_j 和 1 之间的差值：

$$d_j = 1 - e_j \tag{5}$$

d 值越大，说明指标越重要。

第二步：评价指标的权重。利用熵值法估算各指标的权重，其本质是利用指标信息的价值系数来计算的，其价值系数越高，对评价结果的贡献率越大，最后得到第 j 项指标的权重为：

$$w_j = d_j \Big/ \sum_{j=1}^{n} d_j \tag{6}$$

（三）组合赋权法

由于主观赋权法和客观赋权法都各自存在优点和不足，为了能长短互补，以保证指标权重的科学性，将两种赋权方法的结果进行综合处理，这种赋权方法称为组合赋权法。

为了均衡主观赋权法和客观赋权法的利弊，组合赋权法一般采用线性加权平均的计算方法，计算公式如下：

$$w_j = \alpha a_j + (1 - \alpha) b_j$$

其中，a_j 表示第 j 个指标主观赋权方法的权重值，b_j 表示第 j 个指标客观赋权法的权重值，α 为权值，确定 α 是组合赋权法的重点，由于主观赋权法和客观赋权法均存在优点和不足，无法确定两者在组合权重中重要程度的大小，因此认为两种方法的结果提供等量的信息，即按照 $\alpha = 0.5$ 计算组合赋权值。

四、贡献度模型的选择

（一）专利信息对经济发展的贡献度模型

已知传统的柯布—道格拉斯生产函数形式为 $Y = AK^{\alpha}L^{\beta}$，其中，劳动力和资本是影响产出的最主要因素，美国经济学家索洛把其他影响因素概括为科技进步，[1] 而专利信息是导致科技进步的主要内生变量。所以我们在已知生产函数的基础上，引入专利信息（PI）导致的科技进步要素，建立生产函数为：

$$Y = At(N)K^{\alpha}L^{\beta}PI^{\gamma}$$

对上式两边取自然对数，可把以上非线性模型化为线性模型：

$$\ln Y = \ln A_t + \alpha \ln K + \beta \ln L + \gamma \ln PI$$

由此模型我们可得到资本、劳动力和知识产权的产出弹性系数 α、β、γ 的值。以索洛的增长速度方程为模型，用余值法测算科技进步的方法，我们可以近似估算出资本、劳动力、专利信息对经济增长的贡献度，即

$$y = a + \alpha k + \beta l + \gamma pi$$

$$E = \frac{\gamma}{y} \times 100\%$$

（二）专利信息对科技进步贡献度模型

借助于 SPSS 软件，利用回归分析法，选取指标体系中专利信息在创新中的应用的相关指标作为自变量；选择具有代表性、权威性的国家科技进步统计与监测评价出的“科技进步水平指数”来反映科技进步，作为因变量。计算出相关系数，并建立回归模型。

基本思路如下：

（1）相关性分析，利用 SPSS 进行相关分析得出各指标的相关系数。

（2）回归分析，对变量和科技进步水平指数进行回归。

---

[1] 索罗．技术变化与总生产函数［J］．经济学与统计学评论，1957（8）：312－320.

五、武汉市专利信息服务经济科技发展的实证分析

（一）专利信息服务经济科技发展评价指标体系及主客观组合赋权法

首先进行指标的筛选：删除数据不可得的指标、相关性较大的指标和次要指标，确定武汉市实证分析的指标体系，通过问卷调查、搜索官方网站、查阅官方统计数据，整理并获得如表4所示的原始数据。

表4　原始数据

指标＼年份	2008	2009	2010	2011	2012
专利信息年投入经费额（元）	770 000	370 000	400 000	900 000	1 000 000
专利信息投入占专利事业经费比重（%）	7.33	2.89	2.75	2.45	2.70
专利信息投入占财政支出比重	1.61E－05	6.83E－06	6.51E－06	1.22E－05	1.14E－05
专利信息从业人员数	42	68	79	85	127
专利信息从业机构数	5	8	15	23	35
专利信息从业机构年增长率（%）		60.00	87.50	53.33	52.17
专利信息从业人员年增长率（%）		61.90	16.18	7.59	49.41
专利信息服务人员年培训数	6	12	18	42	48
公用专利信息服务平台数	1	1	2	4	5
专利信息中心数	1	1	2	2	3
商用专利信息服务平台数	0	0	0	0	0
行业专利专题数据库数	1	1	2	5	5
企业自建专利数据库数	0	1	4	6	11
专利信息年下载量	84 470	103 550	163 080	214 470	417 530
专利信息下载年增长率（%）		22.59	57.49	31.51	94.68
专利信息平台年登录量	164 250	292 730	385 670	493 190	744 220
专利信息平台登录年增长率（%）		78.22	31.75	27.88	50.90
付费专利信息服务年客户量	12	18	27	35	52
付费专利信息服务客户年增长率（%）		33.33	33.33	22.86	32.69
专利分析报告年产出量	3	5	10	10	10
利用专利分析的技术研发年立项数	3	5	10	10	10
利用专利分析的技术研发立项数年增长率（%）		40.00	50.00	0.00	0.00
利用专利分析的技术研发占研发立项数比重（%）	2.88	3.77	4.03	4.33	5.33

续表

年份 指标	2008	2009	2010	2011	2012
利用专利分析的技术研发年立项经费（元）	10 000 000	30 000 000	10 000 000	10 000 000	10 000 000
利用专利分析的技术研发经费年增长率（%）		200. 00	-66. 67	0. 00	0. 00
利用专利分析的技术研发经费占研发经费比重（%）	1. 51	3. 43	10. 48	9. 15	7. 26
利用专利分析申请专利量	3 905	5 427	6 770	8 862	12 850
利用专利分析申请专利占专利申请量比重（%）	34. 65	37. 17	45. 00	40. 50	53. 31
利用专利信息的年专利交易数	12	19	10	10	15
利用专利信息的专利交易占专利交易量比重（%）	0. 81	0. 94	0. 35	0. 31	0. 40
利用专利信息的专利交易占技术交易量比重（%）	0. 21	0. 23	0. 11	0. 08	0. 12
利用专利信息的年专利交易额	20 5700 000	258 800 000	287 700 000	382 600 000	546 600 000
利用专利信息的专利交易占专利交易总额比重（%）	24. 99	23. 99	20. 06	24. 05	29. 11
利用专利信息的专利交易占技术交易总额比重（%）	7. 15	6. 53	5. 91	6. 32	7. 29
利用专利信息的年技术合作额（元）	257 600 000	324 500 000	345 800 000	424 700 000	497 200 000
利用专利信息的技术合作占技术合作总额比重（%）	7. 45	7. 29	7. 26	7. 90	7. 66
利用专利信息的年风险投资额（元）	233 200 000	226 300 000	384 400 000	476 500 000	681 600 000
利用专利信息的风险投资占风险投资总额比重（%）	9. 82	8. 09	10. 82	12. 31	16. 13

采用线性插值法对数据进行标准化，之后进行主观赋权法求指标权数，即采用层次分析法，通过指标两两比较构造判断矩阵的方法计算各个层次指标的权重值；接着进行客观熵权系数法赋权，根据熵的可加性，对多层结构的评价系统，可以利用下层结构的指标信息效用值，按比例确定对上层结构的权重数值；最后进行组合分析法赋权（见表5）。

表5　组合分析法指标权重

三级指标	层次分析法权重	熵权系数法权重	组合权重
专利信息年投入经费额	0.009523195	0.020578748	0.015050972
专利信息投入占专利事业经费比重	0.01457247	0.042680402	0.028626436
专利信息投入占财政支出比重	0.045876	0.022047417	0.033961708
专利信息从业人员数	0.019717225	0.014505193	0.017111209
专利信息从业机构数	0.01964579	0.02046673	0.02005626
专利信息从业机构年增长率	0.039485312	0.046589737	0.043037525
专利信息从业人员年增长率	0.029473451	0.032278519	0.030875985
专利信息服务人员年培训数	0.020924012	0.020924006	0.020924009
公用专利信息服务平台数	0.016939234	0.028162314	0.022550774
专利信息中心数	0.01589145	0.025124216	0.020507833
商用专利信息服务平台数	0.03712596	0.071976032	0.054550996
行业专利专题数据库数	0.028854391	0.028843701	0.028849046
企业自建专利数据库数	0.025478365	0.020547347	0.023012856
专利信息年下载量	0.034709879	0.025454244	0.030082062
专利信息下载年增长率	0.035134589	0.037568325	0.036351457
专利信息平台年登录量	0.01586257	0.017478227	0.016670398
专利信息平台登录年增长率	0.029785431	0.037518952	0.033652192
付费专利信息服务年客户量	0.009457834	0.01819543	0.013826632
付费专利信息服务客户年增长率	0.003789125	0.023965435	0.01387728
专利分析报告年产出量	0.0249576	0.014205481	0.01958154
利用专利分析的技术研发年立项数	0.014647156	0.014205481	0.014426318
利用专利分析的技术研发立项数年增长率	0.04044832	0.04188704	0.04116768
利用专利分析的技术研发占研发立项数比重	0.122826482	0.013332562	0.068079522
利用专利分析的技术研发年立项经费	0.06993219	0.06781513	0.06887366
利用专利分析的技术研发经费年增长率	0.032897145	0.034030323	0.033463734
利用专利分析的技术研发经费占研发经费比重	0.016983136	0.015222134	0.016102635
利用专利分析申请专利量	0.023794516	0.018320521	0.021057518
利用专利分析申请专利占专利申请量比重	0.028458632	0.019512142	0.023985387
利用专利信息的年专利交易数	0.063415174	0.029162866	0.04628902
利用专利信息的专利交易占专利交易量比重	0.0189972	0.0274742	0.0232357
利用专利信息的专利交易占技术交易量比重	0.010784621	0.020973723	0.015879172

续表

三级指标	层次分析法权重	熵权系数法权重	组合权重
利用专利信息的年专利交易额	0. 02578925	0. 02023817	0. 02301371
利用专利信息的专利交易占专利交易总额比重	0. 011973467	0. 012987975	0. 012480721
利用专利信息的专利交易占技术交易总额比重	0. 010872364	0. 014801625	0. 012836995
利用专利信息的年技术合作额	0. 015893287	0. 015347554	0. 01562042
利用专利信息的技术合作占技术合作总额比重	0. 024872918	0. 023437008	0. 024154963
利用专利信息的风险投资额	0. 028457829	0. 025143489	0. 026800659
利用专利信息的风险投资占风险投资总额比重	0. 015884218	0. 016997601	0. 016440909
二级指标	**层次分析法权重**	**熵权系数法权重**	**组合权重**
专利信息投入经费	0. 069971665	0. 085306566	0. 077639116
专利信息投入人员	0. 12924579	0. 134764186	0. 132004988
专利信息传播途径	0. 1242894	0. 17465361	0. 149471505
专利信息传播效率	0. 173657916	0. 174386094	0. 174022005
专利信息在创新活动中的利用	0. 294892101	0. 224325334	0. 259608717
专利信息在经贸活动中的利用	0. 207943128	0. 20656421	0. 207253669

将三级指标的权重乘以每年相应指标的标准化数据，然后累计求和，即得每年专利信息经济绩效的综合评价分值（见表6）。

表6　专利信息绩效值

	专利信息投入经费	专利信息投入人员	专利信息传播途径	专利信息传播效率	专利信息在创新活动中的利用	专利信息在经贸活动中的利用	专利信息绩效值
相应的权重	0. 077639116	0. 132004988	0. 149471505	0. 174022005	0. 259608717	0. 207253669	1
2008	0. 04243637	0. 000257702	0. 000720869	0. 00037527	0. 001262132	0. 034185627	0. 07923797
2009	0. 003033781	0. 028248025	0. 001741144	0. 010825973	0. 05698798	0. 053241402	0. 154078305
2010	0. 002164208	0. 045331738	0. 01568714	0. 024176135	0. 053945093	0. 015384321	0. 156692594
2011	0. 01454991	0. 019825472	0. 032631755	0. 046104876	0. 044743786	0. 038948618	0. 196804417
2012	0. 015454846	0. 038342052	0. 045483223	0. 082344799	0. 129988791	0. 075192301	0. 386806012

由表6可以看出，在武汉市专利信息利用的过程中，专利信息在创新活动中的利用、专利信息在经贸活动中的利用所占的比重较大，分别为0. 259608717、0. 207253669，而专利信息投入经费以及专利信息投入的人员的权重则较低，分别为0. 077639116、

0.132004988。由此可得：

（1）武汉市对专利信息的运用得到了较高的重视，尤其是在科技进步和经贸活动中，专利信息发挥了很大的作用，但是在专利信息的投入即专利信息的投入经费和专利信息的投入人员方面要进一步加强，以实现专利信息的可持续发展，在大的投入下实现大的产出。

（2）武汉市专利信息的绩效值从2008～2012年越来越高，说明武汉市的专利信息工作逐层推进，越来越完善，值得肯定。

（二）利用生产函数计算专利信息对武汉市经济增长的贡献度

选取武汉市2008～2012年GDP、社会固定资产投入、社会就业人员数据以及上述计算得到的专利信息绩效值，见表7。

表7　生产要素表

年份	GDP（亿元）	就业人数（万人）	固定资产（亿元）	专利信息绩效值
2008	4063.48	356	2222.91	0.07923797
2009	4620.18	420	3001.1	0.154078305
2010	5515.76	483	3752.92	0.156692594
2011	6756.2	553	4263.24	0.196804417
2012	7533.163	640	5210.26	0.386806012

利用SPSS对原始数据的自然对数进行线性回归。得到如下的回归结果：

$$\ln Y = -63.6 + 0.354\ln K + 8.352\ln L + 0.037\ln PI$$

（-5.845）（3.66）（6.124）（2.158）

判定系数 $R^2 = 0.999$　F检验统计量 $F = 1880.892$　自由度 $df = 6$

括号中的值为回归系数的t统计值，通过查t分布表中t与显著性的关系得出，资本对产出的弹性系数在2%的水平上显著；劳动力对产出的弹性系数在1%的水平上显著；专利信息对产出的弹性系数在10%的水平上显著，调整拟合优度为0.998，拟合度较高。虽然专利信息对产出的弹性系数为0.037，只在10%的水平上显著，这有可能和之前收集的数据存在缺失有关，即专利信息的绩效1%的增长，会给经济带来平均0.037%的增长。

（三）专利信息对科技进步的贡献度

1. 指标选取

考虑到在贡献度模型中自变量为绝对值，放弃将相对的比值作为自变量，因此，在上述指标中，选取武汉市的专利信息年投入经费额、利用专利分析的技术研发年立项经费、利用专利分析申请专利量、利用专利信息的年专利交易额、利用专利信息的年技术合作额作为自变量，分析其与科技进步水平指数的相关系数，并建立回归模型。在反映武汉市科技进步水平的指标选取上，本文选择具有代表性、权威性的中国创新城市评价报告中的科技进步水平指数（见表8）。

表8　选定的指标

年　　份	2008	2009	2010	2011	2012
专利信息年投入经费额（万元）	77	37	40	90	100
利用专利分析的技术研发年立项经费（万元）	1 000	3 000	1 000	1 000	1 000
利用专利分析申请专利量（件）	3 905	5 427	6 770	8 862	12 850
利用专利信息的年专利交易额（万元）	20 570	25 880	28 770	38 260	54 660
利用专利信息的年技术合作额（万元）	25 760	32 450	34 580	42 470	49 720

2. 相关性分析

表9　相关性分析结果

	相关性	科技进步水平指数	专利信息投入经费额	利用专利分析的技术研发立项经费	利用专利分析申请专利量	利用专利信息的专利合作额	利用专利信息的技术交易额
科技进步水平指数	Pearson Correlation（皮尔逊相关系数） Sig.（2 – tailed） N	1 0.000 5	0.605** 0.001 5	0.586** 0.000 5	0.615** 0.000 5	0.819** 0.247 5	0.214 5
专利信息投入经费额	Pearson Correlation（皮尔逊相关系数） Sig.（2 – tailed） N	0.605** 0.001 5	1 5	0.974** 0.001 5	0.949** 0.000 5	0.642** 0.002 5	0.608** 0.001 5
利用专利分析的技术研发立项经费	Pearson Correlation（皮尔逊相关系数） Sig.（2 – tailed） N	0.586** 0.000 5	0.974** 0.001 5	1 5	0.986** 0.000 5	0.635** 0.001 5	0.639** 0.000 5
利用专利分析申请专利量	Pearson Correlation（皮尔逊相关系数） Sig.（2 – tailed） N	0.615** 0.000 5	0.949** 0.000 5	0.986** 0.000 5	1 0.001 5	0.703** 5	0.640 0.001 5

续表

	相关性	科技进步水平指数	专利信息投入经费额	利用专利分析的技术研发立项经费	利用专利分析申请专利量	利用专利信息的专利合作额	利用专利信息的技术交易额
利用专利信息的专利合作额	Pearson Correlation（皮尔逊相关系数）	0.819	0.642**	0.635**	0.703**	1	0.317
	Sig.（2-tailed）	0.000	0.002	0.001	0.001		0.082
	N	5	5	5	5	5	5
利用专利信息的技术交易额	Pearson Correlation（皮尔逊相关系数）	0.214	0.608**	0.639**	0.640**	0.317	1
	Sig.（2-tailed）	0.247	0.001	0.000	0.001		0.082
	N	5	5	5	5	5	5

由表9可以看出专利信息投入经费和科技进步水平指数的相关系数为0.605，通过了显著性检验。利用专利分析的技术研发立项经费和科技进步水平指数的相关系数为0.586，具有显著性。利用专利分析申请专利量和科技进步水平指数的相关系数为0.615，通过了显著性检验。利用专利信息的专利合作额和科技进步水平指数的相关系数为0.819，通过了显著性检验。而利用专利信息的技术交易额和科技进步水平指数的相关系数为0.214，没有通过显著性检验。但是，这些变量之间存在很强的自相关性，专利信息投入经费和利用专利分析的技术研发立项经费的相关系数为0.974，专利信息投入经费和利用专利分析申请专利量的相关系数为0.949，利用专利分析申请专利量和利用专利信息的专利合作额的相关系数0.703。

3. 回归分析

对变量和科技进步水平指数进行线性回归分析，先画出各个变量和科技进步水平指数的散点图，为此把科技进步水平指数扩大10 000倍。由散点图得知专利信息投入经费额和科技进步水平指数线性拟合的判定系数 $R^2=0.366$，利用专利分析的技术研发立项经费和科技进步水平指数的线性拟合的判定系数 $R^2=0.343$，利用专利信息的专利合作额和科技进步水平指数线性拟合的判定系数 $R^2=0.378$，利用专利信息的技术交易额和科技进步水平指数线性拟合判定系数只有0.046。可知它们之间不具有线性关系。但是利用专利分析申请专利量和科技进步水平指数存在线性关系，判定系数为0.671。

利用逐步回归法排除了其他4个变量，得到利用专利分析申请专利量和科技进步水平指数的回归分析。

a. Predictors：(Constant)，利用专利分析申请专利量。

相关系数 R = 0.819，判定系数 R^2 = 0.671，说明利用专利分析申请专利量和科技进步水平指数构建线性回归模型，线性的拟合度为 67.1%（见表 10）。

表 10　模型摘要

Model	R（相关系数）	R Square（R 的平方值）	Adjusted R Square（R 平方的修正值）	Std. Error of the Estimate（估计值的标准误差）
1	0.819a	0.671	0.660	761.306

b. Dependent Variable：科技进步水平指数。

模型的回归系数为 0.276，标准回归系数为 0.819，回归系数的 t 值为 7.694，其显著性水平 Sig. = 0.000，具有显著性（见表 11）。

表 11　回归系数[b]

Model	Unstandardized Coefficients（非标准化系数）		Standardized Coefficients（标准化系数）	T（t 检验值）	Sig.（t 值的显著水平）
	B	Std. Error	Beta		
1	3868.471	167.456		23.101	0.000
(Constant)	0.276	0.036	0.819	7.694	0.000

F 值为 59.193，F 检验的显著性 Sig. = 0.000，具有显著性，通过了 F 检验。建立利用专利分析申请专利量和科技进步水平指数的回归方程为：

$$y = 3868.47 + 0.276x$$

从方程中可以看出利用专利分析申请专利量每增加一个单位，科技进步就增加 0.276 个单位（见表 12）。

表 12　方差分析[b]

Model	Sum of Squares（平方和）	Df（自由度）	Mean Square（均方）	F（模型 F 值）	Sig.（F 值的显著水平）
Regression	3.431 E7	1	3.431 E7	59.193	0.000[a]
Residual	1.681 E7	29	579586.092		
Total	5.112 E7	30			

（四）实证研究的结论与建议

1. 通过实证分析可以得出以下结论

（1）专利信息对科技进步的作用强于对经济进步的作用。实证分析的专利信息对科技进步的作用强度为0.276，而专利信息对经济发展的贡献系数为0.037%。专利信息直接作用于科技进步，对科技进步产生显著性影响；专利信息主要以科技进步为作用介质对经济发展起间接作用，但同样也会以市场交易媒介形式推动交易和转化，对经济发展产生直接作用；当前的政策措施更多地侧重于推动专利信息对科技进步的直接作用，忽视了专利信息对经济发展作用的发挥。

（2）专利信息的利用是推动经济科技发展的关键。专利信息利用比专利信息的传播和投入更直接地对经济科技发展产生影响，其综合作用指数接近50%。提高专利信息利用率和利用质量，会使专利信息对经济科技发展的贡献率得到明显提升。

（3）专利信息的传播是推动经济科技发展的基础。实证分析表明，专利信息的传播对经济科技发展的综合作用指数接近30%，虽然弱于专利信息的利用，但它是专利信息利用的基础，并进而对专利信息推动经济科技发展产生影响；专利信息的传播途径和效率同等重要，扩大传播途径和提高传播效率是提高专利信息传播质量的两大途径。

（4）专利信息的投入结构影响作用过程。实证分析表明，专利信息的投入对经济科技发展的综合作用指数明显弱于专利信息传播和专利信息利用，但专利信息投入是传播与利用的基础，且投入力度和结构会直接影响专利信息的传播和利用绩效，从而影响对经济科技发展的贡献度；同时，政府主导下的专利信息投入结构很难与专利信息的需求对接。

2. 在此基础上，提出以下政策建议

（1）强化专利信息对经济发展的作用，支持和建立专利交易信息中心。我国在出台相关措施及进行相关资源配置时，不仅应强化专利信息对科技发展的直接作用，也应加大在专利交易环节的信息投入力度，通过鼓励、支持，甚至直接建立专利交易公共信息中心和平台等多种形式推动专利交易信息的传播和利用。

（2）强化专利信息利用的关键性作用，提升专利信息利用的质量。更加注重引导专利信息的广泛利用，如在相关的项目立项、评审中提出专利信息利用的要求等，鼓励专利信息在创新及生产经营各个环节的利用，出台相应的利用标准，并对专利信息的利用方式和标准进行广泛的推广和宣传。

（3）鼓励经营性专利信息传播途径的发展，提高专利信息的传播效率。引导、鼓励经营性专利信息传播途径，尤其是网络专利信息资源，为专利信息的商业平台提供必要的支撑和条件，通过市场的作用，提高专利信息的传播效率。

（4）优化专利信息的投入结构，鼓励和支持建立以市场需求为主的专利信息投入机制。应在加大专利信息投入力度的同时，优化专利信息的投入结构；使专利信息投入更多地契合市场主体的需求，尤其是应创造条件优化市场对专利信息进行投资的环境，鼓励和支持建立以市场需求为目标的专利信息投入机制。

六、研究成果的应用价值及推广利用初步设想

本研究提出的专利信息服务经济科技发展的指标体系是定量化分析专利信息作用的基础，指标体系涵盖了专利信息对经济和科技的两大作用方向，分列了三级指标，且对各级指标含义与数据获取方式等进行了详细的解释。同时，本研究对评价指标的权重赋值及评价方法进行了研究，分别根据经济与科技贡献度的评价目标与特征选择了不同的评价方法。另外，对指标进行了实际的数据搜集，筛弃了部分不可得数据，使得指标体系的可操作性得以增强。

本研究进行的实证分析，根据分析过程及数据分析结果，总结出了当前专利信息服务经济科技发展的绩效及存在的主要问题，尤其是通过实证分析发现的专利信息服务经济科技发展的过程中存在的投入结构不合理，公共政策及资源过于偏重专利信息传播，未能建立以市场需求为目标，以市场主体为核心的专利信息投入机制等问题，并在此基础上提出了相应政策建议。

基于以上研究成果，专利信息服务经济科技发展评价指标体系可用于评价不同区域专利信息服务经济科技发展的贡献程度，或者用于评价不同国别专利信息服务经济发展的贡献程度，同时，也可以在评价专利信息服务不同行业发展的作用中参照使用。同样，该体系可以用于完善其他区域专利信息工作的参考，或作为国家或地方出台相关的公共政策及进行公共资源配置时的决策参考。

对专利竞争情报工作的思考*

田春虎　隆捷

摘　要　专利竞争情报工作旨在深入挖掘专利信息的竞争情报价值，为国家、产业及企业获取竞争优势提供支持。当前我国专利竞争情报工作亟须开展相关理论与方法探索，为工作的系统、深入推进提供指导。本文从我国专利竞争情报工作的工作体系、需求挖掘、研究成果共享、专利竞争情报机构建设和人才培养、工作方法和流程、研究成果验收等六方面进行了探讨，对全国知识产权系统推进专利竞争情报工作提供借鉴。

关键词　专利竞争情报　工作体系　需求　共享机制　工作机构　人才培养　工作方法　工作流程　验收标准

专利竞争情报工作是以用户竞争需求为中心，基于专利信息资源，结合竞争情报理论，通过分析、研究，深入挖掘专利信息的竞争情报价值，为国家、产业及企业的竞争战略服务，以创造与保持竞争优势。我国专利竞争情报工作尚处于起步阶段，亟须开展相关理论与方法的探索，为科学、系统推进全国专利竞争情报工作提供指导，使政府部门、中介服务机构、创新主体在开展专利竞争情报研究与服务时明确工作目标，有效挖掘用户专利竞争情报需求，规范工作方法与流程，并促进工作成果的共享及工作效果、经验的交流。面对国家、产业及企业日益增长的专利竞争情报需求，专利竞争情报工作也将是全国知识产权系统的一项重要工作。本文从专利竞争情报工作中的工作体系、需求挖掘、研究成果共享、专利竞争情报机构建设和人才培养、工作方法和流程、研究成果验收等六方面进行了初步探讨，为知识产权系统推进专利竞争情报工作提供借鉴。

一、专利竞争情报工作体系设计

（一）专利竞争情报工作的目标与原则

为促进专利信息价值的充分发挥，有效满足国家、产业及企业在日益激烈的国际市

---

* 本文改编自国家知识产权局专利局专利文献部2013年专利竞争情报天津试点研究课题《全国专利竞争情报工作指南研究》，课题负责人张占疆，研究人员包括张占疆、王剑君、谢静、麦庆欣。

场竞争中对专利竞争情报的需求，本文认为专利竞争情报工作的目标应包括：推动产业和企业开展专利竞争情报研究与应用，满足市场经济发展的需要；为经济转型升级、产业结构调整提供情报支持，为地方支柱产业和企业的竞争力提升和长效有序发展提供指导，促进知识产权为市场配置资源提供支撑；培养一支数量充足、结构合理、理论与实践能力较强的专利竞争情报研究专业人才队伍；促进专利竞争情报服务能力整体提升，扶持一批专门从事专利竞争情报咨询的服务机构；培育和保障专利竞争情报服务业的健康发展。

全国专利竞争情报工作的开展应遵循“统筹规划、协同推进”“政府主导、市场推动”“分类指导、重点突破”三大原则。首先，做好专利竞争情报工作的统筹、规划，促进政府部门、中介服务机构、创新主体的协调联动、共同发展。其次，针对制约全国专利竞争情报工作发展的问题，充分发挥政府的公共服务职能，不断提高政策制定能力和公共服务水平；同时充分发挥市场机制的资源配置作用，引导相关中介服务机构开展专利竞争情报工作。最后，针对不同区域、不同类型、不同阶段的专利竞争情报工作实际状况，分门别类进行指导，针对影响专利竞争情报工作发展的重大问题，找准突破口、切入点，集中力量重点突破。

（二）专利竞争情报工作的管理架构

为面向全国系统推进专利竞争情报工作，服务于国家宏观调控和地方经济转型，促进产业、企业长效发展，全国专利竞争情报工作可建立“一级调控、二级管理、三级服务”的三级管理架构。一级由国家知识产权行政管理机构（国家知识产权局）进行宏观调控，二级由地方知识产权行政管理机构进行区域管理，三级由各类中介服务机构提供专利竞争情报服务。

国家知识产权行政管理机构（国家知识产权局）对全国专利竞争情报工作统一管理、指导和监督，组织制定全国专利竞争情报工作发展规划，负责对地方管理部门和中介服务机构进行专利竞争情报研究的规范管理。

地方知识产权行政管理机构承担管理、协调和引导任务，制定相关区域政策和激励措施，引导本地区产业专利竞争情报工作，促进本地区专利竞争情报工作水平的提升；负责协调地方科委、地方工商管理局、地方版权局等相关工作部门和机构，开展以专利竞争情报为核心，商标、版权为辅助的全面的知识产权情报工作；组织开展区域重点产业专利竞争情报研究，为本地区政府的科技、经济决策提供情报支持。

各类公益或商业的知识产权中介服务机构在政府的指导和鼓励下，开展专利竞争情报研究和培训，提供专利竞争情报服务与产品；制定和完善专利竞争情报研究服务、咨询等工作的管理办法，规范自身行为，提高服务质量；不断提升从业人员的素质和能力，尽快建立起既熟练掌握国内外知识产权法律法规和相关业务，又熟悉竞争情报研究科学方法与实务操作技能的专利竞争情报研究与服务人才队伍。

（三）专利竞争情报工作的推广

专利竞争情报工作的推广包括横向和纵向两方面。横向推广是由点到面，面向全国推动专利竞争情报工作开展。横向推广需要落实并保障长期的政府财政支持，制定规范的工作流程指导各地实施，并在实践中不断调整完善，制定监督机制，保障专利竞争情报研究成果质量。纵向推广是将各项工作深入到创新主体特别是企业的微观层面。需要深入调查挖掘企业需求，大力推广研究成果。纵向推广可利用现有或者在建的知识产权服务平台，面向业内企业，特别是目前尚无能力自己完成专利信息分析的中小企业，共享政府形成的中观层面产业竞争情报研究成果；面向业内企业开展专利竞争情报培训，并促进企业与政府、服务机构，以及企业间的交流合作。在纵向推广的过程中，还应注意整合高校、科研机构和生产企业等全产业链资源，实现产学研无缝对接。

二、专利竞争情报研究的需求挖掘

（一）专利竞争情报研究的适用范围

专利竞争情报研究工作分为微观层面和中观层面。

微观层面的专利情报研究主体是企业。企业对专利竞争情报的需求因地域、产业发展状况、企业规模、企业发展阶段与目标等多方面因素而不同。例如，零散型产业、新兴产业、步入成熟期的产业、夕阳产业和全球性产业的企业具有不同的专利竞争情报需求。企业内部不同级别、不同部门的专利竞争情报需求也存在很大差异，管理者、决策者的需求较具体职能部门、执行者更具全局性、宏观性和战略性。此外，企业对专利竞争情报的需求还随着外界环境及战略目标的转移而不断调整。

中观层面的专利竞争情报研究主体是国家各部委（包括国家知识产权局）、地方政府（含地方知识产权局）和行业协会，其需要研究的对象是与产业、行业相关的专利竞争情报。研究依托专利信息资源，利用专利信息分析方法和情报学研究方法，并将二者有效结合，针对专利信息中与行业环境、主要参与者及其相关的信息，以及相关的宏观经济信息和行业动态信息，进行规划、收集、整理、分析，形成为行业进行决策、区域布局提供参考依据的情报资料。研究成果可为国家产业调整、地区发展区域支柱产业提供决策支持。

（二）专利竞争情报研究的需求来源

以企业为主体的微观层面专利竞争情报研究，需求来源包括：（1）企业根据自身发展需要自发开展针对竞争环境、竞争对手的全方位的情报研究；（2）由政府鼓励和支持企事业单位开展专利竞争情报研究；（3）具备一定资质的中介服务机构主动或者被引导进行专利竞争情报研究工作。企业专利竞争情报需求包括现实需求和潜在需求。为有效挖掘该层面的专利竞争情报研究需求，各级政府可立项引导，并给予一定的政策倾斜和支持。

中观层面的专利情报研究需求来源于各部委、各级政府机构及行业协会，目的是从国家、地方层面，针对重要行业、产业开展专利情报研究，利用研究成果指导中长期的产业、地区、国家专利发展战略制定，支撑产业发展。为有效挖掘该层面的专利竞争情报研究需求，可由国家知识产权局向国务院及相关部门提出研究建议，或由国家财政提供支持，建立专利竞争情报工作机制和监督检查机制，促进各级政府的专利竞争情报研究工作开展，为调整宏观政策提供依据和支撑。

三、专利竞争情报研究的成果共享

（一）专利竞争情报研究成果共享的必要性

在专利竞争情报研究中，研究主体通过对竞争对手、竞争环境、自身的专利情报进行合法地收集、控制、分析和综合，对其技术或战略发展趋势作出预测，从而为国家、地方、产业和企业的战略和战术决策提供依据。因此，专利竞争情报研究成果具有较高的针对性和实用价值。

专利竞争情报研究成果共享就是要通过整体规划和宏观管理，通过政策体系保障，应用现代信息技术，将分散的研究成果整合，促进成果资源的共享和利用，使更广范围的主体受益。

（二）专利竞争情报研究成果共享的实施

微观层面的专利竞争情报研究成果共享，可能存在资源共享意识欠缺、信息保密需要、研究投入限制三方面的制约。因此，需要加强“合作互惠”“共享共赢”意识的普及，控制信息公开的程度和范围，并建立配套的激励机制。中观层面的专利竞争情报研究成果共享，可利用政府资源，提供稳定的财政支持，并建立相应工作制度、流程，促进研究成果为国家及各级政府机构提供决策参考，同时还可通过政府信息发布的形式供国内产业和企业参考。

专利竞争情报研究成果共享在具体实施过程中需要解决共享分级、标准化平台、合理定价机制、共享效果反馈机制、政策法规保障机制五方面的问题。

对专利竞争情报研究成果的共享不仅应考虑社会的效益递增，也应确保国家安全和知识产权，形成良好的共享秩序，建立健全成果共享分级机制。建立成果共享分级机制应考虑共享行为是否危及国家经济安全和利益，以确定成果是否纳入保密性运行机制，并制定相应的使用规定。

搭建标准化的专利竞争情报研究成果平台有利于统一协调资源，对已有成果进行深加工，提高成果共享效率。构筑公益性专利竞争情报成果共享平台需考虑平台对成果持有的机构和企业采取的组织形式、平台日常的管理和运行、决策机构、监督机构及执行机构的职责分配及分工合作，以及约束和激励成果持有机构和企业之间的共享行为。

在成果共享过程中，成果持有方与使用方必然会发生相应的经济关系。由于专利竞争情报研究成果的公益性，共享费用的确定不能完全依靠市场调节，应建立合理的定价机制。因此，本文建议：国家和地方主导的产业专利竞争情报研究成果以免费、内容分级的形式向相关政府部门、产业、企业提供；政府财政提供支持的企业专利竞争情报研究，由专利竞争情报研究成果持有方（如企业）向使用方收取部分成本费；完全由企业自行支付专利竞争情报研究成果，成果持有方通过向使用方出售成果使用许可证的形式回收成本，该使用许可证可以参照政府指导价，即由成果共享组织方确定推荐价格，也可以双方协商确定。

使用方以免费或低价格享有专利竞争情报研究成果使用权的同时也有义务向成果平台组织方及成果持有方反馈成果使用过程中、使用后的相关情况及共享产生的成果。共享后信息的反馈有利于成果的更新和完善、引导后来的使用者正确使用成果。

专利竞争情报研究成果的共享是一项复杂的系统工程，关系到政府部门、成果持有方、使用方等主体的利益。需要建立相应的政策法规以适应和调整相关的各种社会关系。需明确成果的财产性质，维护国家安全和成果生产方、持有方的利益，建立激励与约束机制。

四、专利竞争情报机构建设和人才培养

（一）专利竞争情报机构建设

培育和壮大专利竞争情报研究与服务机构是推动专利竞争情报工作开展的基础之一。因此，本文建议国家知识产权局从地方专利信息机构、图书情报机构和其他中介服务机构中遴选一批具备条件和能力的机构，支持其开展专利竞争情报研究，承担信息搜集与汇总、信息的整理与加工、情报的分析与报告撰写、专利竞争情报管理与服务等相关工作任务。

专利竞争情报机构应在人员队伍、数据资源和项目经验方面具备一定资质和条件。在研究人员专业素质方面，研究人员应掌握竞争情报基本理论及相关知识产权法律法规，具有较高政策理论水平和行政能力，了解国内外知识产权最新发展趋势及研究成果，熟悉国际知识产权规则，能够对知识产权战略进行前瞻性研究与探讨，能够提供高质量专利分析服务。在数据资源方面，专利竞争情报机构应具备对中国专利和国外（美国、日

本、英国、德国、法国、加拿大、EPO、WIPO 等多国/组织）专利的检索条件，并拥有专业性的商用专利检索数据库和分析工具。在项目经验方面，专利竞争情报机构应具有多年稳定的运营历史，开展过至少一定数量的专利信息分析项目。

（二）专利竞争情报人才队伍建设

专利竞争情报研究工作的开展亟须培养和建设一支能够满足我国目前专利竞争情报研究需求的人才队伍。本文建议分层次、有重点地开展专利竞争情报人才队伍建设：首先是为国家知识产权试点示范城市培养专利竞争情报工作专门人才；其次是面向全国范围培养专利竞争情报工作专门人才，并与全国专利信息师资人才和专利信息利用领军人才结合培养；最后是为企业培养专利管理人才和专利技术人才两个层面的专门人才。同时，配合国家级专利信息传播利用基地建设，支持和鼓励各地方知识产权行政管理机构、中介服务机构等开展本地区专利竞争情报人才培养与技能培训工作。人才培养的方式包括建立人才培养基地、组织专利竞争情报服务技能培训、通过项目实践培养等。

五、专利竞争情报工作方法和流程

（一）专利竞争情报工作方法

开展专利竞争情报工作应遵循科学的工作方法。第一是设置组织管理架构，科学分工合作，建立共享平台，整合资源，优化配置。由国家知识产权局整体规划部署，搭建平台，宏观调控；地方知识产权行政管理机构、中介服务机构、行业协会执行机构、支柱行业企业代表、行业专家等共同参与，完成本地区专利竞争情报研究工作的组织、研究、推广、应用和共享，并实现与国家知识产权局的信息对接。第二是需要长期稳定的财政经费保障。专利竞争情报研究及成果共享平台的建立、运行、发展是一个长期性的工程，需要国家及地方政府专项经费的持续支持，才能保证高质量的、具有创新意义的公益性专利竞争情报研究成果不断涌现。第三是重视信息安全方面的管理监督，确保信息发布的安全。专利竞争情报研究及其成果以对专利信息、宏观信息、行业信息的分析为基础，结合竞争情报研究方法产生，具有基础性、战略性特点，其中有些成果涉及国家安全，属于保密信息范畴。对可能存在安全威胁的共享行为，必须有相关机构进行信息安全管理监督，确保信息发布安全。第四是应贴近用户需求提供专利竞争情报服务，多种服务手段结合，注重用户体验，以使研究成果最大限度地满足使用者的需求。第五是从成果共享度、成果使用的科学性、经济性和社会效益等方面开展成果共享效果评估，确保共享质量。第六是实行全面质量管理，遵循理论研究、实践检验、检查反馈、不断调整的科学管理程序。

（二）专利竞争情报工作流程

专利竞争情报工作的开展可参考以下流程：

1. 专利竞争情报需求征集和研究

首先由国家知识产权局征集专利竞争情报项目需求，整体部署，发布项目申报指南；各地方知识产权行政管理机构组织服务机构申报项目；国家公告项目部署情况；各地组织服务机构开展专利竞争情报研究。

2. 获取政府财政支持

国家及地方知识产权行政管理机构推动各级政府机构提供长期的稳定的财政支持，促进专利竞争情报工作长效顺利开展。

3. 专利竞争情报审核和发布

对各地开展的面向产业的专利竞争情报的研究成果，由国家知识产权局专门部门组织建立专家团队，从形式到内容及是否具有可操作性等方面进行全方位审核。审核通过后由专门的机构进行发布，用于对该行业的相关部门制定政策提供支撑，并指导该行业的企业在专利竞争方面拥有明确的方向感和实际的运用。

4. 建立研究成果共享平台

建设共享专利竞争情报研究成果平台，并制定平台的管理机制，明确成果持有方与成果使用方的权利义务关系，审查成果进入平台的资格，设置成果分级与不同使用者的使用权限等。

5. 实施专利竞争情报成果共享的评价反馈机制

对成果共享的进行质量监控，并收集相关评价与反馈。

六、专利竞争情报研究的成果验收

对专利竞争情报研究成果按一定标准进行验收，有助于提高研究成果的品质，保证研究成果的实用性；对无研究经验的研究机构和企业，有一定的指导和参考价值；为研究成果的审核、共享和应用推广奠定基础。

专利竞争情报研究成果可从使用的数据资源、形成的专题数据库产品、专利竞争情报研究工作记录、使用的研究及分析方法、研究及分析的内容、研究建议等六方面进行验收。

在数据资源上，应基于中外专利文献检索数据库、商用专利文献检索数据库开展研究，数据资源应覆盖全球主要国家专利数据，并集成专利信息、科技信息、宏观政治经济信息、产业动态信息。

在海量专利与非专利基础数据的基础上，应针对特定产业领域特点和特色需求进行筛选和加工形成可持续更新和利用的专题数据库。专题数据库既是专利竞争情报研究的基础，也是研究产出的成果之一。

在专利竞争情报研究工作记录上，为保证工作的有效性和严谨性，还应对专利竞争情报研究过程中的技术调查、市场了解、专家论证、实地考察进行完整的记录。

在研究及分析方法上，专利竞争情报研究除进行专利定量分析和定性分析之外，还应采用竞争情报研究的方法，以达到有效挖掘情报的目的。专利竞争情报分析方法包括专利分析法、专家分析法、定标比超法、SWOT 分析模型、波士顿矩阵分析模型、波特的五种竞争力模型、核心竞争力分析模型等。

在研究及分析的内容上，中观层面的专利竞争情报研究及分析的内容应包括：本产业国内外专利布局分析（分布地域分析、专利有效期时间分析、核心技术分布分析等）；产业环境分析（经济、社会、文化、法律、科技、自然等因素分析）；产业参与者构成及分析（现有参与企业、可能进入的新企业（潜在参与企业）、供应商、用户、替代品提供者）；产业主要参与者实力分析（产业主要参与者专利类型分布、专利发展趋势分析、专利所在国家或地区分布分析、研发团队分析、重点技术分布、技术相似度分析、销售市场分析、优劣势分析等）。微观层面的专利竞争情报研究及分析的项目应包括：本企业经营管理现状；本企业专利管理状况；本企业所在产业的竞争对手构成及其综合实力分析；本企业所在产业的竞争对手专利信息分析（企业竞争对手专利类型分布、企业竞争对手专利发展趋势分析、企业竞争对手专利地区分布分析、企业竞争对手研发团队分析、企业竞争对手重点技术分布、企业竞争对手技术相似度分析等）；企业竞争对手优劣势综合分析。

在研究建议上，中观层面的专利竞争情报研究提出的建议包括：产业技术分布建议、行业地域发展建议、国外市场发展历程和布局总结、国外核心技术布局总结、产业发展政府政策建议等。微观层面的专利竞争情报研究提出的建议包括：预测和监控市场变化，调整市场策略的方向；监测竞争者动作，预计竞争者决策及市场行为，避免竞争者对企业造成伤害，同时制定针对竞争者策略，预先抢占市场，同时维护自己的市场份额，减少低价竞争的使用频度；发现对企业产品造成强有力竞争的替代品，保护公司现有产品的市场，使企业损失降至最低，并提出调整市场策略、产品进行调整策略，以获得新的市场份额；发现新技术，建议采纳新技术并规避侵权风险，或者给出提高自身竞争力或改变市场策略的建议，保护自己的产品不受新技术的冲击；应对各类有利于或不利于企业的新政策，法规，新闻，舆论等因素作出综合判断，制订近期目标及中长期目标，并给出实现目标的工作进程和实现规划。

专利竞争情报共享机制初探*

田春虎　隆捷

摘　要　本文在调研和探讨专利竞争情报研究背景、进展的基础上，阐述了专利竞争情报研究的主要内容以及专利竞争情报共享的形式，对国内外专利竞争情报及共享机制研究现状以及典型案例进行了分析、总结，并重点研究了基于盟主式组织架构模式的专利竞争情报共享机制，最后对我国建立专利竞争情报共享机制提出了建议。

关键词　专利竞争情报　共享机制　盟主式

一、引　言

（一）专利竞争情报的定义

在经济全球化的环境下，世界技术竞争日益激烈，企业对新技术垄断的时间缩短，无论对掌握技术的老企业，还是新的市场进入者，跟踪技术发展，对竞争对手的行为进行预测都显得十分重要。

在市场竞争中，企业通过竞争情报活动将分散的有关竞争对手的信息、资料转化为互相联系的、准确的、可使用的知识，有效帮助决策者掌握竞争对手的地位、绩效、能力和动机，减少战略决策中面临的不确定因素，更可能作出正确的决策。作为竞争情报分析的重要形式之一，专利分析是跟踪、研究、分析某一领域及竞争对手的专利发明、以获得超越竞争对手优势为目的的企业竞争情报分析。

随着竞争情报活动与专利分析的发展，专利竞争情报（Patent Competitive Intelligence，PCI）逐渐产生，它是指企业为了在激烈的市场竞争中赢得和保持优势，对竞争对手、竞争环境及企业自身的专利情报进行合法地搜集、控制、分析和综合，并对其技术或战略发展趋势作出预测，形成持续的、增值的、不为竞争对手所知的、对抗性的核心能力，从而为企业的战略和战术决策提供依据的智能化活动过程。[1] 根据竞争情报理论

* 本文改编自国家知识产权局专利局专利文献部2013年专利竞争情报广东试点研究课题《专利竞争情报及共享机制建设研究》，课题负责人李强，研究人员包括李强、魏庆华、陈小静、丁长青、施颖、祝林、黄敏聪、张丽佳、万晶晶、王友转、杨海波。

[1] http：//wiki. mbalib. com/wiki/% E4% B8% 93% E5% 88% A9% E7% AB% 9E% E4% BA% 89% E6% 83% 85% E6% 8A% A5.

的一般观点，专利竞争情报既是一种产品，也是一个过程。作为产品，它指的是对专利情报处理分析后的结果；作为过程，它是指围绕专利情报展开的一系列有竞争目的的活动。

（二）技术竞争情报与专利竞争情报的融合

专利竞争情报与技术竞争情报（Competitive Technical Intelligence，CTI）的概念交叉和紧密相连。技术竞争情报是将竞争对手技术数据转换成为与竞争对手的市场地位、研发重点和发展趋势相关的有价值的战略技术知识的分析流程。[1] 竞争情报领域正呈现出专利竞争情报与技术竞争情报相融合的发展趋势，应用领域从对竞争对手的专利技术分析向市场营销、产品推广和法律维权等非专利技术领域拓展，专利分析方法与技术竞争情报分析方法不断融合，且随着自动文本分析技术的提高和可视化技术的发展，更趋于智能化和人性化。

二、专利竞争情报的主要内容与共享形式

（一）专利竞争情报的主要内容

专利竞争情报主要包括竞争态势分析、竞争对手分析和竞争环境分析三方面的内容。

1. 竞争态势分析

专利文献中包含大量技术信息，利用专利分析，可了解某技术发展的背景、现状及趋势，掌握技术的细节，评估技术的先进性或某领域的关键技术，进而发现可供选择的技术资源、发现改进和发展自己现有产品和工序的可能性等，还可发现技术领域的主要研究者、领先者。对专利信息的分析，还可揭示技术的研究开发及产业化的相关情报。将专利信息与相关行业、产业非专利信息结合，还可揭示产业发展现状及发展动向。

2. 竞争对手分析

通过分析专利信息，可有效识别竞争对手，并实现对竞争对手的监视和情报分析。通过监视和分析竞争对手专利文献的著录项目、说明书和权利要求，可掌握竞争对手所拥有的专利产品和技术的专利权现状、有效保护期和保护地域范围，判断其技术实力、研发策略和经济实力、市场策略，还可发现其专利中存在的漏洞或以此为基础寻找技术或市场上的突破口，从而制定自身的竞争策略。此外，由于目前世界上绝大多数国家都采用先申请制原则，因此竞争对手专利申请的动向往往是保密的。某一机构如果能够通过其他情报网络或方法，合法地监视竞争对手的专利申请动向，也将有助于为自身赢取优势或抢占先机。

---

[1] MATHIAS M. COHURN. Competitive Technical Intelligence: a guide to design, analysis, and action [M]. Oxford University Press, 1999: 11.

3. 竞争环境分析

行业、产业环境的竞争性直接影响企业的获利能力。竞争环境分析主要包括：对业内现有企业、潜在进入者、替代品制造商、供应商和顾客等主要竞争力量的分析，主要使用“波特五力分析模型”；将业内机会、威胁与自身优劣势结合的分析，主要使用“SWOT 分析法”。此外，在竞争环境分析中，企业研发强度日益受到关注。当前国际竞争更加强调创新对于企业竞争力的推动作用，而企业创新力的重要客观量化标准之一就是企业的研发强度。例如，欧盟每年发布的《欧盟内部企业记分牌报告》，核心就是通过对企业研发的投入以及研发成效作出分析，从而对欧盟内部的企业竞争环境进行分析，并总结其在国际上的竞争力。

（二）专利竞争情报的共享形式

专利竞争情报的共享形式是指用于发布、共享的专利竞争情报研究成果、产品形式。本文概况了两大类三等级八种专利竞争情报共享形式。如表 1 所示。第一大类的专利竞争情报共享以时效性为主要特点和目标，包括专利信息的定期跟踪汇报与企业信息的定期跟踪汇报。第二大类的专利竞争情报共享以宏观战略性为主要特点和目标，包括专利战略分析报告与产业知识产权管理报告。

表 1　专利竞争情报共享形式归纳

一级	二级	三级	说明
时效性	定期专利信息跟踪汇报	定期专题检索	对特定申请人、行业或技术领域、IPC 等专题定期检索，向用户提供相关数据和导航
		定期统计分析报告	对特定专题定期进行数据提取、清理、加工，并在此基础上进行专利定量统计分析，揭示技术发展趋势、技术生命周期、地域分布等
		定期高端分析服务	对特定专题由领域专家进行深层次、专业性强的定性及拟定量分析，例如，目标专利三性分析、目标专利侵权分析、目标专利无效分析、主题专利布局分析等
	定期企业信息跟踪汇报		对相关国家宏观政策、行业产业动态、市场信息等进行收集、跟踪、分类及清理，并形成市场、产品、价格等方面的分析和预测报告
宏观战略性	专利战略分析报告	国家级专利战略	为国家相关政策制定提供情报支持
		行业专利战略	为行业、产业整体发展规划提供情报支持
		企业专利战略	为企业制定专利战略提供情报支持，揭示企业所处竞争环境、面临的竞争态势，竞争对手情况，以及自身优劣势，为企业赢得竞争优势提出策略、对策
	产业知识产权管理报告		帮助企业有效管理自身知识产权、及时应对专利风险，主要内容包括：当前企业已有的专利及类别、专利生效时间，未批复专利的申请情况、专利在产品的应用情况等

三、专利竞争情报及共享机制发展现状

（一）国内外专利竞争情报研究进展及趋势分析

专利竞争情报的概念最早起源于日本。20世纪50年代，日本由专利文献检索向针对国外技术动向跟踪的专利情报分析发展，并先后创造出“产业专利技术调查”“专利地图分析”和“专利关系树分析”等研究方法。20世纪90年代，各国实现专利信息数据库的建设及网络传输利用，欧美等西方发达国家将情报分析的信息源由以专利文献为主拓展到涉及与知识产权竞争有关的各类信息和知识，实现了情报分析的信息多样性，并引入数据挖掘、文本挖掘和知识可视化等现代信息处理技术，以及SWOT和定标比超等竞争分析模型和方法。

随着现代竞争情报研究与服务的迅猛发展，基于知识产权的技术竞争情报活动逐步引起世界各国工商界广泛关注，形成了专门的知识产权情报研究领域和理论方法，在许多国家和地区的知识产权战略管理中发挥了重要作用。其中以美国汤姆森公司的德温特分析家、佐治亚技术研究所的Vantage－Point、日本特许厅的专利地图为代表性的专利竞争情报解决方案和工具。

近年来，专利竞争情报研究呈现出以下发展趋势：（1）情报源研究重点从二次信息源转向一次信息源。（2）研究领域呈现多学科交叉特征。（3）研究主体趋于多元化。（4）研究重点从技术专利竞争情报的流程和方法逐步转变为对专利竞争情报工作模式和运行机制的研究。

（二）国内外专利竞争情报共享机制发展现状

本文在对国内外专利竞争情报共享机制调研的基础上，将专利竞争情报共享机制归纳为国家及地方政府、行业协会、企业三级，从组织架构模式、运行机制等方面总结了不同共享机制的内容和特点（如表2所示），并进一步分析了不同级别的典型案例。

表2　国内外专利竞争情报共享机制归纳

机构	组织架构模式	运营机制				经典案例
		运营成本	利益分配	情报共享	关键因素	
国家及地方政府级	金字塔式管理模式，中央机构——跨部门组织——地方组织	由政府负责	情报的共享性	情报共享的保密性涉及国家机密信息	机制的成本控制与绩效考核	法国经济竞争情报体系
行业协会	盟主式的共享机制	成员定期缴费给盟主或政府补贴	盟主的地位相当于一个机构的管理者，负责制定组织内部的规则并管理内部成员间的共享原则与利益分配			日本贸易振兴机构

续表

<table>
<tr><th rowspan="2">机构</th><th rowspan="2">组织架构模式</th><th colspan="4">运营机制</th><th rowspan="2">经典案例</th></tr>
<tr><th>运营成本</th><th>利益分配</th><th>情报共享</th><th>关键因素</th></tr>
<tr><td>行业协会</td><td>松散网络的平台式机制</td><td colspan="3">不是所有成员间的共享，而是在某几个成员间按照协商或者合同签订进行共享</td><td>利益考量</td><td>日本大型财团</td></tr>
<tr><td rowspan="2">企业内部</td><td>建设一个大型情报收集与分析机构</td><td rowspan="2" colspan="2">同上</td><td rowspan="2">外包给一些智库或者咨询公司；高级机密的情报，以内部形式进行研究</td><td rowspan="2">共享机制建设</td><td>日本的综合商社</td></tr>
<tr><td>基于集团内部不同部门以及不同子公司之间的情报共享网络</td><td>IBM 公司以及韩国三星公司</td></tr>
</table>

作为较为成熟和成效显著的专利竞争情报共享体系，日本的专利竞争情报体系由国家、地方、企业三级组成，如图 1 所示。日本专利竞争情报体系具有以下特点：（1）每个机构的职能清晰。（2）日本财团交叉持股现象使得专利竞争情报的共享有了动力机制。（3）中央集中式的竞争情报共享。日本政府级专利竞争情报共享流程和企业级专利竞争情报共享流程分别如图 2、图 3 所示。

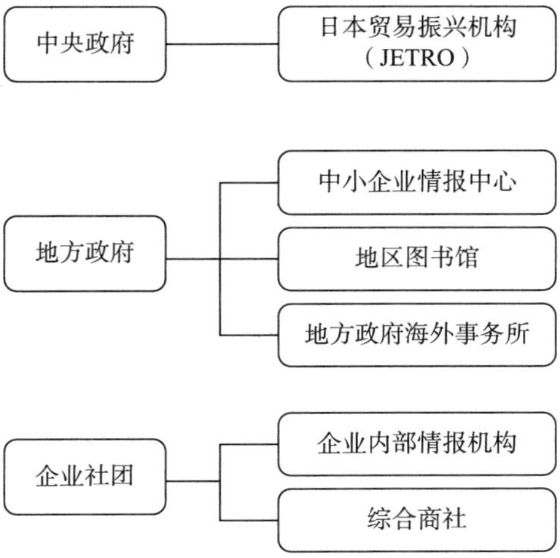

图 1　日本专利竞争情报体系

（三）专利竞争情报及共享机制研究的关键问题

专利竞争情报研究需要解决信息获取、信息加工、信息分析三方面的关键问题。其中，在信息获取方面，公开出版的专利信息较容易获取，但其他“一手”信息，如竞争对手的专利申请动向，需要依靠公开信息源、人际网络等多种渠道挖掘、获取；在信息加工过程中，重点是专利信息与非专利信息的融合，如统一格式、统一处理；在信息分析中，重点也是专利信息与技术竞争情报的融合分析，并可借助一

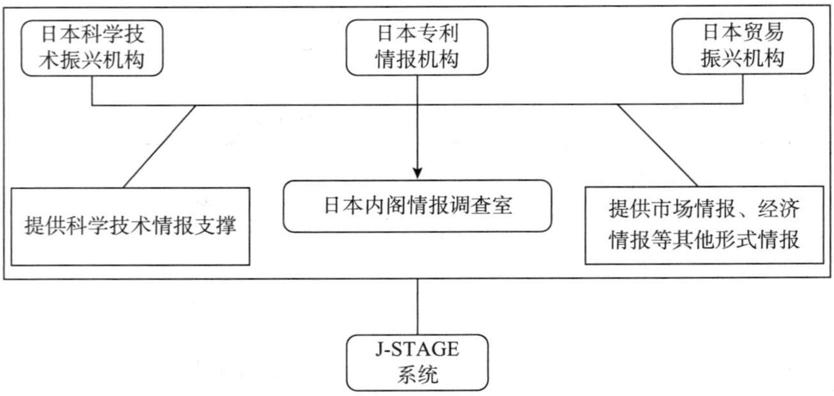

图2　日本政府级专利竞争情报共享流程

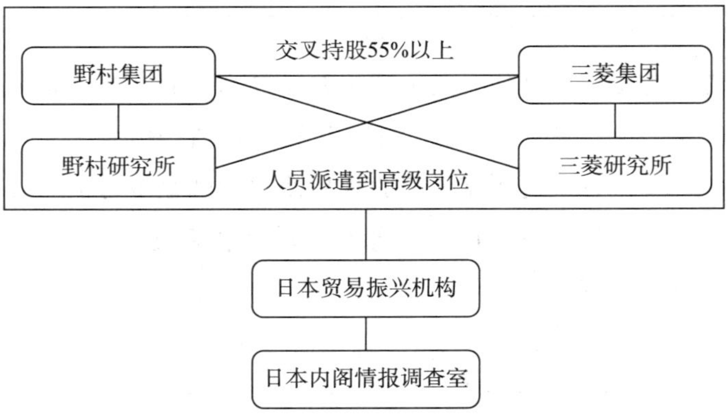

图3　日本企业级专利竞争情报共享流程

些软件工具。

专利竞争情报共享的关键问题即架构模式与利益机制，关系到整个专利竞争情报共享机制能否成功。共享架构模式包括中央金字塔式架构、盟主式架构、平台式架构三类，每种架构模式拥有相应的共享利益机制，如表3所示。

表3　专利竞争情报共享架构模式

共享架构模式	特点	优点	缺点	共享利益机制
中央金字塔式架构	（1）情报信息自下而上进行扩散；（2）机构之间是一种上下级关系	（1）信息收集与分析能力比较强；（2）机构的运作动力机制成为次要因素	（1）开支巨大，一般机构难以承担；（2）绩效考核较难，效率容易较低	政府拨款或者基金资助；情报共享产品以公共产品形式提供

续表

共享架构模式	特点	优点	缺点	共享利益机制
盟主式架构	（1）行业协会； （2）盟主具有中央枢纽作用	（1）网络架构清晰，共享情报的范围和行为都有准则约束； （2）机构成本较低	（1）机构相对独立，需求不一致； （2）成员之间共享情报的意愿不高，高附加值的竞争情报难以共享给每个成员	除盟主外，成员的财政资助由各自负责； 盟主免费向成员提供情报或以某种激励机制分发情报、鼓励成员提交情报； 成员间的情报共享以合作协议方式进行
平台式架构	（1）平台主要为促进交流； （2）约束力不强； （3）成员间的交流、情报共享及利益分配等由成员共同协商决定	（1）对不同行业、不同情报需求的包容性较大； （2）平台的支撑费用低； （3）情报共享基于自发市场行为，情报需求可个性化定制	（1）缺乏统一管理机构和监督机制； （2）成员基于自身利益，情报外溢作用难以发挥	合同方式，市场行为，存在众包模式

四、基于盟主式架构模式的专利竞争情报共享机制

专利竞争情报共享机制的构建涉及的要素包括：参与主体与服务对象，信息收集、发布、推广的方式途径，组织架构模式及相关机构的参与、合作模式，相关管理机制等。从目前世界的发展趋势看，中央金字塔式的组织架构模式只有特定机构才具备实施条件；网络式架构由于过于分散，架构组织变化大，难以归纳成一个成熟的模式。因此，多数组织以盟主式架构模式为基础建立共享机制。

（一）盟主式专利竞争情报共享机制的参与主体与服务对象

盟主式架构模式中，参与主体主要分为盟主及盟主以下的参与各方。为使联盟内容成员间利益协调一致，盟主式架构模式一般集中在某个特定产业。参与主体为产业上下游的企业、产业相关的学术机构以及各种情报研究与提供机构，它们既是情报需求者，也是情报提供者与共享者。盟主在该架构中扮演最为重要的角色，主要由产业内的龙头企业、政府主管部门以及有声望的学术团体等担任，负责协调管理机制内部各方的运行与协作，制定内部情报共享机制与流程。如果专利竞争情报共享的服务产业上下游产业链完备且企业众多、缺少龙头企业，则建议盟主优先选择政府主管部门。

盟主式专利竞争情报共享机制的服务对象主要包括机制内的参与主体与政府相关部

门。内部参与主体通过情报的共享实现自身的效益提升，从而更多地资助机制发展，形成了一个良性的循环。此外，盟主式专利竞争情报共享机制也在支持政府决策中发挥作用，很多行业协会和组织都会定期向政府提供产业发展报告，使政府及时了解产业的发展。

（二）盟主式专利竞争情报共享机制的运行与合作机制

在盟主式专利竞争情报共享机制的运行中，信息收集主要通过机制内部成员收集或委托专门信息机构收集两种途径：信息发布主要通过信息化系统，并且不同主体具有不同信息获取权限；该机制的推广主要以扩大产业成员的覆盖范围、扩大对社会以及政府的影响力、扩大对学界的影响力来实现其扩展和延伸。

专利竞争情报共享机制中的合作主要分为整个机制与外部的合作、机制内主体间的合作、机制内个别主体与外部的合作三类。

机制与外部的合作主要以合同形式进行，在合同中约定各自的责任。盟主代表整体与外部进行合同的签订，并把具体的合作内容告知给内部相应的主体，合同责任是由整个机制的各主体共同承担的。在利益分配上，盟主具有比较大的决定权，盟主可根据具体参与程度来分配各参与主体间的利益或者将合作利益以统筹方式进行管理。

机制内主体间的合作主要是基于特定主体的情报需求开展。由于涉及利用机制内部资源，因此其合作必须得到盟主的审批才能进行，在一般情况下，如果涉及利用机制内部资源，盟主应根据合作协议知会相应主体，并得到其同意下，才能批准合作。在知识产权上，合作成果的归属权应按协议进行，但是为了促进机制内部情报共享的目的，盟主可以对相应的成果共享进行年限限制，与合作双方协商一个保护期限。

机制内个别主体与外部的合作存在比较大的风险，这主要是因为机制内的主体掌握了部分机制内的资源，很难排除内部主体的情报泄露风险。一旦情报泄露，整个机制的公信力就会遭受怀疑，影响机制运作，同时也有可能对其他主体产生经济损失。在一般意义上，盟主要对合作协议进行审核，并明确一旦发现机制内的情报泄露，外部主体与内部参与主体要承担的法律责任。为了控制风险，盟主应该尽量鼓励机制成员采用内部合作方式进行。

五、对建立我国专利竞争情报共享机制的建议

专利竞争情报共享机制的三种组织构架模式中，中央金字塔模式的构建需要大量的人力、财力资源，且必须由特定的政府职能部门依职权和特殊的法律程序予以构建；平台式模式由于其松散的管理制度、情报溢出效果不明显等特点，不利于发挥共享机制的作用。因此，建议我国选择盟主式模式构建全国专利竞争情报共享机制。

（一）由政府相关部门承担盟主职责，推动专利竞争情报共享机制建立和发展

盟主式模式的主体主要分为盟主以及各参与主体。从盟主模式的特点来看，盟主必须是一个公正的，不与机制内部各参与主体有利益关系的主体。因此，第三方机构以及中立组织就成为最佳选择。

在我国，专利竞争情报工作尚处于起步阶段，以政府引导、鼓励各类创新主体、服务机构参与为主，因此更适宜选择知识产权行政管理部门担任盟主。现阶段下，由于各地专利竞争情报工作开展水平不均衡，可以考虑由有较好专利信息利用和专利竞争情报分析基础的地方知识产权局优先发展，如“国家知识产权局专利信息传播利用基地”。另一方面，由于专利竞争情报信息源的多样性，为了丰富各类情报收集渠道、及时准确获取经济、科技等情报资源，可以考虑联合地方经信委、地方科技厅作为专利竞争情报共享机制的副盟主。此种方式下，专利竞争情报共享机制的信息源、运行经费等能够得到保障，并促进专利竞争情报为政府决策提供支持，同时由政府推动专利竞争情报面向机制内的其他参与主体扩散。

盟主承担的主要职责是制定组织内部的规则并管理内部成员间的共享与利益分配。组织内部的规则应明晰专利竞争情报的知识产权归属、机制运维经费收支、收益分配制度、专利竞争情报研究开支、专利竞争情报研究可持续发展、专利竞争情报资源共享渠道等。

（二）吸纳多类主体参与专利竞争情报共享机制，充分挖掘和发挥专利竞争情报价值

专利竞争情报共享机制的参与主体需要参与专利竞争情报研究“信息获取”—“信息加工”—“信息分析”—“信息存储与再利用”—“信息共享”的五个主要环节。

首先，专利竞争情报的“信息获取”除了盟主提供的标准的、格式化的原始信息源外，还可利用情报机构从文献、市场信息及专利等角度对特定产业情报进行收集、整理与分析过的信息源，以及企业整理形成的信息源；除此之外，提高信息源的时效性，还可从高校、研究院所、企业的专业人员、专家中挖掘一次信息源。

其次，专利竞争情报的“信息加工”可以依赖于政府部门已开发的情报分析软件，也可以通过购买使用国内外商用情报分析软件，还可以委托开发或自主开发新的情报分析软件，在此过程中，主要参与主体为软件开发公司或政府相关机构。

专利竞争情报的“信息分析”的参与主体呈多样化，为确保专利竞争情报共享的外溢，以盟主为主，大学研究团体、情报收集分析机构、上下游企业都可参与。专利竞争情报的分析不应拘泥于分析固有模式，以解决实际问题为研究方向，以能发挥情报研究的作用为衡量标准，力争尽量全面客观地反映所需研究对象自身的真实情况。为了规模化实现专利竞争情报共享，扩大影响层面，必要的专利情报分析模式固化也能起到推广作用。

专利竞争情报“信息存储与再利用”涉及专利竞争情报研究可持续发展的问题，将专利竞争情报研究模块固化即是解决途径之一。

最后，专利竞争情报的共享主体包括前面所有涉及的主体，在有可能的条件下还可将专利竞争情报共享或外溢给架构模式外的机构。

此外，为了充分发挥专利竞争情报研究的利用价值，专利竞争情报共享机制应该尽量吸纳整个产业链的不同企业。以广东省 LED 产业为例，其专利技术竞争情报体系应该吸纳上游的 LED 芯片研发公司、中游的 LED 封装及应用公司以及下游设计与应用公司等。

（三）建立科学合理的利益机制，保障专利竞争情报共享机制长效运行

从长远以及国际案例看，盟主式共享机制的生存还是要依靠自身维持。通过内部成员缴纳的费用以及外部支持，从而达到盈亏平衡。鉴于我国实际国情，建议在组织成立的相当长一段时间内，由政府通过直接投入或项目形式，从经费保障上，支持整个模式的发展，形成一个行业专利技术竞争情报的收集与分析平台。在专利竞争情报共享机制运行走上正轨后，通过逐渐递增费用的模式，逐渐达到盈亏平衡，如国际 IPCC 组织就是一个成功的案例。在缴纳费用上，根据企业的规模来收取费用的模式有利于鼓励中小企业的参与，值得效仿。

公共专利信息咨询服务研究

杨策　黄迎燕

摘　要　介绍我国公共专利信息咨询服务的发展现状，提出工作中所面临的挑战。借鉴国际公共专利信息咨询服务发展趋势，提出建立服务主体多元化的服务体系，制定对中小企业和重大项目等实行优先服务的政策，建立全国专利图书馆参考咨询网络，制定统一的服务标准并进行协调管理，实现全国专利信息资源共享等建议。

关键词　专利信息　咨询服务　公共服务

专利信息是集技术、法律和经济信息于一体的信息。在知识经济时代，专利信息的有效利用对提高我国自主创新能力、建设创新型国家意义重大。欧洲专利局 Benoît Battistelli 局长在2012 年第22 届欧洲专利信息大会发言中强调，专利信息是专利制度的核心要素，欧洲专利局认为专利信息传播与专利审批工作同等重要。促进专利信息的传播与利用是专利制度和专利事业的要务之一，政府有责任大力推动专利信息的传播与利用，向社会提供全面、准确、方便、快捷的公共专利信息服务。

公共专利信息咨询服务是公共专利信息服务中有效发挥专利信息的情报价值的重要环节。本文将梳理我国公共专利信息咨询服务的现状和面临的挑战，借鉴国外公共专利信息咨询服务发展的成功经验，提出我国公共专利信息咨询服务发展的相应建议。

一、我国公共专利信息咨询服务现状

国家知识产权局作为国务院专利行政管理部门，长期以来一直致力于专利信息的传播利用和公共服务。近年来着力构建多层级、立体化专利信息公共服务体系，积极开展专利信息传播与利用工作，整体提升我国专利信息利用和服务能力。各级知识产权主管部门、科技主管部门、商务主管部门、工业和信息化主管部门等政府机构通过专利信息服务，体现政府公共服务职能。同时，各行业协会、图书馆等事业单位、社会团体和其他非政府组织也提供各类公益性的专利信息服务。

（一）国家知识产权局整体规划，服务网络初步形成

国家知识产权局一直致力于构建国家专利信息公共服务平台，为社会提供功能完善、

方便快捷的专利信息公共服务。到“十二五”规划期末建成以国家专利数据中心、区域专利信息服务中心、地方专利信息服务中心三级架构为支撑的全国专利信息公共服务体系。2012 年 4 月，广东省知识产权局负责建设的区域专利信息服务中心正式设立，上海市、江苏省、山东省和重庆市知识产权局等 4 家区域中心将陆续建成后验收设立。截至 2013 年 6 月，已建成 43 家地方专利信息服务中心。各地方专利信息服务中心必将成为全国公共专利信息咨询服务的主要力量。

（二）服务紧贴区域产业发展需求

各省市、地方知识产权部门开展以服务于区域特色产业、支柱产业及优势产业的创新为出发点的各类公共专利信息咨询服务。例如，广东省建立了首个“国家知识产权局专利信息传播利用基地”，开展面向泛珠三角区域内省（区）的专利信息服务工作。该基地围绕 7 个省重点发展的战略性新兴产业领域，深入挖掘、深度开发专利信息资源，建立 7 个领域产业专利信息数据库，发布产业专利分析及预警报告，公布业内全球最新专利技术，促进重点产业的科学发展。

（三）服务趋于专业化

一些重点行业根据行业特色，在政府的引导和扶持下，开展针对本行业的、专业化的、需求针对性强的公共专利信息咨询服务，成效显著。例如，工业和信息化电子知识产权中心成立于 1985 年，围绕信息产业需求提供知识产权分析咨询服务，内容涉及信息产业领域的宏观发展态势分析、宏观经营信息分析、重点行业专利技术发展现状与趋势分析、重点技术专利发展战略分析、重点技术领域专利布局分析、专利有效性和侵权分析等多个维度和不同层次的分析。

（四）服务手段不断丰富，网络化服务初显成效

随着科学技术和信息技术的发展，公共专利信息咨询服务方式开始变化，已不再局限于传统的到馆咨询及电话、信函咨询，网络服务为用户提供了更多的便利。

国家知识产权局政府网站上提供了各类专利信息服务资源，并且不断丰富，先后推出专利检索系统、法律状态、收费信息、事务性公告等查询、专利检索与服务系统、中国专利查询系统等。针对不同的服务需求，设立咨询台、文献咨询台、电子申请和专利复审在线咨询，在线提供公共专利信息咨询服务。另专设客户服务中心，以当面接待、电话、信函和网络等方式提供专利政策与事务咨询服务。

近年来各地方也加快公共专利信息服务基础设施建设，先后建立多个知识产权或专利信息公共信息服务平台，通过网络提供服务。例如，上海市知识产权服务中心，以自建的知识产权（专利信息）公共服务平台为支撑，大力开展专利信息应用服务，2011 年共完成检索项目 120 多项，完成数项企业委托的专利保护战略、专利申请战略和分析工作。

二、我国在公共专利信息咨询服务工作面临的挑战

（一）服务网络分散，信息资源共建、共享有待加强

目前全国公共专利信息服务网络内部相对松散，在网络建设工作推进过程中，各地利用国家知识产权局提供的专利信息资源，建设本地专利信息服务中心，但各地之间缺乏有效的沟通，存在一定的资源重复建设的风险。专利信息区域性资源共享，专利信息共建共享机制有待进一步加强。标准规范体系有待进一步完善，以促进资源共享。

（二）服务主体单一，服务人员队伍有待进一步扩充

目前，我国公共专利信息咨询服务基本由政府部门和各专利信息服务中心等公益性服务机构承担，服务主体相对单一。

当下，我国公共专利信息咨询服务的从业服务人员数量严重不足，不能完全满足日益增长的服务需求。急需培养一批业务水平强，工作经验多的专业人才。

（三）服务能力有待进一步提高，服务内容有待进一步丰富

各地公共专利信息服务发展水平不均衡，一些地区的专利信息公共服务能力，尤其是专利信息人员提供参考咨询服务的能力，亟待进一步加强。

专利信息咨询服务的内容相对单一，无法为专利许可与转让、评估、维权诉讼、纠纷应对、海外预警等提供针对性的信息咨询服务。服务内容有待进一步丰富。

（四）数字化参考咨询服务方式有待进一步拓展

目前的公共专利信息咨询服务以传统的参考咨询服务为主，尽管各地正在加紧建设专利信息公共服务平台，但新型的数字化参考咨询服务在专利信息公共服务领域还刚刚起步，尚未形成标准化的统一的服务模式。

三、公共专利信息咨询服务的发展趋势

当今，许多国家将知识产权纳入国家战略层面进行考虑。其中，专利信息传播和利用均是各国知识产权战略的重要组成部分。为了促进专利信息的传播利用，各国对公共专利信息服务，尤其是咨询服务工作都给予极大的重视。公共专利信息咨询服务呈现出如下所述的特点。

（一）政府主导，服务主体多元化

目前发达国家大都形成了由政府部门、公益法人和民间盈利机构组成的完整的、多层次的专利信息服务体系。提供公共专利信息服务的主导性力量是政府和公益性信息服务机构，而部分商业性服务机构在政府部门的组织下，也参与和提供公共专利信息服务。

以欧美为例，欧美专利行政管理机构是专利信息传播利用政策和规划的制定者，公共图书馆和高校/科研院所图书馆以及科技情报机构，通过加入欧洲专利信息中心（PATLIBs）和美国专利商标资源中心（PTRCs）的服务网络，获得欧美专利行政机构的支持，向社会公众提供包括专利在内的知识产权服务。商业性服务机构一般是通过参加专利行政机构设立的专门面向中小企业的扶持项目，参与和提供公共专利信息咨询服务。政府购买服务，商业性机构提供服务，中小企业享受服务。例如，日本专利局指定16家商业性服务机构，为中小企业提供现有技术检索服务，而费用由日本特许厅支付。

（二）科学规划布局，服务网络密集

为便于申请人和公众获取专利信息，有效保证公共专利信息服务的开展，各主要知识产权机构都以本机构为中枢，科学规划信息服务布局，在其国内或地区内以图书馆、信息中心等形式建立了多个专利信息资源和服务中心。总体而言，专利信息服务网点延伸广、服务功能完备且运作有效。

美国专利商标局的客户服务中心和遍布全国的80余个专利商标资源中心（PTRCs），共同形成全国性专利信息资源与服务网络。这些中心由公共图书馆、各州立图书馆和专业图书馆组成，美国专利商标局对其进行认证，提供专利资源和人员培训等各方面支持。由中心向公众免费提供专利和商标信息，并提供检索和专题培训等咨询服务。遍布欧洲各地的320家欧洲专利信息中心（PATLIBs）构成欧洲专利信息图书馆网络。仅在法国就有20多个法国专利局的地方分中心、8个专利文献合作中心以及30个常设咨询站，面向本地区社会公众、中小企业、大学和研究机构提供知识产权信息和相关咨询服务。

（三）以用户需求为导向，服务内容全面

随着专利信息服务方式更加便捷和主动，用户对专利信息需求的反馈亦愈加及时和明确，从而推动各局切实以用户需求为导向制订服务内容，而服务内容覆盖面愈加广泛、全面。

例如，为了满足欧洲用户对亚洲等地区专利信息日益增长的需求，欧洲专利局特组建了亚洲专利信息服务团队，由熟悉日本、中国、韩国各国专利制度的专利信息专家团队为用户提供各类咨询服务，如检索服务、翻译服务等。

（四）数字化服务领衔，服务方式多样

各国的知识产权机构均将提供便捷、有效的专利信息服务作为重要职责之一。目前，一些主要国家的公共专利信息服务方式呈现出数字化、网络化、专业化的趋势。经多年的实践和摸索，各国专利信息服务方式日趋灵活多样，在线服务、定向服务、走进企业现场服务等服务方式渐成系统。

例如，日本特许厅建立网上“知识产权数字图书馆（IPDL）”，通过互联网免费提供工业知识产权情报。除一般性咨询栏外，还设有“对中小企业和个人的支援信息”“对大学的支援信息”“对企业知识财产战略有益信息”等专题咨询栏目。又如，韩国知识产权局针对智能手机用户，增设了手机终端专利信息服务模式；针对通过网络提交需求的用户，韩国知识产权局通过 push - mail 或 SMS 服务提供用户所感兴趣的专利信息。

（五）重点服务突出，加强对中小企业和重大项目的服务

为提升中小企业竞争力，各国近年来积极开拓多种渠道，对中小企业提供针对性的专利信息咨询服务，在政策、人力和物力上都加大了对中小企业的帮扶力度。例如，日本特许厅面向中小企业开展减免申请费用、提供免费现有技术检索服务，2010 年现有技术检索服务达 6 400 件。各国知识产权机构还联合其他部门来加强对中小企业的专利信息咨询服务。例如，法国工业产权局与法国工商联合会合作，开展《推动中小企业工业产权工作计划》，与国家科技创新署联合为超小型企业和中小型企业一对一援助。又如，美国专利商标局与美国国家科学基金会、小型企业管理局合作，制定相关措施鼓励商业机构向小企业技术创新项目援助企业提供公益性或低价的知识产权服务。

对国家创新体系优先发展的重大项目，各国知识产权机构尝试开展专业化的专利咨询服务。例如，在英国政府大力推动国家创新体系建设的大背景，英国知识产权局于 2007 年开始尝试向政府部门提供专利分析和信息咨询服务，通过与英国技术战略委员会、上议院特别委员会等机构的合作，为政府机构的创新决策提供支持。在英国政府宣布投资 5 000 万英镑用于建立和发展石墨烯全球研究和技术中心的大背景下，于 2011 年完成全球和英国石墨烯技术专利地图，为政府决策和产业发展提供支持。

四、参考咨询服务的发展趋势

参考咨询服务是图书馆员对读者在利用文献和寻求知识、情报方面提供帮助的活动。参考咨询服务是图书馆核心业务，了解图书馆参考咨询服务的发展势必对我国公共专利信息咨询服务提供很好的借鉴参考作用。

（一）网络环境下的数字参考咨询服务

参考咨询服务最早产生于 19 世纪中叶，在美国公共图书馆和高等院校图书馆兴起。自此，图书馆内部开始设立专门的参考咨询服务部门，参考咨询服务工作的内容或服务方式不断地发生着变化。

20 世纪 80 年代后，参考咨询服务进入新的发展时期。图书馆在传统参考咨询服务的基础上，运用网络和计算机技术开展数字参考咨询（Digital Reference Services，DRS）。数字参考咨询成为一种新型的知识服务方式，即用户通过网络提问，信息专家给予直接回答或以数字化信息回答。数字参考咨询服务是数字化信息环境下图书馆开展信息服务的新模式，是一种网络化、个性化、高效率的参考咨询服务，是传统参考咨询的接受和回答方式在网络环境下的延伸。

随着网络技术的发展，数字参考咨询提供的服务与用户的交互快捷程度越来越高，从电子表单、电子邮件、留言板等非即时的异步参考咨询，逐步发展出可实现咨询专家与读者同步交流的实时的同步参考咨询，主要包括实时问答、网络联系中心、视频会议、在线 QQ、电子公告牌、即时信息等方式。

（二）协作共享式的合作数字参考咨询服务

合作数字参考咨询服务（Collaborative Digital Reference Service，CDRS），是由多家成员馆或咨询机构，依据一定的协议建立起来的协作关系。它充分利用各成员单位的设备优势、特色信息资源优势和人才优势，协调服务时间，联合起来为用户提供全天候在线参考咨询服务的一种方式。

国外合作数字参考咨询实践项目开展得较早，渐成规模。如 Question Point 是一个由专家库、知识库和资源库组成的全球性合作式数字参考咨询服务系统。该系统通过世界各地图书馆的共同参运，实现数据资源与智力资源的共享。我国合作数字参考咨询的实践，经过了 10 年左右的发展，也得到了长足发展。比较典型的有国家科学数字图书馆参考咨询系统、联合参考咨询网等。

合作参考咨询服务，实现了合作馆之间信息资源与网络信息资源的整合，参考咨询服务人员的虚拟化集合，消除了服务对象范围的时空限制。合作数字参考咨询服务将是未来图书馆数字参考咨询服务的发展方向。

（三）专利信息数字参考咨询服务现状

目前，国家知识产权局在传统的到馆咨询及电话、信函等咨询方式外，还通过政府网站提供异步数字化的参考咨询。读者一般可以通过其提供的电子表单或咨询表填写相关信息包括问题描述、问题类别、用户姓名及邮箱等，咨询员收到请求后，会尽快将答案发送给用户。目前还无法提供同步实时答复的参考咨询服务。一些有条件的地方知识产权局也会通过地方子站提供有限的数字参考咨询服务，更多地方知识产权局仍是采用传统的到馆咨询及电话、信函等咨询方式。

表 1 对专利信息参考咨询方式与现有图书馆参考咨询服务方式进行对比。

表 1　方式对比

序号	参考咨询服务方式	专利信息参考咨询方式
1	传统参考咨询	多采用
2	电子表单（异步数字参考咨询）	政府网站，部分地方网站提供
3	电子邮件（异步数字参考咨询）	政府网站提供
4	实时问答、网络联系中心、视频会议、在线 QQ、电子公告牌、即时信息（同步数字参考咨询）	暂无
5	合作数字参考咨询	暂无

从专利信息参考咨询服务方式现状与图书馆参考咨询已有服务方式的比较可以看出，目前在参考咨询行业，尤其是数字参考咨询服务的快速发展在专利信息参考咨询服务行业中还有待进一步应用和尝试。

五、公共专利信息咨询服务的建议

（一）建立服务主体多元化的服务体系

针对需求日益增长，而服务从业人员少，服务短缺，质量有待提高的实际状况，应增加服务供给，满足社会需求，把政府作用与市场和社会的力量结合起来，创新服务供给方式，整体规划建立由政府部门、公益性机构和商业机构共同组成的多层次专利信息服务体系。

公共服务的主要承担者、主导性力量是政府、公益性信息服务机构。除大力建设各地专利信息服务中心之外，应充分调动高校和科研院所图书馆以及科技情报所等机构的力量，将其纳入公共专利信息服务网络的整体规划中，成为公共专利信息服务的生力军。

商业专利信息咨询服务机构长期从事专利信息咨询服务，积累了大批实践经验丰富、能提供专业化咨询服务的服务人员。在目前公共专利信息服务能力弱、服务人员严重不足的情况下，可借鉴日本、韩国的经验，让这些商业专利信息咨询服务机构在政府的指导下，参与政府资助项目并提供公共专利信息咨询服务，将一些适合市场承担的服务项目，在政府监管下，通过委托、采购等方式将服务交由商业性专利咨询机构去完成。

（二）制定对中小企业、重大项目等实行优先服务的政策

针对中小企业的特点，整合现有资源，完善服务能力，为中小企业提供专利信息的咨询、培训、信息检索、分析预警等服务，帮助中小企业全方位了解知识产权，有效运用和管理知识产权，加快企业发展。例如，面向中小企业提供免费专利信息检索咨询服务，中小企业可委托通过政府资质认定的商业性专利信息咨询服务机构进行专业性的专利信息检索，费用由政府支付。

加强重大经济科技活动知识产权评议中的公共专利信息咨询服务，围绕国家重点产业和重大科技项目组织开展公共专利信息咨询服务。加强政府部门之间、政府与行业协会之间的合作，开展与国家重点发展产业相关专题的专利信息分析，将专利信息服务于国家重点产业的专利创造和运用，发挥专利信息在国家重大科技经济决策中的支持作用。

（三）建设全国专利图书馆参考咨询网络，实施全国专利信息资源共享

建立国家级专利数字图书馆，实现传统参考咨询向数字参考咨询的转变。针对目前我国公共专利信息咨询服务人员紧缺、服务能力相对弱、各地发展不均、服务网络内部联系松散的情况，通过建立国家级数字图书馆的服务平台并且实现合作化数字参考咨询，

是将现有咨询馆员的知识集成利用的一种有效途径。专利信息的合作数字参考咨询服务可实现人力资源共享，同时还可以整合信息资源、服务资源和设备资源的配置，使解答咨询的质量得到提高。

国家知识产权局统一规划并且联合地方专利信息服务单位，充分利用现有地方专利信息服务平台、图书馆咨询服务平台等，形成全国专利图书馆参考咨询网络。通过国家级专利数字图书馆和地方专利信息服务平台有效提供公共专利信息咨询服务。

（四）制订统一的服务标准，并进行协调管理

为了保证公共专利信息咨询服务的整体水平和服务质量，有必要规范服务，制定相关业务规范和指南，统一服务标准。由国家知识产权局进行统一的组织和协调管理，对纳入全国专利图书馆参考咨询网络的单位进行规范管理和政策引导。由国家知识产权局制定管理办法，规范和加强组织管理工作，统一领导、统筹规划、分级管理。制定《公共专利信息服务网点建设标准》来规范服务网络的建设、制定《公共专利信息服务标准》来规范服务、统一标准、定期考核。

开展全国专利信息资源共享工程，统一规划，统一标准，合作建设，协调管理，向社会提供联合参考咨询服务。这将促成全国专利信息服务工作的交流合作和资源共享，提高专利信息服务的效益，创造一个良好的信息服务环境。

参考文献

[1] Patent Information Conference 2012 [EB/OL]. [2013 - 06 - 31]. http://www.epo.org/learning-events/events/conferences/pi-conference.html.

[2] 全国专利信息公共服务体系建设规划，国家知识产权局，2009-11-27.

[3] 全国专利信息传播利用 2011，国家知识产权局，2012.

[4] 全国专利信息公共服务指南，国家知识产权局，2013.

[5] 工业和信息化部电子知识产权咨询服务中心业务介绍. [EB/OL]. [2013-6-31]. http://www.infoip.org/.

[6] Patent information centres (PATLIB). [EB/OL]. [2013-6-31]. http://www.epo.org/searching/patlib.html.

[7] Patent & Trademark Resource Centers (PTRCs) [EB/OL]. [2013-06-31]. http://www.uspto.gov/products/library/.

[8] 任晓玲. 浅谈专利文献信息工作国际新动向 [J]. 专利信息利用前沿，2012 (1): 31-36.

[9] 杨策. 揭示专利数据的价值——英国知识产权局专利信息服务 [J]. 专利信息利用前沿，2013 (2): 54-58.

我国专利信息公益讲座开展与推广的探索*

田春虎　隆捷

摘　要　专利信息公益讲座是目前国家和地方知识产权局、专利信息服务机构面向社会公众宣传、普及专利信息意识和专利信息利用技能的手段之一。本文从专利信息公益讲座的概念、意义和存在的问题入手，探讨了公益讲座的课程内容体系、合作机制、推广机制和资源共享机制；以“普及专利信息，提升知识产权意识，促进创新型国家建设”为目标，以针对性、前瞻性和实用性为原则进行了专利信息公益讲座课程的设计，构建了横纵结合的网状合作机制、实体讲座和网络讲座方式结合的推广机制，以及以“优势互补，资源共享”为目的的共享机制，最后对我国专利信息公益讲座的开展与推广提出了建议。

关键词　专利信息　公益讲座　合作　推广　资源共享

一、引　言

讲座是主讲人向受众传授某方面的知识、技巧，或改善某种能力、心态的一种公开半公开的学习形式。随着人类社会的发展，讲座逐渐演变为一种教学形式，广泛存在于大学、图书馆或信息传播媒介中。公益讲座是主讲人不追求经济回报，以服务社会为目的的一种讲座方式，是构建社会公共文化体系的一个重要途径，它具有公益服务性、教育指导性和知识导向性的特点，能够有效地促进学习型社会的构建，满足人们终身学习的需要。

专利是彰显国家知识创新能力的一个重要特征，有效地了解专利信息能够促进科技创新，推动创新型国家建设，实现跨越式发展。专利信息公益讲座是目前国家和地方知识产权局、专利信息服务机构面向社会公众宣传、普及专利信息意识和专利信息利用技能的重要手段之一。在国外的专利信息公共服务体系中，公益讲座也是一类重要的服务。美国通过图书馆，借助于公益组织、个人资助举办公益讲座，在校园、社区通过多种形

* 本文改编自国家知识产权局专利局专利文献部2013年研究课题《专利信息公益讲座推广与合作机制建设》，课题负责人吕阳红，研究人员包括吕阳红、王亚利、王勇、左勇刚、龚跃鹏、高劼、温涛、翟佳雯、张正阳、徐琦、陆敏、黄俊。

式开展专利新消息的讲座。专利信息公益讲座的普及和推广对提高公民的专利信息意识、促进全社会利用专利信息支持国家科技创新与经济转型具有重要作用。

我国专利信息公益讲座在实践过程中尚存在若干问题：制度化、规范化不够；内容缺乏实用性、针对性和新颖性；主讲人水平不同，数量有限，难以适应讲座需求；宣传手段简单，宣传力度不够；讲座后期制作水平偏低，资源整合缺乏；对讲座与培训认识不清，对讲座特点和范围把握不严。

因此，为保证专利信息公益讲座的顺利开展，使其具有针对性、前瞻性和实用性，能够充分利用有效资源，对公益讲座的课程内容、合作机制、推广机制和资源共享机制的研究尤为必要。

二、专利信息公益讲座的课程设计

为充分发挥专利信息公益讲座的作用，应以“普及专利信息，提升知识产权意识，促进创新型国家建设”为目标，建立系统的公益讲座课程体系，通过图书馆、学校、媒体等途径进行专利信息的推广和利用。

（一）专利信息公益讲座课程设计原则

本文认为，专利信息公益讲座课程设计应遵循以下所述的原则。

（1）适应需求。根据讲座对象的知识结构、培训目标和知识需求制订相应的授课内容；结合受众接收知识的不同途径，采用不同的传播途径满足其需求；结合授课内容采用不同的授课方式，如案例式等，来提高授课的质量。

（2）突出能力。专利信息公益讲座以提升受众专利信息利用能力、促进知识产权信息在科技、经济工作中的应用为主要着眼点。课程设计要围绕受众发现问题、解决问题的能力来选择讲座内容，使讲座更具针对性。

（3）具有前瞻性。专利信息随着科学技术的发展，其内容有所改进，专利信息公益讲座在保证基本内容完整的情况下，必须具备一定的前瞻性，在专利信息的深度上有所挖掘，主要体现在讲座的知识或技能向科技发展的前沿领域或研究热点、重点领域不断延伸。

（二）专利信息公益讲座主要内容

围绕社会公众对专利、专利信息从入门到应用可能存在的需求，专利信息公益讲座的内容可以涉及专利基本知识、专利法律知识、专利检索与利用、典型案例讲解、研究报告发布、研究成果宣讲等。

专利基本知识主要包括专利的基本概念、专利制度、科研成果申报与应用、专利申请流程、专利审查与文件撰写、专利缴费、专利文献信息、专利法律状态信息、权利转移、权利终止与权利保护等专利相关的基础性知识。

专利法律知识主要包括专利法及其实施细则、民事诉讼法、行政诉讼法和刑事诉讼法、国际贸易法以及相关的司法解释和典型案例解析、专利诉讼技巧等。

专利检索与利用知识主要包括专利检索基础知识、中外专利检索方法、因特网上免费的专利信息资源介绍及检索技巧、国际联机检索系统、国际商业数据库检索介绍、专利信息分析知识、专利战略与预警知识、专利评议服务知识、专利维权和诉讼相关知识等。

典型案例讲解是指结合国内外在经济、科技活动中的知识产权经典案例生动地为公众提供启示或警示，使其认识到知识产权以及专利信息在社会经济科技发展过程中的重要作用，从而提高公众的知识产权意识，促进其自觉运用知识产权。例如，我国的DVD产业、贵州微硬盘事件“兵败知识产权”等失败案例都给听众以警示，使他们认识到知识产权的重要性；又如，上海大型掩护式液压支架技术都是对知识产权充分调查后有效规避知识产权风险、避免经济损失，从而走出高效创新之路的“成功案例”，能够给予公众启示，引导他们自觉运用知识产权，在潜移默化中提高知识产权意识和运用能力。

研究报告发布、研究成果宣讲是指通过公益讲座，对国家和地方针对区域经济发展、产业升级转型形成的知识产权分析、预警报告或其他研究成果进行宣传推广，使受众能够获得启发，或借鉴利用相关成果、方法，以促进成果价值的发挥。

（三）专利信息公益讲座课程知识体系

专利信息泛指从事一切专利活动所产生的相关信息的总和，集技术信息、法律信息、经济信息于一体，其载体包括专利文献、专利的法律和法规、专利审批程序中的文件、专利实施或转让合同等。本文围绕专利信息的内涵与外延，以普及专利信息为主要目标，梳理总结了专利信息公益讲座课程的知识体系，如表1所示。

表1　专利信息公益讲座课程知识体系

序号	内容	子内容	
1	专利制度	1.1	主要国家（地区）专利制度
2	专利文献	2.1	专利文献概念及内容
		2.2	专利文献特点及作用
		2.3	专利文献种类代码及编号
		2.4	专利文献著录项目及代码
		2.5	专利分类体系
3	专利申请撰写	3.1	请求书的撰写
		3.2	说明书的撰写
		3.3	权利要求书的撰写
		3.4	说明书摘要

续表

序号	内容	子内容	
4	专利信息检索	4.1	专利检索概念
		4.2	检索一般程序
		4.3	专利信息检索系统的构成和检索功能
		4.4	主要国家（地区）专利机构网站检索
5	专利信息分析	5.1	专利信息分析概念
		5.2	专利信息分析应用范围及影响因素
		5.3	专利信息分析方法
6	专利分析预警与专利战略	6.1	专利申请趋势分析
		6.2	专利技术生命周期分析
		6.3	技术原创国构成分析
		6.4	专利区域分布分析
		6.5	重点专利技术分析
		6.6	申请人分析
		6.7	发明人分析
		6.8	竞争对手动态跟踪分析
		6.9	失效专利检索分析
		6.10	技术主题专利定期跟踪检索
7	专利价值评估	7.1	技术价值
		7.2	法律价值
		7.3	市场价值
		7.3	分类/分级管理
		7.4	二次布局
		7.5	应用策略
		7.6	技术研发方向规划
		7.7	二次开发
		7.8	已有专利诉讼纠纷
		7.9	潜在技术侵权风险
		7.10	协议风险
8	专利运营	8.1	专利许可
		8.2	专利转让
9	专利侵权分析与规避	9.1	侵权判定原则
		9.2	专利规避及改型设计

续表

序号	内容	子内容	
10	专利无效宣告	10.1	无效宣告请求文件的形式要求
		10.2	无效宣告请求范围、理由和证据
		10.3	无效宣告请求费用
		10.4	委托手续
		10.5	举证期限
		10.6	回避
		10.7	口头审理
		10.8	当事人的权利
11	专利维权与诉讼	11.1	专利侵权救济
		11.2	警告函
		11.3	提起专利侵权之诉
		11.4	确认不侵权之诉

（四）专利信息公益讲座师资队伍建设

师资队伍建设是专利信息公益讲座的基础，建设一支高素质的师资队伍是顺利开展公益讲座、提高讲座效果的重要保证。本文认为，对师资队伍建设可以采取以下所述的途径。

（1）充分利用知识产权系统内资源，建立师资人才资源库。整合专利审查员、国家和地方专利信息师资人才等资源，依据专业领域、业务特长进行分类，与各类师资人才建立长期合作机制。通过此种方式，充实拓展讲师队伍，同时也为专利信息讲座积累智力资源和思想文化资源。

（2）大力推进师资培养，提升教师业务水平。专利信息随着技术的发展而不断更新，这需要讲师能够始终走在科技发展的前沿，能够掌握新的知识并运用到讲座中，传播给社会。因此，师资的培养培训显得尤为必要。其中，应注意青年教师的培养，使教师队伍年龄结构合理，以促进专利信息公益讲座的长远发展。

（3）积极吸纳企事业优秀专利人员，充实教师队伍。长期从事专利相关工作的一线员工，具有丰富的实践经验和技能，对专利具有深刻的理解。将这部分人员吸纳到教师队伍，使专利讲座既具有理论高度，又具有实践意义，从而提高讲座的水平。

三、专利信息公益讲座的合作机制、组织实施与推广机制

（一）专利信息公益讲座的合作机制

专利信息公益讲座的推广离不开相关机构的合作，如图书情报系统（图书馆）、学

校、企业和各级专利信息服务中心的大力配合。本文认为，应采取纵向与横向相结合的方式，形成网状合作。纵向上实行知识产权系统内垂直式的合作，构成“主干”。通过国家知识产权局整体规划部署，建立组织结构上垂直化、层次简单化、功能职业化的机构。如国家知识产权局、省级知识产权局和地方知识产权局、区域专利服务中心三级机构，构成决策、辅助和执行系统，建立系统内部合作。横向上实行扁平化方式，建立社会相关机构的“节点”合作，吸引不同层面的机构参与，如各级图书馆、各类教育机构以及企业等，从而形成网络式覆盖。通过纵向和横向合作的建立，构成网状合作机制，建成层次清晰、覆盖全面的合作机制，如图1所示。

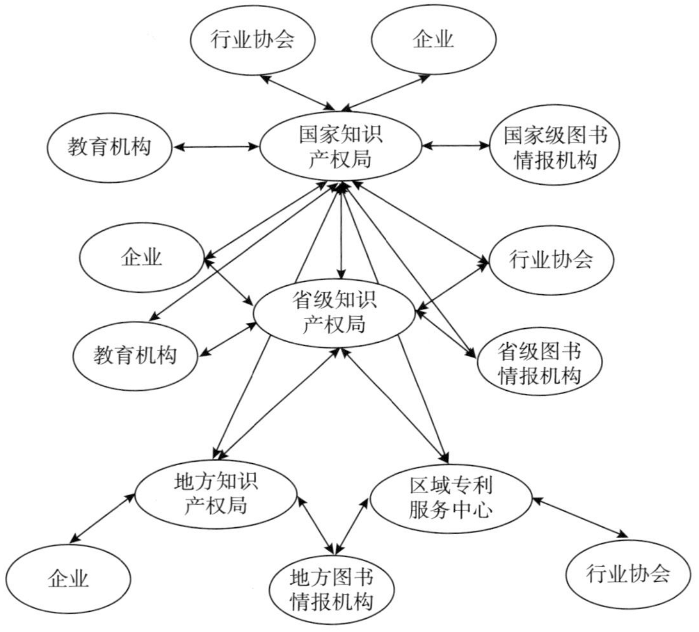

图1　专利信息公益讲座合作示意图

根据不同合作对象的特点，采取不同合作方式。①在与图书情报机构的合作方面，充分利用现有科技信息服务体系，广泛、深入地开展专利信息公益讲座服务，以进一步提升全民知识产权意识，促进专利信息的利用。国家应大力培育和支持图书情报机构，提高此类机构的知识产权意识和知识产权服务能力；地方政府可采取“委托”“联合”模式加强与图书情报机构的合作；知识产权系统还可建立图书情报机构、企业、专利信息服务机构的多方合作与服务关系。②在与教育机构合作方面，发挥中小学和高等院校文化传播基地的作用，共同推进知识产权教育，充分利用教学场所、设施，利用和优化教育机构已有师资、课程、教材等资源，向广大学生推广和普及专利信息知识，提升其知识产权意识。③在与企业合作方面，作为专利信息的主要利用者和专利信息利用培训的重要对象，企业的公益讲座内容应紧密围绕企业需求，结合企业实际案例，使讲座内容与企业生产经营活动的具体环节相契合，具有实际可操作性。还可整合专利信息服务机构的力量，形成一个面向企业的强大的专利信息公益讲座网络，充分借助和发挥市场作用。④在与区域专利服务中心合作方面，应充分发挥区域专利服务中心和地方专利信息服务中心的作用，构建国家、区域和地方三级的专利信息公益讲座架构，建立统一的专利信息公益讲座标准，对地方开展专利信息公益讲座给予专项资金扶持，地方财政根据国家相关政策进行地方财政配套支持，组织、协调地方各部门和中介机构，为其提供专利信息公益讲座服务，研究并建立具有可操作性的专利信息公益讲座推广的工作指导方案。⑤在与行业协会合作方面，发挥行业协会在政府与企业之间桥梁和纽带的作用，通过合作共赢，共建知识产权信息发布平台，定期在行业聚集区开展专利信息利用普及推广讲座和行业知识产权战略研究分析宣讲。

（二）专利信息公益讲座的组织实施

专利信息公益讲座在实施时主要包括实体讲座和网络讲座两类方式。实体讲座即面授，当面进行讲授教学，是目前采用较多的方式，具有教育性、人格性、情感性等特点。实体讲座在策划和举办中应注意结合知识产权日、展会等重要活动，打造精品讲座，提升知名度；采用多种方法，吸引听众参与；打破服务限制，拓展服务范围。网络讲座即通过先进的信息技术，利用媒体进行讲座，面向单一听众，具有突破时间空间的限制、进度可把握安排、优秀资源共享和交流充分等优点。网络讲座的具体形式包括公开课、网络视频、E-learning、行业论坛、即时通信、微博、微信等。

专利信息公益讲座需要根据合作对象的不同来确定合适的专利信息公益讲座组织流程，保证专利信息公益讲座的顺利实施。在公益讲座组织实施阶段，本文将公益讲座合作对象分为两类：一类为企业、中介服务机构、协会和图书情报机构，一类为学校等教育机构。①对企业、中介服务机构、协会和图书情报机构等合作对象，课程安排具有一定的自主权，讲座的方式、时间、内容等方面安排比较灵活。与此类合作对象的公益讲座组织主要流程包括：明确公益讲座授课对象；确定公益讲座时间；确定公益讲座场所与设施；选择公益讲座师资；确定公益讲座内容；确定公益讲座方式；预算公益讲座经费；评估公益讲座效果；讲座内容数字化、宣传与推广。②对学校等教育机构，课程的设置具有一定的规范性，需要依据教育部门的有关规定。与此类合作对象的专利信息公益讲座组织流程为：课程申报、课程审批、课程开设、课程评估。

（三）专利信息公益讲座的推广机制

专利信息公益讲座推广是一项社会事业活动，目前普遍形成了政府统筹管理、多元主体共同参与的局面。本文在总结国外有关推广运行的经验基础上，对我国专利信息公益讲座的推广机制提出以下建议：①在推广体系上，由国家知识产权局、省知识产权局、地方知识产权局和相关行业协会构成三层次的立体结构，既存在上下级关系，也存在合作共事的平等伙伴关系；②在推广内容及手段上，结合不同的授课对象提供不同服务，充分利用现有的传播手段，采用网络传播方式和实体传播方式，及时发布公益讲座的有关信息、讲座内容、时间等，方便社会公众随时随地的接触、了解；③在推广经费支持上，主要由各级知识产权局财政支持，也可借助企业捐赠、行业协会支持等多种来源，为保障推广工作的有效进行，还应建立推广经费法律依据，从法律层面保障推广经费的来源的稳定和可靠；④在推广人员及管理上，应建立一支高素质的推广队伍，可分为专职人员和兼职人员，充分利用知识产权系统和服务机构人力资源，吸引和鼓励志愿者加入，建立推广人员考评激励机制，重视人员队伍的培训和管理。

四、专利信息公益讲座的资源共享机制

不同地区、部门具有不同的优势，资源共享可以避免重复建设，节约资源，解决条块分割、各自为政，做到优势互补。因此，研究共享机制，科学规划和配置专利信息公益讲座资源，整合各机构实力，具有重要意义。

在分析、借鉴国内外图书馆信息资源共享模式经验的基础上，本文按照“环境、主体、客体、媒介”的要素构成，确定影响资源共享机制的四大要素：环境、战略联盟、数据资源和技术平台。这四大要素之间的关系与相互作用机制，直接影响专利信息公益讲座资源共享机制的优劣。按照四大要素内部及相互间的作用机制，又可将资源共享机制构成细化为政策引导、战略联盟、数据整合、技术支持、信息使用、管理运行、合作激励七大机制，彼此通过相应的机制进行联系，其关系如图 2 所示。

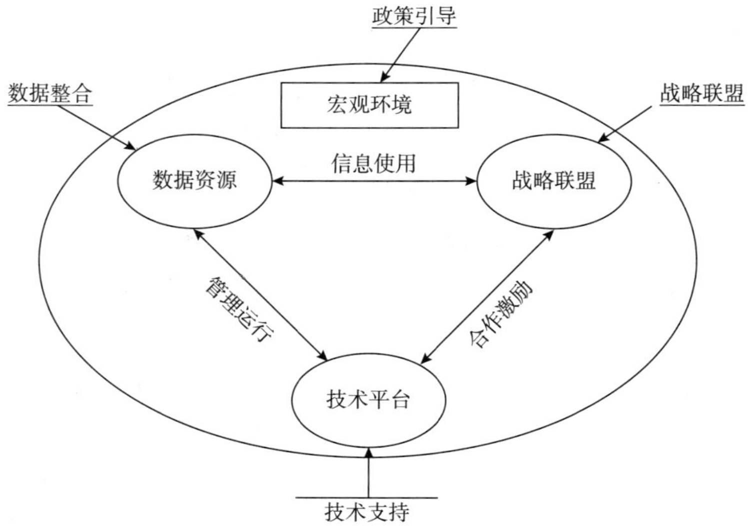

图 2　资源共享机制组成示意图

在政策引导方面，需要建立有利于全国专利信息公益讲座资源合作共享的政策引导机制，在已建立的全国专利信息传播利用基地、专利信息公共服务平台等基础上，知识产权系统应进一步整合资源、搭建平台，完善协作机制，加强成果共享。在战略联盟方面，采用纵向与横向发展相结合的方式：纵向上实行垂直式的联盟，构成“主干”联盟；横向上实行扁平化方式，建立“节点”联盟，进而形成网络式覆盖。在数据整合方面，主要考虑资源库和实时交流平台两方面的整合。在技术支持方面，技术平台可以分为服务层、应用层、支撑层、数据库和网络基础层等，通过技术平台，共享主体可以获得关注的数据资源，使专利信息讲座资源的获取、转化和共享最大化。在信息使用方面，对公益讲座资源的使用，可以采用3 种方式：免费型、交换型和会员型。在管理运行方面，建立制度性框架，如规章制度、管理办法、联盟章程等，以对讲座进行指导和管理。在合作激励方面，通过对特色资源或高价值资源的分等级共享、项目合作等方式有效激励各主体积极参与到资源共享过程中，积极合作，形成一个信息共享链，达到资源长效共享及多方共赢。此外，在资源共享的同时，也应注重对资源的知识产权保护。

五、对我国专利信息公益讲座开展与推广的建议

本文对我国专利信息公益讲座的开展与推广提出以下所述的建议。

（1）加强制度建设，保障公益讲座推广和合作顺利进行。国家、地方知识产权系统统筹规划讲座安排，统一制订公益讲座计划，使讲座具有系统性和计划性；国家、地方设立讲座专项经费，保证讲座经费支持；设立专人负责，对讲座全程服务；由国家知识产权局建立讲座考核评价导向制度。

（2）加强与各类机构合作，保证不同机构的优势互补。与国内有影响的图书馆联盟建立共享合作，通过签订讲座资源共享协议等，促进知识产权系统与图书情报系统间专利信息相关讲座的视频资源、讲师资源共享；加强与高校的合作，推动知识产权课程纳入人才培养计划，依据不同的学生层次，开展相应的专利信息公益讲座，同时与中小学合作，促进知识产权意识普及；与区域中心合作，基于“优势互补，合作双赢”的原则，建立“区域合作委员会”，作为区域合作实施的组织架构，充分发挥该机构的协调和沟通作用，实现资源流通、优势互补；与行业协会合作，以“合作共赢、利益互惠”的原则，可以建立合作委员会或小组，促进专利信息公益讲座在行业内的推广。

（3）加强公益讲座师资队伍建设，吸纳不同领域、不同风格的优秀讲师。邀请名家、名师，进行“传帮带”；挖掘知识产权系统内部人才优势；加大公益讲座讲师队伍培育；建立师资准入标准；建立讲座师资评价、激励和退出制度。

（4）扩大宣传，提高品牌知名度。每年年初制订本年度公益讲座计划，从时间、人

员配备、职责、宣传途径、宣传手段、经费等方面做好规划，并做好讲座的前期和后期宣传；将公益讲座作为精品工程来建设，展现公益讲座品牌的独特性，从名称、标志等方面树立良好的讲座形象，从内容、师资等方面打造高水准讲座，并通过出版物、网络公开、广播电视、社交网络、建立互联网讲座成果共享平台等多种方式扩大受众面的影响范围。

（5）加强资源共享，提高讲座质量。采用地区协作模式为主的方式，建立国家中心、省级（区域）中心和市（地）中心，由三级中心组成讲座资源共享网络；加强讲座资源的标准化建设，在讲座资源的记录、加工、检索、传递、服务等技术环节中实现标准化，以促进共享方之间资源的相互关联，保持共享渠道的畅通；讲座资源建设实行差异化发展，加强地区特色建设，为区域发展服务；建立跨系统、跨部门的地区资源协调机构，对不同区域的专利信息讲座资源进行宏观调控、统一规划、统一协调与统一实施。

工业园区政府决策中的专利信息利用研究*

肖坤立　李锋　王昉杰

摘　要　本文以长沙市经济技术开发区为研究对象，基于对工业园区决策过程的实际调研，以及对现有专利分析指标的归纳、整理和分析，构设了一套工业园区政府决策中的专利信息利用模式，并从园区日常工作、园区发展规划、园区风险监控三个方面进行了实证研究。结果表明，专利信息的利用促进了园区日常工作开展，为产业链的延伸、风险的监控提供了有力的参考。

关键词　专利信息　政府决策　园区　发展规划　风险监控

我国工业园区始于20世纪80年代初，经过多年的发展，在增加出口、吸引外资、引进高新技术等方面发挥了重要的作用，但也存在以下问题与不足：(1) 产业结构趋同、层次较低；(2) 创新能力及产品技术含量低，附加价值不高；(3) 政策的可操作性不强，在一定程度上影响了园区的快速发展；(4) 产业升级面临瓶颈。

专利信息蕴含丰富的技术、经济和法律信息，能够对技术创新、产业发展起到积极的促进作用，并能为政府进行产业规划、管理和决策等提供参考。但当前，工业园区对于专利信息的重视和利用程度普遍不高，关于专利信息如何运用于工业园区的政府决策、解决工业园区实际存在的矛盾和问题也未开展过深入的研究，因此，探索园区决策中专利信息的利用模式具有十分重要的意义。

本文选取长沙市经济技术开发区（以下简称“长沙经开区”）作为研究对象，一方面通过实地调研分析掌握长沙经开区的实际情况，另一方面通过文献资料的收集对现有理论和经验进行归纳与总结，基于上述两方面成果初步构设了园区政府决策中的专利信息利用模式。然后针对该模式，从园区日常工作、园区发展规划、园区风险监控3个方面展开进行实证研究，以期对专利信息利用促进园区相关工作，提供有力参考。

---

* 本文改编自国家知识产权局专利局专利文献部2013年专利信息支撑政府决策项目——《政府决策中的专利信息利用研究》课题，课题负责人王昉杰、李锋；主要研究人员肖坤立等。

一、园区决策中的专利信息利用模式研究

长沙经开区创建于1992年8月，2000年2月被国务院批准为国家级经济技术开发区，2012年实现工业总产值1 406.8亿元。全区拥有企业497家，其中规模以上工业企业109家，年产值亿元以上企业54家，过10亿元企业14家，世界500强企业26家。园区初步形成了工程机械、汽车及零部件、电子信息3大核心产业。

总体来看，长沙经开区目前存在的主要问题是：园区内企业之间缺乏关联性和延伸性，即没有适当引进上下游产业，导致园区内无法形成完善有效的产业链；在技术创新方面，园区主要靠吸引一些高新技术企业入园以引进高新技术，部分企业技术创新严重不足，不少产业集群还停留在模仿、装配等低价竞争阶段。

为了详细了解长沙经开区具体问题，本研究小组分别对其管理机构和园区典型企业进行了调研。针对经开区管理机构方面，从知识产权部门入手，先了解知识产权工作的开展方式、决策方式，再了解园区整体决策方式；针对典型企业方面，调研了明和光电、泰富重工、精正设备、宏大真空、赛普新材料等机械、电子、材料行业的企业。

经过对长沙经开区的调研，发现在以下方面可以切入专利信息：在宏观方面，对园区发展、园区产业链延伸、招商引资企业等方面的选择和把握，对园区已引进企业、目前已存在的产业的发展状态的跟踪、风险监控，园区决策的跟踪验证、评价，园区重大项目的知识产权评议；在微观方面，科技扶持、项目支持、专利资助、高新技术企业高新技术产品跟踪评价等方面。总之，专利信息可以提供支撑，使有关政策的制定更加科学有效，发挥更好的效果。对企业而言，专利信息可作用于提高企业的知识产权意识，促进研发活动的开展，提高专利申请质量，保护自身产品、打击侵权、遏制竞争对手；同时专利信息对提高知识产权风险意识、防止侵犯他人知识产权、促进企业产品销售、监控企业上市活动等也有重要意义。

通过对调研结果的研究和分析，发现园区决策中缺乏专利信息的融入机制。园区决策机关在政策制定时存在对企业情况了解不够的现象，政策不一定能完全符合企业的实际，难以发挥最大的效果；而企业存在发展方向不清晰、专利的意识和专利信息利用程度不够等问题。

实际上，专利信息可以作用于决策的各个过程中，如确定决策目标、拟定备选方案、选择最优方案、决策方案执行。在决策的各个阶段，信息在信息源（通过信息载体）和决策者之间交互，将知识、数据、方法等传递给决策者，影响决策的制定；同时，决策形成过程中产生的新知识、新数据、新方法又回流到信息源，经过信息载体的整理加工生成新的信息记录下来，并同时完成信息载体中错误的、陈旧的信息的修改更新工作。

信息对决策的影响还体现在决策实施过程中，信息流可以随时把出现的情况和问题反馈给信息载体，经过信息再生过程后记录下来，用以指导新的决策工作。显然，信息的流动过程就是一个信息处理和再生的过程，信息处理是决策的基础。

综合考虑调研园区及典型企业存在的主要问题、专利信息分析和利用现状，本研究小组从满足园区决策的需要、解决存在的问题入手，发挥专利信息在园区政府决策中的作用，初步构设了长沙经开区决策中专利信息利用服务模式，建立如图1所示的立体多层面的专利信息利用服务模式。

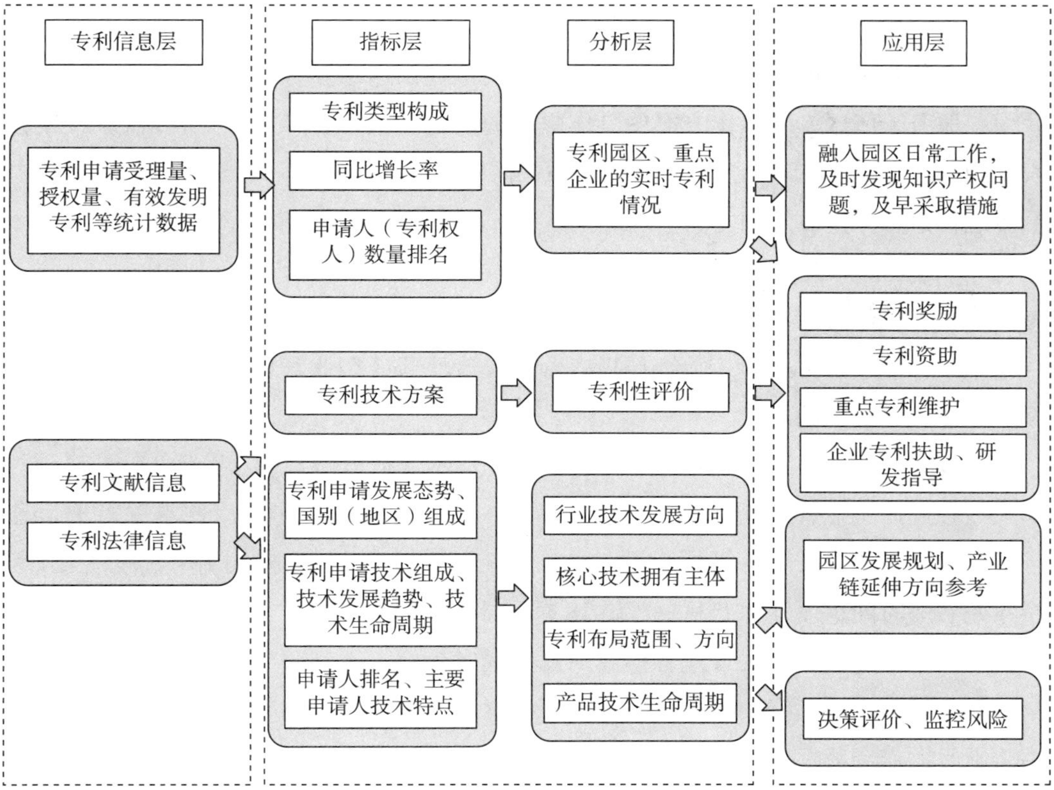

图1　专利信息利用服务模式图

所谓专利信息的利用服务模式，就是在决策过程中，对专利信息的整理、分析以得到相关情报，以及将所得情报用于决策的方法和手段。首先对专利信息按照一定的指标进行整理和分析，得到所需方面的情报；然后将这些情报应用于各种情况的具体工作，解决具体的问题。

图1中将专利信息利用服务模式构架成三个层次模块，如图1所示，一是专利信息层，主要通过对专利申请受理量、授权量、有效发明专利等统计数据，完成对专利信息的收集；二是由指标层和分析层构成的专利信息整理层，通过摘取如申请人数量排名、申请人排名、主要申请人技术特点等指标，形成指标层，通过对指标层数据进行分析，

得到如产品技术生命周期、专利性评价等结果并形成分析层，综合考虑指标层与分析层，完成对基础信息数据的加工、分析、整理，得到综合性数据指导下一层的运用；三是应用层，通过将分析得到的数据，实际运用到园区日常工作、专利资助、决策评价、监控风险等具体工作中，实现专利信息利用对政府决策的有效利用。

二、专利信息利用模式实证研究

根据长沙经开区的实际，从以下三个方面开展专利信息利用服务模式的实证研究：一是将专利信息融入园区的日常工作，及时为决策提供信息参考，并将专利信息作为工具手段，服务于园区专利工作方面的具体决策的制定和执行；二是将专利信息融入园区的发展规划；三是将专利信息融入园区决策的跟踪评价、企业风险监控。在具体操作中，做到专利信息服务于政策制定和执行的全过程，并根据具体情况有针对地开展工作。

（一）园区日常工作中专利信息利用模式

为解决长沙经开区对专利信息管理和决策上的困难，按照专利信息利用服务模式研究，定期给长沙经开区发送日常统计报表，使长沙经开区企业管理局快速、有效地获取数据，促进相关决策的制定。

1. 目前长沙经开区难以及时掌握园区内企业专利数据

长沙经开区企业管理局需要尽快地了解园区内的专利申请量，以便掌握有关信息，指导安排各项工作的开展。但是专利审查需要一定的时间，一般实用新型和外观设计需要半年左右的时间，而发明专利一般要18个月才公开。如果等到专利公开（公告）后才能掌握专利申请数量，园区管理者得到的就是延时信息，不利于工作的开展。目前，专利申请及授权数据由国家知识产权局（以下简称为“国家局”）进行统计，于每月15号左右将上月的专利数据发送给湖南省知识产权局。但根据国家局的规定，湖南省知识产权局与各市州局都签订了保密协议，严格控制统计数据的传送范围。长沙经开区以往获得有关数据都是通过其与长沙市知识产权局协议获得。一般省局分发到市州局需要2~3天的时间，市州局处理好有关数据需要一周左右的时间。而市州局将数据分发到园区的时间更加不确定，一般根据园区的请求而发送，因为园区的地理位置、行政区划较为复杂，要将专利数据详细准确地发送到园区具有一定的困难。

2. 湖南省知识产权信息服务中心与长沙经开区形成了日常工作联动机制

为解决长沙经开区获取数据方面的困难，按照上述专利信息利用模式，湖南省知识产权信息服务中心定期给长沙经开区发送日常统计报表所包含的直观的专利相关数据及图表，如图2及表1、表2所示的内容，使长沙经开区企业管理局快速、有效地获取了长沙经开区整体专利状况、重点企业专利状况的数据等，并透过现象及时看到专利管理的实质情况，发现目前存在的问题及不足，促进相关决策的制定。

表1　2013年1～10月长沙经开区各类型专利申请同比增长情况

专利类型	同比增长率（%）
发　明	-64.06
实用新型	-46.71
外观设计	-51.32
申请合计	-53.59

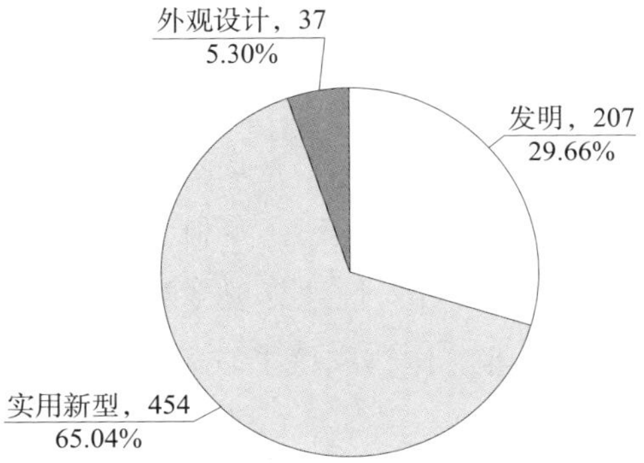

图2　2013年1～10月长沙经开区专利申请类型分布

3. 通过日常统计报表及时发现园区企业2013年专利申请量下降情况

如表1所示，2013年1～10月，专利申请量共有698件，较上年同比下降53.59%。通过专利信息分析发现（见表2），园区工程机械龙头企业专利申请量大幅下滑，企业专利申请量排名第一的三一重工股份有限公司，专利申请数量由840件下降为115件，同比下降了86.31%。园区各企业在专利申请数量上差距悬殊，申请量主要来源于少数几个传统的专利申请大户，而中小企业专利申请量较少，甚至大量企业没有专利申请记录。这与工程机械行业的发展状况有关，近年来工程机械行业整体不景气，同时也反映出工程机械产业存在配套企业、零部件企业不足的问题。

表2　2013年1～10月长沙经开区企业专利申请量前十名

排名	公司名称	数量	同比增长率（%）	同比增长率排名
1	三一重工股份有限公司	115	-86.31	10
2	湖南千山制药机械股份有限公司	56	1766.67	1
3	山河智能装备股份有限公司	55	-30.38	7
4	三一汽车起重机械有限公司	46	-36.99	8
5	中国铁建重工集团有限公司	44	-10.20	5
6	博世汽车部件（长沙）有限公司	37	-13.95	6

续表

排名	公司名称	数量	同比增长率（%）	同比增长率排名
7	凯天环保科技股份有限公司	25	525.00	2
8	三一集团有限公司	25	-70.59	9
9	恒天九五重工有限公司	24	50.00	4
10	长城信息产业股份有限公司	22	144.44	3

4. 查找专利申请下滑原因，针对性开展专利信息促进与帮扶工作

针对上述长沙经开区专利申请量减少，龙头企业及中小企业专利申请量下滑的现象，长沙经开区积极开展工作，将专利信息作为工具手段，融入园区具体决策的制定和执行。长沙经开区首先委托省知识产权信息服务中心（以下简称“信息中心”）从专利信息角度进行调查。信息中心通过专利信息分析发现，专利申请量不足的关键原因在于中小企业缺乏专利意识。从而对中小企业有针对性地开展专利知识培训、科技研发指导、专利专题数据库建设、专利撰写培训等工作，取得了较好的效果，企业知识产权意识增强，研发人员对专利信息的运用能力增加。

信息中心共对山河智能、宏大真空、泰富集团等20家企业开展了专利信息建设促进工作。其中与山河智能知识产权部联合建立了针对液压件项目的专利专题数据库，对世界相关专利数据进行数据筛选、加工及分析，支撑其技术研发；针对长沙科信电子企业进行专利的侵权分析，指导其开展专利布局工作；深入宏大真空、精正设备、奥普新材料等多家企业实地调查技术需求，指导其如何收集需求、形成合理工作机制，并建立专利专题数据库，实现提高研发起点，合理寻找技术研发方向的目标；为泰富集团建立知识产权管理体系，规避上市知识产权风险提供了初步咨询意见及工作方案；同时积极与山河智能、新亚盛等公司合作，参与策划其市场知识产权维权工作。

信息中心还联合长沙经开区共同对企业实施了一系列利用专利信息对企业进行帮扶的工作，共同举办培训，成功培训人员80人次。对重点的14家工矿企业进行实地调研，上门指导培训了山河智能、宏大真空、长沙科信电子等14家企业，解决了知识产权问题，为开展企业自身专利专题数据库建设奠定了良好的基础；借举办专利转化及交易国际研讨会之际，组织部分企业参加会议，促使企业与科研院所和风险投资机构互通，了解国际知识产权动态，交流知识产权应用经验和市场前沿信息，为企业专利知识产权工作开阔了视野、奠定了国际化的基础、提高了知识产权意识。

在上述工作基础上，长沙经开区下一步准备将专利代理机构引入园区，对企业进行一对一地培训，提高企业研发人员专利基础知识，促进研发活动、专利申请、专利挖掘、专利布局等工作的开展。

（二）园区发展规划中的专利信息利用模式

工程机械行业在长沙经开区中占有十分重要的地位，是长沙经开区三大支柱产业之一。2012 年长沙经开区的 1 400 亿 GDP 中，工程机械约占 60%。本部分选取长沙经开区工程机械行业为研究对象，研究工程机械行业的技术发展趋势，对长沙经开区科学制定园区的发展规划具有十分重要的意义。

1. 工程机械行业知识产权竞争日趋白热化

如图 3 所示，工程机械领域专利申请数量众多，在工程机械挖掘机、平地机等 11 种主导产品领域，截至目前，世界各国约有专利申请 2. 5 万余件。工程机械领域的创新和应用活动不断扩大，而专利申请的数量也将保持继续增长的发展态势，该领域专利竞争日趋白热化。从专利申请国别来看，工程机械制造领域专利申请主要集中在欧洲、美国、日本、韩国等发达国家。

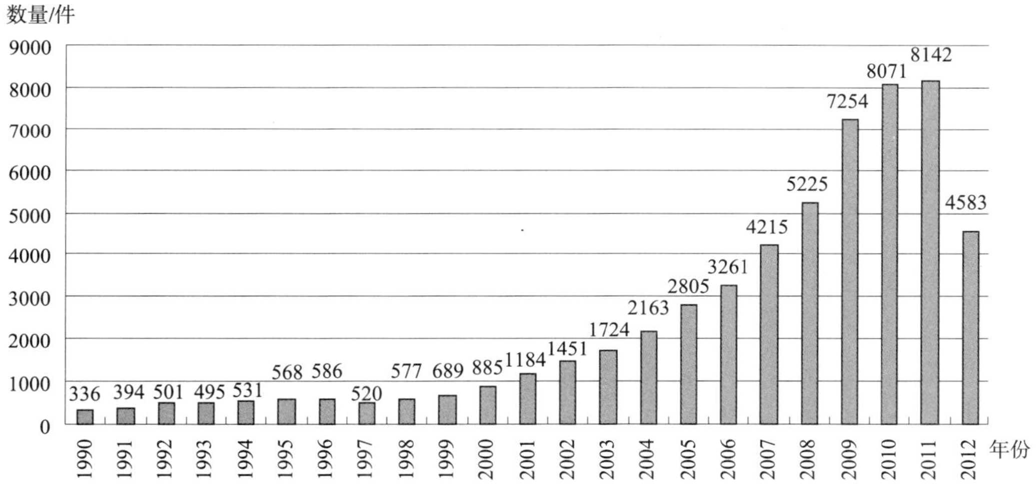

图 3　工程机械领域全球专利申请趋势图

根据 DERWENT 数据库，截至 2013 年 10 月 31 日，混凝土机械领域共有专利申请公布文献 13 527 件，其中中国国内申请人拥有 990 件，占有比例仅为 7. 32%。其中，混凝土泵送技术的全球专利文献数量 10 353 件，其中国外专利公布文献量达 6 129 件，占该领域全球专利公布文献量的 59. 2%；日本、美国、德国是该领域的技术强国，三国共占有 49% 的专利数量。2010 年世界混凝土泵送机械市场中，Putzmeister 公司拥有 21. 5% 的份额，Schwing 公司占 19. 0% 的市场份额，Putzmeister 公司拥有的公开专利数量为 597 件，专利族 179 项，是拥有专利最多的混凝土泵送设备制造商。

从混凝土泵送技术分支来看，采用不同零件材料的混凝土泵送技术领域（F04B15/00 以及 F04B15/02），占有专利总数的 70. 17%，车载泵、带混凝土泵送的搅拌车等（E04G21/04）占有率为 34. 33%。从地域分析来看，欧洲、美国拥有的专利数量为整个专利数量的 59%，专利布局的亚洲国家主要是日本、韩国和中国，总量达到 116 项。

Putzmeister 公司和 Schwing 公司都将复合材料用作混凝土泵车臂架作为一个研究方向，同时在中国进行了专利布局。在中国申请了“带有黏合套的加强复合吊管”及“一种由轻型氨基甲酸乙酯组成的复合材料臂架”等 21 项相关专利，并在全球组成 5 个专利族。

技术发展路线上，长沙经开区机械制造业走的是一条自主创新和引进消化吸收再创新相结合的技术创新之路，与国外公司相较，其基础技术有一定差距，在发展中既有追赶的重任，更有被专利挤压的艰难。

2. 长沙经开区工程机械产业专利申请有了突出进展，但专利布局仍有待加强

近年来，长沙经开区专利申请量快速增长，在工程机械核心技术和关键技术上也有所突破。从 2006 ~ 2010 年，三一集团、中联重工、山河智能的专利申请年均增长率均在 50% 以上。三一集团 2009 年专利申请 603 件，2011 年 10 月已达 1 117 件（2012 年和 2013 年数据尚未完全公开，故此处不做分析），增长近一倍。三一重工攻克了混凝土泵送液压冲击、发动机节能控制、油缸防水、臂架协调控制等技术难题，并解决了泵车长臂架可靠性、关键摩擦部件磨损和超高压泵送条件下的密封问题，为此布局了 300 多个专利。中联重科研发了工程起重机单缸多节臂伸缩插销及控制技术、椭圆形截面起重臂设计及制造技术、工程起重机电控多桥转向技术、智能控制油气悬挂系统技术，并申请专利 100 多项，仅起重机核心的臂架技术就申请了 41 件专利。山河智能研发出“机电一体化挖掘机及其控制方法”，不仅在中国获得发明专利授权，而且在德国、英国、法国、意大利也获得了专利授权，并就改善挖掘机性能的新型控制阀技术在国内外申请了专利保护。

但是也应当看出，长沙经开区工程机械企业专利整体实力相对较弱，大量关键技术掌握在国外公司手中。长沙经开区机械行业发展不均衡，园区内拥有实力强大的工程机械龙头企业，如三一重工和中联重科在全国工程机械行业申请人中位于前列，但工程机械的零部件等配套企业不完善，小型工程机械企业专利申请量较少，研发实力和创新水平不够，导致工程机械行业整体专利申请量不多。工程机械行业的发动机等关键零部件的核心技术仍然掌握在国外公司手中。

3. 长沙经开区工程机械产业发展规划建议

长沙经开区工程机械制造业优势企业尽管创新和发展成绩斐然，但面对强大的竞争对手，特别是竞争对手的知识产权战略布局，务必未雨绸缪。当前着重解决如下四个问题：（1）解决专利战略意识不强的问题；（2）解决知识产权专业人才匮乏的问题；（3）解决专利信息利用不充分的问题，建立完善企业和行业知识产权预警机制；（4）注重行业共性关键技术的开发并形成自主知识产权。

通过工程机械产业的专利信息分析，找出了该行业技术的发展趋势以及长沙经开区需要完善和配套的技术方向，为经开区提供了决策参考信息。长沙经开区工程机械产业应该朝以下方面不断完善工程机械的产业链条，推动集群发展：一是注重核心技术的研

发；二是关注主导产品纵深化、精细化开发；三是推进关键零部件的延伸开发。

（三）企业风险监控专利信息利用模式研究

长沙市经开区在招商引资时，花费大力气重点引进了一批企业，并对这些企业给予较多的优惠措施和支持政策，这些企业进入园区后发展态势总体较好，在创造就业机会及经济价值方面具有积极作用。但这当中有部分企业虽然规模大、产值高，但产品种类较为单一，在当前激烈的市场竞争条件下处于不利地位。而且，这些企业大多生产规模大、工人多，一旦在产业方向调整、产业结构转变过程中未做好充分准备，企业突然倒闭，将不仅仅影响到单个企业或员工，更多地将影响到长沙经开区的经济发展和社会安定。因此对该类企业，通过专利信息分析企业的技术生命周期，判别企业的相关产品是否会处于淘汰期并提早采取有关措施，这对园区和企业减少不必要的损失、促进园区的长久健康发展具有十分重要的意义。

本部分选取长沙经开区某家大型代工企业作为研究对象，分析该企业存在的风险，并对相关专利信息利用服务工作提出建议。

1. 企业产品和专利主要集中在盖板玻璃领域

该企业主要产品是手机元件——盖板玻璃，通过对企业专利公布文献进行检索和分析，发现其专利文献主要的技术点分布如表3所示（数据统计自2007~2013年），由此可见，该企业的专利都是围绕盖板玻璃的加工和处理的，且都在具体的加工工艺改进和提高加工便利性或提高产品优良率而采用的小工具上，不属于该行业内的核心专利。

表3　企业公开专利分析

技术点	数量	技术点	数量
抛光及其辅助设备	10	温度检测	1
玻璃加工及成型辅助设备	9	电镀伞具	1
化学钢化（处理液）	3	尺寸测量	1
视窗玻璃片	2	玻璃丝印设备	1
玻璃面板终产品	2	玻璃键盘	1
油墨	1	玻璃检测	1

2. 盖板玻璃产业技术已逐渐进入了成熟期

玻璃面板终端产品有很多，智能手机的触摸屏表层盖板玻璃和显示屏就是其中之一，近几年智能设备的飞速发展提高了对玻璃产品在性能方面的要求，同时也促进了玻璃制造公司对玻璃性能的完善和创新，下文针对盖板玻璃和显示屏的专利技术进行分析。

如图4所示，从玻璃盖板全球专利申请发展趋势可看，盖板玻璃其实严格来讲不是一项新技术，在应用于手机电容屏之前，该技术就一直存在，其上游厂家玻璃生产商一直生产特种玻璃作为镜片，应用于手表、相机等产品。2006年盖板玻璃专利申请增速猛然上升，这是由于美国苹果公司于2007年6月投放市场的iPhone掀起智能手机盛行的潮流。随着近几年电容屏智能手机的快速发展，盖板玻璃飞速发展，技术也逐渐进入了成熟期。

图4　玻璃盖板全球专利申请的发展趋势图

3. 企业虽然是盖板玻璃的最大制造企业，但并未拥有该领域的核心专利技术

盖板玻璃行业乃至其上游的特种玻璃行业的核心专利都掌握在外国大公司手中，数据统计截至2013年，如图5、图6所示。

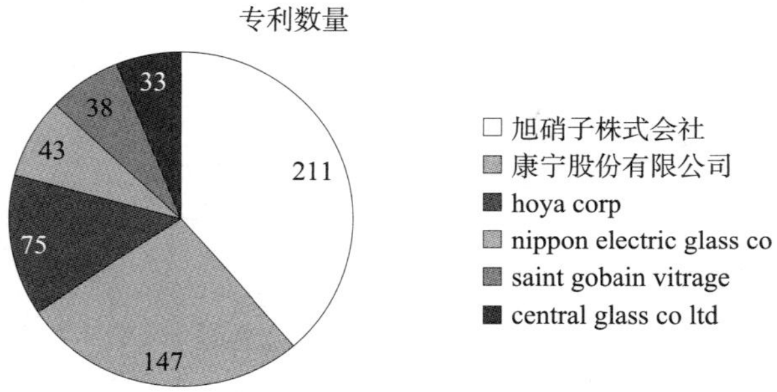

图5　全球专利申请前六强

盖板玻璃专利申请人的分布主要集中在以下六家公司：旭硝子株式会社（Asahi Glass Co.，Ltd）、康宁股份有限公司、豪雅公司（hoya corp，日本最大的光学玻璃制造商）、日本电气硝子公司（nippon electric glass co ltd）、法国圣戈班集团（saint gobain vitrage）和日本中央硝子公司（central glass co ltd）。这六家公司中除美国康宁、法国圣戈班公司之外，其他的均为日本公司。我国虽然是盖板玻璃的主要生产地，但是我国企业在盖板玻璃的专利布局较少，盖板玻璃的专利主要掌握在上游的玻璃生产商手中。

从专利申请的地域分布来看（如图6所示），专利公布文献数量最多的是中国，各大公司都在中国进行了布局，各国高度重视中国市场，其次为日本，这主要是因为日本是主要上游玻璃生产商的聚集地。

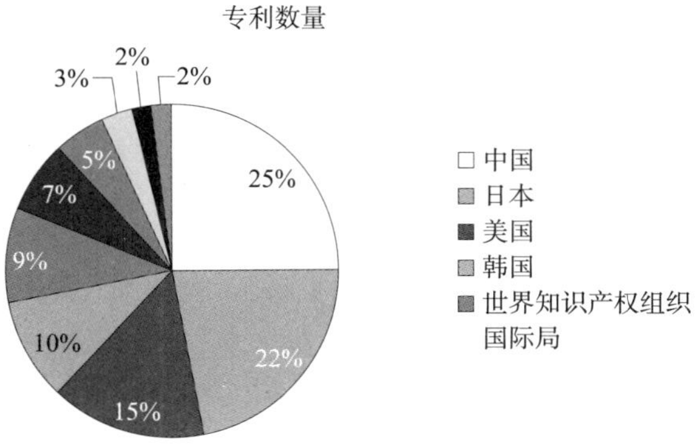

图6 专利申请国家分布

4. 柔性 OLED 屏是手机屏幕发展的新趋势，盖板玻璃行业面临颠覆性挑战

盖板玻璃是依附于现在的 LCD 显示技术而存在的，如果手机的显示屏幕不再采用 LCD 材料，手机盖板玻璃的存在就是未知数了。手机屏幕的最新技术是 OLED 屏技术，这是一种柔性的可卷曲的屏幕。玻璃难以实现卷曲，因此该技术采用的保护屏是塑料而非玻璃。例如，2013 年，三星 Galaxy Round 和 LG G Flex 两款智能手机采用的就是塑料屏幕面板，而非康宁玻璃。因此对盖板玻璃行业来说，应该引起重视，及早做好技术储备。

5. 关于企业风险监控专利信息利用服务建议

综上所述，盖板玻璃企业存在较大的风险，因此我们建议企业引起足够的重视，在以下方面及早做好技术储备：（1）关注手机最新显示屏 OLED 技术，关注 OLED 屏幕的保护屏技术；（2）关注盖板玻璃产品的转型和升级，着重关注盖板玻璃在手机以外领域的应用。

三、结　论

通过对专利信息进行分析，研究了园区决策中的专利信息利用服务模式，通过实证研究取得了较好的效果。按照专利类型构成、同比增长率、申请人（专利权人）数量排名、专利技术发明点、专利申请发展态势、国别（地区）组成、专利申请技术组成、技术发展趋势、技术生命周期等系列指标将专利信息梳理和归纳，可以得到有价值的情报并应用于：园区发展、产业链延伸、招商引资，以及引进企业、产业状态的跟踪、风险监控等方面。

参考文献

[1] 李建蓉. 专利文献与信息 [M]. 北京：知识产权出版社，2006.
[2] 唐炜. 面向战略决策服务的专利分析指标研究 [J]. 中国科学院文献情报中心，2006.

辽宁省镁资源产业专利信息分析与对策研究报告

胡权林　胡嘉禄　陈毅维　闫明　杨佳宁

摘　要　本报告结合辽宁省镁资源产业发展情况，通过对镁矿石、镁质耐火材料、冶金辅料、镁质建筑材料、镁质化工材料、镁金属及镁合金、镁质特种材料七大技术分支国内外专利进行检索分析，得出辽宁镁资源产业专利特点与不足，为制定符合辽宁产业特色的专利战略，提升产业创新驱动能力，提出意见与建议。

关键词　辽宁　镁资源　产业　专利　信息

近年来，以鞍山、营口为代表的辽宁镁资源产业取得了可喜进步。为引导企业创造更多的技术成果和发明专利，推动镁资源产业实现创新驱动发展，辽宁省知识产权局和辽宁省政府工业特种资源保护办公室用一年半的时间建立了辽宁省镁资源产业专题专利数据库，围绕产业发展情况，特别是专利拥有情况进行专题调研❶，完成了《辽宁省镁资源产业专利信息分析及对策研究报告》，提出镁资源产业发展的专利战略。现总结如下所述。

一、辽宁镁资源产业发展基本情况

辽宁镁资源得天独厚，是我国菱镁矿、水镁石矿、白云石矿、硼镁石矿等镁资源储量最集中的地区：菱镁矿保有储量 25.77 亿吨，约占全国总储量的 85%、世界总储量的 20%；水镁石矿保有储量 1 000 多万吨，约占全国总储量的 40%；还拥有储量丰富的白云石和硼镁矿资源。依托资源优势发展起来的辽宁镁资源产业，已成为独具特色的优势产业之一。全省现有各类镁质材料生产企业 500 多家，拥有资产总额 205 亿元，从业人员 16 万人，年开采菱镁矿石 1 800 万吨，生产各种镁质材料 1 500 万吨，出口 300 多万吨，产品覆盖约 90% 的国内市场和 60% 的国际市场，远销世界 50 多个国家和地区。全

---

❶　检索范围：九国两组织（中国、美国、日本、德国、英国、法国、瑞士、欧洲专利局、世界知识产权组织）、韩国和俄罗斯的专利文摘数据为主，辅以其他非专利文献资料。数据的截至年限为：中国：2012 年 4 月；德国、美国、英国、法国、瑞士、欧洲、韩国、俄罗斯和世界知识产权组织：2012 年 4 月；日本：2012 年 1 月。

行业产品销售收入超亿元的企业达到32家，其中实现利税超亿元的企业6家。目前，已开发生产镁矿石加工开采、镁质耐火材料、镁质化工材料、金属镁与镁合金等七大系列数百种产品，广泛应用于冶金、建材、化工、航空、航天、汽车、机械、电子、医药、食品及农牧业等领域。

二、辽宁镁资源产业专利情况分析

镁资源产业涉及范围广泛，包括镁矿石、镁质耐火材料、冶金辅料、镁质建筑材料、镁质化工材料、镁金属及镁合金、镁质特种材料七大技术分支。辽宁在各分支技术创新活跃，专利申请量快速增长，具体分析如下所述。

（一）镁矿石专利情况分析

镁质矿产品专利申请量为4 065件，其中在中国有1 053件。在中国申请中发明专利980件，实用新型58件，外观设计9件。从法律状态看，有效408件，在审307件，失效338件，失效专利比32.1%。从申请量来看，北京、辽宁排名第一和第二，实力相当，且明显高于其他省市（见表1）。

表1　镁质矿产品中国国内专利申请省份情况分析表（前5名）

省市	专利数	发明	PCT发明	实用新型	PCT新型	外观	法律状态			个人	大专院校	科研单位	工矿企业	机关团体	其他
							有效	在审	失效						
北京	178	167	2	9	0	0	69	58	51	15	125	15	23	0	0
辽宁	161	145	0	16	0	0	64	37	60	38	62	14	40	0	7
湖南	52	49	0	2	0	1	15	19	18	5	35	7	5	0	0
湖北	51	48	0	3	0	0	23	17	11	6	25	1	19	0	0
青海	48	45	0	3	0	0	19	18	11	6	30	0	8	0	4

辽宁161件申请中发明专利145件，实用新型16件。从法律状态看，有效64件，在审37件，失效60件，失效专利比37.3%，高于全国平均水平。

从主要技术分类看，辽宁在各分支均处于优势地位。在其他含镁矿物、白云石、菱镁矿、海水和卤水、镁橄榄石、水镁石6个技术分支都处于前3的地位，其中菱镁矿、水镁石排在第一位。辽宁申请人除了海水和卤水技术分支主要集中在大连海事大学外，其余技术分支专利申请量较为分散。各技术分支中，辽宁在菱镁矿申请量最多，其次是其他含镁矿物。申请人以大学为主，东北大学、大连海事大学等都有较强的实力。东北大学专利申请涉及的技术分支较多，而大连海事大学专利申请集中在海水和卤水技术分支上（见表2）。

表2　镁质矿产品主要技术分支辽宁专利申请情况对比分析表

主要技术	中国专利数量	主要省市	辽宁排名	辽宁专利比例（%）	辽宁省主要申请人申请情况	辽宁前10申请人专利（件）占辽宁专利比例（%）
其他含镁矿物	466	北京［120］，浙江［41］，辽宁［34］	3	7.30	中国科学院大连化学物理研究所［4］ 东北大学［3］ 海城市金昌科技开发有限公司［3］ 海城精华矿产有限公司［3］ 刘永丰［2］	19 55.88
白云石	190	山西［22］ 辽宁［19］ 北京［15］	2	10.00	东北大学［4］ 吕忠广［2］ 沈阳铝镁设计研究院［2］ 营口青花耐火材料股份有限公司［2］ 田明海［1］	16 84.21
菱镁矿	98	辽宁［50］ 北京［16］ 天津［5］	1	51.02	东北大学［7］ 鞍钢股份有限公司［3］ 吴太洲［3］ 辽宁科技大学［3］ 中国科学院沈阳应用生态研究所［2］	26 52.00
海水和卤水	84	青海［16］ 辽宁［11］ 湖南［11］	2	13.10	大连海事大学［9］ 孙公权［1］ 王井鑫［1］	11 100.00
镁橄榄石	45	湖北［26］ 辽宁［8］ 上海［2］	2	17.78	武汉科技大学［18］ 高申明［5］ 中国建筑材料科学研究院大石桥镁砖厂［2］ 宜昌鹏搏镁橄榄石有限公司［2］ 聂忠仁［2］	8 100.00
水镁石	42	辽宁［18］ 陕西［6］ 江苏［4］	1	42.86	东北大学［4］ 大连理工大学［4］ 大连市中山区鑫阳矿业化工研究所［2］ 沈阳化工学院［2］ 丹东市镁宝镁业有限公司［1］	16 88.89

（二）镁质耐火材料专利信息分析

镁质耐火材料专利申请量为171 306件，其中在中国有1 989件，仅占总量的1%。在中国申请中发明专利1 540件，实用新型424件，外观设计25件。从法律状态看，有效955件，在审536件，失效498件，失效专利比25%。从申请量来看，辽宁、河南、北京位居前三（见表3）。辽宁专利申请量虽然最多，但近年来专利申请呈下降态势；排在第2位的河南虽然数量上少于辽宁但近年来专利申请呈现上升态势（见图1）。

表 3　镁质耐火材料中国国内专利申请省份情况分析表

省市	专利数	发明	PCT发明	实用新型	PCT新型	外观	法律状态			个人	大专院校	科研单位	工矿企业	机关团体	其他
							有效	在审	失效						
辽宁	244	197	0	47	0	0	102	62	80	89	27	18	100	1	9
河南	234	161	0	71	0	2	125	63	46	38	15	51	125	0	5
北京	184	145	0	35	0	4	92	55	37	27	53	36	65	1	2
湖北	154	131	0	23	0	0	82	42	30	5	88	5	53	0	3
山东	123	75	0	48	0	0	52	33	38	25	11	3	78	0	6

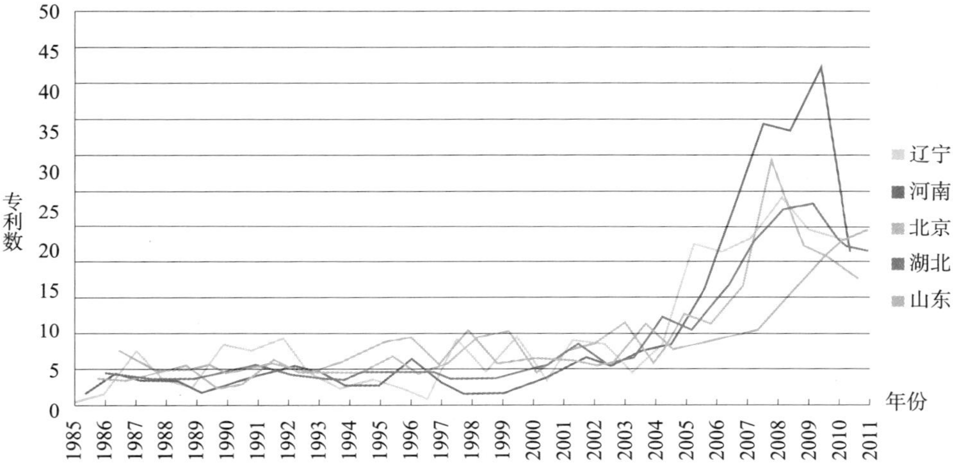

图 1　镁质耐火材料中国国内专利主要省市申请趋势

辽宁 244 件申请中发明专利 197 件，实用新型 47 件。从法律状态看，有效 102 件，在审 62 件，失效 80 件，失效专利比 32. 8%，高于全国平均水平。

从主要技术分类看，辽宁专利在各个分支技术均占有优势地位，在镁质耐火材料生产设备、镁质定型耐火材料和原料领域尤为突出，特别是原料领域占比高达 47. 25%，拥有绝对优势；在镁质耐火材料应用领域申请量虽位居第 2，但与位居第 1 的河南省实力相当；但镁质不定型耐火制品领域与河南省相比尚有一定差距，所占比例不足 10%。辽宁前 10 申请人中有 4 家企业，3 家科研院所及 3 位个人，除鞍钢股份有限公司在大部分分支技术表现较为突出外，其他排名前列主要集中某一技术分支上进行专利申请，各个分支技术申请量排名第 1 的申请人均为科研院校或个人（见表 4）。

（三）冶金辅料专利信息分析

冶金辅料共有 16 104 件专利申请，其中在中国有 2 555 件。在中国申请中发明专利 2 084件，实用新型 471 件。从法律状态看，有效 1 231 件，在审 627 件，失效 697 件，失效专利比 33. 4%。从申请量来看，辽宁居首，数量明显高于其他省市（见表 5）。

表4 镁质耐火材料主要技术分支辽宁专利申请情况对比分析表

主要技术	中国专利数量	主要省市	辽宁排名	辽宁专利比例（%）	辽宁省主要申请人申请情况	辽宁前10申请人专利（件）占辽宁专利比例（%）
镁质不定形耐火制品	995	河南［152］ 北京［99］ 湖北［95］ 辽宁［91］	4	9.15	赵文厚［10］ 鞍钢股份有限公司（angang steel）［10］ 大连市金州金河化工建材厂［5］ 东北大学（Northeast University）［4］ 中冶集团［4］	43 47.25
镁质耐火材料生产设备	857	辽宁［93］ 北京［81］ 江苏［66］	1	10.85	东北大学（Northeast University）［7］ 张建超［4］ 营口东邦冶金设备耐材有限公司［4］ 辽宁科技大学［3］ 鞍钢股份有限公司（angang steel）［3］	31 33.33
镁质耐火材料应用	717	河南［110］ 辽宁［109］ 北京［80］	2	15.20	赵文厚［7］ 东北大学（Northeast University）［5］ 中冶集团［4］ 杨庆广［4］ 海城华宇耐火材料有限公司［4］	37 33.94
镁质定型耐火材料	290	辽宁［59］ 湖北［46］ 河南［41］	1	20.34	辽宁科技大学［4］ 鞍山市和丰耐火材料有限公司［4］ 东北大学（Northeast University）［3］ 海城华宇耐火材料有限公司［3］ 营口鲅鱼圈耐火材料有限公司［3］ 鞍钢股份有限公司（angang steel）［3］	28 47.46
原料	91	辽宁［43］ 内蒙古［13］ 河南［7］ 山东［7］	1	47.25	杨庆广［4］ 周惠兴［2］ 孙守刚［2］ 崔凤海［2］ 彭玉琴［2］ 海城市西洋耐火材料有限公司［2］	18 41.86

表5 冶金辅料中国国内专利申请省份情况分析表

省市	专利数	发明	PCT发明	实用新型	PCT新型	外观	法律状态			个人	大专院校	科研单位	工矿企业	机关团体	其他
							有效	在审	失效						
辽宁	473	388	0	85	0	0	206	115	152	155	58	15	224	0	21
上海	239	172	0	67	0	0	132	59	48	3	18	4	212	0	2
北京	204	184	0	20	0	0	106	47	51	11	50	35	99	0	9
湖北	195	140	0	55	0	0	114	29	52	25	23	1	139	0	7
江苏	191	150	0	41	0	0	93	44	54	39	17	7	126	0	2

辽宁473件申请中，发明专利388件，实用新型85件。从法律状态看，有效206件，在审115件，失效152件，失效专利比32.1%，高于全国平均水平。

从主要技术分类看，辽宁在铁水预处理用材料和炼钢用材料这两个主要分支都排在第一位。从申请人看，企业创新实力较强，代表为鞍钢股份有限公司、营口东邦冶金设备耐材有限公司等，在主要技术分支上都有一定专利申请；大学和研究机构也具备一定实力，代表为东北大学（见表6）。

表6 冶金辅料主要技术分支辽宁专利申请情况对比分析表

主要技术	中国专利数量	主要省市	辽宁排名	辽宁专利比例（%）	辽宁省主要申请人申请情况	辽宁前10申请人专利（件）占辽宁专利比例（%）
铁水预处理用材料	346	辽宁［64］ 北京［40］ 湖北［35］	1	18.50	刘东业［17］ 营口东邦冶金设备耐材有限公司［10］ 鞍钢股份有限公司（angang steel）［10］ 东北大学（Northeast University）［7］ 陈树村［3］	51 79.69]
炼钢用材料	115	辽宁［18］ 上海［14］ 江苏［14］	1	15.65	鞍钢股份有限公司（angang steel）［9］ 东北大学（Northeast University）［3］ 大石桥市荣源镁矿有限公司［1］ 沈阳万水工贸有限公司［1］ 谢廷声［1］	18 100
炼铁用材	17	河北［3］ 江西［2］ 湖南［2］ 北京［2］ 江苏［2］ 湖北［2］ 辽宁［1］	7	5.88	马晓明［1］	1 100

（四）镁质建筑材料专利信息分析

镁质建筑材料专利申请量为2 881件，其中在中国有844件。在中国申请中发明专利505件，实用新型339件。从法律状态看，有效384件，在审153件，失效307件，失效专利比36.4%。从申请量来看，辽宁排名第五，与前两位的江苏和广东有一定差距（见表7）。

镁质建筑材料在辽宁68件专利申请中，发明专利44件，实用新型24件。从法律状态看，有效28件，在审7件，失效33件，失效专利比48.2%，明显高于全国平均水平。

从主要技术分类看，各技术分支辽宁主要申请人申请量分散。辽宁在镁水泥技术分支申请量国内排名第2位（见表8），有一定优势。

表7　镁质建筑材料中国国内专利申请省份情况分析表

省市	专利数	发明	PCT发明	实用新型	PCT新型	外观	法律状态			个人	大专院校	科研单位	工矿企业	机关团体	其他
							有效	在审	失效						
江苏	95	52	0	43	0	0	46	23	26	52	3	2	35	0	3
广东	83	26	0	57	0	0	51	4	28	56	0	1	20	0	6
山东	74	39	0	35	0	0	37	7	30	29	3	13	26	0	3
北京	74	48	0	26	0	0	32	16	26	41	4	13	14	0	2
辽宁	68	44	0	24	0	0	28	7	33	47	4	0	14	0	3

表8　镁质建筑材料主要技术分支辽宁专利申请情况对比分析表

主要技术	中国专利数量	主要省市	辽宁排名	辽宁专利比例（%）	辽宁省主要申请人申请情况	辽宁前10申请人专利（件）占辽宁专利比例（%）
玻镁板	624	江苏［84］ 广东［77］ 山东［57］ 辽宁［48］ （第五位）	5	7.69	俞志强［2］ 大连德赢科技发展有限公司［2］ 李英魁［2］ 沈阳建宝丽新型建材有限公司［2］ 沈阳瑞新协力新型建筑材料有限公司［2］	11 22.92
镁水泥	253	北京［24］ 辽宁［23］ 山东［21］	2	9.09	沈阳瑞新协力新型建筑材料有限公司［2］ 王成武［2］ 东北大学（Northeast University）［2］ 俞志强［2］ 中国科学院金属研究所［1］	9 39.13
镁质发泡门芯材料	27	广东［4］ 辽宁［4］ 江苏［3］	2	14.81	中国科学院金属研究所［1］等	4 100.00

（五）镁质化工材料专利信息分析

镁质化工材料专利申请量为87 417件，其中在中国有19 728件。在中国申请中发明专利18 850件，实用新型866件，外观设计12件。从法律状态看，有效8 387件，在审5 513件，失效5 828件，失效专利比30.9%。从申请量来看，辽宁排名第4，与第2位、第3位的江苏、上海数量相当，与第1位的北京有一定差距（见表9）。

镁质化工材料在辽宁1 451件专利申请中，发明专利1 371件，实用新型80件。从法律状态看，有效564件，在审346件，失效541件，失效专利比37.3%，高于全国平均水平。

从主要技术分类看，镁质化工材料的应用技术分支排在第3位，申请人代表有大连理工大学、东北大学，大学和研究机构实力雄厚；镁质化工产品技术分支排在第1位，申请人代表有东北大学、大连理工大学；镁质化工材料工艺及设备技术分支排在第2位，申请人代表有东北大学、大连理工大学（见表10）。

表9　镁质化工材料中国国内专利申请省份情况分析表

省市	专利数	发明	PCT发明	实用新型	PCT新型	外观	法律状态			个人	大专院校	科研单位	工矿企业	机关团体	其他
							有效	在审	失效						
北京	1 995	1 927	1	67	0	0	1 005	469	521	299	749	397	475	4	71
江苏	1 589	1 469	2	118	0	0	601	569	419	391	429	87	614	6	62
上海	1 548	1 508	1	39	0	0	591	448	509	133	644	88	641	8	34
辽宁	1 451	1 371	0	80	0	0	564	346	541	531	429	57	341	5	88
广东	1 304	1 240	1	60	0	3	558	459	287	432	270	61	483	6	52

表10　镁质化工材料主要技术分支辽宁专利申请情况对比分析表

主要技术	中国专利数量	主要省市	辽宁排名	辽宁专利比例（%）	辽宁省主要申请人申请情况	辽宁前10申请人专利（件）占辽宁专利比例（%）
镁质化工材料的应用	21 153	北京［2649］ 江苏［1566］ 辽宁［1401］	3	6.62	大连理工大学［56］ 东北大学（Northeast University）［43］ 中国科学院金属研究所［43］ 中国科学院沈阳应用生态研究所［28］ 杨毅男［28］	298 21.27
镁质化工产品	2 325	辽宁［270］ 北京［255］ 广东［172］	1	11.61	东北大学（Northeast University）［30］ 大连理工大学［30］ 中国科学院大连化学物理研究所［8］ 沈阳化工学院［8］ 中国科学院金属研究所［7］	99 36.67
镁质化工材料工艺及设备	3 581	北京［420］ 辽宁［335］ 广东［308］	2	9.35	东北大学（Northeast University）［35］ 大连理工大学［35］ 中国科学院金属研究所［11］ 中国科学院大连化学物理研究所［10］ 大连海事大学［5］	118 35.22

（六）镁金属及镁合金专利信息分析

镁金属及镁合金专利申请量为50 743件，其中在中国有9 622件。在中国申请中，发明专利8 229件，实用新型1 360件，外观设计33件。从法律状态看，有效4 477件，在审2 554件，失效2 591件，失效专利比26.9%。从申请量来看，辽宁排名第3，前3

位数量相当（见表11）。但前两位的北京、江苏近几年专利申请呈上升态势，而辽宁专利申请在2007年达到一申请高峰，之后进入波动状态（见图2）。

表11　镁金属及镁合金中国国内专利申请省份情况分析表

省市	专利数	发明	PCT发明	实用新型	PCT新型	外观	法律状态			个人	大专院校	科研单位	工矿企业	机关团体	其他
							有效	在审	失效						
北京	971	853	3	111	0	4	503	250	218	102	411	212	235	0	11
江苏	893	738	0	153	0	2	372	324	197	151	184	57	487	1	13
辽宁	854	741	1	112	0	0	360	201	293	220	362	43	178	0	51
上海	578	527	0	49	0	2	289	123	166	25	374	16	158	0	5
广东	538	425	0	110	0	3	278	164	96	110	101	12	291	1	23

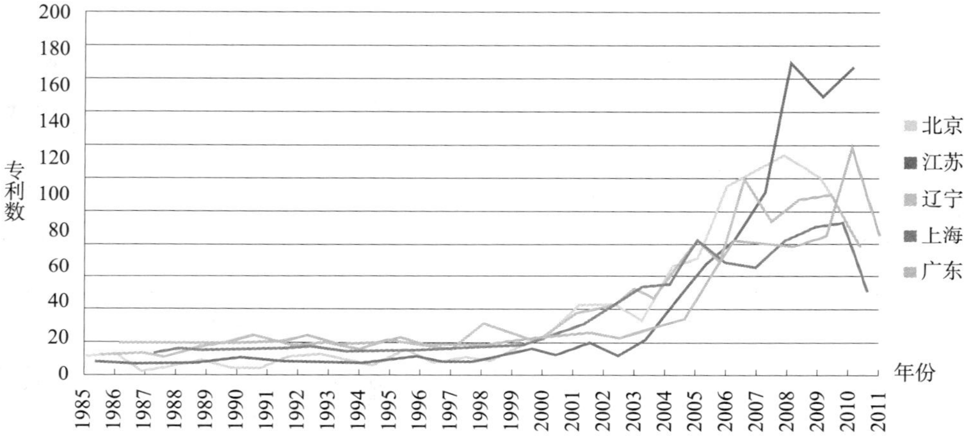

图2　镁金属及镁合金中国国内专利主要省市申请趋势

辽宁854件专利申请中，发明专利742件，其中PCT发明1件，实用新型112件。从法律状态看，有效360件，在审201件，失效293件，失效专利比34.3%，高于全国平均水平。

从主要技术分类看，各分支辽宁在国内排名均靠前。镁合金材料技术分支排在第3位，申请人代表有中国科学院金属研究所、东北大学，大学和研究机构实力雄厚；镁合金结构件技术分支排在第4位，申请人代表有中国科学院金属研究所、东北大学；镁合金应用技术分支排在第4位，申请人代表有中国科学院金属研究所、东北大学；金属镁冶炼技术分支排在第1位，申请人代表有东北大学，大学和研究机构实力雄厚；镁粉技术分支排在第1位，申请人代表有中国科学院金属研究所、东北大学、营口东邦冶金设备耐材有限公司；辽宁在镁锭、镁合金废料回收循环专利申请量很少（见表12）。从申请人看，大学和研究机构实力较强，其代表为中国科学院金属研究所、东北大学等，在主要技术分支上都有一定专利申请。中国科学院金属研究所和东北大学专利申请均侧重镁合金材料和镁合金应用；沈阳铝镁设计研究院侧重于金属镁冶炼。

表 12　镁金属及镁合金主要技术分支辽宁专利申请情况对比分析表

主要技术	中国专利数量	主要省市	辽宁排名	辽宁专利比例（%）	辽宁省主要申请人申请情况	辽宁前10申请人专利（件）占辽宁专利比例（%）
镁合金材料	4326	江苏［483］ 北京［381］ 辽宁［303］	3	7.00	中国科学院金属研究所［79］ 东北大学（Northeast University）［43］ 沈阳工业大学［36］ 刘东业［11］ 大连理工大学［10］	206 67.99
镁合金结构件	3308	江苏［370］ 北京［342］ 上海［216］ 辽宁［215］	4	6.50	中国科学院金属研究所［50］ 东北大学（Northeast University）［27］ 沈阳工业大学［22］ 大连理工大学［18］ 鞍钢股份有限公司（angang steel）［9］	150 69.77
镁合金应用	3756	北京［399］ 江苏［361］ 广东［329］ 辽宁［296］	4	7.88	中国科学院金属研究所［70］ 东北大学（Northeast University）［34］ 大连理工大学［20］ 沈阳工业大学［16］ 大连交通大学［12］	178 60.14
金属镁冶炼	779	辽宁［113］ 北京［101］ 山西［59］	1	14.51	东北大学（Northeast University）［15］ 沈阳铝镁设计研究院［9］ 曲智［6］ 沈阳工业大学［5］ 鞍钢股份有限公司（angang steel）［5］	54 47.79
镁粉	312	辽宁［47］ 北京［38］ 上海［36］	1	15.06	中国科学院金属研究所［8］ 东北大学（Northeast University）［7］ 营口东邦冶金设备耐材有限公司［6］ 大连理工大学［3］ 周彦学［2］	33 70.21
镁锭	59	江苏［8］ 北京［8］ 辽宁［7］	3	11.86	曲智［2］ 东北大学（Northeast University）［1］ 周广文［1］ 李刚［1］ 李春德［1］	7 100
镁合金废料回收循环	65	北京［11］ 辽宁［7］ 上海［5］	2	10.77	鞍山鑫普新材料有限公司［2］ 东北大学（Northeast University）［2］ 抚顺钢厂［1］ 营口华润有色金属制造有限公司［1］ 中国科学院大连化学物理研究所［1］	7 100

（七）镁质特种材料专利信息分析

镁质特种材料专利申请量为 1 457 件，其中在中国有 478 件，占比较高，达到 32.8%。在中国申请中，发明专利 445 件，实用新型 28 件，外观设计 5 件。从法律状态看，有效 192 件，在审 160 件，失效 126 件，失效专利比 25.3%。从申请量来看，辽宁排名第 4 位，前 5 位省份数量相差不大（见表 13）。

表 13 镁质特种材料中国国内专利申请省份情况分析表

省市	专利数	发明	PCT发明	实用新型	PCT新型	外观	法律状态			个人	大专院校	科研单位	工矿企业	机关团体	其他
							有效	在审	失效						
北京	50	50	0	0	0	0	21	19	10	1	27	13	9	0	0
广东	46	32	0	11	0	3	27	14	5	5	22	2	5	0	12
辽宁	43	42	0	1	0	0	11	15	17	4	33	1	4	0	1
浙江	40	35	0	3	0	2	16	13	11	5	32	0	3	0	0

辽宁 43 件专利申请中，发明专利 42 件，实用新型 1 件。从法律状态看，有效 11 件，在审 15 件，失效 17 件，失效专利比 39.5%，高于全国平均水平。

从主要技术分类看，辽宁在镁电池材料国内申请量排在第 6 位，镁生物医用材料技术分支排在第 3 位，氧化镁单晶技术分支排在第 2 位。辽宁各技术分支的大部分专利申请都集中在前 10 名申请人中。辽宁镁电池材料和镁生物医用材料专利申请量排第 1 名的都是中国科学院金属研究所；辽宁氧化镁单晶专利申请量排第 1 名的是大连理工大学（见表 14）。

表 14 镁质特种材料主要技术分支辽宁专利申请情况对比分析表

主要技术	中国专利数量	主要省市	辽宁排名	辽宁专利比例（%）	辽宁省主要申请人申请情况	辽宁前 10 申请人专利（件）占辽宁专利比例（%）
镁电池材料	235	浙江［34］ 北京［28］ 上海［24］ 广东［24］ 天津［11］ 辽宁［11］	6	4.68	中国科学院金属研究所［4］ 中国科学院大连化学物理研究所［2］ 孙公权［1］ 李英魁［1］ 沈阳化工学院［1］	11 100
镁生物医用材料	188	广东［22］ 上海［20］ 辽宁［20］	3	10.64	中国科学院金属研究所［11］ 东北大学（Northeast University）［2］ 中国科学院沈阳应用生态研究所［1］ 吕洪凤［1］ 大连富精医疗器械有限公司［1］	19 95.00

续表

主要技术	中国专利数量	主要省市	辽宁排名	辽宁专利比例（%）	辽宁省主要申请人申请情况	辽宁前10申请人专利（件）占辽宁专利比例（%）
氧化镁单晶	64	上海［12］ 辽宁［12］ 北京［7］	2		大连理工大学［8］ 东北大学（Northeast University）［2］ 沈阳化工大学［1］ 沈阳市苏家屯区胜利砂轮厂［1］	12 100

三、辽宁镁资源产业专利特点与不足

综合来看，辽宁全省累计申请镁资源产业相关专利 3 294 件（其中发明专利 2 928 件，实用新型专利 365 件），占我国该产业专利申请总量的 10%，在申请数量上与北京、广东形成第一集团，特别是镁质矿产品、镁质耐火材料、冶金辅料领域，申请量在国内各省排名第一。但是，辽宁镁资源产业专利工作在创新质量、协同创新、中小企业专利管理、国际视野等方面仍存在不足。

（一）创新质量有待提高

一是专利权属分散，大部分权利人仅拥有几件专利，且创新点分散，未能形成专利组合布局，技术和产品不能得到很好保护；二是基础专利和核心专利比较缺乏，被引证或引证他人在先专利的较少，大多数的创新技术尚不能对本行业同类发明的专利性构成障碍或威胁；三是专利存续期较短，失效专利较多。

（二）上下游企业间、企业与高校、科研院所协同创新不足

专利申请人单一，表现在企业、高校、科研院所，创新多是单打独斗，缺乏合作。一方面，企业因创新关注的技术领域较窄，难以获得技术层次较高的核心专利，单个企业也很难在全产业链上对创新技术给予足够保护；另一方面，高校、科研院所虽然在多个分支领域均拥有专利，但未围绕某项核心技术进行布局，创新点分散、针对性不强，专利技术产业化率低，专利存续年限短。

（三）企业特别是中小企业专利管理标准亟待制订

受资金、人才制约，大部分中小企业专利工作不系统、不规范，一些企业负责人以个人名义申报专利，部分专利因未及时缴费失效，企业自主创新意愿与能力不足，亟待建立统一的专利管理标准。

（四）PCT 专利申请极少，企业缺乏国际化视野

辽宁镁资源产业领域目前仅有 1 件 PCT 专利申请，说明企业缺乏从低端资源出口向

高端产品出口升级，并先行在出口目的国进行专利布局的国际化视野。

四、对策与建议

为促进辽宁镁资源产业实现创新驱动发展，需要在产业、技术创新和知识产权方面做好以下所述的工作。

（一）加强服务与指导，提升企业创新能力，培育产业核心竞争力

一是结合辽宁工业特种资源产业发展规划，制定实施辽宁镁资源产业知识产权发展战略，科学规划辽宁镁资源产业创新发展，着力寻找技术突破点，形成具有自主知识产权的产业核心竞争力，实现产业从资源禀赋驱动向创新驱动；二是在省财政对工业特种资源产业的扶持资金中设立专利转化与产业化专项，鼓励企业通过自主创新，改善产品特别是出口产品结构，抢占中高端市场，必要时为企业自主创新与成果产业化贷款提供贴息、担保；三是建立镁资源产业重大项目知识产权评议机制，进一步规范政府引导资金的管理，有效防范知识产权风险，提升资金的使用安全与效率；四是抓好产权交易中心、工业特种资源产业专利信息服务平台、融资平台等服务体系的建设，为镁资源产业发展提供良好的公共服务；五是鼓励知识产权服务机构开展战略策划、价值评估、组合布局、风险预警、托管服务、维权保险等服务，为中小企业研发和技改工作提供全方位知识产权支撑。

（二）引导建立工业特种资源产业专利联盟，有效利用各方优势，实现协同创新

以鞍山、营口镁资源产业集群重点企业为核心，引导建立包括全产业链在内的企业、高校和科研院所的辽宁工业特种资源产业专利联盟。以联盟为载体，以企业需求为导向，明晰各方权益，突破创新主体间的壁垒，充分释放彼此间“人才、资本、信息、技术”等创新要素活力而实现深度合作，及时推动创新成果产权化和产业化，提升产业核心竞争力。同时，围绕核心专利组建全产业链专利池，通过交叉许可与共同应对维权纠纷，促进产业链上下游企业紧密结合，延长辽宁工业特种资源产业链。

（三）制订中小企业专利管理标准，引导中小企业建立专利工作长效机制

以国家《企业知识产权管理规范》为基础，结合辽宁镁资源产业企业大多为中小企业的实际，制订《辽宁省镁资源产业企业专利管理标准》，开展企业“贯标”工作，引导企业特别是民营中小企业建立专利工作长效机制，变“要我创新”为“我要创新”，促进企业核心技术专利化、产业化，增强企业核心竞争力和市场竞争优势，真正实现企业发展由资源驱动转向创新驱动。

（四）促进辽宁镁资源产业国际化发展

一是加强对辽宁镁资源产业贸易出口国的知识产权法律政策、技术性贸易壁垒和知识产权纠纷的状况研究，建立海外知识产权纠纷处理机制，为辽宁出口企业保驾护航；二是依托辽宁省镁质材料工程研究中心和辽宁省硼镁资源化工与新材料工程技术研究中心，定期发布镁资源产业国际专利技术动向研究报告，指导企业应用最新技术，防范纠纷，提高出口产品附加值；三是鼓励有实力的企业利用资金、技术优势，在俄罗斯、朝鲜等国家开展专利布局，为下一步海外镁资源合作开发打下良好基础。

参考文献

[1] 全跃，魏同，胡庆福，等. 镁质材料生产与应用［M］. 北京：冶金工业出版社，2008.
[2] 李超凡，崔磊，李银锁，等. 专利分析实务手册（试用版）［M］. 北京：知识产权出版社，2012.
[3] 胡权林. 加强知识产权文化建设 重振辽宁老工业基地雄风［M］//林炳辉. 2007 中国知识产权文化论坛论文集. 北京：知识产权出版社，2008.

全球专利创新资源调研*

郑洁　郭波涛　卢世超

摘　要　发明专利文献是承载专利创新成果的重要载体，也是进一步开展专利创新活动的重要资源。本报告基于发明专利公布文献与授权文献，调研了全球及中国专利创新资源的状况，从时间、地域、WIPO 35 个技术领域、七大战略新兴产业及国民经济50 个行业等多方面研究了全球和中国专利创新资源的状况，并基于调研结果，提出关于技术创新、产业发展的相关建议。

关键词　发明专利　创新资源　公布　授权　调研

第一章　全球专利创新资源现状研究

第一节　全球专利创新资源整体状况

本节以 2006 ~2012 年公布和授权的全球发明专利文献作为研究对象，分析近年来全球专利创新资源的变化情况，并通过分析得出四种不同类型的竞争者（企业、院校、科研机构和其他）对专利创新资源的贡献程度和变化情况。

1.1　全球历年创新资源公布和授权文献资源

2006 ~2012 年，全球发明专利公布文献量总量达到 1 159.68 万件，呈逐年递增趋势，2006 年发明专利公布文献量为 150.05 万件，2012 年则接近 190 万件，年均增长率为 3.99%，其中 2012 年以 11.82% 为最高。

2006 ~2012 年，全球发明专利授权文献量总量为 385.13 万件，呈逐年递减趋势，2006 年发明授权文献量为 73.71 万件，2012 年则为 16.38 万件，年均增长率为 –19.59%，这反映出各国已由对专利授权文献数量的追求转为对专利授权文献质量的注重，授权标准在提高、获权难度在增加（见表 1 –1 –1）。

---

* 本报告在国家知识产权局专利局专利文献部委托国之专利预警咨询中心完成的《全球专利创新资源研究》项目成果的基础上，进行了数据整理及文字改编。研究项目负责人王娇丽；项目组长章播；主要研究人员杨震、张勇、刘刚、金琦、牛培利、崔传明、孔越、李艳君。

表 1-1-1　全球发明专利 2006～2012 年历年公布文献和授权文献数量及增长率

年　份	公布文献		授权文献	
	文献量	增长率（%）	文献量	增长率（%）
2006	1 504 888	—	737 066	—
2007	1 533 841	1.92	721 735	-2.08
2008	1 628 411	6.17	693 550	-3.91
2009	1 673 047	2.74	645 382	-6.95
2010	1 666 632	-0.38	534 528	-17.18
2011	1 694 799	1.69	355 246	-33.54
2012	1 895 148	11.82	163 786	-53.90
合计	11 596 766	—	3 851 293	—

数据来源：EOPDOC。

1.2　全球竞争者资源

图 1-1-1 显示了 2006～2012 年企业、院校、科研机构和其他等四种类型的竞争者的发明专利公布文献量发展趋势，及各类型竞争者拥有的文献量占总量的比例。

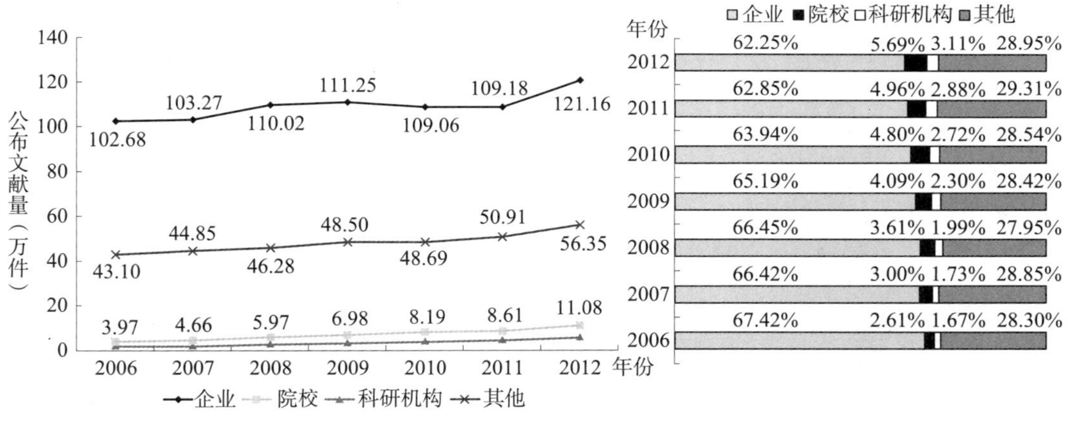

图 1-1-1　2006～2012 年全球竞争者发明公布资源量（万件）和竞争者资源比例

数据来源：EPODOC。

从整体上看，2006～2012 年企业、院校、科研机构和其他申请人四种类型竞争者的发明专利公布量整体呈增长趋势。其中，企业占有绝对优势，占比 2/3 左右，并且呈现出逐年上升的趋势，说明在全球范围内，创新的主体还是数量众多的企业。院校的发明专利公布量的比例从 2006 年的 2.6% 增至 2012 年的约 6%，说明近几年全球专利布局中高校的作用在提升，科研机构的情况与之类似。

第二节　WIPO 35 个技术领域全球专利创新资源分析

按照世界知识产权组织公布的国际专利分类与技术对照表中的35 个技术领域，分析各技术领域全球专利创新资源情况。

2.1　WIPO 35 个技术领域全球专利公布和授权文献资源

从图1－2－1 可以看出，2006～2012 年总体上计算机技术、电机/电气装置/电能、电信、药品、半导体、音像技术领域专利公布量较多，均高于70 万件，说明这些领域发展很活跃。而其他消费品、生物技术、环境技术、热工过程和设备、信息技术管理方法、食品化学、基础通信程序、生物材料分析、微观结构和纳米技术领域公布量较少，均低于30 万件，尤其是微观结构和纳米技术公布量不足5 万件，这一方面与WIPO 领域划分时所涵盖的范围有关，同时也能显示出这些技术领域发展较慢。

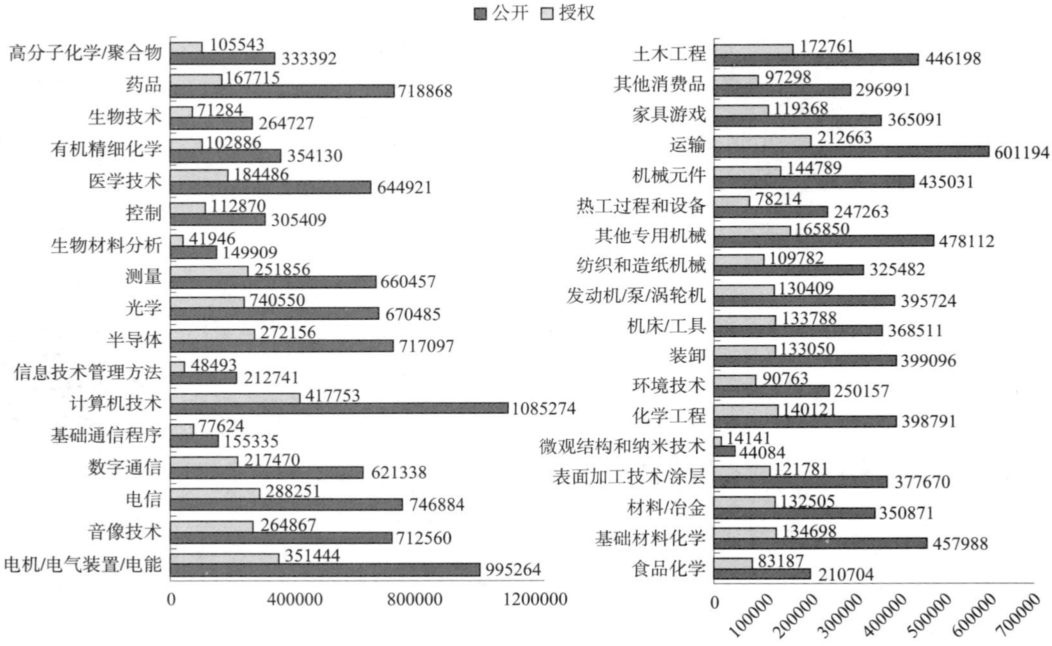

图1－2－1　2006～2012 年WIPO 35 个技术领域总公布文献及授权文献资源（件）

数据来源：EPODOC。

在授权专利文献中，授权文献量较多的领域为：计算机技术、电机/电气装置/电能、电信、半导体、音像技术和测量，授权文献量均达到25 万件以上。授权文献较少的领域为：热工过程和设备、基础通信程序、生物技术、信息技术管理方法、生物材料分析、微观结构和纳米技术，其授权文献量均少于8 万件，微观结构和纳米技术授权文献量为1.4 万件。授权公布文献与公布文献存在明显的对应关系。

表 1-2-1　2006~2012 年 WIPO 35 个技术领域历年公布和授权文献量（件）

技术领域	发明专利公布文献量（件）							发明专利授权文献量（件）						
	2006	2007	2008	2009	2010	2011	2012	2006	2007	2008	2009	2010	2011	2012
1 电机/电气装置/电能	125 312	125 175	131 979	140 643	145 025	151 829	176 301	67 799	65 531	62 281	59 615	49 388	31 661	15 169
2 音像技术	116 943	110 067	108 588	101 212	95 325	89 079	91 346	59 906	53 955	48 746	42 362	32 932	18 351	8 615
3 电信	118 789	117 173	121 598	110 438	102 788	89 342	86 756	62 754	60 261	56 927	46 956	35 495	17 474	8 384
4 数字通信	74 939	78 746	88 146	89 519	93 544	95 067	101 377	41 763	40 852	42 218	38 768	31 563	15 381	6 925
5 基础通信程序	23 696	23 216	23 900	22 843	21 834	20 056	19 790	15 139	14 688	14 164	13 066	10 741	6 737	3 089
6 计算机技术	144 727	147 645	159 400	156 469	152 905	154 275	169 853	79 217	77 062	78 538	72 403	57 554	35 878	17 101
7 信息技术管理方法	27 824	27 457	29 704	32 760	30 700	30 356	33 940	8 327	8 513	8 532	7 884	6 609	5 020	3 608
8 半导体	96 439	95 355	103 019	103 397	102 119	104 803	111 965	57 156	54 380	49 890	42 620	34 306	23 355	10 449
9 光学	102 304	102 012	102 725	97 081	90 201	86 229	89 933	51 639	50 704	45 684	40 047	28 731	16 655	7 190
10 测量	83 060	85 073	92 148	97 050	97 112	95 218	110 796	43 932	44 624	45 477	44 594	37 845	24 956	10 428
11 生物材料分析	22 525	21 761	21 508	21 588	21 014	21 363	20 150	8 845	8 256	7 571	6 661	5 297	3 597	1 719
12 控制	43 624	43 593	44 998	45 150	43 757	40 341	43 946	21 007	20 615	21 189	19 956	15 926	9 636	4 541
13 医学技术	85 493	89 851	92 374	92 345	92 053	93 319	99 486	37 088	36 273	33 780	29 817	23 887	15 828	7 813
14 有机精细化学	46 742	46 524	49 226	50 628	52 159	52 782	56 069	20 886	19 510	18 207	16 620	14 567	9 188	3 908
15 生物技术	32 507	33 123	35 193	37 934	39 972	42 938	43 060	13 474	12 440	11 802	11 305	10 309	8 435	3 519
16 药品	103 933	104 997	107 197	105 560	100 917	99 365	96 899	35 505	32 800	28 899	25 531	22 262	16 066	6 652
17 高分子化学/聚合物	44 664	44 242	45 468	46 683	47 723	48 745	55 867	21 533	20 038	18 116	16 831	14 718	10 016	4 291
18 食品化学	26 180	25 862	26 926	28 548	30 651	33 945	38 592	12 033	11 985	12 604	14 240	13 125	12 969	6 231
19 基础材料化学	59 314	61 349	64 436	66 137	68 058	69 968	78 726	26 775	25 707	23 640	21 290	18 926	12 614	5 746

续表

技术领域	发明专利公布文献量（件）							发明专利授权文献量（件）						
	2006	2007	2008	2009	2010	2011	2012	2006	2007	2008	2009	2010	2011	2012
20 材料/冶金	42 564	42 843	46 885	48 882	51 883	53 791	64 023	23 122	23 440	23 339	21 740	19 807	14 624	6 433
21 表面加工技术/涂层	50 242	49 535	51 524	54 573	54 835	55 150	61 811	24 247	23 029	21 904	20 413	16 749	10 842	4 597
22 微观结构和纳米技术	4 434	4 463	4 808	5 311	5 720	8 393	10 955	2 165	2 151	2 243	2 172	2 294	2 153	963
23 化学工程	53 921	53 241	55 138	56 008	57 125	58 749	64 609	26 510	25 670	24 785	22 966	20 197	13 827	6 166
24 环境技术	31 671	31 426	32 834	35 280	36 876	38 280	43 790	15 897	15 951	15 277	15 067	13 907	10 216	4 448
25 装卸	56 545	55 495	55 936	55 982	55 279	57 284	62 575	26 485	25 153	24 154	22 080	17 651	12 190	5 337
26 机床/工具	44 874	44 535	47 909	51 133	54 417	57 661	67 982	24 707	23 800	23 081	22 502	19 920	14 201	5 577
27 发动机/泵/涡轮机	50 256	50 991	53 247	58 314	58 756	58 787	65 373	24 811	24 746	23 643	23 318	18 473	10 633	4 785
28 纺织和造纸机械	52 267	50 020	47 531	45 012	42 754	41 998	45 900	23 771	22 209	20 167	18 016	13 879	8 657	3 083
29 其他专用机械	63 638	61 495	64 696	66 465	68 982	71 210	81 626	30 942	29 571	28 914	27 379	23 866	17 543	8 645
30 热工过程和设备	31 892	31 077	32 059	34 711	37 446	38 006	42 072	15 233	14 830	13 699	12 886	10 997	7 275	3 294
31 机械元件	57 909	58 365	62 768	62 594	61 799	62 219	69 377	27 585	26 492	27 060	25 381	20 292	12 565	5 414
32 运输	81 176	81 337	84 127	88 671	85 400	83 630	96 853	40 786	40 108	39 331	37 681	28 664	17 734	8 359
33 家具游戏	52 851	51 865	53 304	51 849	50 495	49 820	54 907	23 091	22 326	21 412	19 375	16 163	11 414	5 587
34 其他消费品	44 031	41 191	41 656	41 579	41 450	41 895	45 189	19 499	18 374	16 762	15 490	12 421	9 170	5 582
35 土木工程	60 179	58 577	59 922	63 253	64 307	66 241	73 719	31 891	31 457	28 506	27 586	24 997	18 941	9 383

数据来源：EPODOC。

表1－2－1列出了2006～2012年各技术领域中历年的公布文献和授权文献量。从中可以看出：公布文献量增长最快的技术领域为微观结构和纳米技术，其公布文献量虽然较少，2012年公布量为10 955件，但是2011年增长率为47%，2012年增长率为30%，表明该领域受重视程度在加强，具有很大的发展空间。其次为材料/冶金、机床/工具、测量、电机/电气装置/电能、运输、高分子化学/聚合物、环境技术、食品化学、基础材料化学、表面加工技术/涂层、信息技术管理方法、机械元件、土木工程、发动机/泵/涡轮机、热工过程和设备、家具游戏、计算机技术，这些技术领域2012年的增长率均高于10%，说明这些领域的创新活动较为活跃。

公布文献量下降的领域为：生物材料分析、电信、药品、基础通信程序等。其中，生物材料分析在2009年和2011年曾有小幅上涨（分别为0.37%和1.66%），2012年下降幅度为5.68%；电信在2008年有小幅上涨（3.78%），其他年份均为下降，2011年下降幅度为13.08%，2012年下降幅度为2.89%，这些领域可能处在技术发展过程中的调整期，或者技术发展进入了较为成熟的阶段，未来如果出现重大的技术突破，才能进一步大幅拉升专利公布量。

近年来，大多数领域的发明专利授权文献量呈现下降趋势，特别在2010年以后该趋势更为显著，排除检索系统数据滞后的原因，主要与2009年之后世界宏观经济环境发展状况有很大关系，也说明各国更加注重专利审查质量，对专利创新的要求也越来越高。

2.2 WIPO 35个技术领域全球竞争者资源

图1－2－2及图1－2－3显示了WIPO 35个技术领域中企业、院校、科研机构和其他四种类型竞争者的发明专利公布文献量，以及各类型竞争者拥有的文献量占该技术领域文献总量的比例。

在35个技术领域中，企业发明公布量均占有很大比重，除了生物材料分析、生物技术、微观结构和纳米技术、食品化学领域外，其占比均超过50%，特别是在光学、音像技术、半导体、基础通信程序、电信等几个领域中，企业的优势最为突出，这些领域创新产出快，备受企业重视。

院校所占比例比较高的领域为生物技术、生物材料分析、微观结构和纳米技术，其占比均超过15%，这些领域多属于前沿科学，创新难度大，研发成本高，技术转化为经济效益较慢，因而企业所占的比重比其他领域有所降低。

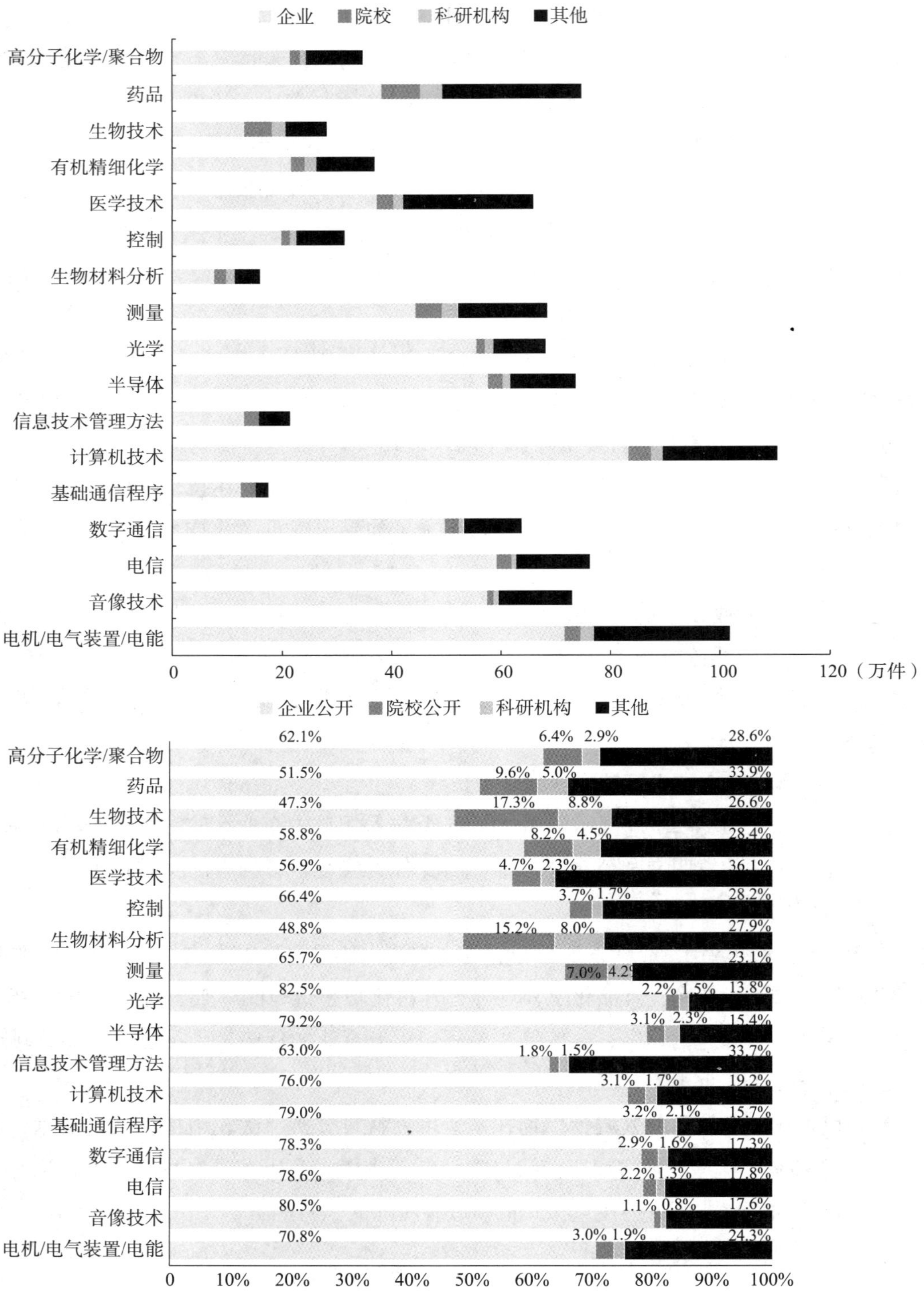

图 1-2-2　2006~2012 年 1~17 技术领域竞争者资源整体

数据来源：EPODOC。

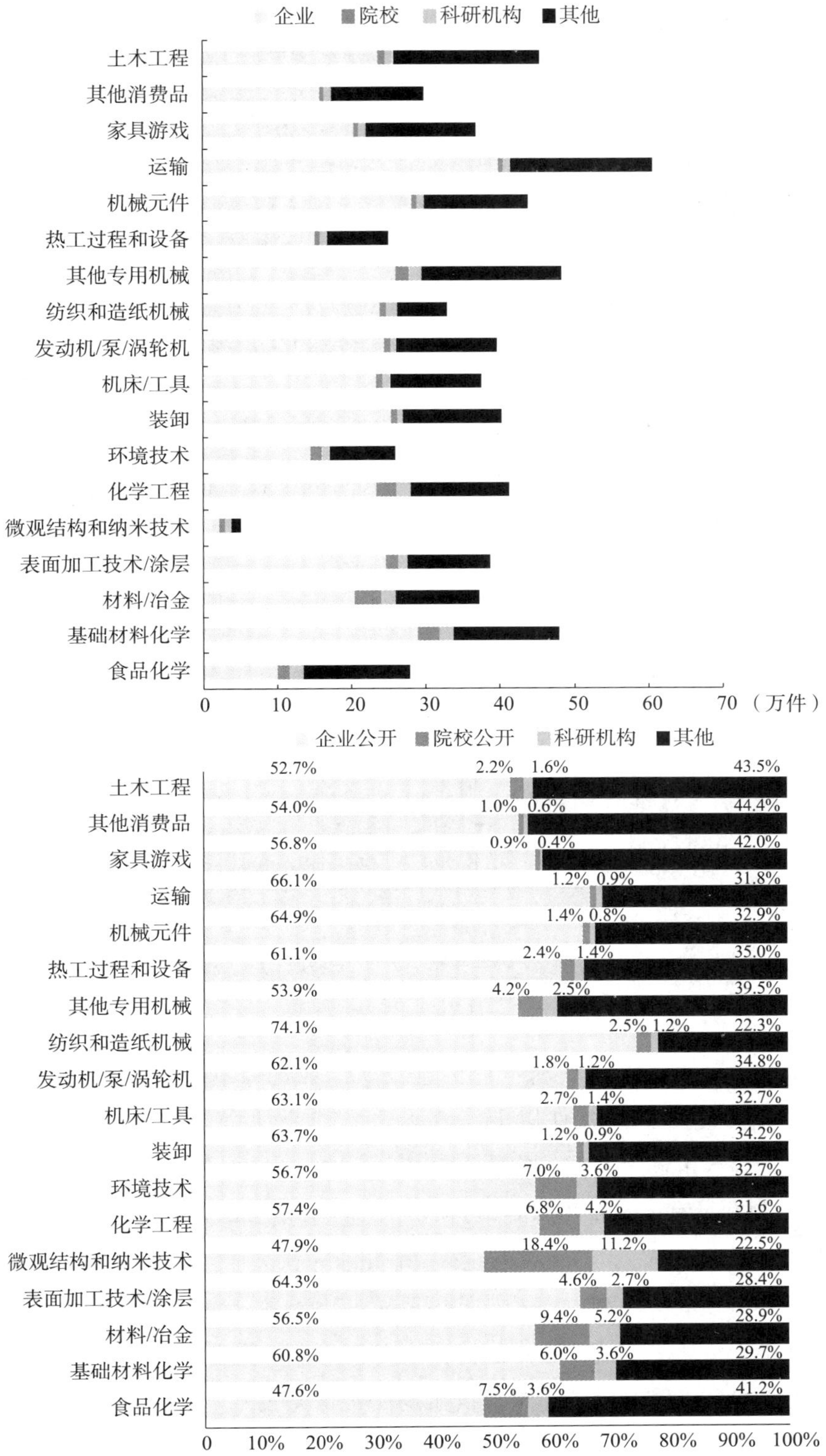

图 1-2-3　2006～2012 年 18～35 技术领域竞争者资源整体

数据来源：EPODOC。

第三节　七大战略性新兴产业全球专利创新资源分析

当今世界新技术、新产业迅猛发展，新兴产业正在成为引领未来经济社会发展的重要力量，世界各主要国家纷纷调整发展战略，大力培育新兴产业，抢占未来经济科技竞争的制高点。根据我国的“十二五”规划纲要和《国务院关于加快培育和发展战略性新兴产业的决定》中明确提出的“将高端装备制造、新能源汽车、节能环保、新材料、新能源、生物技术和新一代信息技术作为我国七大战略性新兴产业”，本节研究七大战略性新兴产业（简称“七大产业”）中2006～2012年全球发明专利公布文献及授权文献资源的发展状况。

3.1　七大战略性新兴产业全球专利公布文献资源

图1－3－1显示了2006～2012年各年度七大战略新兴产业中全球发明专利公布文献量。由图可知，全球范围2006～2012年七大产业的发明专利公布文献量均呈现上升的趋势。

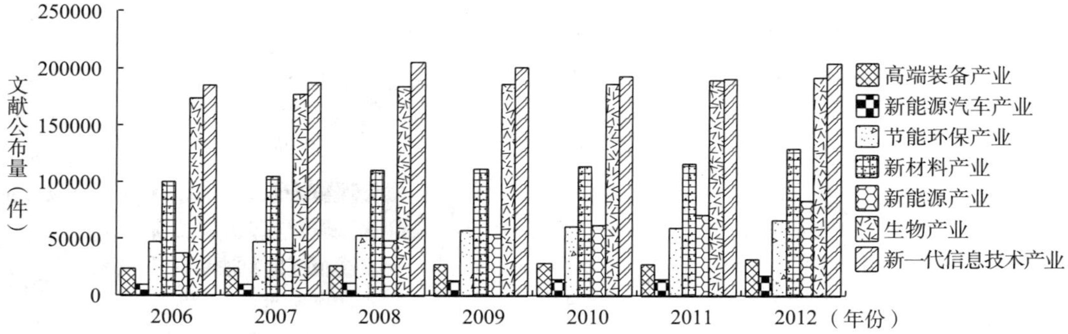

图1－3－1　2006～2012年七大产业全球发明专利公布文献量

数据来源：EPODOC。

在七大战略性新兴产业中，新一代信息技术产业的专利文献公布量最多，2006～2012年的公布量保持在18万件以上，表明这一产业在全球的发展很活跃；该产业2009～2011年的公开量逐年下降，分别为20.03万件、19.20万件及18.94万件，呈现负增长，2012年公开量有一个稳步回升，为20.37万件，较2011年增长7.5%。这与2008年全球遭受的金融危机有一定关系，金融危机期间，不少通信、互联网等科技创新型公司遭受巨大的经济损失，专利申请量自然下降，从而导致金融危机之后的专利公开量也逐步下降，而随着近年来经济的逐步好转，该产业全球专利的公开量也有一定的回升。

生物产业的全球专利文献公布量仅次于新一代信息技术产业，其公布量逐年变化不大，基本维持在每年18万件左右，2012年为19.1万件，这表明生物产业在全球科技创新很活跃，发展态势比较平稳。

新材料产业紧随生物产业之后，其专利文献公布量在2006～2012年稳步上升，且上升趋势明显，该产业2006年的公开量为98 441件，2012年达128 201件，6年间该产业全球专利文献的公布量增长了1/3强。

与新材料产业一样，新能源产业2006～2012年全球公布量增长的趋势也很明显，2007年的公布量增长率为6.22%，2008～2012年公布量的年增长率都在13%以上，2012年达到18.5%。该产业2006年专利文献公布量为37 655件，2012年为81 900件，数量实现翻番。

高端装备制造产业，2006～2012年，全球范围内专利文献公布量的变化不大。2006年的公布量为21 945件，2012年为29 696件，表明这一产业在全球范围内的技术创新并不活跃，这与高端装备制造产业所涵盖的范围有关，高端装备制造产业包括航空装备和卫星产业、轨道交通、海洋工程以及智能专用装备，这些产业多涉及国家安全问题，其核心技术较少以专利的方式来获取保护，或者即便申请了专利也不作公布，且研发成本较高，这些因素导致该产业的公布文献量较少。

节能环保产业在全球的专利文献公开量2008～2009年增长较快，年增长率分别为11.5%和8%左右，2010年和2011年增长速度变缓，约为6%，2012年公布量增长率有所回升，达11%，相应公布量也从2011年的58 622件升至2012年的65 355件。

在七大战略性新兴产业中，新能源汽车产业的专利文献公布量最少，但整体保持逐年上升趋势，2008年和2009年的年增长率分别达到14.3%和18.7%，新能源汽车产业2012年公布量的年增长率为七大产业之最，达到了26.7%。从数量上来看，2006年新能源汽车产业全球专利文献公布量是7 455件，2012年达15 877件，实现数量上的翻番，这表明全球这一产业虽然起步较晚，但是发展势头良好。

如表1－3－1所示，2006～2012年七大产业公布文献量与非七大产业的公布文献量比例比较稳定，在0.62∶1上下浮动，可以说在全球范围内七大产业的发展态势与非七大产业较为同步；而在七大产业内部的分布有显著变化，生物产业和新一代信息技术产业2012年的占比相对2006年而言，均下降了约4个百分点，而新能源材料占比则增加了4.81个百分点，说明新能源产业具有较强劲的发展后劲。

表1－3－1　七大战略新兴产业全球发明公布文献量的构成比及与非七大产业的比值

年份	七大战略新兴产业							七大产业与非七大产业的比值
	高端装备产业（%）	新能源汽车产业（%）	节能环保产业（%）	新材料产业（%）	新能源材料（%）	生物产业（%）	新一代信息技术产业（%）	
2006	3.87	1.31	7.99	17.35	6.63	30.40	32.45	0.61∶1
2007	3.74	1.40	7.91	17.81	6.87	30.24	32.03	0.61∶1
2008	3.85	1.48	8.18	17.31	7.46	29.19	32.54	0.63∶1

续表

年份	七大战略新兴产业							七大产业与非七大产业的比值
	高端装备产业（%）	新能源汽车产业（%）	节能环保产业（%）	新材料产业（%）	新能源材料（%）	生物产业（%）	新一代信息技术产业（%）	
2009	4.00	1.72	8.67	17.18	8.28	28.90	31.25	0.62:1
2010	4.10	1.82	9.12	17.28	9.37	28.63	29.68	0.63:1
2011	3.97	1.90	8.89	17.36	10.48	28.67	28.72	0.64:1
2012	4.15	2.22	9.13	17.91	11.44	26.68	28.46	0.61:1

数据来源：EPODOC。

3.2 七大战略性新兴产业全球专利授权文献资源

图1－3－2显示了2006～2012各年度七大战略新兴产业中全球发明专利授权文献量。由图1－3－2可知，全球范围2006～2012年七大产业的发明专利授权文献量均呈现不同程度的下滑趋势，这与全球发明专利授权文献整体发展趋势一致。如图1－3－2所示，新一代信息技术产业中的授权文献量最多，其次是生物产业，新材料产业紧跟其后，这与上述三大产业的公布文献量的排名情况相同。

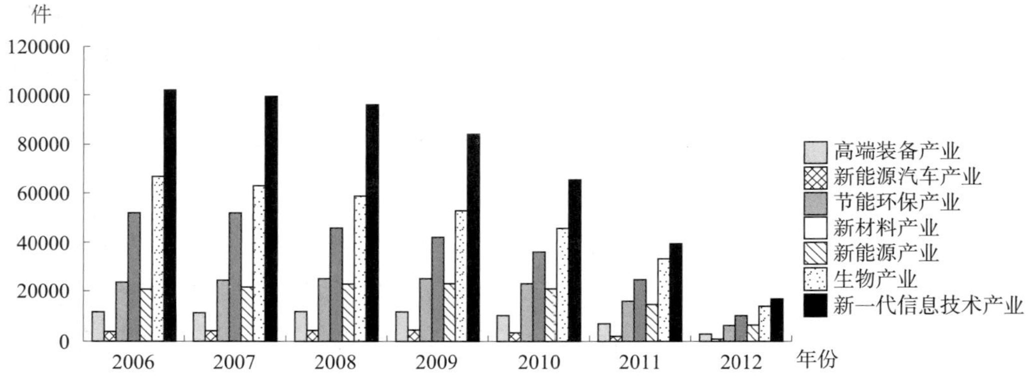

图1－3－2 2006～2012年七大产业全球发明专利授权文献量

数据来源EPODOC。

新一代信息技术产业的授权文献量从2006～2008年略有下降，自2009年开始下降幅度较大，2011年授权文献量较2010年下降了39.8%。这与其公布量在该时段的下降相对应，这在一定程度上说明近几年该产业中高质量专利文献资源的数量在减少，可能该产业发展处于瓶颈期，亟须发掘新的技术热点，并带动该产业的进一步发展。

生物产业的授权文献量从2006～2010年也是逐年下降的，下降趋势也呈现逐年增大的趋势，2007～2011年历年下降率分别为5.9%、6.7%、10.2%、13.5%及27.65%。

新材料产业全球授权文献量2006年与2007年的数量基本持平，约为51 800件，2008～2011年的授权文献量呈下滑态势，其年下降率分别为11.8%、8.2%、14.5%、

31.55%。2012年的降幅最大，为57.96%。

新能源产业2006～2009年授权文献量稳步上升，2010年开始授权文献量有所下降，较前一年下降8.6%，2011年和2012年继续呈下降趋势，降幅分别为29.38%和55.34%。

新能源汽车产业从2006～2009年，其全球范围内的授权文献量呈稳步增长态势，分别为7.4%、5.2%、3.3%，2010年全球范围内该产业的授权文献量下降幅度较大，达23.7%。2012年的降幅为55.34%。

节能环保产业全球授权文献量2006～2009年保持增长的态势，2010年出现下降，2011年下降幅度最大，达30%。2012的降幅为60.07%。

高端装备制造产业的全球授权文献量2007～2006年下降了2.6%，2008年则保持了4.3%的增长率，2009年与2008年的授权文献量持平，2010年开始呈下滑趋势，当年下降率为12.24%，2011年下降率为31.64%，下滑更为明显，2012为58.06%。

从上面的数据可知，各产业2009～2010年的授权文献量无明显增长，甚至有大幅度下滑，这与2008年全球金融危机存在一定关联。随着经济的好转，未来的授权量可能会有所上升，这需要进一步的观察，但归根结底，各个产业寻找新的技术创新增长点是其专利文献资源拥有量持续上升的根本保证。

3.3 七大战略性新兴产业全球竞争者资源

在全球范围内，对七大战略性新兴产业2006～2012年各类型竞争者拥有的发明专利公布文献量，以及在各产业文献总量中所占的比例进行统计，如图1－3－3所示。

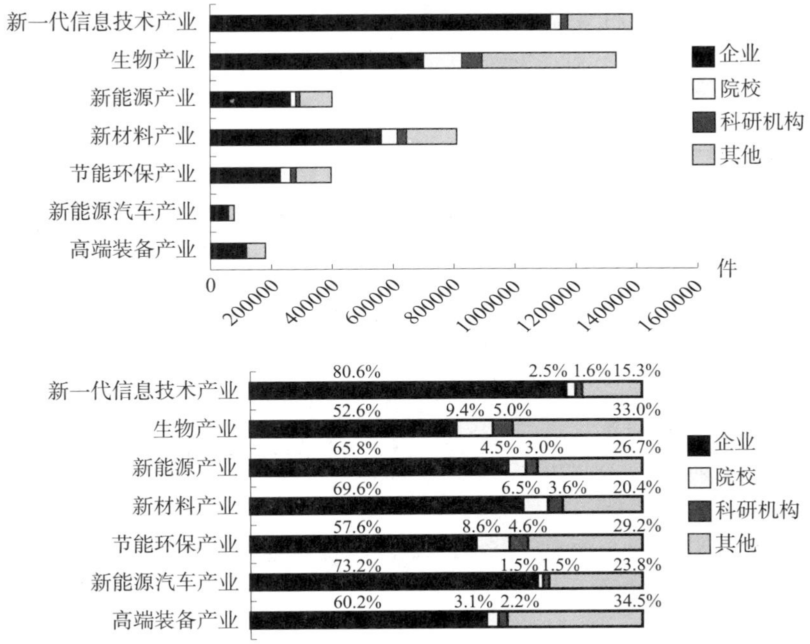

图1－3－3 2006～2012年七大产业的四大类型竞争者发明公布文献量（件）及所占比例

数据来源：EPODOC。

从图 1－3－3 可知，七大战略性新兴产业所公布的专利文献资源中，企业所占比例均为最多，这表明七大战略性新兴产业发明创新的原动力绝大多数来自企业。从企业专利资源的公布数量上来看，在新一代信息技术产业中的公布量最多，其次为生物产业、新材料产业、新能源产业、节能环保产业、高端装备产业和新能源汽车产业。近年来新一代信息技术发展迅猛，更新换代的速度不断提升，其中企业是重要的创新推动力。

院校和科研机构也是竞争者中不可或缺的角色，其掌握着前沿以及前瞻性的技术。从院校专利资源的公布数量上来看，生物产业排名第一，这与生物产业的特殊性有一定关系，生物产业所涉技术领域前瞻性较高，在这方面院校的发明创新能力较强；其次分别为新材料产业、新一代信息技术产业、节能环保产业。从科研机构的专利资源的公布量来看，生物产业同样居第一位，新材料产业、新一代信息技术产业以及节能环保产业分列二至四位。

第四节　全球主要国家专利创新资源分析

本节研究了美国、欧盟[1]、日本、韩国、中国以及英国、法国和德国等全球主要国家/地区的专利创新资源的状况。

4.1　全球主要国家专利创新资源整体状况

4.1.1　全球主要国家发明专利公布和授权文献资源

以发明专利公布文献总量计，2006～2012 年全球创新资源前三位依次为日本、美国和中国。中国每年以 10% 以上的速度增长，并于 2011 年排名全球第一；2012 年与 2011 年相比，发明公布文献量增长 47%，达到 54 万件，稳居全球第一。日本专利公布文献量则逐年下降，2011 年的下降幅度达 11.8%。美国文献量稳步增长，变化较小。如图 1－4－1 所示。

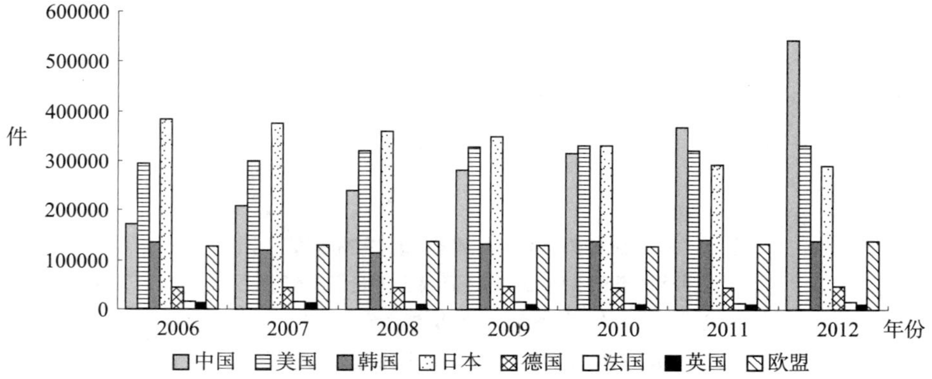

图 1－4－1　2006～2012 年全球主要国家/地区历年公布文献

数据来源：CNABS 数据库、EPODOC 数据库。

[1] 欧盟的数据采用的是欧洲专利局公布或授权的发明专利数据。

如图1－4－2所示，全球主要国家的专利授权文献量呈逐年减少的趋势，而中国的专利授权文献量则呈逐年升高的趋势，并于2009年首次超过日本，位居世界第二位，自2011年开始超过美国，位居第一位。

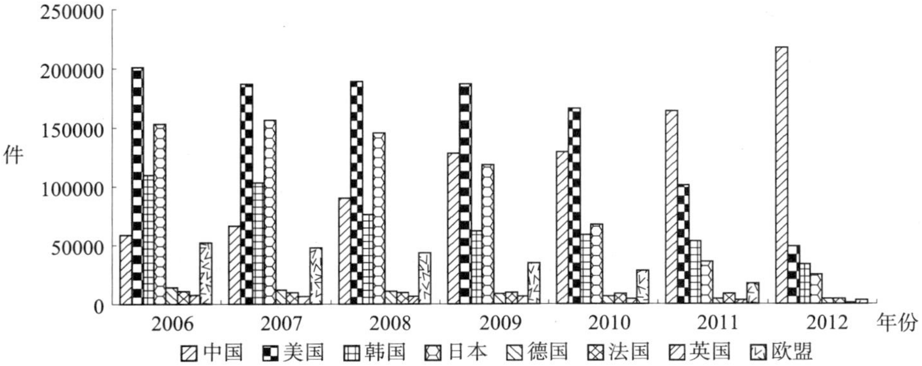

图1－4－2　2006～2012年全球主要国家/地区历年授权文献

数据来源：CNABS数据库、EPODOC数据库❶。

4.1.2　2006～2012年全球主要国家专利竞争者资源

美国、欧盟、日本、韩国、中国以及英国、法国和德国八个国家/地区2006～2012年四种类型的竞争者所拥有发明专利文献公布文献量，及其在文献总量中所占的比例如图1－4－3所示。

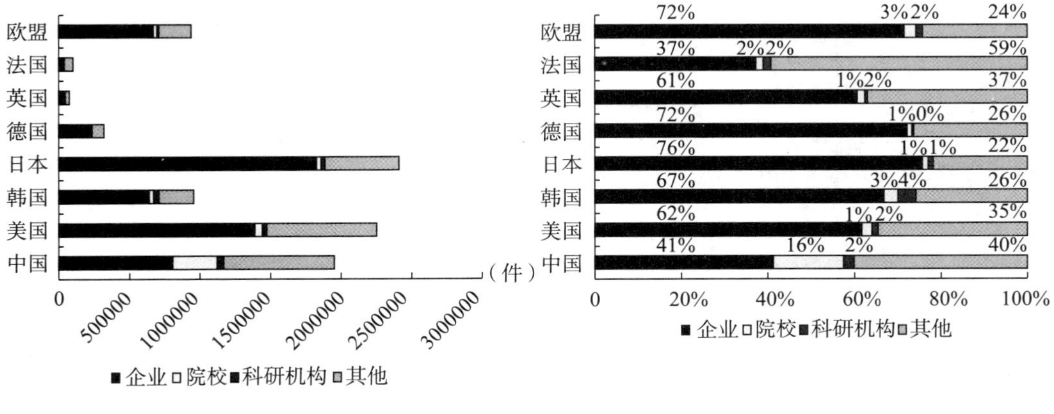

图1－4－3　2006～2012年全球主要国家/地区专利竞争者资源（件）及所占比例

数据来源：EPODOC、CNABS。

从专利竞争者创新资源可以看出，美国、日本、韩国、德国等国家企业专利公布量占比均超过60%，日本企业专利公布量占比最高，为75.7%，这说明日本、美国、韩国、德国等发达国家的企业非常注重技术创新。虽然近年来中国专利申请量逐年增多，

❶　中国2012年的授权数据来源于CNABS，而其他国家/地区2012年的授权数据来源于EPODOC。CNABS中授权文献更新速度快于EPODOC，其他国家2012年授权数据在EPODOC中收录不完整，因此2012年的授权数据仅作为参考。

屡创新高，中国企业申请量也逐渐增多，但是企业在专利公布文献量中的占比目前仅为41.2%，中国企业还应继续加快转型，不断增强技术创新能力，并以专利保护创新成果，从而带动企业长远发展。

4.2 全球主要国家的 WIPO 35 个技术领域专利创新资源

4.2.1 全球主要国家 WIPO 35 个技术领域专利公布文献资源

表 1－4－1 列出了 2006～2012 年美国、欧盟、日本、韩国、中国以及英国、法国和德国八个国家/地区在 WIPO 35 个技术领域中的发明专利公布文献，表 1－4－2 列出了各主要国家/地区公布文献量排名前十的领域。

表 1－4－1 2006～2012 年全球主要国家/地区 WIPO35 个技术领域公布文献量（件）

产业/国别	中国	美国	韩国	日本	欧盟	英国	法国	德国
电机/电气装置/电能	120 346	179 393	82 460	262 303	71 013	5 968	8 292	33 994
音像技术	55 188	156 701	66 618	224 779	43 200	3 712	3 202	9 683
电信	84 574	167 025	81 708	185 917	58 825	4 395	3 982	8 251
数字通信	117 351	125 660	50 883	76 718	64 878	4 439	3 536	5 947
基础通信程序	12 196	48 528	9 339	35 695	11 772	1 186	1 117	3 112
计算机技术	106 794	386 282	71 424	214 106	71 147	6 883	5 511	11 360
信息技术管理方法	13 730	61 302	29 586	45 650	11 961	1 488	793	1 478
半导体	45 475	155 190	101 498	209 288	33 191	1 827	2 782	11 891
光学	40 292	117 881	66 496	1 946	35 311	2 240	2 493	8 477
测量	102 438	127 387	31 925	150 725	53 950	6 179	6 740	27 912
生物材料分析	13 035	34 840	6 127	21 622	19 840	784	1 060	1 597
控制	40 990	67 852	15 493	73 476	24 084	3 363	2 899	10 162
医学技术	37 064	152 955	26 894	108 826	76 609	4 341	4 827	15 104
有机精细化学	47 459	64 753	21 577	47 954	33 426	802	4 679	5 428
生物技术	40 054	55 978	13 285	26 318	30 095	716	984	2 233
药品	100 554	134 242	30 551	69 568	71 808	1 139	2 204	2 871
高分子化学/聚合物	43 655	48 816	22 938	77 487	30 891	682	1 677	5 049
食品化学	65 158	24 527	16 664	27 907	13 645	502	1 139	1 510
基础材料化学	79 197	61 760	28 903	81 720	41 567	1 894	2 455	8 146
材料/冶金	86 724	35 215	25 216	74 110	25 350	1 032	2 438	6 309
表面加工技术/涂层	40 544	101 743	23 038	87 110	25 149	1 324	1 961	6 769
微观结构和纳米技术	7 608	8 568	5 306	8 489	2 965	140	639	1 525
化学工程	59 224	70 093	24 855	71 740	36 727	2 658	3 872	10 652
环境技术	46 452	31 770	19 280	56 689	18 688	1 744	3 407	8 823
装卸	33 985	68 434	22 830	101 158	36 095	3 728	5 215	14 475
机床/工具	64 071	70 283	23 836	70 753	28 997	2 679	3 216	17 046

续表

产业/国别	中国	美国	韩国	日本	欧盟	英国	法国	德国
发动机/泵/涡轮机	32 335	62 362	23 557	93 301	38 634	3 804	7 305	29 850
纺织和造纸机械	36 232	48 307	15 376	116 290	25 334	1 094	1 571	1 0144
其他专用机械	71 426	76 359	33 378	99 056	40 904	3 616	6 008	15 880
热工过程和设备	40 458	30 240	23 159	56 914	20 784	1 948	2 816	9 950
机械元件	41 633	70 334	24 045	103 181	40 057	4 698	7 305	34 539
运输	38 565	83 384	49 010	153 383	55 822	6 497	18 786	54 731
家具游戏	29 911	71 428	25 355	110 328	23 722	6 433	4 359	9 105
其他消费品	32 983	53 391	28 953	58 777	25 617	4 020	4 577	9 620
土木工程	66 610	59 148	35 258	90 358	33 965	10 062	8 165	15 780

数据来源：EPODOC、CNABS。

表 1－4－2　WIPO 35 个技术领域 2006～2012 年全球主要国家/地区发明专利公布文献前十位技术领域排名表及文献数量（件）

	中国	数量	美国	数量	日本	数量	韩国	数量
1	电机/电气装置/电能	120 346	计算机技术	386 282	电机/电气装置/电能	262 303	半导体	101 498
2	数字通信	117 351	电机/电气装置/电能	179 393	音像技术	224 779	电机/电气装置/电能	82 460
3	计算机技术	106 794	电信	167 025	计算机技术	214 106	电信	81 708
4	测量	102 438	音像技术	156 701	半导体	209 288	计算机技术	71 424
5	药品	100 554	半导体	155 190	电信	185 917	音像技术	66 618
6	材料/冶金	86 724	医学技术	152 955	运输	153 383	光学	66 496
7	电信	84 574	药品	134 242	测量	150 725	数字通信	50 883
8	基础材料化学	79 197	测量	127 387	纺织和造纸机械	116 290	运输	49 010
9	其他专用机械	71 426	数字通信	125 660	家具游戏	110 328	土木工程	35 258
10	土木工程	66 610	光学	117 881	医学技术	108 826	其他专用机械	33 378
	欧盟	数量	英国	数量	法国	数量	德国	数量
1	电机/电气装置/电能	71 013	土木工程	10 062	运输	18 786	运输	54 731
2	医学技术	76 609	计算机技术	6 883	电机/电气装置/电能	8 292	机械元件	34 539

续表

	欧盟	数量	英国	数量	法国	数量	德国	数量
3	药品	71 808	运输	6 497	土木工程	8 165	电机/电气装置/电能	33 994
4	计算机技术	71 147	家具游戏	6 433	机械元件	7 305	发动机/泵/涡轮机	29 850
5	数字通信	64 878	测量	6 179	发动机/泵/涡轮机	7 305	测量	27 912
6	电信	58 825	电机/电气装置/电能	5 968	测量	6 740	机床/工具	17 046
7	运输	55 822	机械元件	4 698	其他专用机械	6 008	其他专用机械	15 880
8	测量	53 950	数字通信	4 439	计算机技术	5 511	土木工程	15 780
9	音像技术	43 200	电信	4 395	装卸	5 215	医学技术	15 104
10	基础材料化学	41 567	医学技术	4 341	医学技术	4 827	装卸	14 475

数据来源 CNABS，EPODOC。

美国专利公布文献量较多的前十领域为：计算机技术、电机/电气装置/电能、电信、音像技术、半导体、医学技术、药品、测量、数字通信、光学，其发明专利公布量均达到10万件以上，其中计算机技术最多，达到38万件。

日本专利公布文献量较多的前十领域为：电机/电气装置/电能、音像技术、计算机技术、半导体、电信、运输、测量、纺织和造纸机械、家具游戏、医学技术，其专利公布文献量均达到10万件以上，其中电机/电气装置/电能最多，达到26万件。

韩国专利公布文献量较多的前十领域为：半导体、电机/电气装置/电能、电信、计算机技术、音像技术、光学、数字通信、运输、土木工程、其他专用机械，其专利公布文献量均达到3万件以上，其中最多的半导体达到10万件。

中国专利公布文献量排名前十的领域为：电机/电气装置/电能、数字通信、计算机技术、测量、药品、材料/冶金、电信、基础材料化学、其他专用机械、土木工程，其专利公布文献量均达到6万件以上，其中电机/电气装置/电能最多，达到12万件。

欧盟专利公布文献量排名前十的技术领域依次为：电机/电气装置/电能、医学技术、药品、计算机技术、数字通信、电信、运输、测量、音像技术、基础材料化学，其公布文献量均在4万件以上。

英国专利公布文献量排名前十的技术领域依次为：土木工程、计算机技术、运输、家具游戏、测量、电机/电气装置/电能、机械元件、数字通信、电信、医学技术。

法国专利公布文献量较多的前十个技术领域依次为：运输、电机/电气装置/电能、土木工程、机械元件、发动机/泵/涡轮机、测量、其他专用技术、装卸、医学技术、有机精细化学。

德国则在以下十个技术领域中拥有较多专利公布文献量：运输、机械元件、电机/电气装置/电能、发动机/泵/涡轮机、测量、机床/工具、其他专用机械、土木工程、医学技术、装卸。

综合来看，在公布量最多的6个领域（公布总量超过50万）中，计算机技术领域公布量最多的是美国，其余电机/电气装置/电能、电信、音像领域、半导体、测量技术等五个领域公布量最多的是日本。

在35个技术领域中，材料/冶金、食品化学领域，中国公开量最多，说明在这两个领域，中国具有一定优势。

4.2.2 全球主要国家WIPO 35个技术领域专利授权文献资源

表1-4-3列出了美国、欧盟、日本、韩国、中国、英国、法国和德国八个国家/地区在WIPO 35个技术领域中的发明专利授权文献量。

表1-4-3 2006~2012年全球主要国家/地区WIPO 35个技术领域专利授权文献量（件）

产业/国别	中国	美国	韩国	日本	欧盟	英国	法国	德国
电机/电气装置/电能	38 356	104 193	48 354	75 986	16 869	5 968	4 683	6 592
音像技术	21 083	84 431	33 000	67 716	8 541	3 712	1 824	2 530
电信	36 495	100 789	43 925	63 506	11 118	4 395	2 338	1 997
数字通信	45 419	69 006	23 045	32 279	14 255	4 439	1 929	1 853
基础通信程序	5 687	39 422	5 505	12 632	3 175	1 186	645	1 119
计算机技术	38 847	213 090	34 679	68 928	11 743	6 883	3 096	2 651
信息技术管理方法	1 454	21 826	8 740	10 698	510	1 488	301	90
半导体	20 238	91 056	48 492	57 519	5 585	1 827	1 635	3 294
光学	18 647	74 798	23 688	69 837	7 429	2 240	1 705	1 946
测量	38 584	83 475	19 032	47 557	12 035	6 179	4 404	6 571
生物材料分析	4 095	14 574	2 614	6 561	3 636	784	642	473
控制	12 693	41 076	8 571	23 861	6 001	3 363	1 721	1 630
医学技术	12 127	59 139	13 575	31 548	17 291	4 341	3 218	3 440
有机精细化学	18 251	27 444	10 410	12 987	7 565	802	3 392	373
生物技术	15 511	21 860	6 863	7 667	5 331	716	576	536
药品	42 178	45 099	8 756	14 271	12 892	1 139	1 569	318
高分子化学/聚合物	18 646	21 595	10 197	20 681	9 292	682	1 242	432
食品化学	20 936	10 028	9 287	8 534	3 006	502	761	204

续表

产业/国别	中国	美国	韩国	日本	欧盟	英国	法国	德国
基础材料化学	26 685	29 387	12 643	21 073	9 516	1 894	1 737	944
材料/冶金	36 820	17 248	14 240	24 874	5 605	1 032	1 741	1 811
表面加工技术/涂层	14 904	39 635	10 651	26 230	5 922	1 324	1 360	1 721
微观结构和纳米技术	3 132	2 160	2 719	2 512	559	140	403	375
化学工程	23 648	34 258	15 024	22 932	8 972	2 658	2 615	2 206
环境技术	17 514	17 576	14 355	17 403	4 710	1 744	2 085	1 504
装卸	9 848	32 750	12 239	31 105	13 850	3 728	3 302	3 041
机床/工具	20 421	32 963	14 442	22 687	10 398	2 679	2 091	4 383
发动机/泵/涡轮机	8 895	35 284	11 404	29 765	10 828	3 804	3 806	4 091
纺织和造纸机械	12 432	27 323	8 696	30 608	9 075	1 094	1 090	1 750
其他专用机械	23 472	37 148	19 985	29 837	12 067	3 616	3 807	3 431
热工过程和设备	12 857	12 280	13 234	16 664	3 631	1 948	1 410	1 926
机械元件	12 308	35 762	12 563	31 114	15 682	4 698	4 807	6 782
运输	10 515	50 470	24 221	49 199	23 594	6 497	12 762	9 253
家具游戏	6 765	35 159	13 429	33 805	6 983	6 433	2 390	2 026
其他消费品	8 541	25 442	13 896	17 413	6 975	4 020	2 807	1 811
土木工程	21 204	31 053	31 947	31 854	8 433	10 062	4 641	3 872

数据来源：EPODOC、CNABS。

综观 WIPO 35 个技术领域，其中就授权文献数量情况而言，美国在各领域中均占据领先地位，尤其在计算机领域、测量、电信、音像等技术领域授权文献量最多。日本在热工过程和设备、纺织和造纸机械技术领域授权文献量最多。中国授权文献量最高的前十的技术领域为：数字通信、药品、计算机技术、测量、电机/电气装置/电能、材料/冶金、电信、基础材料化学、化学工程、其他专用机械，数字通信领域达到 4.5 万件；在材料/冶金和食品化学领域中，中国的授权文献量较其他国家更多，说明在这两个领域具有一定的优势。

4.2.3　全球主要国家 WIPO35 个技术领域竞争者资源分布情况分析

图 1－4－4 至图 1－4－11 分别显示全球 8 个主要国家/地区在 WIPO 35 个技术领域中各类型竞争者所拥有的发明专利公布文献在该领域文献总量的占比情况。

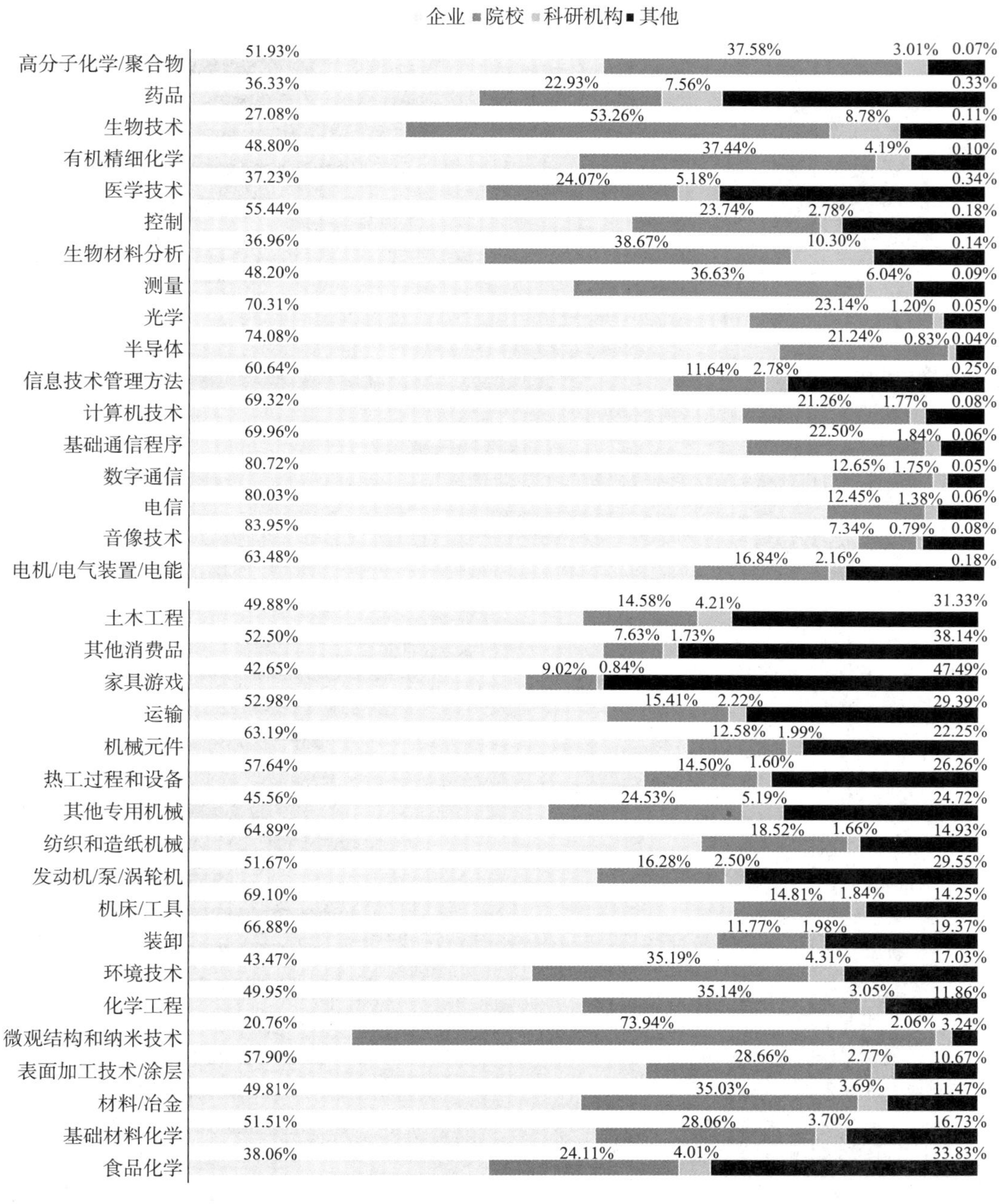

图 1－4－4　中国在 WIPO 35 个技术领域中的竞争者资源分布情况

数据来源：CNABS。

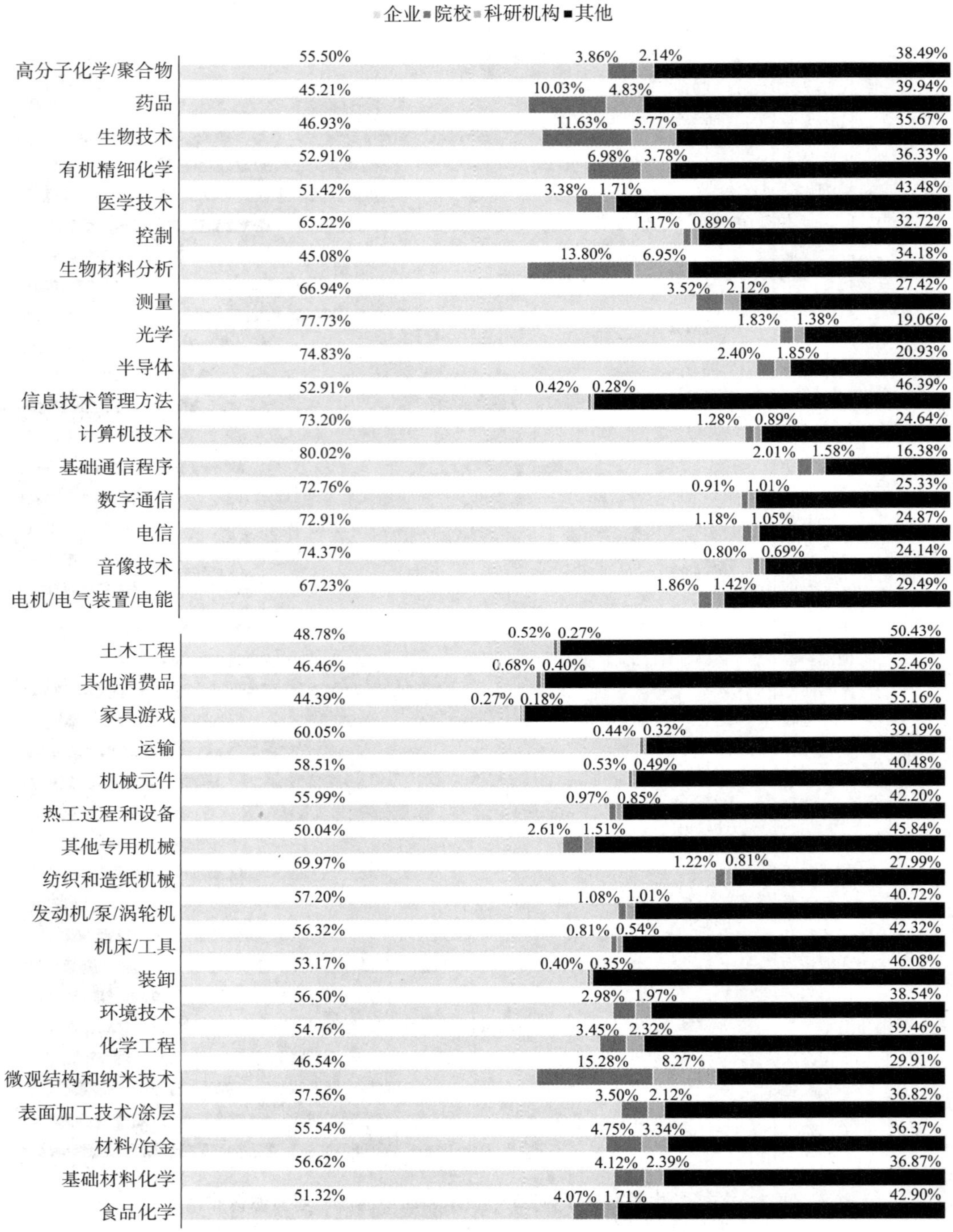

图 1－4－5　美国在 WIPO 35 个技术领域中的竞争者资源分布情况

数据来源：EPODOC。

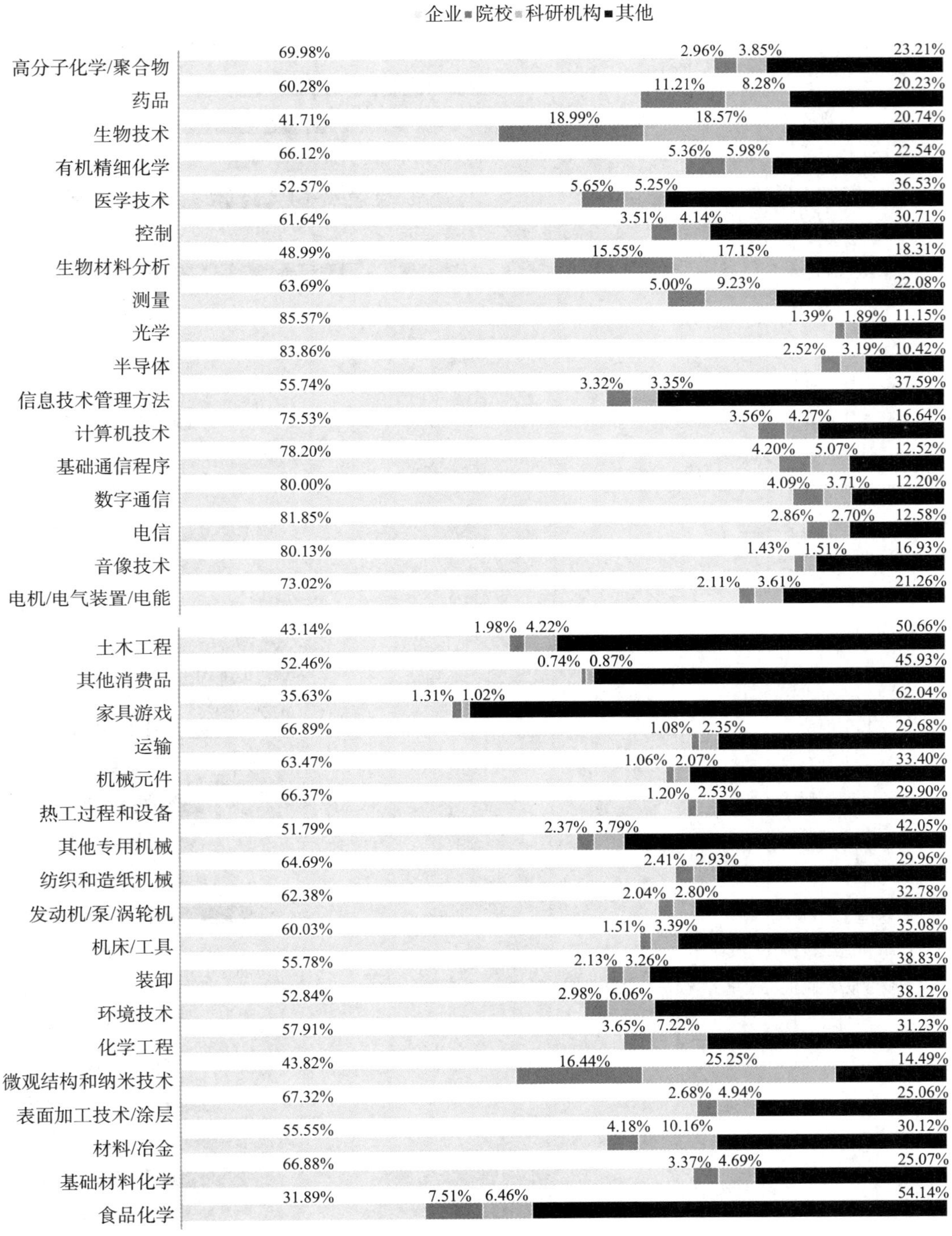

图 1－4－6　韩国在 WIPO 35 个技术领域中的竞争者资源分布情况

数据来源：EPODOC。

图 1-4-7　日本在 WIPO 35 个技术领域中的竞争者资源分布情况

数据来源：EPODOC。

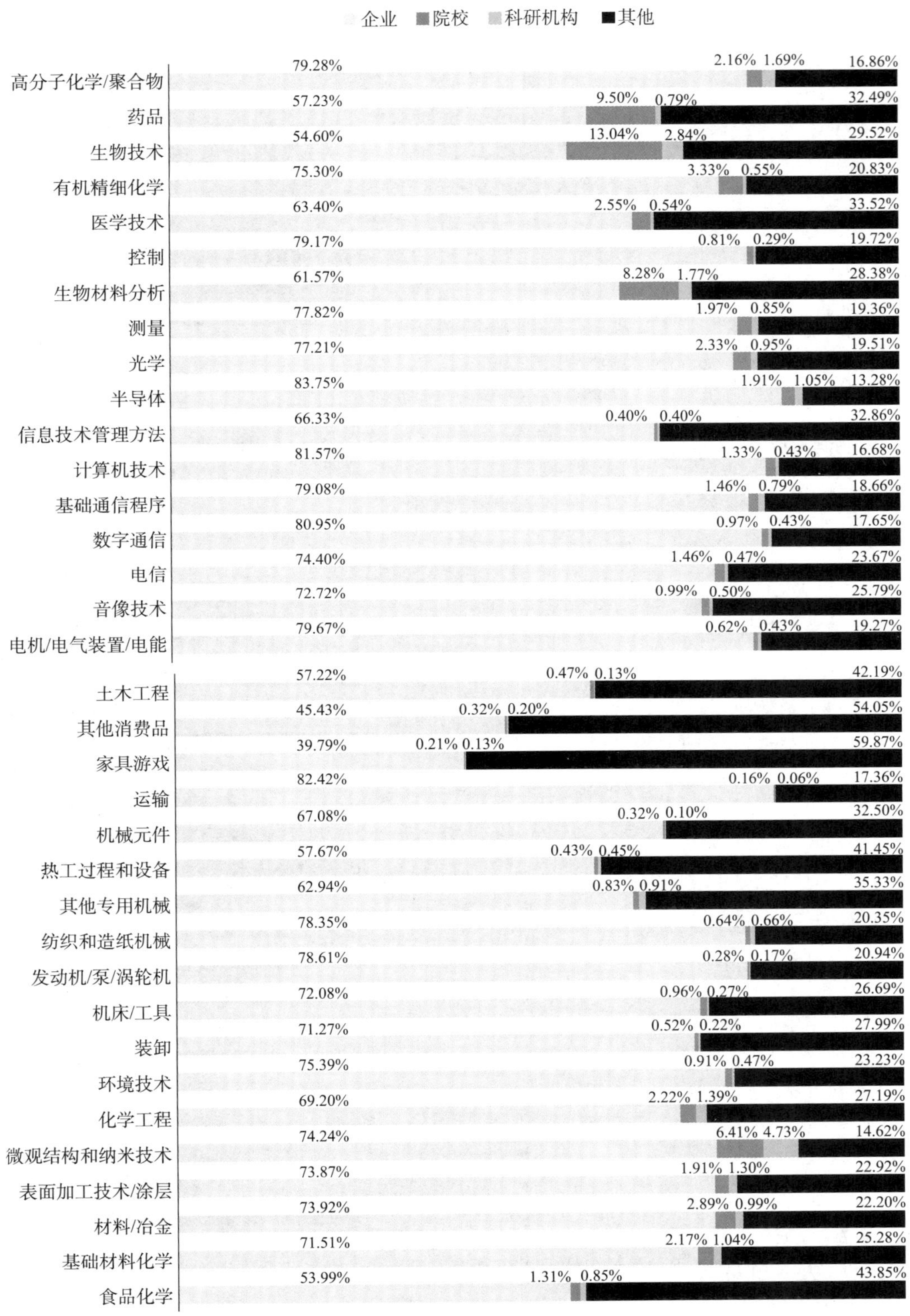

图 1 -4 -8　德国在 WIPO 35 个技术领域中的竞争者资源分布情况

数据来源：EPODOC。

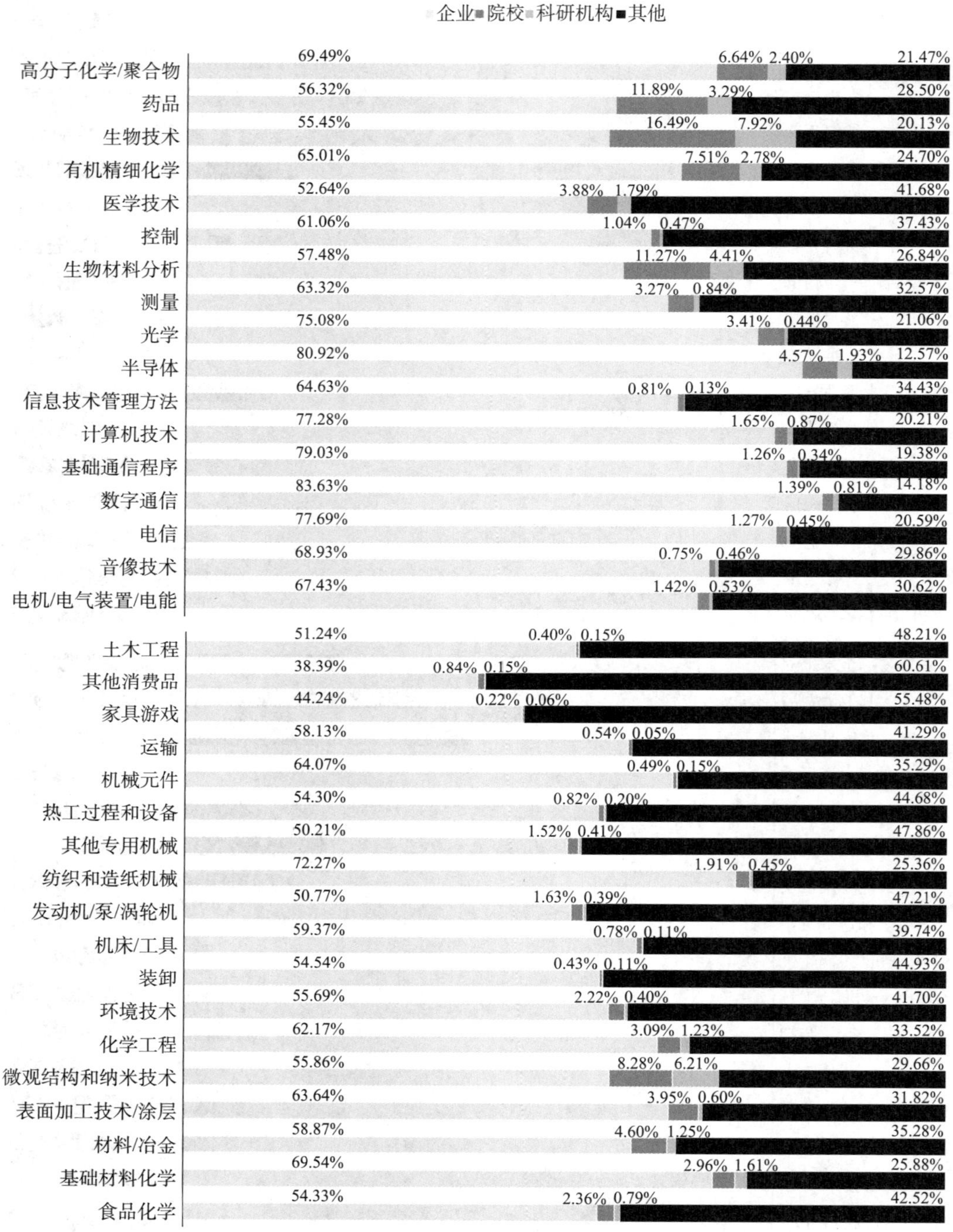

图1-4-9　英国在WIPO 35个技术领域中的竞争者资源分布情况

数据来源：EPODOC。

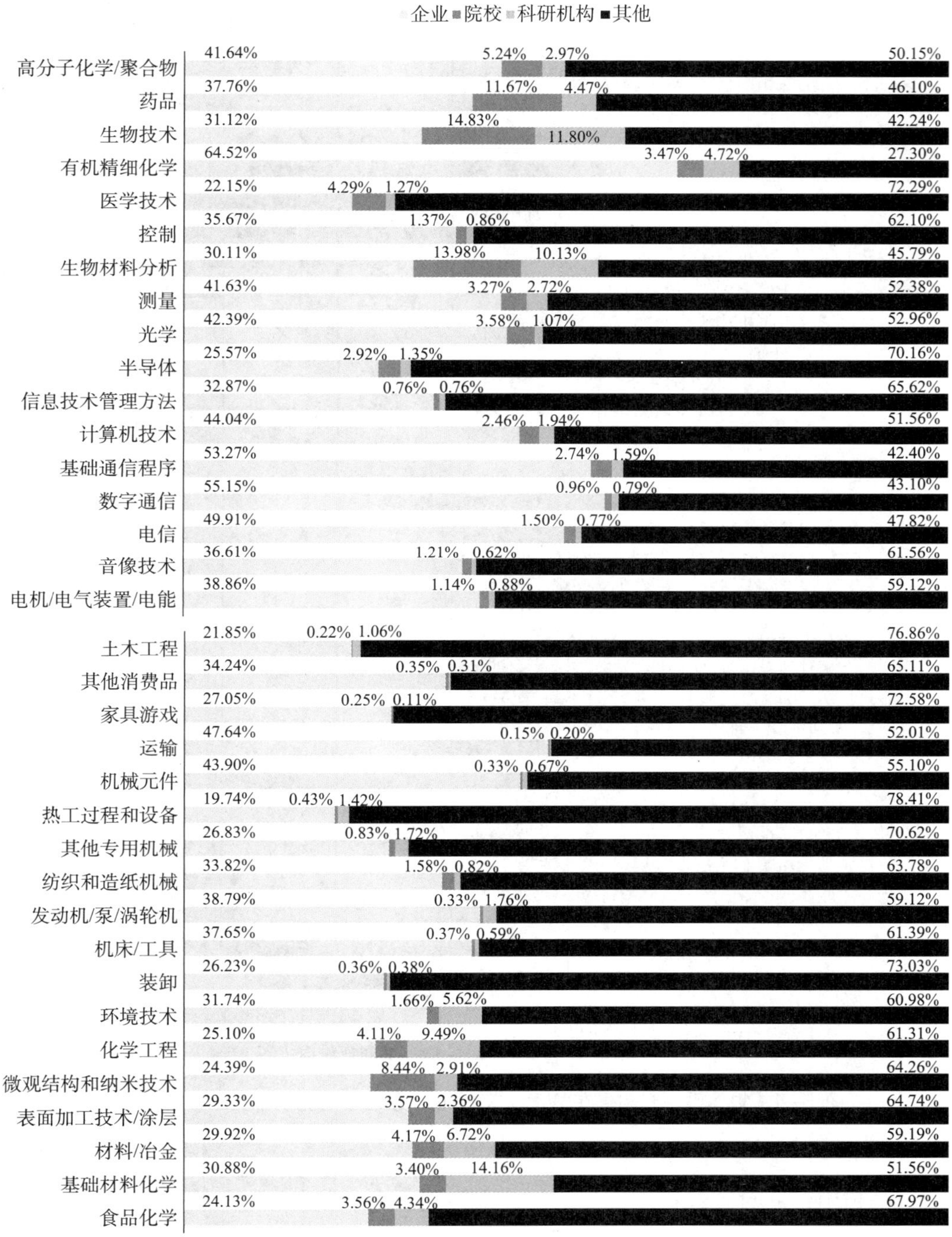

图 1－4－10　法国在 WIPO 35 个技术领域中的竞争者资源分布情况

数据来源：EPODOC。

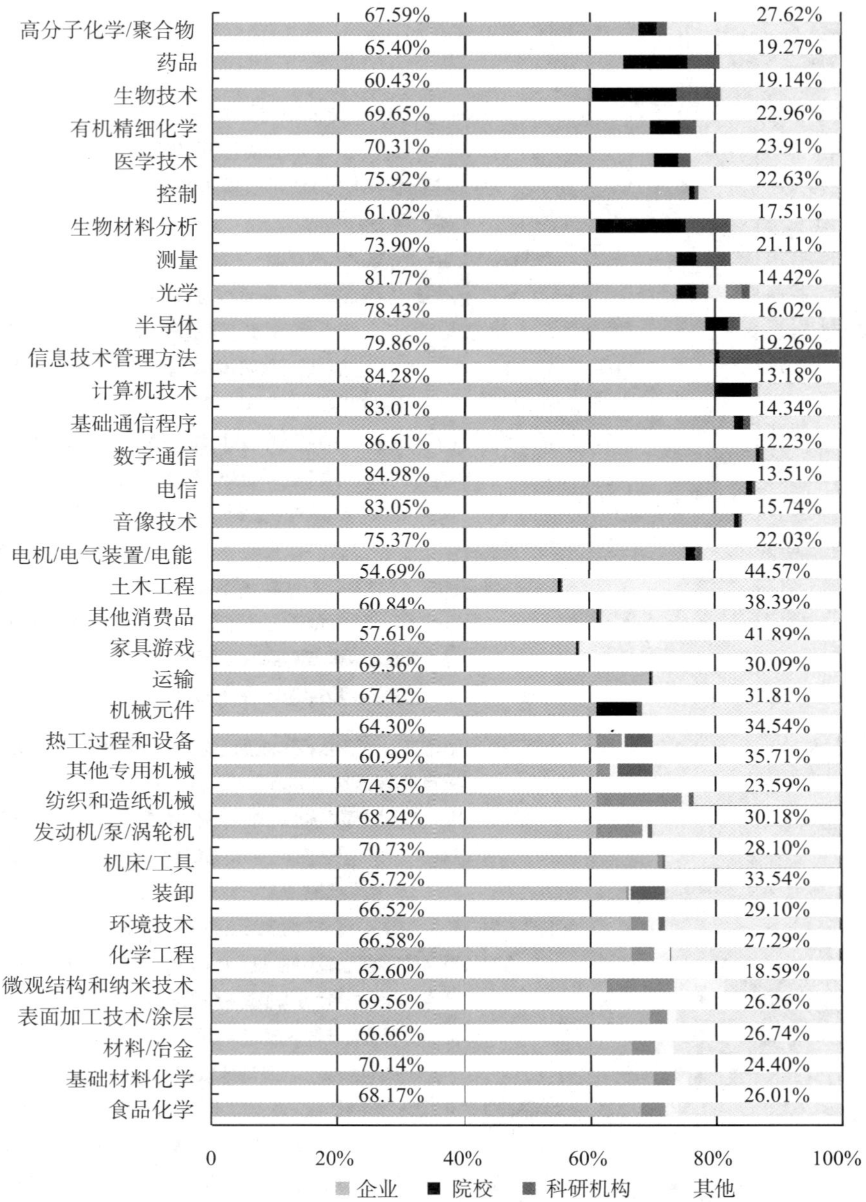

图 1－4－11　欧洲专利局在 WIPO 35 个技术领域中的竞争者资源分布情况

数据来源：EPODOC。

从上述图中，可以看出：

中国企业发明专利公布量高的技术领域为：音像技术、数字通信、电信、半导体、光学。院校占比高的技术领域为：微观结构和纳米技术、生物技术、生物材料分析、高分子化学/聚合物、有机精细化学。

美国企业占比高的技术领域为：基础通信程序、光学、半导体、音像技术、计算机技术。院校占比高的技术领域为：微观结构和纳米技术、生物材料分析、生物技术、药品、有机精细化学。

日本企业占比高的技术领域为：光学、纺织和造纸机械、音像技术、热工过程和设备、家具游戏。院校占比高的技术领域为：生物技术、生物材料分析、微观结构和纳米技术、药品、有机精细化学。

韩国企业占比高的技术领域为：光学、半导体、电信、音像技术、数字通信。院校占比高的技术领域为：生物技术、微观结构和纳米技术、生物材料分析、药品、食品化学。

欧盟企业占比高的技术领域为：计算机技术、数字通信、医学技术、电机/电气装置/电能、电信。院校占比最高的技术领域为：药品、生物技术、生物材料分析、医学技术、测量。

英国企业占比高的技术领域为：计算机技术、土木工程、电机/电气装置/电能、测量、运输。院校占比最高的技术领域为：测量、医学技术、药品、生物技术、计算机技术。

法国企业占比高的技术领域为：运输、电机/电气装置/电能、机械元件、有机精细化学、测量。院校占比最高的技术领域为：药品、测量、医学技术、有机精细化学、化学工程。

德国企业占比高的技术领域为：运输、电机/电气装置/电能、发动机/泵/涡轮机、机械元件、测量。院校占比最高的技术领域为：测量、医学技术、生物技术、药品、化学工程。

通过以上分析可见，音响技术、数字通信、光学等领域，企业活跃度较大，可见在这几个领域，各国企业均加大成本对其进行研发和创新，经济前景比较广阔。院校则对生物技术、药品、测量等领域中创新活动起到了重要的推动作用。

4.3 全球主要国家七大战略性新兴产业专利创新资源分析

七大战略性新兴产业是我国政府确立的优先发展的重点产业，因此本章对全球 8 个主要国家/地区在七大战略性新兴产业的专利创新资源进行分析。以期对比得出我国的七大战略性新兴产业和各个国家之间存在的优势和不足。

4.3.1 全球主要国家七大战略性新兴产业专利公开及授权文献资源

对全球八个主要国家/地区在七大战略性新兴产业 2006～2012 年累计的发明专利公布和授权文献量进行统计，见表 1-4-4。

表 1-4-4　2006~2012 年全球主要国家/地区七大产业专利文献资源公布量、授权量（件）

产业/国家	中国		日本		美国		韩国		欧盟		德国		法国		英国	
	公开	授权	公开	授权	公开	授权	公开	授权	公开	授权	公开	授权	公开	授权	公开	授权
高端装备产业	32 802	16 181	30 431	9 792	28 411	16 237	10 296	6 246	17 565	6 892	10 318	2 425	4 302	3 039	1 760	989
新能源汽车产业	9 259	3 943	21 937	6 768	10 287	5 471	6 092	2 945	5 431	1 610	6 184	480	1 604	935	592	261
节能环保产业	134 479	73 312	81 263	25 202	55 435	30 137	25 494	18 603	22 986	5 481	9 812	1 769	3 547	2 142	3 000	1 415
新材料产业	91 539	55 065	153 887	43 880	122 029	56 815	84 817	39 057	48 073	10 729	11 622	2 070	4 073	2 540	2 994	1 530
新能源产业	56 349	28 028	79 013	22 279	69 533	37 206	31 974	17 867	26 628	5 132	11 581	1 944	2 984	1 632	2 967	1 252
生物产业	216 760	121 296	152 898	39 348	263 794	96 273	56 168	20 814	133 848	26 022	11 742	2 323	6 644	4 529	4 407	2 002
新一代信息技术产业	227 357	130 314	337 379	98 724	346 421	179 540	161 987	72 051	71 879	12 515	15 613	4 107	4 595	2 584	6 773	3 203

数据来源：EPODOC、CNABS。

从表1－4－4中可以获知，高端装备产业中国累计公开的专利文献量最多，为32 802件，日本次之，为30 431件，随后是美国、欧盟、韩国、德国、法国和英国；该产业授权文献量最大的则是美国，其授权量为16 237件，其次是中国，达16 181件，随后是日本、韩国、法国、德国和英国，这说明美国在高端装备产业具有较强实力，中国在该产业也具有很强的竞争力，这与中国大力发展航空、卫星产业，大力发展自主知识产权轨道交通是分不开的。

新能源汽车产业累计公布专利文献量最多的是日本，达21 937件，其次是美国、中国、德国、韩国、欧盟、法国和英国；授权文献数量同样是日本排名第一，为6 768件，美国紧跟其后，为5 471件，这与日本、美国为传统的汽车强国是密不可分的。中国的公布和授权文献量均排名第三，这表明中国在新能源汽车产业的发展迅猛。新能源汽车产业的授权文献量第四至第七为韩国、欧盟、法国、德国及英国。

节能环保产业累计专利文献资源公布量最多的国家是中国，其次为日本、美国、韩国、欧盟、德国、法国和英国，中国的公布量约为13.4万件，日本约8万件，美国约5.5万件。从授权文献数量来看，中国仍然排名第一，其次为美国、日本、韩国、欧盟、法国、德国和英国，这表明节能环保产业在中国的发明创新较为活跃，而且有价值的专利文献量较多，该产业在全球占有一定的优势。值得一提的是，美国的授权文献量约为30 137件，占到公布量的比例超过一半，表明美国在该产业掌握不少有价值的技术。

新材料产业的公布文献量从高到低依次排列为日本、美国、中国、韩国、欧盟、德国、法国和英国，日本的公布量达15.3万件，美国为12.2万件，中国为9.1万件。授权文献量的排名则为美国、中国、日本、韩国、欧盟、法国、德国和英国，这表明日本和美国在该产业中的创新活动都很活跃，但是美国掌握有价值的专利资源相对较多。

新能源产业公布文献量从高到低依次排列为日本、美国、中国、韩国、欧盟、德国、法国和英国，而授权文献量的排名是美国、中国、日本、韩国、欧盟、德国、法国和英国，这表明在新能源产业，美国、日本、中国都比较活跃，而美国拥有较多高价值专利资源。

生物产业中，美国的公布文献量占有绝对优势，约为26.37万件；中国紧跟其后，约为21.67万件；日本则与美国和中国有一定差距，约为15.29万件。排名第四的为欧盟，约13.38万件。韩国、德国、法国、英国的公布量依次减少。韩国的公布文献量仅为日本的1/3左右，约为5.6万余件，德国仅为万余件，法国和英国则更少，仅以千位计。从授权文献数量来看，中国排名第一，其次为美国、日本、韩国、欧盟、法国、德国和英国。这表明中国在这一产业具有一定的优势，发明创新活跃，而且掌握有一定数量的具有价值的专利技术。虽然法国的公开量仅为2 984件，但其授权量为1 632件，占公布量的50%多，说明法国在这一产业的创新资源质量较高，可能掌握了一定的核心技术。

新一代信息技术产业中，公布文献量排名第一的是美国，数量约为34.64万件；日本紧跟其后，约为33.73万件；随后为中国，约为22.74万件；韩国以约16.2万件排名第四；其后为欧盟、德国、英国、法国。而授权文献量中，美国仍占有绝对优势，约为17.95万件，中国以13.03万件排名第二，日本则排名第三，为9.87万余件，韩国仍为第四，欧盟、德国、英国和法国紧随其后。在这一产业，美国具有绝对的优势，发明创新活跃，而且具有价值的专利技术数量较多。

具体到各个国家，日本公布和授权文献量排名前三位的产业是新一代信息技术产业、新材料产业和生物产业，这表明这三个产业在日本的专利创新活跃程度及成效更为突出。美国公布和授权文献量排名前三位的是新一代信息技术产业、生物产业和新材料产业，这表明美国这三大产业具有较好的创新势头。韩国与日本相同，公布和授权文献量排名前三位的是新一代信息技术产业、新材料产业和生物产业。欧盟公布和授权文献量排名前三的产业分别是：生物产业、新一代信息技术产业和新材料产业。德国公布量排名前三的是新一代信息技术产业、生物产业和新材料产业，而授权文献量排名前三的是新一代信息技术产业、高端装备产业和生物产业。英国公布量排名前三的产业是新一代信息技术产业、生物产业和节能环保产业，而授权文献量排名前三的是新一代信息技术产业、生物产业和新材料产业。法国公布量排名前三的是生物产业、新一代信息技术产业和高端装备产业，授权文献量排名前三的是生物产业、高端装备产业和新一代信息技术产业。中国公布量最多的产业是新一代信息技术产业、生物产业和节能环保产业，而授权文献量排名前三的产业是新一代信息技术产业、生物产业和节能环保产业。

从上文中可以看出，各国普遍关注的产业是新一代信息技术产业、生物产业和新材料产业。各国公布和授权文献量最少的产业均是新能源汽车产业，这与该产业涵盖的技术领域范围较其他产业较小有关。此外，美国、日本、中国在七大战略性新兴产业的发展中占有一定的优势，而且属于发明创新较为活跃的国家，韩国发明创新能力也不错，在各个产业表现比较均衡，仅次于美国、日本、中国三个国家。中国在七大战略性新兴产业的发展中要重点关注美国、日本和韩国的情况。从全球来看，新一代信息技术产业、新材料产业和生物产业是发明创新较为活跃的产业，而新能源汽车产业的发展较为缓慢。

4.3.2 七大战略性新兴产业全球竞争者资源

本小节对八个国家/地区的七大产业的全球竞争者资源所公布的数量以及所占比例进行了统计和分析。

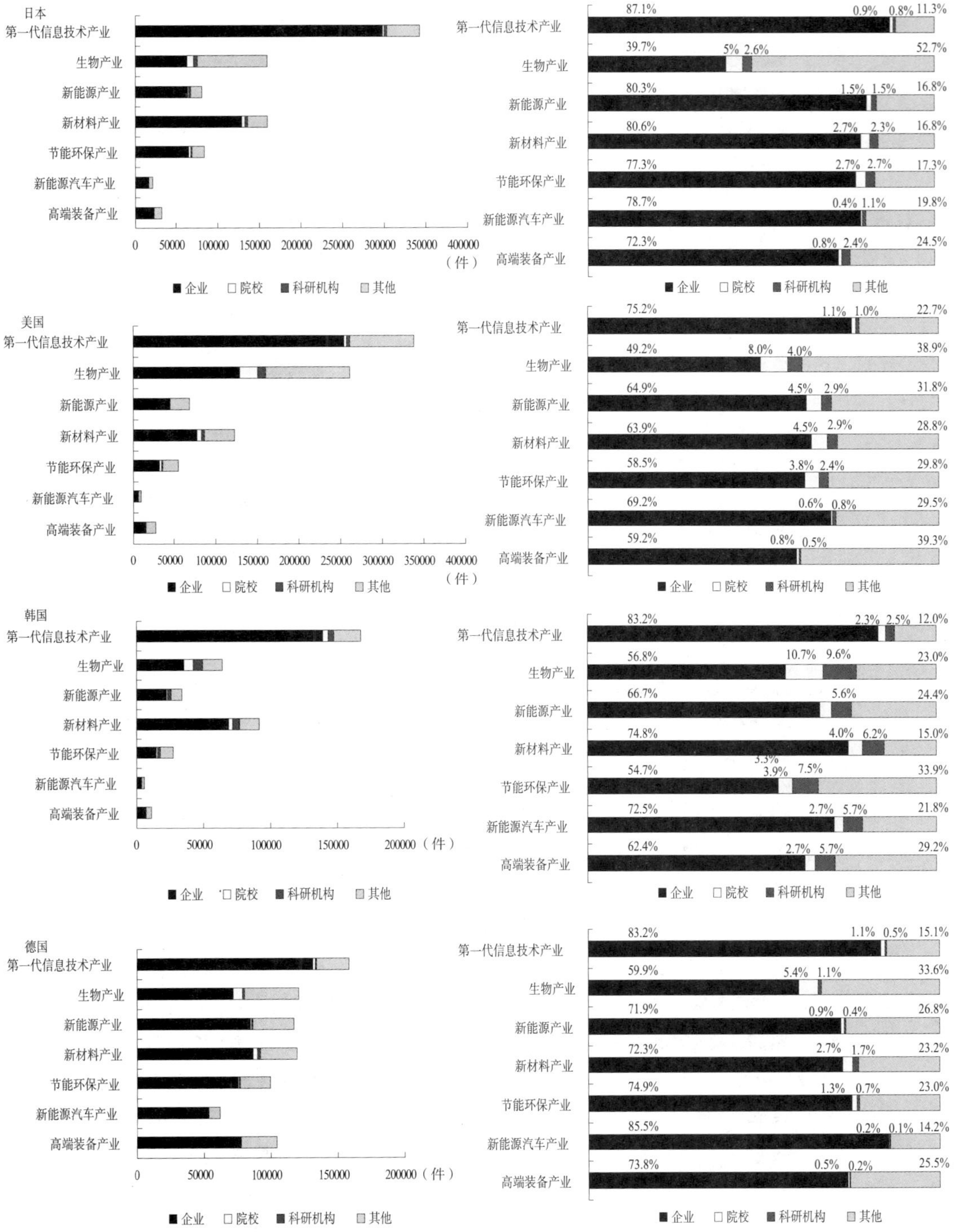

图 1-4-12　2006~2012 年全球主要国家/地区七大产业中竞争者资源及所占份额（%）

数据来源：EPODOC、CNABS。

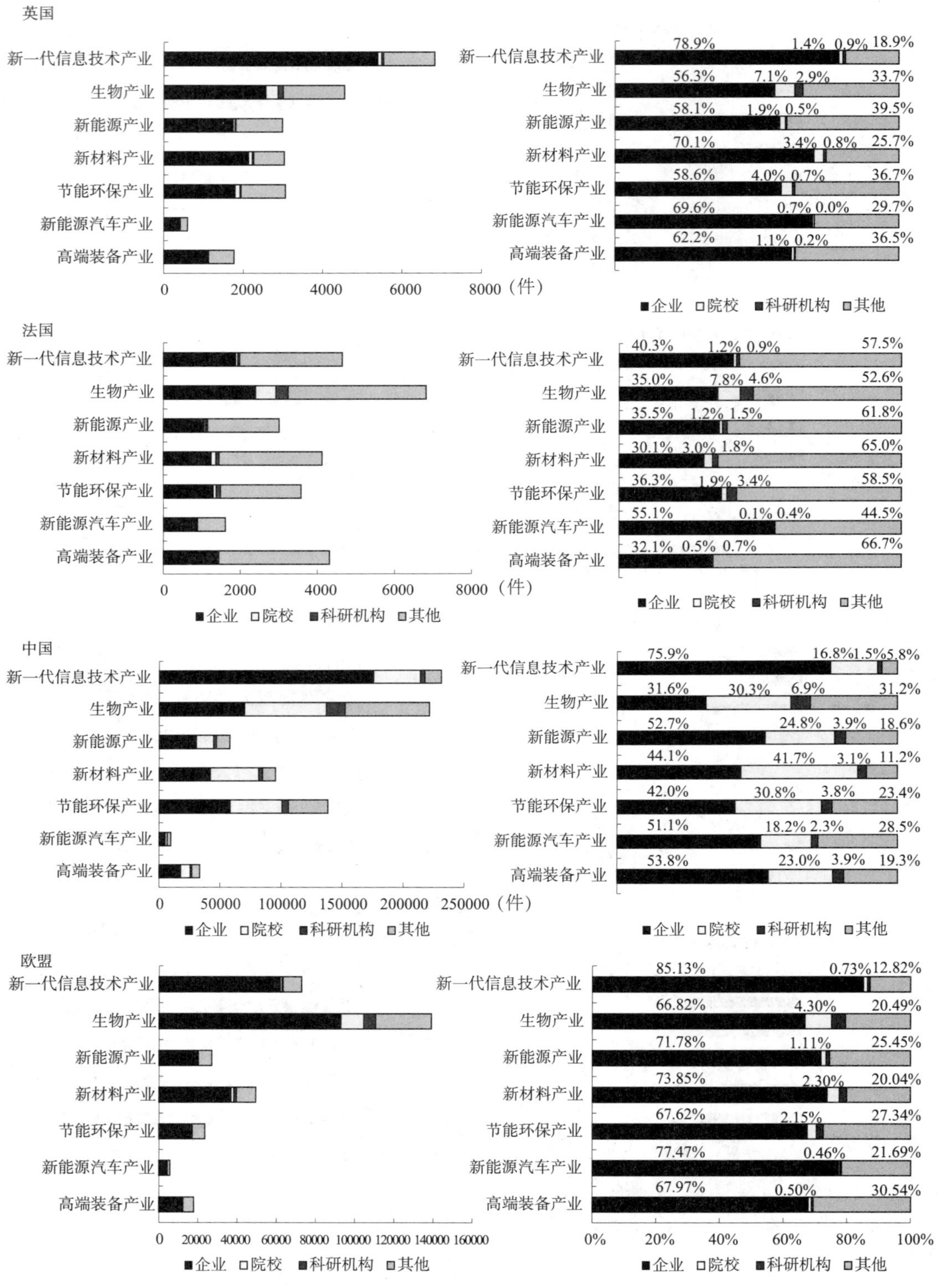

图1-4-12　2006~2012年全球主要国家/地区七大产业中竞争者资源及所占份额（%）

数据来源：EPODOC、CNABS。

就日本专利公布文献资源而言，除生物产业之外，其他六大产业都是企业的公布文献量最多，这说明对于七大战略性新兴产业来说，企业在发明创新中占据了主体地位。企业公布量最多的是新一代信息技术产业，占比 87.1%，新材料产业、新能源产业中企业公布量占比均超过 80%，节能环保产业、新能源汽车产业以及高端装备产业企业公开量所占比例分别为 77.3%、78.7% 和 72.3%。院校和科研在生物产业中的专利文献公布量超过其余六大产业，这主要是因为生物产业中较多涉及前沿科学，院校和科研机构在这方面具有较强的优势。新一代信息技术产业、新能源汽车产业以及高端装备产业中，院校和科研机构的公布量所占比例均不足 1%，这反映出院校和科研机构在这些产业创新活动中参与较少。

美国七大战略性新兴产业中，企业拥有的专利公布文献资源量均最大，其中企业公布量排名第一的是新一代信息技术产业，达 26.3 万余件，在四类竞争者中的占比为 75.2%，其次为生物产业，达 13.35 万余件，占比 69.2%，其后的排名是新材料产业、新能源产业、节能环保产业、高端装备产业和新能源汽车产业。院校在生物产业中的公布量较其他六大产业多，达 21 647 件，科研机构亦是如此，说明院校和科研机构在生物产业中占据了一定优势，与日本情况类似。其他类型的竞争者拥有专利公布量的排名依次为生物产业、新一代信息技术产业、新材料产业、新能源产业、节能环保产业、高端装备产业以及新能源汽车产业，只有新能源汽车产业的其他类型竞争者的专利资源公开量不足万件，其他均超过万件，这与美国专利申请人多为发明人有一定关系。

对韩国来说，企业在各个产业所拥有的专利公布文献量均为最大，其排名从多到少依次为新一代信息技术产业、新材料产业、生物产业、新能源产业、节能环保产业、高端装备产业和新能源汽车产业，其中企业在新一代信息技术产业中的专利文献公开量高达 139 677 件，占比达 83.2%，说明在该产业中企业具有绝对优势。院校和科研机构在生物产业中拥有的专利资源公布量所占比例均排名第一，达到 10% 左右，其他六个产业中院校和科研机构的公布量所占的比例都超过 1%，说明在韩国院校和科研机构的专利创新活动较为活跃。与日本、美国的情况类似，院校和科研机构在高端装备制造产业以及新能源汽车产业中的专利创新活动相对较少。

在欧盟，企业所拥有的专利公布文献资源数量最多的产业为生物产业，达 92 921 件，生物产业也是院校、科研机构等类型竞争者分别拥有创新资源数量最多的领域。七大产业创新资源的各类竞争者的比例均以企业为最高，其中最高在新一代信息技术产业，达到 85.13%，其次是在新能源汽车产业和新材料产业。院校和科研机构在每个产业创新资源的比例均不高（最高为 8.38%）。而其他类型竞争者的比例还相当可观，比例最高的为高端装备产业 30.54%，最低的为新一代信息技术产业 12.82%，说明在欧盟公众的创新活动比较活跃。

在德国，企业所拥有的专利公布文献资源数量最多的是新一代信息技术产业，为13 806件，在四种类型竞争者中占比达85.5%；其次为新材料产业、新能源产业，分别为8 573件和8 370件，占比分别为83.2%和71.9%；其他产业中企业公布量所占比例都超过70%。这说明七大产业的发明创新以企业为主。院校所公布的专利文献资源量都较少，生物产业排名第一。科研机构所公开的专利文献资源量也很少，新材料排名第一。而其他类型的竞争者的数量较多，排名第一的生物产业达4 015件，略少于该产业的企业公布量，这说明德国的个人创新热情比较高涨。

英国七大产业中，企业在新一代信息技术产业中公布的专利文献资源量最大，在四种类型竞争者中的占比在七大产业中也为最大，为78.9%，文献公布数量随后的排名为生物产业、新材料产业、节能环保产业、新能源产业、高端装备产业、新能源汽车产业。院校和科研机构所公开的专利文献资源量中最多的也是生物产业，在新能源汽车产业中的公布文献资源最少，且在排名靠后的产业中所占比例不超过1%，说明在这些产业中院校和科研机构的专利创新参与程度仍需增强。英国与德国类似，其他类型的竞争者的公开量较大，这说明在英国专利创新在社会公众中具有一定普遍性。

在法国，企业在生物产业中公布的专利文献资源数量最多，新一代信息技术产业排名第二，其次为高端装备产业、节能环保产业、新材料产业、新能源产业，新能源汽车产业量排名最末；但从所占比例来看，企业拥有的公布文献资源数量在新能源汽车产业中为55.1%，其他产业均未超过50%，说明法国的企业专利创新活跃度较其他国家来说较弱。院校和科研机构同样在生物产业拥有较多公布文献资源，在新材料产业和节能环保产业也具有一定优势。法国的其他类型竞争者在多个产业中拥有较多公布文献资源，从比例上看，除新能源汽车产业外，其他类型的竞争者在其余六大产业的公布量超过了企业、院校和科研机构的公布量。这表明，需要关注法国个人或某些专利特许机构的公布文献资源。

在中国七大产业的专利公布文献资源数量中，企业拥有量最多，排名依次为新一代信息技术产业、生物产业、节能环保产业、新材料产业、新能源产业、高端装备产业以及新能源汽车产业，新一代信息技术产业的企业公开量达175 437件，比第二名的生物产业多了10万余件，这充分说明该产业的发明创新的原动力主要在企业。院校和科研机构的公布文献资源数量在生物产业中明显高于其他产业说明院校和科研机构是生物产业中发明创造的主力军。并且，院校所公布的专利文献资源所占的比例较大，除新材料产业以41.7%排名第一，生物产业以30.3%排名第二，排名最后的新一代信息技术产业，也占了16.8%，这充分说明，中国的院校具有较强的创新活力。

第二章　中国专利创新资源现状研究

第一节　中国专利创新资源整体状况

本节将以2006～2012年中国发明专利作为研究对象，分析近年来中国专利创新资源的变化情况，并通过对主要竞争者的分析，得出四种不同类型的竞争者（企业、院校、科研机构和其他）对专利创新资源的贡献程度。

1.1　中国专利公布和授权文献资源

1.1.1　中国专利公布文献资源

由表2－1－1可见，2006～2012年中国发明专利公布文献每年均以超过10%的年增长率迅速增长，年发明专利公布文献量已从2006年的172 424件增长至2012年的543 296件；国内发明专利公布文献数量以年均28.65%的增长率快速增长，2011年增速稍有放缓（16.84%），2012年又出现了突飞式增长（57.08%），得益于此，2012年发明专利公布文献出现了47.46%的大幅增长。此外，国内申请发明专利文献所占的比重也逐年增加，由2006年的51.54%增加至2012年的77.30%。无论是国内发明专利公布文献数量的大幅度增长，还是在整体文献中所占比重的增加，都从各自的角度显示了国内申请人专利意识的提高和专利创新活动的活跃程度。

表2－1－1　2006～2012年中国发明专利公布文献数据统计（单位：件）

年度	发明专利公布文献		国内发明公布文献		国内文献
	数量	年增长率（%）	数量	年增长率（%）	占比（%）
2012	543 296	47.46	419 990	57.08	77.30
2011	368 434	16.65	267 372	16.84	72.57
2010	315 836	12.39	228 838	27.51	72.45
2009	281 006	16.51	179 472	20.35	63.87
2008	241 182	15.76	149 120	30.73	61.83
2007	208 345	20.83	114 066	28.35	54.75
2006	172 424	10.92	88 868	19.66	51.54
合计	2 130 523	—	1 447 726	—	67.95

数据来源：CNABS。

2006～2012年，国外来华的发明专利公布文献数量总体呈现增长态势，仅在2010年有过下滑，但很快在2011年重回增长趋势，2012年国外来华发明专利公布文献量为123 306件，较前一年增长22.01%，表明来自国外的专利申请人也对中国市场愈加看好（见表2－1－2）。

表 2－1－2　2006～2012 年中国发明专利公布文献数据中来源国数量统计（单位：件）

前 10 来源国排名	2012 年	2011 年	2010 年	2009 年	2008 年	2007 年	2006 年
1	日本（44 768）	日本（38 879）	日本（30 358）	日本（34 924）	日本（32 895）	日本（34 223）	日本（31 844）
2	美国（31 110）	美国（28 985）	美国（22 672）	美国（27 439）	美国（22 681）	美国（22 198）	美国（18 762）
3	德国（13 264）	德国（11 343）	德国（8 498）	德国（9 377）	韩国（8 434）	韩国（9 248）	韩国（8 690）
4	韩国（8 669）	韩国（7 992）	韩国（6 291）	韩国（7 219）	德国（8 334）	德国（8 151）	德国（6 966）
5	法国（4 555）	法国（4 158）	法国（3 178）	荷兰（3 695）	荷兰（3 087）	荷兰（3 867）	荷兰（3 716）
6	荷兰（3 116）	荷兰（3 182）	荷兰（2 615）	法国（3 371）	法国（3 015）	法国（3 265）	法国（2 823）
7	瑞士（3 088）	瑞士（2 909）	瑞士（2 347）	瑞士（2 665）	瑞士（2 353）	瑞士（2 282）	瑞士（1 840）
8	英国（2 094）	英国（1 944）	英国（1 571）	瑞典（2 003）	英国（1 696）	英国（1 611）	英国（1 467）
9	瑞典（1 826）	瑞典（1 819）	瑞典（1 561）	英国（1 891）	瑞典（1 645）	瑞典（1 541）	瑞典（1 177）
10	意大利（1 416）	意大利（1 220）	意大利（1 037）	意大利（1 239）	意大利（1 167）	意大利（1 240）	意大利（1 091）
国外发明公布文献总量	123 306	101 062	86 998	101 534	92 062	94 279	83 556

数据来源：CNABS。

由表 2－1－2 同样可知，来源于日本和美国的公布文献量遥遥领先，2010 年来自国外的发明公布文献数量出现下滑后，2011 年基本恢复了 2009 年的水平，而 2012 年则有了大幅增长。这表明，目前国外企业可能已经摆脱了全球金融危机影响，继续积极开展在华专利布局。

2006～2012 年，中国向国外主要专利机构欧洲专利局、美国专利商标局、日本特许厅和韩国特许厅（表 2－1－3 中简称欧洲、美国、日本、韩国）申请发明专利的公布数量一直在增加，从 2006 年的 3 698 件增至 2012 年的 16 232 件，这说明中国的专利申请人也越来越注重对国外市场的专利布局（见表 2－1－3）。

表 2－1－3　2006～2012 年世界主要专利机构发明公布文献来源于中国的数量（单位：件）

年度	欧洲	美国	日本	韩国	合计
2012	3 570	10 074	1 680	908	16 232
2011	2 031	8 032	1 167	604	11 834
2010	1 715	7 842	1 164	519	11 240

续表

年度	欧洲	美国	日本	韩国	合计
2009	1 636	6 678	1 119	412	9 845
2008	1 476	4 681	963	434	7 554
2007	1 158	3 557	752	287	5 754
2006	746	2 212	514	226	3 698

数据来源：EPODOC。

由表2-1-3可见，中国在美国所拥有的发明专利公布文献数量远高于其他国家，表明美国市场是中国申请人最看重的市场。

比较表2-1-2和表2-1-3则可见，中国在国外的发明公布文献数量还远远落后于其他国家在中国的数量，这表明一方面中国的专利创新能力与国外发达经济体相比还有差距，另一方面我国技术创新型产业参与对外贸易的程度及能力仍然不足。

1.1.2 中国专利授权文献资源

如表2-1-4所示，2006~2012年中国发明专利授权文献量亦持续增加，年授权量由2006年的58 369件增加至2012年的217 524件。此外，国内文献授权数量以年均32.24%的增长率快速增长，该速度超过国内发明专利公布的年均增长率（28.65%），这表明与数量相比，国内申请的质量有较明显的提高。同时国内发明专利授权文献在整体文献中所占的比重也逐年增加，由2006年的43.28%增加至2012年的66.19%，可见国内发明专利的质量也在不断提高。

表2-1-4 2006~2012年中国发明专利授权文献数据统计（件）

年度	发明专利授权文献		国内文献		国内文献占比（%）
	数量	年增长率（%）	数量	年增长率（%）	
2012	217 524	32.68	143 977	34.89	66.19
2011	163 948	26.30	106 737	42.89	65.10
2010	129 809	0.90	74 700	13.92	57.55
2009	128 649	43.04	65 573	45.83	50.97
2008	89 937	36.74	44 966	49.32	50.00
2007	65 771	12.68	30 113	19.20	45.78
2006	58 369	10.92	25 262	19.66	43.28
合计	854 007	—	491 328	—	57.53

数据来源：CNABS。

在经历了2010年的增长低谷后，2012年我国国内发明授权比例继续稳中有升，并且进一步奠定了与国外发明授权文献的对比优势，占发明专利授权文献总量的66.19%。

由表2-1-5可见，2006~2012年，国外来华申请的发明专利授权文献处于增长态势，从2006年的33 107件增至2012年的76 547件。其中，日本和美国的授权文献量保持领先地位，对比表2－1－2的中国发明专利公布文献数量排名，前10位上榜国家一致，这表明上述十个国家在中国的专利质量同样也保持稳定水平。

表2－1－5　2006～2012年中国发明专利授权文献数据中来源国前十名数量（件）

前10来源国排名	2012年	2011年	2010年	2009年	2008年	2007年	2006年
1	日本（29 300）	日本（24 672）	日本（23 565）	日本（28 171）	日本（20 943）	日本（16 092）	日本（15 226）
2	美国（16 613）	美国（11 654）	美国（11 027）	美国（1 1830）	美国（8 248）	美国（6 790）	美国（5 863）
3	德国（7 056）	德国（5 212）	韩国（5 251）	韩国（6 532）	韩国（4 407）	韩国（3 065）	韩国（2 798）
4	韩国（5 391）	韩国（4 685）	德国（4 569）	德国（5 006）	德国（3 455）	德国（2 836）	德国（2 702）
5	法国（2 607）	法国（1 945）	法国（1 921）	法国（2 187）	荷兰（1 378）	荷兰（1 226）	法国（1 200）
6	荷兰（2 114）	荷兰（1 724）	荷兰（1 737）	荷兰（2 140）	法国（1 324）	法国（1 149）	荷兰（1 139）
7	瑞士（1 873）	瑞士（1 458）	瑞士（1 301）	瑞士（1 257）	瑞士（938）	瑞士（872）	瑞士（850）
8	瑞典（1 369）	瑞典（940）	瑞典（890）	瑞典（915）	英国（673）	英国（575）	英国（596）
9	英国（1 215）	英国（823）	意大利（726）	英国（791）	瑞典（575）	瑞典（507）	瑞典（474）
10	意大利（902）	意大利（772）	英国（718）	意大利（745）	意大利（484）	意大利（459）	意大利（380）
来华发明授权文献总量	76 547	57 211	55 109	63 076	44 971	35 658	33 107

数据来源：EPODOC。

1.2　中国专利竞争者资源

图2－1－1为2006～2012年中国国内公布和授权文献竞争者资源比较图，可见企业

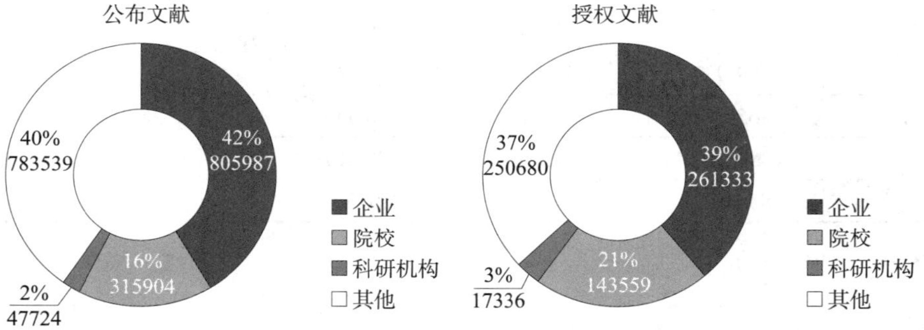

图2－1－1　国内公布和授权竞争者资源比较

数据来源：CNABS。

申请和个人等其他申请的数量较多；而公布文献和授权文献各竞争者资源的比例类似，提示各竞争者之间获得专利授权的能力相近。同时，从公布和授权文献竞争者资源公布与授权文献比例的具体数值也能看出，院校与科研机构在授权文献中所占比例略高于公布文献比例，表明其专利文献质量略高。

第二节　WIPO 35 个技术领域中国专利创新资源分析

2.1　WIPO 35 个技术领域中国专利公布文献资源

按照世界知识产权组织公布的国际专利分类与技术对照表中的 35 个技术领域，在 CNABS 数据库检索获得 2006～2012 年各领域的中国发明专利公布的国内文献。

图 2－2－1 为 2006～2012 年国内各领域公布文献数量柱形图，图中呈现了每个领域专利公布文献不同的增长趋势，从中可见，装卸、机床/工具、测量、机械元件、高分子化学/聚合物、运输、微观结构和纳米技术、其他专用机械、纺织和造纸机械、电机/电气装置/电能的国内发明专利公布文献增长率位于前列，年平均增长率在 34% 以上；生物材料分析、音像技术、药品和电信则增长缓慢，年均增长率在 17% 以下。

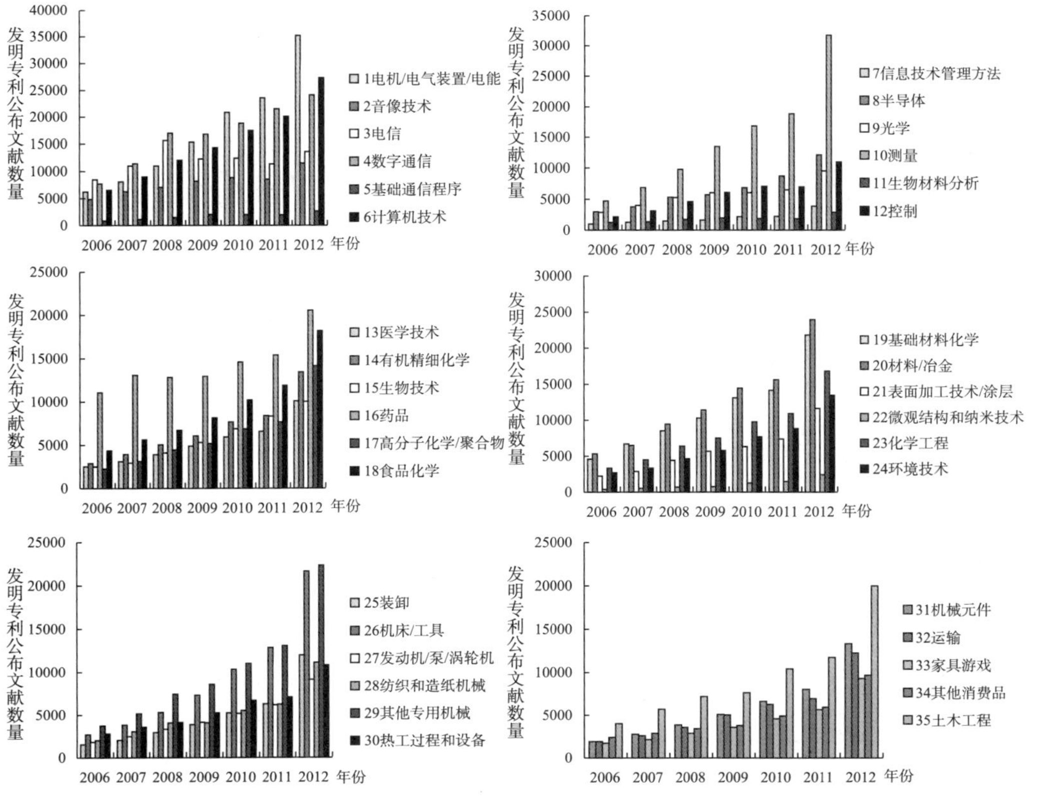

图 2－2－1　2006～2012 年 WIPO 35 个技术领域国内发明专利公布文献数量（单位：件）

数据来源：CNABS。

表2－2－1显示了WIPO 35个技术领域2006～2012年各年度发明专利公布文献数量以及1985～2012年的公布文献总量。从总量上来看，1985～2012年公布量总量超过100 000件的领域有7个，分别是：药品（147 059件）、电机/电气装置/电能（138 245件）、数字通信（126 385件）、计算机技术（125 615件）、测量（115 892件）、材料/冶金（109 210件）、基础材料化学（106 031件）。从这7个领域近年的发展来看，电机/电气装置/电能、测量等增长趋势一直较高，而药品和电信虽然保持了较高文献数量，但增长趋势有所放缓。此外，生物材料分析和音像技术等领域的文献数量和增长趋势都处于较低水平。

表2－2－1　WIPO 35个技术领域中国国内申请人历年发明公布文献量（件）

技术领域	2006年	2007年	2008年	2009年	2010年	2011年	2012年	1985～2012年合计	2007～2012年平均增长率（%）
1 电机/电气装置/电能	6 222	8 073	10 991	15 305	20 885	23 608	35 262	138 245	34
2 音像技术	4 837	6 271	7 044	8 185	8 839	8 548	11 464	6 4178	16. 16
3 电信	8 487	10 993	15 603	12 256	12 373	11 315	13 547	99 288	10. 36
4 数字通信	7 678	11 398	16 974	16 755	18 859	21 550	24 137	126 835	22. 49
5 基础通信程序	874	1 120	1 483	2 047	2 030	1 967	2 675	14 582	21. 77
6 计算机技术	6 531	8 985	12 020	14 297	17 471	20 137	27 353	125 615	27. 27
7 信息技术管理方法	1 010	1 279	1 508	1 642	2 175	2 253	3 863	16 022	26. 82
8 半导体	2 981	3 797	5 332	5 719	6 842	8 681	12 123	52 778	26. 87
9 光学	2 899	4 034	5 286	6 038	6 046	6 487	9 502	48 448	23. 05
10 测量	4 731	6 895	9 759	13 498	16 873	18 857	31 825	115 892	38. 52
11 生物材料分析	1 265	1 373	1 761	1 981	1 898	1 852	2 905	19 186	16. 59
12 控制	2 193	3 121	4 617	6 078	7 050	6 974	10 957	46 278	32. 32
13 医学技术	2 524	3 114	3 921	4 888	5 935	6 575	10 107	49 175	26. 65
14 有机精细化学	2 896	3 941	5 048	6 061	7 658	8 407	13 448	59 191	30. 06
15 生物技术	2 496	2 938	4 113	5 289	6 863	8 328	10 027	48 135	26. 3
16 药品	11 071	13 097	12 838	12 958	14 610	15 403	20 577	147 059	11. 5
17 高分子化学/聚合物	2 254	3 134	4 441	5 174	6 854	7 650	14 148	52 692	37. 71
18 食品化学	4 367	5 613	6 705	8 148	10 224	11 911	18 190	90 601	27. 37

续表

技术领域	2006 年	2007 年	2008 年	2009 年	2010 年	2011 年	2012 年	1985 ~ 2012 年合计	2007 ~ 2012 年平均增长率（%）
19 基础材料化学	4 603	6 689	8 532	10 303	13 102	14 167	21 801	106 031	30. 47
20 材料/冶金	5 346	6 485	9 457	11 430	14 451	15 615	23 940	109 210	29. 3
21 表面加工技术/涂层	2 248	2 899	4 407	5 675	6 318	7 366	1 1631	48 574	32. 59
22 微观结构和纳米技术	393	533	717	772	1 278	1 489	2 426	9 165	37. 13
23 化学工程	3 353	4 498	6 391	7 500	9 761	10 908	16 813	72 330	31. 6
24 环境技术	2 703	3 337	4 654	5 776	7 678	8 826	13 478	56 308	31. 27
25 装卸	1 540	2 048	2 966	3 898	5 246	6 303	11 984	38 987	42. 35
26 机床/工具	2 705	3 863	5 324	7 320	10 344	12 853	21 662	72 834	42. 04
27 发动机/泵/涡轮机	1 822	2 485	3 335	4 164	5 199	6 161	9 169	39 656	31. 27
28 纺织和造纸机械	2 035	3 065	4 094	4 108	5 524	6 259	11 147	44 496	35. 07
29 其他专用机械	3 753	5 175	7 452	8 593	11 039	13 074	22 340	87 116	35. 83
30 热工过程和设备	2 815	3 602	4 150	5 252	6 706	7 084	10 849	49 742	26. 03
31 机械元件	1 951	2 784	3 873	5 090	6 606	8 014	13 315	48 219	38. 41
32 运输	1 935	2 622	3 569	5 027	6 250	6 942	12 220	46 723	37. 32
33 家具游戏	1 754	2 169	2 905	3 582	4 577	5 647	9 277	36 885	32. 72
34 其他消费品	2 429	2 892	3 434	3 792	4 885	5 910	9 641	43 678	26. 86
35 土木工程	4 031	5 697	7 194	7 644	10 387	11 711	19 946	80 129	32. 14

数据来源：CNABS。

2.2 WIPO 35 个技术领域中国专利授权文献资源

图 2 - 2 - 2 呈现了 2006 ~ 2012 年 WIPO 35 个领域国内发明专利授权文献累计数量，从中可见，数字通信、测量与电机/电气装置/电能等领域授权文献量的总量与增速均位于前列；授权文献资源位于前列的领域包括：数字通信、药品、计算机技术、测量、电机/电气装置/电能、材料/冶金、电信、基础材料化学、化学工程和其他专用机械。

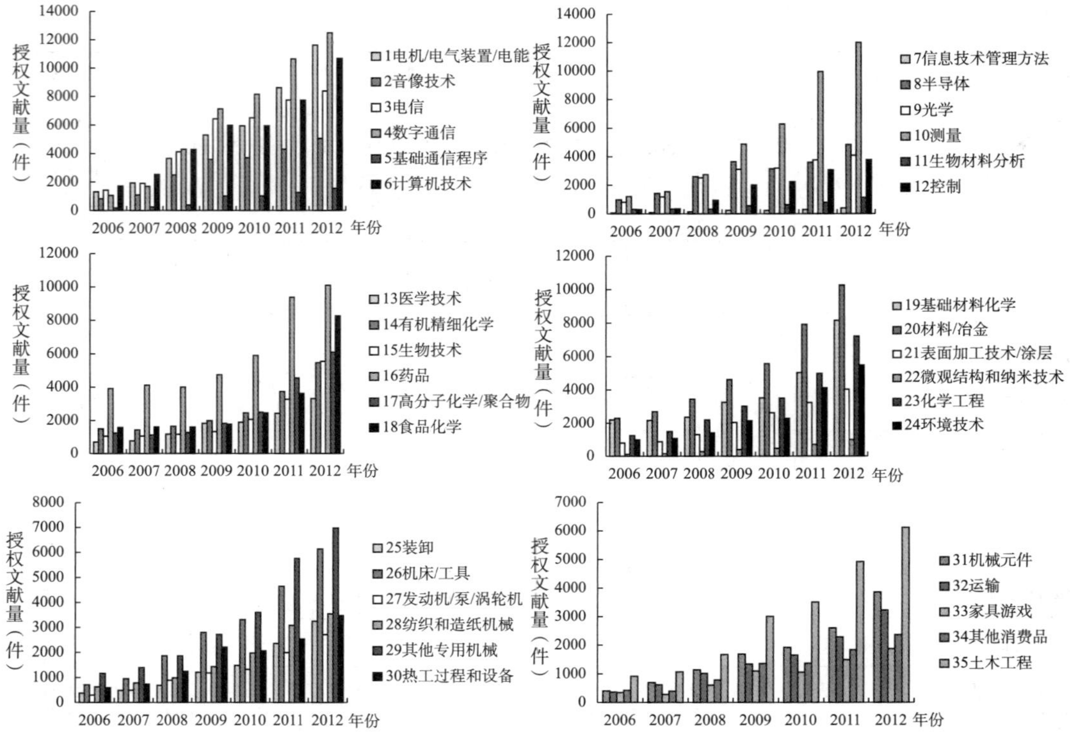

图 2-2-2　2006～2012 年国内申请 WIPO 35 个技术领域发明专利授权文献累计数量（件）

数据来源：CNABS。

表 2-2-2 显示了 2006～2012 各年度的 WIPO 35 个技术领域中国内发明授权文献量及平均年度增长率，并列出了 2006～2012 年及 1985～2012 年合计的授权文献量，以及 2006～2012 年合计文献量在 1985～2012 年文献总量中所占的比例。

表 2-2-2　WIPO 35 个技术领域中国国内申请历年发明授权文献量（件）

技术领域	2006 年	2007 年	2008 年	2009 年	2010 年	2011 年	2012 年	2006～2012 年合计	1985～2012 年合计	2006～2012 年占 1985～2012 比例（%）	2007～2012 年平均增长率（%）
1 电机/电气装置/电能	1 314	1 933	3 660	5 299	5 942	8 609	11 599	38 356	42 984	89.23	45.50
2 音像技术	828	1 098	2 490	3 581	3 707	4 313	5 066	21 083	22 962	91.82	40.09
3 电信	1 431	1 904	4 126	6 424	6 505	7 738	8 367	36 495	39 765	91.78	38.97
4 数字通信	1 067	1 696	4 294	7 117	8 146	10 633	12 466	45 419	47 258	96.11	56.68
5 基础通信程序	186	255	390	1 015	1 027	1 266	1 548	5 687	6 400	88.86	49.50
6 计算机技术	1 722	2 530	4 291	5 973	5 943	7 723	10 665	38 847	42 942	90.46	37.21

续表

技术领域	2006年	2007年	2008年	2009年	2010年	2011年	2012年	2006~2012年合计	1985~2012年合计	2006~2012年占1985~2012比例(%)	2007~2012年平均增长率(%)
7 信息技术管理方法	63	87	141	241	229	294	399	1 454	1 572	92.49	38.37
8 半导体	975	1 436	2 595	3 650	3 148	3 592	4 842	20 238	22 191	91.20	33.97
9 光学	812	1 183	2 513	3 104	3 188	3 765	4 082	18 647	20 837	89.49	35.14
10 测量	1 201	1 555	2 741	4 882	6 284	9 943	11 978	38 584	42 936	89.86	48.54
11 生物材料分析	315	332	322	567	636	786	1137	4 095	4 796	85.38	26.48
12 控制	299	353	939	2 013	2 246	3 062	3 781	12 693	13 723	92.49	61.64
13 医学技术	700	773	1 173	1 832	1 905	2 429	3 315	12 127	15 107	80.27	31.05
14 有机精细化学	1 502	1 430	1 654	1 996	2 461	3 737	5 471	18 251	22 968	79.46	25.52
15 生物技术	1 057	1 065	1 162	1 327	2 074	3 275	5 551	15 511	17 694	87.66	34.63
16 药品	3 924	4 128	3 997	4 747	5 910	9 370	10 102	42 178	53 512	78.82	18.61
17 高分子化学/聚合物	1 246	1 125	1 283	1 831	2 504	4 556	6 101	18 646	22 325	83.52	33.28
18 食品化学	1 584	1 615	1 609	1 783	2 464	3 620	8 261	20 936	27 226	76.90	37.62
19 基础材料化学	2 203	2 168	2 356	3 257	3 524	5 030	8 147	26 685	35 478	75.22	26.37
20 材料/冶金	2 300	2 700	3 444	4 616	5 575	7 919	10 266	36 820	45 892	80.23	28.57
21 表面加工技术/涂层	795	879	1 308	2 038	2 620	3 235	4 029	14 904	17 708	84.17	31.96
22 微观结构和纳米技术	116	156	274	406	476	704	1 000	3 132	3 338	93.83	44.25
23 化学工程	1 248	1 497	2 199	3 017	3 497	4 981	7 209	23 648	29 453	80.29	34.52
24 环境技术	995	1 078	1 415	2 149	2 289	4 108	5 480	17 514	20 752	84.40	35.14
25 装卸	374	482	690	1 215	1 486	2 354	3 247	9 848	11 155	88.28	44.46
26 机床/工具	708	954	1 867	2 795	3 311	4 655	6 131	20 421	23 321	87.56	45.15
27 发动机/泵/涡轮机	295	492	891	1 187	1 326	1 993	2 711	8 895	10 540	84.39	46.52
28 纺织和造纸机械	626	781	985	1 440	1 971	3 083	3 546	12 432	14 868	83.62	34.23

续表

技术领域	2006年	2007年	2008年	2009年	2010年	2011年	2012年	2006～2012年合计	1985～2012年合计	2006～2012年占1985～2012比例（%）	2007～2012年平均增长率（%）
29 其他专用机械	1 163	1 394	1 860	2 714	3 607	5 759	6 975	23 472	27 849	84.28	35.48
30 热工过程和设备	597	739	1 244	2 206	2 062	2 534	3 475	12 857	14 947	86.02	37.16
31 机械元件	408	698	1 143	1 689	1 920	2 593	3 857	12 308	14 201	86.67	46.68
32 运输	367	622	1 020	1 345	1 656	2 280	3 225	10 515	11 852	88.72	44.60
33 家具游戏	346	282	608	1 103	1 058	1 495	1 873	6 765	7 952	85.07	40.17
34 其他消费品	426	396	785	1 367	1 371	1 838	2 358	8 541	10 732	79.58	38.00
35 土木工程	916	1 071	1 672	3 003	3 509	4 924	6 109	21 204	24 827	85.41	38.98

数据来源：CNABS。

对比1985～2012年授权总量，可以得到2006～2012年授权文献量占总授权文献量最多的领域为数字通信、微观结构和纳米技术、控制、信息技术管理方法、音像技术、电信、半导体、计算机技术，占比均在90%以上，这说明这些领域在“十一五”规划和“十二五”规划期间的授权文献量增长较快；其他消费品、有机精细化学、药品、食品化学、基础材料化学占比均在80%以下，这些传统行业尤其是化学领域发展时间较长，2006～2012年授权文献量占总授权文献量的比重较低。

2.3 WIPO 35个技术领域中国竞争者资源分析

图2－2－3显示了各领域国内发明专利公布文献中，不同类型国内竞争者拥有的发明专利公布文献量所占的比例，可见：音像技术、数字通信、电信、半导体、基础通信程序和光学领域的企业公布量占总公布量的70%以上，这说明这些领域的技术含金量较高，进入需要一定门槛；而食品化学、医学技术、药品、生物技术、微观结构和纳米技术的企业公布文献量占比则38%以下。高等院校在微观结构和纳米技术、生物技术、生物材料分析领域中的占比较高。

2.4 WIPO 35个技术领域国内申请人和国外申请人创新资源比较

表2－2－3和表2－2－4比较了国内申请人和国外申请人在中国申请发明专利的数量及各自的占比。2006～2012年，WIPO 35个技术领域中，除了在运输、发动机/泵/涡轮机、表面加工技术/涂层、医学技术、光学、音像技术、基础通信程序领域，其他领域中的国内申请人拥有的发明公布文献累计量均高于国外申请人。从授权数量来看，在土木工程、机械元件、环境技术、微观结构和纳米技术、测量、生物技术、药品、食品化

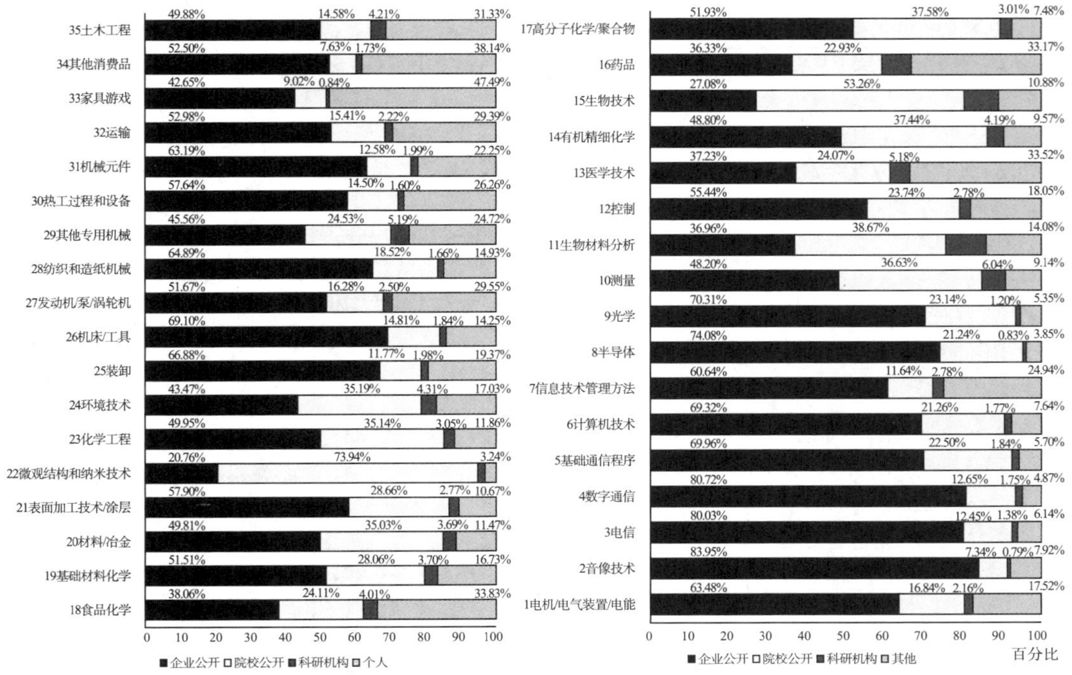

图 2－2－3　2006～2012 年 WIPO 35 个技术领域国内发明公布文献的各类型竞争者分布

数据来源：CNABS。

学、材料/冶金这些领域，国外申请人发明专利授权文献数量低于国内申请人；其他技术领域中，国外申请人发明专利授权数量均高于国内申请人，说明国外申请人在很多领域中的专利创新质量高于国内申请人，具有较大优势。这提醒国内申请人在注重申请数量的同时，也需提高专利申请质量。

表 2－2－3　WIPO 35 个技术领域国内申请人和国外申请人创新资源数量（件）

技术领域	国外申请人 2006～2012 年		国内申请人 2006～2012 年		国外申请人 1985～2012 年		国内申请人 1985～2012 年	
	公布	授权	公布	授权	公布	授权	公布	授权
1 电机/电气装置/电能	101 478	57 190	120 402	38 359	153 046	76 286	138 286	42 986
2 音像技术	84 710	56 253	55 231	21 090	137 138	74 644	64 213	22 969
3 电信	82 630	46 712	84 655	36 502	134 964	65 390	99 350	39 772
4 数字通信	60 297	30 166	117 422	45 421	90 781	39 899	126 902	47 261
5 基础通信程序	19 873	13 007	12 202	5 687	34 870	19 021	14 589	6 400
6 计算机技术	98 825	55 258	106 878	38 857	141 207	68 152	125 686	42 952
7 信息技术管理方法	12 611	4 613	13 741	1 455	18 922	5 601	16 033	1 573

续表

技术领域	国外申请人 2006~2012年		国内申请人 2006~2012年		国外申请人 1985~2012年		国内申请人 1985~2012年	
	公布	授权	公布	授权	公布	授权	公布	授权
8 半导体	73 881	45 820	45 525	20 247	105 204	54 642	52 825	22 200
9 光学	69 998	45 164	40 333	18 650	104 790	55 999	48 487	20 840
10 测量	52 179	28 174	102 482	38 587	75 229	36 151	115 933	42 939
11 生物材料分析	12 819	4 366	13 037	4 096	19 366	5 959	19 189	4 797
12 控制	30 517	16 269	41 024	12 696	45 291	21 165	46 310	13 726
13 医学技术	44 270	20 280	37 075	12 129	63 411	26 114	49 182	15 108
14 有机精细化学	30 793	14 104	47 473	18 251	55 536	24 483	59 204	22 968
15 生物技术	12 664	4 315	40 085	15 511	19 438	6 232	48 161	17 694
16 药品	43 933	15 266	100 567	42 182	74 121	25 359	147 070	53 516
17 高分子化学/聚合物	38 871	21 273	43 672	18 648	65 644	32 289	52 708	22 327
18 食品化学	11 762	4 763	65 162	20 938	19 624	7 550	90 605	27 228
19 基础材料化学	48 596	23 124	79 217	26 688	81 704	35 741	106 052	35 481
20 材料/冶金	30 911	16 814	86 731	36 821	51 602	26 001	109 216	45 893
21 表面加工技术/涂层	53 060	27 953	40 569	14 905	76 582	36 212	48 595	17 709
22 微观结构和纳米技术	6 390	2 482	7 614	3 132	7 595	2 689	9 169	3 338
23 化学工程	42 821	22 798	59 277	23 649	71 452	35 166	72 378	29 454
24 环境技术	19 255	9 314	46 469	17 515	29 625	13 474	56 320	20 753
25 装卸	33 362	19 544	34 013	9 848	54 615	28 919	39 009	11 155
26 机床/工具	34 367	18 764	64 090	20 426	52 452	26 325	72 852	23 326
27 发动机/泵/涡轮机	36 358	18 720	32 344	8 895	52 678	25 125	39 665	10 540
28 纺织和造纸机械	32 573	21 995	36 244	12 432	56 774	31 586	44 507	14 869
29 其他专用机械	44 565	23 581	71 449	23 474	72 524	34 910	87 137	27 851
30 热工过程和设备	19 874	11 255	40 486	12 859	32 565	17 032	49 767	14 949
31 机械元件	40 317	22 050	41 654	12 313	59 647	29 858	48 232	14 204
32 运输	48 200	25 263	38 575	10 515	66 355	31 839	46 730	11 853
33 家具游戏	18 799	10 394	29 931	6 765	29 355	13 916	36 904	7 952
34 其他消费品	23 972	14 691	32 998	8 542	40 751	21 491	43 693	10 733
35 土木工程	20 000	10 426	66 626	21 207	32 346	15 312	80 145	24 829

数据来源：CNABS。

表 2-2-4 WIPO 35 个技术领域国内申请人和国外申请人创新资源的比例

技术领域	国外申请人 2006~2012 年		国内申请人 2006~2012 年		国外申请人 1985~2012 年		国内申请人 1985~2012 年	
	公布	授权	公布	授权	公布	授权	公布	授权
1 电机/电气装置/电能	0.46	0.60	0.54	0.40	0.53	0.64	0.47	0.36
2 音像技术	0.61	0.73	0.39	0.27	0.68	0.76	0.32	0.24
3 电信	0.49	0.56	0.51	0.44	0.58	0.62	0.42	0.38
4 数字通信	0.34	0.40	0.66	0.60	0.42	0.46	0.58	0.54
5 基础通信程序	0.62	0.70	0.38	0.30	0.71	0.75	0.29	0.25
6 计算机技术	0.48	0.59	0.52	0.41	0.53	0.61	0.47	0.39
7 信息技术管理方法	0.48	0.76	0.52	0.24	0.54	0.78	0.46	0.22
8 半导体	0.62	0.69	0.38	0.31	0.67	0.71	0.33	0.29
9 光学	0.63	0.71	0.37	0.29	0.68	0.73	0.32	0.27
10 测量	0.34	0.42	0.66	0.58	0.39	0.46	0.61	0.54
11 生物材料分析	0.50	0.52	0.50	0.48	0.50	0.55	0.50	0.45
12 控制	0.43	0.56	0.57	0.44	0.49	0.61	0.51	0.39
13 医学技术	0.54	0.63	0.46	0.37	0.56	0.63	0.44	0.37
14 有机精细化学	0.39	0.44	0.61	0.56	0.48	0.52	0.52	0.48
15 生物技术	0.24	0.22	0.76	0.78	0.29	0.26	0.71	0.74
16 药品	0.30	0.27	0.70	0.73	0.34	0.32	0.66	0.68
17 高分子化学/聚合物	0.47	0.53	0.53	0.47	0.55	0.59	0.45	0.41
18 食品化学	0.15	0.19	0.85	0.81	0.18	0.22	0.82	0.78
19 基础材料化学	0.38	0.46	0.62	0.54	0.44	0.50	0.56	0.50
20 材料/冶金	0.26	0.31	0.74	0.69	0.32	0.36	0.68	0.64
21 表面加工技术/涂层	0.57	0.65	0.43	0.35	0.61	0.67	0.39	0.33
22 微观结构和纳米技术	0.46	0.44	0.54	0.56	0.45	0.45	0.55	0.55
23 化学工程	0.42	0.49	0.58	0.51	0.50	0.54	0.50	0.46
24 环境技术	0.29	0.35	0.71	0.65	0.34	0.39	0.66	0.61
25 装卸	0.50	0.66	0.50	0.34	0.58	0.72	0.42	0.28
26 机床/工具	0.35	0.48	0.65	0.52	0.42	0.53	0.58	0.47
27 发动机/泵/涡轮机	0.53	0.68	0.47	0.32	0.57	0.70	0.43	0.30
28 纺织和造纸机械	0.47	0.64	0.53	0.36	0.56	0.68	0.44	0.32
29 其他专用机械	0.38	0.50	0.62	0.50	0.45	0.56	0.55	0.44

续表

技术领域	国外申请人 2006～2012 年		国内申请人 2006～2012 年		国外申请人 1985～2012 年		国内申请人 1985～2012 年	
	公布	授权	公布	授权	公布	授权	公布	授权
30 热工过程和设备	0.33	0.47	0.67	0.53	0.40	0.53	0.60	0.47
31 机械元件	0.49	0.64	0.51	0.36	0.55	0.68	0.45	0.32
32 运输	0.56	0.71	0.44	0.29	0.59	0.73	0.41	0.27
33 家具游戏	0.39	0.61	0.61	0.39	0.44	0.64	0.56	0.36
34 其他消费品	0.42	0.63	0.58	0.37	0.48	0.67	0.52	0.33
35 土木工程	0.23	0.33	0.77	0.67	0.29	0.38	0.71	0.62

数据来源：CNABS。

表2－2－4同样显示了1985～2012年35个技术领域中国内申请人与国外申请人所拥有发明专利公布文献及授权文献的占比，从整体状况来看，中国申请人在食品化学、生物技术、材料/冶金等技术领域的发明公布数量和国外申请人相比优势较大；但在基础通信程序、音像技术领域的发明公开数量和国外申请人相比，差距较大。

第三节　中国主要产业专利创新资源分析

3.1　中国主要产业专利文献资源

专利作为保护发明者的重要工具，是企业积极参与行业竞争、拓展行业市场的一种有效手段。本节主要产业是指以国民经济行业分类中涉及第一、第二产业的50个产业。本报告依据中国发明专利数据基础，统计了1985年以来中国国民经济50个产业的专利资源情况，重点针对各产业2006～2012年的专利创新资源进行了多方位的分析。

根据2011年国民经济行业分类的划分标准，上述50个产业的名称如表2－3－1所示。

表2－3－1　50个国民经济产业名称

序号	产业名称	序号	产业名称
1	农业	7	石油和天然气开采业
2	林业	8	黑色金属矿采选业
3	畜牧业	9	有色金属矿采选业
4	渔业	10	非金属矿采选业
5	农、林、牧、渔服务业	11	开采辅助活动
6	煤炭开采和洗选业	12	其他采矿业

续表

序号	产业名称	序号	产业名称
13	农副食品加工业	32	有色金属冶炼和压延加工业
14	食品制造业	33	金属制品业
15	酒、饮料和精制茶制造业	34	通用设备制造业
16	烟草制品业	35	专用设备制造业
17	纺织业	36	汽车制造业
18	纺织服装、服饰业	37	铁路、船舶、航空航天和其他运输设备制造业
19	皮革、毛皮、羽毛及其制品和制鞋业	38	电气机械和器材制造业
20	木材加工和木、竹、藤、棕、草制品	39	计算机、通信和其他电子设备制造业
21	家具制造业	40	仪器仪表制造业
22	造纸和纸制品业	41	其他制造业
23	印刷和记录媒介复制业	42	废弃资源综合利用业
24	文教、工美、体育和娱乐用品制造业	43	金属制品、机械和设备修理业
25	石油加工、炼焦和核燃料加工业	44	电力、热力生产和供应业
27	医药制造业	45	燃气生产和供应业
26	化学原料和化学制品制造业	46	水的生产和供应业
28	化学纤维制造业	47	房屋建造业
29	橡胶和塑料制品业	48	土木工程建筑业
30	非金属矿物制品业	49	建筑安装业
31	黑色金属冶炼和压延加工业	50	建筑装饰和其他建筑业

注：本节的50个产业为国民经济行业分类中的50个行业大类。

图2－3－1为2006～2012年中国主要产业发明专利文献的公布量和授权量。公布文献量和授权文献量较高的产业分别为：计算机、通信和其他电子设备制造业，专用设备制造业，化学原料和化学制品制造业，通用设备制造业，这些领域中的发明专利公布文献量均达到20万件以上。

3.2 中国主要产业专利资源年度变化状况

知识产权支撑社会经济的发展，同时，社会经济的发展也为知识产权的发展起到促进作用。随着近年来我国经济的不断发展，各产业的专利数量也在不断攀升。表2－3－2为50个产业的2006～2012年历年中国发明专利公布文献和授权文献量，就专利文献公布量而言，数量最多的七个产业分别为：计算机、通信和其他电子设备制造业，专用设备制造业，化学原料和化学制品制造业，仪器仪表制造业，通用设备制造业，电气机械和器材制造业，以及土木工程建筑业。

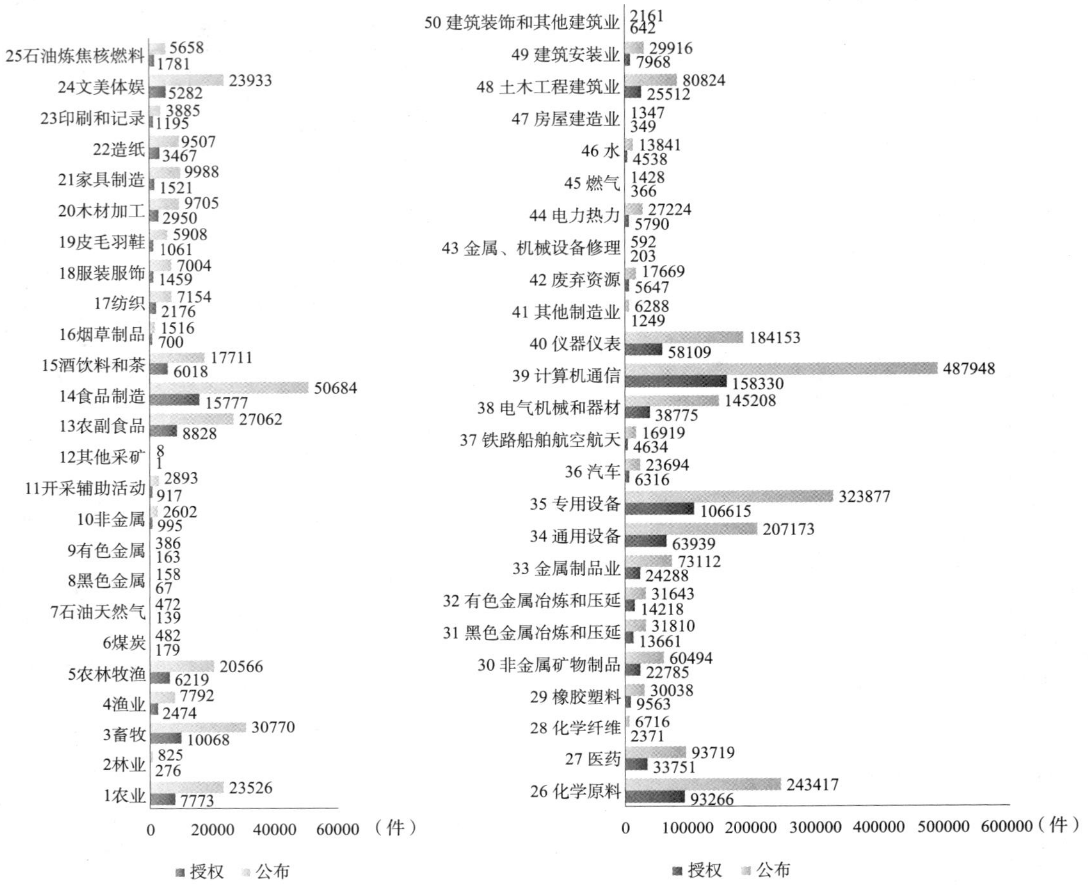

图2-3-1　2006~2012年中国主要产业发明专利公布文献量和授权文献量

数据来源：CPRS。

对上述数量最多七个产业发明专利公布量，各产业几年来稳步增长，七个产业中每个产业的年平均增长率分别为29.51%、34.30%、33.04%、34.31%、41.31%、37.87%和41.30%。对授权文献情况，除计算机、通信和其他电子设备制造业外，其他行业的授权文献量每年递增，至2011年略有下降，而计算机、通信和其他电子设备制造业的授权文献量从2006年递增到2008年后，自2009年开始有所降低，至2011年下降幅度较大，该产业近年来的竞争愈加激烈，创新和获权难度进一步增加。

表2-3-2 国民经济50产业2006~2012年历年中国发明专利公布、授权文献量

产业	2006年授权	2006年公布	2007年授权	2007年公布	2008年授权	2008年公布	2009年授权	2009年公布	2010年授权	2010年公布	2011年授权	2011年公布	2012年授权	2012年公布	1985~2012年授权	1985~2013年授权	十一五占比公布（%）	十一五占比授权（%）	十二五占比公布（%）	十二五占比授权（%）
1 农业	617	1 142	858	1 816	1 069	2 346	1 254	2 832	1 570	3 807	1 676	4 201	729	7 382	8 531	28 068	42. 55	62. 92	41. 27	28. 19
2 林业	27	50	33	70	42	87	46	99	57	127	53	145	18	247	313	1 005	43. 08	65. 50	39. 01	22. 68
3 畜牧业	726	1 254	886	1 906	1 271	2 540	1 488	3 812	2 067	5 123	2 366	5 971	1 264	10 164	11 080	37 001	39. 55	58. 10	43. 61	32. 76
4 渔业	192	364	265	592	316	658	356	762	601	1 291	591	1 601	153	2 524	2 695	9 078	40. 39	64. 19	45. 44	27. 61
5 农、林、牧、渔服务业	537	976	777	1 451	927	1 798	1 164	2 486	1 497	3 656	1 060	3 989	257	6 210	7 106	24 597	42. 15	68. 98	41. 46	18. 53
6 煤炭开采和洗选业	17	25	18	29	23	45	31	61	44	84	37	85	9	153	212	611	39. 93	62. 74	38. 95	21. 70
7 石油和天然气开采业	12	26	19	43	25	61	30	55	32	69	19	94	2	124	170	580	43. 79	69. 41	37. 59	12. 35
8 黑色金属矿采选业	6	8	7	11	11	19	13	24	15	26	11	27	4	43	72	182	48. 35	72. 22	38. 46	20. 83
9 有色金属矿采选业	14	19	15	25	28	48	28	56	36	66	30	68	12	104	174	442	48. 42	69. 54	38. 91	24. 14
10 非金属矿采选业	109	163	122	195	174	293	196	364	202	388	149	443	43	756	1 138	3 105	45. 19	70. 56	38. 62	16. 87
11 开采辅助活动	42	86	79	145	117	219	183	316	246	457	232	651	18	1 019	1 002	3 495	34. 99	66. 57	47. 78	24. 95
12 其他采矿业	0	0	0	1	0	1	0	1	1	1	0	2	0	2	3	9	44. 44	33. 33	44. 44	0. 00
13 农副食品加工业	808	1 556	919	2 311	1 262	2 762	1 355	3 636	1 727	4 451	1 765	4 540	992	7 806	10 217	33 018	44. 57	59. 42	37. 39	26. 98
14 食品制造业	1 684	3 380	1 741	4 783	2 453	5 795	2 586	6 993	2 969	7 726	2 807	7 782	1 537	14 225	18 463	62 877	45. 61	61. 92	35. 00	23. 53

续表

产业	2006年授权	2006年公布	2007年授权	2007年公布	2008年授权	2008年公布	2009年授权	2009年公布	2010年授权	2010年公布	2011年授权	2011年公布	2012年授权	2012年公布	1985～2012年授权	1985～2013年授权	十一五占比公布（%）	十一五占比授权（%）	十二五占比公布（%）	十二五占比授权（%）
15 酒、饮料和精制茶制造业	625	1 215	646	1 593	842	1 795	870	2 181	1 242	2 815	1 217	3 169	576	4 943	7 052	22 315	43.02	59.91	36.35	25.43
16 烟草制品业	59	93	68	136	96	160	168	231	160	243	113	223	36	430	787	1 901	45.40	70.01	34.35	18.93
17 纺织业	157	281	204	404	340	743	395	911	511	1 097	468	1 206	101	2 512	2 414	8 544	40.22	66.57	43.52	23.57
18 纺织服装、服饰业	118	332	141	400	234	644	274	731	347	1 030	294	1 274	51	2 593	1 687	8 933	35.12	66.03	43.29	20.45
19 皮革、毛皮、羽毛及其制品和制鞋业	55	189	111	259	128	389	204	630	281	1 043	219	1 138	63	2 260	1 153	7 385	33.99	67.56	46.01	24.46
20 木材加工和木、竹、藤、棕、草制品业	319	665	363	838	559	1 204	629	1 414	647	1 606	403	1 520	30	2 458	3 359	11 229	51.00	74.93	35.43	12.89
21 家具制造业	129	374	152	488	216	791	287	975	350	1 383	331	1 905	56	4 072	1 703	12 420	32.29	66.59	48.12	22.72
22 造纸和纸制品业	341	608	395	1 055	555	1 231	671	1 137	806	1 541	584	1 553	115	2 382	3 927	11 190	49.79	70.49	35.17	17.80
23 印刷和记录媒介复制业	88	188	145	293	203	439	211	455	240	515	263	703	45	1 292	1 423	4 731	39.95	62.33	42.17	21.64
24 文教、工美、体育和娱乐用品制造业	601	1 641	710	1 978	842	2 590	933	2 952	1 115	3 544	906	4 070	175	7 158	6 753	31 580	40.23	62.21	35.55	16.01
25 石油加工、炼焦和核燃料加工业	191	359	295	575	302	687	316	731	402	952	228	959	47	1 395	2 118	6 961	47.46	71.10	33.82	12.98
26 化学原料和化学制品制造业	9 027	13 503	11 203	18 803	14 942	25 851	16 619	31 119	20 905	39 680	16 221	43 262	4 349	71 199	114 126	317 716	40.59	63.70	36.03	18.02

续表

产业	2006年授权	2006年公布	2007年授权	2007年公布	2008年授权	2008年公布	2009年授权	2009年公布	2010年授权	2010年公布	2011年授权	2011年公布	2012年授权	2012年公布	1985～2012年授权	1985～2013年授权	十一五占比公布(%)	十一五占比授权(%)	十二五占比公布(%)	十二五占比授权(%)
27 医药制造业	4836	9 474	5 144	11 902	4 977	11 577	5 082	11 996	6 184	13 715	5 723	14 518	1 805	20 537	41 678	122 859	47. 75	62. 92	28. 53	18. 06
28 化学纤维制造业	196	299	230	452	359	808	374	768	544	994	537	1 109	131	2 286	2 715	8 326	39. 89	62. 73	40. 78	24. 60
29 橡胶和塑料制品业	779	1 311	1 012	2 037	1 505	3 176	1 741	3 649	2 270	4 565	1 800	5 126	456	10 174	10 662	34 949	42. 17	68. 53	43. 78	21. 16
30 非金属矿物制品业	2 905	4 688	3 171	5 967	3 666	7 828	3 927	8 010	4 612	9 029	3 409	8 764	1 095	16 208	26 179	72 241	49. 17	69. 83	34. 57	17. 20
31 黑色金属冶炼和压延加工业	1 114	1 624	1 586	2 423	1 993	3 235	2 332	3 914	3 356	5 663	2 663	5 659	617	9 292	14 960	37 870	44. 52	69. 39	39. 48	21. 93
32 有色金属冶炼和压延加工业	1 179	1 728	1 869	2 774	2 174	3 487	2 188	3 765	3 332	5 304	2 776	5 889	700	8 696	15 786	37 910	45. 00	68. 05	38. 47	22. 02
33 金属制品业	1 977	3 557	2 856	5 069	3 647	6 975	4 546	8 899	5 795	11 504	4 659	13 212	808	23 896	27 340	87 810	41. 00	68. 84	42. 26	20. 00
34 通用设备制造业	4 796	9 264	7 028	13 663	9 280	18 579	11 848	24 459	15 588	32 535	13 068	38 714	2 331	69 959	74 317	252 649	38. 99	65. 31	43. 01	20. 72
35 专用设备制造业	9 654	18 280	12 174	23 745	16 524	33 376	18 943	40 377	24 116	50 919	20 163	56 800	5 041	100 380	132 308	421 685	39. 53	61. 53	37. 27	19. 05
36 汽车制造业 404	984	637	1 573	848	2 018	1 326	3 044	1 421	3 539	1 356	4 589	324	7 947	7 180	28 044	39. 79	64. 57	44. 70	23. 40	
37 铁路、船舶、航空航天和其他运输设备制造业	316	733	507	1 098	647	1 429	996	2 248	1 121	2 744	900	3 405	147	5 262	5 447	20 672	39. 92	65. 85	41. 93	19. 22
38 电气机械和器材制造业	3 280	6 967	4 099	9 407	5 602	12 693	7 890	18 035	9 833	24 560	6 803	27 571	1 268	45 975	43 493	164 633	43. 53	70. 60	44. 67	18. 56

数据来源：CPRS。

第四节　七大战略性新兴产业中国专利创新资源分析

本节同样以《国务院关于加快培育和发展战略新兴产业的决定》（国发〔2010〕32号）所述的七大战略新兴产业为基础，分析了2006年以来七大产业中国专利创新资源的状况。

4.1　七大战略性新兴产业中国专利公布和授权文献资源分析

4.1.1　2006～2012年七大产业中国专利文献资源总体分析

由图2－4－1可见，七大战略性新兴产业中，发明公布文献量最多的产业是新一代信息技术产业，达到了22.74万件，其次是生物产业和节能环保产业，分别为21.68万件和13.45万件。发明授权文献量的前三名与之保持一致。

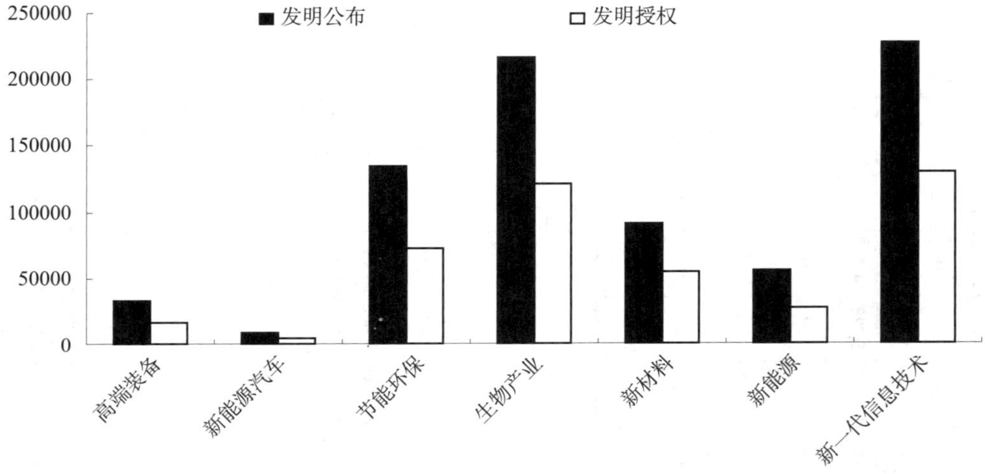

图2－4－1　七大产业中国发明专利公布、授权文献量（件）

数据来源：CNABS。

4.1.2　2006～2012年历年七大产业中国专利文献资源分析

图2－4－2显示了七大战略性新兴产业2006～2012年历年的发明专利公布文献量。从中可见：2006～2012年，七大战略性新兴产业的发明公布文献量都逐年上升。在2006年时，生物产业最多，而从2008年开始，新一代信息技术产业开始超过生物产业，达到最多，这说明新一代信息技术产业在近几年中发展十分迅速。而2006～2012年，节能环保产业的发明公布文献量一直保持在第三位。

4.2　2006～2012年七大产业竞争者资源公布量分析

从图2－4－3可以看出，新一代信息技术产业企业发明公布文献量最多，达到17.5万件；院校、科研机构和其他申请人在生物产业中的发明公布文献量相较其他产业更多，分别为6.70万件、1.53万件和6.90万件。

新一代信息技术产业、新能源产业、新能源汽车产业和高端装备产业的企业发明专利公布文献量占公布文献总量的一半以上，生物产业的企业占比最低，只有31.6%，说明企业在新一代信息技术、新能源等多个产业中占据了创新主体地位。新材料产业中院校类申请人发明公布文献量占公布文献总量的比率最高，达到41.7%，说明在这七大战略性新兴产业中，新材料产业的院校研发能力相对较强。生物产业中，除企业、大专院校类的其他申请人占据了很大比例，因为该产业中涉及中药制造、植物栽培等领域，个人申请多有涉及。

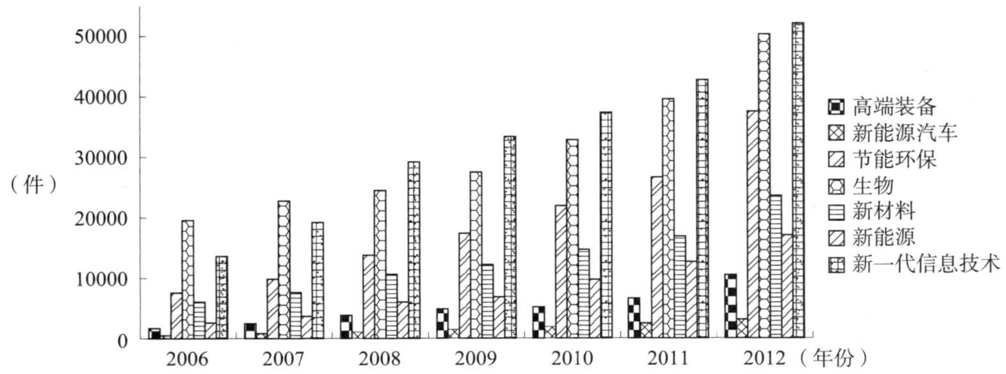

图2-4-2　历年七大战略性新兴产业发明公布文献量

数据来源：CNABS。

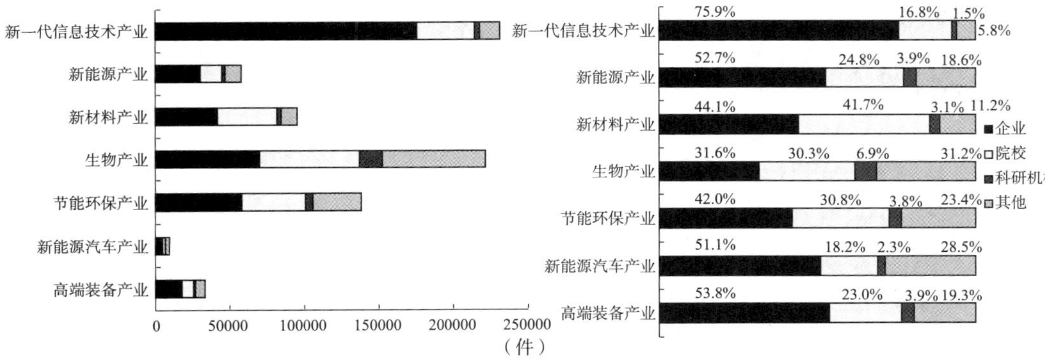

图2-4-3　七大战略性新兴产业各类申请人发明专利公布文献量（件）及比例（%）

数据来源：CNABS。

第五节　中国专利创新资源区域分析

本节分析了全国31个省、自治区和直辖市的专利创新资源情况，包括创新体系的特色、优势及挑战，为进一步完善创新能力提供数据支持。

5.1　区域中国专利创新资源整体状况

5.1.1　各区域中国专利文献资源

近年来，各级政府高度重视科技创新和知识产权工作，出台了一系列鼓励发明创造、奖励创新成果、资助专利申请等政策措施，推进了全国各省专利申请量和授权量稳步提升。各省、自治区、直辖市的专利申请量逐年攀升，到2011年，全国发明专利总公布量已经达到256 514件。

图2－5－1为2012年全国各省市发明专利公布量分布图（不包括香港、澳门、台湾地区）。2012年发明专利公布量最多的为江苏省，达到82 973件，其次为广东、北京、上海、浙江、山东等。如图2－5－2所示，2012年发明专利授权文献量最多的省为广东，授权文献量为22 234件，其次为北京、江苏、浙江、上海、山东等。其他年份和省份数据参见表2－5－1。

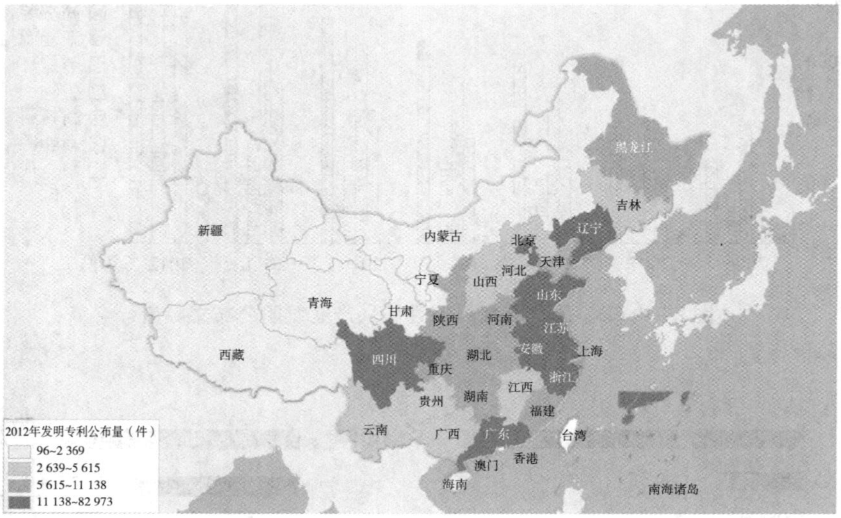

图2－5－1　2012年全国各省市发明专利公布量分布图

数据来源：CNABS。

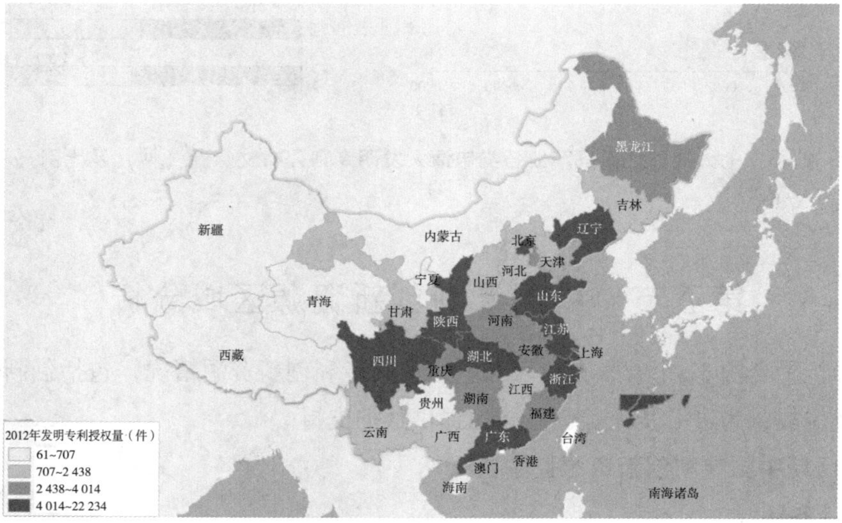

图2－5－2　2012年全国各省市发明专利授权文献量分布图

数据来源：CNABS。

表 2-5-1 全国各省市发明专利 2006~2012 年公布和授权文献量

省市	2006 年		2007 年		2008 年		2009 年		2010 年		2011 年		2012 年		2006~2012 年公布	2006~2012 年授权	2006~2012 年创新资源质量
	公布	授权	公布	授权	公布	授权	公布	授权	公布	授权	公布	授权	公布	授权			
北京	11 163	3 931	14 151	4 582	18 581	6 256	24 850	9 087	28 789	10 429	31 960	15 222	45 060	20 098	174 554	69 605	0.40
天津	3 979	997	4 768	1 060	4 667	1 537	5 231	1 972	6 244	1 785	7 801	2 395	11 138	3 352	43 828	13 098	0.3
河北	1 240	403	1 407	445	1 725	554	2 153	682	2 940	837	3 228	1 399	5 305	1 938	17 998	6 258	0.35
山西	673	309	933	307	1 228	396	1 588	611	2 264	691	2 533	1 040	4 568	1 336	13 787	4 690	0.34
内蒙古	316	105	404	124	551	136	609	181	763	235	935	352	1 310	552	4 888	1 685	0.34
辽宁	3192	1 071	3 851	1 137	4 478	1 483	5 701	1 974	7 545	2 213	7 902	2 975	13 159	4 014	45 828	14 867	0.32
吉林	1 110	468	1 307	426	1 659	565	1 738	738	2 095	748	2 465	1 084	3 736	1 599	14 110	5 628	0.4
黑龙江	1 558	567	1 824	644	2 528	724	2 779	1 117	3 724	1 376	3 690	1 867	5 615	2 490	21 718	8 785	0.4
上海	9 081	2 657	10 946	3 048	15 341	4 141	17 224	6 009	20 156	6 473	23 316	8 684	32 691	11 392	128 755	42 404	0.33
江苏	6 732	1 614	9 482	2 011	14 563	3 296	19 390	5 036	31 051	6 816	41 879	10 440	82 973	15 883	206 070	45 096	0.22
浙江	6 823	1 471	7 936	2 010	10 290	3 206	12 299	4 787	15 756	5 924	17 623	8 928	27 638	11 707	98 365	38 033	0.39
安徽	946	283	1 351	304	1 691	446	3 064	791	4 465	1 036	6 434	1 909	13 585	2 880	31 536	7 649	0.24
福建	1 036	298	1 567	322	2 172	514	2 991	800	4 109	1 100	4 965	1 840	7 498	2 899	24 338	7 773	0.32
江西	659	152	813	179	866	207	1 126	376	1 602	360	1 785	633	2 659	911	9 510	2 818	0.3
山东	4 330	1 128	6 055	1 351	8 155	1 742	10 247	2 828	13 121	3 766	15 486	5 591	25 440	7 476	82 834	23 882	0.29
河南	1 513	424	1 963	569	2 997	639	3 627	1 122	4 991	1 388	6 023	2 314	9 166	3 232	30 280	9 688	0.32
湖北	1 906	842	2 643	851	3 396	1 166	4 409	1 496	6 296	1 832	6 281	2 982	9 670	4 114	34 601	13 283	0.38
湖南	2 770	584	3 459	708	3 991	1 133	3 775	1 762	4 615	1 832	5 893	2 445	9 138	3 325	33 641	11 789	0.35

续表

省市	2006年		2007年		2008年		2009年		2010年		2011年		2012年		2006~2012年	2006~2012年	2006~2012年创新资源质量
	公布	授权	公布	授权	公布	授权	公布	授权	公布	授权	公布	授权	公布	授权	公布	授权	
广东	13 048	2 487	19 375	3 485	26 446	7 158	28 637	11 797	34 557	12 987	39 739	17 548	52 127	22 234	213 929	77 696	0. 36
广西	510	179	684	189	978	205	954	320	1 355	396	1 635	603	3 810	902	9 926	2 794	0. 28
四川	2 508	684	2 793	778	3 334	1 175	4 427	1 645	6 063	2 040	7 522	3 051	12 143	4 424	38 790	13 797	0. 36
贵州	868	180	662	227	761	269	918	337	1 138	415	1 251	560	2 639	665	8 237	2 653	0. 32
云南	850	366	932	375	1 225	381	1 457	474	2 011	607	2 010	948	3 236	1 296	11 721	4 447	0. 38
西藏	22	7	12	5	21	16	38	8	72	13	65	20	96	61	326	130	0. 4
陕西	1 496	593	1 781	715	2 725	916	3 936	1 314	5 350	1 728	6 573	2 882	10 842	4 068	32 703	12 216	0. 37
甘肃	481	139	557	170	679	214	807	218	1 058	321	1 272	518	2 088	707	6 942	2 287	0. 33
青海	90	29	54	27	102	26	146	36	163	31	196	74	214	103	965	326	0. 34
宁夏	88	71	145	32	106	47	163	48	224	57	280	100	598	141	1 604	496	0. 31
新疆	240	113	318	90	435	81	467	118	736	169	859	273	1 311	457	4 366	1 301	0. 3
海南	172	42	191	51	296	51	332	81	528	176	524	236	769	416	2 812	1 053	0. 37
重庆	844	238	1 285	338	1 649	504	2 356	804	3 610	1 003	4 389	1 788	7 269	2 438	21 402	7 113	0. 33

数据来源：CNABS。

5.1.2 各区域中国专利竞争者资源

2006～2012年，国内企业、院校、科研机构和其他的创新活力均保持了增长的趋势。就2006～2012年整体而言，创新活力和能力较高的省市，其企业占比都较高，说明企业是带动创新资源发展的主体。

图2－5－3为2006～2012年全国各省市各类型竞争者创新资源分布情况（以发明专利公布文献量计）。其中，企业占比最多的省份为安徽、江苏、上海、天津，企业占比均达到70%。院校占比最多的省份为陕西、云南、上海、黑龙江、吉林，院校占比均达到10%以上，最高的陕西省达到19%。科研机构占比最多的省份为贵州、北京、新疆、云南、陕西，均达到5%，其中贵州最高达到15%。而其他申请人（个人居多）占比较高的省份，如西藏、海南、内蒙古等，创新活力相对较弱。另外，山东省是专利申请量大省，而该省除企业、科研院校外，其他类型竞争者资源也相对较高，说明该省的竞争者资源发展还比较分散。

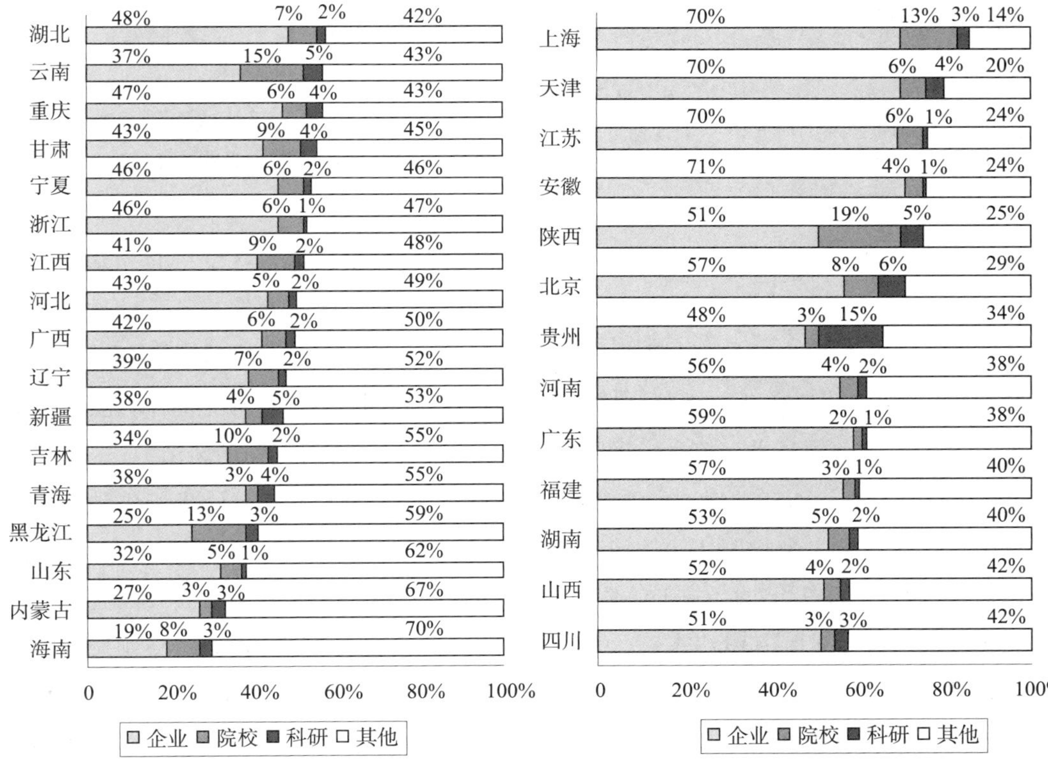

图2－5－3　2006～2012年全国各省市各类型竞争者创新资源分布情况

数据来源：CNABS。

5.2 区域WIPO 35个技术领域中国专利创新资源

图2－5－4显示了35个技术领域中我国各省市区域专利公布文献量进入前十的领域数量，图中深颜色代表该省市在较多领域进入了前十。具体数据参见表2－5－4。

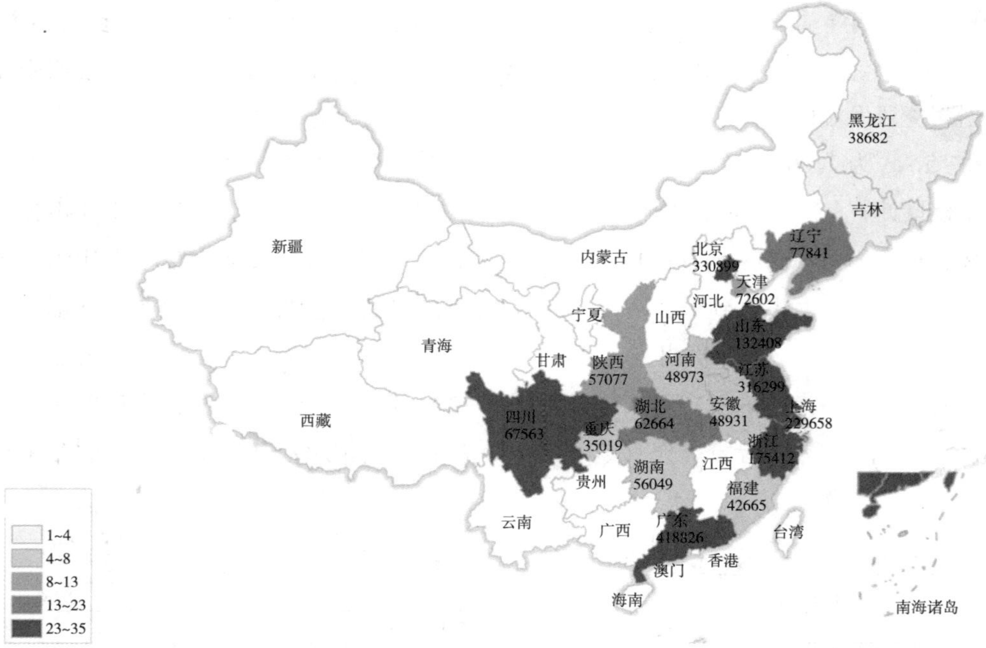

图 2－5－4　各省市区域专利公布文献量进入 35 个技术领域前十名的次数

数据来源：CNABS。

2006～2012 年度 35 个技术领域中，江苏在其中 15 个领域排名首位，而北京和广东在其中 10 个和 9 个领域中名列第一。广东、北京、江苏、上海、浙江等省市的发明专利公布文献数量几乎在所有领域都名列前茅，这说明这些省市在各技术领域发展较为均衡，且是我国专利创新最为活跃的地区。而山东、辽宁、四川、天津、安徽、湖北、福建、湖南等省市也在多个领域排名前十，说明这些省市也具有较高的专利创新活力。

从技术角度分析，广东省在电气类领域的申请大部分排名第一，处于领先地位，北京在基础化学、材料、生物医药等领域表现较好，而江苏则在机械及其他领域实力显著。各省市区域 2006～2012 年排名前十的技术领域具体可见表 2－5－2。

如图 2－5－5 所示，其中广东、北京、江苏、上海、浙江五省市其 35 个领域的专利授权文献数量都在全国名列前十，山东、四川紧随其后，这与公布文献数量排名基本相同。四川是名次提前较多的一个省份，揭示了四川专利质量相对较高，经统计，四川省有四个领域专利授权文献数量排名位居全国第 6 名，分别是电信领域、数字通信领域、基础通信程序领域和食品化学领域。全国有 5 个省份其 35 个领域的专利公布文献总量与授权文献总量都在全国前十名，且排名一致，分别是广东、北京、江苏、上海、浙江。山东、辽宁紧随其后，这些地区全部在东部地区或沿海地区。

表 2-5-2　2006~2012 年各省发明公布文献量排名前十的领域

WIPO 35 排名	北京	数量	天津	数量	河北	数量	山西	数量	内蒙古	数量	辽宁	数量	吉林	数量	黑龙江	数量
1	4 数字通信	33 439	16 药品	6 635	16 药品	3205	16 食品化学	2 322	18 食品化学	1 484	20 材料/冶	7 579	16 药品	3 331	10 测量	3 318
2	6 计算机技术	30 841	30 热工过程和设备	4 307	20 材料/冶金	2 495	20 材料/冶金	2 293	16 药品	850	16 药品	4 777	10 测量	2 285	16 药品	2 825
3	10 测量	23 802	1 机电/电气装置/电能	4 250	16 基础材料化学	1 820	19 基础材料化学	1 670	20 材料/冶金	835	1 机电/电气装置/电能	4 592	19 基础材料化学	1 532	20 材料/冶金	2 197
4	3 电信	20 549	10 测量	4 202	10 测量	1 638	35 土木工程	1 563	29 其他专用机械	498	19 基础材料化学	4 517	18 食品化学	1 485	1 机电/电气装置/电能	2 100
5	16 药品	18 408	19 基础材料化学	3 642	35 土木工程	1 586	18 食品化学	1 498	19 基础材料化学	394	10 测量	4 240	20 材料/冶金	1 463	19 基础材料化学	2 017
6	19 基础材料化学	15 293	18 食品化学	3 540	1 机电/电气装置/电能	1 554	26 机床/工具	1 205	35 土木工程	299	26 机床/工具	4 164	17 高分子化学/聚合物	1 447	18 食品化学	1 952
7	20 材料/冶金	15 282	14 有机精细化学	3 257	18 食品化学	1 514	23 化学工程	1 197	10 测量	293	23 化学工程	4 108	29 其他专用机械	1 310	35 土木工程	1 829
8	1 电机/电气装置/电能	14 013	23 化学工程	3 158	26 机床/工具	1 509	29 其他专用机械	1 189	15 生物技术	245	18 食品化学	3 601	1 机电/电气装置/电能	964	26 机床/工具	1 812
9	23 化学工程	13 695	20 材料/冶金	3 056	29 其他专用机械	1 483	10 测量	1 158	23 化学工程	236	35 土木工程	3 478	9 光学	951	29 其他专用机械	1 798
10	24 环境技术	9 752	26 机床/工具	2 579	23 化学工程	1 104	14 有机精细化学	1 003	1 机电/电气装置/电能	216	29 其他专用机械	3 093	14 有机精细化学	837	24 环境技术	1 594

续表

WIPO 35 排名	上海	数量	江苏	数量	浙江	数量	安徽	数量	福建	数量	江西	数量	山东	数量	河南	数量
1	10 测量	14 682	1 机电/电气装置/电能	25 442	1 机电/电能装置/电能	12 412	1 电机/电气装置/电能	3 365	1 机电/电气装置/电能	2 660	16 药品	2 208	16 药品	18 241	16 药品	5 937
2	1 机电/电气装置/电能	13 686	26 机床/工具	18 923	10 测量	9 248	10 测量	3 187	18 食品化学	2 438	20 材料/冶金	1 522	18 食品化学	7 568	20 材料/冶金	4 648
3	8 半导体	12 996	10 测量	15 974	16 药品	8 947	16 药品	3 090	29 其他专用机械	2 437	18 食品化学	866	29 其他专用机械	7 259	1 机电/电气装置/电能	3 189
4	6 计算机技术	12 767	29 其他专用机械	14 382	29 其他专用机械	8 582	20 材料/冶金	2 755	20 材料/冶金	2 079	1 机电/电气装置/电能	821	19 基础材料化学	7 242	18 食品化学	3 163
5	20 材料/冶金	11 146	20 材料/冶金	13 940	26 机床/工具	8 164	18 食品化学	2 648	10 测量	1 966	19 基础材料化学	766	20 材料/冶金	6 210	19 基础材料化学	2 787
6	4 数字通信	10 655	19 基础材料化学	13 100	23 化学工程	7 360	29 其他专用机械	2 577	23 化学工程	1 836	10 测量	741	35 土木工程	5 927	35 土木工程	2 684
7	16 药品	9 836	23 化学工程	13 026	4 数字通信	7 353	32 运输	2 509	16 药品	1 827	29 其他专用机械	642	10 测量	5 278	10 测量	2 535
8	3 电信	9 780	28 纺织和造纸机械	11 969	20 材料/冶金	7 234	26 机床/工具	2 407	19 基础材料化学	1 800	35 土木工程	595	1 机电/电气装置/电能	5 245	29 其他专用机械	2 460
9	19 基础材料化学	8 526	16 药品	11 846	31 机械元件	6 704	19 基础材料化学	2 407	6 计算机技术	1 743	23 化学工程	573	26 机床/工具	4 587	26 机床/工具	2 199
10	17 高分子化学/聚合物	7 926	18 食品化学	10 951	28 纺织和造纸机械	6 561	35 土木工程	1 973	4 数字通信	1 481	14 有精细化学	537	23 化学工程	4 444	23 化学工程	1 949

续表

WIPO 35 排名	湖北	数量	湖南	数量	广东	数量	广西	数量	四川	数量	贵州	数量	云南	数量	西藏	数量
1	20 材料/冶金	5 470	35 土木工程	8 717	4 数字通信	80 390	16 药品	1 558	16 药品	4 874	16 药品	2 097	16 药品	2 538	16 药品	178
2	10 测量	4 356	20 材料/冶金	5 145	3 电信	55 303	18 食品化学	1 508	20 材料/冶金	4 810	20 材料/冶金	1 676	20 材料/冶金	2 311	18 食品化学	174
3	1 机电/电气装置/电能	3 304	29 其他专用机械	3 312	6 计算机技术	36 866	20 材料/冶金	1 200	10 测量	4 294	18 食品化学	1 043	18 食品化学	2 198	15 生物技术	47
4	19 基础材料化学	3 123	16 药品	2 852	1 机电/电气装置/电能	28 291	19 基础材料化学	1 103	1 机电/电气装置/电能	3 380	1 机电/电气装置/电能	861	19 基础材料化学	1 485	29 其他专用机械	22
5	35 土木工程	2 993	1 机电/电气装置/电能	2 851	2 音像技术	23 484	29 其他专用机械	1 022	18 食品化学	3 297	29 其他专用机械	738	29 其他专用机械	1 343	14 有机精细化学	18
6	16 药品	2 976	10 测量	2 781	10 测量	16 272	1 机电/电气装置/电能	874	6 计算机技术	3 279	35 土木工程	724	23 化学工程	1 021	35 土木工程	14
7	29 其他专用机械	2 653	19 基础材料化学	2 530	19 基础材料化学	11 950	10 测量	693	35 土木工程	3 163	19 基础材料化学	683	15 生物技术	1 008	30 热工过程和设备	12
8	6 计算机技术	2 583	18 食品化学	2 406	9 光学	11 342	35 土木工程	687	19 基础材料化学	3 039	21 表面加工技术/涂层	511	10 测量	961	13 医学技术	12
9	26 机床/工具	2 517	23 化学工程	1 910	29 其他专用机械	10 117	23 化学工程	639	4 数字通信	3 024	26 机床/工具	501	34 其他消费品	918	20 材料/冶金	10
10	18 食品化学	2 395	31 机械元件	1 772	16 药品	9 123	32 运输	621	29 其他专用机械	2 894	10 测量	491	24 环境技术	739	19 基础材料学	10

续表

WIPO 35 排名	陕西	数量	甘肃	数量	青海	数量	宁夏	数量	新疆	数量	海南	数量	重庆	数量
1	10 测量	5 399	16 药品	1 138	20 材料/冶金	307	20 材料/冶金	354	18 食品化学	819	16 药品	1 414	10 测量	2 818
2	20 材料/冶金	4 119	20 材料/冶金	1 065	16 药品	257	18 食品化学	332	29 其他专用机械	805	18 食品化学	555	16 药品	2 757
3	1 机电/电气装置/电能	3 778	19 基础材料化学	892	18 食品化学	233	16 药品	242	16 药品	724	19 基础材料化学	372	32 运输	2 396
4	19 基础材料化学	3731	14 有机精细化学	780	19 基础材料化学	100	19 基础材料化学	181	19 基础材料化学	670	14 有机精细化学	350	20 材料/冶金	2 084
5	6 计算机技术	3 610	18 食品化学	704	29 其他专用机械	88	29 其他专用机械	170	35 土木工程	458	15 生物技术	316	26 机床/工具	1679
6	16 药品	3 552	10 测量	694	15 生物技术	57	1 机电/电气装置/电能	142	15 生物技术	381	29 其他专用机械	283	31 机械元件	1651
7	4 数字通信	2 251	23 化学工程	675	21 表面加工技术/涂层	54	15 生物技术	124	20 材料/冶金	379	17 高分子化学/聚合物	107	18 食品化学	1 626
8	35 土木工程	2 217	29 其他专用机械	650	10 测量	52	14 有机精细化学	112	14 有机精细化学	307	23 化学工程	83	1 机电/电气装置/电能	1 592
9	26 机床/工具	2 064	17 高分子化学/聚合物	553	14 有机精细化学	48	26 机床/工具	107	23 化学工程	279	13 医学技术	79	35 土木工程	1 532
10	3 电信	1 835	1 机电/电气装置/电能	485	35 土木工程	48	10 测量	96	1 机电/电气装置/电能	264	6 计算机技术	78	27 发动机/泵/涡轮机	1 427

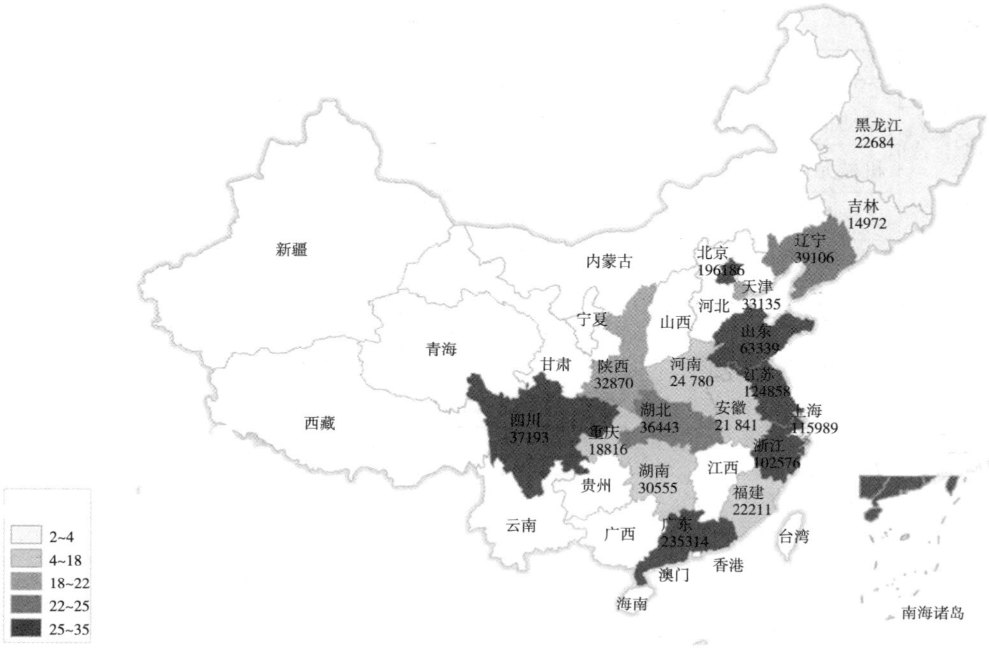

图2-5-5　各省市区域专利授权文献量进入35个技术领域前十名的次数

数据来源：CNABS。

此外，参考表2-5-5，可见2006~2012年度35个技术领域的专利授权文献量中，北京在其中17个领域排名首位，而广东在13个技术领域占据第一的位置，江苏在机床/工具、纺织和造纸机械、装卸等3个领域中授权文献量排名第一，而山东、上海和浙江则分别排名药品、半导体和机械元件领域的授权文献量第一。从技术角度分析，广东省在电气类领域的授权文献量中大部分排名第一，处于领先地位，北京在仪器类、化学类等领域实力显著，而江苏、浙江则在有机化学领域具有较强优势。

另外，值得关注的是，部分中西部省市各领域进入专利申请公布授权量前十名的情况，如表2-5-3所示，重庆有四个领域公布文献总量排名全国前十，这四个领域是：运输领域排名第8、发动机/泵/涡轮机领域排名第9、机械元件领域排名第9、医学技术领域排名第10。同时，上述四个领域也进入了授权文献量前十名，且名次有所提高，分别是：运输领域排名第6、发动机/泵/涡轮机领域排名第9、机械元件领域排名第8、医学技术领域排名第8。详细数据见表2-5-4及表2-5-5。

表2-5-3　部分中西部省市进入专利公布文献/授权文献量前十的技术领域

省市	领域	发明公布量排名	发明授权量排名
重庆	运输	8	6
	发动机/泵/涡轮机	9	9
	机械元件	9	8
	医学技术	10	8
吉林	光学领域	未入前10名	10
	高分子化学/聚合物	未入前10名	10
	微观结构与纳米技术	未入前10名	10
黑龙江	生物技术	9	9
	环境技术	未入前10名	10
河南	药品	8	8
	食品化学	10	9
	热工过程和设备	10	10
	其他消费品	未入前10名	10
安徽	高分子化学/聚合物	10	未入前10名
	微观结构和纳米技术	9	9
	装卸	10	未入前10名
	运输	7	7
	其他消费品	7	9
	机床/工具	10	未入前10名
	发动机/泵/涡轮机	10	10
湖南	基础通信程序	9	9
	材料/冶金	9	9
	装卸	8	7
	其他专用机械	7	9
	热工过程和设备	9	9
	机械元件	8	9
	运输	10	10
	土木工程	3	2
	表面加工技术/图层	未入前10名	10
	纺织和造纸机械	未入前10名	10

数据来源：CNABS。

表2－5－4　各省市区域2006～2012年各技术领域的专利公布文献数量

技术领域	北京	天津	河北	山西	内蒙古	辽宁	吉林	黑龙江	上海	江苏	浙江	安徽	福建	江西	山东	河南	湖北	湖南	广东	广西	四川	贵州	云南	西藏	陕西	甘肃	青海	宁夏	新疆	海南	重庆
1 电机/电气装置/电能	14 013	4 250	1 554	854	216	4 592	964	2 100	13 686	25 442	12 412	3 365	2 660	821	5 245	3 189	3 304	2 851	28 291	874	3 380	861	550	2	3 778	485	35	142	264	59	1 592
2 音像技术	7 685	913	161	103	30	899	301	207	5 323	6 303	2 118	320	1 161	147	1 768	203	557	337	23 484	78	1 345	64	76	2	806	36	0	2	43	53	221
3 电信	20 549	935	330	176	49	828	247	663	9 780	6 310	4 117	633	1 065	181	1 951	441	1 673	430	55 303	170	2 442	65	94	0	1 835	50	5	17	50	34	702
4 数字通信	33 439	842	312	106	29	814	219	774	10 655	6 998	7 353	573	1 481	145	1 984	658	2 153	637	80 390	158	3 024	74	8	1	2 251	68	20	14	17	50	1 061
5 基础通信程序	2 497	186	65	35	3	133	21	126	1 968	1 483	670	180	165	20	190	69	354	216	3 736	36	617	13	8	0	357	20	0	0	8	1	149
6 计算机技术	30 841	1 963	496	224	138	1 708	446	1 164	12 767	9 319	5 694	901	1 743	415	3 024	659	2 583	1 483	36 866	234	3 279	119	272	5	3 610	116	3	13	78	78	974
7 信息技术管理方法	3 548	172	109	58	33	229	49	112	1 905	1 781	554	89	284	62	501	137	229	134	3 095	47	306	46	63	0	178	17	1	10	13	31	148
8 半导体	8 351	733	509	112	25	474	516	256	12 996	5 995	1 910	475	791	266	630	208	650	423	6 896	72	1 128	83	110	0	1 072	120	3	9	7	11	164
9 光学	7 263	827	364	210	9	398	951	611	6 378	4 793	2 137	501	1 366	135	956	365	1 265	256	11 342	71	1 486	31	56	3	1 067	62	6	17	58	3	216
10 测量	23 802	4 202	1 638	1 158	293	4 240	2 285	3 318	14 682	15 974	9 248	3 187	1 966	741	5 278	2 535	4 356	2 781	16 272	693	4 294	491	961	4	5 399	694	52	96	227	58	2 818
11 生物材料分析	3 423	561	130	73	123	363	279	341	2 204	2 631	1 000	161	285	144	677	265	539	291	1 282	92	401	202	179	2	396	157	4	6	36	18	339
12 控制	8 199	1 337	470	322	72	2 021	430	766	6 322	6 093	3 811	892	823	264	2 323	672	1 254	997	8 290	251	1 413	136	196	1	1 431	131	13	27	75	56	777
13 医学技术	5 771	1 718	688	264	133	1 436	479	818	5 548	5 646	3 930	695	883	347	3 867	829	1 086	653	6 552	285	1 454	121	235	12	1 393	182	11	35	93	79	1 413
14 有机精细化学	9 200	3 257	945	1 003	134	2 683	837	784	7 552	10 196	6 451	1 298	976	537	4 151	1 224	1 826	1 375	3 793	434	1 737	228	643	18	1 168	780	48	112	307	350	783
15 生物技术	9 225	2 044	671	317	245	1 532	752	1 539	6 014	7 432	3 858	931	1 274	276	3 471	962	2 219	987	4 622	502	1 162	207	1 008	47	1 197	447	57	124	381	316	991
16 药品	18 408	6 635	3 205	2 322	850	4 777	3 331	2 825	9 836	11 846	8 947	3 090	1 827	2 208	18 241	5 937	2 976	2 852	9 123	1 558	4 874	2 097	2 538	178	3 552	1 138	257	242	724	1 414	2 757
17 高分子化学/聚合物	7 476	2 005	623	458	207	1 583	1 447	867	7 926	9 305	4 476	1 646	1 234	333	3 949	1 031	1 912	986	7 413	363	2 319	227	244	8	1 200	553	25	28	200	107	494
18 食品化学	6 541	3 540	1 514	1 498	1 484	3 601	1 485	1 952	3 561	10 951	6 405	2 648	2 438	866	7 568	3 163	2 395	2 406	6 967	1 508	3 297	1 043	2 198	174	1 601	704	233	332	819	555	1 626

续表

技术领域	北京	天津	河北	山西	内蒙古	辽宁	吉林	黑龙江	上海	江苏	浙江	安徽	福建	江西	山东	河南	湖北	湖南	广东	广西	四川	贵州	云南	西藏	陕西	甘肃	青海	宁夏	新疆	海南	重庆
19 基础材料化学	15 293	3 642	1 820	1 670	394	4 517	1 532	2 017	8 526	13 100	5 597	2 407	1 800	766	7 242	2 787	3 123	2 530	11 950	1 103	3 039	683	1 485	10	3 731	892	100	181	670	372	873
20 材料/冶金	15 282	3 056	2 495	2 293	835	7 597	1 463	2 197	11 146	13 940	7 234	2 755	2 079	1 522	6 210	4 648	5 470	5 145	8 058	1 200	4 810	1 676	2 311	10	4 119	1 065	307	354	379	51	2 084
21 表面加工技术/涂层	6 351	1 407	735	362	128	2 516	581	968	5 258	8 237	3 806	1 123	1 438	462	2 259	909	1 197	1 371	7 887	340	1 345	511	558	0	1 439	416	54	77	133	56	533
22 微观结构和纳米技术	2 246	302	119	117	20	331	278	250	1 804	1 091	544	302	198	59	266	159	298	198	490	86	250	14	56	0	474	69	3	9	50	3	92
23 化学工程	13 695	3 158	1 104	1 197	236	4 108	824	1 242	7 631	13 026	7 360	1 680	1 836	573	4 444	1 949	2 039	1 910	5 304	639	1 962	394	1 021	9	1 604	675	45	92	279	83	751
24 环境技术	9 752	2 417	832	720	176	2 728	644	1 594	5 885	9 702	5 191	1 301	1 288	444	3 630	1 253	1 919	1 503	4 984	527	1 914	435	739	6	1 247	442	41	58	197	55	1 107
25 装卸	3 046	1 225	725	527	133	1 725	223	669	3 992	9 316	3 785	1 216	628	186	2 610	1 003	1 109	1 616	4 956	262	783	245	326	1	476	87	5	31	79	73	388
26 机床/工具	4 610	2 579	1 509	1 205	189	4 164	817	1 812	6 675	18 923	8 164	2 407	1 102	513	4 587	2 199	2 517	1 693	7 371	464	2 068	501	434	1	2 064	266	10	107	108	23	1 679
27 发动机/泵/涡轮机	4 559	1 853	676	486	169	1 832	432	976	3 369	5 228	3 473	1 380	511	271	2 500	687	836	1 133	3 986	371	1 101	205	265	2	966	227	33	24	173	36	1 427
28 纺织和造纸机械	2 686	1 307	593	276	89	934	298	426	5 213	11 969	6 561	639	1 001	200	3 165	794	934	821	5 410	179	1 008	94	304	4	903	84	3	55	89	63	237
29 其他专用机械	7 152	2 542	1 483	1 189	498	3 093	1 310	1 798	7 109	14 382	8 582	2 577	2 437	642	7 259	2 460	2 653	3 312	10 117	1 022	2 894	738	1 343	22	1 759	650	88	170	805	283	1 323
30 热工过程和设备	5 162	4 307	810	490	188	2 241	374	904	3 671	7 353	4 756	1 213	560	315	4 267	1 259	998	1 442	7 041	286	999	364	364	12	1 224	245	47	78	147	25	701
31 机械元件	3 801	1 570	867	553	154	2 400	540	1 019	4 034	9 697	6 704	1 442	923	252	2 894	1 233	1 227	1 772	4 946	306	1 358	318	200	1	981	200	15	60	148	34	1 651
32 运输	4 574	968	652	460	198	1 790	663	1 104	4 545	6 693	3 977	2 509	761	330	2 876	860	1 418	1 696	4 626	621	1 266	187	175	5	857	138	19	40	93	54	2 396
33 家具游戏	1 373	1 690	387	233	81	1 052	157	331	2 218	6 391	4 421	635	1 025	262	2 872	511	1 062	483	6 235	254	751	123	122	1	320	86	7	11	47	40	503
34 其他消费品	1 682	2 089	404	242	127	1 024	198	323	2 692	8 228	3 675	1 787	1 291	249	3 626	1 031	1 540	612	4 961	272	894	221	918	2	405	111	17	16	57	38	517
35 土木工程	9 404	2 370	1 586	1 563	299	3 478	691	1 829	6 787	10 525	6 491	1 973	1 365	595	5 927	2 684	2 993	8 717	6 787	687	3 163	724	490	14	2 217	350	48	72	458	63	1 532

数据来源：CNABS。

表 2-5-5　各省市区域 2006~2012 年各技术领域的专利授权文献数量

技术领域	北京	天津	河北	山西	内蒙古	辽宁	吉林	黑龙江	上海	江苏	浙江	安徽	福建	江西	山东	河南	湖北	湖南	广东	广西	四川	贵州	云南	西藏	陕西	甘肃	青海	宁夏	新疆	海南	重庆
1 电机/电气装置/电能	8 139	1 917	725	429	99	2 158	485	1 306	6 155	9 712	6 885	1 343	1 261	371	2 210	1 496	1 750	1 457	14 053	332	1 658	331	254	0	2 046	264	22	66	110	9	744
2 音像技术	4 366	333	54	50	8	290	179	109	2 167	2 412	1 187	99	570	61	796	59	291	147	12 554	31	729	8	22	0	404	12	0	0	11	23	105
3 电信	12 948	378	168	75	18	259	109	354	4 765	2 706	2 593	282	485	52	957	169	1 013	192	35 362	60	1 173	22	25	0	936	23	0	6	11	10	407
4 数字通信	18 607	307	153	37	8	284	98	433	4 929	2 505	4 751	305	618	58	825	345	1 330	319	48 775	55	1 581	18	3	0	1 305	22	9	4	3	8	575
5 基础通信程序	1 672	95	33	15	0	70	15	81	1 139	673	387	71	101	12	100	41	224	127	2 405	20	347	6	3	0	216	15	0	0	4	0	94
6 计算机技术	17 122	824	232	93	73	816	250	688	5 634	3 720	3 501	442	813	153	1 156	303	1 563	812	19 361	95	1 803	31	114	2	2 095	55	2	7	13	30	546
7 信息技术管理方法	842	31	19	3	0	35	5	16	248	158	114	13	46	10	69	23	62	20	750	2	54	2	5	0	35	2	0	1	1	3	12
8 半导体	5 146	434	259	65	11	275	353	179	7 192	2 594	1 067	232	437	153	328	120	406	294	4 041	40	619	26	71	0	655	73	0	1	2	0	83
9 光学	4 508	464	199	113	5	188	588	428	3 756	2 422	1 425	276	685	61	417	214	843	165	6 630	40	884	14	29	1	631	26	4	12	37	1	144
10 测量	15 352	2 072	869	657	143	2 353	1 338	2 138	7 890	7 240	5 594	1 739	1 048	362	2 671	1 370	2 735	1 653	8 370	349	2 458	227	478	4	3 125	392	27	43	97	36	1 892
11 生物材料分析	1 833	269	71	48	38	188	137	218	1 004	696	518	66	115	86	314	91	315	141	570	46	228	157	68	2	228	73	2	2	9	11	205
12 控制	4 609	562	221	161	25	1 070	217	455	2 689	2 343	2 154	418	339	106	969	297	703	489	4 050	112	602	56	79	0	666	61	3	11	27	13	433
13 医学技术	3 200	831	332	107	69	662	251	431	2 583	2 042	2 225	314	502	155	1 494	333	579	306	3 515	130	791	42	112	8	786	81	5	22	31	42	830
14 有机精细化学	5 680	1 559	524	661	76	1 480	499	418	4 305	4 802	4 086	628	540	287	2 147	615	1 115	822	2 195	244	974	106	358	9	686	407	22	53	166	256	458
15 生物技术	6 143	1 107	434	200	161	835	411	963	3 115	3 397	2 423	548	746	118	1 946	523	1 514	614	2 980	276	676	110	636	32	722	257	38	53	231	170	563
16 药品	9 326	3 268	2 080	1 118	558	2 504	2 132	1 667	5 716	5 457	5 341	1 537	1 165	1 277	9 902	3 236	1 812	1 690	5 659	920	2 989	1 391	1 691	123	2 322	741	109	146	462	957	1 475
17 高分子化学/聚合物	5 168	1 104	383	310	161	938	1 018	487	4 730	4 851	2 922	812	787	171	2 349	639	1 293	665	4 597	199	1 401	133	149	5	780	349	17	7	98	68	324
18 食品化学	3 864	1 047	867	743	945	1 531	811	985	1 798	3 673	3 970	1 092	1 483	435	3 632	1 528	1 430	1 325	4 293	713	1 952	483	1 234	120	921	380	109	165	452	345	698

续表

技术领域	北京	天津	河北	山西	内蒙古	辽宁	吉林	黑龙江	上海	江苏	浙江	安徽	福建	江西	山东	河南	湖北	湖南	广东	广西	四川	贵州	云南	西藏	陕西	甘肃	青海	宁夏	新疆	海南	重庆
19 基础材料化学	9 392	1 555	966	978	196	2 367	892	1 096	4 572	5 321	3 314	1 013	913	361	3 682	1 253	1 901	1 456	5 744	424	1 782	354	821	9	2 049	429	52	68	336	181	456
20 材料/冶金	10 340	1 608	1 467	1 488	416	4 574	916	1 490	7 058	6 962	4 555	1 433	1 239	791	3 695	2 887	3 694	3 243	4 648	673	3 134	964	1 411	7	2 736	517	196	190	175	31	1 257
21 表面加工技术/涂层	4 158	688	450	246	61	1 416	347	629	2 998	3 150	2 077	565	763	191	1 277	487	760	820	3 560	207	839	289	347	0	973	210	34	41	79	28	345
22 微观结构和纳米技术	1 525	153	59	66	5	202	178	161	1 073	604	359	188	113	24	172	98	209	128	273	41	142	5	29	0	268	20	2	4	28	2	51
23 化学工程	9 176	1 842	599	745	113	2 447	503	783	4 377	5 950	4 805	760	1 058	319	2 452	985	1 280	1 109	3 332	338	1 112	202	603	6	1 060	330	27	30	119	57	430
24 环境技术	5 870	1 213	419	436	100	1 475	337	1 059	3 107	4 771	3 314	731	711	243	2 010	661	1 207	839	2 878	251	1 004	220	442	4	720	250	27	26	93	32	633
25 装卸	1 707	479	350	265	64	818	119	426	1 823	3 105	2 061	464	299	81	994	384	535	830	2 602	93	359	103	154	0	259	36	0	7	27	29	178
26 机床/工具	2 851	1 135	832	664	94	2 154	427	1 109	3 609	7 004	4 551	901	515	238	1 979	1 178	1 437	894	4 060	195	1 127	239	261	1	1 189	126	0	49	45	11	925
27 发动机/泵/涡轮机	2 447	825	250	174	56	774	166	464	1 246	1 635	1 772	660	188	94	977	254	343	433	1 880	109	515	74	107	0	502	94	13	8	53	9	681
28 纺织和造纸机械	1 771	610	355	174	42	494	171	258	2 971	4 048	3 811	293	512	106	1 707	394	518	540	2 678	104	650	49	194	4	554	50	0	20	55	34	136
29 其他专用机械	4 382	1 235	830	514	246	1 539	796	909	3 616	5 388	4 848	876	1 331	268	3 477	1 240	1 597	1 542	5 655	451	1 649	331	796	14	1 051	262	41	62	397	136	570
30 热工过程和设备	2 820	1 678	362	210	94	1 025	168	513	1 628	2 617	2 730	506	252	108	1 951	594	469	812	3 633	80	494	181	181	0	692	119	18	42	72	6	356
31 机械元件	2 267	654	439	262	78	1 025	258	624	1 697	2 961	3 625	547	494	97	1 242	616	644	824	2 614	123	689	129	85	0	559	93	3	17	60	13	957
32 运输	2 454	339	230	168	82	825	281	595	1 912	2 407	2 077	1 134	264	117	965	294	610	713	2 345	253	493	47	64	2	350	49	0	12	24	17	1 155
33 家具游戏	608	533	168	66	36	254	66	161	527	1 215	2 206	207	519	83	663	182	192	161	3 069	82	267	51	62	0	86	22	0	4	10	15	98
34 其他消费品	880	956	163	58	47	291	96	135	900	2 218	1 749	601	619	97	1 326	520	482	296	2 457	109	431	91	519	1	162	50	5	9	22	14	171
35 土木工程	5 013	1 030	736	742	131	1 490	355	916	3 060	4 099	3 579	745	680	279	2 488	1 351	1 587	4 677	3 726	290	1 587	325	205	4	1 101	154	20	22	213	30	829

数据来源：CNABS。

吉林省虽然在各个领域的专利公布文献数量上均未能进入前十名，但有三个领域的专利授权文献数量名列全国第十名，显示出这三个领域的专利申请质量较好，这三个领域分别是：光学领域、高分子化学/聚合物领域、微观结构与纳米技术领域。

黑龙江省仅有一个领域的专利公布文献排名在全国前十，为生物技术领域排名第9。同时，黑龙江省有两个领域在专利授权文献中排名前十，分别是：生物技术领域排名第9、环境技术领域排名第10。

湖南省有8个领域进入发明申请公布文献总量前十名，分别是：基础通信程序领域排名第9、材料/冶金领域排名第9、装卸领域排名第8、其他专用机械领域排名第7、热工过程和设备领域排名第9、机械元件领域排名第8、运输领域排名第10、土木工程领域排名第3。对应的湖南省有十个领域进入发明授权文献排名前十名，除上述八个领域外，另有表面加工技术/图层领域与纺织和造纸机械领域两个领域名列第10。此外，值得注意的是湖南省的土木工程领域在发明授权文献排名中提前了一个名次，为全国第2名，仅次于北京。

河南省有三个领域进入发明申请公布文献总量前十名，分别是：药品领域排名第8、食品化学领域排名第10，以及热工过程和设备领域排名第10。对应的河南省有4个领域进入发明授权文献排名前十，分别是：药品领域排名第8、食品化学领域排名第9、机床/工具领域排名第10、其他消费品领域排名第10。

安徽省有七个领域进入发明申请公布文献总量前十名，分别是：高分子化学/聚合物领域排名第10、微观结构和纳米技术领域排名第9、装卸领域排名第10、运输领域排名第7、其他消费品领域排名第7、机床/工具领域排名第10、发动机/泵/涡轮机领域排名第10。对应的安徽省有4个领域进入发明授权文献排名前十，分别是：微观结构和纳米技术领域排名第9、发动机/泵/涡轮机领域排名第10、运输领域排名第7、其他消费品领域排名第9。

5.3 区域国民经济50个产业中国专利创新资源

图2-5-6为各省市区域1985~2012年50个产业中发明专利公布和授权文献资源情况，图中相应数据如表2-5-6和表2-5-7所示。整体而言，计算机、通信和其他电子设备制造业，食品制造业为各省发明公开和授权量较大的产业，化学原料和化学制品制造业，专用设备制造业，仪器仪表制造业，通用设备制造业，电气机械和器材制造业等产业是我国各省公布和授权文献量均较多的产业。其中，计算机、通信和其他电子设备制造业公布文献量最多的省为广东省，其1985~2012年发明公布量达到193 731件，其次为北京、上海、江苏、浙江、山东，公开量都大于1万件。对化学原料和化学制品制造业，公布量最多的为北京，1985~2012年共公布发明专利文献50 221件，其次为江苏、上海、广东、山东、浙江。对专用设备制造业，公开量最多的为江苏，公布文献量达68 435件，其次为北京、广东、上海、浙江、山东。

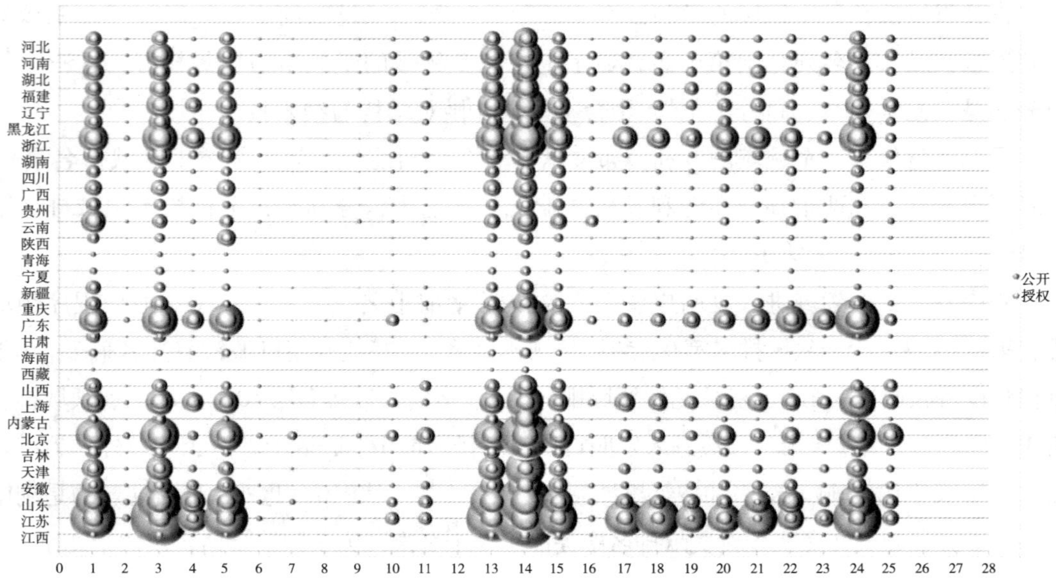

（a）

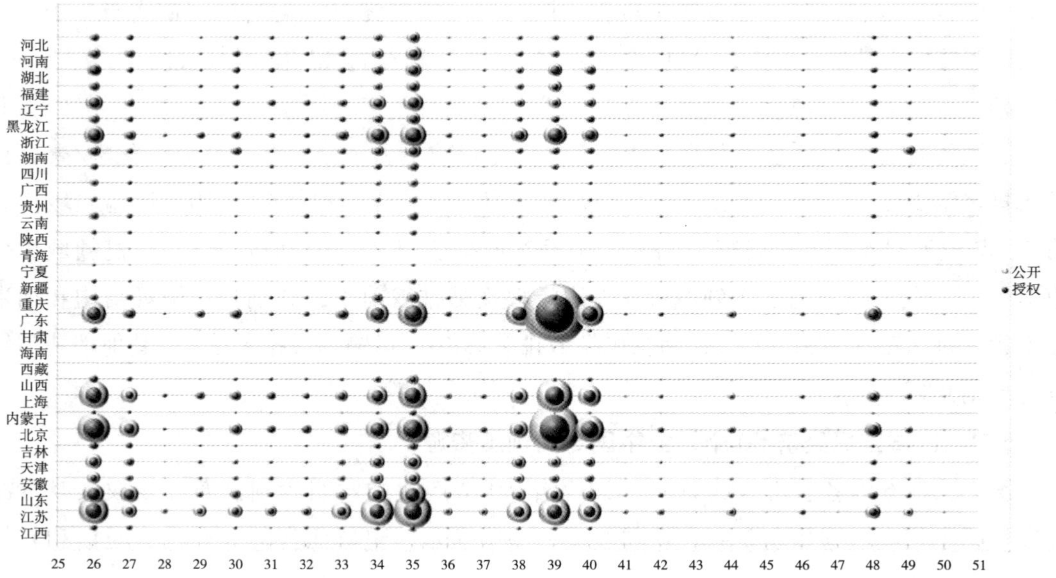

（b）

图2－5－6　各省市区域1985～2012年50个产业中发明专利公布和授权情况

数据来源：CPRS。

表 2－5－6　中国各省市区域 1985～2012 年国民经济 50 个产业发明专利公布文献量总表

	北京	天津	河北	山西	内蒙古	辽宁	吉林	黑龙江	上海	江苏	浙江	安徽	福建	江西	山东	河南	湖北	湖南	广东	广西	四川	贵州	云南	西藏	陕西	甘肃	青海	宁夏	新疆	海南	重庆
1 农业	2 529	1 019	511	633	218	1 075	504	682	1 209	4 156	1 800	1 056	604	267	2 538	909	899	853	1 705	636	429	489	1 268	27	315	411	67	120	465	146	530
2 林业	118	32	19	14	8	36	14	26	53	144	81	33	23	10	90	29	27	32	77	20	14	13	31	0	9	12	2	4	15	3	15
3 畜牧业	3 271	1 477	540	497	394	1 550	453	1 023	1 670	7 076	2 534	1 257	883	386	4 005	1 469	937	1 214	2 682	646	399	313	487	18	226	333	80	173	279	95	632
4 渔业	225	137	56	33	2	579	42	149	960	1 819	1 129	295	283	34	1 344	52	247	184	998	113	60	30	63	0	9	21	21	7	4	48	134
5 农、林、牧、渔服务业	2 398	511	452	218	107	903	196	432	1 316	4 100	1 862	668	503	213	3 038	784	665	659	2 532	729	237	152	407	1	740	186	38	55	143	181	169
6 煤炭开采和洗选业	76	7	19	33	5	51	4	6	13	73	15	20	9	12	59	37	14	47	23	8	13	9	31	0	3	6	2	0	7	2	6
7 石油和天然气开采业	199	20	13	9	2	46	11	52	10	32	7	3	1	1	85	27	17	4	6	1	4	3	1	0	5	3	0	0	15	0	3
8 黑色金属矿采选业	23	1	6	3	2	21	2	1	4	14	3	6	4	5	10	7	7	18	11	4	4	2	16	0	1	3	1	0	2	0	1
9 有色金属矿采选业	60	2	12	7	7	45	5	2	7	30	6	11	13	12	22	18	16	50	21	13	8	5	47	1	3	8	3	1	4	0	3
10 非金属矿采选业	337	89	53	54	9	144	19	55	228	419	218	53	143	49	250	158	142	109	361	48	40	22	26	0	11	12	16	6	8	0	24
11 开采辅助活动	726	69	83	306	13	189	26	101	133	419	72	186	8	10	432	232	94	107	49	10	33	22	12	0	36	16	1	2	35	0	81
12 其他采矿业	3	0	0	0	0	1	0	1	0	1	0	0	0	0	1	0	0	0	0	0	0	0	0	0	0	0	0	0	0	0	0
13 农副食品加工业	2 722	1 502	557	469	317	1 773	519	865	1 328	5 297	2 260	1 137	948	377	3 715	1 188	898	1 023	2 446	663	424	314	551	35	217	264	83	139	270	124	593
14 食品制造业	5 179	3 214	1 174	1 195	1 544	3 370	1 103	1 679	2 862	8 462	4 249	2 353	1 501	698	6 077	2 335	1 529	1 596	5 028	1 209	815	708	1 332	113	516	445	179	230	604	300	1 280
15 酒、饮料和精制茶制造业	2 078	725	415	495	269	1 128	363	566	885	3 135	1 692	786	746	267	1 806	802	558	640	1 721	567	485	348	643	49	185	165	77	109	178	87	345
16 烟草制品业	62	11	23	6	7	23	16	25	113	97	56	67	72	22	107	197	218	91	202	38	22	26	351	0	20	5	3	2	5	0	15

续表

	北京	天津	河北	山西	内蒙古	辽宁	吉林	黑龙江	上海	江苏	浙江	安徽	福建	江西	山东	河南	湖北	湖南	广东	广西	四川	贵州	云南	西藏	陕西	甘肃	青海	宁夏	新疆	海南	重庆
17 纺织业	371	296	74	40	26	177	40	78	904	3 179	1 303	141	240	24	652	134	131	75	451	21	51	17	18	1	16	20	6	6	13	2	38
18 纺织服装、服饰业	374	188	102	43	47	255	45	77	762	3 947	1 127	115	224	33	521	137	173	61	488	31	57	10	16	0	14	13	4	3	10	2	56
19 皮革、毛皮、羽毛及其制品和制鞋业	285	105	128	55	44	276	48	73	445	1 977	981	162	440	58	610	168	271	90	707	41	70	47	22	6	30	52	7	23	19	0	145
20 木材加工和木、竹、藤、棕、草制造业	1 058	162	162	36	76	452	183	370	688	2 260	1 688	260	423	196	523	165	238	461	999	186	121	95	179	0	57	11	2	7	19	3	149
21 家具制造业	485	201	156	80	24	502	79	98	907	3 360	1 377	253	387	109	1 405	168	508	276	1 325	116	116	79	41	1	26	26	2	11	19	2	280
22 造纸和纸制品业	727	298	211	51	57	277	77	157	786	1 493	1 047	369	343	62	1 354	228	240	484	1 958	123	236	44	243	3	71	22	2	68	56	18	85
23 印刷和记录媒介复制业	455	169	99	25	5	95	25	34	449	778	476	59	77	37	249	101	170	91	1 104	42	38	25	45	0	25	28	1	2	5	14	10
24 文教、工美、体育和娱乐用品制造业	2 497	946	545	355	140	1 258	294	656	2 704	5 020	2 918	710	796	325	2 869	872	1 274	548	4 253	314	379	167	312	7	130	182	32	41	105	70	558
25 石油加工、炼焦和核燃料加工业	1 394	125	152	408	37	564	135	209	528	574	258	167	123	57	549	328	217	218	359	61	108	49	107	0	40	39	4	21	38	11	81
26 化学原料和化学制品制造业	50 221	12 545	4 450	4 061	1 194	14 023	4 394	5 484	42 169	42 764	20 305	8 456	5 913	2 667	20 889	7 348	9 389	7 787	28 749	3 550	3 239	2 119	4 177	67	1 706	3 058	409	639	1 698	865	3 379
27 医药制造业	18 557	5 182	2 742	1 974	790	4 432	2 540	2 690	12 990	11 010	6 653	2 951	1 607	2 061	15 975	5 186	2 565	2 686	7 478	1 436	1 217	1 755	1 902	138	1 111	893	246	241	626	1 084	2 141

续表

	北京	天津	河北	山西	内蒙古	辽宁	吉林	黑龙江	上海	江苏	浙江	安徽	福建	江西	山东	河南	湖北	湖南	广东	广西	四川	贵州	云南	西藏	陕西	甘肃	青海	宁夏	新疆	海南	重庆
28 化学纤维制造业	748	203	89	58	15	152	150	88	1 481	2 249	882	150	200	23	676	167	155	85	462	16	183	11	12	0	5	25	2	3	15	0	23
29 橡胶和塑料制品业	2 601	1 034	504	228	73	871	587	430	4 254	8 094	4 012	1 079	964	164	2 304	608	641	493	4 491	253	483	142	91	0	56	96	10	18	72	23	273
30 非金属矿物制品业	8 339	1 795	1 305	958	419	3 282	681	1 309	6 188	9 852	4 560	1 920	1 748	855	5 054	2 971	3 154	5 662	7 050	687	965	773	644	6	381	345	77	122	252	6	880
31 黑色金属冶炼和压延加工业	3 896	879	1 413	963	432	3 434	310	519	3 928	6 566	2 300	1 453	280	333	1 947	1 716	2 038	976	1 197	192	962	256	419	0	144	181	15	95	89	0	935
32 有色金属冶炼压延加工业	5 075	595	683	659	351	2 645	491	862	2 419	5 077	2 182	870	549	832	1 364	1 404	1 078	2 997	2 049	545	885	676	1 576	3	256	628	60	135	65	0	901
33 金属制品业	8 447	2 844	1 557	1 141	267	4 362	830	2 101	7 481	18 259	7 740	2 625	1 351	658	5 422	2 421	2 609	3 348	8 230	735	1 087	613	632	2	442	471	35	135	284	36	1 647
34 通用设备制造业	24 664	1 005	4 372	3 252	860	12 475	2 583	5 308	20 396	51 291	24 005	7 997	4 063	1 619	16 390	6 282	6 654	7 437	24 732	2 286	3 211	1 711	1 645	15	991	1 303	161	473	716	147	5 569
35 专用设备制造业	47 422	14 841	8 229	6 057	2 864	19 027	5 222	8 942	38 786	68 435	32 949	11 077	8 408	3 712	32 457	11 736	11 793	11 878	42 119	4 791	5 684	3 157	4 931	89	2 522	2 542	376	849	2 359	1 062	7 370
36 汽车制造业	2 970	578	512	370	173	994	563	457	2 636	3 690	2 283	1 879	551	241	2 035	689	799	1 226	2 584	551	316	152	144	4	107	99	12	37	131	48	1 241
37 铁路、船舶、航天航空和其他运输设备制造业	2 682	607	335	265	62	1 013	229	819	1 924	3 585	1 379	427	335	198	1 437	402	839	666	1 561	212	288	100	102	5	120	118	25	19	51	39	826
38 电气机械和器材制造业	15 995	9 482	1 985	1 042	382	5 024	1 039	2 095	14 799	28 988	13 997	5 315	3 374	1 040	8 800	2 873	3 437	3 055	34 303	1 156	1 109	904	756	20	524	485	94	147	329	25	2 059
39 计算机、通信和其他电子设备制造业	125 210	7 695	2 626	1 276	440	7 365	2 420	4 015	61 201	48 833	25 426	4 623	8 234	1 602	13 451	3 825	9 653	4 532	193 731	1 217	3 036	870	919	6	821	639	83	186	390	228	3 900

续表

	北京	天津	河北	山西	内蒙古	辽宁	吉林	黑龙江	上海	江苏	浙江	安徽	福建	江西	山东	河南	湖北	湖南	广东	广西	四川	贵州	云南	西藏	陕西	甘肃	青海	宁夏	新疆	海南	重庆
40 仪器仪表制造业	39 195	6 165	2 385	1 488	528	5 904	2 871	3 683	24 977	27 933	13 402	4 205	3 873	1 179	9 088	3 500	6 435	3 876	35 937	1 152	1 543	908	1 306	18	467	908	87	175	403	98	3 176
41 其他制造业	414	99	88	88	49	326	63	100	545	1 662	687	170	264	70	774	101	367	116	707	68	96	52	68	0	30	32	3	15	17	4	151
42 废弃资源综合利用业	2 440	629	321	277	171	936	213	384	1 220	2 689	1 137	460	418	205	1 448	580	613	757	1 688	334	361	227	524	4	99	203	19	71	127	45	209
43 金属制品、机械和设备修理业	59	27	16	10	4	52	9	19	71	102	34	20	11	6	44	21	32	18	53	6	12	7	4	0	3	7	0	4	3	0	13
44 电力、热力生产供应业	3 626	783	515	238	112	1 217	226	456	2 749	4 282	1 891	694	490	187	1 583	774	767	608	3 988	299	214	185	190	1	59	159	48	44	107	10	422
45 燃气生产和供应业	283	26	55	85	10	92	15	31	95	140	55	37	15	9	109	60	55	38	72	9	19	16	22	0	8	7	1	2	6	1	16
46 水的生产和供应业	2 259	578	176	114	40	567	123	356	1 364	2 192	1 119	221	348	135	937	264	442	332	1 021	164	120	99	146	1	34	104	11	18	59	9	236
47 房屋建造业	191	39	28	9	4	76	11	33	137	173	94	23	23	9	87	39	33	156	120	11	9	22	10	0	4	4	1	1	4	0	19
48 土木工程建筑业	13 205	2 408	1 353	1 007	391	3 878	725	1 571	7 475	10 732	4 565	1 512	1 436	757	4 343	2 183	2 596	3 253	14 170	879	1 159	591	1 444	6	250	613	82	120	290	116	1 296
49 建筑安装业	3 167	1 048	573	209	112	1 314	213	614	2 438	4 282	2 179	590	474	189	1 722	705	701	6 621	2 333	212	247	338	158	2	73	103	19	37	87	1	371
50 建筑装饰盒其他建筑业	224	98	34	28	15	66	13	36	313	339	191	73	44	26	135	59	116	77	217	26	19	38	24	0	5	28	1	3	6	0	47

表 2－5－7　中国各省市区域 1985～2012 年国民经济 50 个产业发明专利授权文献量总表

产业	北京	天津	河北	山西	内蒙古	辽宁	吉林	黑龙江	上海	江苏	浙江	安徽	福建	江西	山东	河南	湖北	湖南	广东	广西	四川	贵州	云南	西藏	陕西	甘肃	青海	宁夏	新疆	海南	重庆
1 农业	722	296	199	116	82	304	208	222	349	865	680	178	239	75	715	277	385	277	674	133	151	158	542	15	101	93	18	38	158	77	133
2 林业	37	11	7	3	3	9	6	10	18	33	30	6	8	3	25	9	11	11	27	5	5	4	14	0	3	3	0	1	5	2	4
3 畜牧业	1 143	312	229	133	156	494	177	337	616	992	1 059	204	354	117	1 243	567	356	451	1 099	99	131	75	145	3	65	83	19	81	77	62	202
4 渔业	40	33	19	4	2	163	10	53	372	301	404	28	103	9	464	14	89	59	378	35	28	9	19	0	2	7	2	0	0	29	19
5 农、林、牧、渔服务业	760	144	160	86	38	269	74	159	419	775	649	103	214	47	699	172	280	248	901	95	82	40	173	0	233	66	7	16	48	91	61
6 煤炭开采和洗选业	28	2	8	13	2	17	3	3	5	25	5	6	3	5	14	12	6	16	9	3	5	3	13	0	1	1	1	0	2	0	2
7 石油和天然气开采业	49	5	4	4	1	15	3	23	3	5	3	0	0	1	26	9	5	1	2	0	2	1	0	0	1	1	0	0	4	0	0
8 黑色金属矿采选业	8	0	2	1	1	9	1	1	2	4	1	2	2	2	3	3	3	8	4	2	1	1	7	0	0	1	0	0	0	0	1
9 有色金属矿采选业	20	0	5	4	2	20	3	1	2	9	2	4	5	5	7	7	8	21	8	7	3	2	21	0	1	2	2	1	1	0	1
10 非金属矿采选业	126	30	23	25	3	59	9	27	95	106	88	15	42	19	86	64	63	47	130	15	18	8	10	0	5	5	6	2	3	0	9
11 开采辅助活动	223	18	25	77	3	57	7	41	36	104	28	38	2	3	132	62	34	25	15	3	11	4	4	0	7	3	1	1	10	0	26
12 其他采矿业	1	0	0	0	0	0	0	0	0	0	0	0	0	0	0	0	0	0	0	0	0	0	0	0	0	0	0	0	0	0	0
13 农副食品加工业	803	282	210	146	141	514	191	258	436	989	1 000	243	423	121	1 142	406	326	370	1 032	176	149	98	202	14	61	87	21	51	92	60	170
14 食品制造业	1 418	521	392	367	775	763	390	460	720	1 591	1 859	531	676	200	1 689	688	576	536	1 958	269	281	189	466	46	162	172	53	68	229	147	272
15 酒、饮料和精致茶制造业	626	158	151	147	127	239	142	212	246	567	735	232	313	95	554	225	220	232	668	161	172	96	271	34	69	72	20	44	68	56	101
16 烟草制品业	25	4	7	4	3	10	11	8	47	44	21	32	16	7	31	92	113	32	91	10	7	8	142	0	12	3	2	1	1	0	4

续表

产业	北京	天津	河北	山西	内蒙古	辽宁	吉林	黑龙江	上海	江苏	浙江	安徽	福建	江西	山东	河南	湖北	湖南	广东	广西	四川	贵州	云南	西藏	陕西	甘肃	青海	宁夏	新疆	海南	重庆
17 纺织业	142	63	21	19	5	56	15	31	327	579	495	36	82	8	175	40	43	34	159	7	22	8	7	0	9	5	4	2	5	3	14
18 纺织服装、服饰业	116	44	28	14	6	34	13	24	221	402	341	17	58	6	102	28	25	21	135	5	15	2	2	0	7	3	1	1	5	3	10
19 皮革、毛皮、羽毛及其制品和制鞋业	62	13	20	8	16	31	7	10	52	103	214	21	122	5	90	32	23	20	203	4	18	19	4	4	15	14	1	1	4	0	18
20 木材加工和木、竹、藤、棕、草制品业	386	41	47	14	30	83	90	118	243	485	610	60	111	47	171	46	67	132	305	51	38	29	74	0	14	2	0	2	9	8	44
21 家具制造业	93	54	27	11	8	50	26	24	81	171	370	22	128	14	95	28	27	41	340	3	31	16	10	0	1	1	0	6	0	2	21
22 造纸和纸制品业	289	87	94	25	13	96	32	69	298	310	384	99	109	24	618	65	109	242	565	33	116	12	108	2	44	9	0	16	21	10	27
23 印刷和记录媒介复制业	170	46	31	13	1	23	10	9	156	138	174	10	23	12	67	30	31	32	382	20	9	1	14	0	7	8	0	0	3	2	4
24 文教、工美、体育和娱乐用品制造业	761	159	125	85	33	261	71	171	500	604	917	173	222	83	468	197	196	122	1156	53	63	42	74	2	32	38	5	10	25	6	100
25 石油加工、炼焦和核燃料加工业	401	44	39	157	11	194	43	48	156	164	96	49	29	11	164	87	76	56	133	10	35	16	29	0	20	6	1	2	6	8	27
26 化学原料和化学制品制造业	21 006	4 105	1 741	1 935	426	5 305	1 929	2 265	12 909	12 032	8 576	2 225	2 263	873	7 444	2 601	4 382	3 128	9 816	978	1 325	737	1 615	21	657	1 126	181	214	599	427	1 286
27 医药制造业	5 397	1 651	1 234	646	341	1 516	1 164	1 093	2 773	2 850	2 720	933	629	764	5 391	1 963	1 100	1 019	3 077	515	524	809	877	62	522	425	71	95	276	512	730

续表

产业	北京	天津	河北	山西	内蒙古	辽宁	吉林	黑龙江	上海	江苏	浙江	安徽	福建	江西	山东	河南	湖北	湖南	广东	广西	四川	贵州	云南	西藏	陕西	甘肃	青海	宁夏	新疆	海南	重庆
28 化学纤维制造业	292	82	37	30	3	54	50	35	521	471	320	43	74	7	204	58	63	47	181	6	90	4	5	0	3	13	1	1	6	1	11
29 橡胶和塑料制品业	950	366	194	113	24	246	208	157	1 496	1 553	1 459	201	361	36	674	186	213	223	1 508	69	199	38	28	0	21	32	1	2	20	8	76
30 非金属矿物制品业	3 066	511	529	415	148	1 196	301	553	2 463	2 680	1 813	440	622	273	1 739	1 244	1 525	2 060	2 710	242	436	257	206	3	163	109	28	44	66	11	326
31 黑色金属冶炼和压延加工业	1 754	334	566	446	95	1 374	112	244	2 004	1 821	847	425	106	108	739	730	932	375	530	60	483	73	198	0	67	64	4	19	14	3	436
32 有色金属冶炼和压延加工业	2 236	223	278	319	127	1 244	243	477	1 248	1 713	886	247	195	253	541	654	491	1 252	865	182	370	266	702	2	97	217	34	35	28	9	350
33 金属制品业	3 159	830	552	424	79	1 413	301	909	2 484	3 934	2 742	554	449	192	1 450	817	959	1 069	3 003	174	399	170	245	2	170	141	6	31	82	20	583
34 通用设备制造业	8 831	3 079	1 279	1 022	223	3 857	839	1 974	6 107	1 0585	8 562	1780	1 176	420	4 508	1 855	2 315	2 311	8 248	449	987	410	605	1	327	387	42	94	173	42	1 832
35 专用设备制造业	17 666	4 269	2 635	2 024	930	6 120	1 925	3 294	12 557	14 941	12 053	2 612	2 904	1 077	8 979	3 712	4 413	3 884	15 027	1 198	1 921	891	1 943	42	820	736	113	260	642	228	2 496
36 汽车制造业	877	132	105	83	46	286	155	142	635	778	716	531	124	49	387	136	220	288	816	116	73	26	37	0	22	18	0	4	19	5	357
37 铁路、船舶、航空航天和其他运输设备制造业	907	135	62	51	13	260	44	293	540	719	444	97	67	40	339	80	211	179	476	27	73	17	13	2	39	28	0	3	7	14	264
38 电气机械和器材制造业	4 807	2 870	517	349	106	1 335	297	791	3 628	5 329	4 562	1 042	895	2 520	2 141	772	1 042	895	10 139	179	248	145	194	0	147	151	22	33	78	24	503
39 计算机、通信和其他电子设备制造业	42 994	1 937	760	346	106	1 766	875	1 471	17 534	10 632	10 314	1 268	2 202	381	3 218	1 261	3 899	1 472	73 907	274	806	125	213	2	330	189	9	38	90	43	1 250

文献基础研究 宏观政策研究 检索审查服务 产业促进服务

续表

产业	北京	天津	河北	山西	内蒙古	辽宁	吉林	黑龙江	上海	江苏	浙江	安徽	福建	江西	山东	河南	湖北	湖南	广东	广西	四川	贵州	云南	西藏	陕西	甘肃	青海	宁夏	新疆	海南	重庆
40 仪器仪表制造业	14 692	1 893	716	542	127	1 924	1 058	1 635	7 259	6 340	5 152	1 243	1 159	351	2 406	1 033	2 435	1 377	12 254	304	479	290	366	3	160	288	26	42	99	32	1 307
41 其他制造业	86	21	22	18	4	43	9	25	103	264	191	17	82	12	82	18	43	23	222	15	23	7	16	0	4	10	2	2	8	4	29
42 废弃资源综合利用业	885	200	118	102	43	338	85	140	456	710	508	119	147	64	509	190	254	279	617	79	123	71	194	1	38	73	7	21	44	20	100
43 金属制品、机械和设备修理业	25	10	4	4	1	19	2	8	29	25	11	4	4	2	17	9	16	5	18	2	5	2	2	0	2	3	0	0	0	0	5
44 电力、热力生产和供应业	1 001	210	117	51	26	267	44	125	536	801	559	125	121	32	312	143	196	160	1 062	32	41	33	37	0	14	34	12	6	13	1	101
45 燃气生产和供应业	80	7	15	27	2	34	5	11	32	34	20	9	6	3	33	15	20	10	23	1	7	2	6	0	4	2	0	0	0	0	5
46 水的生产和供应业	818	190	62	52	17	196	46	178	470	704	492	79	118	53	307	103	191	119	435	43	46	36	53	1	17	41	3	5	19	6	98
47 房屋建造业	57	12	8	3	1	18	4	10	36	35	37	7	8	3	20	12	9	50	41	2	3	9	2	0	1	2	0	0	1	0	7
48 土木工程建筑业	5 374	803	457	397	132	1 375	286	691	2 641	3 172	1 926	485	472	255	1 483	695	1 024	1 176	5 715	290	419	197	618	2	92	226	35	25	88	24	546
49 建筑安装业	997	286	185	63	39	297	77	208	655	740	751	123	154	59	400	237	207	2 324	794	45	68	123	30	1	18	32	2	8	33	6	120
50 建筑装饰和其他建筑业	73	20	9	9	5	17	6	11	99	78	71	20	11	9	37	20	45	23	87	5	6	15	7	0	2	9	0	0	2	1	24

5.4 区域七大战略性新兴产业中国专利创新资源

图2－5－7是各省市七大战略性新兴产业2006～2012年的发明专利公布文献数量图。从中可以看出，北京、上海、江苏、浙江、广东和山东在七大战略性新兴产业整体具有较强的竞争力，具体数据参见表2－5－9。其中，高端装备产业发明公布量最多的是江苏，达到5 564件，其次是北京和上海，分别达到4 974件和3 170件；新能源汽车产业发明公布量最多的是广东，达到1 236件，北京和上海位列第二和第三位，发明公布量分别达到1 030件和986件；节能环保产业发明公布量最多的是北京，达到1.94万件，其次是江苏和广东，发明公开量分别为1.80万件和1.26万件；生物产业发明公布量最多的是北京，达到2.91万件，发明公布量排名第二和第三位的是山东和江苏，数量分别为2.241万件和2.238万件；新材料产业发明公布量最多的是北京，达到1.21万件，紧随其后的是江苏和上海，分别达到1.07万件和1.05万件；新能源产业发明公布量最多的是江苏，达到8 764件，其次是北京和广东，数量分别为7 781件和7 401件；新一代信息技术产业发明公布量最多的是广东，达到6.84万件，北京和上海位列第二和第三位，发明公开量分别为4.29万件和2.51万件。

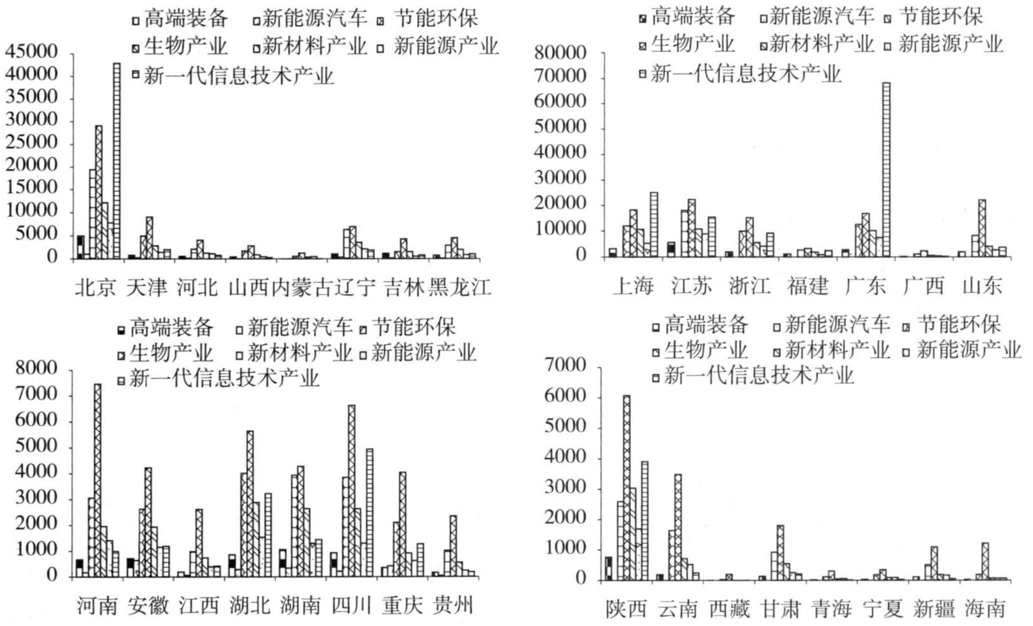

图2－5－7 各省市区域七大战略性新兴产业2006～2012年发明专利公布文献量

数据来源：CNABS。

图2－5－8是各省市区域七大战略性新兴产业2006～2012年的发明专利授权文献数量图，具体数据参见表2－5－8。其中，高端装备产业发明授权文献量最多的是北京，达到2 893件，其次是江苏和上海，分别达2 053件和1 660件；新能源汽车产业发明授权文献量最多的是广东，达到596件，北京和上海位列第二和第三位，分别为507件和421

件；节能环保产业发明授权文献量最多的是北京，达到1.24万件，其次是江苏和广东，分别为8 009万件和6 942万件；生物产业发明授权文献量最多的是北京，达到1.66万件，发明授权文献量排名第二和第三位的是山东和广东，分别达1.18万件和1.03万件；新材料产业发明授权文献量最多的是北京，达到7 950件，紧随其后的是上海和广东，分别达到6 374件和5 999件；新能源产业发明授权文献量最多的是江苏，达到3 600件，其次是北京和广东，数量分别为4 364件和4 127件；新一代信息技术产业发明授权文献量最多的是广东，达到4.12万件，北京和上海位列第二和第三位，数量分别为2.44万件和1.26万件。

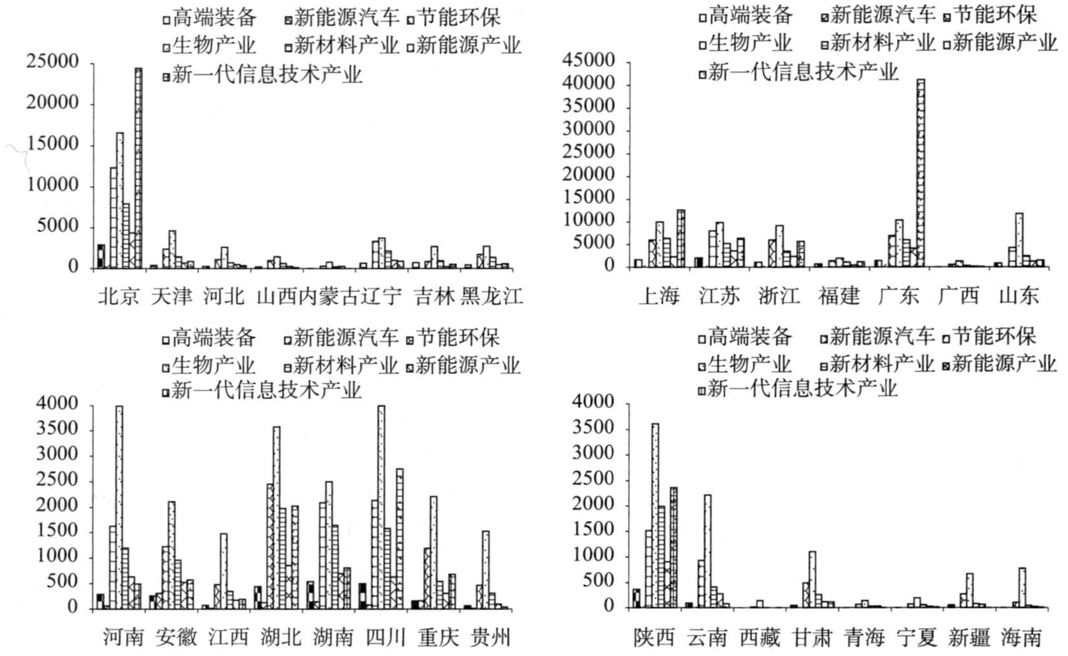

图2-5-8 各省市区域七大战略性新兴产业2006~2012年发明专利授权文献量

数据来源：CNABS。

表2-5-8 各省市七大战略性新兴产业2006~2012年发明公布和授权文献量（单位：件）

省市		高端装备	新能源汽车	节能环保	生物产业	新材料产业	新能源产业	新一代信息技术产业
北京	公布	4 974	1 030	19 445	29 122	12 084	7 781	42 944
	授权	2 893	507	12 350	16 577	7 950	4 364	24 423
天津	公布	776	240	4 956	9 013	2 835	1 387	2 007
	授权	391	85	2 381	4 631	1 431	682	861
河北	公布	536	141	2 101	4 037	1 218	1 086	740
	授权	257	57	1 089	2 599	709	481	360

续表

省市		高端装备	新能源汽车	节能环保	生物产业	新材料产业	新能源产业	新一代信息技术产业
山西	公布	434	59	1 681	2 823	882	483	258
	授权	208	20	979	1 436	613	254	119
内蒙古	公布	87	42	544	1 221	355	483	65
	授权	31	12	277	768	187	254	14
辽宁	公布	1 044	332	6 299	6 934	3 549	2 122	1 891
	授权	643	177	3 327	3 725	2 125	1 004	883
吉林	公布	1 171	185	1 541	4 278	1 516	527	811
	授权	722	58	859	2 672	944	232	500
黑龙江	公布	730	111	2 884	4 489	1 984	876	1 040
	授权	422	46	1 720	2 715	1 348	463	574
上海	公布	3 170	986	11 830	18 147	10 554	5 234	25 107
	授权	1 660	421	5 997	9 974	6 374	2 284	12 630
江苏	公布	5 564	871	17 999	22 376	10 703	8 764	15 341
	授权	2 053	325	8 009	9 846	5 201	3 600	6 380
浙江	公布	1 935	663	9 857	15 180	5 478	4 114	9 058
	授权	1 109	294	6 006	9 158	3 524	2 352	5 665
安徽	公布	715	644	2 629	4 227	1 934	1 159	1 186
	授权	261	309	1 224	2 115	959	525	573
福建	公布	1 133	128	2 648	3 254	1 895	885	2 507
	授权	686	34	1 382	1 964	1 104	437	1 169
江西	公布	188	62	973	2 616	736	389	420
	授权	75	16	482	1 477	349	174	192
山东	公布	1 936	417	8 225	22 415	4 021	2 647	3 640
	授权	824	128	4 280	11 773	2 453	1 278	1 512
河南	公布	670	166	3 058	7 459	1 961	1 409	992
	授权	288	62	1 623	3 988	1 195	630	493
湖北	公布	856	286	4 015	5 643	2 886	1 534	3 224
	授权	443	128	2 456	3 572	1 979	856	2 024
湖南	公布	1 054	336	3 936	4 280	2 643	1 291	1 441
	授权	540	146	2 092	2 507	1 641	695	809

续表

省市		高端装备	新能源汽车	节能环保	生物产业	新材料产业	新能源产业	新一代信息技术产业
广东	公布	2 781	1 236	12 551	16 949	10 086	7401	68 387
	授权	1 430	596	6 942	10 342	5 999	4 127	41 198
广西	公布	191	94	1 106	2 330	625	402	263
	授权	80	23	531	1 297	298	172	94
四川	公布	927	211	3 853	6 628	2634	1297	4941
	授权	501	79	2 137	3 987	1 581	632	2 753
贵州	公布	165	50	1 008	2 346	549	243	188
	授权	66	12	468	1 528	312	98	40
云南	公布	182	62	1 640	3 488	717	520	237
	授权	93	19	931	2 214	409	276	76
西藏	公布	2	1	25	194	4	2	5
	授权	0	0	11	138	3	0	1
陕西	公布	759	136	2 590	6 079	3 035	1 696	3 905
	授权	367	58	1 514	3 610	1 992	905	2 365
甘肃	公布	129	19	926	1 807	544	250	206
	授权	46	5	489	1102	258	115	111
青海	公布	14	2	115	297	42	52	15
	授权	4	1	61	136	28	30	3
宁夏	公布	28	6	180	342	89	89	29
	授权	7	0	69	188	54	23	11
新疆	公布	108	26	510	1101	182	163	51
	授权	50	8	267	668	77	61	7
海南	公布	26	12	182	1219	70	64	65
	授权	3	4	102	775	43	22	9
重庆	公布	355	417	2 106	4 045	914	619	1 266
	授权	164	165	1 190	2 215	547	311	684

数据来源：CNABS。

第三章　主要结论与建议

第一节　主要结论

1.1　全球专利创新资源整体状况

1.1.1　专利创新资源全球整体状况

2006～2012年，全球发明专利公布文献量总体呈上升趋势，虽然2008年全球金融危机使得2010年全球发明专利公布量较2009年有所下降，但随着近几年全球经济的复苏，发明专利公布文献量再次呈现出迅猛上升势头，2012年较2011年增长11.82%。同时期，全球专利授权文献数量呈逐渐下降趋势，尤其是2011年下降速度非常快，这一方面可能受到全球经济危机的影响，部分申请人放弃了专利权；另一方面由于全球各专利审查机构更加注重提高审查质量，使得专利获得授权的难度和成本都在增加。

从竞争者资源分析，2006～2012年，企业拥有的发明专利公布文献量占全球发明专利公布总量的2/3左右，可见企业作为创新主体越来越重视专利在创新中的作用。个人申请的比例基本维持在28%左右。全球科研机构和高校专利所占比例很少，但基本呈现逐年上升趋势。

1.1.2　WIPO 35个技术领域专利创新资源全球状况

（1）从2006～2012年的WIPO 35个技术领域发明专利公布和授权文献数量来看，计算机技术领域的发明公布量最多，达108万件；其次是电机/电气/电能、电信、药品、半导体、音像技术领域，其专利公布量大多在70万件以上；基础通信程序、生物材料分析、微观结构和纳米技术的公布量很少，不足20万件，但其中微观结构和纳米技术的平均增长率最快。专利公布量呈现下降趋势的领域为：生物材料分析、电信、药品、基础通信程序。文献质量较高的技术领域为电机/电气装置/电能、音像技术、电信、数字通信。

（2）从竞争者类型考虑，企业在涉及电子或计算机相关的技术领域中拥有的发明专利公布文献量非常大，且质量也相对较高，如计算机技术、基础通信程序、数字通信、电信、音像技术；高校在生物技术、生物材料分析技术、微观纳米技术领域中所占比例最高；个人申请在食品、土木工程、其他消费品技术领域中比例高达40%。

（3）电机/电气装置/电能技术、计算机技术、测量是全球主要国家或地区都非常关注的技术领域；中国、日本、美国和韩国更为关注电子和计算机通信技术领域，如数字通信、电信和半导体技术；而法国、英国和德国更为关注运输、土木工程、机械元件等传统领域。从全球主要国家排名前十的领域公布文献量差距来看，中国相对于其他国家排名前十的技术领域更为均衡，而美国除了计算机技术高达38万件专利，其他技术领域的专利布局也相对较为均衡。

（4）从WIPO 35个技术领域各个国家企业发明专利公布文献量的占比情况来看，日本和德国的平均比例较高，中国在WIPO 35个技术领域中企业的公布数量平均占比最低，但在光学、电信、音像技术和数字通信等领域中的专利创新相对较多。

1.1.3　七大战略性新兴产业专利创新资源全球状况

（1）七大战略性新兴产业中，新一代信息技术产业和生物产业的全球发明公布和授权文献量最多，而新能源汽车产业的全球发明公布和授权文献量最少，这与产业范围的划分有较大关联。

（2）从对竞争者的分析来看，新一代信息技术产业中的企业发明专利公布文献量占比最大，占总体80%左右，其次是新能源汽车产业；而生物产业和节能环保产业的企业公布文献量占总体公布量的一半左右；个人申请公布文献量占比最多的是高端装备制造业，占总体公开量的1/3。

（3）从全球主要国家在七大战略性新兴产业专利创新资源来看，高端装备制造业中国的发明专利公布文献量最多，其次是美国；新能源汽车公布文献量最多的国家是日本，这和日本拥有众多实力雄厚的汽车企业有关，其次是美国；节能环保产业累计公布文献量最多的国家是中国，其次是日本；新材料产业、新能源产业公布文献量最多的国家是日本，其次是美国和中国；新一代信息技术产业公布文献量最多的国家是美国，其次是日本和中国。总体而言，美国、日本和中国在七大战略性新兴产业的发展中占有一定优势，属于发明创新较为活跃的国家，韩国发明创新能力也较强，在各个产业中较为均衡，而德国、英国和法国在新兴产业中的发展稍逊一筹。

1.1.4　主要国家专利创新资源全球状况

（1）2006～2012年，全球发明专利公布文献量最多的国家为美国、中国和日本，其中中国的发明专利公布文献量年增长率高达10%，2012年的发明专利公布文献总量全球第一；美国专利公布文献量从2006～2012年稳步增长，变化较小；日本专利公布文献量则逐年下降。全球发明专利的授权文献量逐年减少，中国的专利授权文献量逐年增加。

（2）与全球主要国家或地区相比，中国发明专利公布文献中，作为创新主体的企业公布文献量占比还不高，表明中国的产业化进程还有待加强。

（3）中国在药品领域内，尤其是在化学药品制造和中药领域具有大量的专利储备，而在发动机/泵/涡轮机、家具游戏、信息技术管理、生物材料分析、基础通信程序产业，中国的专利布局相对于其他领域不多，而日本和美国却有着大量的专利布局，尤其是工业应用中非常重要的发动机/泵/涡轮机领域，日本的专利是中国的3倍，美国的专利是中国的2倍。

1.2 中国创新资源的整体状况

1.2.1 专利创新资源中国整体状况

（1）2006～2012 年，中国发明专利公布文献量增长迅猛，2012 年增长率高达 47%，国内申请人的发明公布量占比逐年增加，从 2010 开始，基本维持在 70% 左右。国外来华申请专利最多的国家是日本，其次是美国，德国和韩国紧随其后。中国申请人近年来向国外申请专利的数量逐步增加，但和其在国内申请的数量不在一个量级，其中在美国和欧洲的申请量最多。

（2）中国授权专利文献数量和公布文献数量一样，从 2006 年开始迅猛增速；近年来其国内申请人拥有的授权文献在整体授权文献中的占比高达 60% 以上。国外来华申请授权文献数量排名前几位国家同样是：日本、美国、德国和韩国。

（3）在中国发明专利公布文献中，企业和个人申请的占比基本相当，均在 40% 左右；高校和科研机构所占比例较少。授权专利文献中企业和个人申请的占比也基本相当，均在 37% 左右。

1.2.2 WIPO 35 个技术领域专利创新资源中国状况

（1）在 1985～2012 年，发明专利公布文献量超过十万件的技术领域有七个，依次是：药品、电机/电气装置/电能、数字通信、计算机技术、测量、材料和基础材料化学。其中，从 2006 年起，增长最快的技术领域是装卸、机床/工具、测量、机械元件、高分子化学/聚合物、运输、微观结构和纳米技术、其他专用机械、纺织和造纸机械、电机/电气装置/电能，其年平均增长在 30% 以上；而生物材料分析、音像技术、药品和电信技术领域则增长较为缓慢。

（2）2006～2012 年，发明专利授权文献资源位于前列的有：数字通信、药品、计算机技术、测量、电机/电气装置/电能、材料/冶金、电信、基础材料化学、化学工程和其他专用机械。

（3）在 WIPO 35 个技术领域中，广东、北京、江苏、上海和浙江等省市的发明专利公布文献数量几乎在全部领域内都名列前茅，而山东、辽宁、四川、天津、安徽、湖北、福建、湖南等省在多个领域中专利公布数量也可以排名到前十。具体而言，广东省在电气领域内大部分申请几乎全部排名第一，北京在基础化学、材料、生物医药领域表现良好，江苏在机械领域内实力较强，上海的半导体产业则排名第一。

1.2.3 国民经济 50 产业专利创新资源中国状况

（1）2006～2012 年，在国民经济 50 个产业中计算机通信和其他电子设备制造业、专用设备制造业、化学原料和化学制品制造业、通用设备制造业的发明公开量最多，尤其是计算机通信和其他电子设备制造业，其公开量多达 48 万件。增长最快的 5 个行业是木材加工业、石油天然气开采业、计算机通信和其他电子色板制造业、房屋建造业、开采辅助活动。

（2）全国各省市的发明专利公开量较为集中的领域是专用设备制造、化学原料和化学品制造业、计算机通信和其他电子设备业。

1.2.4　七大战略性新兴产业专利创新资源中国状况

（1）七大战略性新兴产业中发明公布文献量最多的产业为新一代信息技术产业，其次是生物产业和节能环保产业。总体发明授权最高的产业是新材料产业，其次是新一代信息技术产业和生物产业。

（2）新一代信息技术产业、新能源产业、新能源汽车产业和高端装备产业的企业发明公布文献量占比较高，达到50%以上，生物产业的企业发明公布文献量占比较低；新材料产业的高校申请人的发明公布比例较多，占41%左右，说明高校在该产业的研发能力很强。

（3）在七大战略性新兴产业的专利公布和授权文献区域分布上，北京、上海、江苏、浙江和广东整体具备较强实力，具体而言，高端装备产业和新能源产业发明公开量最多的省份是江苏省；广东省的新能源汽车产业和新一代信息技术产业的发明公开量和授权量最多；北京市的节能环保产业、新材料产业和生物产业的发明公开和授权量全国排名第一。

1.2.5　中国各区域专利创新资源状况

2006～2012年，全国发明公布文献量较多的省份是广东和江苏，其公开量都超过20万件，其次是北京和上海，其公开量都超过10万件。从2006～2012年授权的专利量来看，广东最多，其次是北京，在2006～2012年，广东和北京的授权专利数量都在7万件左右。从全国31个省份来看，北京的发明专利授权文献比例较高。

第二节　建议

2.1　强化企业的创新主体地位，注重优势领域的海外布局，关注全球主要国家的专利布局

企业参与市场活动、了解市场发展动向，其创新成果更易产业化，从而对经济发展起到直接的驱动作用。我国专利创新资源中，企业占比在40%左右，较其他发达国家低，需进一步加强企业的创新主体作用，在国家创新体系建设过程中发挥主导作用。我国整体在高端装备制造、药品制造等产业具有相当数量的专利储备，企业在光学、电信、音像技术和数字通信等领域中也具有较突出的创新能力，我国企业在部分领域的优势要注重向海外市场的拓展，注重相关领域海外专利布局。同时，对于美国、日本、欧洲等局在发动机/泵/涡轮机、信息技术管理、生物材料分析、基础通信程序等产业中的专利布局情况需要保持关注和警惕。

2.2　充分利用区域优势合理进行专利布局，发挥区域核心省份的带动作用，培育一批产业龙头企业，全面带动整个区域的创新发展

从我国各省的专利创新资源分布来看，具有很大的不均衡性，经济发达的地区专利创新资源在各个方面布局量都很多，各个省份的优势产业也不尽相同，如北京和广东，最具优势的产业是高端软件和信息服务业，而其他省份较为优势的产业是生物医药制造和中药产业。因此，我国在制定产业政策时，应当充分考虑我国的区域分布，利用各个区域的优势合理地使用创新资源，并以各区域的核心省份为延伸，带动整个区域的创新发展。例如，在东北地区以辽宁省为核心，积极发展生物医药制造、智能设备、节能等重点产业；珠三角地区，以广东省为代表，积极发展电子信息产业；在长三角地区，以上海市为代表，积极发展集成电路产业。在中西部地区，根据资源优势，大力发展战略性新兴产业的同时，应当保持对生物农业、资源产业的优化。

2.3　充分利用已有专利资源，借鉴国外先进经验，加强关键技术的重大突破，提升专利创新资源对国民经济的驱动

各省市区域经济发展及专利创新资源分布情况各具特色。例如，广东省最具优势的产业是新一代信息技术产业及和电子产品相关的产业；上海以集成电路产业为最优势产业，其拥有一大批集成电路的优秀企业。各地方政府要充分了解本地域经济发展特点和专利创新资源的分布情况，充分利用国家目前对各种产业的扶持政策，有效地制定适合当地产业发展的政策，并且以创新为驱动，实现经济方式的转变。在其产业创新发展过程中，应有效利用已有专利创新资源，借鉴国外先进经验，加强各省自身特色领域内关键技术的突破，从而带动经济转型和提升国民经济的整体质量。

2.4　加强专利创新资源的深层次运用，全面构建行业专利发展战略，兼顾构建以行业为单位的专利预警体系

中国近年来的专利公布量和授权量都有了飞速的发展，但在全球专利创新资源运用的舞台上，其经验还远远不足，具体体现在专利诉讼、专利交易、专利管理、专利联盟等和市场经济密切相关的创新资源使用上，远不能和世界专利强国相比，这不利于中国积极参与国际市场竞争。因此，我国需要进一步加强对专利创新资源的充分运用，全面构建行业专利发展战略，促进行业积极应对国际巨头构建的专利壁垒，高度重视并加强行业专利预警，建立长效预警机制，一方面面对突发的专利争端进行快速反应和应对，另一方面对可能存在的风险进行积极规避，让专利创新资源为我国国民经济各行业发展提供更多的保障与支持。

JIANSUO SHENCHA
FUWU

检索审查服务

CNKI学术图片知识库在煤化工领域检索中的应用

林丹丹　赵伟　万红波　王云涛　樊培伟

摘　要　CNKI学术图片知识库是我国第一个学术类图片的知识库产品，本文以该平台的独有功能为入口，结合实际案例探讨了其在煤化工领域检索中的应用和优势，并针对其中一些典型情况给出了相应检索策略，以期提高在煤化工领域进行非专利检索的效率和质量。

关键词　CNKI学术图片　煤化工　检索　非专利

CNKI即是中国知识基础设施工程（China National Knowledge Infrastructure），亦可解读为"中国知网"的英文简称，因其独特的全文检索功能和一站式检索功能一直是最主要的中文非专利检索资源，但对其衍生的CNKI学术图片知识库（网址为：http://image.cnki.net/）却鲜有关注。CNKI学术图片知识库以CNKI中国知识资源总库文献的图片为元数据进行深加工，使其图片特征与图词标题含义表达一致，保证图片关键词的规范性、权威性和科学性，具有简洁直观、信息量大及信息完整度高等特点，因此很好地弥补了涉及装置和流程的非专利文献的查全和查准。

煤化工领域属于传统的领域，其覆盖的知识点和技术面比较广，对审查员所掌握的专业知识要求较高，在检索过程中有时很难在专利文献数据库中检索到比较相关的专利文献；并且，由于该领域的专利申请中通常请求保护方法流程及其设备装置，所以如何在非专利数据库中高效搜索并筛选图片信息就显得相当重要。为此，本文根据煤化工领域特点，以CNKI学术图片知识库的一些独有功能为切入点探讨其在该领域检索中的应用和优势。

一、CNKI学术图片知识库简介

CNKI学术图片知识库所有图片资源均来源于CNKI中国文献资源总库，主要包括中国学术期刊网络出版总库、中国优秀硕士学位论文全文数据库、中国博士学位论文全文数据库、中国重要会议论文全文数据库、中国工具书网络出版总库、中国专利全文数据库。通过对上述资源的分析，挑选其中最有价值的学术类图片整合而成，现有图片1 500

万余张，且每年新增图片 100 万余张，用户可以由此同时获取图片语义和视觉信息，从而快速获取到相关的知识与信息。其特有的主要功能归纳如下。

（1）依照图片的类型对图像知识进行分类组织、导航以及检索结果分组；

（2）不仅可以依照关键词搜索出图片，而且可以给出某一图片为核心的图片知网节，给出语义相似图片、读者推荐图片、同文图片等多个维度的参考，实现图片为中心的知识网络展示；

（3）检索结果可以按照学科分类、图片内容分类进行分组，也可以按照被引频次、下载频次、图片清晰度、图片大小、出版时间、相关度等多个角度进行排序，有利于用户找到其所需的图片素材；

（4）与文献检索相比，实现以图片为核心的知识组织，同类知识比较、相关知识参考的功能；

（5）实现以图找图的功能，用户可以利用自己的素材实现素材的扩充和比较等功能。

二、煤化工领域特点

石油、煤气及炼焦工业的分类号主要集中在 C10 大类中，其涉及的主要技术领域有含碳物料的干馏、泥煤及焦油等物料的干燥或加工、烃油裂化及液态烃混合物的制备等，其权利要求通常请求保护方法流程及其设备装置。由于煤化工领域已历时长久，其专利申请中涉及的技术内容通常比较多，例如，会同时涉及工艺步骤、多种原料、催化剂、装置、具体工艺条件等，这对本领域技术人员能否真实、准确甄别发明要点并以此着手检索提出了较高的要求。归纳起来，其具体特点如下所述。

（1）分类号选取困难。根据 IPC 分类规则，当发明主题涉及一种设备时，分类在设备的分类位置上；当设备分类位置不存在时，分类在设备执行的方法的分类位置上；当该执行方法分类位置不存在时，分类在设备所制造的产品的分类位置上。因此，由于分类位置的不确定性导致在检索时较难选取准确的分类号。

（2）关键词表达困难。例如，①煤化工设备不仅包括设备中的各个部件，同时也包括各个部件之间的连接关系，因此很难采用关键词对连接关系进行表达；②化工设备部件本身的名称非常常规，很难对检索范围进行有效限定，例如，在煤化工装置中常出现的“塔”“阀”“口”“筒”“槽”“喷嘴”等词语对检索并没有实际意义；③对相同的部件的称谓经常不同，且不同的技术人员有不同的理解和表达，导致关键词的选取难以做到准确和全面；

（3）在工艺流程和设备中，关键词常涉及一些反应作用机理的词语，如“萃取”“精馏”“吸收”等，如果用这些词语检索，其结果的噪声会非常大。

三、煤化工领域的CNKI学术图片知识库的检索分析

案例1

权利要求：一种生物质燃气焦油高温裂解系统，其特征在于：包括焦油收集塔、液态焦油输送装，焦油收集塔的出口与液态焦油输送装置连接，液态焦油输送装置与气化炉相连。

背景技术：本案的目的是为克服上述现有技术的不足，提供一种可将废弃的焦油集中循环利用，提高焦油利用率，便于生产，制造成本低，适合大规模推广应用的生物质燃气焦油高温裂解系统。其发明点在于先将焦油预热降低黏度后通入裂解装置内裂解。虽然其保护的是一个装置，但其发明点更倾向于一种工艺流程，即先将焦油预热后再进行裂解。

1. 检索过程

本案的发明点在于工艺流程，如果采用裂解、预热、加热等关键词检索噪音太大；考虑到期刊文章中一般有较多工艺流程示意图，因此把重点转移到期刊文章的检索上。

由于图片具有信息量大、展现空间关系简洁直观、信息完整度高等特点，非常适合设备结构或流程框图的检索，为此尝试使用CNKI学术图片知识库的高级检索功能来对本案进行检索，其中可以进行“主题”“出版日期”“图片类别”“学科类别”等多字段组合检索。针对本案，在“图片主题”处采用关键词“裂解”“预热（或加热）”“泵”（考虑到本领域的流程图中通常会用泵来作为输送动力），并根据申请日在“出版日期”中限定时间，很快检索到一篇X文献。

2. 案例启示

从CNKI学术图片数据库的编辑原则可知，其是以图片特征与关键词信息作为提取分类的图片载体，图词关键词的甄选过程保证图片关键词及其定义的规范性、权威性和科学性，且图片特征与图词标题含义表达一致。也就是说，该网站收录的图片的标题和关键词是由其文献工作人员重新提取和甄选过的，保证了图文间的一致性，方便使用关键词进行检索。

案例2

权利要求：一种炼焦用煤的调湿装置，其特征在于包括：至少一个分别导入焦炉烟道废气和煤粉，使所述气体加速并且利用被加速的所述气体吸引、吹散煤粉的入口部件；至少一个分流所述气体与煤粉的混合物的分流部件；至少一个引导分流后的所述混合物的环形通道；所述分流部件设置在所述环形通道的对称轴上；至少一个使通过环形通道的所述混合物相互进行对撞并下落的传质传热区域；至少一个煤粉收集排出部件；至少一个气体排出部件；以及至少一个在气体进入气体排出部件之前将其中携带的煤粉进行

分离的分离部件。

背景技术：本案的目的是提供一种调湿效率较流化床更高，投资运行成本更加低廉的焦用煤调湿装置。

1. 检索过程

本案涉及煤的调湿装置，根据理解说明书的内容发现煤的调湿实际就是对煤粒料进行干燥的过程，且本案的装置并非仅适用于煤料干燥，其可广泛用于颗粒状物料的干燥；为此，检索时若将“煤粒料”作为关键词易造成漏检。当采用检索式“干燥 and 环形 and 对撞”在 CNABS 中检索时仅能看到 2 篇专利文献，而在 CNTXT 中全文检索时则噪声很大，没有相关文献。

由于本案涉及产品的构造和连接关系，为了能够直达内容查看图片，避免先查找、筛选文献再下载、查阅等繁琐步骤，应考虑到 CNKI 学术图片知识库中检索。首先，在该数据库的主题中输入“干燥；环形；对撞”，由检索到的相关图片所显示的“图片上下文”介绍迅速获取到一关键信息，即该装置原理在本领域具有确定的术语——“半环对撞流干燥”，根据该术语继续在数据库的主题中输入“半环对撞流”或“对撞流干燥”检索到数篇可能的 X 类文献；此时进一步追踪筛查，即查看相关图片的“同文图片”，最终确定一篇 X 类文献。

2. 案例启示

产品的构造和连接关系通常难以由文字简洁清楚地表达和查阅，而图片往往能直观地反映其重点和核心，把知识在不经过图像到文字转换的情况下完整地展示在用户面前，使其快速地发现并提炼文献的重要知识点，因此利用 CNKI 学术图片知识库中的图片基本信息和同文图片的标引，可以实现图文间的多次转换追踪，有效提高了渐进式检索的效率。

案例 3

权利要求：一种微波反应器，包括微波谐振腔、磁控管、炉门、排气通道，其特征在于：所述的微波谐振腔为四棱锥体，形成四个侧面，在其中的三个侧面上各设一个馈能口，每个馈能口上设一个所述的磁控管；该四棱锥体的底面为开口；所述的炉门设在所述四棱锥体底面开口处并封住所述的开口。

背景技术：本案提供一种微波反应器，采用金字塔型（即四棱锥体型）微波谐振腔上三个方向微波馈能口辐射微波的办法，克服了现有技术中微波辐照的不均匀的问题，并且加热迅速，能量密度高，避免微波辐射泄漏。

1. 检索过程

本案为高校申请，因而优先以发明人和申请人为入口对专利文献进行简单检索，没有合适的对比文件。

由于谐振腔、磁控管、炉门和馈能口等都是微波设备中的常用配件，采用其进行检索会带来很多噪声；本案的发明点在于其谐振腔的构型（金字塔型）以及其他部件在该谐振腔上的排布，为此，在 CNKI 学术图片知识库的主题中输入“微波；谐振腔；金字塔”，检索到一幅非常相似的结构示意图，但从其“图片来源”处发现该文献的日期晚于本案申请日，此时，通过点击“语义相关”功能以图查图，获得了一篇 X 类文献。

2. 案例启示

CNKI 学术图片知识库的图片关系信息字段中包含三个字段：同文图片，语义相关图片和读者推荐图片。其中，同文图片是标引出在同一片文献中其他图片；语义相关图片是标引出与本图片关键词相关的图片；读者推荐图片是由读者推荐的认为和本图片有关联的其他文献或期刊中的图片。由于库中的关键词标引比较规范，因此利用“语义相关”功能来进行文献的追踪和扩展不失为一种有效的检索手段。

四、检索体会

通过以上利用 CNKI 学术图片知识库在煤化工领域检索中的应用实例，总结如下所述的几点体会。

（1）CNKI 学术图片知识库具有图文并茂且关键词提炼准确的特点，考虑到煤化工领域中的装置或工艺所涉及的部件及连接关系往往多而复杂，且很多部件是常规的，要甄别出发明点并对此在 CNKI 学术图片知识库进行全面表达，可以充分利用该知识库直观简洁的优势，迅速浏览筛查，从而提高检索效率。

（2）煤化工领域中的装置与工艺通常紧密结合，往往要从其作用机理入手了解其改进点，图片具有使逻辑关系形象化、抽象概念具体化的特点，检索时可以利用少量关键词在 CNKI 学术图片知识库进行粗筛，结合图片及其相关参考知识提炼出重要知识点，再进一步缩小检索范围，实现图文间的多次转换追踪，有效提高渐进式检索的效率。

（3）CNKI 学术图片知识库可以给出某一图片为核心的图片知网节，给出语义相似图片、读者推荐图片、同文图片等多个维度的参考，实现以图找图的功能；对煤化工领域中技术特征较多且关键词不易表达的案例，考虑到图片往往为文献的核心内容、重要观点、主要研究成果的载体，可以尝试利用知识库自身的功能进行追踪和扩展。

参考文献

[1] 曹赞华，董凤强，高志纯，等. 化学领域文献实用检索策略 [M]. 北京：知识产权出版社，2011：144－150.

[2] 孟俊娥，陈俊霞，何小平，等. 化学领域计算机检索高级培训教程 [M]. 北京：知识产权出版社，2012：295－314.

Google 序列检索技巧

于仁涛　廖文勇

摘　要　本文总结了 Goolge 在生物领域序列检索中的使用方法、技巧以及检索策略，并通过实际案例介绍了几种特定情况下 Google 序列检索的方法。

关键词　生物序列　核苷酸序列　蛋白质序列　Google 序列检索

一、研究 Google 序列检索的意义

在生物领域的发明专利申请中，很大一部分涉及生物序列，如新发现的基因、蛋白、多肽、已知核酸、蛋白质的变异序列、检测引物、探针等，这些发明的核心往往就在于序列本身，因此序列检索能力是衡量生物领域审查员检索水平和审查质量的重要指标。常用的序列检索工具主要包括中国专利生物序列检索系统、GenBank 和 EBI 等数据库提供的 Blast 或 WU－blast、STN 以及 Google 等非专利搜索引擎。据统计[1]，收录于中国专利生物序列库中的序列，2/3 为序列长度小于 100 的短序列，因此对短序列的检索尤为重要。但对短序列的检索而言，Blast 算法检索噪声较大，STN 较为繁琐而且费用比较高，而且对非专利文献中的短序列收录并不完整。因此，操作简单、反应迅速、可进行全文检索的 Google，在短序列检索中具有广泛的应用空间。但 Google 也具有明显的缺点，如缺乏对文献的深度加工、检索入口少、策略调整空间有限等，这也影响了 Google 在序列检索中的应用，因此有必要对 Google 序列检索的特点、策略和技巧进行深入研究，以提高 Google 序列检索的查全率和查准率。笔者在检索实践中，总结了一些比较实用的检索技巧，灵活运用这些检索技巧，可能会取得意想不到的效果，快速获得对比文件。

二、Google 序列检索的入口及一般方式

Google 的序列检索入口和一般关键词检索相同，在 Google 检索页面中提供了简单检索入口，通过点击页面中的“高级检索”链接，可进入高级检索界面，高级检索界面提供了“与”“或”“否”以及完全匹配（即“”）等检索入口，还提供了数值范围、语

言、地区、位置等限定方式。但对序列检索而言，由于一般不会出现大量噪声的情况，因此一般使用简单检索即可。在序列检索时，一般仅需要输入序列本身，序列前后所带有的标记或修饰一般不进行检索，以免漏检。如序列 5' – ACATCAGCGTTCGTTTCGG – 3' 的引物，在检索框中输入 ACATCAGCGTTCGTTTCGG，对于 Fam – ACATCAGCGT-TCGTTTCGG – Tret 的探针，在检索框中输入 ACATCAGCGTTCGTTTCGG 即可。

三、核酸序列检索技巧

1. 序列检索中的空格

Google 检索的关键词可以是单词（中间无空格），也可以是短语（中间有空格），用短语作关键词，必须加引号，否则空格将默认为逻辑“与”运算，从而自动进行分词检索。在利用 Google 检索引物、探针等短序列时，一般的检索策略是输入完整序列进行检索，而如果文献中的序列撰写方式发生改变时，Google 不会将其加工成一个完整序列，因此需要对检索策略进行相应的调整。对以下涉及 RT – PCR 检测方法的案例，检测引物序列为：

上游引物：5' – ACATCAGCGTTCGTTTCGG – 3'

下游引物：5' – GTGACAATCTGGTTAGGTAGGTCG – 3'

按照序列检索的一般策略，在 Google 中输入序列 ACATCAGCGTTCGTTTCGG 进行检索，除了申请人在后公布的文献外没有检索到对比文件。没有检索结果可能存在两种原因，一是现有技术没有披露同样的序列，第二种可能是检索策略的问题。笔者没有就此放弃，考虑到生物领域的撰写习惯，每 3 个核苷酸编码 1 个氨基酸，笔者尝试了每 3 个碱基一个空格的检索策略：“ACA□TCA□GCG□TTC□GTT□TCG□G”（□为空格，下同），结果检索到 7 条结果（其中 Google Scholar 有 4 条结果）。因此对短序列，需要注意序列在不同文献中的撰写形式，通过变换撰写形式在 Google 中进行检索，以防止漏检。

对引物或探针等短核酸序列，以 ACATCAGCGTTCGTTTCGG 为例，在期刊文献中一般有以下 3 种撰写方式：最常见的是没有空格的全序列方式，对这种方式撰写的文献，以全序列为检索词才能够检索得到；第二种方式是以 3 个核苷酸为单位的撰写方式，如“ACA□TCA□GCG□TTC□GTT□TCG□G”，由于 3 个核苷酸为 1 个氨基酸的编码密码子，因此这种撰写方式出现的频率也比较高；第三种方式是以 10 个核苷酸作为单位的撰写方式，如“ACATCAGCGT□TCGTTTCGG”。因此建议在利用 Google 进行序列检索时，至少要变换上述 3 种方式进行检索，以防止漏检，并且在检索时用引号予以标记，以排除噪音。当然还有部分文献中序列并非按照上述 3 种方式进行撰写，这种情况就只能通过关键词、申请人等相关入口获得文献后，通过精读文献来获取对比文件。

2. siRNA 检索中的调整策略

RNA 干扰技术是近年来功能基因验证的重要技术手段，因此涉及 siRNA 的发明专利申请也日渐增多。文献中 siRNA 有多种撰写形式，其中序列中的尿嘧啶（U）可撰写为胸腺嘧啶（T），结尾的 TT 可以撰写为 dTdT，因此，应当在检索时注意变换。

如同一条 siRNA，可以有如下几种撰写形式：

5′ – CCGCAAGAUUGGCGUGUGCTT – 3′

5′ – CCGCAAGATTGGCGTGTGCTT – 3′

5′ – CCGCAAGATTGGCGTGTGCdTdT – 3′

5′ – CCGCAAGAUUGGCGUGUGCdTdT – 3′

案例 1

权利要求：人类 SRP54 的 siRNA，其登陆号为 Pr000032，序列为 GCAAGAGGATCGGGTGTAT（《生物技术领域文献实用检索策略》案例 4 – 1 – 2）。在《生物技术领域文献实用检索策略》建议了两种检索方式[2]，第一种方法是通过登陆号直接进行检索，但在申请中直接提供登陆号的案例很少；第二种方法是在 GenBank 中通过序列比对，然后转探针库，方法较繁琐。其实在 Google 中直接进行序列检索，也可以获得对比文件，在 Google 中利用 GCAAGAGGAUCGGGUGUAUdtdt（将 T 改写为 U，并在结尾加 dtdt），可直接获得 X 类对比文件（REN Yan – Guo et al. , Differential regulation of the TRAIL Death Receptors DR4 and DR5 by the Signal Recognition Particle, Mol Biol Cell. 2004. 15（11）: 5064 – 5074），其公开了案例 1 中请求保护的 siRNA。因此在进行 siRNA 检索时，需要注意 siRNA 序列中 T 与 U 的运用，以及结尾 TT 与 dtdt 形式的变换。

3. 对每一条序列都进行检索

生物序列中的引物一般成对出现，有时候还需要配合探针使用。例如，某案涉及实时荧光定量 PCR 试剂盒，其引物序列为：

上游引物：GGTTCTCTTGAGTGAGTT

下游引物：CTGATGGCAACTAAAGAA

按照顺序，先在 Google 中对上游引物进行检索，获得的结果为零。而利用下游引物进行检索，能够获得 12 篇文献。通过序列比对，发现这些文献中记载的上游引物和本申请的上游引物在第 5 位存在一个 A/C 的碱基差异，实际上对比文件完全可以评价这一技术方案的创造性。如果仅因为上游引物的检索结果为零就放弃检索，则可能出现漏检的问题。

还有一类特殊的引物称为简并引物，核苷酸链中除出现正常的 A、T、G、C 四种碱基符号外还出现如 R、Y、M、K 等其他字母（其中 R = A/G，Y = C/T，M = A/C，K = G/T，S = C/G，W = A/T，H = A/C/T，B = C/G/T，V = A/C/G，D = A/G /T，N = A/

C/G/T）。

案例 2

专利申请号：201210240201X，其权利要求 1 涉及一种引物：

PRRSV NSP2 – F：TGA [Y] GGGCGACAATGTCC

PRRSV NSP2 – R：CGCAGACAAATCCAGA [V] G

如果直接在 Goolge 中直接检索这两条引物，检索结果为零。如果分别将其中的兼并碱基替换为具体的碱基进行检索，检索结果如下所示。

	检索词	结果数
PRRSV NSP2 – F	TGA [T] GGGCGACAATGTCC	2
	TGA [C] GGGCGACAATGTCC	0
PRRSV NSP2 – R	CGCAGACAAATCCAGA [A] G	0
	CGCAGACAAATCCAGA [C] G	0
	CGCAGACAAATCCAGA [G] G	1

因此，上述两个案例提示，当技术方案涉及多条序列时，应当对全部序列进行检索，获得文献后，通过人工比对，再进一步确定对比文件是否可用，以防止漏检。

4. 利用截短序列检索不匹配序列

上文已经介绍了序列中加入空格的检索技巧，实际上，如果对比文件中序列是以空格的形式记载的，还可以利用截短序列检索不匹配序列。以探针序列“TCAAAGAAGCCACTGGAAGCCTTCACTGA”为例，在 Google 中，以不同的检索方式可获得不同的结果，如下表所示。

检索方式	检索词	结果数
全序列	TCAAAGAAGCCACTGGAAGCCTTCACTGA	0
插入空格	“TCA AAG AAG CCA CTG GAA GCC TTC ACT GA”	0
截短	“TCA AAG AAG CCA CTG GAA GCC TTC ACT”	4
截短	“TCA AAG AAG CCA CTG GAA GCC TTC ”	4
截短	“TCA AAG AAG CCA CTG GAA GCC ”	4
截短	“TCA AAG AAG CCA CTG GAA”	4
截短	“TCA AAG AAG CCA CTG”	4
截短	“TCA AAG AAG CCA”	5
截短	“TCA AAG AAG”	823000

从表中可以看出，在全序列和插入空格两种方式均无法命中对比文件的情况下，通

过进一步截短序列，可以准确命中记载了“TCA□AAG□AAG□CCA□CTG□GAA□GCC TTC□ACT□G”的对比文件。Google 中将“TCA□AAG□AAG□CCA□CTG□GAA□GCC □TTC□ACT□G”作为一个短语，并标引其中被空格间隔的每一部分，但并不索引去掉空格后的整体。因此，在完整的序列无法获得检索结果时，可以尝试以截短的检索词进行检索。当然，如果序列过短会出现大量噪声。简单计算可知，9 个碱基匹配的随机概率约为 3.8×10^{-6}，而 12 个碱基匹配的随机概率约为 6×10^{-8}，因此 12 个碱基匹配的序列一般为有意义的序列，建议以 12 作为截短的临界值。

5. 巧妙利用索引规则实现后方一致检索

当通过常规的检索方式无法获得满意的检索结果时，可以考虑根据序列本身的特点对序列进行人工修正。如对引物序列来说，其 5’ 端常包括酶切位点和保护碱基，这些碱基并非引物的核心内容，因此当没有完全匹配的序列时，保护碱基和酶切位点不同的引物序列也可以作为有效的对比文件使用。遗憾的是，Google 并不提供后方一致检索。但是笔者发现，Google 虽然不提供后方一致检索，但其具有一个特殊的索引方式，那就是对下画线部分或括号部分单独索引，如果巧妙加以利用，某些时候可以起到后方一致检索的效果。如对序列 ATCTAGACA，Google 只索引“ATCTAGACA”，而对 ATCTAGACA，则分别索引“ATC”、“TAG”、“ACA”和“ATCTAGACA”。而在很多文献中，引物序列中的酶切位点都以下画线的方式标注，如对引物：CATATTGGCGGTGGAGAGGATGATGAAC，按照通常的检索方式均无法获得匹配结果，通过对序列进行分析，笔者发现，该序列的前 3 个碱基为保护碱基，而第 4 ~ 9 个碱基为酶切位点，对本领域技术人员来说，保护碱基和酶切位点是可以根据实际需要调整的内容，因此并非序列的核心，因此尝试将保护碱基和酶切位点去掉，在 Google 中输入 GGTGGAGAGGATGATGAAC 进行检索，获得了一篇公开了如下引物的 X 类文献：ATCGAACATATGGGTGGAGAGGATGATGAAC（下画线标注的是该引物的酶切位点）。在酶切位点处用下画线标注是本领域技术人员经常采用的撰写方法，因此在检索涉及酶切位点的引物时，如果常规检索无法获得有意义的结果，可以尝试采用去除酶切位点的方式检索，可能会有意外的收获。

四、多肽序列检索技巧

利用 Google 检索多肽的方法和检索核酸的方法基本一致，上述检索技巧也可以用于多肽的序列检索。由于氨基酸有两种字母缩写表示方式，如丙氨酸既可以缩写为 ala，也可以缩写为 A，因此检索时应当注意单字母和三字母缩写之间的变换。以多肽 AGEGLSSPFWSLAAPQRF 为例，在 Google 中分别以不同的形式进行检索，所获得的结果如下表所示：

序号	检索词	结果数
1	AGEGLSSPFWSLAAPQRF	111
2	Ala – Ala – Gly – Val – Asp – Tyr – Glu – Asp – Glu – Arg – Ile – Ser – Phe – Gln – Asp – Trp – Pro – Lys	2
3	Ala Ala Gly Val Asp Tyr Glu Asp Glu Arg Ile Ser Phe Gln Asp Trp Pro Lys	52 000
4	"Ala Ala Gly Val Asp Tyr Glu Asp Glu Arg Ile Ser Phe Gln Asp Trp Pro Lys"	2
5	AlaAlaGlyValAspTyrGluAspGluArgIleSerPheGlnAspTrpProLys	0

从检索结果看，多肽主要以单字母序列形式出现，只有少量文献采用三字母的形式，而且 Google 将序列中的"–"或者"—"作为连词符处理，因此 Ala – Gly 在检索中被当成一个检索词，效果等同于"Ala□Gly"，而 Ala□Gly 则被默认为 Ala and Gly，氨基酸之间一般为空格或"–"，也有部分序列的三字母缩写间没有任何空格或连接符。因此，在多肽的序列检索中，首选以单字母序列方式进行检索，如无满意结果，尝试表中序号 2/4 或 5 的方式检索。其中序号 2 或序号 4 的检索方式还可以检索到含有该序列的序列。

五、结　语

Google 的数据收录范围和检索速度使其成为应用广泛的搜索引擎，特别是在检索非专利文献中公开的短序列信息时，有着不可替代的作用，但其检索功能和检索界面与专业的检索工具相比，仍然有很多不足，而且目前关于 Google 序列检索方法和技巧的文献比较少，有待深入挖掘。本文总结了一些检索技巧，总结如下。

（1）Google 适合检索短序列，如引物、探针、siRNA 等，对长序列，建议通过 GenBank、中国生物序列检索系统或者 STN 检索；

（2）注意空格的使用，对核酸序列，建议至少要检索 3 种形式，不带空格、三位一空格以及十位一空格；

（3）当待审专利涉及多条序列时，对每一条序列都要进行检索；

（4）涉及 siRNA 时，注意序列中 U/T 的变换，以及结尾"TT"和"dTdT"形式的变化；

（5）利用 Google 对下画线单独标引的规则，对涉及酶切位点的引物序列，可以考虑去除酶切位点实现后方一致检索；

（6）对较长的序列，可以采用截短的形式检索不完全匹配但相关的序列；

（7）对多肽序列，注意三位缩写的氨基酸和一位缩写的氨基酸的变换。

通过上述技巧，合理对检索词进行调整，某些时候能够起到事半功倍的效果。值得注意的是，Google 是一种综合性的搜索引擎，而非专业的序列检索工具，其序列检索结果只能确定“有”，而不能确定“无”，因此当序列检索不能获得检索结果时，必须配合使用关键词、申请人等检索入口，深入检索，以防止漏检。

参考文献

[1] 王磊. 中国专利生物序列数据库研究 [J]. 专利文献研究，2002 (2)：30－36.

[2] 国家知识产权局专利局专利审查协作北京中心. 生物技术领域文献实用检索策略 [M]. 北京：知识产权出版社，2011.

IPDL中的分类号检索及追踪检索

王大鹏

摘　要　IPDL通常被认为是首选的具有高度可信性的日本专利信息检索资源。检索实践中，对其数据资源特点和检索规则的了解程度往往决定了对该文献资源的挖掘深度。本文从FI/FT分类号检索和申请人/发明人追踪检索的角度对IPDL相关检索方式及相关检索规则进行了描述，尤其对其重要检索规则、相关注意事项及相关扩展方法进行了梳理和总结。

关键词　IPDL　FI/FT分类号检索　申请人检索　发明人检索

近年来，各类搜索引擎以及专利检索平台充斥网络，如GOOGLE、百度、Patentics等，只要在各检索系统的检索界面中输入检索词，即可非常简单便捷地获得相应的命中信息。所以，从某种意义上说，现在已经进入一个任何人都能够进行信息检索的时代，当然更毋论专利审查员了。但是，仔细推究专利审查中的一些检索过程和结果，很多检索未必称得上是一种完备的和高效的检索。究其原因，其中一个重要因素是相应检索资源的挖掘深度，而挖掘深度不足又与检索者对相应检索系统的检索规则了解有限密切相关。

IPDL（Industrial Property Digital Library）是日本原“工业产权数字图书馆”的英文简称（现也称之为“特许电子图书馆”），其运营单位是工业所有权情报研修馆。限于不同的检索经验与体验，对于IPDL检索的印象，多数情况下可能言人人殊。有人认为，其网络检索方便快捷的特点明显，无需任何ID或密码即可以免费检索，且不拘浏览器种类，如IE、FireFox、GoogleChrome、Opera、Safari甚至iPhone等均可；有人则认为，其检索功能不够完备；但不可忽视的一点是，由于IPDL对包括早期在内的日本专利文献收录齐全（收录了从明治时代第1号专利说明书开始的所有专利公报数据，被认为是收集了日本所有专利信息的唯一数据库）、日本FI/FT专利分类的精细与便利、日本特许厅（JPO）审查过程信息的完备及其专业性与权威性，更多地被认为是外网检索首选的具有高度可信性的日本专利信息检索资源。因此，无论是首次检索还是补充检索，也无论是日本国内用户还是国外用户，IPDL的检索利用率一直较高。

本文基于一些 IPDL 的现有使用经验[1-3]，对其检索规则以及笔者检索实践中的一些方法和技巧进行了梳理和总结，为深度挖掘 IPDL 文献信息及检索活用提供一些备选途径。

一、IPDL 中的 FI/FT 分类检索

IPDL 检索中，最常使用也最具有检索优势的即是 FI/FT 分类检索。全面了解 FI/FT 分类检索的相关规则将会直接促进 IPDL 专利文献资源的高效利用。

1. FI/FT 分类检索的三个重要原则

由于 FI/FT 分类精细，其分类号检索在某种程度上近似于准全文检索，甚至很多时候可以对附图进行检索，因此，在信息资源飞速增长的今天，FI/FT 分类检索有其不可比拟的优势。利用好 FI/FT 分类检索，必须掌握在所有 FT 主题码下均适用的三个重要原则[4]。

（1）分类检索时尽可能在同一 FT 主题码内进行闭合检索运算，不要轻易地在不同 FT 主题码间进行运算。其原因在于，不同 FT 主题码间运算成立的前提是，需要针对同一文献分别赋予两个不同的 FI 分类号和两个 FT 主题码分类号（因为 FI 分类是 FT 分类的前提），但实际上这样的文献少之又少。一般而言，应该尽量避免在不同 FT 主题码之间进行逻辑与运算（乘法运算），即跨 FT 主题码检索需要慎重。笔者称其为“FT 常规闭合检索原则”，简称“闭合检索原则”。

（2）尽可能仅用 FT 分类号进行检索运算，FT 与 FI、或 FT 与关键词的逻辑与运算（乘法运算）也需要慎重研判。其原因在于，如果 FT 分类号与不具有对应关系的 FI 分类号进行乘法运算，则会出现过度缩减甚至检索结果为零的情况；如果 FT 分类号与具有对应关系的 FI 进行运算，则几乎达不到缩减检索结果的效果。另一方面，并非 FT 中体现的所有发明信息都会形诸于文字，而可能来源于附图，因此，强求 FT 分类号与关键词具有交集可能会造成检索遗漏。而且，即便文献中具有相应文字表达，如果不能周全不同申请人表达上的差异，也会造成检索遗漏。故此提倡慎重研判 FT 与 FI、或 FT 与关键词的逻辑与运算。当然，检索中并非绝对禁止 FI/FT 分类号与关键词进行乘法运算，只是需要慎重考虑上述弊端以求规避其不利方面。笔者称其为 FI/FT 检索中的“FT 与 FI 或关键词的慎乘原则”，简称“慎乘原则”。

（3）FT 检索前首先需要确认各 FT 分类号与 FI 适用范围之间的关系，在 FT 分类表中的同一 FI 适用范围内，相同分类角度内部（如在 AA 内部）适用 OR 运算；不同分类角度间（如 AA 与 DD 之间）适用 AND 运算。原因在于，FT 分类表共有三种类型[2-3]，也可以说是 FT 分类表中 FI 适用范围的三种模式。第一种是 FI 全范围与 FT 所有分类角

度均对应；第二种则是每一分类角度均对应不同的 FI 子范围；第三种则是前两者的混合模式，即杂合型 FT。由此使得，当 FT 分类表存在第二或第三种模式时，即在不同 FI 适用范围内对文献独立进行 FT 分类时，不同 FI 适用范围的 FT 之间不能做乘法运算。笔者简称其为 FI/FT 检索中的“FT 类型匹配原则”，简称“匹配原则”。

2. FI/FT 分类检索中适用等级检索的范围

FI/FT 分类适用等级检索，但其等级检索与前方一致检索具有一些微妙的差异。所以，需要了解 IPDL 中的 FI/FT 分类进行等级检索的适用范围：在使用类似于 IPC 小组的 FI 分类号检索时，系统会自动进行等级检索，如检索 A44B1/18 的 FI 分类号，会如 IPC 检索一样，将一点组分类号 A44B1/18 的所有下位组（一直至 A44B1/44 的所有二点组和三点组）均纳入检索对象。而在使用具有分册识别符的 FI 进行检索时，如检索 A44B1/00@ A 的 FI 分类号，系统则不会自动适用等级检索，检索结果不会包含其下位分类等级，即便 A44B1/00@ A 下还具有细分下位分类 A44B1/00@ B、A44B1/00@ C、A44B1/00@ D、A44B1/00@ E、A44B1/00@ F 等。如需要在 FI 分册识别符下进行包含其所有下位分类号的检索，只能将各下位分类号以 OR 逻辑进行检索，简便的输入方式可以是：A44B1/00@ （B + C + D + E + F）。

FT 同样适用等级检索，对其适用范围也同样需要加以注意。

3. FT 附加码检索技巧与注意事项

（1）FT 附加码的查询方法。

首先需要了解的就是，如何发现附加码的存在。一种方法是，在浏览专利公报、浏览 FT 字段或审查经过信息等时，如果发现 FT 末尾附有附加码的字母标记（如 BA18Y、BA30Y），则相应 FT 主题码下应该具有附加码；另一种方法是，在 IPDL 的 PMGS（Patent Map Guidance）网页浏览 FT 分类表时，如果分类表左侧的各分类角度例如 AA、BB 等文字上面设有链接，该链接即为具有附加码的指示，打开该链接，即可跳转到“附加码一览”的解释说明界面。后一途径同时可以供检索者了解附加码含义。

（2）FT 附加码检索输入方法。

在 IPDL 检索时需要注意输入“.”，例如，以特定附加码“BA18. X”进行检索，输入“BA18. X”即可。在未输入半角圆点的情况下，只能检索到那些未赋予附加码的文献，往往会使得检索结果相差悬殊。例如，在 FT 主题码 4D048 下检索，如表 1 所示。

表 1　IPDL 特许分类检索附加码检索示例（检索时间 2012 年 12 月）

检索对象	输入内容	检索结果
检索特定附加码	BA18. X	5026
前方一致检索	BA18.	6655
无附加码检索	BA18	2

鉴于如此悬殊的检索结果差异，检索中一个比较简单的应对方法就是，不拘有无 FT 附加码，在 FT 检索时都让末尾加点检索成为一个习惯，即可很好地实现防止检索遗漏的效果。

4. FI/FT 分类号之间近缘关系查询与检索

与目前 IPC 网站在其 IPC 电子层信息中存在分类号的关联指示类似，日本特许厅检索门户网站内[6]也新提供了一个显示分类相关性的工具。利用该工具可以显示出主副领域/主副分类之间的关系。特别值得一提的是，其基础数据并非来自随机抽样或 IPC 分类表的关联分析，而是以日本 2000 ~2008 年的 200 多万件专利申请（具体为 2 018 997 件）作为分析对象，基于实际的专利数据经评价、分析得来，故其在指导上的可靠性及可借鉴性均较强。

进入该工具内的各审查室关联指示图，即可发现指示各审查室/各领域关联关系的图表（http://www. jpo. go. jp/cgi/cgi – bin/search – portal/matrix/matrix. cgi? view = 1&section = 0）。其中，图 1 中马赛克图块的浓淡表示各技术领域或分类之间的关联性强弱。单击其中的特定色块可以进一步显示详细相关数据。例如，“生物工程”与“医疗”的交集点色块颜色较浓，两者同时赋予主副分类的比率达到平均 30%，两者关联性较高。相反，当交集点色块为空白时则关联较弱。

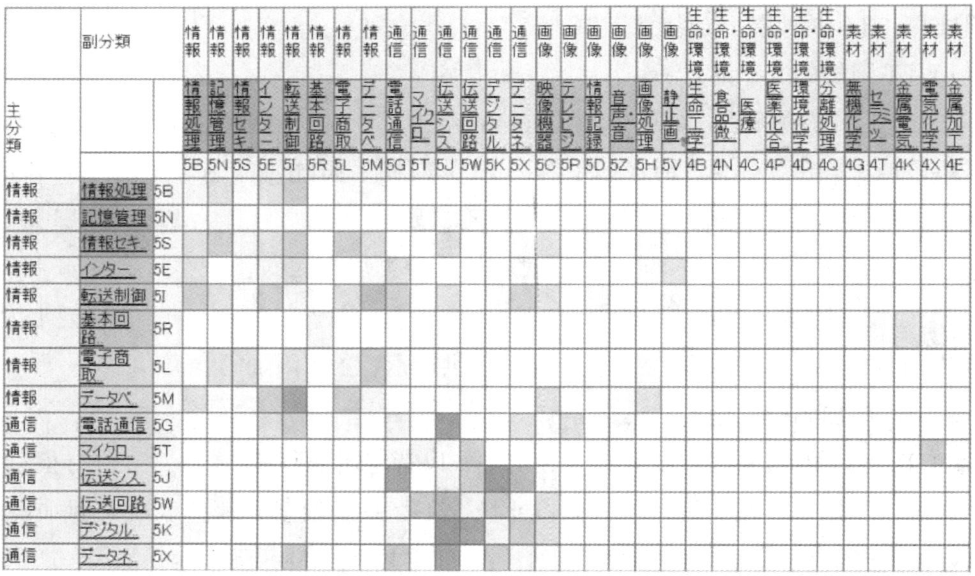

图 1　特许厅各审查室所属技术领域/分类之间的关联程度指示（拷屏示例）

该工具给出的各审查室/各领域的详细相关数据具体可参看以下示例，见图 2。

该工具给出的相关技术领域的详细排名顺序可参看以下示例，见图 3。与生物工程学下“基因”相关的两个主题码 4B024、4B777 相关的技术领域（副分类）的排名顺序是：4N、4B、4C、2J 等，具体细节还可以进一步展开。

	副分類		生命・環境	生命・環境	生命・環境	生命・環境	生命・環境	生命・環境	素材	素材	素材	素材	素材	素材	素材	素材	応用化学	応用化学	応用化学	応用化学	応用化学
主分類			生命工学	食品・微生物	医療	医薬化合物	環境化学	分離処理	無機化学	セラミックス	金属電気化学	電気化学	金属加工	電子素材加工	半導体機器	半導体集積回路	有機化学	応用有機材料	高分子	プラスチック工学	繊維・積層
			4B	4N	4C	4P	4D	4Q	4G	4T	4K	4X	4E	4R	4M	4L	4H	4V	4J	4F	4S
生命・環境	生命工学	4B		14262 0.87	8868 0.54	393 0.02	351 0.02	152 0	25 0	4 0	5 0	4 0	1 0	0 0	2 0	0 0	252 0.01	179 0.01	46 0	1 0	59 0
生命・環境	食品・微生物	4N	5514 0.27		3856 0.19	440 0.02	1033 0.05	465 0.02	65 0	5 0	9 0	9 0	1 0	1 0	4 0	0 0	381 0.01	464 0.02	102 0	11 0	71 0
生命・環境	医療	4C	3276 0.15	5928 0.28		4715 0.22	2138 0.1	287 0.01	83 0	84 0	4 0	1 0	13 0	0 0	0 0	0 0	666 0.03	252 0.01	412 0.01	12 0	81 0
生命・環境	医薬化合物	4P	447 0.02	1018 0.05	13512 0.73		500 0.02	297 0.01	413 0.02	2 0	1 0	90 0	12 0	8 0	55 0	2 0	4251 0.23	872 0.04	714 0.03	9 0	48 0
生命・環境	環境化学	4D	87 0	1145 0.05	1891 0.08	347 0.01		5035 0.22	1074 0.04	419 0.01	332 0.01	209 0	342 0.01	12 0	2 0	7 0	823 0.03	2032 0.08	1307 0.05	136 0	421 0.01
生命・環境	分離処理	4Q	72 0	551 0.03	233 0.01	160 0.01	2690 0.19		2099 0.15	347 0.02	222 0.01	246 0.01	125 0	193 0.01	13 0	25 0	761 0.05	746 0.05	493 0.03	150 0.01	582 0.04

图 2　特许厅各审查室所属技术领域/分类之间的关联程度的具体数据显示（拷屏示例）

（注：每一个方格中，上部数据为对应于所述主分类而被赋予相应副分类的件数；下部数据为给出的相关度评分）

生命・環境グループ->4B 生命工学

AU	テーマコード(FI)	関連技術分野ランキング
遺伝子	4B024　C12N15/00-15/00@Z-突然変異または遺伝.. 4B777　C40B10/00;40/02;40/06-40/10;50/06-核酸・ペプチド類を..	副分類として関連する技術分野のランキング

相関図	AU	件数	スコア
4N	発酵・微生物	12367	0.95
4B	ペプチド・蛋白質	6121	0.47
4C	生体物質含有医薬	5885	0.45
4C	化合物含有医薬	5767	0.44
2J	化学分析	4203	0.32
2B	畜産・養殖	668	0.05
2J	機械分析	539	0.04
4C	製剤・医療材料	536	0.04

图 3　FT 分类号相关领域关联度排序（拷屏示例）

检索中，上述分类相关性工具给出的信息的价值至少体现在两个方面：一是可以对比相关信息，在扩展检索领域时予以借鉴，使扩展检索或补充检索更具目的性，提高检索效率；二是通过分析不同分类之间的相互关系，指导分类检索中的逻辑运算规则。例如，表面上，液晶板 2H092 领域与半导体领域似乎关联颇深，但通过上述相关性工具可以发现，液晶—半导体两个领域的文献之间几无交集，同时被赋予主副分类的少之又少。检索中，二者之间的逻辑乘运算将有很高的概率导致零结果，因此应尽量避免这样的检索。

5. IPDL 适应 FI/FT 不定期修订的检索方式

日本 FI/FT 分类会不定期地进行部分修订，相关修订信息均可经 IPDL 中的 PMGS（Patent Map Guidance）工具进行查询。

尽管随着 FI/FT 新分类号修订会同步进行再分类作业，但再分类作业存在机器再分类与人工再分类之别（FT 再分类一般均需人工再分类）。一般而言，如果是机器再分类，往往随新修订分类号的公布几乎会同时完成再分类作业，但人工再分类作业均需要一定的时间延迟，往往视再分类作业的文献数量，时间延迟从数月到数年不等，少数 FT 再分类作业时间甚至长达 7 年之多。

因此，对存在修订的 FI/FT 分类号，检索中常见的处理或应对原则即是新旧分类号均要检索。如果仅检索新分类号，未完成再分类作业的相应文献即会遗漏。

这里特别需要注意的是，考虑到检索逻辑运算，对应于存在修订的 FI/FT，在再分类结束之前，相关分类号之间的逻辑运算也需考虑新旧分类号的修订因素。例如，旧 FT 分类表 2H091 修订为新 FT 分类表 2H191，其各自分类表下位分类位置也均有调整，FA03. Y 修订为 FA05. Y；FC13 修订为 FC14。此时，如果想检索具有上述 FA、FC 两个特征的目标文献，则既要以修订后的 2H191FA05. Y * 2H191FC14 进行检索，也要以修订前的 2H091FA03. Y * 2H091FC13 进行检索，其在 IPDL 总的检索式即是：[2H191FA05. Y * 2H191FC14] + [2H091FA03. Y * 2H091FC13]。因此，对存在修订的 FI/FT 分类号，不仅要注意修订前后的分类号均要检索，还要对修订前后的分类变化了然于胸。

二、IPDL 日本申请人/发明人检索方法

IPDL 检索优势之一还在于对日本申请人/发明人追踪检索的正宗性和纯正性。IPDL 提供至少四种申请人/发明人检索路径。由于日本常见法人名称中多含有株式会社、财团法人、独立行政法人、协同组合等，当以特定申请人为目标进行检索时，在检索中对这些法人的检索有以下四点需要注意。

（1）申请人检索采取“部分一致”检索方式，例如，“任天堂株式会社”采用全称“任天堂株式会社”检索或简称“任天堂”检索均可命中；而“丰田自动织机株式会社”采用“丰田自动”“田自动织”“自动织机”“动织机株”“织机株式”“机株式会”等也均可检出。

（2）当需要对法人名称中含有相同文字串的公司集团需要分别区分检索时，例如，含有“日立”字样的公司有很多，有神奈川日立、关西日立、日立软件、日立造船等，此时，为避免检索噪声引入，可以输入如“株式会社日立制作所”等特定公司法人名称，进行特定法人检索，即可容易地区分开来。

（3）当申请人名称存在变更时，IPDL 中的申请人检索均只是以专利公报发布时的申请人作为检索对象，而并非是以名称变更后的公司名称进行检索，即检索不能完全覆盖新旧公司名称。例如，如果不检索“松下电器产业”而仅检索“PANASONIC”，该公司名称变更前的专利文献就会全部遗漏。因此，为检索全面，检索者往往需要事先收集所

检公司的名称变更明细。

常见的获取申请人名称变更情况的路径是：①在 IPDL 经该申请的“经过情报”查询申请信息，在其“申请人·代理人记录”及“发明人记录”两个栏目中会记载申请人或发明人名称前后变更情况；②访问申请人网站主页，在网页中的“公司概要”、“公司信息”或“沿革”栏下查询申请人的发展沿革信息；③查询维基百科（Wikipedia）或在日本 PATOLIS 网站查询“PATOLIS 检索指南（申请人篇）”（http://search.p4.patolis.co.jp/search.html? kk=0001），均可获取相应申请人发展沿革信息。

例如，经由企业 Web 网站主页、Wikipedia 或 PATOLIS 检索指南（申请人篇）查询“Astellas Pharma Inc.”公司，均会很容易地获知，这一日本制药公司是 2005 年 4 月 1 日由山之内制药株式会社与藤泽药品工业株式会社合并而来。

（4）当存在多名共同申请人的情况下，如果检索时只想要第一申请人的文献数据，或者只想就某公司作为第二顺位申请人以后的合作申请情况进行调查，则可以通过以下途径实现：当只想检索某公司作为第一申请人的专利文献数据时，在检索项目选定“申请人/权利人”的情况下，在输入的公司名称之前输入一全角“|”。而当只想检索作为第二顺位申请人或位次更靠后的专利数据的情况下，检索项目选定“申请人/权利人”后，在输入的公司名称之前需要输入一全角“，”。

三、小　结

本文对 IPDL 数据资源的检索应用进行了实证研究，对其中比较重要的 FI/FT 分类号检索及申请人、发明人追踪检索的相关活用规则进行了重点介绍。鉴于语言因素，对其文本检索、PAJ 检索等没有涉及。

参考文献

[1] 孟俊娥，周胜生．专利检索策略及应用［M］．北京：知识产权出版社，2010.

[2] 王大鹏．FI/FT 分类系统及其在 EPOQUE 和 IPDL 中的应用［J］．审查业务通讯，2009.

[3] 王大鹏．FI/FT 分类系统的特点及发展趋势［M］//杨铁军．专利文献研究 2010．北京：知识产权出版社，2010.

[4] 酒井美里．特许调查入门．社团法人发明协会．2010.

[5] 日本“特許電子図書館”（IPDL）相关日文访问网址是：www.ipdl.inpit.go.jp/homepg.ipdl，英文访问网址是：www.ipdl.inpit.go.jp/homepg_e.ipdl.

[6] JPO FI/FT 分类相关性解析工具网址（3.2.2 分類の相関性を表示させるツール）：http://www.jpo.go.jp/cgi/link.cgi? url=/torikumi/searchportal/htdocs/search-portal/top.html.

抽象权利要求的检索方式初探

肖薇　陈敏泽　徐秋杰　董妍　纵浩

摘　要　从控制领域中的抽象权利要求的特点出发，对于基于算法/原理及基于操作流程的两类抽象权利要求的检索方式进行了研究，并结合两个具体案例进行了分析，分别给出了行之有效的检索思路。

关键词　控制　权利要求　抽象　检索

一、抽象权利要求的特点

汉语词典中解释，抽象是众多的事物中抽取出共同的、本质性的特征，而舍弃非本质的特征；在自然语言中，很多人把凡是不能被人们的感官所直接把握的东西，也就是通常所说的“看不见，摸不着”的东西，叫做抽象。

专利申请中经常出现较为抽象的权利要求，例如，控制领域涉及控制算法/控制原理/操作流程的发明申请，其权利要求通常撰写得较为抽象，一般仅采用概括性的语言笼统地描述各个部件、步骤/流程等，而不涉及有具体含义的技术特征。对此类权利要求，如果基于权利要求中的特征提取关键词，往往会由于这些特征过于上位导致检索噪声很大，无法进行浏览。并且，对这类权利要求，也难以找到准确的分类号进行检索。因此，这类权利要求始终是该领域中的一个检索难点。

本文基于作者在控制领域的审查经验，在对这类问题进行研究的基础上，提出了对抽象权利要求的检索方式和思路。

二、检索策略

抽象的权利要求大致可以分为两类，一类是基于算法/原理进行的抽象，一类是基于操作流程的上位概括。对这两类权利要求进行检索时，首先要结合专利申请说明书的内容，将抽象的方案具体化，通常可以考虑以下几个方面。

（1）通过理解专利申请说明书中的内容，把该申请所属的具体领域、所要解决的技术问题、所采用的手段作为提取关键词的因素。

（2）如果该申请是基于算法/原理进行的抽象，则优先选择表达“技术问题 + 算法/原理”的关键词作为检索要素。这是因为对一个改进的控制原理/算法来说，可能应用于多个技术领域，因此不考虑“具体领域”的因素。当然，如果上述检索结果的文献较多时，可以进一步使用表达“具体领域”的关键词缩小文献阅读数量。

（3）如果该申请是基于操作流程的上位概括，则优先选择表达“具体领域 + 手段”的关键词作为检索要素。这是因为对一个改进的操作流程来说，与所属的领域关联较大，而它所要解决的技术问题普遍都是为了提高效率/精度/性能，因此可以不将“技术问题”作为检索要素。

三、检索案例

下面结合实际案例说明如何对控制领域中的抽象权利要求进行检索。

案例 1

【申请号】2007101013827

【发明名称】控制系统及其调整方法

【权利要求】1. 一种控制系统，用以控制一受控体所产生的一输出信号，包括：一主控单元，是根据该受控体的物理行为所设计，使该控制系统的一开回路频宽接近一目标频宽，并产生一第一操作信号；及一第一调整单元，是根据该受控体的响应行为所设计，接收该第一操作信号，据以产生一第一调整信号，其中该第一调整信号、该输出信号与该第一操作信号经运算产生一第二操作信号，使该输出信号接近该第一调整信号，据以抵消该受控体所遭受的一干扰信号；及一第二调整单元，接收一输入信号，据以产生一第二调整信号，其中该第二调整信号、该输出信号与该输入信号经运算产生一第三操作信号，以提供给该主控单元，使该控制系统的传递函数趋近该第二调整单元的传递函数。

【检索策略分析】

分析上述权利要求：上述权利要求记载的技术方案很抽象，仅描述了相关信号的产生及作用，如果仅仅从权利要求提取关键词，仅仅能使用：控制、信号、调整等这类没有具体含义的关键词，检索的结果噪声很大。

因此，对该权利要求，首先阅读其专利申请说明书，确定该申请所属的具体领域是：电机控制；该发明所解决的技术问题是：在电机受到外界干扰时，如何减小电机输出信号的超越量，减小调整时间，增强控制系统的强健性；所采用的技术手段是：采用第一、二调整单元及对应的第一、二倍率，第一调整单元的传递函数模拟受控体（电机）的传递函数设计以抵抗干扰，第二调整单元的传递函数趋近于整个控制系统的传递函数以减小调整时间。

通过阅读，可以发现上述权利要求是基于模型控制原理进行的抽象，因此优先选择“技术问题+算法/原理”的关键词作为检索要素，即“抵抗干扰、鲁棒+参考模型/模式”，并对其进行适当扩展后进行检索，检索式如下：

[（抵抗 OR 抑制）S（干扰 OR 扰动）] AND（鲁棒 OR 强健）AND（参考模型 OR 参考模式）

从检索结果中发现最接近的对比文件1（CN1533020A），其公开了上述权利要求1中的大部分技术特征。

对涉及“第二调整单元”的技术特征，其实质上是基于前馈控制原理进行的抽象，因此，继续采用以上思路进行检索，优先选择“技术问题+算法/原理”的关键词作为检索要素，即“抵抗干扰+前馈、增益、传递函数”，并对其进行适当扩展后进行检索，检索式如下：

[（抑制 OR 抵抗）S（干扰 OR 扰动）] AND [（前馈 OR 超前）S（参数 OR 增益）S 传递函数]

从检索结果中发现对比文件2（CN1071912C），在对比文件1的基础上结合对比文件2可以评价上述权利要求1的创造性。

案例2

【申请号】201010136008

【发明名称】先进工艺控制的方法和装置

【权利要求书】1. 一种先进工艺控制方法，包括：将一第一变数设定为初始值；将一第二变数设定为初始值；在先进工艺控制的控制下，根据上述第一和第二变数的每一个的函数来操作一工具；测量一第一和第二参数，其中上述第一和第二参数是不同的，并且有关于上述工具的操作；根据上述第一参数的函数，决定上述第一变数的一新变数值，并根据上述第二参数的函数与上述第二变数的一目前变数值，计算上述第二变数的一新变数值；以及重复上述操作、测量、决定和计算步骤。

【检索策略分析】

分析该权利要求：上述权利要求对工艺控制流程进行了上位概括，只是涉及了变数的获得及对应的操作，而对“变数、参数”也没有具体的定义，整个技术方案很上位，如果仅仅从权利要求提取关键词，仅仅能使用：控制、变数/参数、操作/测量等这类没有具体含义的关键词，检索的结果噪声很大。

因此，对该权利要求，首先阅读其专利申请说明书，确定该申请所属的具体领域是：

半导体；该申请所解决的技术问题是：如何避免现有的先进工艺控制技术输入复杂、互相干扰造成的效能退化以改善工艺控制效能；所采用的技术手段是：基于测量工具感测的相关参数，实时估计模块对于蚀刻工艺参数进行计算以更新工艺特征。

通过阅读，可以发现由于该上述权利要求是基于操作流程的上位概括，因此优先选择表达“具体领域 + 手段”的关键词作为检索要素，即“半导体 semiconductor + 估计 predict、测量 measur + 、更新工艺特征 update recipe”，并对其进行适当扩展后进行检索，检索式如下：

semiconductor and (predict + or estimat +) and (measur + or sens +) and ((recipe or parameter?) 2d (correct + or updat +))

从检索结果中发现对比文件 WO2004003822A1（同族 TW200404330），可以用于评价上述权利要求 1 的创造性。

四、结 论

对抽象的权利要求的检索，本文根据其特点，总结出了相应的检索策略。首先，结合专利申请说明书中的内容确定其所属的具体领域、所要解决的技术问题、所采用的手段；然后，基于根据对权利要求的理解，判断是否属于基于算法/原理进行的抽象，还是基于操作流程的上位概括；最后，通过两个案例分别介绍了对不同类型的抽象权利要求所采用的检索思路，以便高效地、准确地进行检索。

参考文献

[1] 田虹. S 系统检索特点及优势分析研究. 审查协作北京中心 2010~2011 年课题研究报告.

[2] 陈敏泽. 电路领域的检索与审查策略研究. 审查协作北京中心 2011~2012 年度核心人才课题研究报告.

文献基础研究

宏观政策研究

检索审查服务

产业促进服务

浅谈3GPP协议的多入口检索方法

王博　张楠

摘　要　围绕3GPP网站的FTP架构和网页架构，介绍了在检索3GPP协议时可用的常用入口以及这些入口的适用条件，并通过一个案例演示了不同检索入口获得相同目标文献的方法。

关键词　检索　3GPP　协议　FTP　主页　修正案

一、引　言

近年来，通信技术领域得到了迅猛的发展，正在踏入4G时代，对通信公司而言，实现自身研发技术的标准化和专利化，是在现有技术市场中巩固已取得的成就，并在4G时代中抢占先机的关键。

3GPP组织作为目前通信领域主流的技术标准化组织，为全球通信企业的发展提供了良好的平台，各成员企业和组织在这个平台的组织架构下通过研讨和提案，努力将各自的技术优势集成到标准中，使企业在促进标准完善的同时，也在市场中拥有更多的话语权，将标准专利化是企业获得市场话语权的一个重要手段。因此，大多数成员公司和组织在将自身的优势技术进行技术标准化工作的同时也在努力进行专利的申请。

理论上来说，很多可专利化的技术方案均可以由标准或者对标准的改进演化而来，尤其是在通信领域。因此，对通信领域来说，对3GPP协议的有效检索，不仅能够更全面地把握技术方案的原理，还能更客观地把握创造性评价的尺度。

现有对3GPP协议的检索技巧大多是通过3GPP网站提供的高级检索入口（Advanced FTP Search）和菜单式辅助检索（Menu Assisted）方式。使用上述方式，不仅要求准确的英文词语表述，还要分析关键词之间的语序语义结构，容易造成协议检索中的效率低下。

本文首先详细介绍3GPP协议的架构和多个快速接近目标协议的入口，随后通过一个案例详细介绍如何通过这些入口得到目标文档。

二、3GPP 协议检索入口

3GPP 的网站为使用者提供了多个能够得到目标文献的入口，可以帮助掌握不同信息量的使用者快速找到目标文献。

（一）FTP 入口

FTP 是 3GPP 网站组织架构中的核心。3GPP 文件的 FTP 入口为 ftp. 3gpp. org 或 www. 3gpp. org/ftp，图 1 所示为 ftp 目录的顶层目录，包括可以作为检索入口的为 Information 目录、Specs 目录，以及代表各个技术标准组（TSG）的目录 tsg_ XXX。

Index of /ftp

Name	Last modified
Parent Directory	
.Trash-root/	26-Sep-2012 18:02
Inbox/	16-Jan-2013 16:19
Information/	19-Sep-2012 09:46
Invitation/	26-Sep-2012 18:03
Joint_Meetings/	26-Sep-2012 18:03
Meetings_3GPP_ETSI/	30-May-2013 14:53
Op/	17-Jan-2013 09:45
PCG/	17-Jan-2013 09:42
Specs/	07-Mar-2013 18:05
tsg_cn/	04-Nov-2008 19:53
tsg_ct/	04-Nov-2008 20:05
tsg_geran/	04-Nov-2008 20:17
tsg_ran/	04-Nov-2008 21:08
tsg_sa/	04-Nov-2008 21:51
tsg_t/	04-Nov-2008 22:08
webExtensions/	04-Apr-2013 09:17
workshop/	08-Mar-2012 16:02

图 1　FTP 目录

Information 目录中提供了 3GPP 组织的各种工作文档模板、工作历史记录的 excel 表格以及工作章程。Specs 目录和 tsg_ XXX 目录对各个协议版本及技术标准组的文档进行标引。Specs 目录中包含 archive 子目录和 html - info 子目录，archive 子目录下可以对已知文档编号的 TS 或 TR 按照时间顺序进行查找，html - info 子目录包含了所有与协议号有关的网页文件，提供了从 google 等检索工具找到相关协议的入口。

在 tsg_ XXX 目录下的各个工作组（WG）子目录中可以对已知文档编号的提案按照时间顺序进行查找。在 WG 子目录中，还提供了按照年份整理的提案列表，该列表保存在 Excel 表格中。对可以确定技术范围和时间范围的文档，可以通过各小组按年份分类的文档索引 Excel 表格进行检索，该表格罗列了当年所有提案（包括 CR）的文档信息，并可以在表格顶部进行筛选。以 RAN1 工作组为例，如图 2 所示。

由于 FTP 目录标引的文档均是 . zip 格式封装的，因此从 google 等检索工具中无法直接得到文档中的内容。而新改版的 Advanced FTP Search 中可以直接检索到文档内容并可直接下载解压缩后的文档。

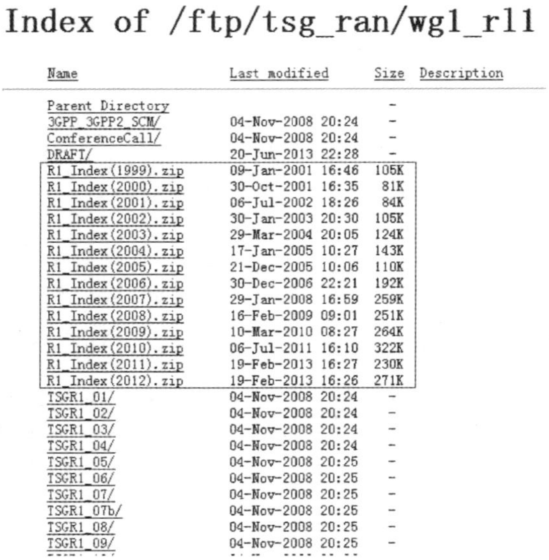

Index of /ftp/tsg_ran/wg1_rl1

Name	Last modified	Size	Description
Parent Directory		-	
3GPP_3GPP2_SCM/	04-Nov-2008 20:24	-	
ConferenceCall/	04-Nov-2008 20:24	-	
DRAFT/	20-Jun-2013 22:28	-	
R1_Index(1999).zip	09-Jan-2001 16:46	105K	
R1_Index(2000).zip	30-Oct-2001 16:35	81K	
R1_Index(2001).zip	06-Jul-2002 18:26	84K	
R1_Index(2002).zip	30-Jan-2003 20:30	105K	
R1_Index(2003).zip	29-Mar-2004 20:05	124K	
R1_Index(2004).zip	17-Jan-2005 10:27	143K	
R1_Index(2005).zip	21-Dec-2005 10:06	110K	
R1_Index(2006).zip	30-Dec-2006 22:21	192K	
R1_Index(2007).zip	29-Jan-2008 16:59	259K	
R1_Index(2008).zip	16-Feb-2009 09:01	251K	
R1_Index(2009).zip	10-Mar-2010 08:27	264K	
R1_Index(2010).zip	06-Jul-2011 16:10	322K	
R1_Index(2011).zip	19-Feb-2013 16:27	230K	
R1_Index(2012).zip	19-Feb-2013 16:26	271K	
TSGR1_01/	04-Nov-2008 20:24	-	
TSGR1_02/	04-Nov-2008 20:24	-	
TSGR1_03/	04-Nov-2008 20:24	-	
TSGR1_04/	04-Nov-2008 20:24	-	
TSGR1_05/	04-Nov-2008 20:25	-	
TSGR1_06/	04-Nov-2008 20:25	-	
TSGR1_07/	04-Nov-2008 20:25	-	
TSGR1_07b/	04-Nov-2008 20:25	-	
TSGR1_08/	04-Nov-2008 20:25	-	
TSGR1_09/	04-Nov-2008 20:25	-	

图2　R1 工作组的提案列表文档

（二）主页入口

3GPP 的主页提供了多种信息查询入口，且各个入口相互链接，从任何一个入口进入均可通过标引链接到其他的分类页面。下面详细介绍各个入口。

首先是最常用的 Advanced FTP 检索，如图 3 所示，该入口提供了 Advanced Search、Menu Assisted 及 Natural Language 三种检索方式，类似于其他文献检索系统的表格检索、界面检索和语义检索方式。经过 2012 年的改版升级后，在 Advanced FTP Search 中增加了对文献的聚类分类栏，从而使用户能够在粗检后按照聚类对结果进一步分类查看。

图3　Advanced FTP Search 入口

图 4 所示为主页上部的标签栏，每个标签都包含一级菜单及链接页面。其中，Specification Groups 链接、Specification 链接以及 technologies 链接均可作为检索入口。

图4　3GPP 主页标签栏

在 Specification Groups 菜单以及链接页面中，包含了各个 TSG 及其下属的 WG 的链接，每个链接都附有功能标记，通过这些链接可以打开相应的页面，进而从该组相关的会议文档、协议及 work iterms 中找到相应的提案主题或提案文件。比如，检索涉及运营商计费方法或设备的改进，即可按照 Specification Groups – SA Plenary – SA5 – Telecom Management 进入该 WG 页面查找文献，如图 5 所示。

Useful links and information

About SA WG5	List of elected officials
Documents	Meeting documents
	Specifications
	Work items
Meetings	Next meeting information & previous meeting reports and documents
	Liaisons Statements
	Full SA WG5 meeting calendar
General info	Email exploder lists

图 5　SA5 工作组的资源链接

在 Specification 菜单以及链接页面中，包含了各个协议序列的状态、涉及组别、按照功能分类的编号方式及协议修改提案，从编号可以打开相应协议序列的页面及 FTP 目录，进而按照协议编号分类找到相应的协议文件。

在 Technologies 菜单及链接页面中，包含了按照通信系统及通信技术细分分类的协议序列、名词解释及其他浏览检索工具。

此外，在 3GPP 主页的底部还提供了协议版本分类的链接，以及根据技术关键词标引分类的链接，这些入口与主页上部标签 Specification 和 Technologies 中的内容部分对应，进一步提供了精确分类检索的方式，如图 6 所示。

图 6　页面底部分类链接

（三）修正案检索入口

对 3GPP 协议的改进，各个成员除了提交新技术提案外，还可以对现有标准协议文档提交修正提案 CR，对申请中背景技术涉及协议的修正提案进行查找和追踪，不仅可以找到更好的对比文件，还可以快速学习协议的发展。

3GPP 提供了两种找到 CR 的入口，一种是 Technologies 菜单—协议序列号链接页面—协议页面底部的链接，如图 7 所示。

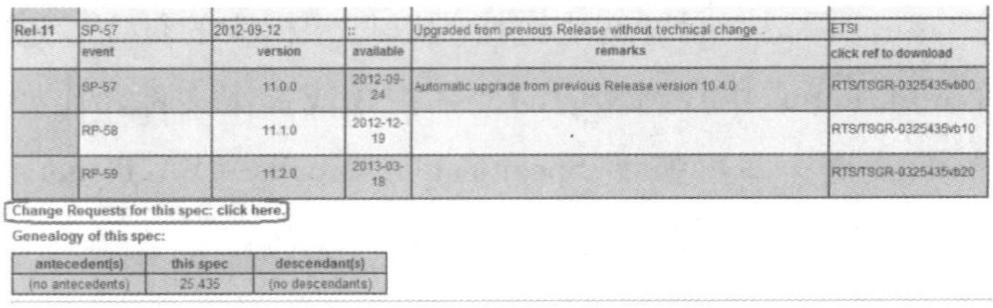

图 7　协议页面底部的 CR 链接

另一种是从 Technologies 菜单—Tutorials – Tools—3GPP Change Request Search 进入的 CR 检索页面，如图 8 所示。该入口提供了从模糊到精确的检索方式，各个对话框可以任意组合。

图 8　CR 检索页面

三、案例分析

为了验证方法的有效性，以下采用同一个案例，通过不同的检索入口得到相同的目标文献，从而进行对比。

本案申请号：200910215549.1；发明名称：终端 MU – MIMO 能力的通知方法及系统；

申请人：中兴通讯股份有限公司；申请日：2009 年 12 月 24 日；公开日：2011 年 6 月 29 日。

独立权利要求：一种终端多用户多输入多输出 MU – MIMO 能力的通知方法，其特征在于，包括：终端发送无线资源控制 RRC 消息给无线网络控制器，其中，所述 RRC 消息携带有所述终端的 MU – MIMO 能力信息；所述无线网络控制器解析所述 RRC 消息并获取到所述终端的 MU – MIMO 能力；所述无线网络控制器通过用户面将解析得到的所述终端的 MU – MIMO 能力通知给基站。

从独立权利要求中可以看出，此申请的技术方案较为简单，表述较一般化，可用检索关键词较少。进一步结合说明书的内容分析案情，可以得到以下关键词：

MU – MIMO、上行链路、能力、RRC、CELL_ FACH（说明书实施例一、二均是“终端向 CELL_ FACH 状态迁移过程中 MU – MIMO 能力的通知方法 ”）。

（一）检索入口1

尝试通过 Google 检索 FTP 目录中 html – info 子目录的相关网页文件，演示如下：

通过 Google 限域检索，如图 9 所示。

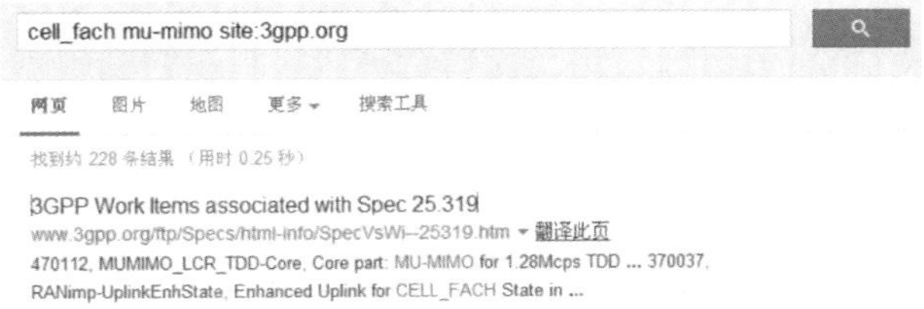

图 9　Google 限域检索

得到前 6 个检索结果，从链接下方索引内容可以看出，这些网页中的信息与号码 470112 有很大关系，说明该数字标引的内容与 MU – MIMO 最相关。进入第一个链接页面，查找数字 470112，如图 10 所示。

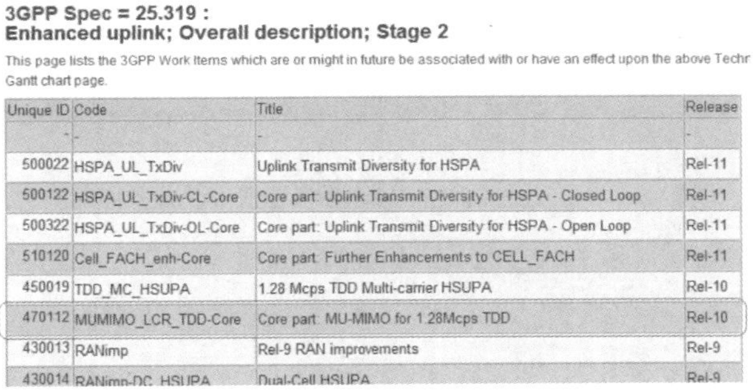

3GPP Spec = 25.319 :
Enhanced uplink; Overall description; Stage 2

This page lists the 3GPP Work Items which are or might in future be associated with or have an effect upon the above Techr
Gantt chart page.

Unique ID	Code	Title	Release
-	-	-	-
500022	HSPA_UL_TxDiv	Uplink Transmit Diversity for HSPA	Rel-11
500122	HSPA_UL_TxDiv-CL-Core	Core part: Uplink Transmit Diversity for HSPA - Closed Loop	Rel-11
500322	HSPA_UL_TxDiv-OL-Core	Core part: Uplink Transmit Diversity for HSPA - Open Loop	Rel-11
510120	Cell_FACH_enh-Core	Core part: Further Enhancements to CELL_FACH	Rel-11
450019	TDD_MC_HSUPA	1.28 Mcps TDD Multi-carrier HSUPA	Rel-10
470112	MUMIMO_LCR_TDD-Core	Core part: MU-MIMO for 1.28Mcps TDD	Rel-10
430013	RANimp	Rel-9 RAN improvements	Rel-9
430014	RANimp-DC_HSUPA	Dual-Cell HSUPA	Rel-9

图 10　被标引的网页

从该页面可以获得 470112 为一个 work item 号码，涉及协议 25.319，点击 470112 进入二级列表并进一步进入该 work item 的页面，如图 11、图 12 所示。

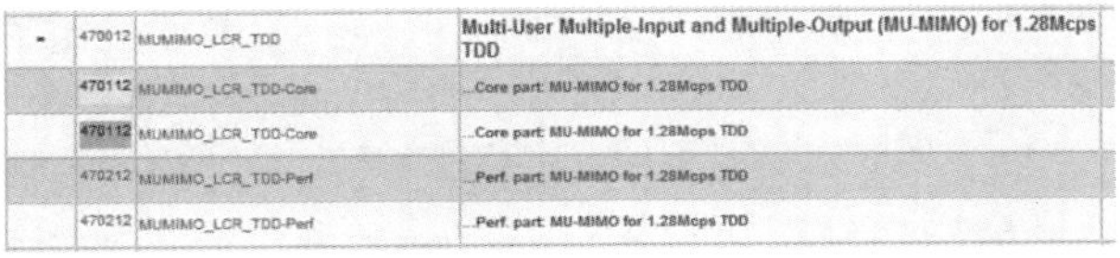

-	470012	MUMIMO_LCR_TDD	Multi-User Multiple-Input and Multiple-Output (MU-MIMO) for 1.28Mcps TDD
	470112	MUMIMO_LCR_TDD-Core	...Core part: MU-MIMO for 1.28Mcps TDD
	470112	MUMIMO_LCR_TDD-Core	...Core part: MU-MIMO for 1.28Mcps TDD
	470212	MUMIMO_LCR_TDD-Perf	...Perf. part: MU-MIMO for 1.28Mcps TDD
	470212	MUMIMO_LCR_TDD-Perf	...Perf. part: MU-MIMO for 1.28Mcps TDD

图 11　Work Item 二级列表页面

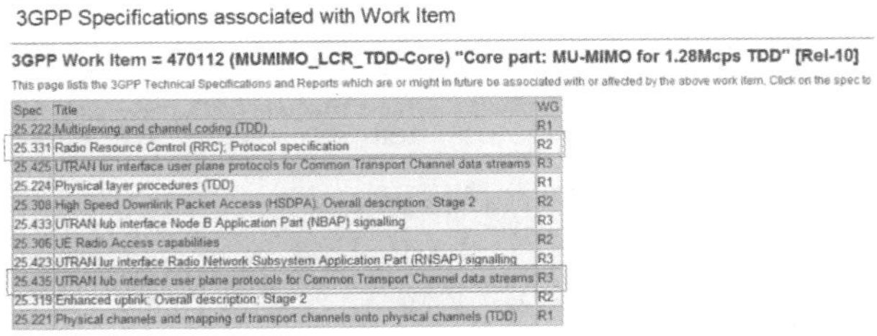

3GPP Specifications associated with Work Item

3GPP Work Item = 470112 (MUMIMO_LCR_TDD-Core) "Core part: MU-MIMO for 1.28Mcps TDD" [Rel-10]

This page lists the 3GPP Technical Specifications and Reports which are or might in future be associated with or affected by the above work item. Click on the spec to

Spec	Title	WG
25.222	Multiplexing and channel coding (TDD)	R1
25.331	Radio Resource Control (RRC); Protocol specification	R2
25.425	UTRAN Iur interface user plane protocols for Common Transport Channel data streams	R3
25.224	Physical layer procedures (TDD)	R1
25.308	High Speed Downlink Packet Access (HSDPA); Overall description; Stage 2	R2
25.433	UTRAN Iub interface Node B Application Part (NBAP) signalling	R3
25.306	UE Radio Access capabilities	R2
25.423	UTRAN Iur interface Radio Network Subsystem Application Part (RNSAP) signalling	R3
25.435	UTRAN Iub interface user plane protocols for Common Transport Channel data streams	R3
25.319	Enhanced uplink; Overall description; Stage 2	R2
25.221	Physical channels and mapping of transport channels onto physical channels (TDD)	R1

图 12　Work Item 涉及的协议

可以看到，在 work item 470112 页面中详细列出了所有相关的协议号，根据本案案情，可以筛选出最相关的协议为 25.331 和 25.435，进而在 FTP 的 Specs 目录下找到距申请日最近的公开版本。

（二）检索入口 2

尝试从主页上的标引链接入口查找相关技术，演示如下：

通常的检索情景下，通过在其他文献检索系统（如 Google）中检索，以获取背景技术相关信息，如本案，通过在 Google 或其他文献检索工具下检索相关文献，可得到本案中的 UE MU－MIMO 能力涉及 3GPP release 10。因此，进入 3GPP 主页，在下方的 Releases 列表中选择 Release 10 链接，如图 13 所示。

图 13　Release 列表

进入页面后点击与 Release 10 有关的 list of Feature & study item，如图 14 所示。

图 14　Release 10 的页面

在左侧的 list 中查找 MU－MIMO 可以得到 2 个相关条目，点击条目，在右侧就会显示出相关 work item。本次检索仅有一个 work item 470112，如图 15、图 16 所示。进一步按照与前一个检索入口相同的方法继续查找目标文档。

（三）检索入口 3

在已知协议号情况下，检索与本申请技术方案最接近的 CR，演示如下：

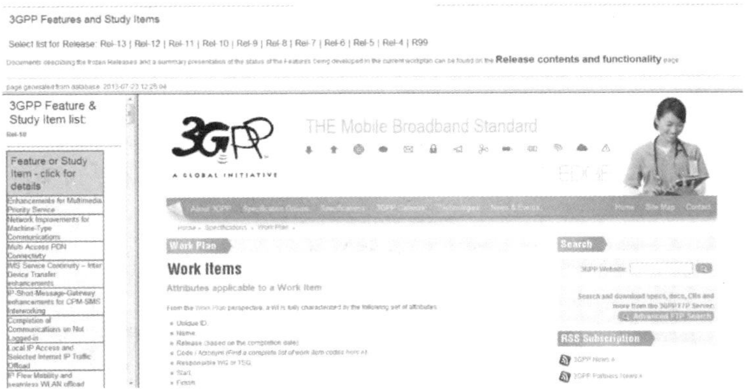

图 15　Study Ztem List 页面

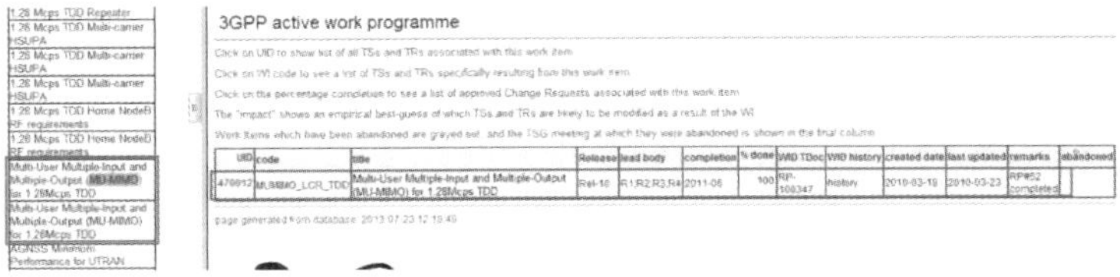

图 16　work item 470112 页面

通过检索入口 1 或入口 2 已经得到可用的对比文件，作为扩展，可以尝试检索更为接近的技术文件，如 CR。通过阅读 25. 331V900 得到 UE 向 RNC 发送 RRC 消息中涉及的 UE 能力信息，并得知 UE 的能力信息包含在 UE CAPABILITY INFORMATION message 中，通过协议 25. 435V900 了解该信息，并进一步找到在此 message 下添加了 MU－MIMO 能力信息的 CR 文档。该步骤可按照本文第二部分介绍的协议页面底部的 CR 链接进行查找，如图 17 所示。最终得到目标文档 CR：25435_ CR0245_ （Rel－10）_ R3－103230。

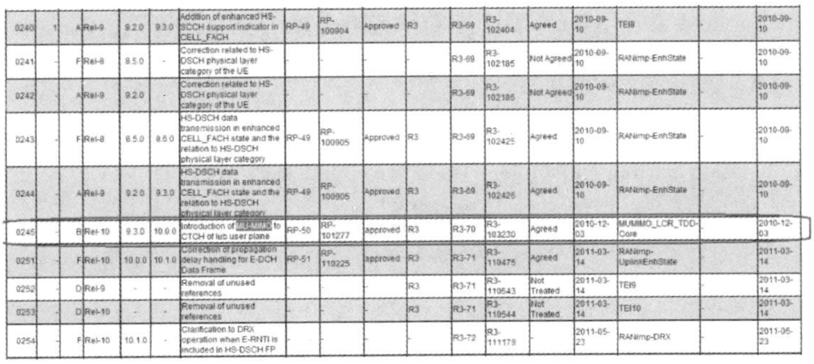

0240	1	A	Rel-9	9.2.0	9.3.0	Addition of enhanced HS-SCCH support indicator in CELL_FACH	RP-49	RP-100904	Approved	R3	R3-69	R3-102404	Agreed	2010-09-10	TEI8	-	2010-09-10
0241	-	F	Rel-8	8.5.0	-	Correction related to HS-DSCH physical layer category of the UE	-	-	-	-	R3-69	R3-102185	Not Agreed	2010-09-10	RANimp-EnhState	-	2010-09-10
0242	-	A	Rel-9	9.2.0	-	Correction related to HS-DSCH physical layer category of the UE	-	-	-	-	R3-69	R3-102186	Not Agreed	2010-09-10	RANimp-EnhState	-	2010-09-10
0243	-	F	Rel-8	8.5.0	8.6.0	HS-DSCH data transmission in enhanced CELL_FACH state and the relation to HS-DSCH physical layer category	RP-49	RP-100905	Approved	R3	R3-69	R3-102425	Agreed	2010-09-10	RANimp-EnhState	-	2010-09-10
0244	-	A	Rel-9	9.2.0	9.3.0	HS-DSCH data transmission in enhanced CELL_FACH state and the relation to HS-DSCH physical layer category	RP-49	RP-100905	Approved	R3	R3-69	R3-102426	Agreed	2010-09-10	RANimp-EnhState	-	2010-09-10
0245	-	B	Rel-10	9.3.0	10.0.0	Introduction of MU-MIMO to CTCH of Iub user plane	RP-50	RP-101277	approved	R3	R3-70	R3-103230	Agreed	2010-12-03	MUMIMO_LCR_TDD-Core	-	2010-12-03
0251	-	F	Rel-10	10.0.0	10.1.0	Correction of propagation delay handling for E-DCH Data Frame	RP-51	RP-110225	approved	R3	R3-71	R3-110475	Agreed	2011-03-14	RANimp-UplinkEnhState	-	2011-03-14
0252	-	D	Rel-9	-	-	Removal of unused references	-	-	-	R3	R3-71	R3-110543	Not Treated	2011-03-14	TEI9	-	2011-03-14
0253	-	D	Rel-10	-	-	Removal of unused references	-	-	-	R3	R3-71	R3-110544	Not Treated	2011-03-14	TEI10	-	2011-03-14
0254	-	F	Rel-10	10.1.0	-	Clarification to DRX operation when E-RNTI is included in HS-DSCH FP	-	-	-	-	R3-72	R3-111179	-	2011-05-23	RANimp-DRX	-	2011-05-23

图 17　协议 25. 435 的 CR 页面

还可以通过 3GPP Change Request Search 得到目标 CR 文档，如图 18 所示。

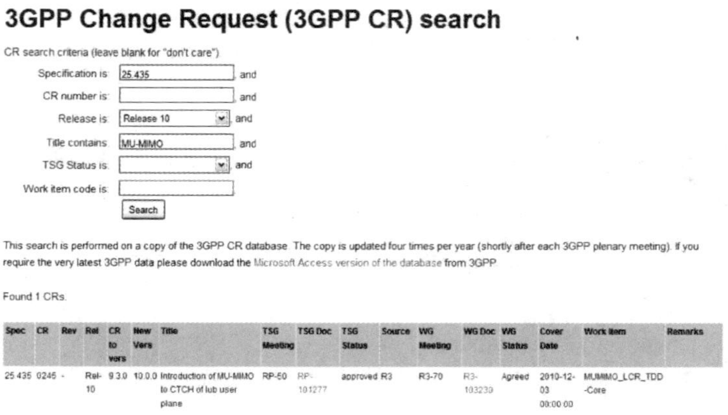

图 18　3GPP Change Request Search 页面

四、小　结

本文首先介绍了在检索3GPP协议时可用的FTP入口、主页入口、修正案检索入口，以及这些入口的适用条件；其次，通过一个案例演示了通过不同检索入口获得相同目标文献的方法，从而详细展示了3GPP的组织架构和运行方式，帮助相关人员提高协议检索的水平。

参考文献

[1] 张仁杰. 浅谈通信领域3GPP协议的检索策略［J］. 审查业务通讯，2011（11）.

[2] 刘雅莎. 3GPP提案检索策略［C］. 2011年检索经验交流研讨会会议论文集.［时间不详］

[3] 贺秀莲. 3GPP网站检索工具“ADVANCED FTP SEARCH”的应用［J］. 审查实践与研究，2013（10）.

[4] 3GPP. Third Generation Partnership Project Document numbering and FTP directory structure［EB/OL］.［2000-1-14］. http://www.3gpp.org/ftp/information/DocNum_ FTP_ structure_ V3. PDF.

浅谈追踪检索在专利检索中的运用

张雪** 阎赛** 连立杰 刘静微 李丹丹

摘 要 本文结合五个实际检索案例，通过对实际检索案例的追踪检索思路分析，给出一些追踪检索在专利检索中的应用方式，对高效获取可用对比文件和提高检索效率具有一定启发意义。

关键词 专利检索策略 追踪检索

一、引 言

检索是专利申请、审查过程中的重要环节，检索结果对专利申请能否获得授权以及授予的专利权是否稳定都有很重要的意义。在对实际案例进行检索时，有很多检索策略、检索工具以及检索技巧都值得参考和借鉴。然而，如何能够有效地整合利用这些检索资源和检索技巧，是提高检索效率的关键。

本文通过实际案例来说明一种高效的检索策略——追踪检索。追踪检索[1]是利用文献之间存在的信息关联，最终检索到目标对比文件。

通常采用的追踪检索主要是同族追踪，通过查看本申请的同族专利[2]在其他国家的审查过程和审查状态，从而获取他国审查中使用的对比文件。然而同族追踪有一定的局限性，首先，不是所有的专利申请都有同族专利；其次，各国的法律和语言表达与我国存在差别，他国的对比文件有可能不能被采用。因此，利用申请文件的其他信息进行追踪检索是很有必要的。

本文针对竞争对手追踪、系列申请追踪、背景技术追踪、多角度追踪以及间接追踪等五种追踪技巧进行分析，从而给出一些追踪检索在专利检索中的运用启示。

** 同为第一作者。

二、追踪检索在实际案例中的运用

1. 竞争对手追踪——案例1

案例1的申请日为2008年12月25日，申请人为华为技术有限公司。

权利要求1如下："一种深度报文检测方法，其特征在于，该方法包括以下步骤：

获取第i个信息包的后缀与要检测出的特征关键字的前缀相吻合的最大部分作为max（bi）；

将所述特征关键字的除所述max（bi）以外的部分与第i+1个信息包的前缀进行比对，如果比对成功，则判断为所述特征关键字存在于所述第i个信息包与第i+1个信息包中；

其中，所述i为正整数。"

检索思路分析：对案例1进行分析之后，发现案例1的申请人为华为技术有限公司，由于在通信领域的专利申请中，华为、中兴、华三等知名公司提交的专利申请已经占有相当大比重，而且申请涉及的技术领域也比较前沿且相互关联，因此，考虑优先对上述技术比较前沿的知名公司进行简单的追踪。构造如下检索式：

（093）　　F PA 中兴+华三〈hits：39061〉

（094）　　F KW 报文*分段〈hits：61〉

（095）　　J 93*94〈hits：10〉

经过对检索式（95）的检索结果查看，发现1篇X类的对比文件1（CN101009660A）其可以影响本申请全部权利要求的创造性。

本案例启示：针对华为、中兴、大唐、华三等通信领域知名公司的专利申请，由于这些公司在很多研究应用领域都有很高的重叠性，因此针对申请人的竞争对手的相关专利进行追踪检索，并通过有效关键词进行限定去噪，可以高效获取对比文件，提高检索效率。

2. 系列申请追踪——案例2

案例2的申请日为2010年11月23日，申请人为华亚微电子（上海）有限公司。

权利要求1如下："一种数字电视接收装置的换台方法，其特征在于：

将传输流数据进行解复用；

将解复用后的数据按每个业务或多个业务联合进行复用，并对复用后的数据进行缓存；

接收到换台指令后，获取目标业务所在的缓存数据；

对所述目标业务所在的缓存数据进行解复用，并对所述解复用后的数据进行解扰，解包还原为原始流数据；

将经过解包后的所述原始流数据进行解码。”

检索思路分析：对案例2进行分析之后，发现案例2的申请人为华亚微电子（上海）有限公司。由于在通信领域的专利申请中，有些公司的申请的发明专利，发明点相对不高，有时会将类似的发明进行多次申请，因此，考虑首先检索本申请是否存在系列申请，构造如下检索式：

(068)　　F PA 华亚微电子〈hits：81〉

(069)　　F KW 换台〈hits：434〉

(070)　　J 68 * 69〈hits：4〉

检索思路分析：

经过对检索式（70）的检索结果查看，发现其中2篇专利申请与本申请的技术方案比较接近：专利申请1（CN101984655A）公开了一种数字电视接收装置及其换台方法，其公开日为2011年3月9日；专利申请2（CN101986712A）也公开了一种数字电视接收装置及其换台方法，其公开日为2011年3月16日。上述两个专利申请都与案例2的权利要求比较相似。因此追踪上述两个专利申请的审查过程，得到两篇对比文件：对比文件1（CN101472154A）和对比文件2（CN101426110A），其结合可以影响案例2的全部权利要求的创造性。

本案例启示：由于国内小公司申请的发明专利有时发明点相对较低，且在申请专利时，会提交多个相似的申请。因此，可以针对本申请的系列申请进行追踪检索，并通过有效关键词进行限定去噪，从而获得申请人的其他相关申请，并进一步追踪其他相关申请的审查过程。

3. 背景技术追踪——案例3

案例3的申请日为2003年3月25日，申请人为独立行政法人情报通信研究机构。

权利要求1如下：“一种基于一维二态K邻接单元自动机的随机数生成装置，该自动机中一维地配置多个单元，各单元具有0或1作为状态值，下一时刻的各单元的状态值按照仅依赖于自身的状态值和邻接单元状态值的规则提供，各单元的状态值按照该规则更新，所述随机数生成装置中设有：

为了在输出多个单元的至少一个单元的输出的同时更新所述多个单元的下一时刻的状态值，将当前时刻的所述多个单元的输出反馈至输入的路径；以及

插入所述路径的、将所述多个单元的输出以预定的单元数移位的移位处理部件。”

检索思路分析：对案例3进行分析之后，发现案例3的背景技术中记载了如下技术特征：“Stephen Wolfram在“Adv. Appl. Math. Vol. 7（1986）123－169”、“Lecture Notesin Computer Science Vol. 218（1986）429－432”等中提出了一维二态三邻域单元自动机的

采用规则 30 的流密码。”

所谓一维二态三邻接单元自动机是在一维点阵上配置单元、各单元具有 0 或 1 作为状态值，按照下一时刻（以下适当称为时间步长）的各单元的状态值仅依赖于自己本身的状态值和两个相邻的单元状态值的函数（规则）提供、且根据该函数同步地更新各单元的状态值。即以下述公式表示：

$$Sit+1=F\ (Si-1t,\ Sit,\ Si+1t) \qquad (1)$$

这里，附加 i 和 t 的 S 表示时间步长 t 的第 i 个单元的状态。Stephen Wolfram 在一维二态三邻接 CA 的范围内探索了产生随机序列的规则，表明规则 30 是最好的伪随机数生成器。规则 30 的状态更新规则以下述公式表示：

S i t + 1 = S i - 1 t ⊕ S i t ⊕ S i + 1 t ⊕ S i t · S i + 1 t- （2）。由于申请人在背景技术中提及了非专利文献，经过检索，笔者发现背景技术中提及的文献不能影响本申请新颖性或创造性，因此，继续以作者信息 Stephen Wolfram 在 google 中进行追踪检索，检索到一篇文献“Cryptography with Cellular Automata, Stephen Wolfram”（公开日期：1985-11-30，第 429-432 页），其可以影响权利要求 1 的新颖性。

本案例启示：在对专利申请进行分析和理解时，不能忽略其背景技术中提到的专利或非专利文献，因为一般在背景技术中出现的文献都是和本申请比较相关的文献。而且，学者或者研究单位一般会在一定时间内围绕某个研究领域进行由浅入深的研究，发表一些与该研究领域相关的文献。通过对背景技术文献提及的线索进行有效追踪，可以高效获取可用的对比文件。

4. 多角度追踪——案例 4

案例 4 的申请日为 2010 年 9 月 2 日，申请人为中国北车股份有限公司大连电力牵引研发中心。

权利要求 1 如下：“一种基于 ARM7 的 MVB-MVB 网关，其特征在于：

包括 MVB 板卡 A（1）、MVB 板卡 B（2）、CPU 板卡（3）、电源板卡（4）和背板（5），所述的 MVB 板卡 A（1）和 MVB 板卡 B（2）分别通过背板总线与 CPU 板卡（3）双向连接，所述的电源板卡（4）分别与 MVB 板卡 A（1）、MVB 板卡 B（2）和 CPU 板卡（3）连接，所述的 MVB 板卡 A（1）和 MVB 板卡 B（2）还分别与 MVB 总线 A 和 MVB 总线 B 双向连接；

所述的 MVB 板卡 A（1）和 MVB 板卡 B（2）具有相同的结构，均包括 FPGA 处理器（6）和 MVB 总线驱动器（7）；所述的 CPU 板卡（3）包括中央处理器（8）和电平转换电路（9）；

所述的中央处理器（8）包括 ARM7 芯片。”

检索思路分析：对案例4进行分析之后，发现案例4的权利要求1中记载的技术特征比较详细，表达方式比较特殊。笔者经过思考，认为如果本案例的申请人或发明人提交过其他专利申请，其中可能存在与本申请中相似的技术特征，因此，构建如下检索式进行检索。为了提高检索精度，采用与本申请技术领域相关的关键词“MVB”进行限定：

（048）　F PA 中国北车股份有限公司大连电力牵引研发中心〈hits：363〉

（049）　F KW MVB〈hits：193〉

（050）　J 48 * 49〈hits：49〉

查看检索式（50）的检索结果，发现1篇X类的对比文件1（CN101123592A），其可以影响本申请全部权利要求的创造性。

检索到对比文件1后，发现对比文件1虽然和本申请已经很相关，但是还是有些特征没有公开。笔者并没有因此而终止检索，而是继续追踪对比文件1的审查过程，发现对比文件1在审查过程中，进行过著录项目变更，具体著录项目变更情况如图1所示。

②具体变更项目	变更前	变更后
权利转移： 姓名或名称 地址、邮编	谢步明 辽宁省大连市沙河口区中长街51号 大连机车车辆有限公司 邮编：116022	中国北车股份有限公司 北京市丰台区芳城园一区15号楼 邮编：100076

图1　著录项目变更情况

发现对比文件1最初申请人为谢步明，由于对比文件1已经和本申请比较接近，可以影响本申请的创造性，因此，考虑最初申请人谢步明可能还会有其他申请也和本申请比较相关。接着，笔者以对比文件1的最初申请人谢步明为检索入口进行追踪检索，构造如下检索式：

（053）F IN 谢步明〈hits：21〉

查看检索式（53）的检索结果，发现专利申请（CN201044455Y）公开了一种TCN机车网络控制试验装置，其也公开了和本申请比较相似的结构，可以影响本申请权利要求的创造性，可以作为对比文件2。

本案例启示：在已经得到可以影响创造性的对比文件时，如果有些特征仍然没有公开时，可以继续对已获得的对比文件的相关信息进行追踪，特别是关于已获得对比文件的著录项目信息等进行多角度追踪。

5. 间接追踪——案例5

案例5的申请日为2007年10月13日，申请人为华中师范大学，发明人为郭亚军、郭艳华、郭奕旻；

权利要求 1 如下："一种位置服务中基于邻居节点转发查询的轨迹隐私保护系统，包括用户区域（20）和位置服务器（30），其特征在于：

设置有轨迹隐私保护模块（10）；用户区域（20）、轨迹隐私保护模块（10）和位置服务器（30）前后依次连通；

所述的轨迹隐私保护模块（10）包括认证服务器（11）、假名服务器（12）和位置匿名模块（13）；其交互关系是：

认证服务器（11）对提出请求的用户验证其身份的可信性和合法性，保证负责转发请求的用户能够找到可信的邻居节点；

假名服务器（12）为每个可信的用户分配一个假名，用户的服务请求信息中包括假名和位置信息；

位置匿名模块（13）在转发节点处对用户的服务请求进行匿名处理。"

检索思路分析：对案例 5 进行分析之后，发现案例 5 的申请人为华中师范大学。由于高校的专利申请的发明人一般都会将学术成果在期刊论文中发表，因此，考虑以发明人为入口在非专利文献库中进行检索，得到一篇题名为"位置服务中轨迹隐私保护方法的研究"的硕士论文，学位申请人为郭艳华，指导老师为郭亚军教授。在该论文第一章绪论中对国内外研究现状进行了概述："可扩展的基于匿名查询的 MOBIHIDE（移动位置保护）方法［11］，MOBIHIDE 方法能够保证 k 匿名并达到很高的隐私保护水平，比较适合大量移动用户的实时应用中，尤其强调了 MOBIHIDE 对位置关联攻击的有效性，能够很好地保护用户的轨迹隐私。"

根据绪论中的概述可知，MOBIHIDE（移动位置保护）方法已经和本申请比较相关，但是由于该论文在中国优秀硕士学位论文全文数据库中出版的时间为 2011 年 9 月 15 日，因此，在时间上该论文不能构成本申请的现有技术，不能用于评述本申请的创造性。因此，继续追踪绪论中提到的参考文献［11］Gabrial G，Panos K，S. MobiHide：a mobile peer－to－peer system for anonymous location－based queries. In：Proceedings of the 10th international symposium on advances in Spatial and Temporal Databases，2007，221－238，在 Google 学术中进行检索，找到绪论中提到的该参考文献［11］，发现其可以影响本申请权利要求 1 的创造性。

本案例启示：由于大多数高校申请的发明人会将自己的研究成果在非专利文献中进行发表，因此在对高校的专利申请进行检索时，可以针对发明人或申请人进行追踪检索。如果检索到和本申请比较相关，但由于发表日期等原因不能用做对比文件的文献可以继续追踪其引用的参考文献。

三、结　论

本文介绍了多种追踪的方法，基于实际的检索案例进行了说明，就竞争对手追踪、系列申请追踪、背景技术追踪、多角度追踪以及间接追踪等五个追踪的角度进行了分析，从而总结出一些追踪检索技巧在专利检索中的运用启示。

1. 竞争对手追踪

所谓竞争对手追踪，就是对和申请人在同一行业的公司进行追踪。例如，华为、中兴、大唐、华三等均为通信领域中的知名公司，在很多研究应用领域上都有交叉。因此，针对在同行业比较知名的公司或企业，通过对竞争对手进行追踪检索具有很大的优越性，对各个著名公司的在通信领域中重叠性比较高的申请尤其奏效。

2. 系列申请追踪

所谓系列申请追踪，就是对申请人提交的系列申请中，除本申请之外的与本申请相关的专利申请进行追踪。随着国内一些公司的专利申请量也逐渐上升，在申请专利时，通常会围绕某个主题申请一系列多个相似的申请；同时，申请人提交的在后申请往往是基于前面已经提交申请进行改进的系列申请。因此，通过这些系列专利申请之间的关系，对系列申请进行追踪检索，往往会得到很多意想不到的收获。

3. 背景技术追踪

所谓背景技术追踪，就是针对专利申请中记载的背景技术中的信息进行追踪检索。背景技术记载了发明专利申请涉及的领域及相关基础知识，往往会记载一些和本申请相关的专利文献和非专利文献。此时，应当充分理解申请人在说明书提到的背景技术，要仔细核实背景技术中记载的文献具体公开的技术方案，有时背景技术中提及的文献也可以直接评述权利要求的新颖性或创造性。

尤其针对涉及 3GPP 协议类的发明专利申请，一般都是在现有协议的基础上进行的改进，发明点比较细致，可以首先对背景技术中记载的专利或非专利文献进行检索，更好地获得发明专利申请的产生背景以及对发明专利申请有更好的认知，并根据背景技术中提及的线索进行有效检索，从而可以高效获取可用的对比文件。

4. 多角度追踪

所谓多角度追踪，就是在已获得和本申请相关的现有技术时，继续针对已获得的现有技术进行多方面的追踪，如对文件信息、著录项目变更信息等多方面的信息进行追踪。由于专利申请经常会进行著录项目变更或者专利权转让等操作，这在一定程度上掩盖了专利申请的相关信息。在检索时，充分挖掘上述信息，进行多角度追踪，有时能够高效获取对比文件，提高检索效率。

5. 间接追踪

所谓间接追踪，就是针对日期不可用的技术进行相关参考文献、相关发明人的追踪。在对高校的申请进行检索时，可以针对发明人或申请人进行追踪检索，大多数高校申请的发明人会将自己的研究成果在非专利文献中发表。由于现在的高校申请人和发明人已经有很强的专利保护意识和专利申请经验，因此，单纯针对申请人和发明人进行简单的追踪检索，往往得不到很好的效果。而参考文献多为与作者相同或相似技术领域的学者或研究单位的学术成果，其可能存在与本专利申请相关的其他学术成果。因此，要对本申请的其他一些相关信息进行检索，如果已经检索到和本申请比较相关，但不能用作对比文件的文献，可以继续追踪其参考文献，以此作为入口进行进一步检索，从而进行有效的追踪检索，获取可用的对比文件。

竞争对手追踪、系列申请追踪、背景技术追踪、多角度追踪以及间接追踪和本申请的关系如图 2 所示。本文虽然仅给出了单独运用上述追踪技巧的案例，然而在实际运用的过程中，也可以根据实际案情将上述五种追踪检索技巧进行组合使用。

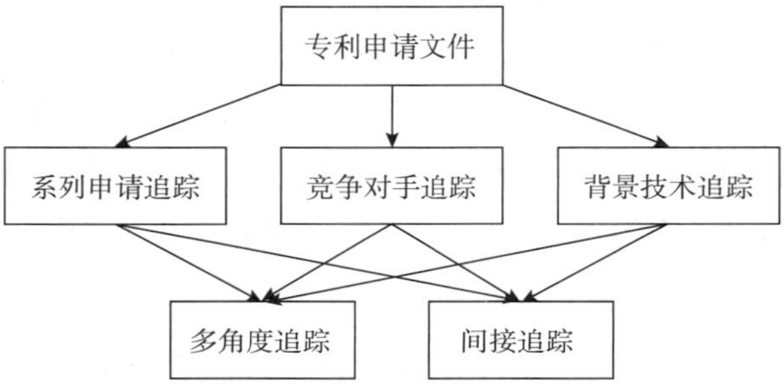

图 2　追踪关系图

综上所述，针对不同专利申请的特点，选择采用不同的追踪检索技巧，可以提高检索效率，获取更多相关信息，因此，追踪检索是高效检索的过程中的一种优秀的检索策略。

参考文献

[1] 计算机检索高级培训工作组研究小组. 计算机检索高级教程检索（检索与专利审查分册）[M]. 北京：知识产权出版社，2009.

[2] 李建荣. 专利信息与利用 [M]. 北京：知识产权出版社，2006.

标准数据库在 G01N 领域检索中的应用

朱磊　钱凌影　丁长林　张朝铭

摘　要　本文对 IPC 分类号 G01N 领域发明专利申请的特点进行了简要归纳总结，同时结合笔者在对 G01N 小类的发明专利申请进行审查的过程中总结的经验，有针对性地提出利用标准数据库检索来快速、准确地获取相关度较高的文献，从而提高这一领域发明专利申请的检索质量和效率的方法。

关键词　标准数据库　检索　G01N

一、G01N 领域特点

测量、测试技术在现代科技发展进程中具有举足轻重的地位，各式各样的测量、测试设备和方法几乎遍及所有技术领域。测量、测试领域中 IPC 分类号为 G01 的发明专利申请主要涵盖长度、角度、距离、流量、温度、电磁变量等多个细分领域，其中 G01N 小类涉及主题“借助于测定材料的化学或物理性质来测试或分析材料”，涵盖光学检测、超声/微波检测、材料参数测试、力学检测及其他相关多个交叉领域中的检测、测试技术。

G01N 领域的发明专利申请案件具有如下特点：涉及的技术领域覆盖面较广、技术水平较高且各相关技术领域之间的交叉应用较为复杂；国内申请人占绝大多数，其中尤以国内研究院所、高校所占比例较为突出；该领域申请的主题为对材料性质进行测定、分析的装置或方法，由于该领域的特殊性，此类测定、分析装置或方法大多在相关的国家标准、行业标准等标准类文献中有所记载。鉴于上述特点，笔者在对 G01N 小类的发明专利申请进行审查的过程中，除了通过常用的 CNABS、CNTXT、VEN、EPODOC 等专利数据库检索专利文献之外，也基于该领域申请国内申请人占绝大多数且国内研究院所、高校所占比例较为突出这一特点，通过常用的 CNKI、ISI 等非专利文献数据库检索期刊、论文类非专利文献。同时，由于这一领域的发明内容与已有的国家标准、行业标准相关度较高，因此，更注重在现有的非专利文献数据库中检索标准数据库，从而快速、准确地找到相关文献。

二、标准及其相关数据库

（一）标准的制定

国家标准 GB/T 3935.1—83 定义："标准是对重复性事物和概念所做的统一规定，它以科学、技术和实践经验的综合为基础，经过有关方面协商一致，由主管机构批准，以特定的形式发布，作为共同遵守的准则和依据。"

我国的标准分为国家标准、行业标准、地方标准和企业标准四级。国家标准由国务院标准化行政主管部门制定；行业标准由国务院有关行政主管部门制定；地方标准由省、自治区、直辖市标准化行政主管部门制定；企业生产的产品没有国家标准和行业标准的，应当制定企业标准，作为组织生产依据并报有关部门备案；法律对标准的制定另有规定的依照法律的规定执行。

国内标准按中国标准文献分类法进行分类，包括 A. 综合；B. 农业、林业；C. 医药、卫生、劳动保护；D. 矿业；E. 石油；F. 能源、核技术；G. 化工；H. 冶金；J. 机械；K. 电工；L. 电子元器件与信息技术；M. 通信、广播；N. 仪器、仪表；P. 工程建设；Q. 建材；R. 公路、水路运输；S. 铁路；T. 车辆；U. 船舶；V. 航空、航天；W. 纺织；X. 食品；Y. 轻工、文化与生活用品；Z. 环境保护。

（二）标准的相关数据库

在国内常见的标准中，国家标准和行业标准的相关文献较易获得，并且这两种标准也是专利申请文件中通常引用的两种标准。目前，这两种标准最主要的获取途径为：万方数据库中的标准数据库。该数据库综合了由国家技术监督局、建设部情报所、建材研究院等单位提供的相关行业的各类标准题录，包括中国标准、国际标准以及各国标准等 26 万多条记录，每月更新，保证了资源的实用性和实效性。检索时，可以通过标准名称、标准编号、发布单位、发布日期、实施日期、标准状态、开本页数、采用关系、中图分类号、中国标准分类号、国际标准分类号、国别等检索项进行检索。检索结果按中国标准分类（CCS 分类）、标准的类型、标准发布的日期进行分类，能够从众多的检索结果中快速筛选出所要找的标准。但其中一部分标准尤其是国际标准，由于在收录时没有关键词信息，以摘要为入口则无法检索到这些标准，只能以标准名称或标准编号为入口才能命中。因而一般考虑同时以摘要和标准名称为入口进行检索，在已经获得标准编号的情况下，直接检索标准编号即可。

当然，万方数据库的标准数据库收录的标准类相关文献并不全面，有时仍需要利用其他搜索引擎、文库收录类网站（如百度文库、豆丁网等）及收录标准的专业网站（如国家标准网、万维标准网等）进行检索。

三、适用于标准数据库检索的情形

（1）权利要求的主题涉及测量、测试方法，在申请文件如说明书或权利要求书中明确记载本申请的技术方案与已有的国家标准或行业标准相关，则优先考虑在标准数据库中检索相关文献。

案例 1

权利要求 1：作高速旋转磨削的涂附磨具产品性能测试方法，其特征在于：将高速旋转的砂盘对规定数量的且有负载的磨削棒进行一定时间的平面研磨，通过脱金量的多少和砂盘表面的磨削效果来判断砂盘类涂附磨具产品的磨削性能优劣。

分析与检索过程：在本申请说明书的背景技术部分中记载："目前，国内涂附磨具行业对砂布砂纸的磨削性能检测主要有一参考标准：JB/T 10155—1999 涂附磨具砂布砂纸磨削性能试验方法"，明确给出了已有的标准名称及编号，优先考虑到标准数据库检索相应的标准。在万方数据库的标准数据库中以标准编号"JB/T 10155—1999"为入口进行检索，得到标准《JB/T 10155—1999 涂附磨具砂布砂纸磨削性能试验方法》的全文，将其与本领域的常用技术手段结合能够评述该权利要求的创造性。

案例 2

权利要求 1：一种玻璃桌面耐热性能测试方法，其特征是：具有以下步骤：

a. 将待测试的玻璃餐桌放入温度为（23 ±2）℃的环境中；

b. 将符合 GB/T 4893. 3—2005 中 4. 1 条规定的温度计插入符合 GB/T 4893. 3—2005 中 4. 2 条规定的热源中心孔内，再把热源放入符合 GB/T 4893. 3—2005 中 4. 3 条规定的烘箱内；

c. 打开烘箱，对热源进行加热；

d. 用软湿布擦净玻璃桌面并将滤纸放在玻璃桌面上距边缘 50mm 以上任何部位的试验区域中；

e. 当热源温度至少达到 190℃时，将热源移到隔热垫上；

f. 当热源温度达到（180 ±1）℃时，立即将热源放到滤纸上，取下温度计并将质量为（3. 8 ±0. 1）Kg 的载荷加在热源上；

g. 20min 后，移开热源，用软湿布擦净试验区域；

h. 检查玻璃桌面有无裂痕、破损的现象。

分析与检索过程：权利要求 1 中明确记载其请求保护的技术方案涉及国家标准"GB/T 4893. 3—2005"，优先考虑到标准数据库检索相应的标准。在万方数据库的标准数据库中以标准编号“GB/T 4893. 3—2005”为入口进行检索，得到标准《GB/T 4893. 3—2005 家具表面耐干热测定法》的全文，其前言部分记载有家具表面测定相关的系列标准，其中包括《GB/T 4892. 3—2005 家具表面耐湿热测定法》，将这两个标准相结合能够评述该权利要求的创造性。

（2）方法权利要求涉及相对公知和规范的方法步骤和计测公式，表现出“标准化”的模式时，优先考虑在与发明内容相关的标准数据库中检索，能够达到事半功倍的效果：在案例3、案例4 中直接使用相关的标准作为对比文件对权利要求的创造性进行评述；在案例5 中相关的标准与在其他的数据库中检索到的 Y 类文献相结合对权利要求的创造性进行评述。

案例3

权利要求 1：一种金属镀层中重金属元素的测定方法，包括：

步骤一，取初始质量若干克基体镀层样品放入容器内；

步骤二，向容器内加入硝酸与纯水的体积比为 3 ~8∶2 ~7 的硝酸溶液，该硝酸溶液将所述基体镀层样品完全浸没时开始计时，不断轻微振荡或浸取若干分钟使镀层溶于硝酸溶液中从而与基体分离；

步骤三，立即将所述基体镀层样品从所述硝酸溶液中分离出来，用纯水多次清洗基体上的残余硝酸溶液，合并多次清洗的溶液，用水定容到一定的体积后以待测定；

步骤四，把洗净的基体放到烘箱中恒温一段时间，取出冷却到室温后转入干燥器中恒温干燥一段时间；

步骤五，称量基体的质量，该基体的质量与基体镀层样品初始质量之差即为硝酸溶液溶解下的镀层质量，计算出镀层的质量即为重金属元素的质量。

分析与检索过程：权利要求涉及检测过程中相对公知的规范步骤，并且本申请说明书的背景技术中记载：“有些镀层金属属于对人体健康不利的危害物质，因此，各个国家颁布了限制该等危害物质的法规和指令，如欧盟的 ROHS 指令以及美国的 CPSIA 法规等”，其中提到了各个国家颁布了相关的法规和指令，推测国内应该也有相关的检测标准，因此该权利要求表现出“标准化”的模式，优先考虑在与发明内容相关的标准数据库中检索。选取关键词“镀层、重金属”在万方数据库的标准数据库进行检索，没有命中结果，将关键词扩展为“镀层、金属”之后检索到的结果过多，考虑到技术方案是利用重量进行分析测试，因此将关键词调整为“镀层、重量”，在万方数据库的标准数据库中得到标准文献《YB/T 135—1998 镀铜钢丝镀层重量级其组分试验方法》，能够评述该权利要求的创造性。

案例4

权利要求 1：一种铅粉氧化度的测量方法，其特征在于，包括步骤：取重量为 $M1$ 的铅粉样品；采用预定浓度比的溶解剂溶解所述铅粉样品；溶解预定时间后，过滤取出溶解后的固体物，记所述固体物干燥后的重量为 $M2$；计算铅粉氧化度，铅粉氧化度等于 $\frac{M1-M2}{M1}\times 100\%$。

分析与检索过程：权利要求涉及物理量的测量步骤以及其计测公式，一般情况下，材料的物理、化学性质的测定、分析方法均会有相关的国家标准或行业标准进行规范，因此该权利要求表现出“标准化”的模式，优先考虑在与发明内容相关的标准数据库中检索。首先检索是否有氧化铅含量测定的相关方法，选取关键词“氧化铅、含量”在万方数据库的标准数据库中进行检索，未找到相关标准。对发明内容进行分析，该方案是利用重量法进行金属氧化物的含量测定，因此调整关键词为“重量法、氧化物”，仍然未找到相关标准，进一步调整关键词为“重量法 含量”，检索得到标准《GB/T 6237.10—2008 电触头材料用银粉化学分析方法 第10部分：重量法测定氯化银》，能够用于评述该权利要求的创造性。

案例5

权利要求1：一种土壤金属元素的消解方法，包括以下步骤：

① 称取0.2000～0.5000g土壤样品于消解杯中；

② 配制混合酸A：其体积比为，硝酸∶氢氟酸∶高氯酸＝6～10∶4～5∶2；所用硝酸、氢氟酸、高氯酸酸均为优级纯试剂；

③ 配制混合酸B：其体积比为，氢氟酸∶高氯酸＝8～10∶1；所用氢氟酸、高氯酸酸均为优级纯试剂；

④ 土壤分解：在消解杯中加入10～20ml混合酸A，加盖紧密，于通风橱内的电热板上低温130～150℃消煮0.5～1h，使土壤样品初步分解；然后中高温150～200℃消煮1～3h至土壤消解成清液，杯壁不见灰黑色有机物粘附为止；

⑤ 飞硅：揭盖，加入5～15ml混合酸B，在140～180℃全敞口飞硅至冒白烟，当溶液蒸至剩余1～2ml时取出；

⑥ 赶酸：用体积浓度为0.2%～5%的稀盐酸或稀硝酸，冲洗杯壁悬挂酸珠，控制电热板温度在110～130℃，蒸干；

⑦ 定容：加1～5ml体积浓度为0.1%～2%的稀硝酸将消解杯内残留物质溶解，用同样浓度的稀硝酸定容，备测。

分析与检索过程：本申请涉及采用“火焰原子吸收分光光度法”测定土壤中的金属之前对土壤所进行的消解方法，由于“火焰原子吸收分光光度法”已有成熟的国家标准，因此，首先考虑到在万方数据库的标准数据库中利用关键词“土壤、火焰、分光光度法”检索得到国家标准《GB/T 17138—1997 土壤质量铜、锌的测定火焰原子吸收分光光度法》，在该标准中记录了土壤消解采用的步骤②～⑤；对于没有被该标准披露的其余步骤①、⑥~⑦，在非专利文献库 CNKI 中检索得到了记录有其余步骤①、⑥~⑦的可以与上述标准相结合评述该权利要求创造性的期刊对比文献。

四、结　语

本文归纳总结出 G01N 领域发明专利申请涉及到的测定、分析装置或方法大多在相关的国家标准、行业标准等标准类文献中有所记载的特点，并对常见的标准及标准数据库进行了简要介绍，针对两类具有“标准”特点的发明专利申请，结合实际案例，分析了利用标准数据库检索来获取相关度较高的文献的情形。对 G01N 小类的发明专利申请利用标准数据库检索提高了这一领域的发明专利申请的检索质量和效率，对其他领域涉及到标准的发明专利申请的检索同样具有借鉴意义。

参考文献

[1] 熊茜，等. 测量领域的检索策略. 专利审查研究 2010 [M]. 北京：知识产权出版社，2011.
[2] 钱凌影，等. G01F 流量测量领域的检索策略研究 [J]. 审查业务通讯，2012 (8).

了解 DWPI 中的中文专利文献收录特点以提高检索有效性

章锦　赵强　黄非

摘　要　本文分析了 DWPI 中的中文专利文献收录的时间特点，以及 DWPI 对中文专利文献 IC 分类号、标题、摘要的改写，在上述分析结果的基础上，探讨了如何利用 DWPI 检索中文专利文献性以提高检索效率。

关键词　DWPI　中文专利文献　检索

一、引　言

德温特世界专利索引数据库（Derwent World Patents Index，以下简称 DWPI）是由英国德温特出版有限公司提供的世界首屈一指的专利信息资源，收录了 1948 年至今的包括八国二组织在内的 45 个国家和组织的专利文献，是全球主要专利局审查业务中心必备的数据库。DWPI 十分重视对专利文献的深加工，尤其在语言方面，如对所有专利文献的标题和摘要信息都由 Derwent 文献工作人员重新改写过，用词比较规范，文摘中的技术内容信息丰富，适合使用关键词进行检索摘要，并使用德温特自己开发的德温特分类（DC 分类）对所要专利重新分类等，这些体现了 DWPI 在数据增值方面的诸多努力。改写摘要统一了世界各国在语言上的不一致，对理解专利、使用关键词检索提供了极大的方便。

对科技发展速度较快的中国的专利文献，DWPI 也进行了整合，对中国发明专利文献和实用新型文献进行了文摘改写。对中国发明专利申请和使用新型专利申请的公开文件，DWPI 进行了收录并完成了部分的数据索引深加工，如对部分发明专利文献和实用新型文献的分类号进行了重新加工，修订了 IC 分类号并给出 EC 分类号。上述 IC、EC 或者 DC 分类分别是国际专利分类、欧洲专利局根据国际专利分类建立的内部分类体系及德温特给出的专门的分类体系。

笔者在实际检索过程中发现，利用中文数据库检索时，存在有关键词中文表述多种多样，造成检索时噪声增加。尤其是相关技术由国外引入中国，由于翻译时存在音译、意译等而导致关键词的表述不一致，或者是由于中文表述的关键词不能区分动词、名词而导致检索时不能准确定位，此时利用 DWPI 检索中文文献不失为一个有效的辅助手段。那么，DWPI 数据库在收录中文专利文献方面具有什么特点，在检索中文专利文献时有什么参考价值呢？笔者对此进行了分析和探讨，如下所述。

二、DWPI 的中文文献收录概况

截至 2013 年 3 月 26 日，DWPI 中共有中国文献 4 372 488 篇（合并文献后的数据），包括发明专利文献 2 688 323 篇和实用新型专利文献 1 684 165 篇，收录的中文文献的最新公开日为 2012 年 11 月 28 日。对比中国专利文摘数据库 CNABS 中收录的发明专利文献 2 839 656 篇、实用新型专利文献 2 818 012 篇、收录文献的最新公开日为 2013 年 3 月 20 日，DWPI 相对于 CNABS 等中文数据库有近 4 个月的延迟。CNABS 与 DWPI 收录的中国发明专利文献量相差 151 333 篇，而中国实用新型专利文献量相差 1 133 847 篇，初步结论：DWPI 收录了绝大部分的中国发明专利，只有很小部分未收录，而 DWPI 仅收录了部分中国实用新型专利，还有将近 40% 未收录。主要原因在于 DWPI 收录的中国专利文献从 1985 年开始，其收录的实用新型的时间远远晚于收录发明的时间，大批量完整收录从 2007 年开始，因此出现了上述偏差。

CNABS 中收录的公开日在 1990 年之前的中国实用新型专利为 49 156 篇，公开日在 1990 ~ 2000 年的实用新型专利为 320 095 篇，而 DWPI 中没有收录在 2000 年之前公开的中国实用新型专利文献。对公开日 2000 ~ 2006 年的中国实用新型专利，DWPI 仅有部分收录，但是其收录的位于此时间段中的中国实用新型专利申请绝大部分都不是作为单独的专利申请文献被收录的，即该实用新型专利申请具有同族文献（中国发明专利申请或者外国发明或实用新型专利申请，同族为实用新型很大部分是德国、日本的实用新型专利申请）、或者该实用新型专利申请作为其他申请的优先权文件或者享有其他专利文献（中国发明专利申请或者外国发明或实用新型专利申请，同族为实用新型很大部分是德国、日本的实用新型专利申请）的优先权。该时间段中 DWPI 单独收录的不属于上述几种情况，即没有其他同族文献、不作为优先权被引用、或具有优先权的中国实用新型专利数量非常少，例如，CN2537623Y，其申请日为 1999 年 9 月 24 日，公开日为 2003 年 2 月 26 日，CN2675615Y，其申请日为 2004 年 1 月 5 日，公开日为 2005 年 2 月 2 日。

针对公开日为 2007 年以后的中国实用新型专利申请，DWPI 进行了大量收录，而且不仅仅是如上所述的具有同族、作为优先权或者引用其他文件作为优先权的中国实用新型。从该时间段起，DWPI 对中国实用新型基本做到了全部收录，未收录的数量和总数相比所占比例非常之小。

对中国发明专利申请，DWPI 对公开日在 1990 年前的中国发明专利申请，收录量约为 CNABS 收录数量的一半，另有一半未收录。对公开日在 1990～1993 年的发明专利申请，DWPI 收录比例呈逐年逐渐提高的趋势。对公开日从 1994 年开始的中国发明专利申请，DWPI 几乎全部收录。

基于上述数据，可以对 DWPI 对中国专利文献的收录情况作出概括，中国发明专利申请从公开日 1994 年开始全面收录，之前的发明专利申请收录有部分缺失，实用新型专利申请从公开日 2007 年开始全面收录，之前的收录主要侧重具有同族文献或者享有中国发明以及外国发明/实用新型文献优先权的实用新型专利申请。

三、DWPI 对中文文献 IC 分类的改写

DWPI 中的 IC 索引对应的字段包括：ICC（IC 分类）、ICAI（IPC 高级版发明分类号）、ICAN（IPC 高级版扩展分类号）、ICC（IC 分类）、ICCI（IPC 核心版发明分类号）、ICCN（IPC 核心版扩展分类号）、以及 ICST（标准 IPC 分类号）。其中 ICAI、ICAN、ICCI、ICCN 是从第 8 版 IPC 开始对专利文献再分类后给出的，一定程度上克服了分类不准确及各国分类不一致的情况。DWPI 中的中国专利文献与上述各字段相“与”后得到的结果分别为（括号内为文献量占 DWPI 中收录的中文专利文献量的比重）：ICC 513853（11.752%）、ICAI 4362163（99.764%）、ICAN 220048（5.033%）、ICCI 2612214（59.742%）、ICCN 102938（2.354%）、ICST 4372371（99.997%）。由此可见，DWPI 中收录的中国文献量中基本上全部具有 ICST 字段，而具有其他字段的文献量各不相同，可根据具体情况选择合适的字段进行检索。目前，Derwent 对 IC 索引根据需要重新进行了改写，其中对 ICAI 的修订最多，解决了分类不准确以及各国分类不一致的问题，并且具有 ICAI 字段的文献量比重较高。因此，推荐使用 ICAI 进行检索，当使用该字段无法得到有效的结果时，则需要扩展到其他字段。

DWPI 对中文文献的 IC 字段根据需要进行了改写，使其分类更能全面、准确地体现发明点以及对检索有意义的信息。例如，PN－CN1098477C 20030108 自动上链条的链条重锤钟机芯，CNABS 中的 IPC 为 G04B5/18（摆动锤的支撑、悬挂或导向装置），DWPI 中 ICAI G04B5/18，ICCI G04B5/00（自动上发条），DWPI 中补充的分类号体现了发明所要解决的链条重锤钟自动上链的技术问题；PN－CN1296753A 20010530 植物源杀虫剂及其制备方法，CNABS 中的 IPC 为 A01N65/00（含有植物材料，如蘑菇、鱼藤根或其提取物的杀虫剂、害虫驱避剂或引诱剂，或植物生长调节剂），DWPI 中 ICAI A01P7/00（杀节肢动物剂）、A01N65/20（豆科［豌豆或豆荚植物］，如豌豆，扁豆，大豆，车轴草，金合欢，皂角，鱼藤或鸡血藤〔2009.01〕）、A01N65/08（双叶子植物纲〔2009.01〕）、A01N65/26（楝科，如桃花心木，椰色木或印楝〔2009.01〕），ICCI 和 XIC 给出的分类

号同上，DWPI 通过 IC 改写体现了该杀虫剂的原料以及作用对象，更全面、准确。

四、DWPI 标题和摘要的改写

Derwent 工作人员对于中国专利文献的标题改写的较多，增加了对主标题（通常对应为中文标题部分）的进一步限定，通过定语短语或从句的形式增加了技术方案的内容，尤其是结构组成方面的简要概述。

例如，PN – CN1070068 A，19930317，步行者自生电源，英文标题为“Walker self – generating power source – uses piezoelectric film sensor to convert pressure pulse of walker's foot into electric pulse signal which is amplified through piezoelectric transformer to charge miniature cell”，增加了该电源的工作原理：“利用压电薄膜传感器将人体行走过程中对脚底的脉冲式压力转换为脉冲电信号，经过压电变压器放大后给微型电池充电。”

PN – CN2862067 Y，20070124，广角摄像镜头，英文标题为“Wide – angle lens，has four – plate lens and diaphragm that are arranged inside seat，where diaphragm is provided between plate and lens，and agglutinate side that is arranged between other two lenses”，增加了该广角镜头的具体组成结构，“由四片透镜和镜座内的光阑组成，其中光阑设置在物镜一和物镜二三四之间，并且物镜三与物镜四之间设有胶合面”。

对早期的中国专利文献的摘要，例如，2007 年之前，Derwent 工作人员对于摘要改动的不多，很多就是中文摘要的对应翻译，改动较多的摘要属于个例。在 2007 之后，Derwent 工作人员对于摘要的修改涵盖的文献量较大。摘要被分为 TECH FOCUS、ADVANTAGE、USE、NOVELTY、DESCRIPTION OF DRAWINGS 等部分。DWPI 对摘要的改写并不局限于发明本身，其对检索有用的部分，也有可能被整理出来加入到改写的摘要中，不仅仅是上面所述的几个部分，有时候独立权利要求中的技术特征也会被涵盖到摘要中。相对于 CNABS 中的中文摘要以及 CPEA 中的英文摘要，DWPI 中的英文摘要改动比较大，内容更丰富，更易于阅读，更易于快速找出发明的核心。

例如，PN – CN101248815，20080827，DWPI 中改写后的摘要的 TECH FOCUS 部分给出了优选的组成部分“Preferred Components：The dairy product is cow milk or reconstituted milk prepared using milk powder，condensed milk，hydrolyzed protein，whey powder or other components of cow milk. The stabilizer is nisin，natamycin，sucrose esters of fatty acid，glycerin esters of fatty acid，fatty acid monoglycerides，sorbitan fatty acid ester or their combination. The sugar is white granulated sugar，syrup，glucose，sweetener or their combination.”，ADVANTAGE（“优选的成分：该饮品由牛乳或者用奶粉、炼乳、水解蛋白、乳清粉或者牛奶的其他组分配置而成的还原奶。稳定剂为乳酸链球菌素、游霉素、蔗糖脂肪酸酯、甘油脂

肪酸酯、单甘油脂肪酸酯、山梨聚糖脂肪酸酯中的一种或几种。糖是由白砂糖、糖浆、葡萄糖或甜味剂中的一种或几种。”，优点）中列出了该饮品的优点，并且摘要中补充了独立权利要求的技术特征，“An INDEPENDENT CLAIM is included for a method of preparing the mixed coconut dairy product.”（独立权利要求包括一种配制混合型椰乳饮品的方法），而 NOVELTY 部分中给出了优选的椰乳制品的原料组分中各组分的比例，“A mixed coconut dairy product comprises（in g）fresh coconut cream（20～35），dairy product（15～35），stabilizer（0.1～1.0），sugar（4～15）and the rest is water.”（“一种混合型椰乳饮品包括（每100g 中）鲜椰乳（20～35）、乳制品（15～35）、稳定剂（0.1～1.0）、糖（20～35），其余量为水”）。相比 CNABS 中的摘要，英文摘要对发明的核心技术部分进行了补充，更利用检索。

PN－CN201269970 Y，20090708，机械钟表自动上条装置，英文摘要中增加了 DESCRIPTION OF DESCRIPTION OF DRAWINGS：…Temperature－sensitive memory metal bar（1）Clock body（2）Positioning groove（3）Transmission gears（6，8）Winding shaft gear（7）（附图部分的描述：…温敏记忆金属条（1）表体（2）定位槽（3）传动齿轮（6，8）发条轴齿轮（7））。在 DESCRIPTION OF DRAWING 部分列出了主要的附图标记，这样的修改有利于检索时针对具体结构特征给出关键词。

五、利用 DWPI 进行中文文献检索

通过分析 DWPI 收录中国专利文献的特点，以及分析 DWPI 对于中文文献 IC 分类号以及摘要信息的改写，笔者在利用 DWPI 进行中文文献检索方面提出了一些建议，这些建议所适用的情况如下：①专利技术由中国以外的国家引入中国，导致对相关技术词语在汉语上存在翻译上的差异；②专业技术词语在中文中无法区分动词、名词、或者中文表达不如英文单一；③申请人为外国公司时，公司的名称在汉语中的翻译有不同。下面具体分析说明。

（1）相关技术领域中最先进的技术发源地以及掌握者大部分为外国公司，这些公司在我国谋求发展，必然将技术引入中国并申请中国专利的保护。但在专利申请的过程中对相关技术词语的翻译，却常常由于意译或者音译造成中文关键词与原英文关键词表达不统一或者表达偏差。而 DWPI 中经过改写的英文摘要避免了中英文表达上的歧义，因此，DWPI 利用英文关键词检索该领域最相关的技术文献可能比直接在 CNABS 中用数个同义的中文关键词检索更直接准确。

例如，光学成像领域或者光电检测领域常用的表述传感或检测的关键词包括而且不限于以下这些词：传感、监测、检测、监控、感应、感测、探测、感知；而使用英文关

键词时可以将范围缩小到 sensor、detector 就直接可以表述。

医疗检测领域的有关血液透析、渗析、渗透等有关液体交换的表述在英文中可以直接表述为 dialyse 和 disalyze，作为检索词可以直接表述为 dialy?e。

这种表述尤其适用于中文中相似表述有许多种，而英文中可确定为一种表述的情况。这时使用英文关键词可以使检索更直接准确。

例如，场效应晶体管领域的“带隙”一词的中文表达很多，如带隙、能隙、能带隙、能阶差等，其对应的英文表达却比较单一，bandgap 或 band - gap。而在液晶领域常见的另一种有关“缝隙”的表述，如在 ITO 层中蚀刻形成狭缝，英文表述为 slit。而机械构造中常出现的狭缝、缝隙、开槽等，英文表述为 slot。诸如此类，可以通过关键词的限定减少了检索中不相关文献噪声的出现。

（2）由于中英文表述的不同，技术词语在中文中作为动词或者名词甚至形容词表述时没有区分而易混淆，因此用中文关键词检索时容易产生大量不相关的文献（噪声）；而英文表述对动词、名词等词性的区分是一目了然的。这时，检索相关专利文献，利用 DWPI 就更方便。

例如，医疗检测领域中的血液透析、渗析、渗透、分离、断离，中文表述中其名词和动词相同，而在英文中，动词表述为 dialyse、disalyze，名词表述为 dislysis，还具有派生的形容词 dialytic，透析仪器 dialyazer。

（3）外国公司名称翻译。尤其是国外大公司及其子公司对应到大陆的公司名称在翻译上可能会有变化，但是 DWPI 中特有的 CPY 字段，是专门针对公司名称给出的，其中收录的公司名称是单一的，可以作为快捷、准确的检索入口。

例如，电子技术领域申请量比较多的“飞利浦/PHILIPS”公司，其申请人一项的表述包括：飞利浦（中国）投资有限公司（PHILIPS CHINA INVESTMENT CO LTD）、菲利浦电子有限公司（Philips Electronics N. V.）、皇家飞利浦电子股份有限公司（KONINKL PHILIPS ELECTRONICS NV），另外还有：飞利浦亚明照明有限公司（PHILIP YAMING ILLUMINATION CO）、菲利浦光灯制造公司（N. V. Philips Gloeilampenfabrieken）、飞利浦电子技术（上海）有限公司（Philips Electronics Technology（Shanghai）Co.，Ltd.，LG.）、飞利浦 LCD 有限公司（LG PHILIPS LCD CO LTD）等。单独利用中文申请人检索时，考虑到翻译时的偏差，通常为了避免漏检，会输入飞利浦、菲利普、菲利浦、飞利普四种表述，即使用英文表述也不容易精确限定。在 DWPI 中利用 CPY 字段进行检索，定位更准确，例如，PHIG 仅代表 KONINK PHILIPS ELECTRONICS NV。

六、总　结

本文分析了 DWPI 中收录中国专利文献的特点。

对中国专利文献从 1985 年开始收录，其中发明专利文献和实用新型专利文献分别从 1994 年和 2007 年开始全面收录。

对中国专利文献的 IC 分类根据需要进行了改写，其中对 ICAI（IPC 高级版发明分类号）修订得最多，使其分类更全面、准确地体现发明点以及对检索有意义的信息。

对中国专利文献的标题和摘要进行了改写，其中对于标题改写得较多，增加了对主标题（通常对应为中文标题部分）的进一步限定；对其技术方案的内容、尤其是结构组成方面的内容进行了简要的概述；Derwent 在 2007 年之后对于摘要的改动较大，摘要被分为发明点、优点、新颖性等方面来改写，改写并不局限于发明本身，对检索有用的部分都被涵盖到其中。

基于上述特点，笔者根据审查实践提出：由于 DWPI 在关键词、IPC 分类号、申请人名称的准确性，以及摘要改写对于发明技术方案的概括和发明核心的提炼方面具有显著的优势，故可以使用 DWPI 对中国专利文献进行检索。DWPI 特别适用于外国公司名称翻译不准确、关键词的中文表述繁杂而英语表述单一、以及中文无法体现词性的情况。在 DWPI 中检索中文专利文献可以作为 CNABS 以外的有利补充，进一步提高审查员的检索效率。

参考文献

[1] 田力普. 发明专利审查基础教程 检索分册 [M]. 北京：知识产权出版社，2012.
[2] 陈凯. CNABS 和 DWPI 中的中国专利摘要数据的比较研究 [J]. 审查业务通讯，2012 (6).

CHANYE CUJIN
FUWU

产业促进服务

新兴产业热点技术预测方法初探

卓启威　张凯　张滢滢

摘　要　战略性新兴产业在国民经济中占有举足轻重的作用，但其内容十分广泛，所以发展战略性新兴产业时就必须做到有所选择，进而也就要求必须能够预见性地掌握战略性新兴产业的发展趋势。本文从专利分析角度提出了一种基于垄断企业申请人和其他申请人的专利申请活跃度比较的热点技术预测方法，并通过大型飞机产业的实例，详细介绍了本预测方法的实施步骤，同时也证实了本方法原理的正确性。

关键词　战略性新兴产业　技术分支　热点预测

前　言

新兴产业，尤其是战略性新兴产业在国民经济中起着举足轻重的作用。[1]我国在《国民经济和社会发展第十二个五年规划纲要》中明确提出要将战略性新兴产业作为今后一段时期国家产业与经济发展的主要内容。然而，战略性新兴产业所包含的内容过于宽泛，所以发展战略性新兴产业就应当有所选择。为此，关键之处就要能够预见性地掌握新兴产业的发展趋势，找到最具发展潜力的技术分支，从而抓住我国在世界产业格局调整过程中能够实现赶超的切入点与突破口。而如何科学地预测新兴产业未来热点技术就成为必须首先解决的问题。

在现有的预测理论或者模型中，如冈珀兹曲线模型或者 TRIZ 理论[2-5]，均是根据事物的生长规律，即萌芽、成长、成熟和衰退的发展演变过程来实现技术领域的生长阶段判定。但是，新兴产业之所以称之为新兴产业，其本身就意味着这些产业的发展历程仍多数处在萌芽或者发展期，因此很难采用现有的这些理论或者模型来实现新兴产业未来热点领域的预测。

一、预测方法

本文从专利分析角度提出一种适合于新兴产业的热点技术预测方法。通常，一个产业会包含多个技术领域，而每一个技术领域又会包含多个技术分支。本文的预测方法就是要从这些多个技术分支中找出最有潜力成为未来热点的那个分支。该方法基于这样一种认识，即在大多数产业中，都存在一个或几个垄断性企业，这些企业无论是在资金、市场占有率还是技术研发实力上都是其他申请人所不可比拟的，尤其是这些垄断企业在技术研发上相对于其他中小企业往往会走在时代的前列，因此它们所选择的技术方向很有可能代表了整个行业的方向。但是，代表了行业技术方向的技术分支是否一定能够成为我国抢占制高点的突破口，还得看该行业除了垄断企业之外的其他申请人的技术方向。因为，在一个技术发展周期内，就某一个技术分支来说，通常在初始时期，垄断企业和其他申请人具有差不多的研发投入（本文以年专利申请量来衡量）；而从某一时刻开始，垄断企业会突然加大在该技术分支上的研发投入，直至其他申请人发现并开始追赶；之后则无论是垄断企业还是其他申请人在该技术分支上的投入都显得十分活跃，那么说明该技术分支已经成为当前的研发热点（此时进入该技术分支可能在时机上为时已晚）；再后来垄断企业逐渐放缓投入，其他申请人增长一段时间也开始进入低潮期。总体上说，垄断企业的研发活跃趋势和其他申请人的研发活跃趋势类似，只是在时间上其他申请人比垄断企业要落后一拍。本文所认定的未来热点即垄断企业开始加大投入而其他申请人尚未察觉和跟进的技术分支；而且，由于本文的预测目标跟随了代表行业技术方向的垄断企业的研发步伐，因此研发投入的风险也相对较小。

为了达到前述目的，本预测方法具体的操作是：首先，将某行业所包含的一个技术领域按照相关标准或规则进行分解细化成多个量级接近（本文以专利文献总量来衡量）的技术分支，取得垄断企业和其他申请人在每个技术分支下的历年专利申请量，定义年活跃度指数（即该年申请量比上包括该年在内的一段更长时间的历年平均申请量），之后分别计算出垄断企业以及其他申请人在各个技术分支上的年活跃度指数，将前后同一年份的两个年活跃度指数相比从而来定义一个年活跃度比较系数，并逐年地求得年活跃度比较系数。那么，按照前述的技术发展规律，在初始时期，垄断企业和其他申请人具有相差不大的研发投入，此时年活跃度比较系数接近于1；而从某一时刻开始，垄断企业突然加大了在该技术分支上的投入，此时年活跃度比较系数逐渐增大；直至其他申请人发现并开始追赶，此时年活跃度比较系数经过最高点后逐渐减小；之后垄断企业活跃程度放缓或者被其他申请人赶上，此时年活跃度比较系数减小至接近于1；再后来其他申请人则有可能超过垄断企业的专利申请活跃程度，此时年活跃度比较系数开始小于1；最后其他申请人也开始减少申请，趋同于垄断企业，此时活跃度比较系数开始增加直至1左右。也就是说，通过判断年活跃度比较系数的年度趋势可以来判断技术分支所处的发展阶段，如图1所示。

其中，在一个技术发展周期内，处在年活跃度比较系数从1开始增长直至最大的这

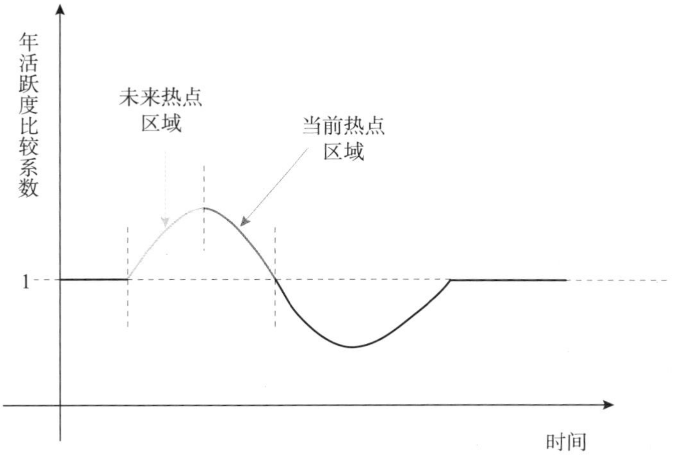

图 1　热点预测判断方法示意图

段时间内的技术分支是未来技术热点，适合作为我国产业发展抢占制高点的突破口；而处在年活跃度比较系数从最大值开始减小直至又等于 1 的这段时间内的技术分支是当前技术热点，此时社会各界都广泛投入，攻关难度较大，不适合作为突破口。当然，这种数值比较也并不是绝对的判定标准；也就是说，随着年活跃度比较系数从 1 开始增长，其越靠近最高点则对应技术分支成为未来热点的概率就越高；而年活跃度比较系数从最大值开始减小时，其越靠近 1 则对应技术分支越接近已成为当前热点。

二、实　例

下面就以大型飞机的机体领域作为示例，详细阐述一下本文的预测方法。

大型飞机是集多种学科、多种专业于一体的综合技术经济体系，通常来说，其主要包括飞机机体、发动机和机载设备三大部分。机体又可以分成多个技术分支[6]，如机身、机翼、表面流控制结构或装置、起落架等（此处仅用于举例演示，没有给出全部技术分支），这 4 个技术分支的专利文献总量处于 1 000 ~ 5 000 件，可认为是属于同一量级的技术分支。

欧洲空中客车公司和美国波音公司是世界公认的大型飞机领域垄断者，通过检索发现，在起落架这一技术分支上，它们的专利文献量占据总文献量的 30% 以上，而在其他 3 个技术分支上则都占据了 50% 以上的比例，这也反映出了上述两家公司的垄断地位。具体地，波音和空客从 1982 ~ 2009 年的历年申请量趋势如图 2 所示。

除了欧洲空中客车公司和美国波音公司之外的其他申请人在上述 4 个技术分支上从 1982 ~ 2009 年的历年申请量趋势如图 3 所示。

可见，在机体这一技术领域，垄断企业在各技术分支上的申请量都存在明显下降，

图2　波音和空客公司各技术分支专利申请量趋势

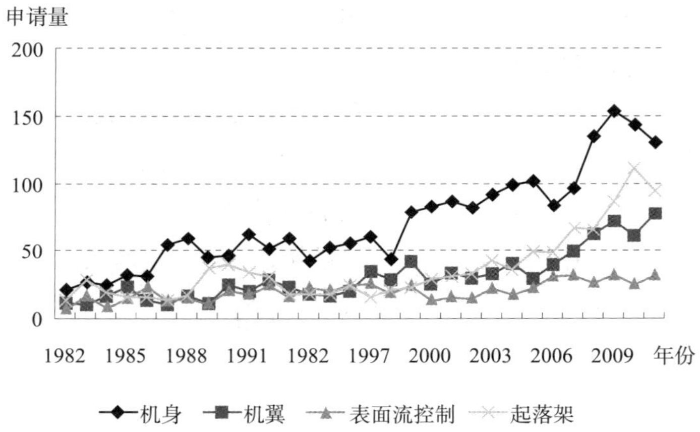

图3　其他申请人各技术分支专利申请量趋势

其原因则可能是它们开始将重点从机体领域转向其他例如航电系统和机电系统等领域。

在机体这一技术领域，按照前述方法计算所得的各技术分支年活跃度比较系数历年趋势如图4所示。

从图4中可直观发现表面流控制技术所处阶段符合图1所限定的未来热点技术。在这一技术分支上，自2000年左右，年活跃度比较系数从1附近开始快速上升，近10年都处在比较高的位置。反观另外3个技术分支，其中在机身和机翼这两个技术分支上，年活跃度比较系数近10年经历了一个上升和下降的抛物线趋势，说明它们已经经历了当前热点的发展阶段，逐步进入技术发展周期的低潮期。在起落架这一技术分支上，近些年的年活跃度比较系数逐渐开始下降，甚至开始低于1，因此该分支也不适合作为我国发展大型飞机产业机体领域的突破口。表面流控制技术是实现飞机增升减阻、降低能耗的重要手段[7-9]，在当前能源日益短缺、飞行成本逐渐升高的背景下，这一技术更加凸

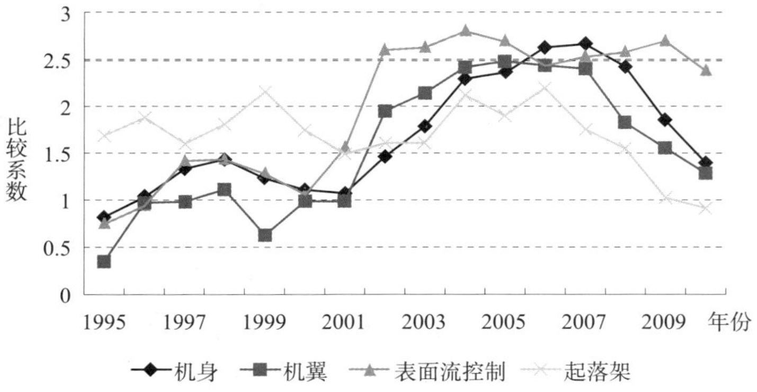

图4　年活跃度比较系数历年趋势

显出其重要性；同时，由于这一项技术涉及空气动力学特性，相关技术具有一定难度、门槛较高，而我国在空气动力学方面也具备较好基础，因此表面流控制技术适合作为我国发展大型飞机产业机体领域的突破口。

为了详细显示各技术分支的年活跃度比较，此处进一步将各技术分支的垄断企业申请人活跃度指数和其他申请人活跃度指数根据每一个技术分支按年代作图，如图5所示。

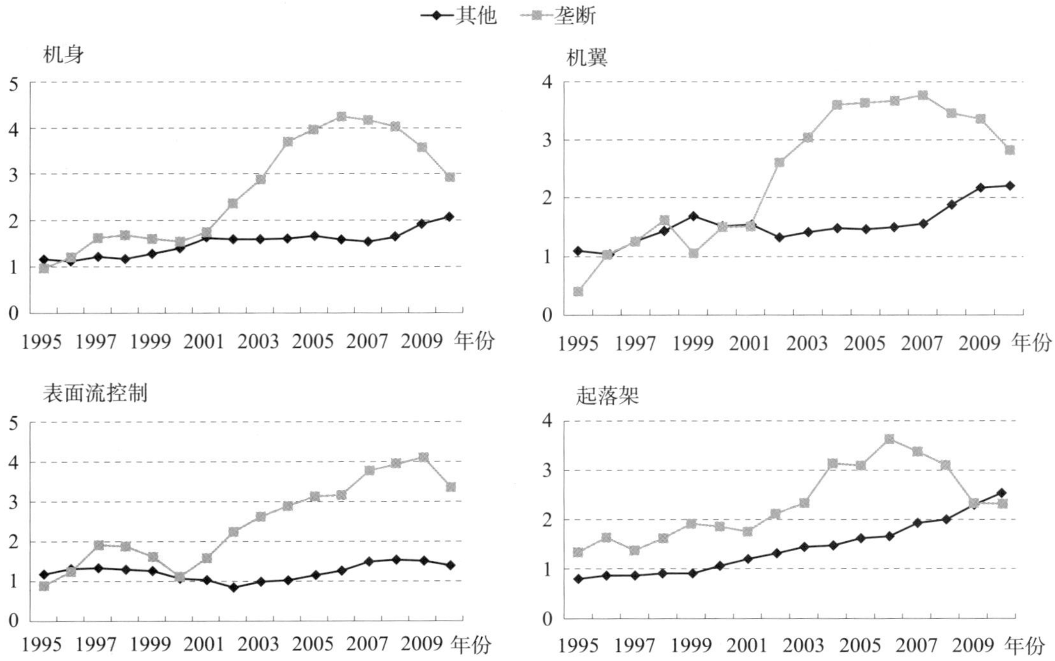

图5　单个技术分支历年活跃度比较

该图也反向证明了前述的技术分支发展规律，尤其是机身和机翼这两个技术分支，初始时垄断企业和其他申请人的年活跃度指数很接近，在2000年左右，垄断企业专利申请变得十分活跃，其他申请人在2007~2008年才察觉和跟进，并开始变得活跃，但此时垄断公司已经开始放缓专利申请。

从表面流控制技术图表中可以看出，垄断公司专利申请活跃程度在20世纪末开始增强，直至最近一两年才开始有所减弱，而其他申请人仍尚未开始在该技术分支上大幅增加投入，其专利申请活跃度指数至今保持在1～1.5的低水平。

起落架领域的图表略显特别，垄断企业波音和空客在该技术分支上的总体趋势与其他技术分支类似，但其他申请人在该技术分支上的年活跃度指数随年份持续增加。这与大飞机行业起落架技术分支的市场占有情况有关，相对于机身、机翼等分支，在起落架研发和生产领域除了波音和空客之外还存在很多专业的大型公司。可见，所选技术分支的行业垄断实际情况对本预测方法具有很大影响，所以，合理正确地选定业内垄断企业是实施本预测方法的关键一步。

三、结　语

通过上述实例，证实了本文预测方法所基于的技术分支发展规律的正确性，同时也演示了本预测方法的操作过程。本文预测方法也可以采用不同的比较对象，如技术发达的国家和其他国家；另外该方法也可以用于判定多种级别的技术细分。当然，本文预测方法也仍然存在诸多问题，如对本文预测方法所基于的技术分支发展规律还应该给予更多的科学的验证，而且还应该从数学分析的角度量化从年活跃度比较系数来预测热点技术的相关指标等。

参考文献

[1] 上海财经大学产业经济研究中心. 2011中国产业发展报告——战略性新兴产业发展研究［M］. 上海：上海财经大学出版社，2011.

[2] 朱振宇，等. 高端装备制造产业重点技术领域研究［R］. 中国知识产权研究会课题，2011.

[3] 杨清亮. 专利是这样诞生的：TRIZ理论全接触［M］. 北京：机械工业出版社，2006.

[4] 唐田田，等. 冈珀兹曲线模型在专利发展趋势预测中的应用［J］. 现代图书情报技术，2009（11）.

[5] 祝金凤. TRIZ技术系统进化法则在专利布局中的应用研究［J］. 科技管理研究，2010（19）.

[6] 郦正能. 飞行器结构学［M］. 北京：北京航空航天大学出版社，2005.

[7] 杨华保. 飞机原理与构造［M］. 西安：西北工业大学出版社，2002.

[8] 方弘毅，等. 等离子体控制翼型流动分离实验［J］. 沈阳航空工业学院学报，2010（4）.

[9] 王万波，等. 等离子体激励用于两段翼型增升的试验研究［J］. 空气动力学学报，2012（1）.

基于专利计量的中国*经济产业发展分析

赵晓峰

摘 要 基于1981～2011年中国在美获取的授权发明专利数量，藉由专利技术类别与经济产业类别之间的对照关系来分析专利技术在中国经济产业的分布，确定中国重点经济产业，并且比较在不同阶段中国重点经济产业的专利技术分布差异，从而掌握中国重点经济产业的技术创新能力整体状况，探究中国重点经济产业的技术创新能力发展变化趋势，为中国确定未来经济产业发展方向与重点提供依据。

关键词 专利计量 专利分析 专利分类 经济产业

一、引 言

国与国之间的竞争越发表现为经济产业的竞争，而经济产业的竞争归根结底是技术创新能力的竞争。因此，全面衡量一国相关经济产业的技术创新能力，准确掌握一国技术创新实力最佳的经济产业，以期客观展现一国经济产业的整体发展历程，深刻揭示一国经济产业的未来发展走势，从而可以为制定或调整一国经济产业的发展政策或者发展重点提供科学的理论参考依据。

专利被视为评估一国技术创新能力的重要指标[1]，不仅可以用于了解一国技术领域的发展水平，也与一国经济产业发展关系密切。专利在经济产业中实现有效的运用方能凸显专利技术的最大价值，专利发明者是以产业运用为最终目标[2]，依据经济产业的现实需求为依据创造新技术。因此，将专利视为基本研究对象，藉由专利技术类别与经济产业类别之间的对照关系来分析专利技术在不同经济产业的分布，这样一方面可以科学地评估一国经济产业的技术创新能力，另一方面可以整体性把握一国经济产业的技术创新领域与趋势。

为了全面客观准确地掌握中国经济产业的发展历程，本文将对中国过去三十余年在美国获取的授权发明专利进行统计分析。本文首先分析中国历年在美国获取的授权发明

---

* 本文讨论的中国特指中国大陆31个省、自治区和直辖市，不包括中国港澳台地区。因此，下文中如未特别说明，所述中国将仅指中国大陆的31个省、自治区和直辖市。

专利基本情况，据此将中国专利技术发展历程划分为若干阶段，作为进一步分析的基础；其次利用美国专利分类号与美国标准工业分类号对照表，分析不同阶段中国经济产业的专利技术分布，确定中国重点经济产业；最后比较在不同阶段中国重点经济产业的专利技术分布差异，从而掌握中国重点经济产业的技术创新能力整体状况，探究中国重点经济产业的技术创新能力发展变化趋势，为中国未来经济产业发展方向与重点提供依据。

二、中国在美授权专利历年概况

为了全面掌握中国历年在美国获取的授权专利概况，准确了解中国在美授权专利总量和授权发明专利总量，并以此统计结果将中国专利技术的发展历程划分为不同阶段，作为进一步分析中国经济产业发展变化历程的基础，本文将以美国专利商标局官方网站（United States Patent and Trademark Office，USPTO）提供的美国专利全文与图像数据库（PatFI）为检索对象，检索 1976 ~ 2011 年专利权人国家（Assignee Country）为中国❶（CN）的所有美国授权专利。通过对上述检索结果的清洗，清除港澳台地区在美的授权专利，1976 ~ 2011 年中国在美的授权专利总量为 9 182 件。

表 1 为 1981 ~ 2011 年中国在美的授权专利量的历年统计。从表 1 中可知，中国第一件在美授权专利始于 1981 年，随后约二十年间中国在美授权专利数量一直保持较低水平，甚至在此期间授权专利数量出现明显滑坡的现象。直至 2001 年，中国在美授权专利数量首次突破 100 件，自此中国在美授权专利数量呈现持续增长的趋势。特别是 2008 年金融危机后，中国在美授权专利数量不减反增，由 2008 年 952 件增长为 2011 年 2 546 件，增长率高达 167%，呈现出加速增长的势头。

表 1　1981 ~ 2011 年中国在美的授权专利量统计表　　单位：件

年份	专利量	年份	专利量	年份	专利量	年份	专利量	年份	专利量
1981	1	1988	48	1995	21	2002	216	2009	1 187
1982	0	1989	44	1996	12	2003	190	2010	2 049
1983	0	1990	41	1997	8	2004	251	2011	2 546
1984	0	1991	37	1998	25	2005	256		
1985	0	1992	31	1999	55	2006	324		
1986	4	1993	47	2000	76	2007	621		
1987	16	1994	13	2001	111	2008	952		
总计：9 182									

❶ 在美国专利商标局官方网站的 PatFI 数据库中检索专利权人国家（Assignee Country）为中国（CN）时，检索结果中包括了部分港澳台地区在美的授权专利。

表2为1981~2011年中国在美的授权发明专利量的历年统计。从表2中可知，1981~2011年中国在美的授权发明专利总量为7 598件，期间除1982年、1983年、1984年、1985年和2002年以外，中国在美历年授权发明专利量均占所有类型专利总量的70%以上。特别是2008年金融危机后，中国在美历年授权发明专利的比例更是稳步上升，2011年授权发明专利所占比例达到91%，显示中国在美的授权专利类型以发明专利为主，表明中国越来越重视以发明专利指标所代表的技术创新能力。

表2 1981~2011年中国在美的授权发明专利量与占授权专利量比例统计表 单位：件

年份	专利量（比率）	年份	专利量（比率）	年份	专利量（比率）	年份	专利量（比率）	年份	专利量（比率）
1981	1（100%）	1988	48（100%）	1995	21（100%）	2002	120（56%）	2009	960（81%）
1982	0	1989	44（100%）	1996	12（100%）	2003	133（70%）	2010	1 811（88%）
1983	0	1990	41（100%）	1997	8（100%）	2004	182（73%）	2011	2 308（91%）
1984	0	1991	37（100%）	1998	23（92%）	2005	187（73%）		
1985	0	1992	31（100%）	1999	52（95%）	2006	244（75%）		
1986	4（100%）	1993	47（100%）	2000	69（91%）	2007	437（70%）		
1987	16（100%）	1994	13（100%）	2001	80（72%）	2008	669（70%）		
总计：7 598									

从表1和表2可知，1981~2011年（除1982~1985年）中国在美每年均有授权专利，2002年中国在美授权发明专利量突破100件，此后中国在美授权发明专利量保持稳步增长，2008年中国在美授权发明专利量达到500件以上，并且在金融危机后，中国在美授权发明专利量仍然保持高速增长。从上述可知，自中国于1981年在美获得第一件授权发明专利后，经过长达21年的缓慢发展于2001年中国在美获得授权发明专利量超过100件；此后仅经过5年时间，2008年中国在美获得授权发明专利量就超过500件；2011年中国在美获得授权发明专利量达到2 308件，呈现出高速发展势头。因此，可见1981~2011年中国在美授权发明专利经过缓慢发展、稳步发展和高速发展3个阶段。

为了探究中国经济产业的技术创新能力发展历程，本文在分析1981~2011期间中国在美授权发明专利技术整体分布概况的基础上，还将根据中国在美授权发明专利量区分不同阶段探讨专利技术分布变化：①第一阶段为1981~2001年，每年在美授权发明专利量低于100件；②第二阶段为2002~2007年，每年在美授权发明专利量高于100件但低于500件；③第三阶段为2008~2011年，每年在美授权发明专利量高于500件。

三、中国经济产业的专利技术分布

专利技术是以产业应用为最终目标，从产业应用角度审视专利技术，一项专利技术可以应用于不同经济产业类别。本文根据美国专利分类号与美国标准工业分类号对照表，将专利技术分为14项经济产业大类，经济产业大类还可以细分若干子类，总共有57项大小经济产业类别，以便进一步探讨不同经济产业类别的专利技术分布状况。

本文为了深入了解中国各类经济产业的专利技术分布状况，全面掌握中国各类经济产业的技术创新能力，一方面根据美国专利分类号与美国标准工业分类号对照表，基于主分类号将中国在美授权发明专利蕴含的专利技术转换成其可以应用的具体经济产业类别，并且将某经济产业专利占有量占所有产业专利占有量5%以上者视为中国的重点经济产业[3]；另一方面不仅要探讨1981~2011年中国经济产业专利技术分布的整体状况，还要关注1981~2011年不同阶段中国经济产业专利技术分布的具体情形。

（一）1981~2011年整体状况

根据1981~2011年中国经济产业专利占有量及其比率的统计分布，中国重点经济产业主要是电子与电机、机械、化学、专业科学仪器与金属零组件等5个经济产业。如表3统计结果所示，电子与电机产业专利占有量所占比率高达48.29%，约是排名第二的机械产业专利占有量所占比率的3倍。由此可知，电子与电机产业是中国最为重要的经济产业，其技术研发与创新活动更为活跃，呈现出高度集中的特点。

表3 1981~2011年中国经济产业专利技术分布统计表

经济产业类别	总计（比率）
电子与电机（Electrical and electronic machinery, equipment and suppplies）	4 448（48.29%）
机械（Machinery, except electrical）	1 484（16.11%）
化学（Chemicals and allied products）	1 054（11.44%）
专业科学仪器（Professional and Scientific instruments）	680（7.38%）
金属零组件（Fabricated metal products）	532（5.78%）
运输设备（Transportation equipment）	248（2.69%）
橡胶与塑料（Rubber and miscellaneous plastics products）	166（1.80%）
各种石材（Stone, clay, glass and concrete products）	90（0.98%）
金属（Primary metals）	71（0.77%）
石油与天然气（Petroleum and natural gas extraction and refining）	46（0.50%）
纺织（Textile mill products）	9（0.10%）
食品（Food and kindred products）	8（0.09%）
其他产业（All other SIC's）	375（4.07%）
总计	9 211（100%）

（二）第一阶段1981~2001年

根据1981~2011年中国经济产业专利占有量及其比率的统计分布，中国重点经济产业主要是机械、化学、运输设备、电子与电机、专业科学仪器、金属零组件等6个经济产业（不包括其他产业）。如表4统计结果所示，机械和化学产业专利占有量所占比率分别为23.01%和21.24%，两者差距比较接近；运输设备、电子与电机、专业科学仪器等产业专利占有量所占比率与前两者相差有限，集中于10%至13%。由此可知，在1981～2001年，中国经济产业的技术创新与研发活动相对比较分散，经济产业发展相对多元化，在技术创新研发方面尚未形成具有绝对优势的经济产业。

表4　1981～2001年中国经济产业专利技术分布统计表

经济产业类别	总计（比率）
机械（Machinery, except electrical）	182（23.01%）
化学（Chemicals and allied products）	168（21.24%）
运输设备（Transportation equipment）	100（12.64%）
电子与电机（Electrical and electronic machinery, equipment and suppplies）	98（12.39%）
专业科学仪器（Professional and Scientific instruments）	82（10.37%）
金属零组件（Fabricated metal products）	48（6.07%）
橡胶与塑料（Rubber and miscellaneous plastics products）	18（2.28%）
金属（Primary metals）	15（1.90%）
各种石材（Stone, clay, glass and concrete products）	14（1.77%）
石油与天然气（Petroleum and natural gas extraction and refining）	7（0.88%）
食品（Food and kindred products）	3（0.38%）
纺织（Textile mill products）	2（0.25%）
其他产业（All other SIC's）	54（6.83%）
总计	791（100%）

（三）第二阶段2002～2007年

根据2002～2007年中国经济产业专利占有量及其比率的统计分布，中国重点经济产业主要是电子与电机、化学、机械、专业科学仪器、金属零组件等5个经济产业（不包括其他产业）。如表5统计结果所示，电子与电机产业专利占有量所占比率由12.39%增加至33.87%，其增长变动幅度接近3倍，成为第一大经济产业；机械产业专利占有量所占比率由23.01%下滑至16.25%，其下滑变动幅度接近7%，由第一大经济产业变为第三大经济产业；运输设备产业专利占有量所占比率由12.64%下滑至4.54%，其下滑变动幅度接近3倍，无法再成为重点经济产业；化学、专业科学仪器、金属零组件等产业专利占有量所占比率略有变动。由此可知，在2002～2007年，中国经济产业的技术创新与研发活动逐步向电子与电机产业集中，经济产业发展呈现集中化趋势，在技术创新研发方面电子与电机产业逐步显现自身优势。

表5　2002～2007年中国经济产业专利技术分布统计表

经济产业类别	总计（比率）
电子与电机（Electrical and electronic machinery, equipment and suppplies）	567（33.87%）
化学（Chemicals and allied products）	357（21.33%）
机械（Machinery, except electrical）	272（16.25%）
专业科学仪器（Professional and Scientific instruments）	116（6.93%）
金属零组件（Fabricated metal products）	114（6.81%）
运输设备（Transportation equipment）	76（4.54%）
橡胶与塑料（Rubber and miscellaneous plastics products）	31（1.85%）
各种石材（Stone, clay, glass and concrete products）	20（1.19%）
石油与天然气（Petroleum and natural gas extraction and refining）	18（1.08%）
金属（Primary metals）	13（0.78%）
食品（Food and kindred products）	3（0.18%）
纺织（Textile mill products）	0（0.00）
其他产业（All other SIC's）	87（5.20%）
总计	1 674（100%）

（四）第三阶段2008～2011年

根据2002～2007年中国经济产业专利占有量及其比率的统计分布，中国重点经济产业主要是电子与电机、机械、化学、专业科学仪器、金属零组件等五个经济产业。如表6统计结果所示，电子与电机产业专利占有量所占比率是56.08%，远超过其他经济产业；与上一阶段相比，除了电子与电机产业和专业科学仪器两个产业持续增长外，其余所有产业专利占有量所占比率呈现减少趋势。由此可知，2008～2011年，中国经济产业的技术创新与研发活动进一步向电子与电机产业集中，经济产业发展集中化趋势进一步增强，在技术创新研发方面电子与电机产业占据主导地位，其余所有产业技术创新研发活动都不如电子与电机产业。

表6　2008～2011年中国经济产业专利技术分布统计表

经济产业类别	总计（比率）
电子与电机（Electrical and electronic machinery, equipment and suppplies）	3 783（56.08%）
机械（Machinery, except electrical）	1 030（15.27%）
化学（Chemicals and allied products）	529（7.84%）
专业科学仪器（Professional and Scientific instruments）	482（7.14%）
金属零组件（Fabricated metal products）	370（5.48%）

续表

经济产业类别	总计（比率）
橡胶与塑料（Rubber and miscellaneous plastics products）	117（1.73%）
运输设备（Transportation equipment）	72（1.07%）
各种石材（Stone，clay，glass and concrete products）	56（0.83%）
金属（Primary metals）	43（0.64%）
石油与天然气（Petroleum and natural gas extraction and refining）	21（0.31%）
纺织（Textile mill products）	7（0.10%）
食品（Food and kindred products）	2（0.03%）
其他产业（All other SIC's）	234（3.47%）
总计	6 746（100%）

四、中国重点经济产业的发展历程

通过深入比较1981～2011年整体及各阶段中国重点经济产业的专利技术分布差异，客观分析1981～2011年中国重点经济产业的技术发展变化，全面掌握1981～2011年中国重点经济产业的技术创新历程，从而深刻揭示了1981～2011年中国重点经济产业的技术创新能力发展状况。

根据1981～2001年、2002～2007年与2008～2011年3个阶段中国重点经济产业的专利技术分布情形，同时结合1981～2011年中国重点经济产业的专利技术分布整体状况，从而更深入分析1981～2011年中国重点经济产业的技术发展变化历程。表7为1981～2011年中国在各个阶段以及31年间重点经济产业的比较。

从表7中可知，中国重点经济产业随着时间变化愈发显现集中化的趋势。1981～2001年，中国有机械、化学、运输设备、电子与电机、专业科学仪器和金属零组件等6项重点经济产业，专利占有量所占比率为85.71%；2002～2007年，中国重点经济产业从上一阶段6项减少为5项，专利占有量所占比率与上一阶段基本持平；2008～2011年，中国重点经济产业仍维持为5项，与上一个阶段相同，但专利占有量所占比率提升到91.82%。在各个阶段与整体状况比较方面，1981～2011年中国重点经济产业的整体发展分布与2008～2011年中国重点经济产业的阶段发展分布一致。由此可知，中国过去31年来重点经济产业的专利技术发展状况可以用2008～2011年期间重点经济产业的专利技术发展状况来代表，但是要全面掌握中国重点经济产业的专利技术发展全貌，仍然需要对不同阶段重点经济产业的专利技术发展历程进行分析。

表7　1981～2011年中国整体及各阶段重点经济产业比较

1981～2001年重点经济产业	2002～2007年重点经济产业	2008～2011年重点经济产业	1981～2011年重点经济产业
机械	电子与电机	电子与电机	电子与电机
化学	化学	机械	机械
运输设备	机械	化学	化学
电子与电机	专业科学仪器	专业科学仪器	专业科学仪器
专业科学仪器	金属零组件	金属零组件	金属零组件
金属零组件			
所占比率：85.71%	所占比率：85.19%	所占比率：91.82%	所占比率：89.00%

通过进一步比较中国重点经济产业不同阶段专利占有量的分布比率，来观察中国重点经济产业的专利技术发展变化历程。图1是1981～2011年中国整体及各阶段重点经济产业的专利量分布比率统计。从图1中可知，1981～2001年中国6项重点经济产业中，除电子与电机产业专利占有量所占比率不断上升外，其他经济产业专利占有量所占比率基本上都呈现出明显下滑趋势。在2002～2007年，电子与电机产业专利占有量所占比率跃升为第一位，成为中国排名第一的重点经济产业，并且随着时间变化，电子与电机产业专利占有量呈现愈发集中趋势。由此可知，电子与电机产业已经成为中国技术研发创新活动的重心，技术创新能力发展最为突出。

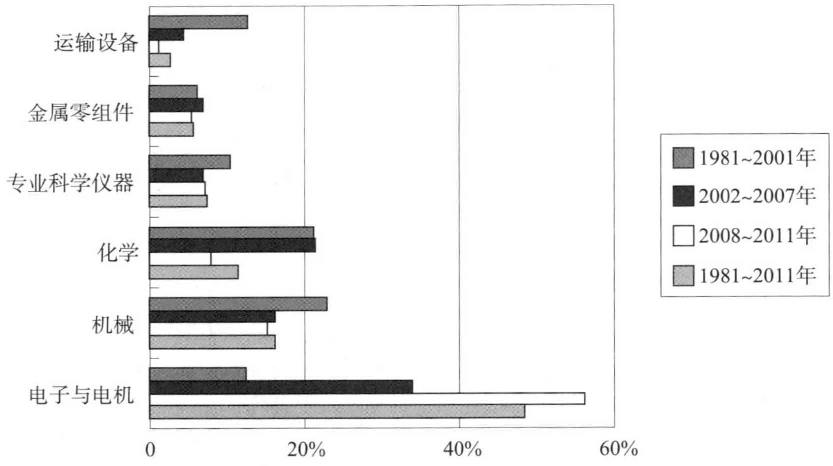

图1　1981～2011年中国整体及各阶段重点经济产业的专利量分布

本文根据美国专利分类号与美国标准工业分类号对照表，细分了电子与电机产业，进一步探讨该产业所包含分支产业在不同阶段专利占有量的分布比率，观察中国电子与电机产业的专利技术发展变化历程。图2是中国整体及各阶段电子与电机产业的专利量分布比率统计。

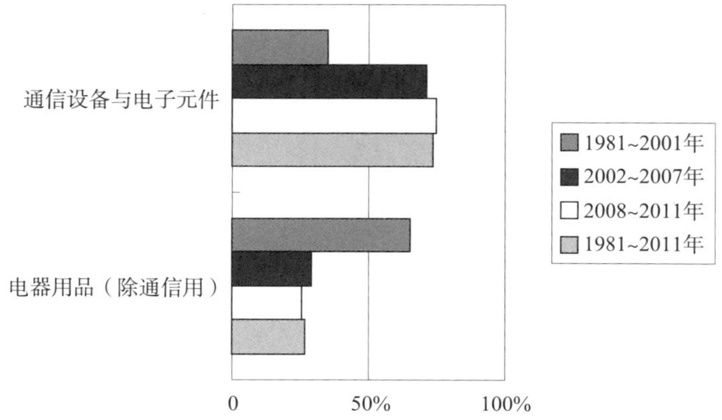

图2　1981～2011年中国整体及各阶段电子与电机产业的专利量分布图

从图2中可知，1981～2001年，电子与电机产业中电器用品（除通信用）专利占有量所占比率最高，占整个电子与电机产业的65.31%，是电子与电机产业最主要的分支产业；2002～2007年，电子与电机产业中通信设备与电子元件专利占有量所占比率大幅提升，占整个电子与电机产业的71.08%，取代电器用品（除通信用）成为电子与电机产业最主要的分支产业；2008～2011年，电子与电机产业中通信设备与电子元件专利占有量所占比率进一步提升，占整个电子与电机产业的74.73%。由此可知，电子与电机产业技术创新与研发活动主要集中于通信设备与电子元件领域，是中国电子与电机产业技术研发创新活动的关键。

五、结　论

本文基于1981～2011年中国在美获取的授权发明专利数量，将专利分类号归纳转换成为经济产业类别，分析我国经济产业的专利技术分布状况，探究中国重点经济产业的技术发展历程，从而掌握中国具有技术创新研发能力的经济产业全貌，找出中国技术创新研发表现最优的经济产业。具体而言：

一是中国经济产业发展由“制造”向“创造”转变。从中国在美历年专利授权量以及授权发明专利量所占比例可知，中国经济产业发展愈发依赖技术研发与创新，特别是2008年全球金融危机之后，中国经济产业的技术研发创新活动日趋活跃，技术进步逐步成为中国经济产业发展的新动力，整个经济产业发展呈现出由技术创新取代简单制造的新趋势。

二是中国经济产业发展过程中技术研发与创新活动高度集中。从中国重点经济产业的专利技术分布状况以及发展变化可知，中国经济产业的专利技术分布呈现高度集中的趋势，机械、化学、电子与电机、专业科学仪器和金属零组件等5项重点经济产业集中了绝大部分的技术创新活动，尤其是电子与电机产业，在整个技术研发与创新活动中占主导地位，代表了中国经济产业的技术研发与创新能力与实力。

总而言之，要准确把握中国经济产业未来发展的基本趋势，一方面要继续推动经济产业的发展转型，以提升技术研发与创新能力作为经济产业未来发展的动力源泉，实现经济产业的创新发展；另一方面要重点关注经济产业发展过程中技术研发与创新活动高度集中的趋势，在维持优势经济产业发展优势的同时，也要兼顾其他具有发展潜力的经济产业，实现经济产业的均衡发展。

参考文献

[1] CORELIS, P. K. Executive Summary, World Economic forum [EB/OL]. [2011 - 3 - 28]. http: //www. weform. org/pdf/gcr/GCR_ 2002_ 2003/GCR_ Executive_ summary_ 2002_ 03. pdf.

[2] DAR - ZEN CHEN, HAN - WHEN CHANG, MU - HSUAN HUANG, et al. Core technologies and key industries in Taiwan from 1978 to 2002: A perspective from patent analysis [J]. Scientometrics, 2005, 64 (1): 31 - 53.

[3] 同上，36.

从地区专利被引用情况谈地区科技发展现状

李珊霞　于红　王媛　高建业

摘　要　本文以2006~2011年中国公开的发明专利为分析对象，以专利的著录项目信息和引文信息作为主要分析内容，从国内区域创新排名、专利文献的引文数量年度分析、引文引用量及被引量等角度出发，通过对不同区域之间专利引文数量及被引次数等数据进行对比分析，探讨沿海、内陆区域科技发展不平衡等现状，并进一步探讨研究引文数据分析的前景；同时为建立完整的中国专利引文数据库奠定基础，并为相关部门在政策制定、技术支持、政策倾斜方面提供参考。

关键词　专利引文　引文分析　专利引文量　专利被引次数　专利平均引文数

一、引　言

专利分析是对专利情报的合理利用和开发。按照研究方法不同，专利分析可以分为定性分析、定量分析、拟定量分析三种类型。专利引文分析作为常见的拟定量分析方法，能够有效地反映专利间的技术关联和潜在规律，逐渐成为最具有发展潜力的专利分析方法。

人们对专利的引文进行研究，以期通过研究专利之间或专利与科技文献之间的引用关系及规律，探求技术与技术、技术与科学之间的联系和发展规律。在国外，专利引文分析的概念最早由 seidel 在 1949 年提出。[1] M. M. S. Karki 总结了专利引文的定义、作用及几种具有代表性的专利引文分析指标。Holger Emst 通过分析专利文献的被引次数来说明专利的质量，并以此作为识别竞争对手的研发能力和研发战略的依据。

我国在专利研究方面取得了较大的进展，如杨祖国、李文兰等人采用专利引文分析方法，研究了技术循环时间、高被引专利、专利地域分布、申请人分布等。[2] 王庆稳、邓小昭研究了专利引文分析的理论、方法和应用，并论述了引用指标、引用关联分析、技术族谱分析、高被引分析等目前比较重要的新型专利分析方法。[3] 但是，相对国外的研究应用而言，我国的研究还相对比较滞后，对比国内外的研究现状可以发现，研究比较集中于专利文献的分析和理论研究方面，在专利分析工具方面还未形成系统研究，且对国内各省市各区域的专利引文研究还是空白。

基于此，本文针对中国专利引文的特点，借鉴非专利引文的分析手段，定义了专利被引次数和专利平均引文数等与专利引文分析相关的指标，从实证分析的角度，详细地分析了 2006~2011 年中国国内各省市公开的专利引文，以期为中国专利引文分析的有效实施提供一种现实可行的思路和手段。

二、研究设计

（一）相关概念

（1）专利被引次数。

专利引文量是指专利文献被后继专利文献引用的绝对次数。

（2）专利平均引文数。

某年公开的专利文献的引文量/当年公开的专利文献数量；如 2006 年公开的北京的专利文献对应的引文量/2006 年公开的北京的专利文献数量。专利平均引文数可以在某种程度上反映某一地区的专利质量和创新度。

（二）研究方法

基于目前的分析手段，本文主要统计了 2006~2011 年公开的所有案件中数据深加工完成的情况，并检索各省市在 2006~2011 年的发明专利公开量，采用按比例折算的方法，得出接近全样本的数值，解决样本量不全的问题。

为了方便进行专利引文文献的统计和计算专利指标，本文创建了自己的专利引文数据库，并对数据库中的引文数据进行整理和转化，将中国专利引文申请号、公开号和公告号建立映射关系，使得一篇专利文献具备唯一的标识，以便于统计和分析。在进行基础数据统计时，本文将中国国内各省市公开专利从发明人专利引文和审查员专利引文两个方面，按照专利被引次数、专利平均引文数分别进行统计，统计办法如下所述。

发明人专利引文被引次数：在发明人专利引文数据表中按“引文公开日期”“省市代码”及“申请文件类型”进行筛选，如“2005 年”“北京”“发明”进行统计，得出的总次数即为北京 2005 年公开的发明专利被发明人引用的次数。审查员专利引文被引次数统计方法与此类似。

三、研究内容

按照年份统计 2006~2011 年中国国内各省市专利的专利被引次数和专利平均引文数。通过研究中国国内各省市专利的专利被引次数和专利平均引文数，对专利间的相互引用现象进行分析，掌握各省市专利的质量和影响力，以挖掘专利技术发展的趋势，探求技术与技术之间的联系和发展规律。

由 2006～2011 年中国国内各省市公开专利被发明人引用次数 6 年总排名图（图 1）可知，被发明人引用次数排名在前 9 位的为北京、上海、广东、江苏、浙江、辽宁、湖南、山东和四川；排名后几位的为西藏、青海、宁夏、海南和新疆。北京、上海两省的专利被发明人引用的次数分别为 40 228 次和 22 776 次，远远高于西藏的 34 次、青海的 232 次，北京与西藏相比，被发明人引用的次数前者是后者的 1 183 倍。

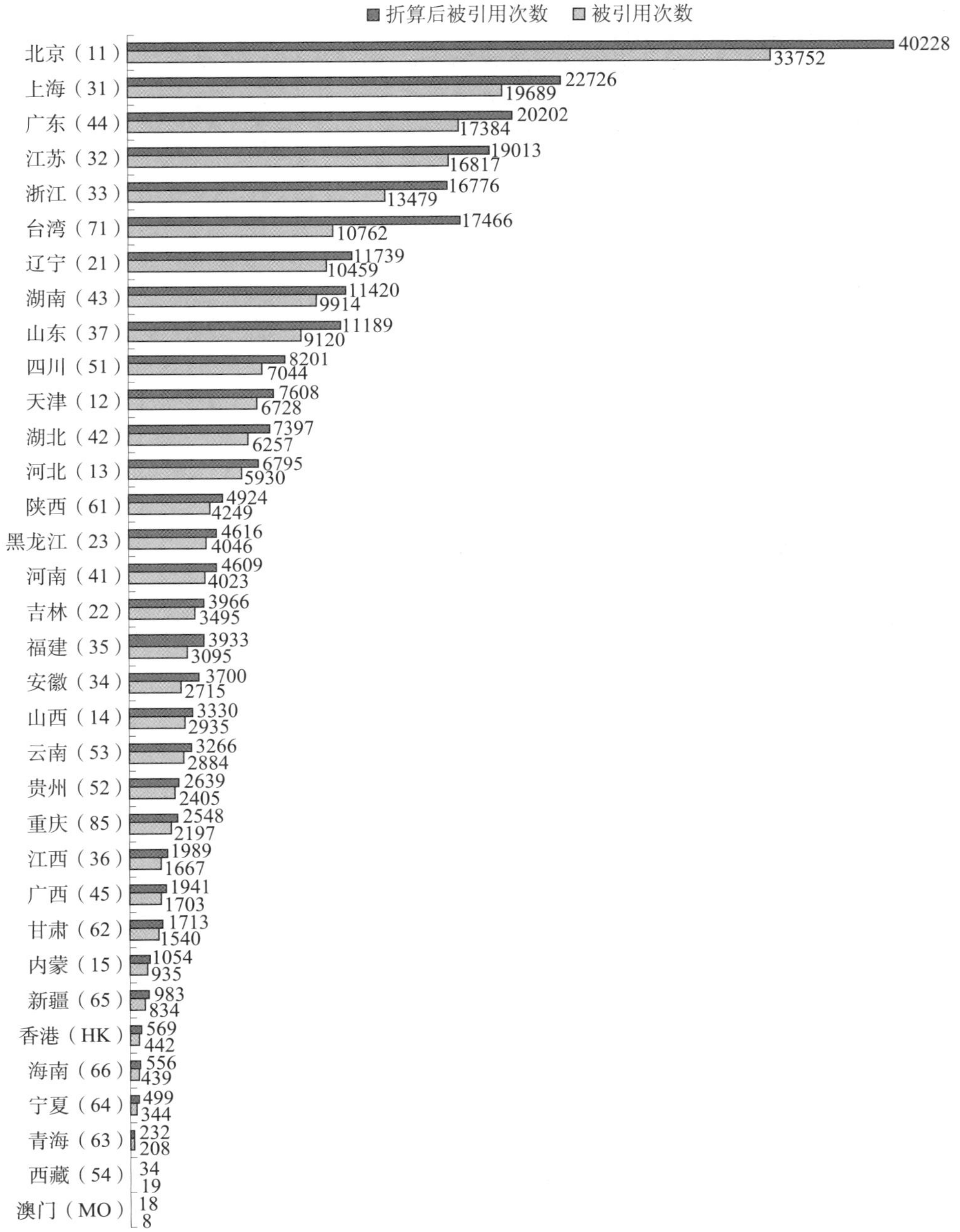

图 1　2006～2011 年各省市公开专利被发明人引用次数 6 年总排名

而由2006～2011年中国国内各省市公开专利被审查员引用次数6年总排名图（图2）可知，发明专利被审查员引用的次数排名在前9位的为北京、广东、上海、江苏、浙江、山东、辽宁、湖北和湖南；排名后几位的为西藏、青海、海南、宁夏和新疆。北京、广东两省的专利被审查员引用次数分别为126 622次和128 228次，远远高于西藏的236次、青海的782次，北京与西藏相比，前者专利被审查员引用的次数是后者的545倍。

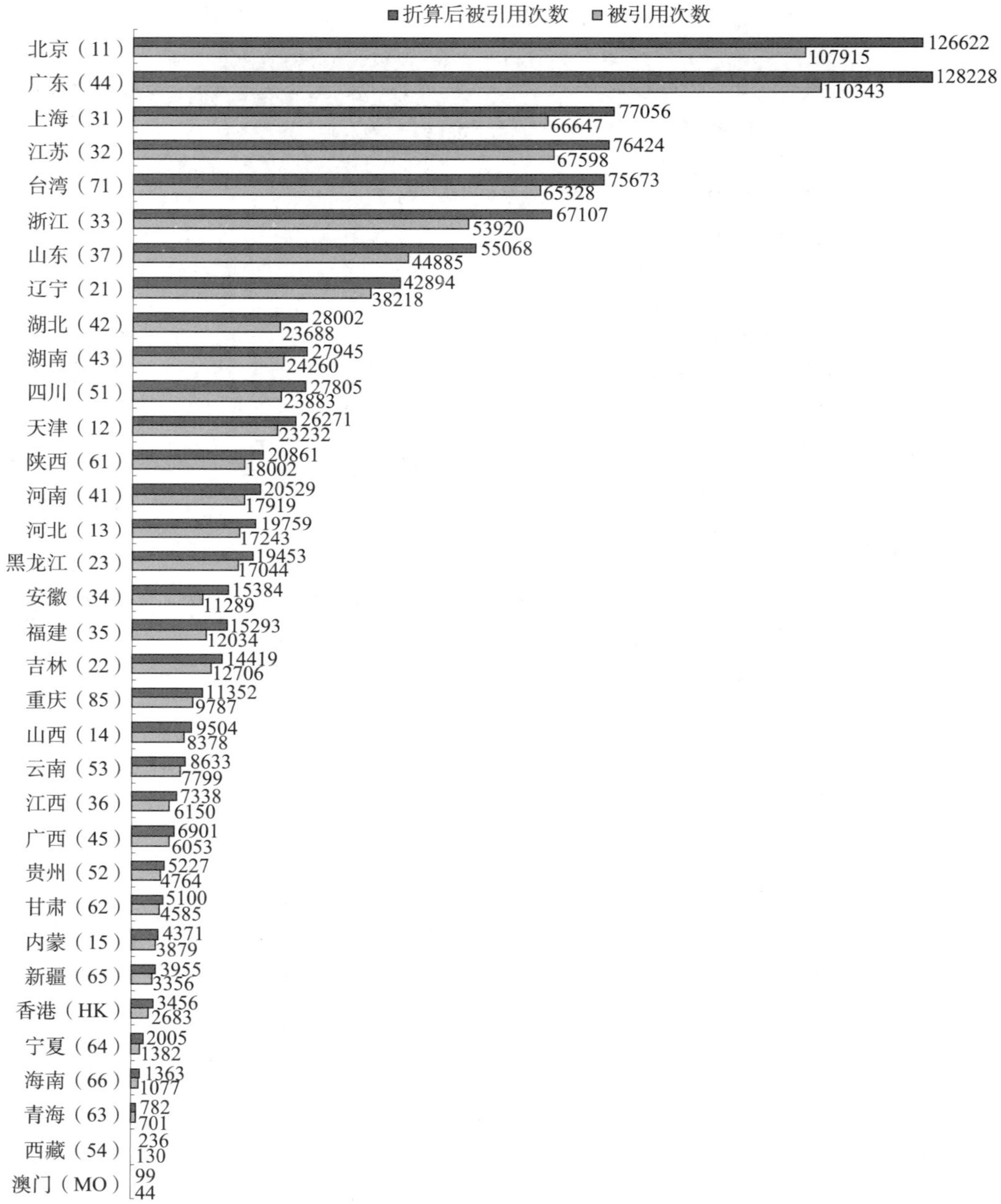

图2　2006～2011年各省市公开专利被审查员引用次数6年总排名

由专利的发明人被引次数和审查员被引次数对比折线图（图3）可知，中国专利文献的发明人被引次数由2006年的24 864次增加到2010年的50 334次，增加了2倍之多，说明中国专利文献被发明人引用的程度在逐年升高，专利文献越来越受到申请人的重视。同时，通过对比可以发现，2006～2010年，中国专利文献被审查员引用次数是发明人引用次数的3倍之多，说明审查员对专利文献的利用率明显高于发明人（申请人），中国专利文献被审查员引用的程度较好。

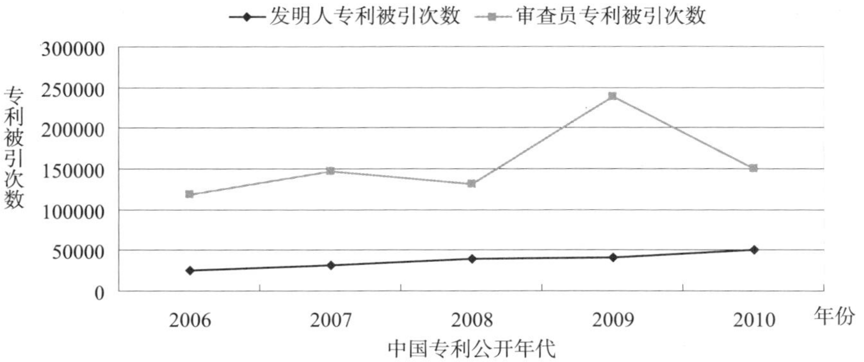

图3　2006～2011年中国公开专利的发明人被引次数和审查员被引次数对比折线图

由2006～2011年中国国内各省市发明人平均引文数6年总排名图（图4）可知，中国国内各省市发明人平均引文数在2006～2011年期间每年均相对较高的省市包括湖南、海南、贵州、北京、浙江。排名靠后的省市包括：广东、内蒙古、黑龙江、青海、河南、陕西。由此可知，虽然北京、广东等地专利引文量排名领先，但因其申请量巨大，发明人平均引文数反而较小；而湖南、海南和贵州等地的专利申请量相对较小，平均引文数的排名在各省中排名靠前，说明这些地区的专利质量还是较高的。

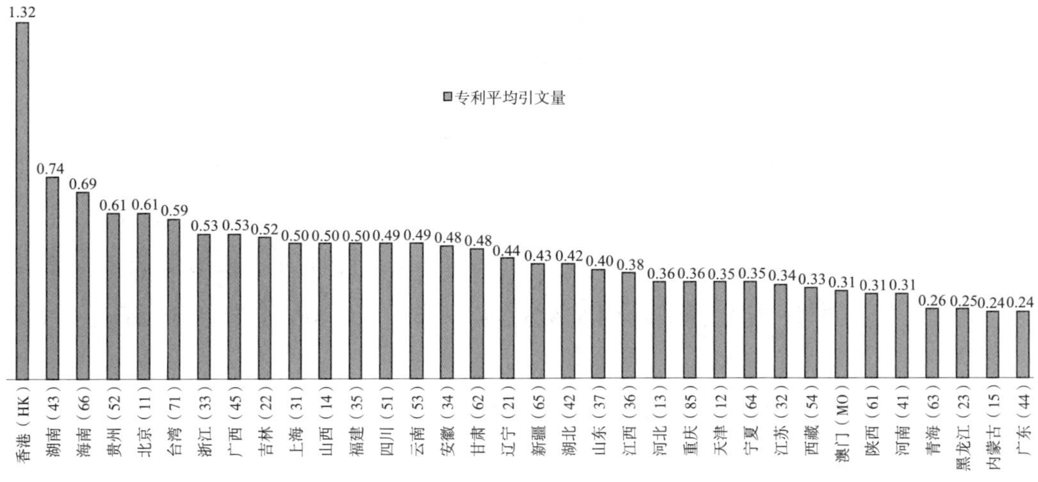

图4　2006～2011年各省市发明人平均引文数6年总排名

由2006～2011年中国公开专利文献的发明人平均引文数变化趋势图（图5）可知，2006～2011年全国的发明人平均引文数在0.28～0.54，随年份呈下降趋势。而2006～2011年的公开量则呈明显上升趋势，说明中国国内专利量在呈现突增的同时引文量并未同比例增加。因此，仍需加强专利引文的利用，在借鉴前向专利的同时进一步提高后向专利的质量，以期促进科学技术的进一步发展。

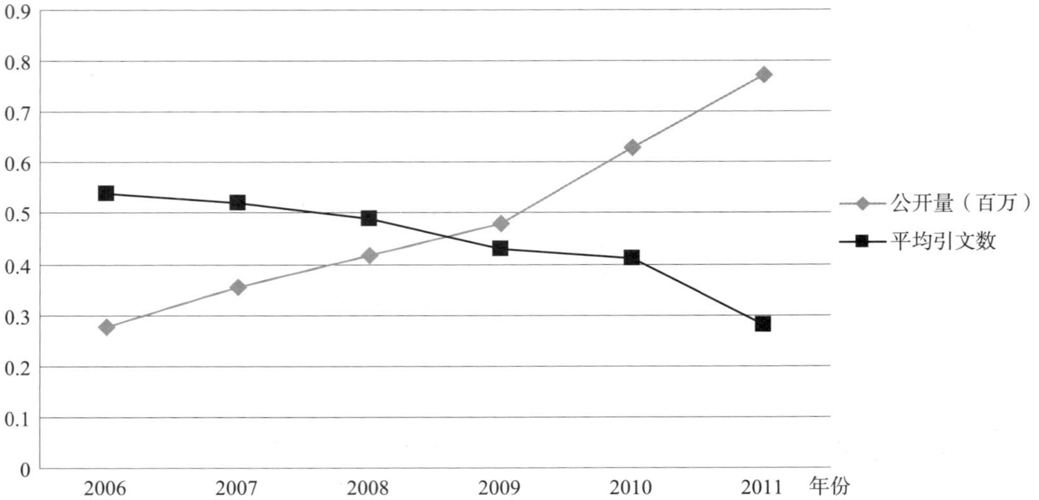

图5　2006～2011年中国公开专利文献的发明人平均引文数变化趋势图

四、结论和建议

本文采用专利引文分析的理论和方法，对2006～2011年中国国内各省市公开的专利进行统计分析，同时，定义了专利被引次数和专利平均引文数等与专利引文分析相关的指标，从发明人专利引文和审查员专利引文两方面研究了专利引文对专利的影响。研究发现：

（1）中国各省市的知识产权发展程度不平衡。东部及沿海地区专利文献的引文量及被引次数均较高，而西部偏远地区专利引文量、被引次数均较低。

（2）中国专利文献质量有待加强。从中国专利文献的发明人平均引文数变化趋势图可知，我国发明人的发明专利平均引文数逐年下降，由2006年的0.54降至2011年的0.28。

（3）中国专利文献被发明人引用的程度在逐年升高，中国专利文献的发明人被引次数由2006年的24 864次增至2010年的50 334次，增加了2倍之多，说明专利文献越来越受到申请人的重视。

（4）中国专利文献被审查员引用的程度明显高于发明人引用的程度。2006～2011

年，中国专利文献被审查员引用次数是发明人引用次数的3倍之多，说明审查员对专利文献的利用率明显高于发明人（申请人）利用率。

（5）对专利引文数据的统计分析而言，实际上还有很多可统计分析的指标有待进一步深入研究，且针对中国国内专利引文数据库的空白，今后要做的工作还很多。

参考文献

[1] JAFFE A B, TRAJTENBERG M, HENDERSON R. Geographic Localization of Knowledge Spillovers as Evidenced by Patent Citations [J]. The Quarterly Journal of Eco - nomics, 1993, 108 (3): 577 - 598.

[2] 杨祖国，李文兰. 中国专利引文分析研究 [J]. 情报科学，2005 (5): 700 - 703, 707.

[3] 王庆稳，邓小昭. 专利引文分析及其应用研究 [J]. 现代情报，2008 (4): 189 - 192.

[4] 杨中楷，梁永霞，刘倩楠. 专利引用过程中的知识活动探析 [J]. 科研管理，2010 (2): 171 - 177.

[5] 李睿. 专利引文分析法与共词分析法在揭示科学 - 技术知识关联方面的差异对比 [J]. 图书情报工作，2010 (6): 91 - 93, 140.

[6] 王兴旺. 专利审查员引文及引文分析新观察 [J]. 科技情报开发与经济，2011 (25): 148 - 150.

[7] 吴海燕. 行业专利引文数据库的 VFP 实现及应用 [D]. 重庆大学，2008.

[8] 任智军，朱东华. 专利引用分析方法研究 [J]. 商业时代，2007 (14): 102 - 104.

[9] 王舒. 基于专利引用的企业技术影响力及其创新战略分析 [D]. 大连理工大学，2011.

[10] 闫雪，彭爱东，朱小聪，肖宇. 专利引文分析在企业竞争力研究中的应用3—以联想集团为例 [J]. 实践研究，2009 (1): 76 - 78, 89.

我国生物药物产业专利竞争情报研究*

田春虎　隆捷

摘　要　本研究在概述全球与我国生物药物产业发展现状的基础上，通过对专利文献信息的分析，揭示了生物药物产业专利布局情况，包括近20年专利申请量趋势、技术研发方向及趋势、中国市场的专利保护情况等；针对全球主要竞争对手，从申请量趋势、研发能力、技术领域分布以及目标国市场等多项指标对其技术竞争实力、技术研发趋势、市场策略进行了分析；最后从关注竞争对手、提升产业竞争力、加强产业知识产权管理与保障几个方面对我国生物药物产业发展提出了建议。

关键词　生物药物　专利竞争情报　产业现状　专利布局　竞争对手　诺华史克　基因泰克

一、生物药物产业发展与专利布局情况概述

（一）产业概况

生物技术药物或称生物药物，也称基因工程药物，是指以DNA重组技术生产的蛋白质、多肽、酶、激素、疫苗、单克隆抗体和细胞生长因子等药物。生物药物产业是集生物学、医学、药学的先进技术为一体，以组合化学、药学基因组学、功能抗原学、生物信息学等高技术为依托，以分子遗传学、分子生物学、生物物理学等基础学科的突破为后盾形成的产业。

生物技术是全球发展最快的高新技术之一，而生物制药产业是现代科学中最活跃、发展最快、最具潜力的领域，具有高技术、高投入、高收益、高风险等特征。近年来，全球生物药物产业研发投入力度不断增大，全球化趋势日益明显；我国由于拥有丰富的生物资源、市场前景广阔、生物医药行业发展迅速，已成为新药研发热点地区。

我国生物药物产业起步较晚，以仿制为主，与欧美的生物技术差距巨大，大肠杆菌表达的产品仍占多数，动物细胞大规模培养技术尚未解决。在中共中央、国务院发布的

* 本文改编自国家知识产权局专利局专利文献部2013年专利竞争情报广东试点研究课题《生物药物产业专利竞争情报研究》，课题负责人李强，研究人员包括李强、魏庆华、陈小静、丁长青、施颖、任怡、焦健、侯红明。

《国家中长期科学技术发展规划纲要》（2006～2020年）中，把生物技术列为八大前沿技术中的首位。各省也争相参与该领域的研发，其对生物技术的高度重视，为生物技术药物发展创造了前所未有的外部环境和巨大的市场前景。

我国已有超过700家生物医药相关企业，2011年产值规模已超过1 100亿元，同比增长近20%，远高于化学药和中药。然而，相比发达国家，我国生物医药技术当前很大一部分还停留在科研方面，尚未有效转换为生产力，这不仅浪费了很多资源，也使生产实践跟不上研发，造成了生产滞后的状况。将生物医药技术从科研转向产业化生产是科研的重要目的，只有将技术转化为生产力，才能使得社会生活水平得到提高。

（二）产业专利布局情况

根据近20年全球整体情况、各主要医药产业国家、以及我国的生物药物专利的申请量趋势统计（如图1所示），美国在生物药物专利申请方面的产出，对全球整体专利申请趋势产生较大影响，虽然自2007年起，美国的专利申请产出量较之前有所降低，但仍处于全球首位。单从专利申请数量角度讲，日本、英国、德国和澳大利亚这四个重要的生物药物产业国家的专利申请量并不很高，并且趋势平缓。

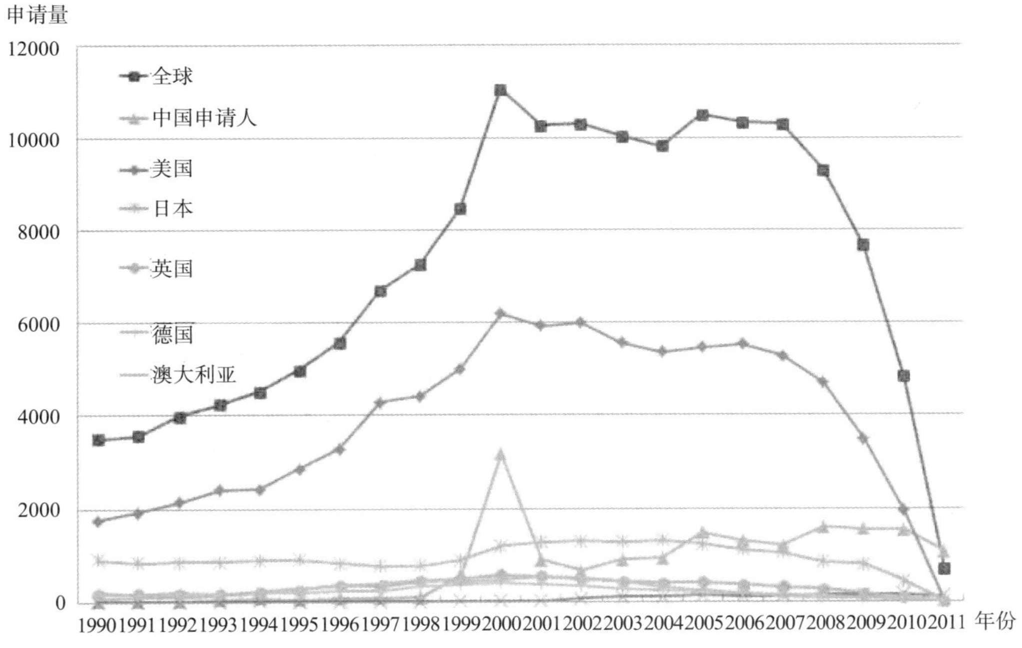

图1　近20年全球及主要国家生物药物领域专利申请量趋势图

中国申请人在生物药物专利申请方面，在2000年左右申请量迅速增长，对全球的申请量趋势产生较大影响，虽然在2002年申请量骤然下降，但是2003年后基本处于上涨趋势，自2007年起已经超过日本、英国、德国和澳大利亚等国家，处于平稳发展时期，是未来的专利竞争热点地区，应受到关注。

从各国专利申请受理量上看，虽然在美国和日本提出的专利申请量是在中国提出专利申请量的2倍多，但在中国提出专利申请量已位居全球第四，在2002～2008年之间保持了相当程度的增长，并且近5年表现出与在美国、日本、欧洲提出的专利申请量相当的态势。这反映出中国在生物药物专利保护目标市场中的地位越来越重要。

根据在中国提出专利申请的国内和国外申请人的申请量统计（如图2所示），1999年之前，在中国提出的生物药物专利申请中，国外来华申请量高于国内。2000年，国内申请人的申请量突飞猛进，远远超过国外来华申请量；2001年，国内申请人的申请量仍高于国外来华申请量。这两年间国内专利的申请量的急速增长一方面与我国加强推动自主创新，保护知识产权的政策推动有关，开始唤醒申请人对技术、知识产权的保护意识，另一方面可能与2000年前后我国参与的人类基因组计划的序列测序工作完成有关，专利申请量受其影响较大。2002～2004年，国内申请人的申请量略低于国外来华申请量，但自2005年起，国内申请人的申请量一直高于国外来华申请量，反映出近年来我国申请人对生物药物的技术研发热情和投入力度都比较大，而国外来华申请量近年来基本趋于稳定，反映出国外申请人在生物药物领域趋于成熟。

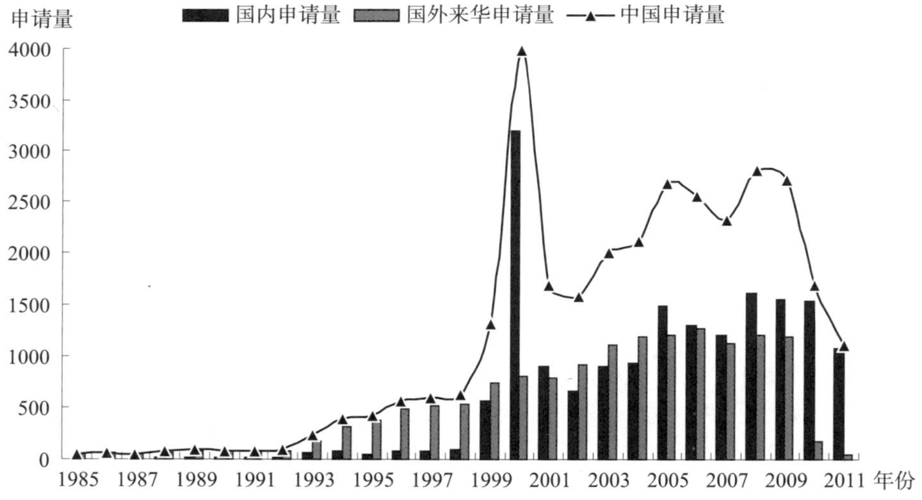

图2　在华提出专利申请的国内和国外申请人的申请量趋势图

需要注意的是，国内申请人的年申请量持续超过国外申请人的年申请量是在2005年之后，由于发明专利保护期限是20年，因此至少在未来的12年内，我国生物药物的专利布局中，国外申请人的专利布局量仍将会超过一半，我国国内企业在生物药物领域面临的国外技术造成的专利障碍仍不容忽视。

对在中国提出专利保护的国内申请人和国外申请人的技术进行对比统计分析发现，在可统计的所有治疗活性药物方面，国外在华布局的专利申请数量几乎都高于国内申请人。从数量差别上看，治疗心血管系统疾病、神经系统疾病、代谢疾病、消化系统疾病、皮肤疾病、内分泌系统疾病、肌肉疾病、手术用药的药物，国内申请人的申请量远远低于国外申请人；抗肿瘤、抗感染、免疫、过敏、非中枢止痛、骨骼疾病、泌尿系统疾病、感觉疾病、抗寄生虫治疗用药的国内外申请量差距其次。这说明我国在这些疾病治疗的药物研发上的能力与国外存在较大差距，并且提示在这些疾病的药物领域，我国企业如要在未来开发新药，或者为适应我国人口和社会的用药需求仿制药品尤其是国外药品时，面临的专利风险较高，创新难度较大。

在专利涉及的技术方向上，国内申请人在新的医药配制品方面的专利申请量远远超过国外申请人，占有绝对的专利数量优势，说明我国较为重视医药配制品的研发。在新的肽类化合物、细胞系、突变或遗传工程涉及的 DNA 或 RNA 以及检测、分析方法和材料等技术方向上，国内申请人和国外在华申请的数量差异不明显，说明国内和国外申请人对中国市场中上述技术领域的重视程度和研发力度大体相当，未来可能存在较为激烈的市场竞争。

二、生物药物产业全球主要竞争对手分析

（一）生物药物领域全球主要竞争对手

生物医药领域是近年来医药行业中增长最迅速的行业之一，同时，生物技术药物是现代科学中最活跃、发展最快、最具潜力的领域。本研究针对近二十年该领域全球专利申请排名前十位的机构（如表 1 所示），分析其专利技术情况。

表 1　生物药物产业全球主要竞争对手专利申请量排名

排名	申请人	申请量
1	基因泰克（GETH）	2 239
2	加利福尼亚大学（REGC）	2 065
3	美国卫生和人力服务部（USSH）	1 692
4	诺华（NOVS）	1 592
5	武田（TAKE）	1 442
6	英国史克必成（SMIK）	1 425
7	默沙东（MERI）	1 211
8	拜耳（FARB）	1 130
9	德克萨斯大学（TEXA）	1 101
10	人类基因组科学公司（HGSI）	1 040

全球生物药物领域中，重要专利技术产出排名前十位的申请人包括来自美国、欧洲和日本的大型跨国医药公司。他们的专利申请占全球专利申请量的 12%，这体现出在生

物药物领域，专利技术拥有一定程度的垄断性。前十位的申请人中，诺华是在欧洲、日本、中国以及中美日欧布局最多的企业，加利福尼亚大学与美国卫生和人力服务部更为重视在美国市场的布局，德国拜耳和英国史克必成则优先重视在欧洲的布局。这也反映出不同企业在专利布局上策略的不同。同时，各个公司在研发重点上也各有侧重，如单克隆或多克隆抗体技术领域中基因泰克公司申请量最大、在含有抗原或抗体的医药配制品技术分支中美国卫生和人力服务部、诺华与英国史克必成的申请量较大等。

（二）竞争对手研发能力分析

1. 申请数量

各机构近二十年的申请总量如表2所示。申请量排名第1位和第2位的分别为基因泰克和加利福尼亚大学，其申请量均突破了2 000件，而第3～10名的申请量也均在1 000件以上。上述近二十年该领域全球排名前十位的申请人中，美国申请人占据绝大多数，再次显示了美国在生物药物领域的绝对优势地位。

表2 生物药物领域全球主要竞争对手专利申请数量

项目 机构名称	专利申请数量	排名
基因泰克（GETH）	2 239	1
加利福尼亚大学（REGC）	2 065	2
美国卫生和人力服务部（USSH）	1 692	3
诺华（NOVS）	1 592	4
武田（TAKE）	1 442	4
英国史克必成（SMIK）	1 425	6
默沙东（MERI）	1 211	7
拜耳（FARB）	1 130	8
德克萨斯大学（TEXA）	1 101	9
人类基因组科学公司（HGSI）	1 040	10

2. 所属国数

各机构申请所属国统计如表3所示。基因泰克公司的海外布局的所属国数最多，达到43个；诺华以39个所属国数排名第2位。而相对的，前十名申请人中的科研院校申请人加利福尼亚大学和德克萨斯大学分别位列第9位和第8位，这也在一定程度上反映了机构，尤其是国际大型生物医药企业十分注重在海外的布局，而院校相对而言，产学研的结合没有那么紧密，专利布局所属国也相对较为集中。

表 3　生物药物领域全球主要竞争对手申请所属国数

机构名称 \ 项目	所属国数	排名
基因泰克（GETH）	43	1
加利福尼亚大学（REGC）	29	9
美国卫生和人力服务部（USSH）	31	7
诺华（NOVS）	39	2
武田（TAKE）	32	6
英国史克必成（SMIK）	35	4
默沙东（MERI）	35	4
拜耳（FARB）	36	3
德克萨斯大学（TEXA）	30	8
人类基因组科学公司（HGSI）	26	10

3. 发明人

各机构发明人数统计如表 4 所示。名列前十位的申请人无论是企业还是科研院所都拥有数目惊人的发明人团队。以发明人人数排名前两位的诺华和加利福尼亚大学为例，其申请人数均达到 5 000 人上下，即使考虑到数据库数据标引过程中可能存在的重名现象，对上述数据进行再加工合并，发明人人数依旧达到千人左右。由此可见其强大的科研实力。而诺华和加利福尼亚大学也代表了两种研发模式，一种是企业研发模式，其一般拥有多个研发团队，人员的长期稳定性较好，利于生物医药领域的持续开发；另外一种是科研院所，一般而言科研院所的研究实力较强，尤其是在基础科学和上游领域开发具有优势，但是由于其发明人大部分为其在校学生，故存在一定的人员流动性风险。

表 4　生物药物领域全球主要竞争对手发明人数量

机构名称 \ 项目	发明人数	排名
基因泰克（GETH）	2 620	6
加利福尼亚大学（REGC）	4 934	2
美国卫生和人力服务部（USSH）	1 209	9
诺华（NOVS）	5 034	1
武田（TAKE）	1 787	8
英国史克必成（SMIK）	2 801	4
默沙东（MERI）	3 323	3
拜耳（FARB）	2 438	7
德克萨斯大学（TEXA）	2 625	5
人类基因组科学公司（HGSI）	519	10

4. 活动年期

各机构专利活动年期统计如表5所示。排名前十位的申请人的专利活动年期都较长，这也进一步显示了公司在研发上的持续性。

表5　生物药物领域全球主要竞争对手活动年期

项目 公司名称	活动年期	排名
基因泰克（GETH）	21	1
加利福尼亚大学（REGC）	20	5
美国卫生和人力服务部（USSH）	21	1
诺华（NOVS）	21	1
武田（TAKE）	20	5
英国史克必成（SMIK）	19	9
默沙东（MERI）	20	5
拜耳（FARB）	20	5
德克萨斯大学（TEXA）	21	1
人类基因组科学公司（HGSI）	18	10

5. 平均专利年龄

各机构专利平均年龄统计如表6所示。首先，从授权专利数量上可以看出诺华具有十分强劲的科研实力，同时从其平均专利年龄上也可以看出，其技术更新水平较快，近几年获得授权的专利数目较多，可以预期诺华在生物领域上正逐渐占有技术优势，相信随着技术的成熟，在未来几年市场占有份额上，诺华也会有不俗的表现。排名第2位、第3位的分别是基因泰克公司和拜耳公司，其平均专利年龄分别为12.77年和13.33年，可以看出上述公司同样在技术上享有一定的领先优势，值得相关企业密切关注。而位列第9位和第10位的人类基因组科学公司和美国卫生和人力服务部，前者平均专利年龄较高主要是因为人类基因组科学公司在近几年几乎没有进行专利申请，而后者美国卫生和人力服务部近年来虽然其进行了专利申请但是大多数还没有获得授权使得平均专利年龄偏高，这也在一定程度上反映了人类基因组科学公司可能正在逐渐退出技术领先的梯队，而对美国卫生和人力服务部的发展情况还需进一步进行关注。

表6　生物药物领域全球主要竞争对手平均专利年龄

项目 / 公司名称	平均专利年龄	排名
基因泰克（GETH）	12.77	2
加利福尼亚大学（REGC）	14.77	8
美国卫生和人力服务部（USSH）	17.87	10
诺华（NOVS）	11.76	1
武田（TAKE）	14.23	6
英国史克必成（SMIK）	14.64	7
默沙东（MERI）	13.86	4
拜耳（FARB）	13.33	3
德克萨斯大学（TEXA）	14.18	5
人类基因组科学公司（HGSI）	16.46	9

6. 研发能力整体排名

以各竞争公司的申请数量、专利申请所属国数、发明人数、活动年期和平均专利年龄为指标，综合各指标的排名，统计竞争公司的研发能力整体排名，如表7所示。基因泰克和默沙东等公司或团体在该领域内具有较强的技术研发实力，是该领域内的主要竞争对手，值得企业重点关注。

然而，虽然上述国际巨头实力强劲，但对我国企业也并非坚不可破。事实上，诺华最畅销的心脏病药物代文的专利于2012年到期；基因泰克的多个明星药，如美罗华和赫赛汀等的专利也将在2014年前后到期；默沙东的药物顺尔宁的专利2012年到期。国际巨头企业的多个明星药物专利悬崖的到来为我国生物医药企业带来了机遇和挑战。

表7　生物药物领域全球主要竞争对手研发能力整体排名

项目 / 公司名称	整体排名
基因泰克（GETH）	2
加利福尼亚大学（REGC）	6
美国卫生和人力服务部（USSH）	9
诺华（NOVS）	1
武田（TAKE）	7
英国史克必成（SMIK）	8
默沙东（MERI）	3
拜耳（FARB）	4
德克萨斯大学（TEXA）	5
人类基因组科学公司（HGSI）	10

（三）竞争对手研发技术领域分布

前十名机构专利申请的分类号分布及其趋势如图3所示。在免疫球蛋白技术中，基因泰克申请量最大；在含肽的医药配制品中，基因泰克、武田、英国史克必成、诺华的技术优势明显；在新的肽类化合物技术分支中，基因泰克、加利福尼亚大学、美国卫生和人力服务部、武田、英国史克必成与人类基因组科学公司的申请量位于前列；在含有机有效成分的医药配制品中，诺华公司具有明显优势；在遗传工程领域，基因泰克、武田与英国史克必成有一定优势。基因泰克、加利福尼亚大学、美国卫生和人力服务部、诺华、英国史克必成、武田在上述领域中的申请量均较大。其中，又以基因泰克表现最为突出，在C07K14、C12N5、C12P21、G01N33、C12N15、C07H21、C12N9、A61K39、C12Q1等领域的专利申请量均在千件以上，进一步验证了其在抗体领域的霸主地位。另外，通过进一步研究发现，相比于其他几个企业，基因泰克在C07K 17/00（载体结合的或固定的肽）领域具有明显的优势。即，除了基因泰克外，其他9个企业在这个领域上的专利申请量都较小，基因泰克公司可能在载体结合的或固定肽的领域占有一定的垄断地位，值得相关企业关注。

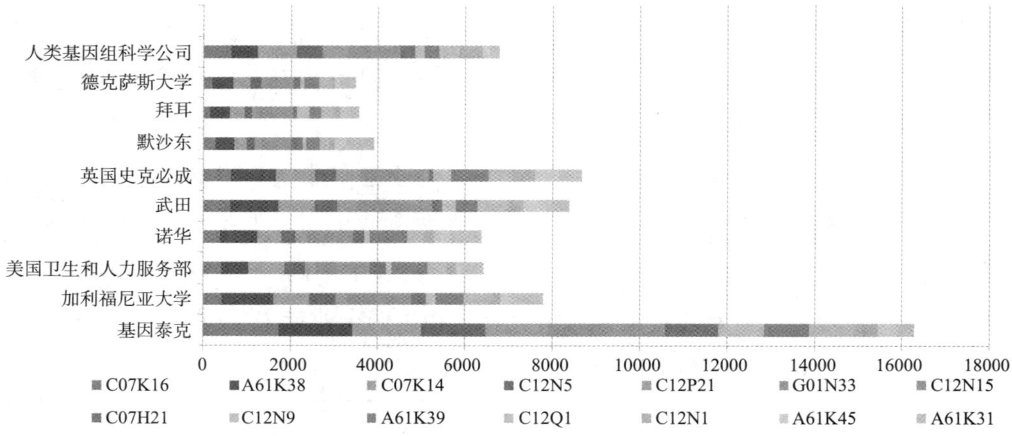

图3　生物药物领域全球主要竞争对手技术领域分布

加利福尼亚与德克萨斯两所大学和诺华、武田与英国史克必成三家企业均在A61K38领域的专利申请布局数目最多，这显示出在A61K38领域存在激烈的竞争，企业要进入“A61K38（含肽的医药配制品）”领域，要提前做好专利布局，同时可以关注上述多家高校和企业，避免不必要的侵权风险。另外，基因泰克、诺华、英国史克必成与美国卫生和人力服务部在A61K39领域专利申请数量较高，均在800件以上；基因泰克、武田与英国史克必成在C12N15领域专利申请数量较高，均在900件以上；基因泰克、加利福尼亚大学、美国卫生和人力服务部、武田、英国史克必成与人类基因组科学公司在C07K14领域专利申请数量较高，均在800件以上；加利福尼亚大学、诺华与英国史克必成在

A61K31 领域专利申请数量较高，均在 600 件以上。这一方面反映出上述领域同样为生物制药领域的热点领域，值得企业关注，另一方面也显示出上述企业可能在相关领域存在激烈竞争，企业如果想涉足上述领域也可以提前对该领域企业间的竞争情况予以关注。

（四）竞争对手目标市场分析

主要竞争对手目标市场分析如图 4 所示。生物领域前十名机构均将美国（US）、欧洲（EP）、澳大利亚（AU）、日本（JP）、加拿大（CA）、墨西哥（MX）、韩国（KR）、中国（CN）、南非（ZA）、德国（DE）、新西兰（NZ）、印度（IN）、西班牙（ES）、巴西（BR）、中国台湾（TW）、以色列（IL）、俄罗斯联邦（RU）、挪威（NO）、中国香港（HK）、新加坡（SG）、匈牙利（HU）、捷克（CZ）、芬兰（FI）、斯洛伐克（SK）作为目标市场。并且在美国、欧洲、澳大利亚和日本的专利布局量最多。其中，基因泰克公司的目标市场涉及 33 个国家和地区，涉及目标市场最多。诺华公司重点关注了中国市场，其在中国的专利布局位居生物领域前十名企业申请人在华申请量的第一位，申请量为 693 件，我国生物企业应该对诺华公司予以重点关注。

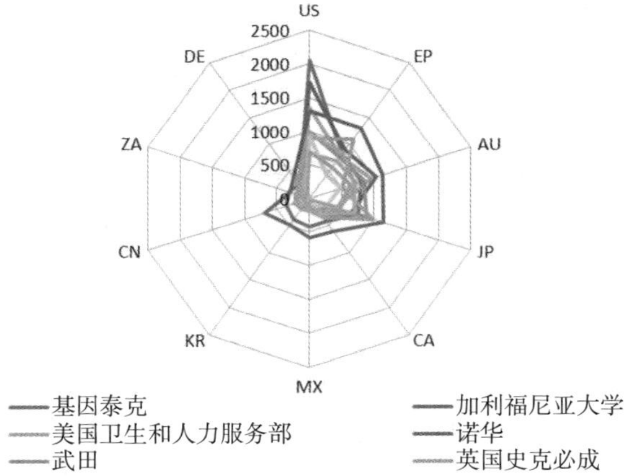

图 4　生物药物领域全球主要竞争对手目标市场分析

三、对我国生物药物产业发展的建议

对全球主要竞争对手的分析揭示，生物药物产业的竞争对手主要为国外企业，其中又以美国占据绝大多数，主要为大型公司，产业化程度高，且呈现出并购倾向。诺华、基因泰克和默沙东等公司在生物药物领域内具有较强的综合研发实力，是我国在生物药物领域内的主要竞争对手。其中，诺华近几年获得授权的专利数目较多，可以预期诺华在生物药物领域未来几年技术发展或市场占有率上可能有所突破。主要竞争对手均将美国等 24 个国家和地区作为目标市场，进行专利布局，且在美国、欧洲、澳大利亚和日本的专利布局量最多。其中，基因泰克公司专利申请的目标市场涉及33个国家和地区，诺华公司重点关注了中国市场，我国企业可以重点关注。竞争对手的技术重点主要集中于免疫球蛋白、含肽的医药配制品的研究和开发等领域。

结合全球、我国生物药物产业发展现状及对主要竞争对手的分析，面对产业创新发展迅速、国际竞争日趋激烈、全球竞争对手技术实力强大的局面，我国生物药物产业首先应当加强人才培养与引进，建立强有力的创新人才队伍；其次需要加强科技创新平台建设，建立完善专利技术服务体系，增强生物药物产业研发创新能力，提升企业竞争力；同时，还应加强产学研结合，推动企业间结成战略联盟，促进国内外交流合作，利用全球资源增强自身的研发能力，走共同发展之路；努力健全和完善以企业为主体、市场为导向、产学研相结合的生物药物科研体系；增强如专利服务等中介服务对科研开发的指导和促进作用，有效提高生物药物技术产品的研发能力和成果转化率。

知识产权建设是我国生物医药企业发展的重中之重。我国生物医药生产技术与国外企业相比有一定差距，这就导致我国势必要学习和借鉴国外企业的核心技术。加之我国目前还处在仿制为主的发展模式，为了避免潜在的专利权纠纷问题，实行有效的知识产权管理，提供长期的、有前瞻性的知识产权保障与服务十分必要。政府部门有必要对相关的生物医药领域的专利布局进行分析，并为产业内企业、科研机构提供相关信息、情报；建立知识产权服务平台，帮助企业一线技术人员与情报分析人员对相关竞争情报进行长期的跟踪、分析；完善健全相关规定，为企业提供良好的市场竞争环境和知识产权政策保障。

手机芯片设计行业专利竞争情报研究*

田春虎　隆捷

摘　要　本研究从竞争环境和竞争对手两个角度对手机芯片设计行业的专利竞争情报进行了分析。梳理了手机芯片设计行业发展概况、基带芯片的相关技术发展现状，重点对基带芯片与通话和无线网络相关的设计技术以及基带芯片与多卡多模相关的设计技术的专利信息进行了收集和分析。选择具有代表性的企业作为竞争对手分析对象，对它们的技术情况，尤其是专利技术情况进行了分析。最后使用 SWOT 模型将竞争环境和竞争对手的分析结果进行了综合，辨别了我国手机芯片设计行业的优劣势和发展中面临的机会和威胁，提出了我国手机芯片设计行业发展的优先战略和措施建议。

关键词　IC 设计　手机芯片　基带芯片 多卡多模　专利竞争情报专利态势　竞争环境　竞争对手　高通　联发科技

一、研究背景与方法

（一）行业概况

集成电路（IC）是半导体技术的核心，是国际竞争的焦点和衡量一个国家或地区现代化程度以及综合国力的重要标志。集成电路产业处于整个电子产业链的核心位置，参与多个价值链的形成。世界 IC 产业为适应技术发展和市场需求，经历了从以加工制造为主导的初级阶段，到标准工艺加工线（Foundry）与 IC 设计公司崛起的第二阶段，再到设计业、制造业、封装业、测试业四业分离的阶段。IC 设计是将系统、逻辑与性能的设计要求转化为具体的物理版图的过程，也是一个把产品从抽象过程逐步具体化直至最终物理实现的过程，主要通过层次化和结构化的设计方法来实现。

当前，世界 IC 设计业在整个 IC 产业中日益凸显其龙头带动、贴近应用市场、高度创造性、快速更新性的特征，以及行业创新的紧迫性、合作性、风险性和竞争性。

（二）研究对象与方法

本研究以 IC 设计业的基带芯片与通话和无线网络有关的设计技术领域和基带芯片与

---

* 本文改编自国家知识产权局专利局专利文献部 2013 年专利竞争情报天津试点研究课题《手机芯片设计行业专利竞争情报研究》，课题负责人张占疆，研究人员包括张占疆、刘铖、吴秋红、熊晓津、周佳、刘冰、刘强。

多卡多模有关的设计技术领域为研究对象；使用了国内外公共和商业专利数据库进行检索，采集了7万多篇中外文专利文献；并结合了行业调研、专家咨询及非专利信息收集。

二、手机芯片设计技术领域专利竞争环境分析

（一）我国集成电路设计行业发展现状

集成电路（IC）是移动智能终端的核心关键器件，通常称之为芯片（Chip）。传统移动终端芯片包含基带芯片、射频芯片、电源管理芯片和存储芯片，其中基带芯片相当于传统移动终端的CPU，能够实现传统移动终端最核心的通信信号处理功能。随着移动终端智能化发展，支持操作系统、应用软件及音视频等功能的应用处理芯片重要性日益提升，与基带芯片一起成为移动智能终端的CPU，两者也是当今移动终端芯片平台中最重要和发展最迅速的部分。

我国集成电路设计业起步于20世纪80年代中期。随着我国电子整机制造业日益壮大，本土IC设计企业迅速成长。截至2011年12月，我国共有IC设计企业500多家，行业销售额达到687亿元，最高设计水平达到40纳米，在某些产品领域如TD－SCDMA终端芯片率先取得技术突破，引领全球发展。2012上半年，我国IC设计业规模就达到224.71亿元，行业销售额同比增长了20.8%，对整个产业的带动作用明显。目前，我国IC设计企业所采用的工艺形式分布如图1所示，主流量产工艺采用0.18微米和0.13微米，仅少量企业开始采用目前最先进的28纳米工艺。TD－SCDMA是中国提出的第三代移动通信技术标准的TDD模式技术，经历了单截波和多截波的TD－SCDMA、HSxPA、LTE（Long Time Evolution）三个发展阶段，目前正在向4G演进。预计未来28纳米单芯片将是TD－LTE手机基带芯片的主流技术方案。

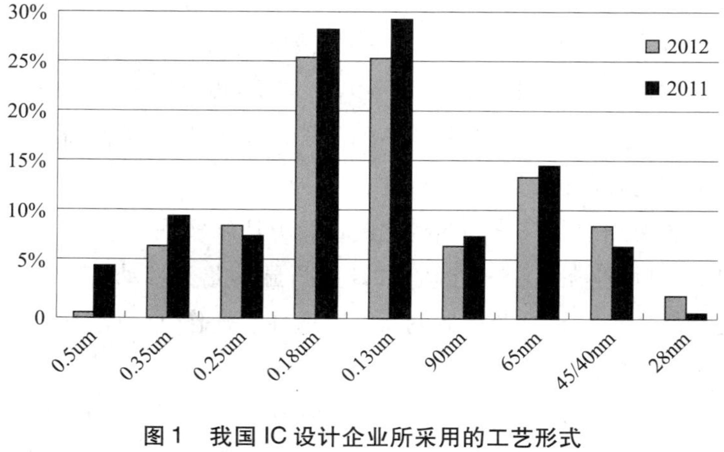

图1　我国IC设计企业所采用的工艺形式

数据来源：CSIP，2012年11月。

当前，我国 IC 设计业呈现以下发展局面：强攻高端通用 IC 取得进展，“大 CPU”与整机良性互动发展；自主标准发展加速，国家政策扶持重大战略性产品初见成效；抓住移动互联网机遇的相关企业发展迅猛。我国 IC 设计业在发展壮大的同时，技术同源化、产品同样化等问题也日益突出。

（二）手机芯片设计技术领域专利态势分析

1. 与通话和无线网络通讯有关的基带芯片设计技术领域

基带芯片与通话和无线网络通讯有关的设计技术领域中国专利发展趋势如图 2 所示。该领域的中国专利申请起步于 2005 年前后，2007 ~ 2009 年增长速度极快。申请人数和发明人数随着申请量的提高也在不断增长，但是增长速度相差较大，单个申请人申请的专利件数由 2005 年的 2.96 件/个快速增长到 2009 年的 9.17 件/个，而单件专利的发明人数大致保持在 1.5 ~ 2 人/件的水平区间。这说明手机芯片设计行业在 2005 年后进入了一个高速发展期，行业规模和成果产出大幅扩张和提高，且以个体规模扩大和研发活跃程度提高为显著特征。

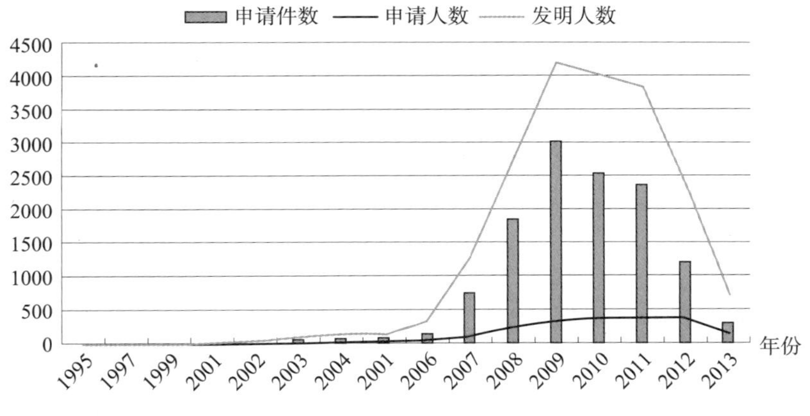

图 2　基带芯片与通话和无线网络通讯有关的设计技术领域中国专利发展趋势

该领域中国专利主要申请人分布如图 3 所示。国内目前申请量最多的是中兴通讯股份有限公司和华为技术有限公司，合计大约占到了全部申请的 1/3。本领域的专利申请大致分为芯片的集成电路设计和解决方案两大类，中兴和华为的专利申请主要集中在芯片的解决方案方面，即应用功能和方法，这个方向相对于芯片的集成电路设计产生的专利数量更为庞大。

该领域国外专利发展趋势如图 4 所示。手机芯片设计领域的国外专利申请的起步明显早于国内，最早的申请出现于 20 世纪 60 年代末，但是前期的发展速度较慢，20 世纪 90 年代后本领域的专利申请呈现出了平稳上升的态势，申请人数在 1999 ~ 2001 年出现过一次跨越式的增长，随后保持了一个基本稳定的规模。单个申请人申请的专利件数随着申请量的增长略有提高，但是明显小于国内，峰值尚未突破 3 件/个；单件专利的发明人

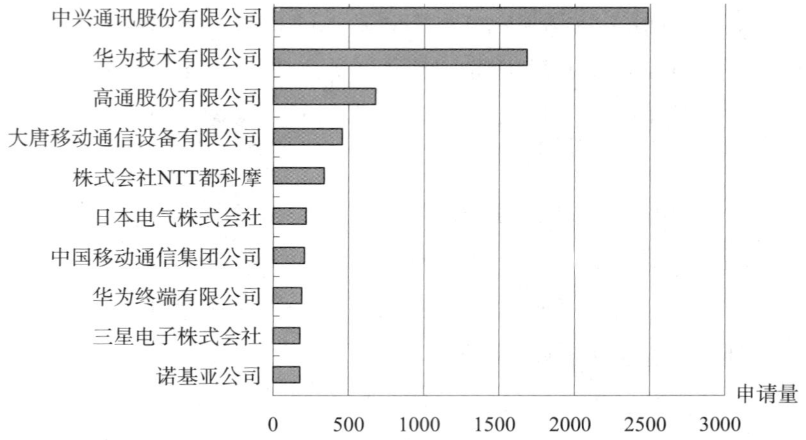

图 3　基带芯片与通话和无线网络通讯有关的设计技术领域中国专利主要申请人分布

数也在随着申请量的提高增长，目前已达到 5.4 人/件，明显高于国内水平。这说明国外手机芯片设计行业也正处于高速发展期，但是发展态势相对平稳，从业企业的数量更多，实力更为平均。2005 年后进入了一个高速发展期，与国内发展趋势相似，同样呈现出行业规模和成果产出大幅扩张和提高，且又以个体规模扩大和研发活跃程度提高为显著特征。

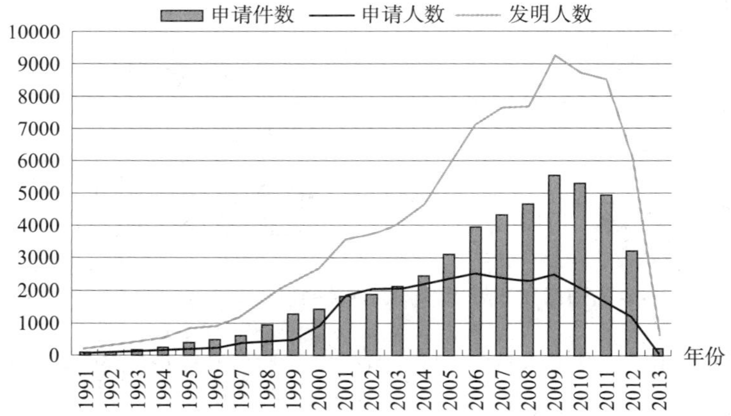

图 4　基带芯片与通话和无线网络通讯有关的设计技术领域国外专利发展趋势

该领域专利申请优先权情况如图 5 所示。本领域的专利申请主要来源于美国、日本和中国三个国家，它们是技术的主要拥有者。从发展趋势来看，美国保持了较快且稳定的上升态势；中国后发制人，2003 年后上升势头迅猛，2007 年后年度申请量已经超越美国排名第一；日本 2008 年前的发展趋势基本一致，年度申请量也大体持平，但是 2009 年开始出现了下降的趋势，年度申请量与中国和美国拉开了一定的距离；韩国近年来也保持了稳定的上升势头，但是速度相对较慢，年度申请量和总量与美国、日本、中国还存在一定的差距。

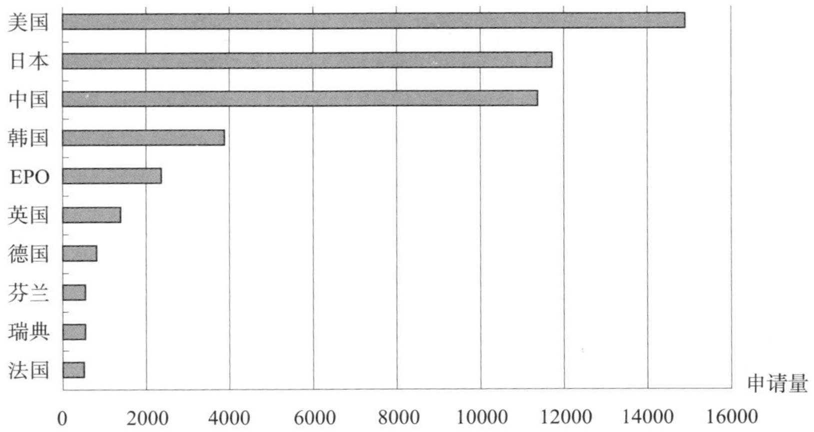

图 5　基带芯片与通话和无线网络通讯有关的设计技术领域国外专利优先权国别分布

该领域国外专利主要申请人分布如图 6 所示。华为和中兴公司在本领域的国外专利申请量排名仍然占据了第一和第二的位置，领先第三名高通公司 1 000 余件，形成了第一集团。其他公司的申请量呈阶梯状逐渐减少，相邻位次的申请人相差约 200 件。从研发团队的规模来看，发明人数数量最少的 LG 电子也拥有了超过 1 000 人的研发团队。华为排名第一，发明人数超过了 3 000 人，说明其已经建立了一支规模庞大的研发团队；三星和中兴分列第二和第三，研发团队的人数也接近 3 000 人。

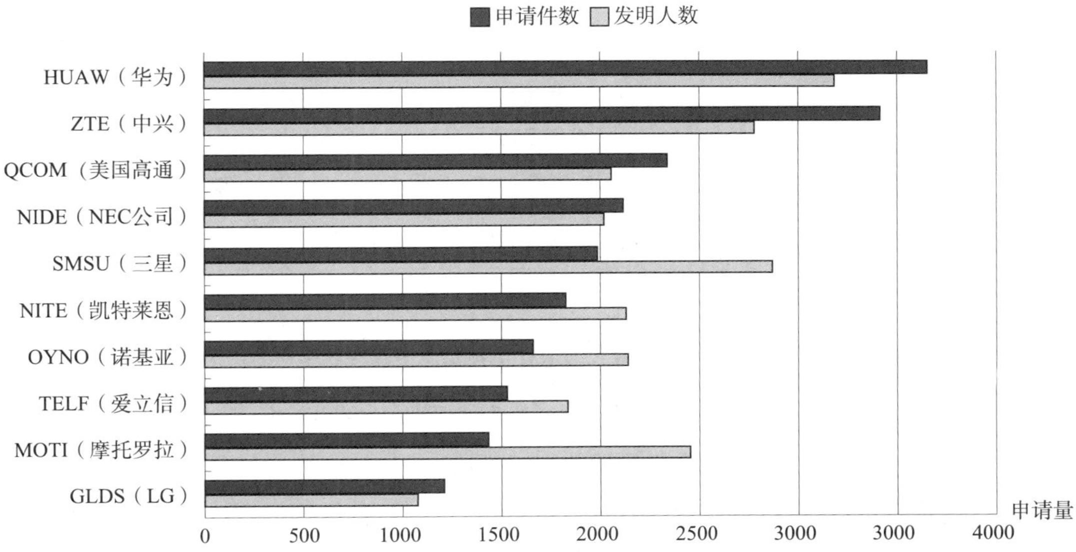

图 6　基带芯片与通话和无线网络通讯有关的设计技术领域国外专利主要申请人分布

2. 基带芯片多卡多模设计技术领域

基带芯片多卡多模设计技术领域中国专利发展趋势如图 7 所示。该领域的中国专利申请 2007 年后逐渐增多，年度平均申请量在 300 件左右。申请人数和发明人数在 2009 年后出现了一定幅度的下降，但此期间申请量并没有下降，说明每个申请人的平均申请量有所提高。

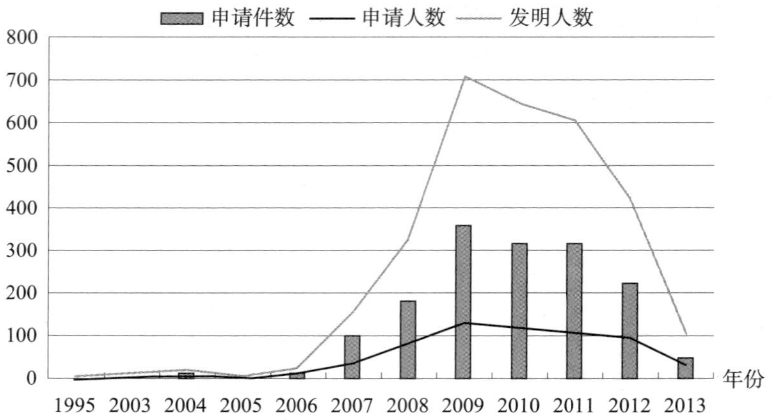

图7　基带芯片与多卡多模有关的设计技术领域中国专利发展趋势

该领域中国专利主要申请人分布如图8所示。其中以中兴通讯股份有限公司的申请量最多，大约是排名第二的高通公司的3倍，具有比较明显的领先优势。排名前10位的专利申请人中国外申请人有4名（包括我国台湾地区的联发科公司）。

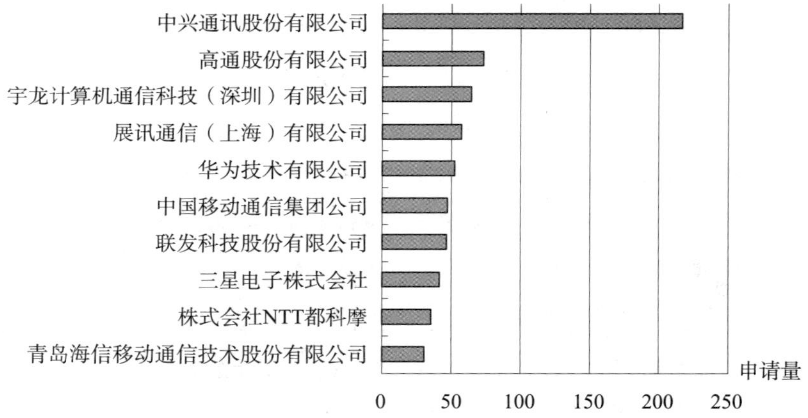

图8　基带芯片与多卡多模有关的设计技术领域中国专利申请人前10位

该领域国外专利发展趋势如图9所示。该领域国外专利申请始于1984年，20世纪90年代开始加速发展，申请人数和发明人数也同时上升，连续增长的势头一直持续到2007年，随后进入平稳期，进入平稳期后年度申请量基本维持不变，申请人数出现下降，发明人数继续上升，说明行业集中度不断提高，个体规模不断扩大，个体数量有所减少。

该领域国外专利申请量排名前6位的申请人发展趋势如图10所示。其中，中兴公司的发展历程最短，但是近几年的发展势头最迅猛，单年度的申请量已经排名第一。该领域国外专利申请量排名前20位的申请人尚未明显拉开间距，说明该领域还未出现技术实力特别突出的企业。排名前20的申请人中，美国公司有6家，日本公司有5家，中国和

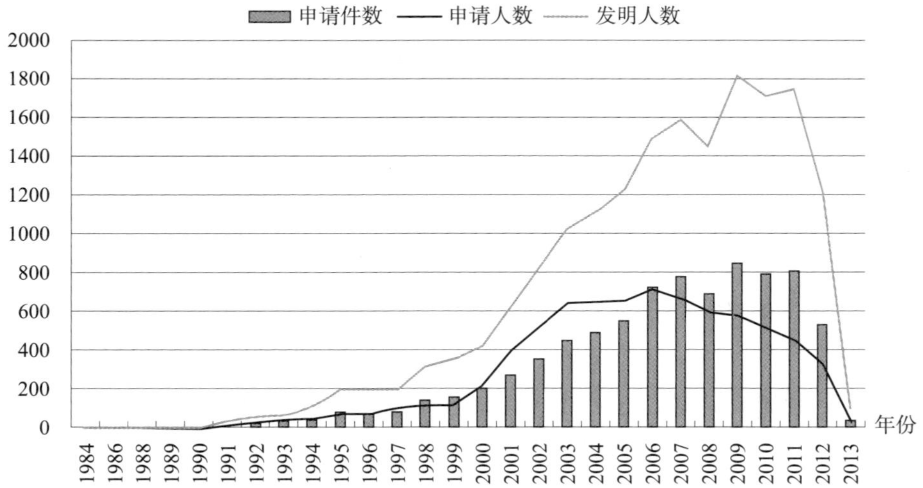

图 9　基带芯片与多卡多模有关的设计技术领域国外专利发展趋势

韩国各两家，德国、法国、芬兰、加拿大和瑞典分别有 1 家。从个体数量和排名来看，美国公司的实力最强，其次是日本，再次是中国（中兴和华为，中兴公司仅与排名第一的高通公司相差 2 件）。

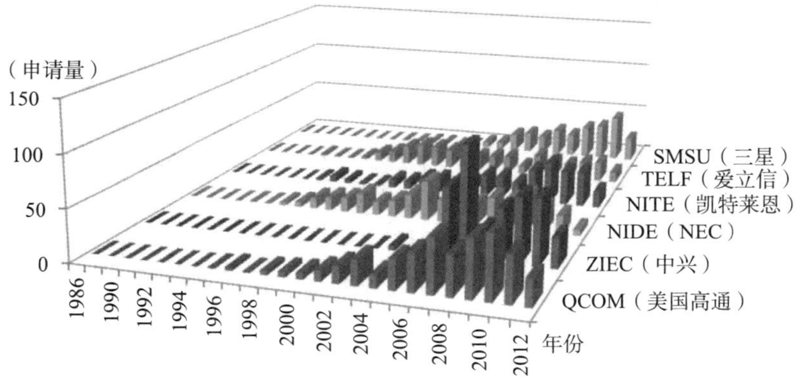

图 10　基带芯片与多卡多模有关的设计技术领域国外专利申请人发展趋势（排名前 6）

三、手机芯片设计技术领域主要竞争对手分析

手机芯片设计技术领域主要海外厂商包括高通公司、德州仪器、联发科技等。国内主要的芯片厂商包括展讯、海思、锐迪科、国民技术等。本研究将目前手机芯片设计行业内公司分为三个梯队。

➢ 第一梯队，产品面向高端领域，技术领先优势比较明显，主要是以高通公司为代表的美国公司。

➢ 第二梯队，产品面向中低端领域，与我国企业在市场上有直接竞争关系的国外公司，技术水平与国内公司比较相近，如我国台湾地区的联发科技公司。

➢ 第三梯队，国内公司，产品面向中低端领域，技术水平参差不齐。

以高通公司、联发科技公司作为典型代表，进行竞争对手分析。

（一）高通公司

作为 CDMA 鼻祖的高通公司，除了 CDMA 技术标准之外，最基础的领域就是芯片制造。一方面，高通推动着全球的 CDMA 发展，只有在手机芯片上有所突破，才能让制造商生产出合格的产品；另一方面，由于芯片在通信终端中是最低层的部分，也是利润较高、门槛较高的领域，占据了这一领域，事实上就占据了最大的优势，因此作为高通，必须占领芯片这一优势，这样才能在战略上战胜其他对手，获得更多利益。

高通公司专利申请发展趋势如图 11 所示。高通成立于 1985 年，1987 年就有了第一件专利申请，但是直到 1997 年才突破 100 件，随后则进入了快速增长期，2001 年突破 500 件，2006 年突破 1 000 件，2012 年将很有可能突破 2 000 件（由于公开滞后，因此 2012 年和 2013 年的申请尚未全部公开）。高通的专利申请保持了持续快速的上升势头，说明高通的技术研发活动持续处于活跃状态，技术成果产出量不断提高。

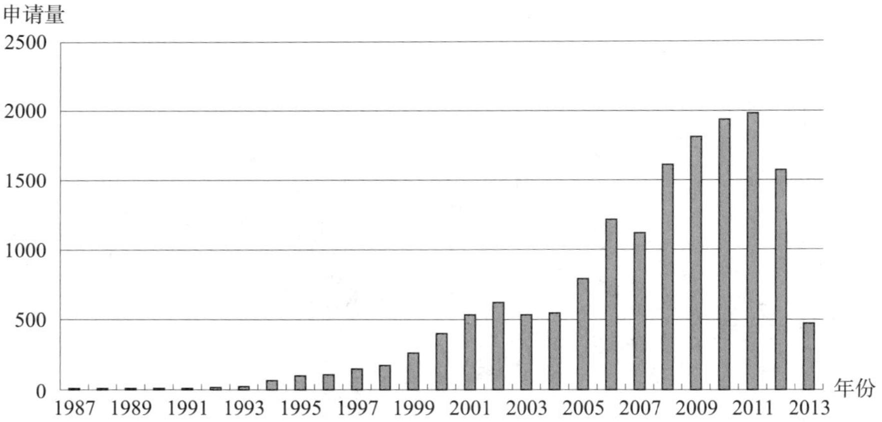

图 11　高通公司专利申请发展趋势（合并同族）

高通公司专利申请国家（地区）分布如图 12 所示。在美国本土的专利申请已突破 20 000 件，是高通专利申请首要关注的国家，海外市场中，韩国、日本、欧洲和中国的专利申请名列前茅，都突破了 10 000 件，另外在印度、中国台湾、澳大利亚的专利申请也较多，均超过了 5 000 件。该分布说明高通公司拥有强大的技术实力，市场布局广泛，在当今手机生产尤其是手机芯片设计、制造的主要国家均进行了专利布局。

高通公司专利申请的 IPC 分布如图 13 所示。大部分申请与无线通信设备和无线通信网络技术及设备相关，尤其是与无线通信网络（H04W，包括 H04Q7）相关的分类在排名前 15 位的分类中达到了 8 个。

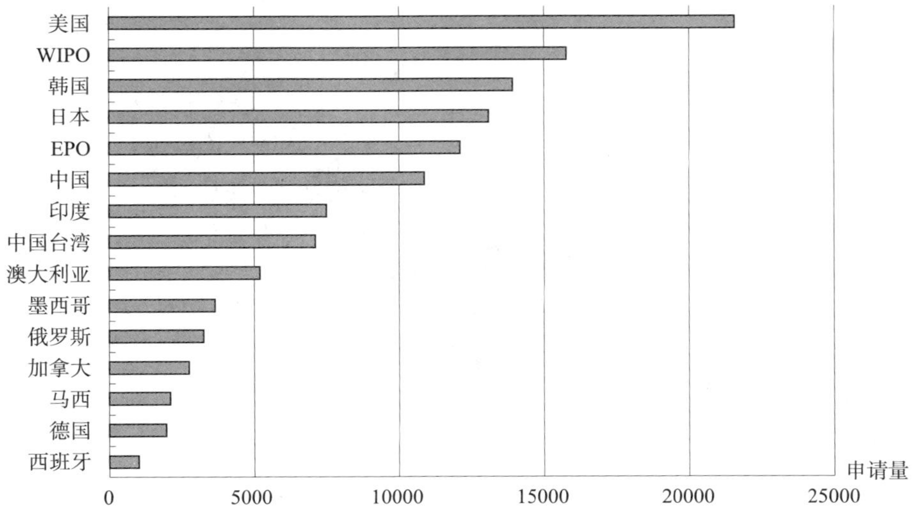

图 12　高通公司专利申请国家（地区）分布（展开同族，前 15）

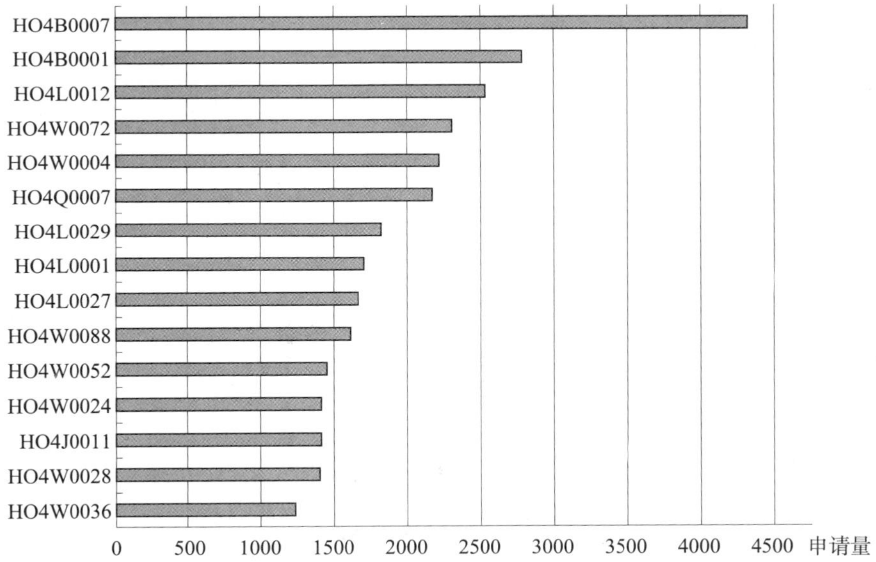

图 13　高通公司专利技术分布（合并同族，IPC 大组，前 15）

将申请的技术分布与逐年发展趋势结合，可看到高通公司的主要技术分类与公司整体申请趋势保持了一致，呈现出齐头并进的态势，如图 14 所示。H04Q7 由于分类号修订后转入 H04W，故近几年没有新的申请。整体上看，排名前 15 位乃至前 50 位的技术分类的专利数量总和从 2010 年开始占全部申请的比例有所降低，说明高通专利申请的技术覆盖面正在进一步扩大。

（二）联发科技

联发科技是全球 IC 设计领导厂商，专注于无线通讯及数位媒体等技术领域。该公司提供的晶片整合系统解决方案，包含无线通讯、高解析度电视、光储存、DVD 及蓝光等

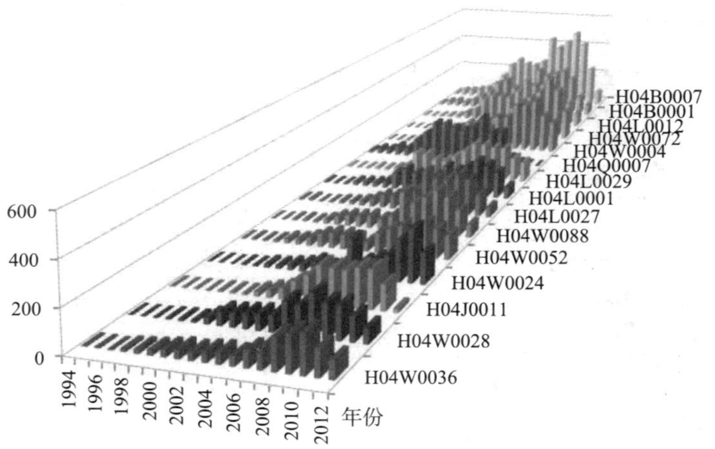

图 14　高通公司专利技术发展趋势（合并同族，IPC 大组，前 15）

相关产品，在全球半导体供应链中，尤其是在我国台湾地区的移动通信产业，居领导地位，是全球 IC 设计公司前十名中唯一的亚洲公司。

联发科技专利申请发展趋势如图 15 所示。联发科技的专利申请 2002 年开始进入快速增长期，2008 年达到峰值 455 件，随后略有减少，基本稳定在 300 件上下。联发科技近 10 年来的研发活动表现出了活跃的状态，在初始几年的快速增长后，近年来已经进入一个相对稳定的阶段。

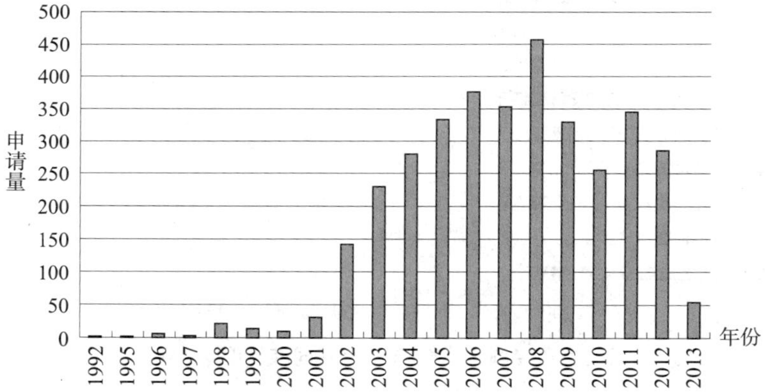

图 15　联发科技专利申请发展趋势（合并同族）

联发科技专利申请国家（地区）分布如图 16 所示，申请优先权国家（地区）分布如图 17 所示。其专利申请主要分布在中国、中国台湾和美国三个国家和地区，三者合计占到了全部申请的 85%，其中中国和美国是手机芯片专利的热点地区，中国台湾是联发科公司的总部所在地。日本作为手机芯片的另一个热点国家，该公司对其关注度较低。

在优先权方面，其首先在美国进行了申请，占到了全部申请的 76%，说明美国是联发科首要关注的市场（美国专利占其公开专利的比例最高也说明了这一点）。另外，进

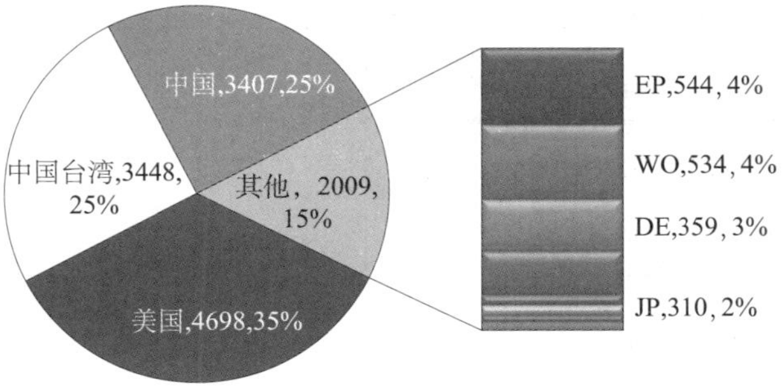

图 16　联发科技专利申请公开国家（地区）分布（展开同族）

一步分析发现可能还存在以下几点原因：第一，2010 年 11 月 22 日前中国台湾地区的优先权在大陆不被承认，因此在美国首先申请便于在中国大陆地区要求优先权；第二，美国审查员的意见在其他国家的专利审查中采信率比较高，首先在美国进行申请有利于简化申请流程，提高在其他国家的授权率；第三，联发科公司对美国的专利制度、专利申请流程和专利代理市场比较熟悉，在美国拥有一支稳定专业的专利工作团队。

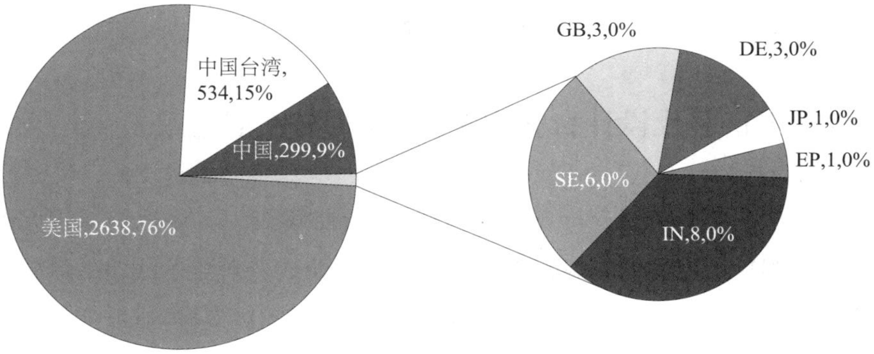

图 17　联发科技专利申请优先权国家（地区）分布（合并同族）

联发科技专利申请的 IPC 分布如图 18 所示。其中，用光学方法记录信息并重现（G11B7）的技术，如光盘和光驱占了相当大的比例，说明这一领域是联发科的研发重点。排名第二的是利用带宽降低传输电视信号的系统（H04N7/26），从专利文献来看主要是图像处理和传输的相关技术。另外，专利数量超过 100 件的还有数字记录或重现（G11B20/10）技术和在存储器系统或体系结构内的存取、寻址或分配（G06F12）技术。这四项技术的专利申请大约占联发科全部申请的 50%，是联发科关注的主要技术领域。

联发科技专利申请排名前 10 位的技术分类中除了图像处理和传输的相关技术（H04N7/26）在近几年呈上升趋势外，其他 9 项都表现出了下降的态势。从单一年度的技术分类排名来看，近年来申请较多的还有 H04N7/32（包括预测编码的利用带宽降低传输电视信号的系统），也是有关图像处理和传输的，说明这是联发科近几年比较重视的一个领域。

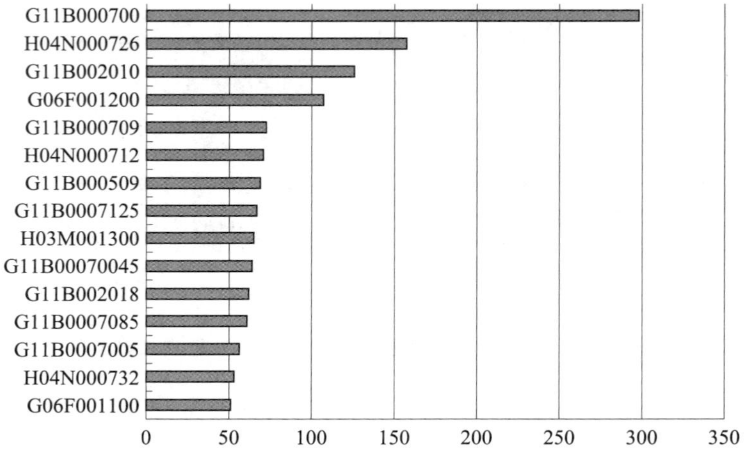

图 18　联发科技专利申请技术分布（合并同族，IPC 小组，前 15）

进一步从整体上分析，还可发现联发科近年来排名前 20 位的技术分类占全部申请的比例有所降低，说明其技术分布趋于分散。在专门适用于无线通信网络的设备的技术领域（H04W88），联发科技仅有 126 件申请，数量较少。

四、我国手机芯片设计行业 SWOT 分析与发展建议

作为一种重要的竞争情报分析方法，SWOT 分析能够较为客观地揭示现实的竞争态势，对竞争对手和自身进行更好的分析与规划，对行业或企业竞争战略的制定、执行和检验提供指导。

（一）我国手机芯片设计行业基本因素分析

1. 优势

目前，我国以展讯为代表的国内芯片设计公司在手机芯片的中低端市场已经取得了成功，企业借此得以发展，并形成了一定的规模；我国本土企业设计的手机芯片具有很强的竞争力，制造工艺达到 40nm 甚至 28nm，手机 SOC 芯片、电源管理芯片等已经进入三星等国际大厂的供应链；基带芯片的通话和无线网络设计技术领域中国企业的专利数量在国内外都已经具有优势。

2. 劣势

手机芯片设计的高端技术和核心专利主要由美国公司掌控，我国在技术上发展历程较短，技术水平还存在差距；我国手机芯片设计企业的价值链整合能力弱，芯片与整机联动机制尚未形成，自主研发的芯片大都未挤入重点整机应用领域；国内企业关于基带芯片设计技术的专利大多是与解决方案有关的申请（如华为和中兴的专利申请），与芯片硬件相关的专利技术与国外企业仍然存在一定差距；国内企业除中兴和华为以外，专

利技术实力普遍与国外同行业公司存在较大差距，专利数量较少，且多集中在国内，缺少海外布局。

3. 机会

全球智能手机的发展日新月异，手机芯片技术不断发展，国内企业通过新技术获得专利竞争优势的机会较多；我国手机芯片的需求巨大、市场广阔，行业发展势头良好，2012 上半年，IC 设计业规模就达到 224.71 亿元，行业销售额同比增长了 20.8%，对整个产业的带动作用明显，大部分 IC 设计企业销售额均获得增长，部分企业更是表现靓丽，其中有 7 家企业今年销售额实现了翻番；国家的政策支持和鼓励手机芯片设计行业发展，如 2011 年制定实施的《进一步鼓励软件产业和集成电路产业发展的若干政策》（国发［2011］4 号）和 2012 年颁布的《集成电路产业“十二五”发展规划》。

国内企业面对海外公司的并购，既不能盲目排外，也不宜听之任之，而要辩证地看外国企业对中国企业的并购。一方面是中国企业的价值得到了国际企业的认可，虽然在这个“认可”中，中国市场和研发团队是主要因素。另一方面国际公司能带来先进的管理经验、领先的技术和产品，也能促进中国产业的发展，这是值得赞许和鼓励的。

4. 威胁

与我国手机芯片设计行业技术水平相当、市场定位相近的联发科公司发展势头迅猛，专利技术雄厚，并且在中国大陆地区的专利申请数量较多；手机芯片设计的相关专利数量巨大，并且已经发生过许多诉讼案例，我国企业一旦在市场上与国外企业发生竞争关系，将随时可能面临专利诉讼手段的打压；中国市场是全球手机芯片设计相关专利申请的三大重点国家之一，说明已经被全球手机芯片设计行业所关注，国内企业面临着较大的竞争压力；对外国企业针对平台企业的收购，或由开放平台变为自己的生产基地，或者对产业链里“稀缺资源”的收购，国内企业必须慎重，政府也应该重视，建立相应的评估体系，来认真审查这种收购对产业安全乃至国家安全的影响。

（二）我国手机芯片设计行业 SWOT 分析

根据 SWOT 分析的矩阵模型，通过对四种基本因素的组合提出我国手机芯片设计行业发展的不同战略。

表 1　我国手机芯片设计行为 SWOT 分析

	优势 Strength	劣势 Weakness
机会 Opportunities	SO 战略：最大限度的发展。 加大投入力度，加快产业发展，加强技术创新和专利保护，在新兴技术上获取专利竞争优势	WO 战略：利用优势、回避弱点。 努力扩大市场份额，以强大的市场引领能力和营销能力弥补产品在技术上的不足

续表

	优势 Strength	劣势 Weakness
威胁 Threats	ST 战略：利用优势、降低威胁。 通过建立产业联盟和专利池，整合国内企业的专利资源，形成合力应对潜在的专利诉讼风险	WT 战略：收缩、合并。 减少对手机芯片行业与硬件设计有关的投入，将资源投入向与解决方案相关的技术领域转移

通过对四种因素进行分值评估，得到图 19 的分值分布。从图中四边形分布在四个象限的面积比例可以看出，当前我国手机芯片设计行业首要采取的应当是 SO 战略。

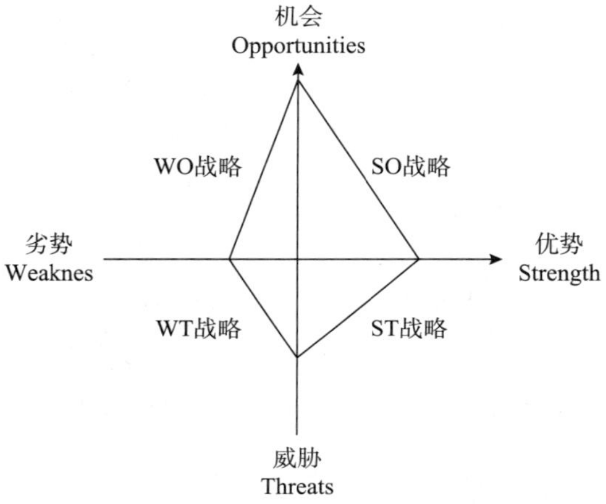

图 19　我国手机芯片设计行业 SWOT 分析四因素分值分布

（三）对我国手机芯片设计行业的发展建议

（1）半导体通信技术领域是当前知识产权竞争最激烈的行业，其中主要是专利纠纷。专利战场的成败对这个行业的发展至关重要。因此，应当加强对我国手机芯片设计行业的发展进行知识产权战略的研究和规划，其中重点是专利战略，为我国手机芯片设计行业发展的顶层设计提供参考依据。

（2）手机芯片与硬件相关的设计是手机芯片设计领域的基础技术，解决方案是建立在硬件之上的应用技术，发展手机芯片设计必须重视和加强与硬件相关的设计技术及其专利保护。

（3）通用移动通信系统的演进，一方面是原有技术的进步，更多的则是新技术的替代和扩展。这是我国手机芯片设计企业和全行业通过自主研发获取原创技术，进而建立技术优势的良好契机。以展讯为代表的国内手机芯片设计企业对手机芯片与多卡多模有关的设计技术已经给予了关注。国内企业可以以手机芯片的多卡多模技术为突破口，结合 4G 标准的发展，在该领域形成我国拥有自主知识产权的技术和产品。

（4）具有发展潜力的优质手机芯片设计行业企业是我国手机芯片行业参与国际市场竞争、进入手机芯片高端领域的主力军。目前，我国专业从事手机芯片设计的企业的规模、实力与国外同类公司相比都存在着不小的差距，产品目前还无法打入高端市场。政府应当加大对专业手机芯片设计企业的支持力度，推动手机芯片产业的发展：一是继续推动产业整合，加强上下游产业互动；二是出台更多有利于半导体产业的政策；三是加大对具有发展潜力的企业的扶植力度，营造公平的竞争环境，培育龙头企业，通过龙头企业的发展带动行业发展；四是提高创业门槛，抑制盲目创业和对知识产权的盗用。

（5）针对重点技术和企业开展专利分析和预警，提前规避风险，提高参与市场竞争尤其是国际市场竞争的能力。联发科技是目前国内企业在海内外市场的主要竞争对手，随着国内企业的壮大和发展，高通、德州仪器等手机芯片设计的高端公司也会成为竞争对手，这些公司具有的一个共同特点就是专利数量众多、专利技术实力出众。一旦国内企业在市场竞争中取得了优势，必然导致对手的反攻，届时专利诉讼将很可能成为主要手段，因此非常有必要针对重点公司和我国重点发展的技术进行专利分析和预警监测。

国内复合材料技术领域申请人的进入、持续、存活

陈卫明

摘 要 本文运用Malerba专利分析方法，解析我国复合材料技术领域申请人的进入、持续、存活情况，由此推论该技术领域的技术稳定性、公司相对规模和专利活跃性、技术多样化程度等，以期从新的角度研究该技术领域的发展状况，同时探讨以新的专利分析方法作为实证研究工具的可行性。

关键词 Malerba 进入 持续 存活

前 言

本文所采取的分析方法是两位意大利学者Malerba和Orsenigo在1999年创建的。常见专利分析的研究对象一般是申请人专利量❶排名、专利分类号数量排序等。但Malerba分析方法的研究对象是申请人在特定技术领域的进入、持续情况（用两段法）和存活情况（用四段法），由此推论该技术领域的技术稳定性、公司相对规模和专利活跃性、技术多样化程度等。

Malerba的数据样本来自欧洲专利局数据库1978～1991年6个国家（德国、法国、英国、美国、意大利、日本）的417 146件专利，这些专利被划分为49个技术领域（IPC分类的小类）。

由于受各方面条件所限，本文只选取了较小的样本进行试验性研究。本文仅就国内复合材料技术领域以下的四个子领域（金属基复合材料、树脂基复合材料、陶瓷基复合材料、碳碳基复合材料，本文以下简称为金属基、树脂基、陶瓷基、碳碳基）与Malerba的样本进行比较或在这四个子领域之间横向比较。

本文数据采集自CNABS数据库，选取的是截至2012年12月国内复合材料技术领域公开或授权的中国发明申请。未去重的专利量为16 509件，其中，金属基3 293件，树脂基6 992件，陶瓷基5 100件，碳碳基1 124件；去重后为15 990件。

❶ 本文中的“专利量”“专利数量”“专利总量”实际是指发明申请的公开或授权文献量。

本文中申请人数据的采集所依据的是 CNABS 中的 pa 字段。数据中含共同申请人，且共同申请人作为单一申请人统计。

本文中时间分段依据 CNABS 中的 pd（公开日）字段。

一、国内复合材料技术领域专利申请人的进入和持续（用两段法）

（一）仅限本部分使用的术语

- 上时段：指 2007 年以前（包括 2007 年）时间段。
- 本时段：指 2008 ~2012 年时间段。
- 某技术领域：指复合材料之下的四个子领域之一，即金属基、树脂基、陶瓷基、碳碳基四个子技术领域之一。
- 进入者：指本时段在某技术领域第一次有专利活动（本文具体指发明申请的公开或授权）的那些申请人，进入者分为侧面进入者和正面进入者。
- 侧面进入者：指在进入者中，上时段曾在某技术领域以外的其他三个技术领域有专利活动的那些申请人。
- 正面进入者：指在进入者中，上时段在所有四个子技术领域都没有专利活动的那些申请人。
- 持续者：指本时段和上时段在某技术领域均有专利活动的那些申请人。
- 个数：指针对“人”数的统计，而本文中“人”是指申请人（含共同申请人）及其由申请人衍生而来的进入者、侧面进入者、正面进入者、持续者、存活者等，“人”实际包括研究机构、公司、大学、个人等。
- 专利总量：申请人所拥有的专利数量。
- 专利量：进入者、持续者所拥有的专利数量。
- 持续者专利量份额：指持续者专利量与专利总量的比值。
- 持续者人均专利量相对值：指持续者人均专利量与进入者人均专利量的比值，由此衡量公司相对规模和专利活跃性。

（二）持续者的统计

表 1 包括持续者的三个指标：比率、专利量份额、人均专利量相对值，本文要强调的是：表 1 所统计的数据仅限于本时段（2008 ~2012 年）。

表 1　持续者的统计

	金属基	树脂基	陶瓷基	碳碳基
持续者比率	315/982	664/2 488	417/1 422	112/445
	32%	27%	29%	25%

续表

	金属基	树脂基	陶瓷基	碳碳基
持续者专利量份额	1 510/2 499	2 127/4 949	2 156/3 724	463/962
	60%	43%	58%	48%
持续者人均专利量相对值	（1 510/315）÷（989/667）	（2 127/664）÷（2 822/1824）	（2 159/417）÷（1 565/1005）	（463/112）÷（499/333）
	323%	207%	332%	276%

1. 比率

持续者比率 = 持续者个数/申请人个数　　（公式 1）

注意公式 1 中，分子和分母的取值有着严格的时间对应关系：作为分子部分的“持续者个数”是本时段（2008～2012 年）持续者个数，其分母部分“申请人总数”是本时段的申请人总个数。

2. 专利量份额

持续者专利量份额 = 持续者专利量/申请人专利量　　（公式 2）

同样注意公式 2 中，分子部分“持续者专利量”和分母部分“总专利量”，前者是本时段持续者的专利量，而后者是本时段申请人拥有的专利量。

3. 人均专利量相对值

持续者人均专利量相对值 = 持续者人均专利量/进入者人均专利量　（公式 3）

注意公式 3，分子部分“持续者人均专利量”和分母部分“进入者人均专利量”均是本时段持续者、进入者的人均专利量。

另外要注意公式 1 和公式 2，分母部分是有关申请人的个数或量，而公式 3 的分母部分则是进入者人均专利量。

（三）“持续者的统计”的分析和结论

针对“比率”，在 Malerba 的样本中（六个国家的六组数据），持续者比率最高值为 37%、最低值为 20%。而表 1 中持续者比率从最高的金属基 32% 到最低的碳碳基 25%。表 1 中的这组数据较 Malerba 样本中的数据更为平均。

针对“专利量份额”，在 Malerba 的样本中，持续者专利量份额最高值为 70%、最低值为 39%。而表 1 中持续者专利量份额从最高的金属基 60% 到最低的树脂基 43%，所以表 1 中的这组数据也较 Malerba 样本中的数据更为平均。

针对“人均专利量相对值”，在 Malerba 的样本中，持续者人均专利量比值的最高值为 286%、最低值为 196%。表 1 中持续者人均专利量比值从最高的陶瓷基 332% 到最低的树脂基 207%，其最高值 332% 要高于 Malerba 样本中的最高值。

Malerba 是以上述三指标来判定创新技术的稳定性，但该法并未给出准确的数值作为判定依据。所以，本文也仅尝试对国内复合材料的四个子技术领域横向比较。

由于持续者参与了全部两个时段的专利活动，所以他们在某技术领域全部申请人中形成了固定的部分。而其他申请人则是进进出出。通过表1数据可以看到：从“比率”来看，与申请人相比，持续者的人数并不太多（如金属基仅为32%）；但从“专利量份额”来看，持续者的专利量份额却较高（如金属基为60%）。这说明持续者确实是专利活动的主体，他们人数虽然有限，但所拥有的专利量却很庞大，人均专利量也远高于进入者。

这点从“人均专利量相对值”栏也可以看到，持续者的人均专利量要远远大于进入者人均专利量。例如，表1中，金属基持续者的人均专利量是进入者的3.23倍。Malerba认为，人均专利量相对值可以在某种程度上表明公司（实际包括企业、研究机构，甚至个人）相对规模和专利活跃性。因此可以认为，在国内复合材料技术领域，持续者的公司相对规模和专利活跃性较强。

Malerba认为，从三个指标首先可以测量申请人成分的变化程度：例如，持续者比率较高的领域，说明在创新者的成分较为稳定；反之则较为动荡。

所以，通过表1看四个子领域，可以认为金属基的技术稳定性最高，而碳碳基最低，而树脂基和陶瓷基处于中间水平。

从“人均专利量相对值”看，可以判定陶瓷基第1，金属基第2，碳碳基第3，树脂基第4。这说明四个子领域相比，陶瓷基的公司相对规模和专利活跃性最强，以下依次为金属基、碳碳基、树脂基。

（四）侧面进入者和正面进入者的统计

以下表2中的“人均专利量相对值”栏，各数据的分母部分为正面进入者人均专利量，这与“人数统计”和“专利量份额统计”栏不同（分母部分是进入者人数和专利量）。表2中的人数、专利量份额、人均专利量相对值均是以侧面进入者为研究对象，故将侧面进入者的数据置于分子位置。要注意这一点与表1是不同的，表1是以持续者为研究对象而建立的，故其分子部分均为持续者的相关数据。

表2　侧面进入者和正面进入者的统计

	金属基	树脂基	陶瓷基	碳碳基
侧面进入者比率（侧面进入者个数/进入者个数）	60/667	68/1 824	62/1 005	64/333
	9%	4%	6%	19%
侧面进入者专利量份额（侧面进入者专利量/进入者专利量）	125/989	159/2 822	144/1 565	105/499
	13%	6%	9%	21%
侧面进入者人均专利量相对值（侧面进入者人均专利量/正面进入者人均专利量）	（125/60）÷（864/607）	（159/68）÷（2 663/1 756）	（144/62）÷（1 421/943）	（105/64）÷（436/269）
	146%	154%	154%	101%

本文所定义的侧面进入者，是指在进入者中，上时段曾在某技术领域以外的其他三个技术领域有专利活动的那些申请人。就是说，历史上曾经在其他三领域有过专利活动、而近5年来在某技术领域有专利活动的申请人。从某种意义上说，侧面进入者是技术多样化的参与者。

（五）“侧面进入者和正面进入者的统计”的分析和结论

从表2可以看出，与正面进入者相比，侧面进入者所占比例很低，最高碳碳基19%、最低树脂基只有4%，这说明在国内复合材料技术领域，申请人参与技术多样化的程度还很低。但在所有进入者（包括侧面进入者和正面进入者）专利量中，侧面进入者专利量份额却较其侧面进入者比率略高，最高的碳碳基21%，最低的树脂基6%。

从表2的“人均专利量相对值”栏中，可以看到侧面进入者人均专利量相对值要高于正面进入者的（如树脂基侧面进入者的该值为154%），这在某种意义上说明侧面进入者的公司相对规模和专利活跃性要强于正面进入者。这进一步说明致力于技术多样化的这些侧面进入者，其公司相对规模及专利活跃性虽然弱于持续者（例如树脂基侧面进入者与持续者人均专利量的相对值为73%），但较正面进入者的还是要强些。

所以，如果就这四个子技术领域横向比较，碳碳基申请人的技术多样化程度最高（其侧面进入者比例最高），而树脂基申请人的技术多样化程度最低。而就这些从事技术多样化的侧面进入者而言，树脂基和陶瓷基侧面进入者的公司相对规模和专利活跃性最强，而碳碳基侧面进入者最弱。

二、国内复合材料技术领域专利申请人的存活

（一）仅限本部分使用的术语

- 第1时段（简称1段）：指2003年（包括2003年）以前时间段。
- 第2时段（简称2段）：指2004～2006年时间段。
- 第3时段（简称3段）：指2007～2009年时间段。
- 第4时段（简称4段）：指2010～2012年时间段。
- 进入者：指某时段在某技术领域第一次有专利活动（本文具体指发明申请的公开或授权）的那些申请人。
- 持续者：指在某技术领域某时段和其前一时段均有专利活动的那些申请人。因为本部分使用的时间分段为四段，所以持续者的构成较第1部分复杂。
- 存活者：指某时段的进入者中在其后每个时段都保持专利活动而直到当前时段的那些。以表3为例，从列的方向研读，1段进入者在4段存活者是：1段进入者397中，在1、2、3、4段的这四个子时段均有专利活动的为52；2段进入者在4段存活者是：2

段进入者236中在2、3、4段的这三个时段均有专利活动的为62。

- 存活者专利量份额：指存活者专利量与专利总量的比值。
- 存活者人均专利量相对值：指存活者人均专利量与进入者人均专利量的比值。

其他如“某技术领域”“个数”“专利总量”“专利量”等术语与第1部分的相似。

（二）本部分数据的集合运算

本文在此首先以“金属基申请人个数基本情况”举例来说明本部分数据的集合运算。

表3　金属基申请人个数基本情况（例）

<table>
<tr><th>金属基</th><th colspan="8">申请人个数</th></tr>
<tr><td>1段</td><td colspan="8">397</td></tr>
<tr><td rowspan="2">2段</td><td rowspan="2">387</td><td colspan="6">持续者个数</td><td>151</td></tr>
<tr><td colspan="6">进入者个数</td><td>236</td></tr>
<tr><td rowspan="3">3段</td><td rowspan="3">596</td><td colspan="6">持续者个数</td><td>242</td></tr>
<tr><td>1段进入者经过两个时段在当前时段的存活者个数</td><td>78</td><td colspan="3">2段进入者在当前时段的存活者个数</td><td>164</td><td></td></tr>
<tr><td colspan="6">进入者个数</td><td>354</td></tr>
<tr><td rowspan="3">4段</td><td rowspan="3">754</td><td colspan="6">持续者个数</td><td>294</td></tr>
<tr><td>1段进入者经过三个时段在当前时段的存活者个数</td><td>52</td><td>2段进入者经过两个时段在当前时段的存活者个数</td><td>62</td><td>3段进入者在当前时段的存活者个数</td><td>180</td><td></td></tr>
<tr><td colspan="6">进入者个数</td><td>460</td></tr>
</table>

解析表3可知：

1）申请人包括两个子集：持续者和进入者（如第四行数据“4段”），申请人754（包括两个子集：持续者294和进入者460）。

2）持续者情况较复杂：

（1）2段的持续者只有一个子集152；

（2）3段的持续者242有两个子集：1段进入者在3段的存活者78，2段进入者在3段的存活者164；

（3）4段的持续者294有三个子集：1段进入者在4段的存活者52，2段进入者在4段的存活者62，3段进入者在4段的存活者180。

（三）只有一件专利的申请人及其专利量的情况

从表4可以看出，在四个子技术领域，多数申请人只有一件专利，只有一件专利的申请人占申请人总数的比率从高至低依次为：树脂基58%、陶瓷基55%、金属基54%、碳碳基 52%（Malerba 样本均值为 59%）。这说明在国内复合材料技术领域，超过半数的申请人只是偶然参与专利活动：他们或是该领域的匆匆过客，一旦离去就再不回头；或是新来乍到的初探者，能否继续创新尚未可知。

表 4　只有一件专利的申请人和专利量比率

	只有一件专利的申请人个数/申请人总数		只有一件专利的申请人专利量/总专利量		多件专利申请人人均专利量	
金属基	774/1 422	54%	774/4 575	17%	54/46 * 83/17	5.73
树脂基	2 194/3 792	58%	2 194/9 714	23%	58/42 * 77/23	4.62
陶瓷基	1 154/2 105	55%	1 154/7 097	16%	55/45 * 84/16	6.42
碳碳基	295/563	52%	295/1 467	20%	52/48 * 80/20	4.33

从表 4 数据中看到，只有一件专利的申请人的专利量占专利总量的比率从高到低依次为：树脂基 23%、碳碳基 20%、金属基 17%、陶瓷基 16%，这些数据均高于 Malerba 样本均值 11%。读表 4 中最右一列数据，再与经过处理的 Malerba 数据（59/41 * 89/11 = 11.64）进行比较可发现：表 4 所示的多件专利申请人的人均专利量远低于 Malerba 数据（陶瓷基 6.42、金属基 5.73、树脂基 4.62、碳碳基 4.33），这说明在国内复合材料技术领域，即使是多件专利申请人的公司相对规模和专利活跃性都处于较低水平。

（四）存活率

针对表 5，研读表中各技术领域的最后一行的第一、第二组数据即可（如金属基的第三行中的 0.13、0.16），这些数据反映了各段进入者在当前时段的存活情况。

表 5　存活率

		第一组（存活者个数/1 段申请人个数）		第二组（存活者个数/2 段申请人个数）		第三组（存活者个数/3 段申请人个数）	
金属基	2 段	151/397	0.38				
	3 段	78/397	0.20	242/387	0.63		
	4 段	52/397	0.13	62/387	0.16	294/596	0.49
树脂基	2 段	269/982	0.27				
	3 段	149/982	0.15	539/934	0.58		
	4 段	89/982	0.09	143/934	0.15	758/1664	0.46

续表

		第一组（存活者个数/1段申请人个数）		第二组（存活者个数/2段申请人个数）		第三组（存活者个数/3段申请人个数）	
陶瓷基	2段	199/565	0.35				
	3段	107/565	0.19	344/572	0.60		
	4段	76/565	0.13	93/572	0.16	440/874	0.50
碳碳基	2段	50/113	0.44				
	3段	19/113	0.17	91/152	0.60		
	4段	7/113	0.06	38/152	0.25	95/195	0.49

表5显示了四个子技术领域的存活率。第一组数据（列）中的“存活率”栏，为1段进入者在当前时段存活者个数与1段进入者个数的比率。当前时段为末端的4段时，可以看到从高到低依次该数据为：金属基和陶瓷基0.13、树脂基0.09、碳碳基0.06（Malerba数据中的均值为0.31）。

这说明在国内复合材料技术领域，2003年以前的进入者，能够存活到2010～2012年（4段）的平均只有约一成，而其余约九成的进入者最终都止步于在该领域创新。

表5还显示出这四个子技术领域，1段进入者（第一组）在最末端4段的存活率（0.13、0.09、0.13、0.06），要低于2段进入者（第二组）在4段的存活率（0.16、0.15、0.16、0.25）。可能的原因是：较后的进入者在积累创新能力、技术知识和竞争力等方面领先于较先的进入者，所以显示了其创新的持续性。

（五）存活者比率、存活者专利量份额

表6中的四个子技术领域各有“存活者比率”和“存活者专利量份额”两部分数据。

表6　存活者比率、存活者专利量份额

			第一组（1段进入者的存活者个数/申请人个数）		第二组（2段进入者的存活者/申请人）		第三组（3段进入者的存活者/申请人）		
金属基	存活者比率	2段	151/387	0.39					0.39
		3段	78/596	0.13	164/596	0.28			0.41
		4段	52/754	0.07	62/754	0.08	180/754	0.24	0.39
	存活者专利量份额	2段	459/785	0.58					0.58
		3段	436/1 311	0.33	387/1 311	0.30			0.66
		4段	489/1 829	0.27	345/1 829	0.19	362/1 829	0.20	0.66

续表

			第一组（1 段进入者的存活者个数/申请人个数）		第二组（2 段进入者的存活者/申请人）		第三组（3 段进入者的存活者/申请人）		
树脂基	存活者比率	2 段	269/934	0. 29					0. 29
		3 段	149/1 664	0. 09	390/1 664	0. 23			0. 32
		4 段	89/1 821	0. 05	143/1 821	0. 08	526/1 821	0. 29	0. 42
	存活者专利量份额	2 段	737/1 616	0. 46					0. 46
		3 段	632/2 982	0. 21	779/2 982	0. 26			0. 47
		4 段	470/3 487	0. 13	490/3 487	0. 14	940/3487	0. 27	0. 54
陶瓷基	存活者比率	2 段	199/572	0. 35					0. 35
		3 段	107/874	0. 12	237/874	0. 27			0. 39
		4 段	76/1 101	0. 07	93/1 101	0. 08	231/1 101	0. 21	0. 36
	存活者专利量份额	2 段	722/1227	0. 59					0. 59
		3 段	815/2 133	0. 38	528/2 133	0. 25			0. 63
		4 段	743/2 680	0. 28	326/2 680	0. 12	668/2 680	0. 25	0. 65
碳碳基	存活者比率	2 段	50/152	0. 33					0. 33
		3 段	19/195	0. 10	72/195	0. 37			0. 47
		4 段	7/345	0. 02	38/345	0. 11	50/345	0. 14	0. 27
	存活者专利量份额	2 段	96/250	0. 38					0. 38
		3 段	51/344	0. 15	150/344	0. 44			0. 59
		4 段	60/723	0. 08	136/723	0. 19	178/723	0. 25	0. 52

注意表 6 中行的方向的数据，例如，金属基“存活者比率”栏第三行（4 段）的第一、第二、第三组数据（0. 07、0. 08、0. 24），其累加值 0. 39，就是 4 段持续者的比率。“存活者专利量份额”栏也如此。

表 6 各领域的“存活者比率”栏显示，第一组中，1 段进入者到末端的 4 段其存活者（即存活三个时间段）的比率，四个子领域（0. 07、0. 05、0. 07、0. 02）的平均值只有 5. 3%。第二组中对应数据（即存活两个时间段）的平均值为 8. 8%，第三组中对应数据（即存活一个时间段）的平均值为 29. 3%。

注意表 5 中的“存活率”与表 6 的“存活者比率”并不一样，举金属基的数据为例，表 5 中“金属基”栏的“4 段”行显示的是 1 段进入者在末端的 4 段存活者与 1 段进入者之比（存活率为 0. 13），而表 6 中“金属基”栏的“4 段”行显示的是上述那些存活者与该段申请人之比（存活者比率为 0. 07）。

Malerba 数据中存活三个时段的存活者比率，六国的均值为 16.8%，是上述 5.3% 的三倍。而且 Malerba 样本所采集的数据所反映的仅是国外 20 世纪 90 年代 49 个技术领域的平均发展水平。

表 6 各领域的“存活者专利量份额”栏显示，1 段进入者到末端的 4 段存活者（即存活三个时间段）的专利量份额，四个子领域的平均值为 19%；2 段进入者（即存活两个时间段）的为 16%；3 段进入者（即存活一个时间段）的为 24.2%。

Malerba 数据中存活三个时段的存活者专利量份额，平均值为 38.4%，是上述 19% 的两倍。

（六）存活者人均专利量相对值

在表 7 中统计了存活者专利量相对值，研读这些数据可以发现，各领域中这些数据在列的方向呈增长趋势（如金属基第一组为 2.20、4.05、6.83），而在行的方向呈下降趋势（如金属基第三行为 6.83、4.04、1.46）。

表 7　存活者人均专利量相对值

		第一组 1 段进入者在当前时段存活者的人均专利量/当前时段进入者的人均专利量	第二组 2 段进入者在当前时段存活者的人均专利量/当前时段进入者人均专利量	第三组 3 段进入者在当前时段存活者的人均专利量/当前时段进入者的人均专利量
金属基	2 段	(459/151) ÷ (326/236)		
		2.20		
	3 段	(436/78) ÷ (488/354)	(387/164) ÷ (488/354)	
		4.05	1.71	
	4 段	(489/52) ÷ (633/460)	(345/62) ÷ (633/460)	(362/180) ÷ (633/460)
		6.83	4.04	1.46
树脂基	2 段	(737/269) ÷ (879/665)		
		2.07		
	3 段	(632/149) ÷ (1 517/1 125)	(779/390) ÷ (1 517/1 125)	
		3.15	1.48	
	4 段	(470/89) ÷ (1 587/1 063)	(490/143) ÷ (1 587/1 063)	(940/526) ÷ (1 587/1 063)
		3.54	2.30	1.20

续表

		第一组 1 段进入者在当前时段存活者的人均专利量/当前时段进入者的人均专利量	第二组 2 段进入者在当前时段存活者的人均专利量/当前时段进入者人均专利量	第三组 3 段进入者在当前时段存活者的人均专利量/当前时段进入者的人均专利量
陶瓷基	2 段	(722/199) ÷ (505/373)		
		2. 68		
	3 段	(815/107) ÷ (790/530)	(528/237) ÷ (790/530)	
		5. 11	1. 49	
	4 段	(743/76) ÷ (1 661/943)	(326/93) ÷ (1 661/943)	(668/231) ÷ (1 661/943)
		5. 55	1. 99	1. 64
碳碳基	2 段	(96/50) ÷ (154/102)		
		1. 27		
	3 段	(51/19) ÷ (143/104)	(150/72) ÷ (143/104)	
		1. 95	1. 52	
	4 段	(60/7) ÷ (349/250)	(136/38) ÷ (349/250)	(178/50) ÷ (349/250)
		6. 14	2. 56	2. 55

分析各领域列的方向，表明越是创新寿命长的存活者，其公司相对规模和创新活跃性越强。例如，统计四个子技术领域的平均值，在末端的 4 段，存活三个时段的存活者人均专利量是该时段进入者的 5. 5 倍。四个子领域中尤以金属基为突出，其值达到了 6. 83（树脂基 3. 54、陶瓷基 5. 55、碳碳基 6. 14）。

研读“金属基”栏第三行（4 段）中的第一组数据，显示在该时段的新进入者个数为 460，而其专利量为 633，人均只有约 1. 4 件专利。所以，大多数新进入者确是偶然创新者，他们在该时段只进行了一次性创新。

而极少数的创新者通过持续不懈的努力，其技术水平得到了积累和逐渐提升。他们在该领域坚守到最后时段。他们所拥有的专利量远远高于那些在该时段的新进入者。

五、结 论

本文通过国内复合材料技术领域申请人进入、持续和存活的统计分析，得到了以下基本结论：

首先，通过两段法的分析可以得出：

● 四个子领域比较，金属基的技术稳定性最高，树脂基和陶瓷基居中，而碳碳基最低。

● 从“持续者人均专利量相对值”判定，四个子领域比较，陶瓷基的公司相对规模和专利活跃性最强，以下依次为金属基、碳碳基、树脂基。

● 侧面进入者是技术多样化的参与者，与正面进入者相比，他们在人数上所占比例很低，说明在国内复合材料技术领域，申请人参与技术多样化的程度还很低。四个子领域比较，碳碳基申请人的技术多样化程度最高（其侧面进入者比例最高），而树脂基申请人的技术多样化程度最低。

● 侧面进入者的公司相对规模和专利活跃性尽管弱于持续者，但却强于正面进入者。四个子领域比较，树脂基和陶瓷基侧面进入者的公司相对规模和专利活跃性最强，而碳碳基的侧面进入者的最弱。

其次，通过四段法的分析可以得出：

● 2003 年以前的进入者中，能够存活到 2010 ~ 2012 年（存活三个时段）的平均只有约一成；存活三个时段的存活者与 2010 ~ 2012 年申请人的平均比率只有 5.3%，而 Malerba 样本中该数据的六国均值为 16.8%。两个数据说明在国内复合材料技术领域中，申请人持续创新的能力还处于低水平。

● 越是创新寿命长的存活者，其公司相对规模和创新活跃性越强。在复合材料技术领域，存活三个时段的存活者的人均专利量是最后时段进入者的 5.5 倍。四个子领域中尤以金属基为突出，其值达到了 6.83。

● 该技术领域大多数进入者确是偶然创新者，他们只进行一次性创新。

附表 1　依据两段法采集的四个子技术领域的数据

<table>
<tr><th></th><th colspan="2">申请人个数</th><th colspan="2">申请人专利量</th><th>侧面进入者个数</th><th>侧面进入者专利量</th></tr>
<tr><td rowspan="4">金属基</td><td colspan="2">申请人个数</td><td colspan="2">专利量</td><td rowspan="4">60</td><td rowspan="4">125</td></tr>
<tr><td colspan="2">982</td><td colspan="2">2 499</td></tr>
<tr><td>持续者个数</td><td>进入者个数</td><td>持续者专利量</td><td>进入者专利量</td></tr>
<tr><td>315</td><td>667</td><td>1 510</td><td>989</td></tr>
<tr><td rowspan="4">树脂基</td><td colspan="2">申请人个数</td><td colspan="2">专利量</td><td rowspan="4">68</td><td rowspan="4">159</td></tr>
<tr><td colspan="2">2 488</td><td colspan="2">4 949</td></tr>
<tr><td>持续者个数</td><td>进入者个数</td><td>持续者专利量</td><td>进入者专利量</td></tr>
<tr><td>664</td><td>1824</td><td>2 127</td><td>2 822</td></tr>
</table>

续表

<table>
<tr><th></th><th colspan="2">申请人个数</th><th colspan="2">申请人专利量</th><th>侧面进入者个数</th><th>侧面进入者专利量</th></tr>
<tr><td rowspan="4">陶瓷基</td><td colspan="2">申请人个数</td><td colspan="2">专利量</td><td rowspan="4">62</td><td rowspan="4">144</td></tr>
<tr><td colspan="2">1 422</td><td colspan="2">3 724</td></tr>
<tr><td>持续者个数</td><td>进入者个数</td><td>持续者专利量</td><td>进入者专利量</td></tr>
<tr><td>417</td><td>1 005</td><td>2 159</td><td>1 565</td></tr>
<tr><td rowspan="4">碳碳基</td><td colspan="2">申请人个数</td><td colspan="2">专利量</td><td rowspan="4">64</td><td rowspan="4">105</td></tr>
<tr><td colspan="2">445</td><td colspan="2">962</td></tr>
<tr><td>持续者个数</td><td>进入者个数</td><td>持续者专利量</td><td>进入者专利量</td></tr>
<tr><td>112</td><td>333</td><td>463</td><td>499</td></tr>
</table>

全球污泥处理专利技术现状及发展趋势分析

温媚　佟婧怡　黄鑫　卢士燕

摘　要　以全球污泥处理领域的专利申请为分析样本，从发展趋势，国家区域分布，各国、各区域污泥处理领域市场，申请动向以及专利布局情况等几方面分析了全球污泥处理专利技术整体发展状况。

关键词　全球专利　污泥处理　专利分析　专利布局　申请动向

一、引　言

随着全球经济的不断发展、人口剧增，市政污水处理厂的建设规模和处理容量在日益增加，随之而带来的污泥处理迫在眉睫。污泥作为一种可以回收、利用的资源，其处理技术备受关注，对污泥处理技术全球发展状况的研究，会对我国本土污泥处理技术的发展起到一定的引导和促进作用。

二、全球专利状况分析

截至2012年年底，在DWPI数据库中检索到涉及污泥处理技术的全球专利申请共计53 444件。本文在这一数据基础上，从专利申请的发展趋势，国家区域分布，各国、各区域污泥处理领域市场，申请动向以及专利布局情况等几方面对污泥处理技术领域的全球专利状况进行分析。

（一）发展趋势分析

污泥处理技术的专利申请发展趋势主要从以下两个方面进行分析：①全球专利申请总体发展趋势；②中日美欧四方专利申请发展趋势。其中，所有数据均以目前已公开的专利文献量为基础统计得到，不区分申请与授权。

图1 显示了污泥处理技术领域全球原创专利申请总量随年代的变化趋势。其中，年代以专利申请的优先权日为准，同族申请计为一件进行统计。

污泥处理领域在1959年首次出现专利申请，申请量仅为2件，其后每年均存在不同

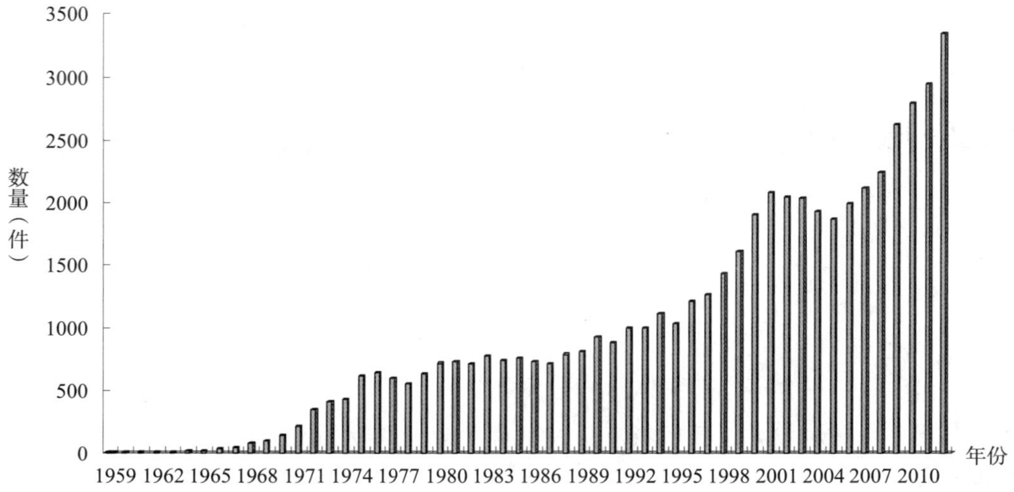

图 1　全球污泥处理技术原创专利申请趋势

数量专利申请。其中，在 1972 年左右出现了第一次专利申请的小高潮，从往年的每年几十件申请，增长为上百件，这是因为随着发达国家经济的快速发展，污泥的产生量开始增大，污泥处理迫在眉睫。20 世纪 60 年代，卫生填埋法是早期处理污泥的一种方式，它具有操作简单、处理费用低的优点，随着该方法固有的缺点被不断发现，如占地大、渗透液对环境危害大等，该方法开始受到制约，随之出现新的污泥处理技术。因此，此后污泥技术原创专利申请量开始首次增长，污泥处理技术开始发展。截至 1986 年，污泥处理技术专利申请量较为稳定，可能是由于经济发展的速度所带来的污泥产量与污泥处理技术所带来的效益持平。

污泥处理技术原创专利申请从 1986 年开始呈增长趋势，其中 1986 ~ 1998 年出现稳步增长的趋势，这主要是因为这期间，各国先后出台相关法规政策，其中 1986 年欧共体（欧盟）颁布《欧洲议会环境保护，特别是污泥农用土体保护法令》（86/278/ETC）。该法令实际上仅是一个条例大纲，供欧共体各成员国作为参考，各国再根据自身原有的环保法规予以调整补充，制定出本国的污泥土地利用标准。1993 年，美国公布了最具有影响的污泥法规《污水污泥处置与利用标准》（40 FCR Part 503），即著名的 503 法案，该标准对污泥土地利用、污泥填埋、污泥焚烧都有明确的规定。

污泥处理技术原创专利申请量在 1999 年超过 1 600 件，1999 ~ 2004 年出现一个申请量的高峰阶段，其中 2001 年达到本阶段的顶点，申请量达到 2 072 件，这主要是因为 1998 年左右以后，各国先后出现一些严格的环境保护政策，随之带来的是各种污泥处理技术的应运而生，其中用户付费是一种典型的政策。1995 年，荷兰开始实施废弃物处理税，对所有类型废弃物的收费标准都只有一个，收费额根据废弃物的重量确定；1998 年，丹麦提出废弃物处理税，地方政府负责提供废弃物处理设置，家庭每年都要支付一定的废弃物处理税，而工商业者直接向废弃物管理部门缴税。同样的，在欧洲污泥的处置方式被严格限制：1998 年后，禁止向大海倾倒污泥；2000 年后，禁止有机物含量 >5% 的污泥填埋，设定了严格的污泥农用规定（病原体，重金属，有机耕作），拒绝用污泥施肥的农作物进入超市连锁店，要求对污泥进行热处理。这一法规已于 2001 年 1 月 1 日在瑞士和荷兰生效，而其他大多数欧盟国家也在 2005 年生效。

随着诸如此类的污泥政策的出台，污泥的处理技术如雨后春笋般蓬勃发展，各种污泥的减量技术、净化技术等相继诞生。

而在随后的 2001 ~ 2004 年，污泥处理技术的专利申请量并未延续之前的增长势头，呈现出这个周期内的下降趋势，原创专利申请量小幅下降之后维持在 2 000 件/年左右。这可能是因为前几年的污泥处理技术已经能满足当时社会对环境污染防治的需求，各国对污泥处理技术重要性的认识虽然有所提高，但仍然把国家发展的重点放在经济发展上，对于污泥处理的重视程度不够高，科技发展水平也十分有限。

污泥处理技术原创申请在随后的 2005 ~ 2012 年，又出现了一个申请量突飞猛进的增长势头，其中在 2012 年申请量高达 3 333 件。这是因为随着经济的发展，人们已经更为深入地认识到环境污染给人类带来的负面影响，同时随着科学技术的发展，越来越多地可以服务于污泥处理的先进技术也逐渐涌现出来。

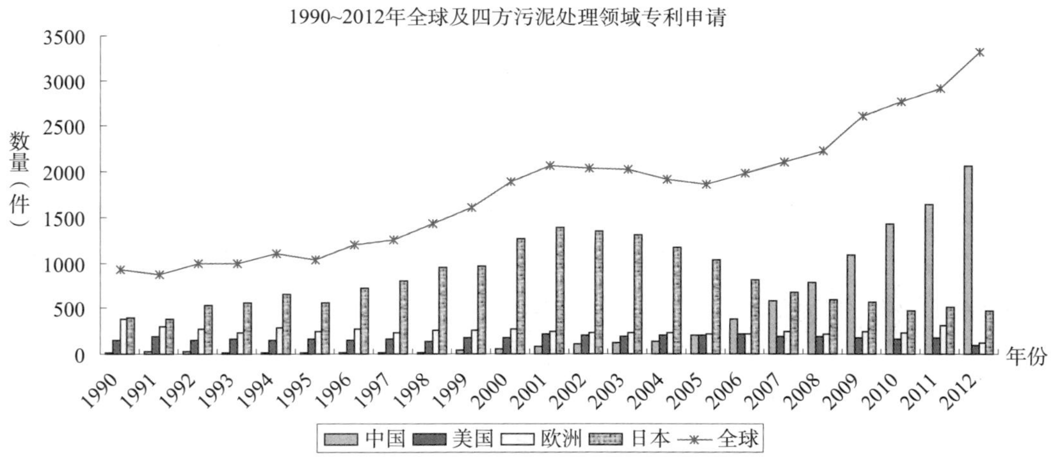

图 2　全球及四方污泥处理技术领域近 20 年专利申请趋势变化图

由图 2 中的中日美欧四方的申请趋势可以看出，污泥处理技术在这 20 年间总体呈增长趋势，但是各个国家的申请量变化趋势不尽相同：日本相关专利申请量在 20 年间一直占据领先优势，这是因为日本经济发展速度和本土资源极不匹配，日本资源有限，其势必不惜一切代价做好环境治理工作，因此日本的污泥处理技术一直处于世界领先地位，但是从 2001 年开始出现下降的趋势，从 2001 年的最高申请量 1 384 件下降至 2010 年的 474 件；美国的污泥专利申请量一直处于平稳的水平，涨幅波动不大，20 年间，最高申请量为224件，最低申请量为141件；欧洲的申请量变化幅度也较小，20年间，最高申请量和最低申请量分别为376件和215件。综上可见，日本在污泥处理领域已经遥遥领先。日本真正开始污泥利用始于20世纪70年代，主要作为肥料用于农业，发展到20世纪90年代开始以城市为中心，作为工业用的原材料，2010年前将其发展为火力发电用燃料。日本一直坚持污泥焚烧处理，日本70%左右的湿污泥都是通过干化、焚烧的处置方法达到最大的减量化，焚烧后的渣作为建材资源再利用。近几年，由于能源价格飙升，全球气候变暖等因素，日本污泥处理处置的技术路线发生了很大的变化，目前日本将污泥的生物质利用、能源化利用作为重点和突破点，这相对于过去几十年单纯的污泥处理方法有了很大的改变。中国的专利申请量在这20年间有了突飞猛进的变化，和上述三个国家、地区相比，中国污泥处理技术起步较晚，一方面这与中国专利制度起步较晚具有必然的关系，另一方面我国经济发展水平与发达国家和地区相比也有一定的差距。

（二）国家区域分布分析

1. 原创申请量及趋势

本节对污泥处理技术的全球专利申请中原创专利申请量排名前9的国家、地区以及区域性组织的专利申请数据进行统计分析。

图3反映了污泥处理技术领域原创专利申请量排名前9的国家、地区以及区域性组织的原创专利申请量情况。原创专利申请的数量以“件”为单位进行统计，排名前九的依次为日本、中国、美国、韩国、德国、俄罗斯、法国、英国、欧专局。其中，日本以明显的优势位于第一集团，其22 931件原创申请遥遥领先于其他国家与地区，数量比美国、德国、中国、俄罗斯和韩国的总和还要多，可见日本在污泥处理技术领域占有绝对的技术优势。这主要是因为日本国土狭窄、耕地面积少、污染严重，日本在其快速工业化和城市化过程中就遭遇过水资源不可持续利用的问题，所以这就促使日本一直以来在治理和保护水资源方面不断探索其可持续利用之路。

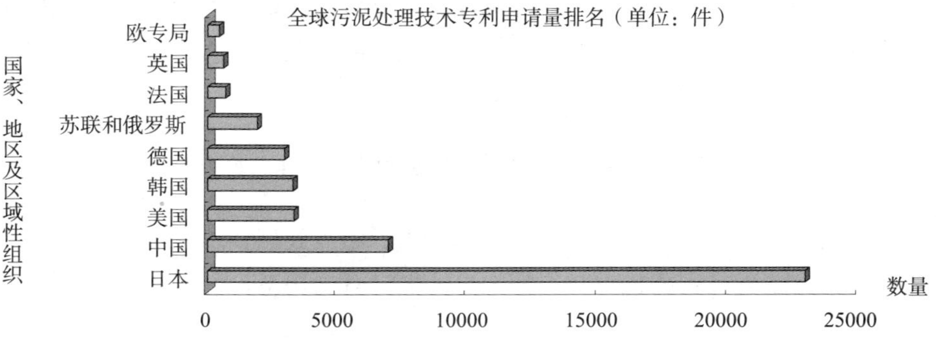

图3　全球污泥处理技术领域原创专利申请量排名前9的国家、地区及区域性组织

中国原创专利申请量共计6 922件，属于第二集团。尽管与日本存在巨大差异，但基于我国在环保方面的重视程度逐年提高，专利数量也高于其他发达国家，表明我国在污泥处理技术的研发与投入上并不处于弱势地位，科研人员在这个领域自主研发的热情也较高，我国污泥技术的研究范围已涉及填埋、焚烧、土地利用等各种污泥处理处置的工艺。近年来，随着污水污泥处理管理水平的不断提高，我国政府制定和完善了许多有关污水污泥处理的法律及配套的相关规章与标准规范，为污泥处理技术的发展提供了依据和准绳，缩短了与国际前沿技术的距离，为我国大力发展污泥处理技术奠定了良好的基础。

美国、德国和韩国申请量均在 3 000 件左右，位于第三集团。德国也是较早地意识到污泥处理问题的国家之一。美国和德国在治理污水污泥污染的过程中都有强有力的法律法规作为后盾，这些立法对土地污染的综合治理和管理起到了极其重要的作用，也促进了污泥处理技术的研发。

结合图 4 可以看出，原创申请量占本国总申请量比重最高的为日本，其次为中国、苏联和俄罗斯以及韩国。苏联和俄罗斯以及韩国位于前列，主要是由于其总申请量较低所造成的，表明其作为目标市场的吸引度较低；欧专局作为原创申请量最低的地区，其总申请量位于倒数第四，但其原创占本国申请量的比重却是最高的，说明其作为目标市场的吸引度较高；中国的原创申请量排名第二，其原创占本国申请量的比重位列第三，说明中国污泥处理技术市场吸引力较低。

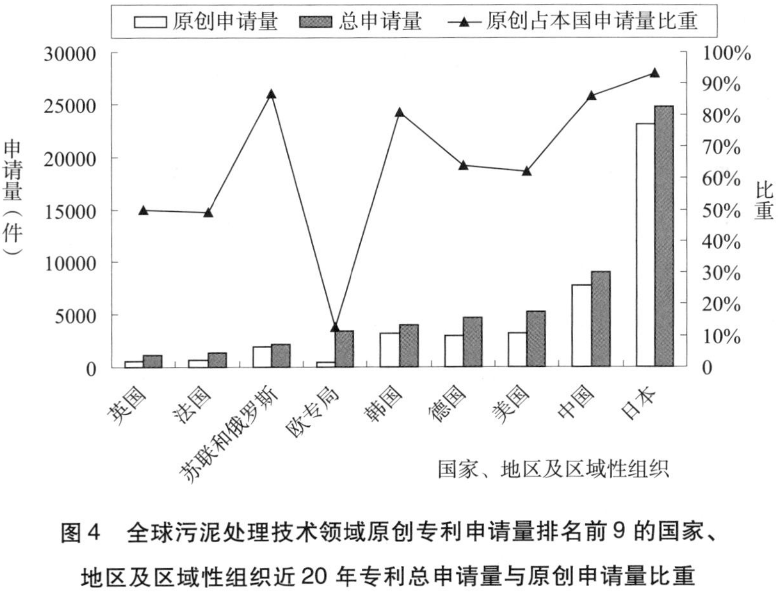

图 4　全球污泥处理技术领域原创专利申请量排名前 9 的国家、地区及区域性组织近 20 年专利总申请量与原创申请量比重

2. 申请动向

为了直观地反映在污泥处理技术领域中，中美日欧四方之间的专利申请状况，对其原创申请与相互布局情况进行介绍。

由图 5 可以看出，日本原创申请量最大，为 22 931 件，其后依次是欧洲和中国，美国位于第四，申请量仅为 3 336 件。日本虽然原创申请量最大，但相比其申请量的巨大优势而言，其在其他国家的专利布局量不及欧美水平，日本专利布局的主要目标是美国和欧洲，均占其原创申请量的3.2%和2.9%，其对中国的专利申请最少，仅占其原创申请量的1.8%。欧洲的原创申请量仅次于日本，为8 862件，专利布局的主要目标是美国，占其原创申请量的18.6%，其后依次是日本和中国，分别占其原创申请量的12.3%和4.8%。美国专利布局的主要目标是欧洲，占其原创申请量的57.6%，其后依次是日本和中国，分别占其原创申请量的24%和9.5%。中国申请人对外专利布局量相对于其他三方而言，存在较大差距，布局量最大的美国也仅有64项，表明目前我国该领域的研发机构的海外专利布局意识非常薄弱。

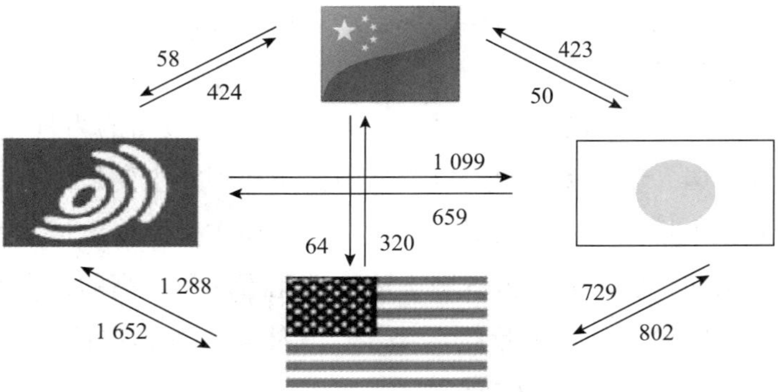

图5　中美日欧四方污泥处理技术领域专利申请动向图（单位：件）

总体上，欧洲对外专利申请最多，与其他三方的专利流通都处于逆差地位；中国与其他三方的专利流通都处于顺差地位；但就原创专利申请量的比例而言，欧洲和美国申请人比日本和中国申请人更注重海外的专利布局，中国与其他三方的专利流通都处于顺差地位，对外专利申请最少。上述结果表明，在本领域，美国和欧洲处于技术输出者地位，而中国处于技术输入者地位。

另外，还可以看出日本和美国的申请人都非常关注在欧洲的专利布局，可能源于欧洲是该技术的主要消费市场，是专利保护的热点地区，我国申请人未来进行海外专利布局或开拓市场时可以重点关注欧洲市场。目前，虽然国外申请人开始关注在我国的专利布局，但相比其他国家，在中国的专利布局量略低，因此我国企业在中国面临的专利风险低于在海外市场的专利风险，我国企业可以抓住机会在国内积极开展业务，占领市场。

（三）主要申请人分析

1. 申请人排名

对全球专利申请量排名前10的申请人从申请量排名及所占份额情况、在中美日欧四方的专利区域布局态势、专利申请趋势以及近三年申请活跃度等方面进行统计分析。

表 1　全球污泥处理技术领域原创专利申请量排名前 10 的申请人与申请量（单位：件）

排名	申请人	申请量
1	栗田工业（KURK）	938
2	株式会社久保田（KUBI）	691
3	日本荏原（EBAR）	660
4	日立（HIEJ/HITP）	652
5	三菱重工环境·化学工程株式会社（MITO）	601
6	株式会社东芝（TOKE）	420
7	日本钢管株式会社（NIKN）	411
8	太平洋水泥株式会社（ONOD）	286
9	住友重机械工业株式会社（SUMH）	250
10	神鋼環境舒立淨股份有限公司（SHIA）	248

从表 1 中可以看出，该领域全球排名前 10 的申请人均为日本申请人，足见日本企业在该领域明显的集团优势。其中栗田工业株式会社（KURK）申请量居首，达到了 938 件。1949 年，栗田工业株式会社诞生于日本，作为水处理行业的先行者，创业以来一直从事着水处理药品、水处理设备的研制和开发。栗田工业在水处理领域中，以无任何杂质、理论超纯水为目标持续进行研究，并向支撑现代社会的半导体产业提供超 LSI 纯净水。除此之外，栗田工业还涉足于海水淡化、上下水道水处理和中水处理等技术领域，其相关技术广泛应用于医药用水生产、工厂锅炉、冷却水处理及排水处理等产业领域。进入 21 世纪以来，栗田工业开始致力于土壤和地下水净化、资源回收利用、新能源相关领域等新事业，以满足新时代的环境需求。栗田工业为了适应于给水处理、排水处理、污泥处理等行业，开发出了以高分子絮凝剂为代表的多种多样的环境处理药品，其产品包括絮凝剂、有机凝结剂、重金属捕集剂、活性炭、脱水机和除臭剂等。2006 年 8 月，栗田工业开发了一种用于在短时间周期内，通过对生物学处理的污泥和动物粪便之类的有机废物进行加热和烘干等处理，生产像成熟堆肥一样的无气味产品的设备和方法。加热和烘干是在加入钾成分且与有机废物混合以后进行的，钾成分选自硫酸钾的粉末、氯化钾的粉末及包含钾的食物废物中的至少一种，其产品可用作有机肥料。2008 年，栗田工业研发出一种污泥的甲烷发酵处理方法，即使在污泥的性状变化较大时也可谋求甲烷发酵稳定化。2010 年 3 月，栗田工业又开发了一种污泥脱水方法——电渗透脱水方法及其装置，当通过电渗透脱水装置对在各种产业排水的生物处理过程中所产生的污泥进行脱水处理时，能够对药剂的成本进行抑制，并且能够在不需要溶解槽或加温设备等附加设备或附加能源的情况下进行有效率的电渗透脱水处理，在将从排水处理设备排出的浓缩盐添加至污泥中之后，通过电渗透脱水装置来进行脱水处理，在被供以进行电渗透脱

水的污泥中添加在现有技术中被作为产业废弃物而处理的浓缩盐，能够提高污泥的电传导率，并且提高电渗透脱水装置的脱水效率，从而降低所得到的脱水污泥的含水率。2010 年 9 月，其又开发出另一种污泥脱水方法，即对含有纤维质和砂成分等易脱水成分较少的污泥通过电渗透脱水并将含水率降到 60% 以下的污泥脱水方法，该方法向污泥中添加铁系无机絮凝剂调质后，再采用电渗透脱水装置进行脱水处理，铁系无机絮凝剂优选硫酸铁，其添加量相对于污泥的 SS 以 Fe 换算优选为 5wt% ~20wt%。栗田工业 1995 年 5 月创办了水处理药剂生产销售公司“栗田工业（大连）有限公司”，2001 年 12 月设立了水处理设备销售维修公司“栗田超纯水设备（上海）有限公司”。通过开设新公司，栗田工业在中国形成了从水处理药剂和设备的生产到销售、维修的完整业务体制，在中国水处理药剂和设备市场占据了较大的市场份额。

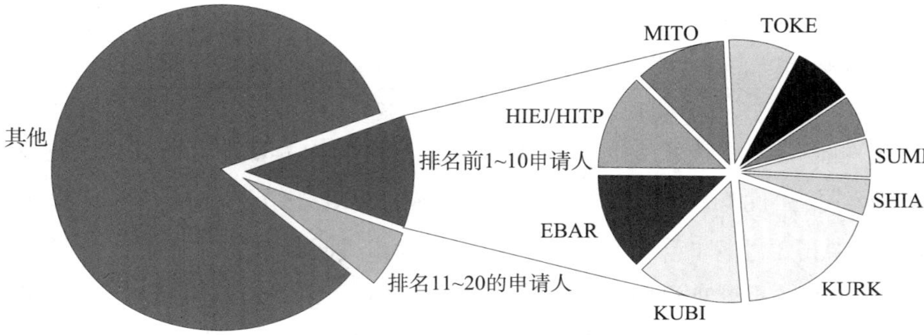

图 6　全球污泥处理技术领域原创专利申请量排名前 10 的申请人申请量份额图（单位：件）

由图 6 可以看出，在污泥处理领域中专利申请人众多，全球排名前 20 的申请人共占总申请量的 17%，专利申请相对集中。排名前 10 的申请人专利申请量集中度较高，其申请量占据全球总申请量的 11%，而其中排名前 5 的申请人专利申请量占前 10 申请总量的近 69%，占全球申请总量的近 7.6%，而且全部为日本公司，可见日本申请人在污泥处理领域的绝对优势。

2. 四方专利布局

统计全球污泥处理技术领域申请量排名前 10 的申请人在中美日欧四方开展专利布局的情况，从中可以看出，各公司对区域市场的关切侧重点。

从表 2 可以看出，对排在世界前 10 的日本企业而言，大多数日本企业主要的申请方向是本国市场，除日本之外它们对美国和欧洲市场的关注度相近，而对中国进行的专利布局则相对较弱。其中日本荏原（EBAR）公司对美国和欧洲的申请量最高，分别为 30 件和 31 件。其他日本公司对美国和欧洲的申请量并不大。

表2　全球申请量排名前10的申请人在中美日欧四方专利布局表（单位：件）

排名	申请人	美国	欧洲	日本	中国	中美日欧
1	KURK	29	26	933	12	7
2	EBAR	30	31	657	29	20
3	KUBI	8	10	689	4	2
4	MITO	19	16	596	17	3
5	NIKN	8	12	411	3	1
6	TOKE	14	4	417	18	1
7	HIEJ/HITP	13	11	651	7	4
8	ONOD	14	8	283	9	7
9	SUMH	6	6	248	5	0
10	SHIA	10	11	244	5	2

此外，从对申请人就同一件技术在美日欧中同时进行专利布局的统计中可以看到，10家公司拥有同时面向其他三个国家和地区的申请，但申请量均较小，最高的日本荏原（EBAR）公司，同时面向其他三个国家和地区的申请仅有20件。住友重机械工业株式会社（SUMH）在中美日欧同时申请专利数量为0件。

3. 申请活跃度

统计全球申请量排名前10的申请人2009～2011年以来的专利申请活跃度情况，通过这一分析，可以了解上述申请人在近一段时期内的研发热情及产出成果情况。

结合图7可以看出，近三年内，全球申请量排名第八名的申请人太平洋水泥株式会社（ONOD）的活跃度指数较高，达到了0.91，这表明其近期研发活动相对活跃。太平洋水泥株式会社（ONOD）不仅近三年的活跃度指数最高，相比其他申请人而言，其近三年的平均申请量位居中游，达到12件，表明其在近三年内对污泥处理技术的研发投入

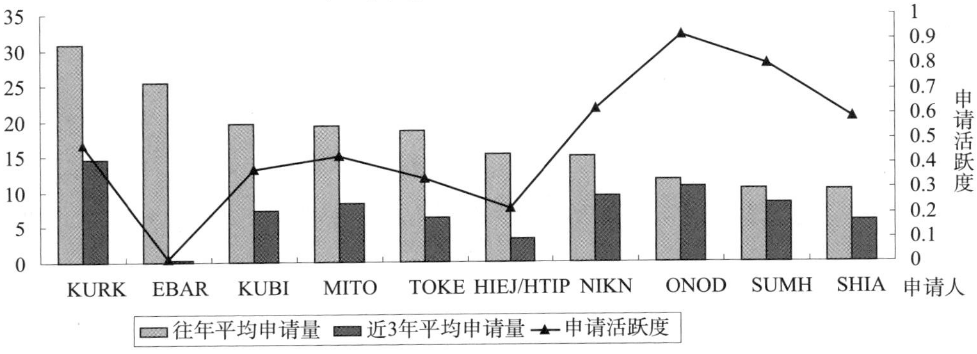

图7　全球申请量排名前10的申请人2009～2011年申请活跃度图（单位：件）

并没有像其他公司一样大幅度降低。其他公司的活跃度指数都较低，说明近三年全球申请量排名前 10 的公司，在污泥处理方面的研发力度均有所下降，尤其是日本荏原（EBAR），其近三年活跃度指数仅为0.01，是全球申请量排名前 10 的申请人中在污泥处理领域研究投入削减量最大的申请人。图 7 所示的这 10 家公司，其活跃度数据均 <1，可见其在污泥处理方面的研发力度均有不同程度的下降。

三、结　论

通过以上的全球专利分析不难看出，污泥处理领域处于蓬勃发展的阶段，虽然我国技术起步较晚，但发展迅速。通过对申请大国和全球排名前列的申请人的研究，得出日本在污泥处理技术领域处于领先地位，我国学者可以着重关注日本在该领域的发展动向，经常进行学术研究和研讨，从而带来一定的启发。

通过对各国、各区域的申请动向的剖析，给出了我国污泥处理技术拓展的市场启示，根据各方在污泥处理领域的专利布局，从一定方面引导了我国污泥处理技术的专利投入和侧重。例如，日本和美国比较注重在欧洲的专利布局，因为欧洲是该技术的主要消费市场，而我国从现在开始，应该加强对欧洲市场的关注；另外，我国在海外市场的布局量偏低，应该有所加强。

通过对污泥处理技术领域的主要申请人的研究，可以对这些企业进行重点关注，对其技术进行研究和开拓，寻求更适合我国国情的污泥处理技术。

总之，通过分析全球的污泥处理技术，有利于我国在该技术领域能更好地参与技术和市场的竞争。

参考文献

[1] 席欣欣，等. 城镇污水处理厂污泥处理处置技术综述［D］. 2011 年全国给水排水技术信息网年会论文集，2011.

[2] 葛福玲，等. 城镇污水处理厂污泥处置技术综述［J］. 中国资源综合利用，2011（2）：48 – 51.

[3] 陈鸿，等. 城市污泥焚烧处理工艺比较研究［J］. 资源与环境，2008（20）：103 – 104.

[4] 李文兵，等. 制革污泥处理与资源化研究［J］. 环境工程，2008（4）：31 – 33.

[5] CALVO L F et a1. Heating process characteristics and kinetics of sewage sludge in different atmospheres［J］. Thermochimica Acta，2004，(409)：127 – 135.

[6] 张翔，等. 城市污水处理厂污泥焚烧处理的探讨［J］. 安徽化工，2006（5）：50 – 51.

[7] 张建江，等. 城市污水处理厂污泥处置及利用途径浅析［J］. 天津科技，2007（3）：80 – 82.

[8] 谷晋川，等. 城市污水厂污泥处理与资源化［M］. 北京：化学工业出版社，2008：48 – 60.

石油炼制领域专利申请现状及应对措施

宋岩　杨颖　苑伟康

摘　要　石油炼制技术的发展和专利保护状况是石化企业制定自身发展战略的重要依据。烃油裂化是石油炼制领域最具代表性的技术。本文旨在通过分析烃油裂化领域的国内外专利申请人在我国的专利申请状况，从而揭示石油炼制领域的技术发展状况。尤其是，通过分析近年国内石油炼制领域的专利布局，为我国专利申请人今后制定专利申请以及保护策略提供参考。

关键词　石油炼制　烃油裂化　专利申请

一、引　言

在实施国家知识产权战略的过程中，作为我国主要能源领域的石化行业，其专利战略的重要性日益凸显。一个拥有十几亿人口的用油大国，如果在炼油领域的技术及专利受制于人，必然会给我国的经济发展带来重大的不利影响。在石油炼制领域，烃油裂化是其中最重要的二次加工技术手段，也是石油炼制领域专利战略的重点内容。而作为专利战略研究的基础，对专利申请的现状及趋势进行研究则是其中一项必要的内容。因此，本文针对烃油裂化领域近五年来中国专利申请的现状及趋势进行了分析和介绍，以期对石油炼制领域技术人员及知识产权管理人员提供相关的参考和启示。

二、数据采集

本文的数据采集范围为中国专利数据库（CPRS）中收录的2006～2010年在华专利申请[1]，涉及的国际专利分类号为C10G9/00（不存在氢的情况下，烃油的非催化裂化）、C10G11/00（不存在氢的情况下，烃油的催化裂化）、C10G15/00（用电方法、电磁或机械振动、用粒子辐射或用在电弧中过热的气体进行烃油的裂化），C10G47/00（在存在氢

[1] 由于专利申请通常需要满足18个月公开的条件，所以，2011年的数据在数据库中不能完全体现。为了不影响分析结果，本文的数据统计年份为2006～2010年国内外申请人向中国知识产权局提出的专利申请，数据检索的时间截至2012年9月27日。

或者在生成氢的化合物的情况下，为获得低沸点馏分的烃油裂解）❶，即通常所说的烃油裂化领域。

三、专利申请趋势分析

（一）在华专利申请量整体年度变化

2006～2010 年，烃油裂化领域在华专利申请共计 1 258 件❷，其中发明专利申请为 1 104件，实用新型专利申请为 154 件（皆为国内申请人申请）。在 1 104 件发明专利申请中，国内申请人的专利申请为 720 件，国外申请人的专利申请为 384 件。上述数据说明在我国烃油裂化技术的研发和创新中，国内主体仍占有主导地位，但国外申请人的专利申请也达到了一定数量，形成了一定规模的专利布局。

图 1 为在华专利申请量随年度的变化趋势，图 2 为国内外申请人在华专利申请随年度的变化趋势。从图 1 和图 2 的申请量变化可以看出，2006～2007 年，烃油裂化领域的专利申请总量从 183 件上升为 231 件，增长了 26%，其中国内申请人的申请量从 104 件上升为 231 件，增长了 23%，而国外申请人的申请量由 79 件上升为 103 件，增长了 30%。这表明国外申请人注意到了我国经济的快速发展，尤其是炼油工业的突飞猛进，因此加快在我国进行专利布局。其中，发明专利申请数量在总申请量中占绝对优势，高达 90% 以上，但绝对量较低，只有 200 件左右。实用新型专利申请量只占总量的不到 10%，相对数量和绝对数量都很少。以上情况表明，烃油裂化技术的研发和创新难度较大，进展缓慢，由此主要形成的发明专利申请数量较少。

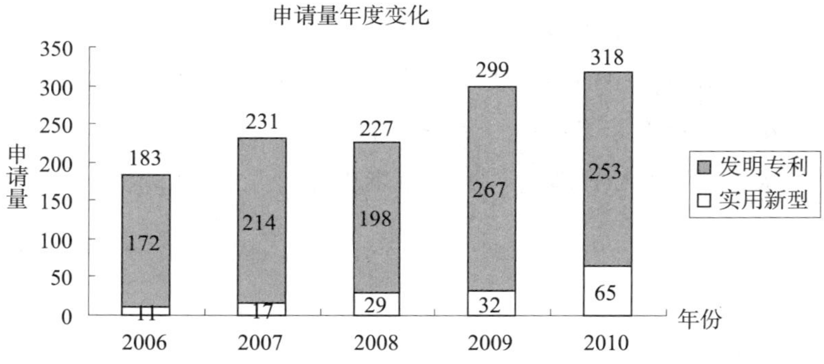

图 1　在华专利申请量年度变化

2008 年总申请量及发明申请量都有所下降，而实用新型申请量略有增长。这主要是由于国外炼油企业受金融危机冲击较大，申请量减少而造成。

---

❶ 本文分类号采用国际专利分类表第 8 版的分类号。此外，尽管烃油裂化技术还涉及 C10G45 和 C10G49 两个大组，但涉及的数量较少，而且这些专利申请在上述其他分类号中也多有涉及，为降低噪音，在此不做统计。

❷ 以下图表数据如无特殊说明皆为烃油裂化领域统计数据。

结合图2可知，国内申请人的申请量仍保持上升趋势，可见金融危机对国外炼油企业的影响大于国内企业。这是因为国内炼油企业主要为国有企业，而我国经济发展平稳，用油市场巨大，炼油行业受金融危机影响较小，国内企事业单位在烃油裂化领域的研发投入也并未减少，同时也表明国内申请人的专利保护意识仍在提高。2009年和2010年，该领域专利申请量有较大幅度的增加，其中主要得益于国内申请人专利申请量的增加。2009~2010年正值我国国家知识产权战略纲要颁布实施之际，知识产权战略的实施进一步提高了国内申请人的专利保护意识，并极大地推动了技术创新成果向专利申请的转化，各级职能部门加大了对技术创新及其成果保护方面的投入，这必将促进一线研发人员技术创新的积极性，提高我国对炼油领域关键技术的创新能力，更好地保护技术创新的成果。由于持续受经济危机影响，2009年国外申请人的专利申请量较2008年基本没有变化❶。2009年新增的专利申请以发明专利申请为主。而2010年实用新型专利申请量有明显增长，说明国内申请人在专利申请工作中更加务实，利用专利制度的手段也日趋娴熟。

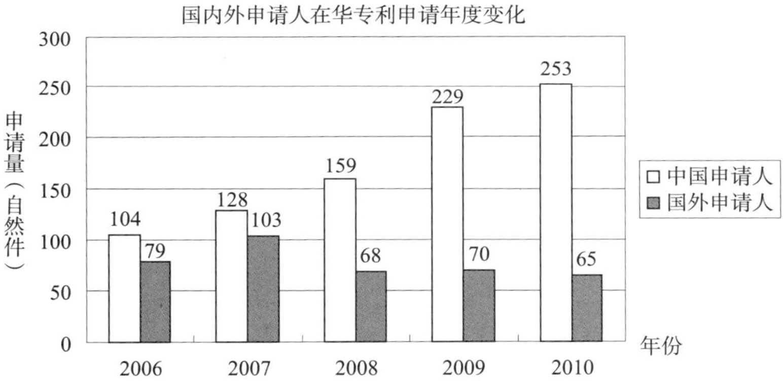

图2 国内外申请人在华专利申请年度变化趋势

（二）外国在华专利申请量年度变化及国别分布

图3是在华专利申请国外申请人的国别分布图。从中可以看出，美国在烃油裂化技术领域的在华专利申请数量遥遥领先于其他国家；其次是欧盟成员国和日本；沙特阿拉伯虽然是产油大国，但是在烃油裂化领域的专利申请并不占优势，其炼油技术相对薄弱。由此可见，美国作为石油消耗和产出大国，不仅重视通过各种方式获取宝贵的石油资源，对炼油领域的关键技术的研发及成果保护也非常重视。值得一提的是，美国及其他国家在华申请几乎都是通过PCT专利（国际专利）申请途径，我国专利申请虽然总量较大，但在这一技术领域的国际申请量不超过美国在华国际专利申请数量的1/3。因此，无论是从技术研发的角度，还是从专利申请文件的撰写和保护策略的角度，我国烃油裂化领域的主要专利申请人均应对美国在该领域的专利活动进行具体分析和研究，并加以借鉴。

❶ 由于PCT专利申请进入中国国家阶段需要30个月，因此，2010年的数据不全，不能形成完全有效的分析。

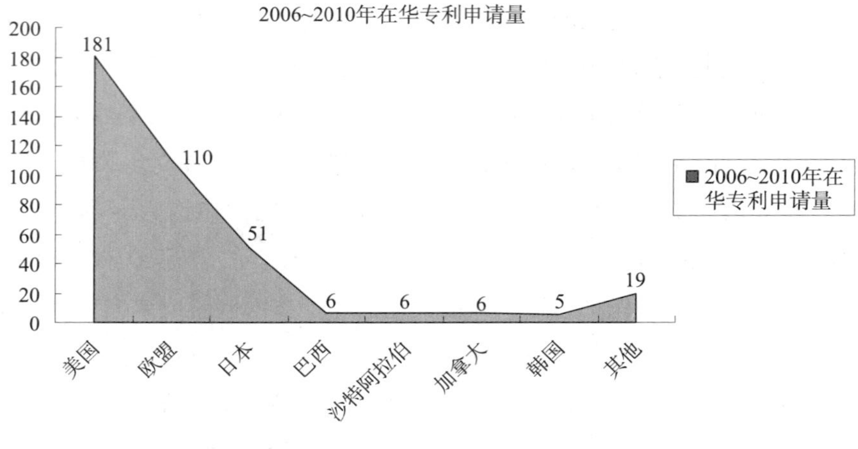

图3　在华专利申请国外申请人的国别分布

图4是欧盟成员国2006～2010年在华专利申请量国别分布图，反映了欧盟国家在华专利申请的国别分布情况。总体来看，主要以荷兰、法国、德国、比利时、英国等国家的申请为主，这其中又以雅宝荷兰有限责任公司、国际壳牌研究有限公司、IFP公司、道达尔石油公司等几家国际型大公司为主要申请人。由此可见，在炼油领域大型国际企业既是技术研发和创新的主力军，也是专利申请和保护的主要竞争者，我国申请人在未来的技术研发和保护中应给予重点关注。

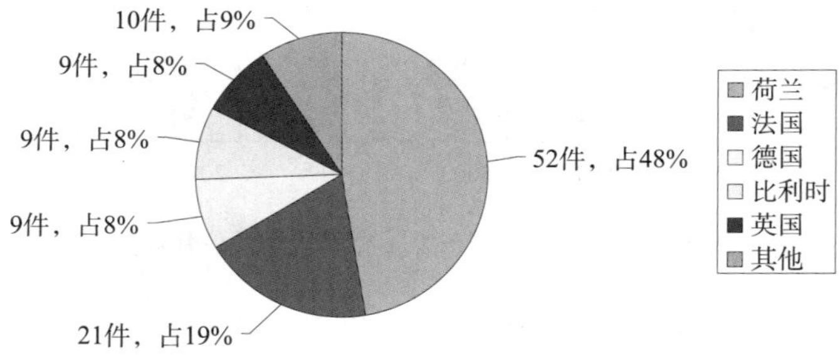

图4　欧盟2006～2010年在华专利申请量国别分布

（三）申请人及分技术领域活跃度调查

按照国际专利分类表对烃油裂化技术领域做进一步细分，分为非催化裂化（C10G9/00）、催化裂化（C10G11/00）、加氢裂化（C10G47/00）以及用电方法、电磁或机械振动、用粒子辐射或用在电弧中过热的气体进行烃油的裂化（C10G15/00，以下简称电磁裂化）四个分技术领域。统计分析各分技术领域的活跃度如图5所示，可知电磁裂化领域专利申请量较少，仅占总申请量的1%。由此可见，烃油裂化研发热点仍集中在传统的裂化技术，其中催化裂化作为一项很成熟的工艺占据了绝对的优势，可以预测在未来相当长一段时间，其仍然是烃油裂化领域的主流工艺以及技术创新的焦点。

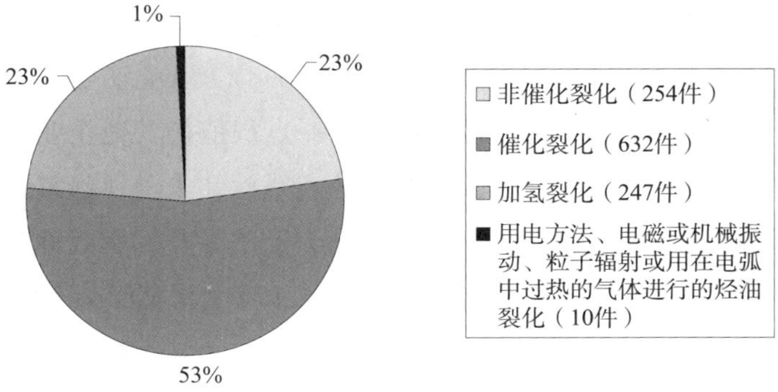

图5　各分技术领域活跃度

对国内外主要申请人（在华专利申请量排名前10位的申请人）的专利申请所涉及的分技术领域列表如表1所示。在中国专利申请量排名前10名的申请人中，中国石油化工公司的专利申请量遥遥领先，这主要得益于其旗下的数家研究机构：石油化工科学研究院为该领域贡献200件，抚顺石油化工研究院为该领域贡献83件。而其他的研究院虽然也有一定数量的申请，但数量相对较少：如北京化工研究院43件，上海石油化工研究院37件，可能二者的侧重点并不在这一领域。总体来看，这些研究机构的专利申请占据了中国石油化工公司在这一领域总申请量的近80%。

表1　在华专利申请量前10名申请人及技术领域分布

序号	申请人	申请量（自然件）			
		总量	非催化裂化（不加氢）	催化裂化	加氢裂化
1	中国石油化工（股份/集团）公司	462	73	276	123
2	中国石油大学（北京+华东）	66	14	41	11
3	中国石油天然气（股份/集团）公司	65	11	40	17
4	环球油品公司	46	3	36	6
5	埃克森美孚石油公司	43	28	5	10
6	国际壳牌研究有限公司	31	5	14	12
7	新日本石油株式会社	29	0	7	22
8	华东理工大学	21	11	8	2
9	雅宝荷兰有限责任公司	17	0	15	2
10	中国科学院	16	5	7	4
总计		796	150	449	209

注：由于同一件专利申请可能涉及多个分类号，因此，分领域的申请量总和可能大于总量。

值得一提的是中国石化集团洛阳石化工程公司，该公司作为一家工程类的公司，

2006～2010年在这一领域的专利申请量达到了62件，其中发明专利申请占了一半以上（35件），而且多涉及催化裂化反应的关键设备或部件以及工艺方法，说明该公司不但创新能力强，而且知识产权保护意识也比较强，这一点很值得其他企业尤其是工程类企业借鉴。由于工程类公司直接面对现场，其技术的实践性和实用性都很强，更加容易产生发明创造成果，而且这种成果往往可以直接转化为经济效益，实效性强。此外，工程类的技术改进也更具直观性、易于模仿和借用，是技术秘密泄露高发区以及创新成果保护的薄弱地带。而目前的国内部分企业往往对此重视不够，一方面由于对专利制度缺乏了解，往往认为技术改进的高度不够，无法获得专利保护；另一方面，科技型企业较少，且科技转化为生产力的程度较低，绝大部分企业未充分认识到知识产权给企业带来的经济效益，因此对专利保护方面的投入有限。长久下去，必将制约企业的发展。当然，仅有一定数量的专利申请还不够，企业还需进一步增强专利申请文件的撰写水平，熟悉和掌握专利制度的规则，尽早谋划专利的战略布局，为进军国际市场打好基础。

在排名前10名的申请人中，有5家国外申请人。从表1中的数据看，各公司的专利申请各有侧重：环球油品公司和雅宝荷兰有限责任公司侧重于催化裂化技术，埃克森美孚石油公司侧重于非催化裂化如热裂化技术，新日本石油株式会社则侧重加氢裂化技术，而国际壳牌研究有限公司在催化裂化和加氢裂化方面都有一定的研究。

三、应对建议

从上述申请量的分析并结合国内外经济情况来看，由于受2008年金融危机的影响，国外经济持续不景气，至今也没有明显的复苏。而且，PCT专利申请的费用较高，所以，近两年国外专利申请人在这一技术领域的在华专利申请量不会有大的变化。我国申请人应当抓住这一机遇，尽快进行专利申请的国内外布局。

从上述申请人排名来看，国内外申请人各占一半，而国内申请人基本上是经济实力较强的公司和科研院所。所以，尽管全球经济不景气，但国内经济依然保持了比较稳定的发展速度。而且，我国目前正面临经济结构调整的转型期，国家在不断加大对科技创新的重视程度和投入力度，在此背景下，国内公司和科研院所应具有较雄厚的资金支持。考虑到经济因素和成果转化的难度，高校也应该重视提高国内申请的数量和质量，尤其是对核心专利，应当有建立专利池的概念。

随着国家知识产权战略的实施以及社会公众对知识产权关注度的日益提高，国内申请人对专利申请、保护、运用、管理更加重视。从对近年烃油裂化领域专利申请的分析来看，国内申请人的排名在逐步提前，如中国石油大学在2010年专利申请量增幅较大，超过了国外许多大公司在该领域的专利申请。但值得注意的是，除了中国石化所属部分研究院的专利申请文件撰写质量相对较高，其他申请人在专利申请文件的撰写方面还需进一步加强。专利申请文件的撰写质量不好，一方面影响专利的授权，另一方面在后续的侵权诉讼或者技术转让方面都可能造成更大的损失。由于专利申请具有专业性、技术性强的特点，完全依靠专利代理人来撰写一份好的申请文件具有一定的难度。建议国内申请人增强专利知识的培训，同时加强申请人和代理人的共同合作。

从申请人的构成看，科研院所的专利申请占据了很大比重，对这部分专利申请的技术转化可能需要一个比较漫长的过程，同时部分专利申请的技术内容可能会与实际操作过程有所差异。建议国内公司鼓励旗下一线企业加强对专利创造、申请和运用的投入，与相关院所进行研发合作或独立组织技术力量对一些生产实践中的难点、热点进行专利情报分析预警，建立激励机制，以创造更多的发明创造，提高企业的核心竞争力。

新材料产业专利态势分析

郑洁　郭波涛　卢世超*

摘　要　本报告主要依据《新材料产业“十二五”发展规划》，将新材料产业分为六个一级技术分支：特种金属功能材料、高端金属结构材料、先进高分子材料、新型无机非金属材料、高性能复合材料、前沿新材料，并进一步细分出25个重点方向（即二级技术分类）。报告基于该技术分类，对新材料产业相关专利申请进行了全球及中国专利态势的分析，重点研究了总体发展态势、专利技术发展态势、专利研发重点和热点、专利布局及竞争态势等，并在分析研究基础上得出相关工作建议。

关键词　新材料　产业　专利　态势　技术　研发

第一章　新材料产业全球专利状况分析

第一节　新材料产业全球专利发展态势分析

1970年1月1日至2012年12月31日（作为公开日进行检索）❶，新材料产业全球专利申请总量为1 144 629件（六大技术分支去重后的数据），总体呈现增长态势，年均增长率为6.08%（参见图1－1）。

新材料产业下辖六大技术分支，分别是先进高分子材料、高性能复合材料、特种金属功能材料、新型无机非金属材料、前沿新材料和高端金属结构材料。新材料产业全球专利发展态势可分为以下7个阶段，结合六大技术分支全球专利申请的趋势（参见图1－2）分析如下所述。

（1）萌芽期（1974年及之前）。

年申请总量保持在4 300件左右，专利产出较稳定，产业正进行前期积累，等待技术突破。其中，先进高分子材料、高性能复合材料占主要地位并呈现增长加快趋势；新

---

* 本文摘编自国家知识产权局专利局专利文献部与江苏省专利信息服务中心合作完成的《新材料产业专利态势及专利战略研究》项目，课题负责人：吕阳红；项目组长：章璠、王亚利；其他主要研究人员：龚跃鹏、郑洁、郭波涛、陈箐清、温涛、左勇刚。

❶ 新材料产业涉及专利数据量极大，相应统计分析难度非常大，并且考虑到20世纪70年代新材料产业相关专利申请处于萌芽时期，因此选取1970年1月1日作为检索的起始点。

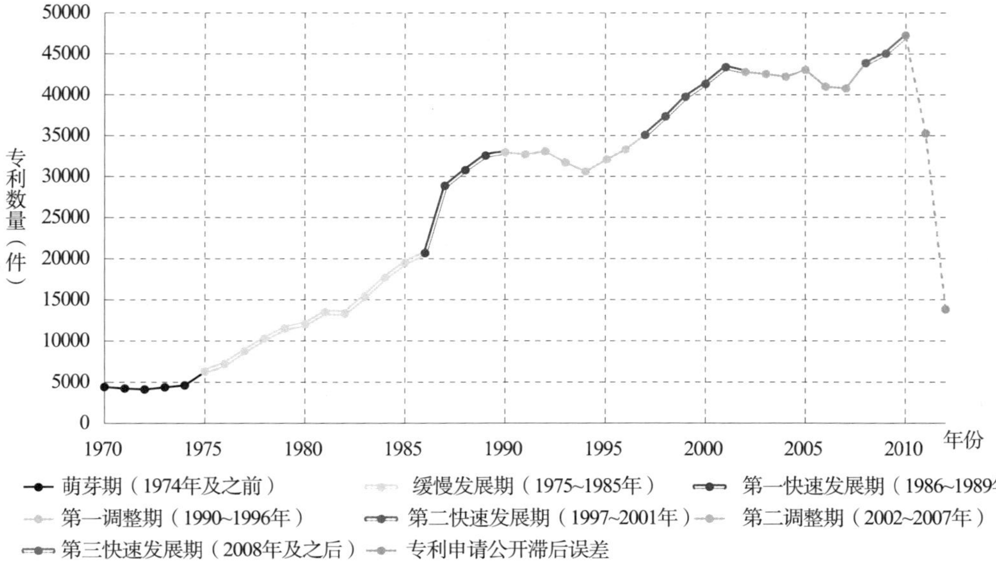

图 1－1　新材料产业全球专利申请总体趋势

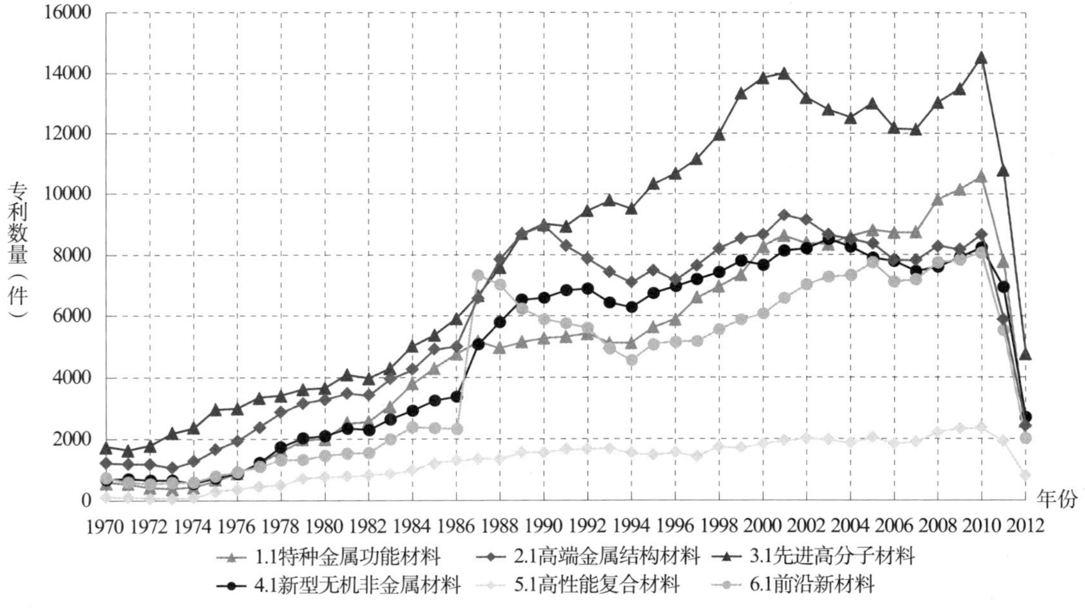

图 1－2　新材料产业六大技术分支全球专利申请总体趋势

型无机非金属材料、前沿新材料、特种金属功能材料开始缓慢发展；高端金属结构材料处于萌芽期。

（2）缓慢发展期（1975～1985 年）。

年申请总量从 6 300 件发展至 19 000 件，各技术分支的发展逐步加快，特别在 1982 年之后，以塑料、合成橡胶、化学纤维等高分子材料为代表的新型合成材料不断出现，推动了相关技术分支的加速发展，为产业的第一次飞跃打下基础。其中，先进高分子材料、高性能复合材料仍占据主要地位，金属功能材料在该阶段后期也开始占据主要地位；新型无机非金属材料、前沿新材料稳步发展；高端金属结构材料的发展较为缓慢。

（3）第一快速发展期（1986～1989年）。

年申请总量从20 000件迅速增加到32 000件，各国家/地区政府的大力扶持加上前期的技术积累促成了产业的第一次飞跃。其中，先进高分子材料、高性能复合材料继续占据主要地位，呈发展加速趋势；前沿新材料中超导材料的突破性技术发展造就了1987年的峰值；新型无机非金属材料增速明显加快；特种金属功能材料、高端金属结构材料的发展相对平稳。

（4）第一调整期（1990～1996年）。

年申请总量保持在31 000～33 000件，在经历过一轮发展热潮之后，热点技术为了抢占市场已经进行了充分的专利布局，后期的专利申请量增长减缓，甚至出现萎缩，进入发展热潮之后的调整期。其中，先进高分子材料继续占据主要地位，并保持持续增长；高性能复合材料则未能保持其主导地位，年申请量开始下降；新型无机非金属材料、特种金属功能材料、前沿新材料、高端金属结构材料的发展相对平稳。

（5）第二快速发展期（1997～2001年）。

年申请总量保持在35 000～43 000件，政府扶持加上新材料技术逐渐满足市场应用条件，促成了新材料产业的第二次飞跃。其中，先进高分子材料继续占据主要地位，呈现持续增长趋势；高性能复合材料、特种金属功能材料、新型无机非金属材料、前沿新材料、高端金属结构材料也呈现增长加快趋势。

（6）第二调整期（2002～2007年）。

年申请总量保持在40 000～43 000件，受到2002年美国新经济危机的后期影响和2007年美国次贷危机的前期影响，以及上一轮技术发展热潮后的自然萎缩，导致了此阶段的调整期。其中，先进高分子材料继续占据主要地位，但首次出现缓慢下降趋势；特种金属功能材料、前沿新材料呈缓慢增长趋势；高性能复合材料、新型无机非金属材料、高端金属结构材料略有下降。

（7）第三快速发展期（2008年及之后）。

年申请总量在43 000件左右的高起点上，继续攀升至47 000件左右，各国家/地区政府相继推出扶持政策，推动新材料产业新一轮的快速发展。其中，先进高分子材料继续占据主要地位，重回增长趋势；特种金属功能材料延续增长趋势，也开始占据主要地位；高性能复合材料、新型无机非金属材料、前沿新材料、高端金属结构材料均呈缓慢增长趋势。

第二节　新材料产业全球专利技术态势分析

一、新材料产业全球专利技术构成分析

1970～2012 年，新材料产业下辖的六大技术分支——先进高分子材料、高性能复合材料、特种金属功能材料、新型无机非金属材料、前沿新材料、高端金属结构材料的全球专利申请量分别为 346 062 件、249 764 件、215 395 件、213 099 件、184 168 件及 55 174件，占全球专利申请总量（六大技术分支的数据未去重：1 263 662 件）的比例分别为 27. 39%、19. 76%、17. 05%、16. 86%、14. 57%、4. 37%。

从专利申请数量的角度来看，先进高分子材料是产业中的重点技术分支；高性能复合材料是本产业中次重点的技术分支；特种金属功能材料和新型无机非金属材料属于第三重点技术分支；前沿新材料属于第四重点技术分支；高端金属结构材料的专利申请数量远少于其他五个技术分支，故不属于重点技术。

二、新材料产业全球专利技术发展路线分析

（一）先进高分子材料

1970～2012 年，先进高分子材料的专利申请量始终处于新材料产业的领先地位，这主要得益于特种橡胶、工程塑料和高性能膜材料等技术的发展，如图 1－3 所示。1970～1995 年，工程塑料成为先进高分子材料技术分支中专利申请量最多的技术分支；1967 年，聚对苯二甲酸丁二醇酯和聚苯醚研制成功；20 世纪 80 年代，相容剂技术开发成功推

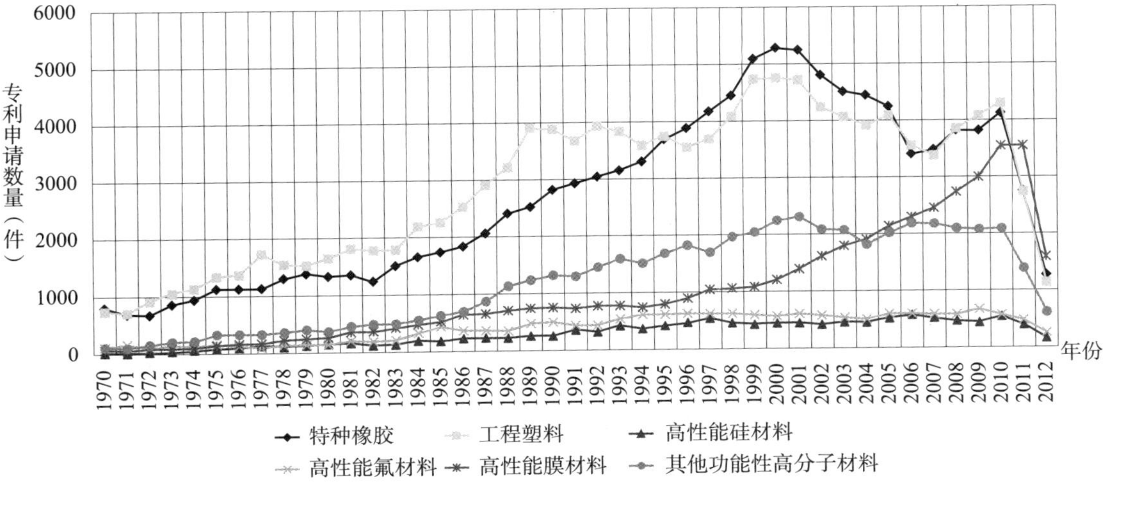

图 1－3　先进高分子材料二级技术分支全球专利申请趋势

动了改性聚酰胺的发展；1995～2004 年，汽车工业对特种橡胶需求量的大幅提升推动了特种橡胶的技术发展。21 世纪以来，高性能膜材料在水处理、食品工业、制药、合成化学和石油化学工业、环保领域的应用显著增加。

（二）高性能复合材料

高性能复合材料在 1970～2004 年，专利申请量位于第二位的位置。树脂基复合材料分支是该领域内专利申请量最多的技术，其余的碳/碳复合材料、陶瓷基复合材料和金属基复合材料三个分支的专利申请发展较为平稳，如图 1－4 所示。20 世纪 70 年代，碳纤维增强环氧树脂复合材料开始在飞机、导弹、卫星等结构上应用；20 世纪 80 年代，改性树脂的研究逐渐深入；20 世纪 90 年代，陶瓷基复合材料的专利申请量下降导致高性能复合材料的专利申请开始下降。2004 年开始，高性能复合材料的专利申请量第二位的位置被特种金属功能材料所取代。

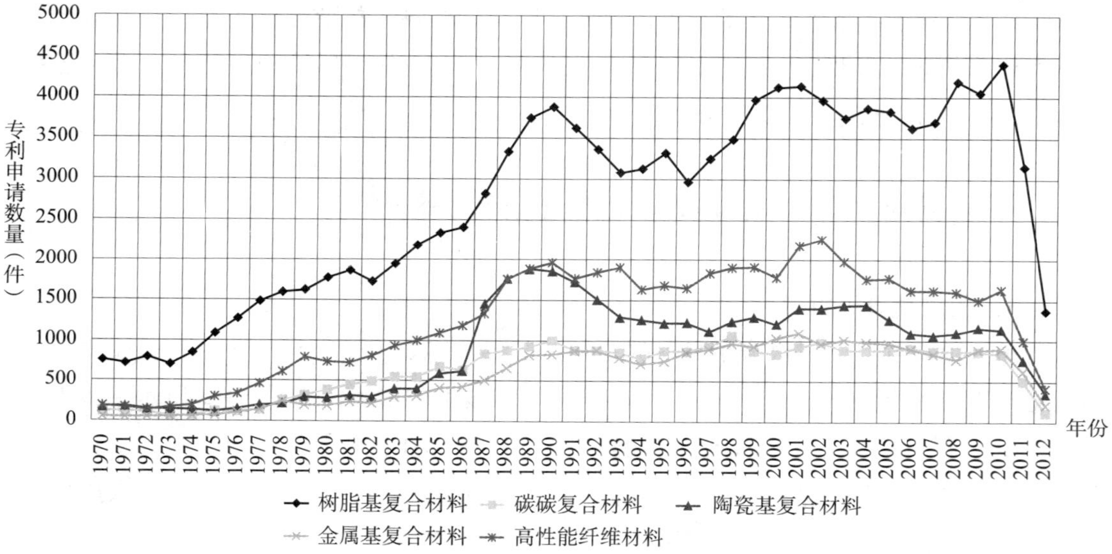

图 1－4　高性能复合材料二级技术分支全球专利申请趋势

（三）特种金属功能材料

特种金属功能材料是 1970～2012 年专利申请量增幅最大的技术分支。其专利申请量 1970 年仅为新材料产业六个一级技术分支的第五位，而从 2004 年开始上升至第二位，其中增幅较快的时期共有三段，如图 1－5 所示。第一段时期为 1975～1984 年的十年间，主要得益于半导体晶体硅材料和稀土功能材料的发展。第二段快速上升期为 2000～2004 年的五年间，推动其专利申请量上升的为半导体材料中的多晶硅。第三快速发展阶段为 2005～2012 年，这一时期的主要推动力是特种功能合金的发展。

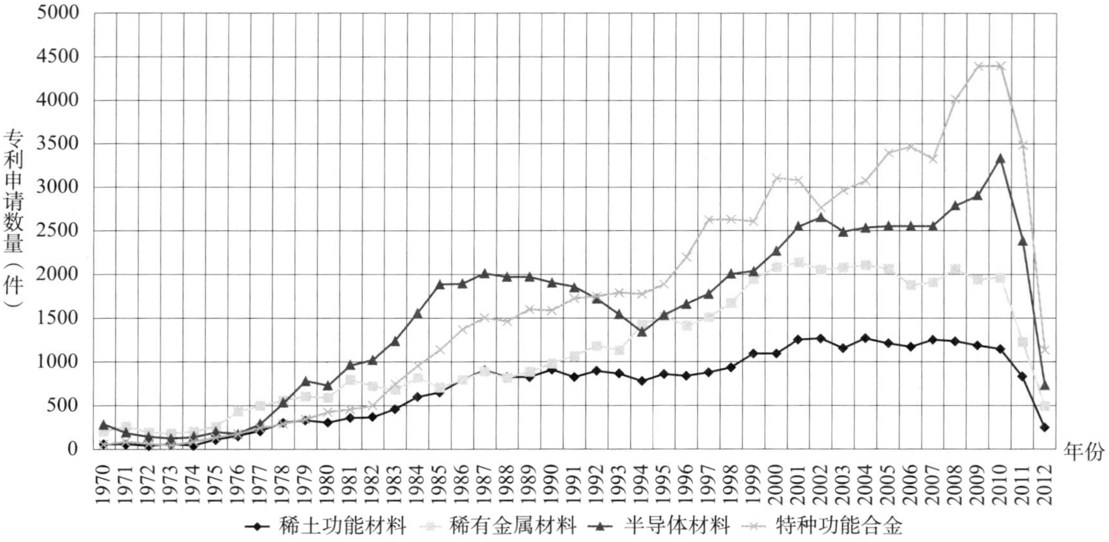

图 1－5　特种金属功能材料二级技术分支全球专利申请趋势

（四）前沿新材料

前沿新材料的专利申请量总体上维持在第四位的位置。在 1985～1989 年，前沿新材料的专利申请量出现激增，这主要是前沿新材料中的超导材料的技术突破所引起的正效应，如图 1－6 所示。1986～1987 年，超导合金临界超导温度实验成功；1987 年，超导磁悬浮实验成功。此外，前沿新材料中的智能材料、生物材料和纳米材料的专利申请始终保持着上升趋势，特别是纳米材料的专利申请量自 21 世纪初以来迅速上升，成为前沿新材料专利申请量增加的主要推动力。

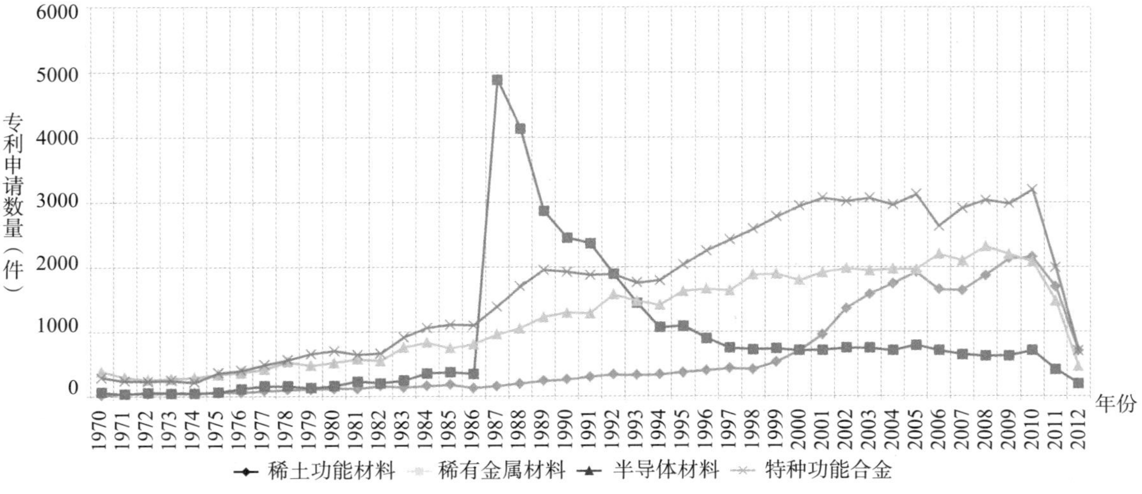

图 1－6　前沿新材料二级技术分支全球专利申请趋势

（五）新型无机非金属材料

新型无机非金属材料的专利申请量自20世纪70年代以来，整体上保持上升趋势，主要得益于先进陶瓷、特种玻璃、人工晶体及新型建材的发展，如图1－7所示。20世纪50年代末期到70年代末期，对低温膨胀微晶玻璃的研究以及透明微晶玻璃研制成功；1970～1979年，石英陶瓷和生物陶瓷先后出现；20世纪80年代，碳化硅晶须增韧的氧化铝陶瓷刀具和具有高韧性、低温超塑性的纳米陶瓷研制成功。此外，20世纪70年代到80年代中期，浮法玻璃的快速发展和具有可切削加工性能的微晶玻璃的开发成功，以及BBO和LBO等非线性晶体、钛宝石等一系列新的可调谐激光晶体、优质大尺寸BGO（$BiGe_3O_{12}$）闪烁晶体的研制成功，也促进了20世纪80年代新型无机非金属材料专利申请量的提升。20世纪90年代至今，先进陶瓷、特种玻璃等技术创新仍在不断进行：生物陶瓷在2000年后研究和应用加快；结构更加复杂的多相微晶玻璃研制成功，研究更加广泛，使新型无机非金属材料的专利申请量保持上升趋势。

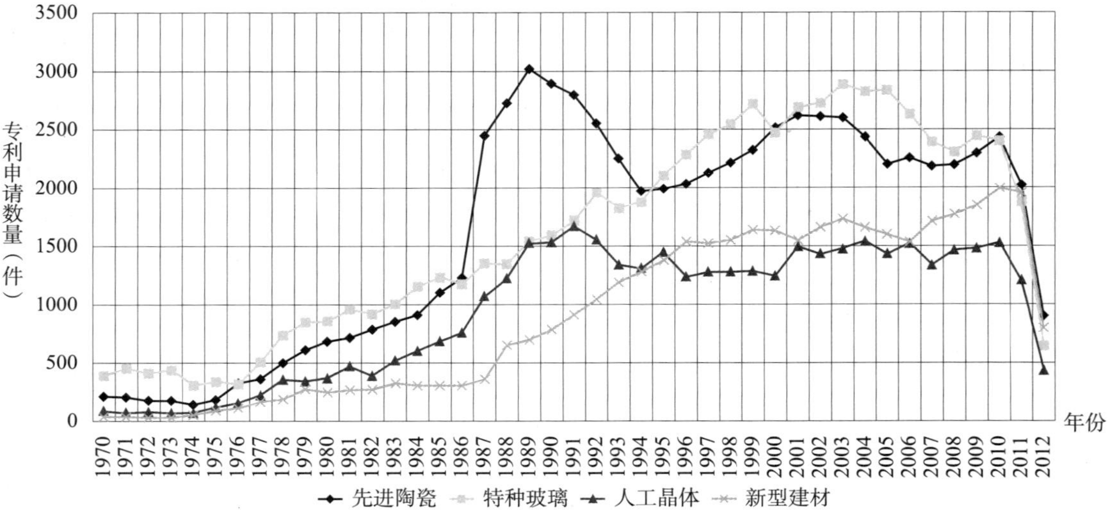

图1－7 新型无机非金属材料二级技术分支全球专利申请趋势

（六）高端金属结构材料

高端金属结构材料1970～2012年的发展较其他五个技术分支而言相对缓慢，如图1－8所示。20世纪，社会需求和技术发展促进了高品质特殊钢的发展，形成了碳素结构钢、合金结构钢、超高强度钢、不锈耐腐蚀钢、耐热钢、工具钢、模具钢、轴承钢等品种体系。以铝合金和镁合金为代表的高强轻型合金材料在20世纪末基本完成了企业的优胜劣汰、兼并重组的整合进程，建立了跨国集团公司，这在一定程度上推动了高强轻型合金材料的技术发展。

全球新材料六大技术分支技术发展路线可总结成图1－9所示。

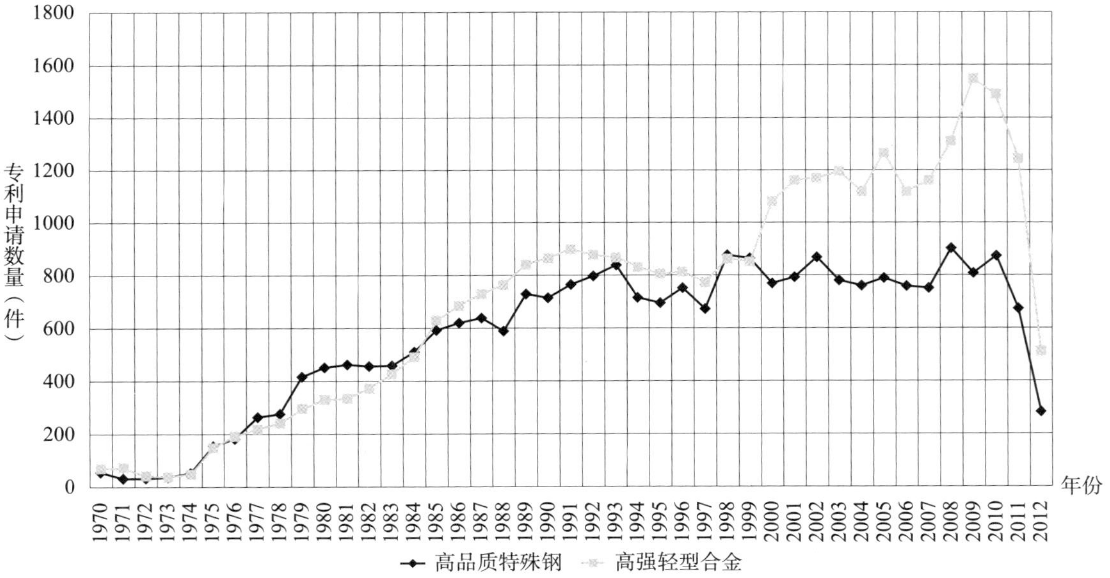

图1-8　高端金属结构材料二级技术分支全球专利申请趋势

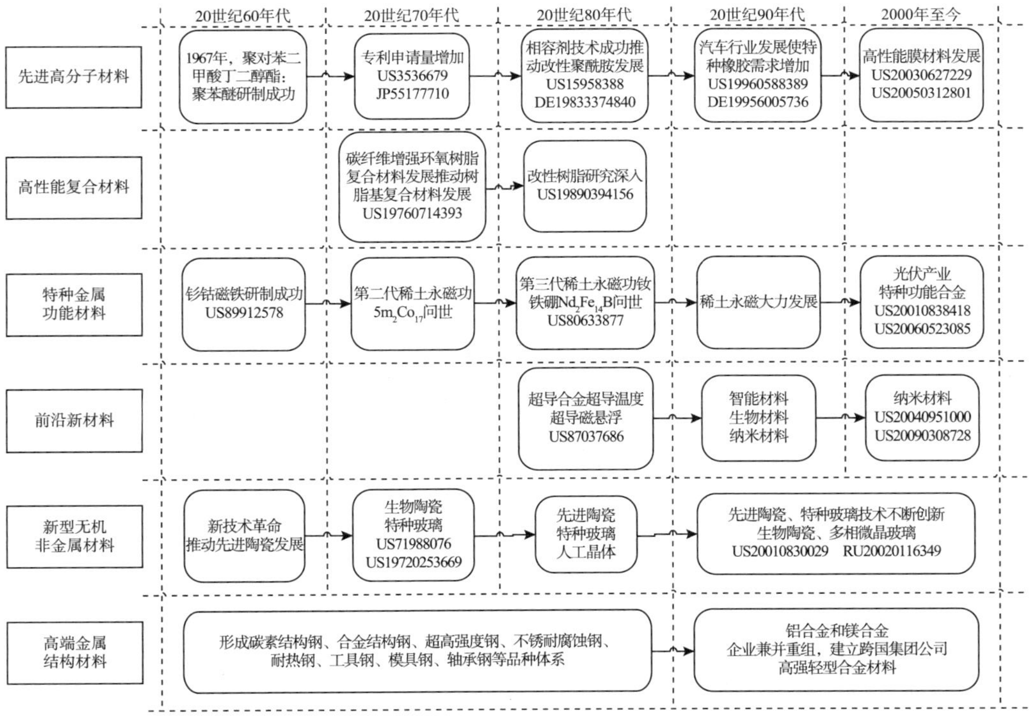

图1-9　全球新材料六大技术分支技术发展路线情况

三、新材料产业全球专利技术研发重点与热点分析

新材料产业的六大技术分支可进一步划分为25个二级技术分支，通过对各技术分支1970～2012年专利申请总量的统计（见表1－1），先进高分子材料领域中的工程塑料、特种橡胶，高性能复合材料领域中的树脂基复合材料，特种金属功能材料领域中的特种功能合金，前沿新材料领域中的智能材料共五个二级技术分支，全球专利申请总量多于其他二级技术分支，且在新材料产业领域中所占比例较大，是本产业的重点分支。各重点分支的1970～2012年的专利申请年变化情况如图1－10所示。

表1－1　全球新材料各技术分支不同时间段专利申请量情况

一级技术分支（1970～2012年/2005～2012年）	二级技术分支	1970～2012年			2005～2012年		
		专利申请量（件）	比例（%）	排名	专利申请量（件）	比例（%）	排名
先进高分子材料（346062/97804）	特种橡胶	115 175	8.82	3	26 868	7.60	4
	工程塑料	123 492	9.45	1	27 096	7.67	3
	高性能硅材料	12 462	0.95	25	3 648	1.03	25
	高性能氟材料	16 869	1.29	24	4 325	1.22	24
	高性能膜材料	44 114	3.38	13	21 255	6.01	5
	其他功能性高分子材料	50 852	3.89	11	14 612	4.13	11
高性能复合材料（249764/59446）	树脂基复合材料	117 283	8.98	2	28 348	8.02	1
	碳碳复合材料	27 207	2.08	20	5 863	1.66	21
	陶瓷基复合材料	38 426	2.94	16	7 951	2.25	19
	金属基复合材料	24 782	1.90	22	6 087	1.72	20
	高性能纤维材料	54 113	4.14	9	11 197	3.17	15
特种金属功能材料（215395/69290）	稀土功能材料	30 706	2.35	19	8 301	2.35	18
	稀有金属材料	49 001	3.75	12	13 543	3.83	13
	半导体材料	67 863	5.20	8	19 820	5.61	7
	特种功能合金	74 862	5.73	4	27 626	7.82	2
新型无机非金属材料（213099/57596）	先进陶瓷	69 722	5.34	6	16 475	4.66	9
	特种玻璃	68 455	5.24	7	17 519	4.96	8
	人工晶体	40 759	3.12	14	10 412	2.95	16
	新型建材	39 040	2.99	15	13 190	3.73	14

续表

一级技术分支（1970～2012年/2005～2012年）	二级技术分支	1970～2012年			2005～2012年		
		专利申请量（件）	比例（%）	排名	专利申请量（件）	比例（%）	排名
前沿新材料（184168/53775）	纳米材料	25 874	1.98	21	13 741	3.89	12
	超导材料	36 388	2.79	17	4 699	1.33	23
	生物材料	51 723	3.96	10	14 778	4.18	10
	智能材料	71 800	5.50	5	20 557	5.82	6
高端金属结构材料（55174/15481）	高品质特殊钢	24 497	1.88	23	5 831	1.65	22
	高强轻型合金	30 791	2.36	18	9 650	2.73	17

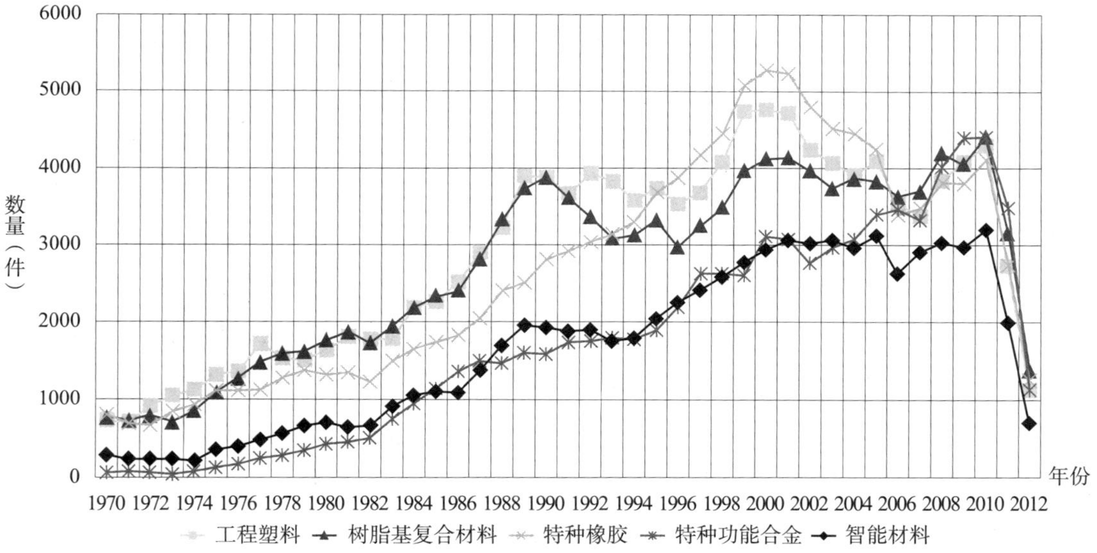

图1－10　全球新材料产业研究重点技术1970～2012年专利申请情况

同时，上述五个二级技术分支在2005～2012年的全球专利申请总量基本上仍高于其他技术分支，是近年来新材料产业的研究热点领域。另外，值得注意的是，先进高分子材料领域的高性能膜材料和前沿新材料领域中的纳米材料两个二级技术分支在2005～2012年的全球专利申请总量较之前年份增长明显，在产业中所占比例也分别从第13位和第21位上升到第5位和第12位，这表明这两个技术分支同样是新材料产业近年来的研究热点领域。

工程塑料1970～2012年的专利申请总量为123 492件，占整个产业领域的9.45%，排名第一位，属于新材料产业中的重点技术分支。2005～2012年的专利申请量为27 096

件，占同期新材料产业的7.67%，排名第三位，属于近年来新材料产业的研究热点技术。工程塑料未来的技术发展趋势为：①工程塑料单体的新来源研究将大有作为；②工程塑料优势品种研究将进一步深入；③工程塑料成型加工技术亟待新突破；④有成本优势的新聚合物品种将异军突起。

高性能复合材料领域中的树脂基复合材料1970～2012年的专利申请总量为117 283件，占整个产业领域的8.98%，排名第二位，属于新材料产业中的重点技术分支。2005～2012年的专利申请量为28 348件，占同期新材料产业的8.02%，排名第一位，且呈现逐年上升的态势。树脂基复合材料的未来技术发展趋势为：①高韧性复合材料和新型高效整体结构将进一步发展；②复合材料制造过程模拟与优化技术，RTM、RFI树脂渗透等成形技术，复合材料低能固化技术等材料和技术将得到进一步发展；③综合化、功能化和智能化是复合材料技术发展方向。

先进高分子材料中的特种橡胶1970～2012年的专利申请总量为115 175件，占整个产业领域的8.82%，是位于工程塑料、树脂基复合材料之后的第三重要技术分支。2005～2012年特种橡胶相关专利申请量为26 868件，占同期新材料产业的7.60%，是新材料产业另一研究热点技术分支。其未来的发展趋势为：①长期耐热性、耐油性和耐候性优异的氢化丁腈橡胶和丙烯酸酯橡胶的研究将进一步深入；②不需要二段硫化的氢化丁腈橡胶和丙烯酸酯橡胶的应用将得到提高；③氟橡胶未来将采用二氧化钨硫化的方法。

特种金属功能材料中的特种功能合金1970～2012年的专利申请总量为74 862件，占整个产业领域的5.73%，是整个新材料产业第四重要的技术分支。2005～2012年的专利申请量为27 626件，占同期新材料产业的7.82%，且呈现逐年上升的态势，是新材料产业第二研究热点技术分支。特种功能合金各技术点的发展趋势为：①储氢合金作为电池负极材料用以扩大电池容量，延长电池寿命；②非晶态合金材料应用在输电领域具有节能减排的作用；③玻璃态合金在化工、电力行业应用；④记忆合金作为一种长期植入人体的生物材料在医学领域广泛应用。

前沿新材料中的智能材料1970～2012年的专利申请总量为71 800件，占整个产业领域的5.50%。智能材料同样成为新材料产业近年来的研究热点，2005～2012年的专利申请量为20 557件，占同期新材料产业的5.82%，且呈现逐年上升的态势。其未来的研究重点包括以下六个方面：①智能材料概念设计的仿生学理论研究；②智能材料内禀特性及智商评价体系的研究；③耗散结构理论应用于智能材料的研究；④机敏材料的复合集成原理及设计理论；⑤智能结构集成的非线性理论；⑥仿人智能控制理论等。

高性能膜材料是新兴高效分离技术的核心材料，2005～2012年的专利申请量为21 255件，占同期新材料产业的6.01%，专利申请量增长迅速，呈现逐年上升的态势，是新材料产业另一研究热点技术分支。其发展呈现以下几方面特点：①膜材料产业正向高性能、低成本及绿色化方向发展；②高性能水处理膜材料、特种分离膜材料、气体分离膜材料、离子交换膜材料、生物医用膜材料等方面成为近年来研究成果增加的重点领域。

纳米材料由于其光、电、磁、热、力学、机械等特殊性能，成为当前世界科学研究的热点，专利申请量逐年上升，2005～2012 年的专利申请量为 13 741 件，占同期新材料产业的 3. 89%。当前的研究热点和技术前沿包括：①以碳纳米管为代表的纳米组装材料；②纳米陶瓷和纳米复合材料等高性能纳米结构材料；③纳米涂层材料的设计与合成；④单电子晶体管、纳米激光器和纳米开关等纳米电子器件的研制、C_{60}超高密度信息存贮材料等。

第三节　新材料产业主要国家/地区竞争态势分析

一、新材料产业主要国家/地区竞争态势分析

（一）新材料产业主要国家/地区分布

新材料产业中的专利申请区域集中度较高，99% 以上的专利申请集中在全球前 15 位专利申请目标国家/地区中，如图 1－11 所示。根据 1970～2012 年的全球专利申请量，前三位目标申请国为日本、美国、中国，专利申请量分别为 379 058 件、194 537 件、157 385件，占全球专利申请总量（去重后 1 144 629 件）的比例分别为 33. 12%、16. 99%、13. 74%。在德国（127 059 件）、法国（25 055 件）、英国（25 046 件）、韩国（19 674 件）的申请量同样位于前列。在欧专局提交的专利申请量及依据《专利合作条约》向世界知识产权组织提交的专利申请（PCT 申请）分别为 117 402 件和 71 241 件。

国家/地区	申请量
JP	379058.00
US	194537.00
CN	157385.00
DE	127059.00
EP	117402.00
WO	71241.00
FR	25055.00
GB	25046.00
KR	19674.00
SU	7944.00
RU	7335.00
TW	5092.00
CH	4862.00
SG	913.00
HK	477.00

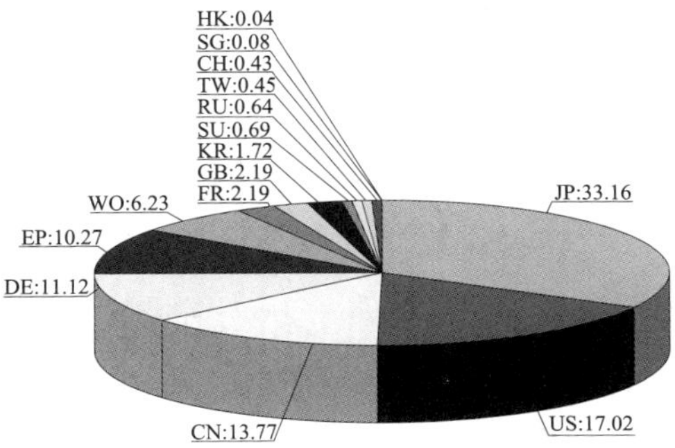

图 1－11　新材料产业前 15 位专利目标申请国家/地区分布

注：图中比例为该国家/地区申请量占前 15 位国家/地区申请量的比例。

（二）新材料产业主要国家/地区专利趋势

中国、德国、欧专局、日本、美国及世界知识产权组织是新材料产业专利申请最多的国家/地区，拥有全球90%的新材料产业专利申请，因此对这六个国家/地区进行专利申请趋势作重点分析。

如图1－12所示，新材料中国区域专利申请自1985年起呈现逐年递增态势，2007年起专利申请超越日本，跃居第一；日本区域专利申请主要集中于1986～2010年，年申请量平均约为13 000件，2007年之前长期处于第一；美国、德国2000年之前专利申请趋势相近，表现为缓慢增长态势。2001年起，美国专利申请量继续小幅增长，年申请量在7 000件左右，而德国专利申请量开始下滑，2010年下降为668件；PCT申请自1970年以来表现为逐年缓慢增长态势，2010年专利申请量为5 376件；在欧专局提交的专利申请主要集中于1987～2010年，近几年专利申请略有下降，2010年专利申请量为2 976件。

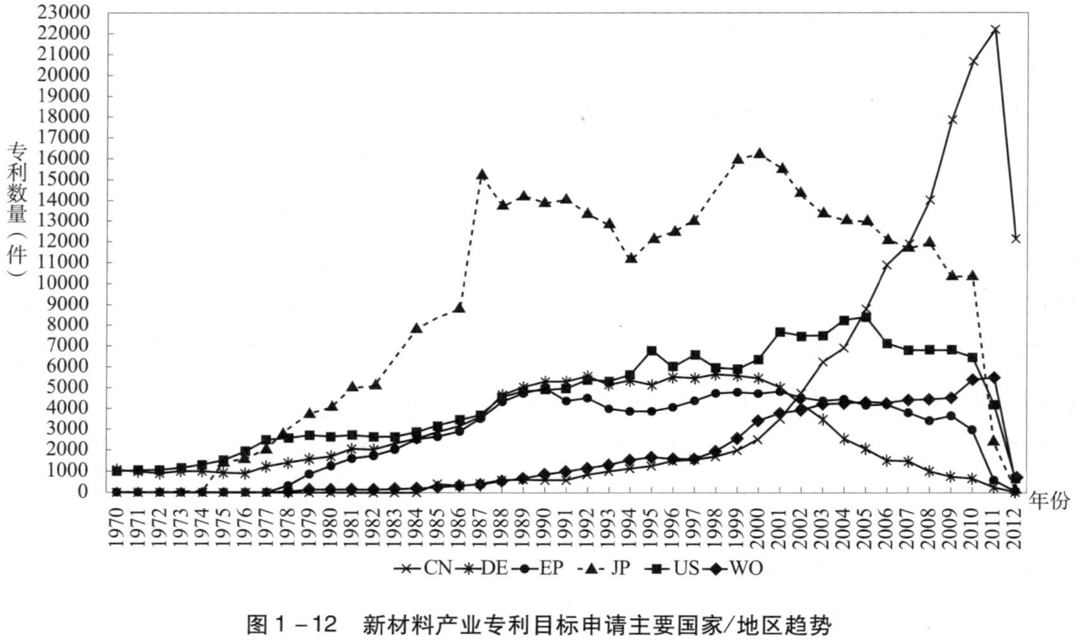

图1－12　新材料产业专利目标申请主要国家/地区趋势

如图1－13所示，特种金属功能材料日本区域专利申请2008年之前长期处于第一位，年平均专利申请量约为2 800件，2009年起被中国超越；中国区域专利申请自1985年以来主要表现为逐年递增态势，2002年、2006年、2009年分别超越德国、美国、日本，跃居第一，2010年专利申请量达3 834件；美国区域2000年之前专利申请表现为逐年递增态势，2001年起专利申请基本维持在年申请量2 000件；德国区域专利自2002年起开始下滑，2010年降为145件；在欧专局提交的专利申请自1997年起基本维持在年申请量780件左右；PCT申请表现为缓慢增长，2010年增至1 314件。

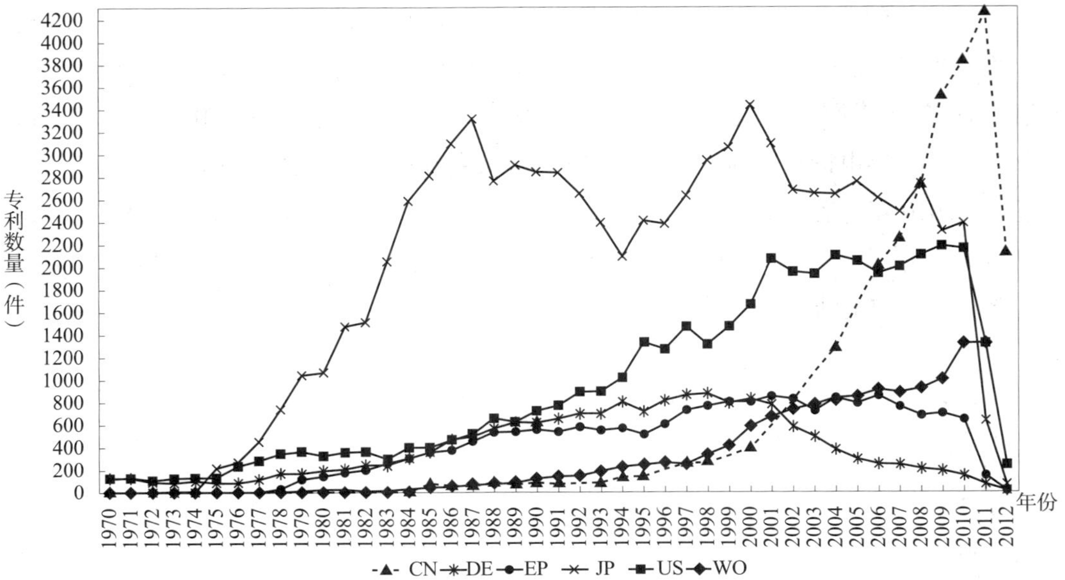

图 1－13　特种金属功能材料专利目标申请主要国家/地区专利申请趋势

如图 1－14 所示，高端金属结构材料日本区域专利申请自 1985 年起维持在年申请量 800 件左右，2008 年被中国超越，位居第二；中国区域专利申请自 1985 年起持续增长，2003 年超越美国、德国，2008 年超越日本，位居第一，2010 年专利申请量达 1 128 件；美国、在欧专局提交的专利申请量及 PCT 申请近几年无较大幅度增长，年申请量约为 200 件；德国自 2001 年起专利申请量开始下滑，2010 年申请量降为 37 件。

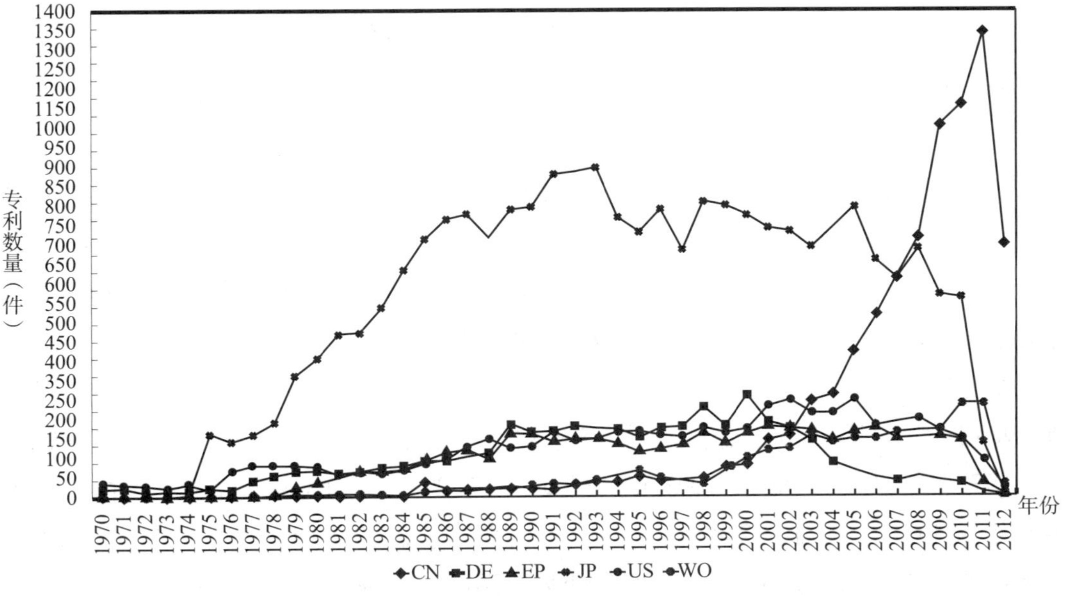

图 1－14　高端金属结构材料专利目标申请主要国家/地区专利申请趋势

如图 1 – 15 所示，先进高分子材料日本区域专利申请 2000 年达到历史高峰，申请量为 4 988 件，近几年专利申请略有下滑，2010 年专利申请量降为 2 781 件；中国区域专利申请自 1985 年以来持续增长，2002 年超越德国，2003 年超越美国，2006 年超越日本位居第一，2010 年申请量达到 7 544 件；美国区域专利申请量整体无较大增幅，近几年略有下降，2010 年专利申请量为 1 416 件；德国区域 2000 年起专利申请量开始下滑，2010 年专利申请量为 187 件；在欧专局提交的专利申请近几年略有下降，2010 年为 915 件；PCT 申请 2000 年起基本维持在 1 300 件左右。

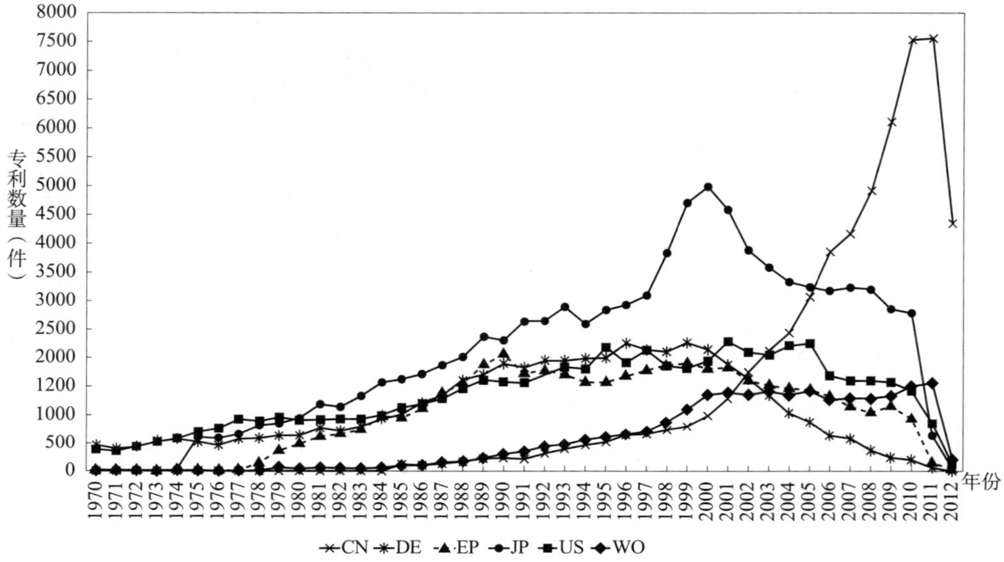

图 1 – 15　先进高分子材料专利目标申请主要国家/地区专利申请趋势

如图 1 – 16 所示，日本区域新型无机非金属材料 1987 年专利申请量跃升至 2 600 件，2000 年起开始下滑，2006 年被中国超越，2010 年专利申请量降为 1 604 件；中国区域专利申请 2002 年超越德国，2003 年超越美国，2006 年超越日本，2010 年专利申请量增至 4 275 件；美国专利申请量增长相对缓慢，2004 年专利申请量为历史峰值 1 482 件，2010 年专利申请量降为 819 件；德国区域专利申请自 1999 年起开始下滑，2010 年专利申请量降为 97 件；在欧专局提交的专利申请量及 PCT 申请增长较为缓慢，近几年维持在 600 件左右。

如图 1 – 17 所示，日本区域高性能复合材料专利申请长期位于第一，2001 年专利申请 3 920 件，近几年专利申请下滑，2010 年被中国超越，下降为 2 374 件；中国区域专利申请 1985 年以来持续增长，2003 年、2006 年、2009 年分别超越了德国、美国、日本，2010 年专利申请量增至 3 268 件；美国区域专利申请量 1988 年起基本维持在 1 400 件；德国区域专利申请量 1990 年起开始缓慢下降，2010 年降为 131 件；在欧专局提交的专利申请量近几年表现为略有下降，2010 年专利申请量为 559 件；PCT 申请量分别为近几年基本维持在 850 件以上。

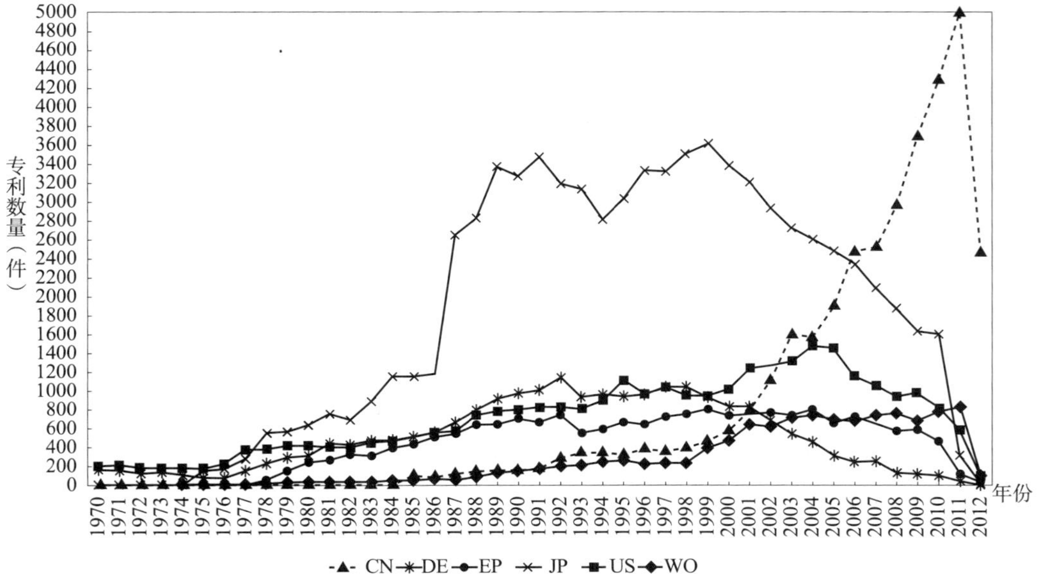

图 1－16　新型无机非金属材料专利目标申请主要国家/地区专利申请趋势

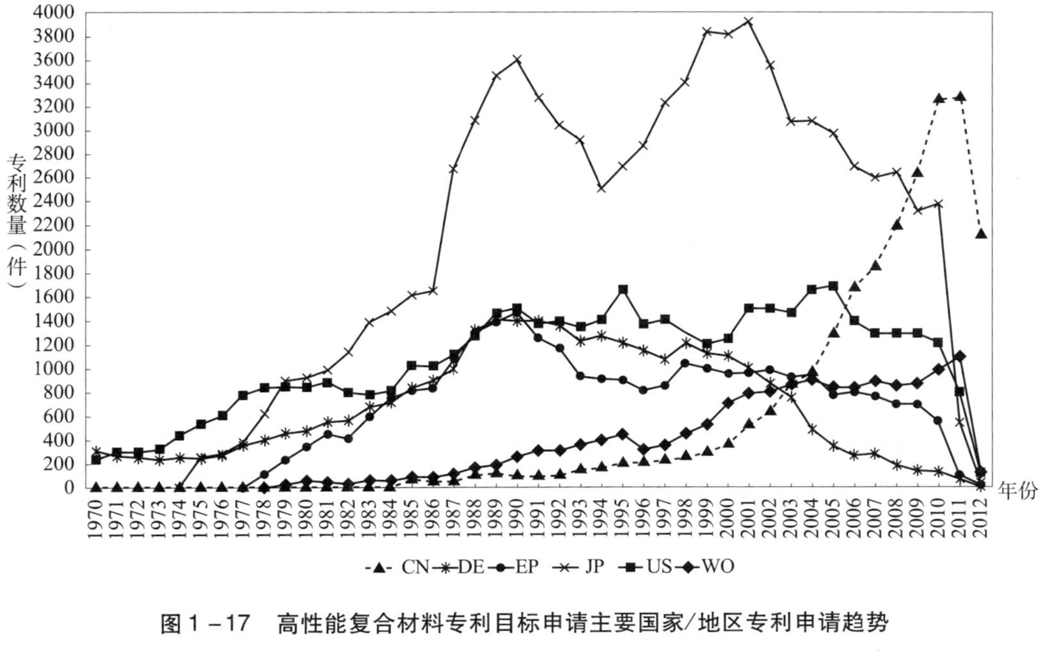

图 1－17　高性能复合材料专利目标申请主要国家/地区专利申请趋势

如图 1－18 所示，日本区域前沿新材料专利申请 1987 年一度达 5 476 件，1999 年起基本维持在 2 100 件左右；中国区域专利申请自 1985 年以来持续增长，2003 年、2006 年、2009 年分别超越德国、美国、日本，2010 年专利申请量达到 2 885 件；美国区域专利申请自 1988 年以来增幅较小，2001～2010 年专利申请量基本在 1 200 件左右；德国区域专利申请自 2002 年起开始下滑，2010 年专利申请量降为 146 件；在欧专局提交的专利申请近几年基本稳定在 600 件左右；PCT 申请近几年略有增长，2010 年达 1 115 件。

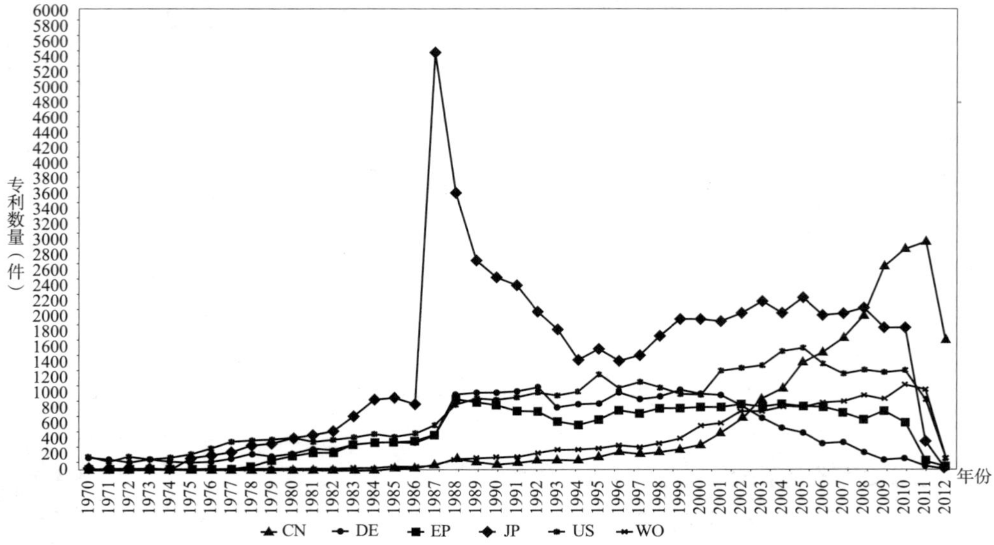

图 1－18　前沿新材料专利目标申请主要国家/地区专利申请趋势

（三）新材料产业主要国家重点技术分析

针对中国、日本、美国及德国区域的专利申请进行重点技术分析，可知：日本区域新材料专利申请重点集中在先进高分子材料、高性能复合材料、特种金属功能材料、新型无机非金属材料，专利申请量分别为 89 208 件、85 881 件、82 846 件、76 907 件；美国区域新材料专利申请重点集中在先进高分子材料、高性能复合材料、特种金属功能材料，专利申请量分别为 57 788 件、45 642 件、41 094 件；中国、德国区域专利申请重点集中在先进高分子材料，专利申请量分别为 55 657 件、46 973 件。整体来看，日本区域专利申请较为全面，在专利申请相对较少的高端金属结构材料领域相对其他国家仍较强，如图 1－19 所示。

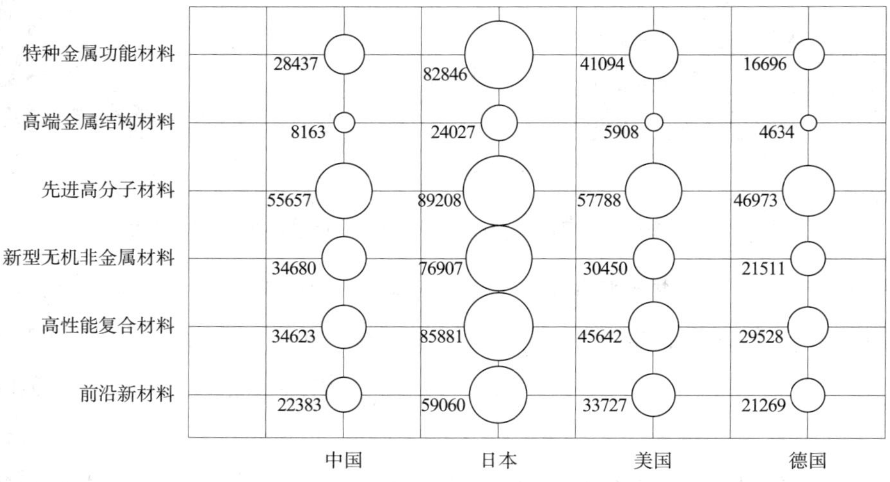

图 1－19　新材料产业六大技术分支中的主要区域专利布局

在特殊金属功能材料领域，半导体材料、特殊功能合金日本区域专利申请量较大，分别为31 272件、27 343件，超出美国、中国、德国较多，而在稀土功能材料、稀有金属材料技术分支专利申请量分别为12 007件、14 722件，超出中国区域近万件，如图1-20所示。

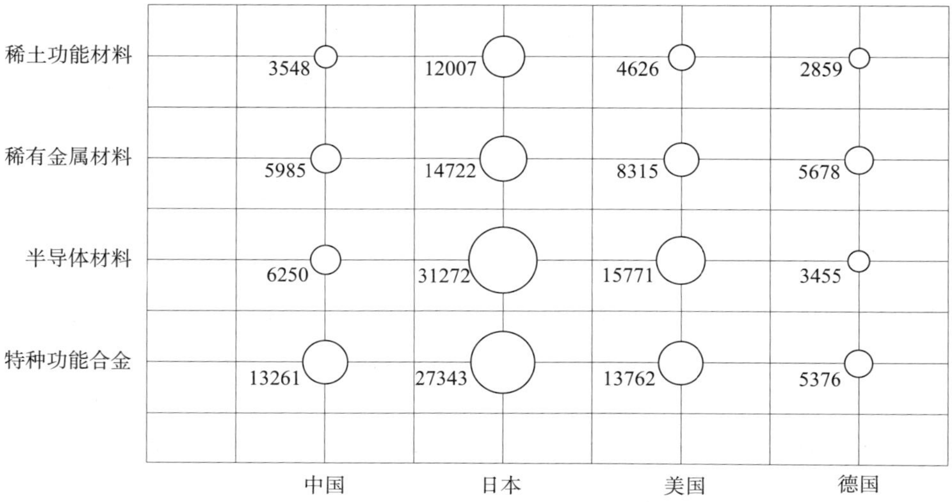

图1-20 特种金属功能材料二级技术分支中的主要区域专利布局

日本区域专利申请在高端金属结构材料两技术分支——高品质特殊钢、高强轻型合金领域专利申请量分别为12 004件、12 068件，而中国、美国、德国区域专利申请量不超过6 000件，如图1-21所示。

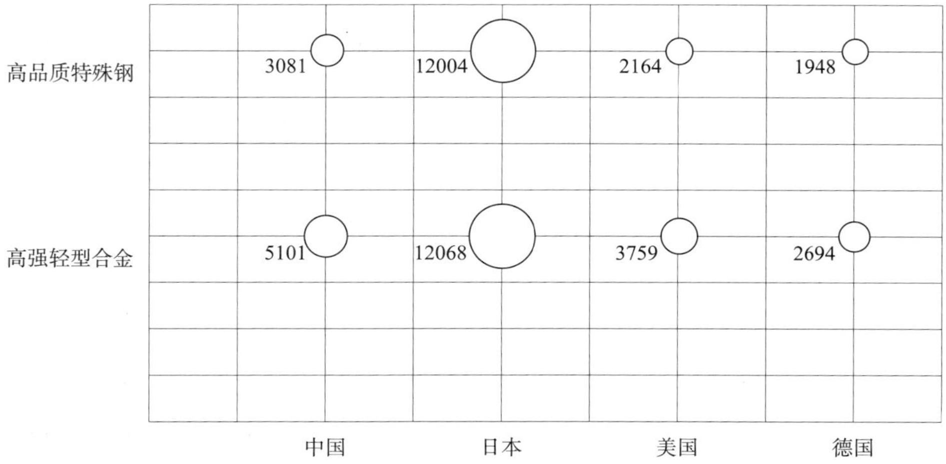

图1-21 高端金属结构材料二级技术分支中的主要区域专利布局

在先进高分子材料领域，中国区域专利申请重点集中于高性能膜材料分支，其专利申请量达21 474件，超过日本、美国、德国区域专利申请量；日本区域专利申请主要集中于工程塑料、特种橡胶，专利申请量分别为31 686件、25 207件，在其他功能性高分子材料专利申请量也达17 783件，在四国区域中位列第一；美国、德国区域在特种橡胶、工程塑料分支专利申请也在两万件左右，中国区域专利申请量也超过了一万件。高性能硅材料、高性能氟材料技术分支专利申请量相对其他分支较少，如图1－22所示。

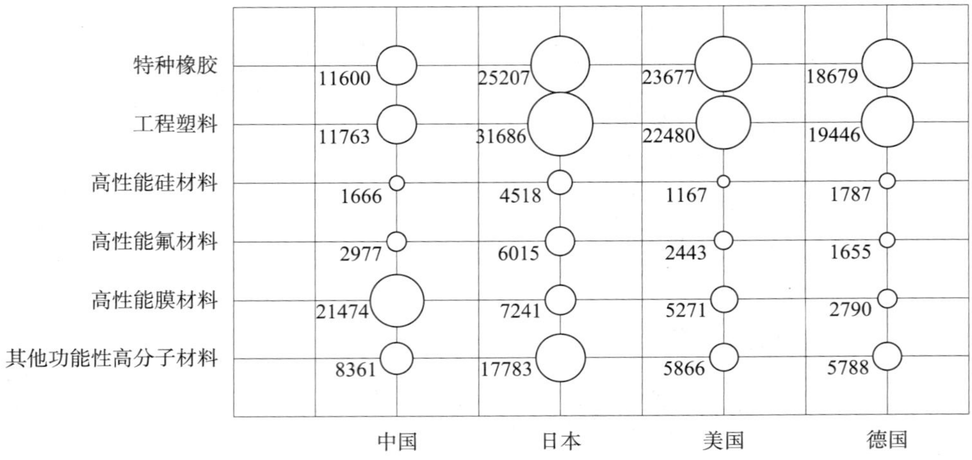

图1－22　先进高分子材料二级技术分支中的主要区域专利布局

在新型无机非金属材料领域，日本区域在先进陶瓷、特种玻璃、新型建材、人工晶体技术分支专利申请量皆领先美国、中国、德国区域，其中先进陶瓷、特种玻璃专利申请量分别为25 806件、22 957件，超出第二位美国一万多件，如图1－23所示。

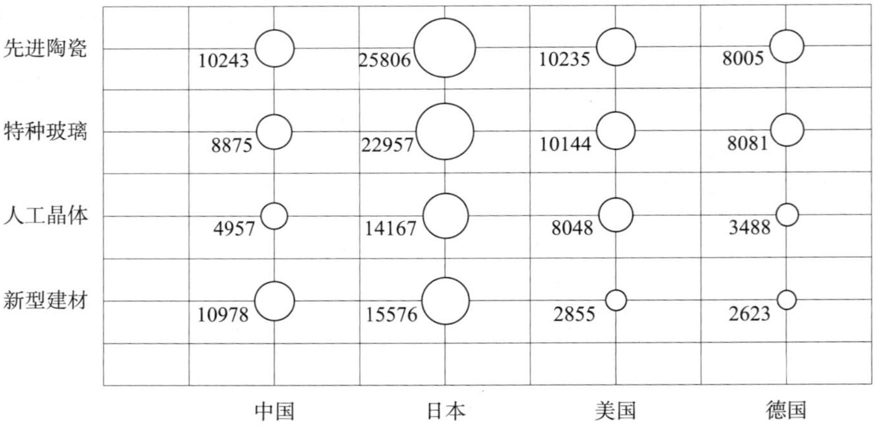

图1－23　新型无机非金属材料二级技术分支中的主要区域专利布局

在高性能复合材料领域，日本和中国区域专利申请重点集中在树脂基复合材料、高性能纤维技术分支，日本以上两个技术分支的专利申请量分别为33 464件、23 166件，中国为14 034件、15 570件。美国、德国专利申请主要集中于树脂基复合材料，专利申请量分别为22 307件、14 983件，在高性能纤维材料领域专利申请量与日本区域差距较大。此外，日本区域在碳碳复合材料、金属基复合材料领域专利申请量也领先于美国、中国、德国，如图1－24所示。

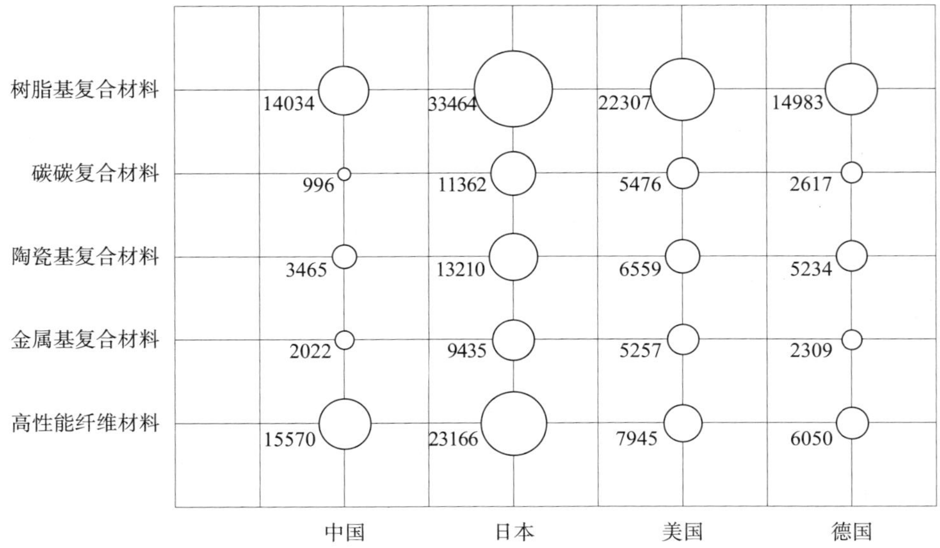

图1－24　高性能复合材料二级技术分支中的主要区域专利布局

在前沿新材料领域，日本区域专利申请主要集中于智能材料、超导材料分支，专利申请量分别为19 856件、19 222件，在超导材料领域专利申请量优势尤其明显，超出美国一万多件；在纳米材料分支，中国区域专利申请量超过美国、次于日本，居于第二位；在生物材料分支，中国区域专利申请量5 024件，弱于日本、美国和德国，如图1－25所示。

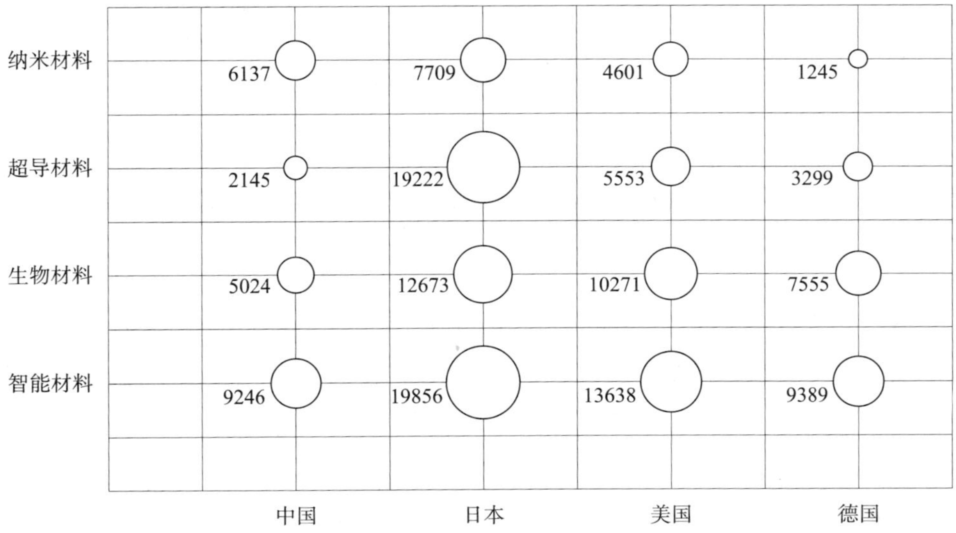

图1－25　前沿新材料二级技术分支中的主要区域专利布局

二、新材料产业全球竞争者分析

世界新材料产业的主导者是美国、日本和欧洲，在基础研究、应用研究、技术商品化、生产制造等各方面都居世界领先地位。从企业形态来说，不仅有大型跨国公司，还有众多的中小企业。尤其是许多大型跨国企业下有专门从事新材料产业的分支企业，这些分支企业依靠母公司的强大财力，研发制造的新型材料经常供本公司下游产品使用，如通用电气公司、巴斯夫公司。

（一）新材料产业全球申请人构成分析

图1－26是新材料产业专利申请量排名前20位的申请人构成图。从图中可以看出，在前20位的排名中，日本的申请人有16家之多且大多为世界知名企业，而其他国家的申请人只有4家，这说明日本高度重视在新材料领域中实施知识产权保护且具有较大优势。

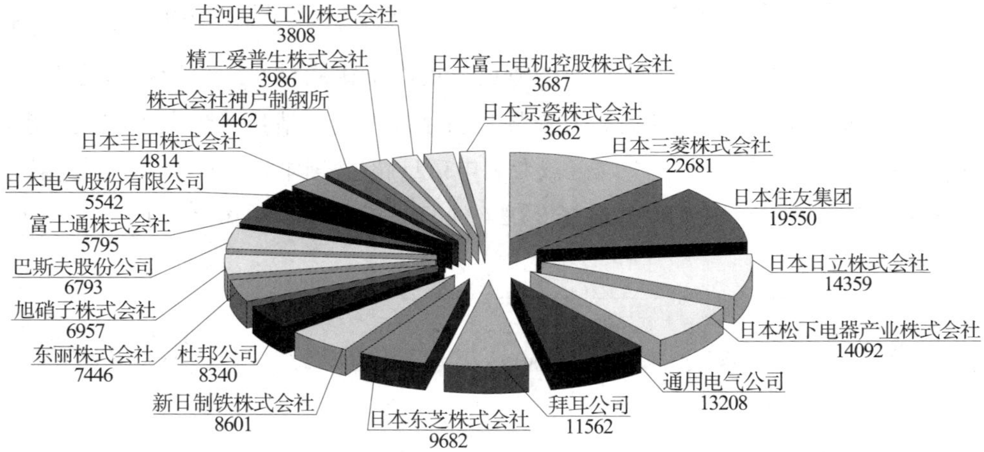

图1－26 新材料产业全球专利申请量前20位申请人构成分析

日本企业在全球新材料领域中的申请人布局较多，主要的申请人包括日本三菱株式会社、日本住友集团和日本日立株式会社等，其中日本三菱株式会社涉及材料的会员单位数量多、涉足领域广，所以整体上在新材料中的专利数量较多；日本住友集团旗下企业主要涉及的是橡胶、酚醛塑料和金属材料等领域，所以在这几个方面的专利数量会偏多；日立集团是全球最大的综合跨国集团之一，也是日本最大的综合电器、电子产品公司，业务涉及领域广泛，虽然旗下并没有专门开发新材料的企业，但其非常注重汽车系统及汽车系统材料和信息电子及面向数字家电产品的零部件与材料的技术。

美国在新材料领域中专利申请量较多的企业包括通用电气公司、杜邦公司等。其中，通用电器下属的GE特种材料公司、GE塑料等，主要涉及的是金属材料和塑料等新材料领域。杜邦公司是美国大型化学公司，涉及新材料产业的业务部门有杜邦高性能涂料、杜邦应用化学与氟产品、杜邦包装用塑料与工业用树脂、杜邦高性能聚合物等，在这些领域中，杜邦公司具有明显的优势，专利申请量也较大。

德国作为基础领域中的传统强国，涉足新材料领域的企业包括拜耳公司和巴斯夫公司。拜耳公司在有机复合材料中具有较强的优势，巴斯夫公司的主要业务则包括化学品及塑料、纤维、涂料和染料等。

排名中，绝大多数企业的产业跨度较大，新材料是其所涉产业中的一部分，新材料的发展更多的是为辅助主要业务的发展，如通用电气公司、日立等；也有个别传统的化学品企业以新材料为主营业务，包括拜耳公司、巴斯夫公司和三菱集团等，但这些公司同样在逐步发展成为经营范围很广的大型跨国公司。

（二）同时进入美日欧申请人构成分析

为更好地分析全球申请人在世界主要市场（美国、日本、欧洲）的专利布局及竞争实力，表1－2列出了美国、日本、欧洲三方专利申请量排名前15位的申请人，可以看出：美国具有很强实力，6家全球著名企业进入前10位且专利申请量都非常大；德国作为老牌的基础工业强国，其在新材料领域中的实力非常雄厚，其中拜耳公司和巴斯夫公司占据了第1位、第3位的位置；日本在注重本国市场的同时，也非常注重在美国和欧洲的专利布局，有四家企业列入前15位，最具代表性的是住友集团、永木精械株式会社和三菱集团；另外法国著名的制药公司塞诺菲－安万特公司也榜上有名。表1－2同样显示，部分企业拥有相当数量的美国、日本、欧洲、中国四方专利申请量。

表1－2　美日欧三方专利申请量前15位申请人及相应美日欧中四方专利申请量

序号	英文申请人名称	中文申请人名称	美日欧三方专利申请量（件）	美日欧中四方专利申请量（件）
1	BAYER AG	拜耳公司	4 176	601
2	GEN ELECTRI	通用电气公司	3 134	674
3	BASF AG	巴斯夫公司	2 794	493
4	Sanofi－Aventis	塞诺菲－安万特公司	1 822	343
5	DU PONT	杜邦公司	1 683	148
6	DOW CHEMICAL C	陶氏化学	1 557	211
7	SUMITOMO ELECTRIC INDUSTRIE	日本住友集团	1 349	451
8	NGK INSULATORS LTD	永木精械株式会社	808	85
9	Mitsubishi Group	日本三菱集团	772	186
10	MINNESOTA MINING & MF	美国3M公司	736	147
11	EASTMAN CHEM CO	伊士曼化工公司	584	232

续表

序号	英文申请人名称	中文申请人名称	美日欧三方专利申请量（件）	美日欧中四方专利申请量（件）
12	Evonik Degussa	德国德固赛公司	502	105
13	SHINETSU CHEMICAL CO	信越化学	457	73
14	EXXON CHEMICAL PATENTS IN	埃克森美孚公司	388	313
15	SIEMENS	德国西门子公司	362	40

第二章　新材料产业中国专利状况分析

第一节　新材料产业中国专利发展态势分析

一、新材料产业国内专利申请总体态势

以专利公开日计算，从1985年1月1日至2012年12月31日，新材料产业国内专利申请（包括发明和实用新型）总量为115 045件，总体呈现持续增长态势，1985～2011年的年均增长率为18.5%（参见图2－1）。新材料产业的国内专利申请趋势可分为4个阶段，具体结合六大技术分支国内专利申请的趋势、专利申请技术生命周期等信息（参见图2－2，图2－3），分析如下所述。

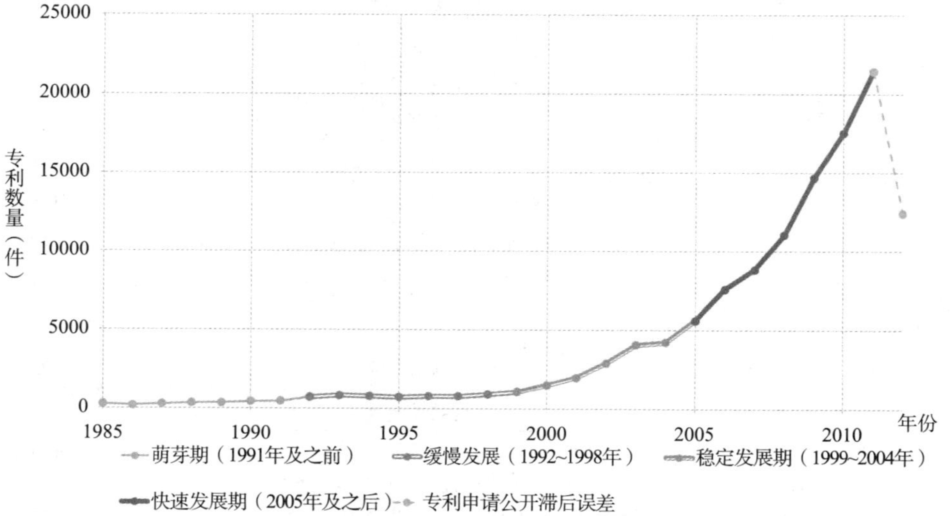

图2－1　新材料产业专利申请国内总体趋势

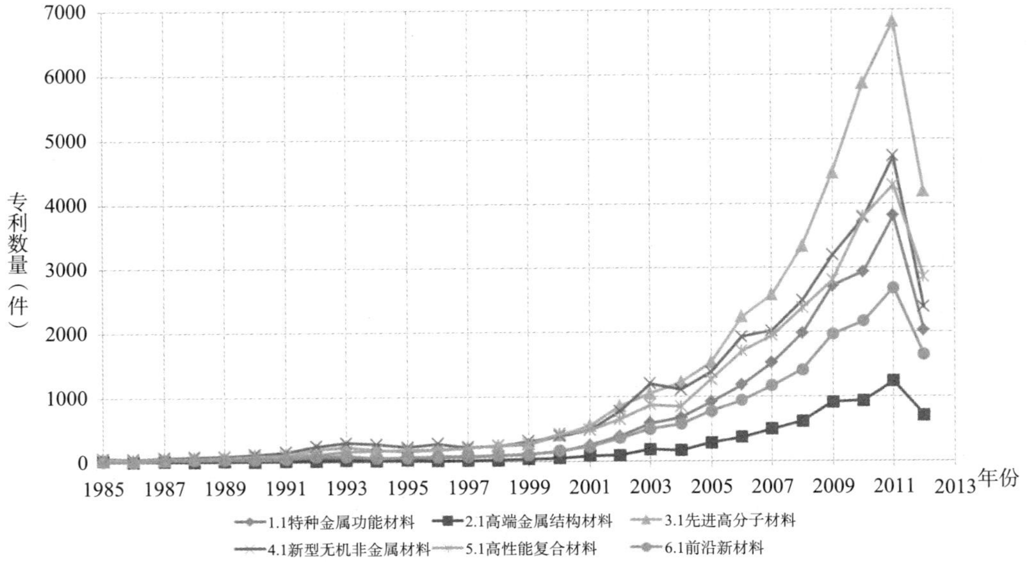

图 2-2　新材料产业六大技术分支国内专利申请总体趋势

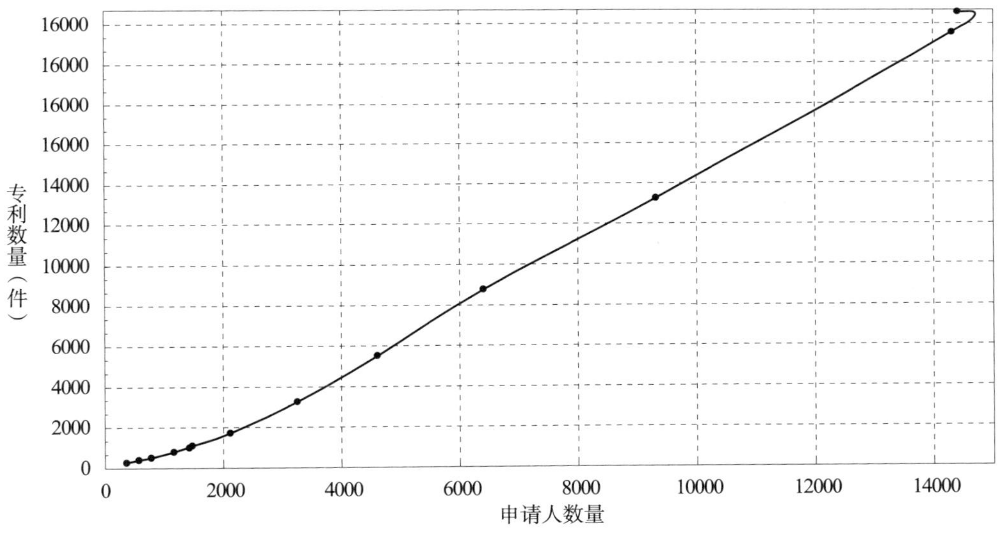

图 2-3　新材料产业国内专利申请技术生命周期

（1）萌芽期（1991 年及之前）。

新材料各领域的发展均处于萌芽阶段，各技术分支的专利申请量呈现非常缓慢的增长趋势，总量之间没有明显的差距，新型无机非金属材料、高性能复合材料、先进高分子材料的发展略微占优；特种金属功能材料、前沿新材料、高端金属结构材料的发展略慢。年专利申请人的数量虽呈增长趋势但整体数量较低。

（2）缓慢发展期（1992～1998年）。

新型无机非金属材料、高性能复合材料、先进高分子材料逐渐占据该阶段技术发展的主要地位，总体呈现缓慢增长的趋势，但除了高性能复合材料持续增长外，新型无机非金属材料和先进高分子材料并未在此期间出现显著增长，甚至在该阶段后期出现小幅波动；前沿新材料、特种金属功能材料、高端金属结构材料的发展平稳，未出现显著增长。年专利申请人的数量在1992年出现大幅增长，达到695名，主要集中在北京、辽宁、上海地区，并在随后逐渐稳定在700～790名的水平，北京、辽宁、山东、江苏成为此期间专利申请的优势地区。虽然专利申请量和申请人数量没有出现迅速增长，但是新材料研究体系已初步形成。

（3）稳定发展期（1999～2004年）。

先进高分子材料、新型无机非金属材料、高性能复合材料继续占据该阶段技术发展的主要地位并呈现增长加快的趋势，在此期间的年专利申请量均出现3～4倍的递增，特别是先进高分子材料领域，在该阶段的后期其年专利申请量已经超过新型无机非金属材料跃居第一；特种金属功能材料、前沿新材料、高端金属结构材料年专利申请量在此期间均出现4～5倍的递增，其中特种金属功能材料、前沿新材料发展相对较快，开始在该阶段技术发展中占据一定地位。年申请人的数量也随着专利申请的数量呈现加速增长的趋势，年专利申请人数量保持在880～2 400名的水平，北京、上海、广东、辽宁、江苏专利申请分别占申请总量的15%、13%、10%、6%、6%，广东地区的增长相对其之前时期尤为显著，上述地区是此期间专利申请的优势地区。

（4）快速发展期（2005年及之后）。

先进高分子材料、新型无机非金属材料、高性能复合材料继续占据该阶段技术发展的主要地位，这些领域呈现增长明显加快的趋势，先进高分子材料领域的增速快于其他领域，以显著优势排名第一，特种金属功能材料增长也较为迅速，也在该阶段技术发展中开始占据主要地位，这些领域年专利申请量在此期间均出现3～4倍的递增；前沿新材料、高端金属结构材料也均呈现增长明显加快的趋势，这些领域年专利申请量在此期间出现3～4倍的递增。年申请人的数量也随着专利申请的数量呈现快速增长的趋势，年专利申请人数量保持在2 700～8 800名的水平，江苏、广东、上海、北京专利申请分别占申请总量的15%、11%、11%、11%，江苏地区的增长相对其之前时期尤为显著，上述地区是此期间专利申请的优势地区。

二、新材料产业国外来华专利申请总体态势

1985～2012年，新材料产业国外来华专利申请总量为42 340件，总体呈现持续增长

态势，1985～2010年的年均增长率为13.5%（参见图2－4）。新材料产业的国外来华专利申请趋势可分为4个阶段，萌芽期（1993年及之前）、稳定发展期（1994～2000年）、快速发展期（2001～2006年）、调整期（2007年及之后），近两年呈增长放缓趋势。

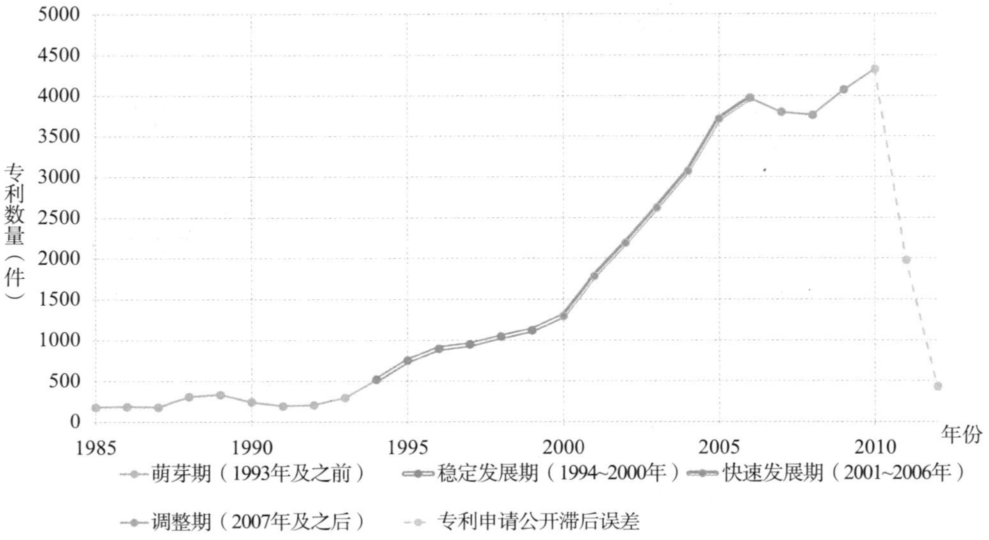

图2－4 新材料产业国外来华专利申请总体趋势

结合各技术分支国外来华专利申请趋势（见图2－5），可以看出：先进高分子材料增速越来越大，牢牢占据第一的位置；特种金属功能材料、高性能复合材料、前沿新材料、新型无机非金属材料四个领域的发展趋势较为类似；高端金属结构材料的发展相对缓慢。

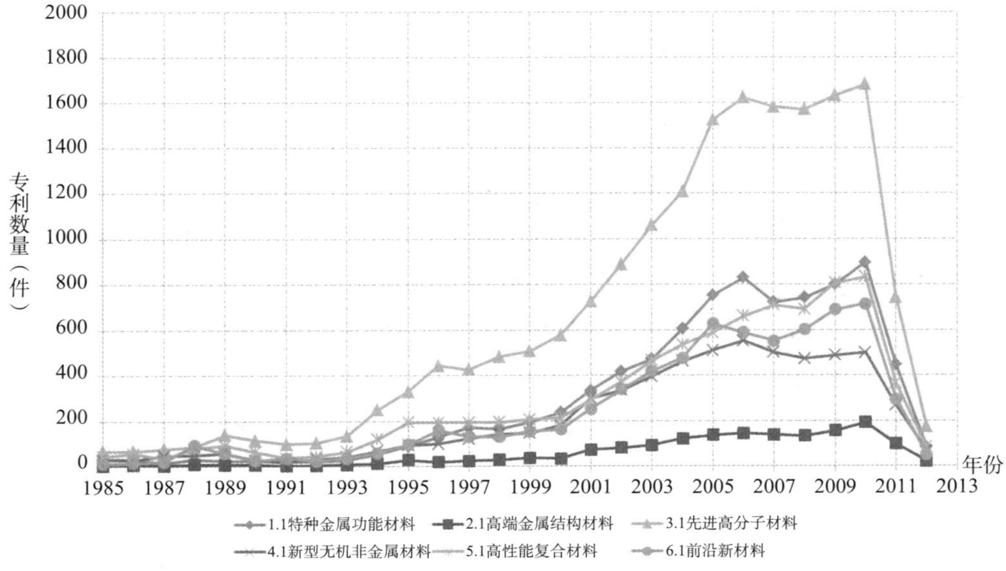

图2－5 新材料产业国外来华六大技术分支专利申请总体趋势

第二节　新材料产业中国专利技术态势分析

一、新材料产业中国专利申请技术构成分析

1985～2012年，新材料产业国内及国外来华专利申请在六大一级技术分支的专利申请量情况如表2－1所示。

表2－1　新材料一级分支全球、国内和国外来华专利申请量情况

一级技术分支	专利申请数量（件）/占各自总量比（%）（占全球总量比%）			排名		
	全球	国内	国外来华	全球	国内	国外来华
先进高分子材料	346 062/27.39	37 353/27.74（10.79）	18 304/37.12（5.29）	1	1	1
高性能复合材料	249 764/19.77	26 407/19.61（10.57）	8 216/16.66（3.29）	2	3	3
特种金属功能材料	215 395/17.05	20 081/14.92（9.32）	8 356/16.95（3.88）	3	4	2
新型无机非金属材料	213 099/16.86	28 663/21.29（13.45）	6 017/12.20（2.82）	4	2	5
前沿新材料	184 168/14.57	15 577/11.57（8.46）	6 806/13.80（3.70）	5	5	4
高端金属结构材料	55 174/4.37	6 551/4.87（11.87）	1 612/3.27（2.92）	6	6	6
总量（未去重）	1 263 662	134 632（10.65）	49 311（3.90）			

从表2－1中可以看出：各技术分支的国内专利申请量占全球专利申请量的比例均在8%以上，新型无机非金属材料的国内专利申请量占同一分支全球专利申请量的比例更高达13.45%，说明国内新材料领域专利申请在全球范围内占有一定分量。国内各一级技术分支的专利申请量为国外来华相同技术分支专利申请量的两倍以上，先进高分子材料、高性能复合材料、特种金属功能材料、新型无机非金属材料、前沿新材料和高端金属结构材料的国内专利申请量与国外来华专利申请量的比值分别为2.04、3.21、2.4、4.8、2.3和4.1，这说明在中国区域内，国内专利申请较国外来华申请在数量上占优。

从全球、国内及国外来华专利申请的技术排名进行分析，相似之处在于：先进高分子材料在全球、国内以及国外来华专利申请中均占据第一位的位置，除该领域涉及面广的因素外，也说明这是国内外非常重视的技术分支。前沿新材料和高端金属结构材料在全球专利申请和国内专利申请中均处于第五位和第六位。而高性能复合材料、特种金属功能材料和新型无机非金属材料在产业内的专利申请量排名不同：高性能复合材料国内专利申请量排名第三位，而其全球和国外来华的排名则分别为第二位和第三位；特种金属功能材料国内申请量位列第四位，全球范围内位居第三位，国外来华则为第二位；新

型无机非金属材料在国内的专利申请量仅次于先进高分子材料，位居第二位，而在全球范围内其位居第四位，国外来华该技术领域的专利申请量则位居第五位。这些差异之处说明在国内申请人在新材料产业内的不同技术领域的侧重点与全球范围内有所区别，这也为国内新材料产业发展提示了一种方向，即在竞争对手专利申请的薄弱地区寻求突破点，发展拥有自主知识产权的技术。

二、新材料产业中国专利申请国内技术发展路线分析

我国新材料的研发起步于20世纪50年代中期，主要研究与开发的重点是国防与航空航天等领域。进入20世纪90年代后，交通、能源、通讯等产业以及汽车工业、家电工业、信息产业在国民经济中的地位越来越重要，新材料的发展开始面向市场，我国新材料产业也是从这个时候开始大发展的（参加图2－6）。

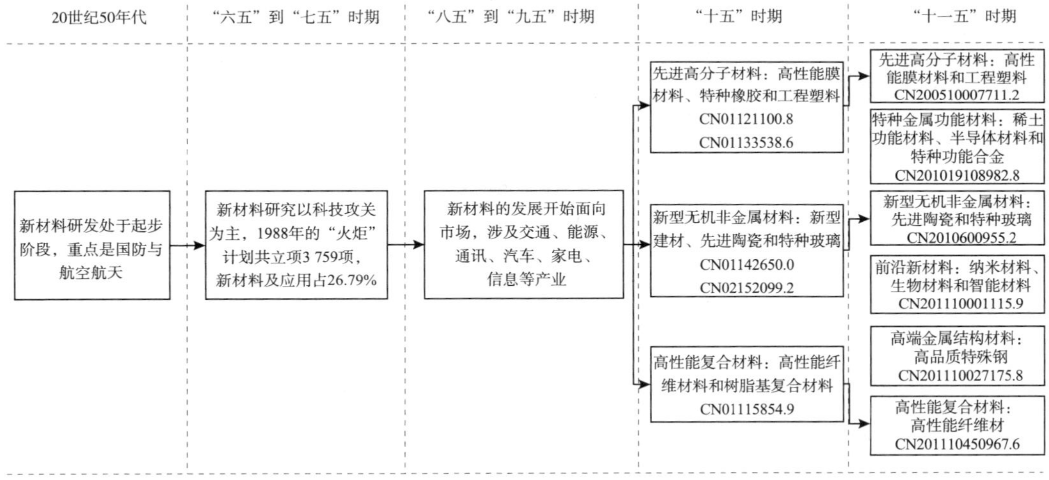

图2－6　我国新材料产业专利申请技术发展路线图

下文对六大技术分支下二级技术分支作进一步分析：

图2－7为先进高分子材料国内专利申请趋势图。如图2－7所示，高性能膜材料2001年的国内专利申请量为270件，2011年的专利申请量为2 933件。工程塑料2001年的专利申请量仅为61件，2011年时专利申请量达1 539件。先进高分子材料领域的专利申请量也在以高性能膜材料和工程塑料为代表的所有技术分支的专利申请量提升的基础上从2001年的555件增至2011年的6 822件。

图2－8为新型无机非金属材料国内专利申请趋势图。如图2－8所示，新型无机非金属领域的专利申请量从2001年的486件增至2011年的6 822件。这主要是由于该领域的特种玻璃和先进陶瓷的发展。特种玻璃2001年专利申请量为69件，2011年增至1 079件，先进陶瓷2001年专利申请量为129件，2011年增至1 332件。

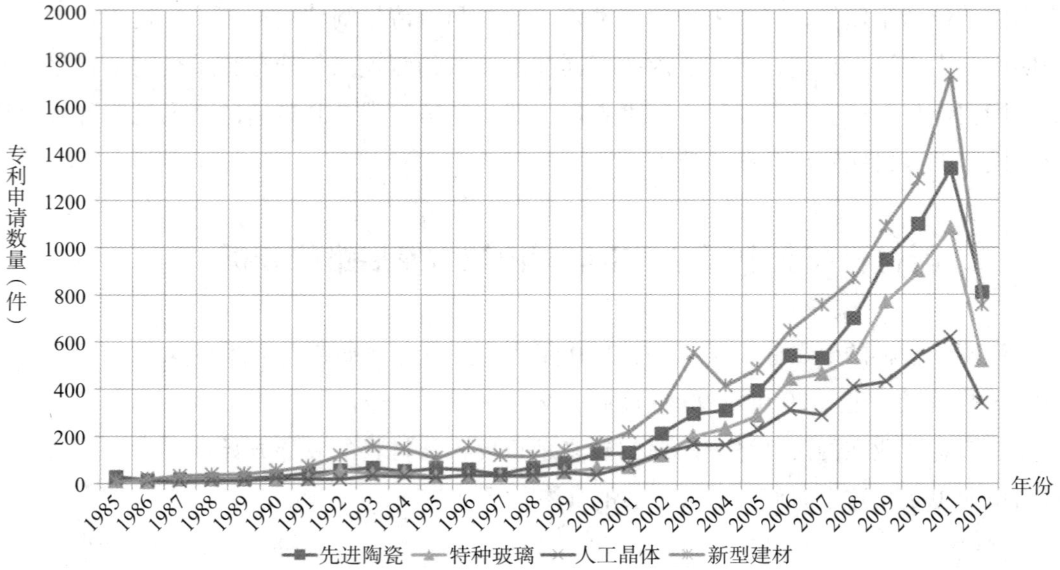

图2－7　先进高分子材料二级技术分支国内专利申请趋势

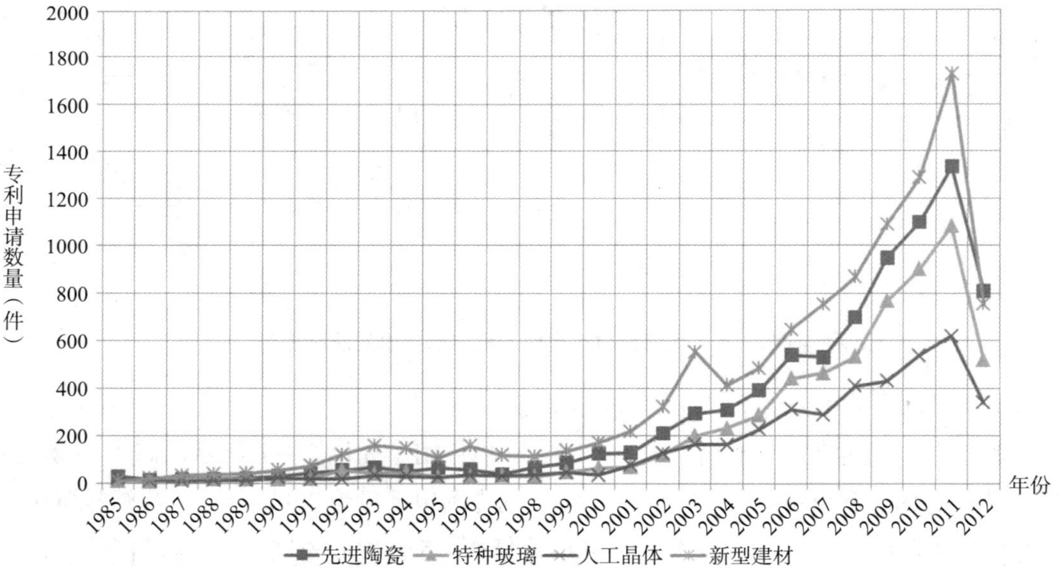

图2－8　新型无机非金属材料二级技术分支国内专利申请趋势

图2－9为特种金属功能材料国内专利申请趋势图。如图2－9所示，特种金属功能材料领域的半导体材料和特种功能合金在“十五”和“十一五”规划期间发展迅速，半导体材料2001年专利申请量为29件，2011年增至1 155件，特种功能合金2001年的专利申请量为140件，2011年的专利申请量增至1 692件，得益于这两个技术分支的发展，

特种金属功能材料的专利申请量从2001年的253件增至2011年的3 813件。

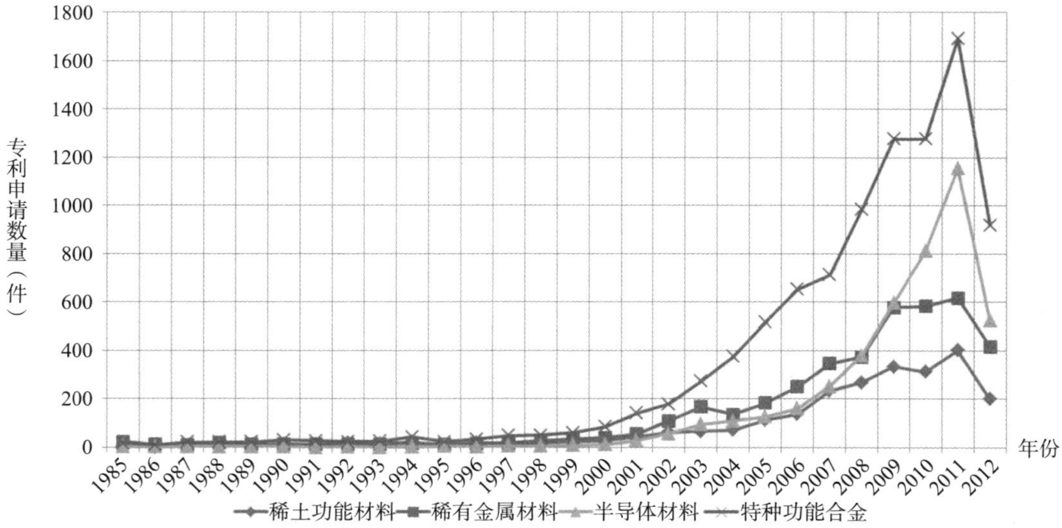

图2－9　特种金属功能材料二级技术分支国内专利申请趋势图2－14为高性能复合材料

图2－10为高性能复合材料国内专利申请趋势图。高性能复合材料领域的专利申请量从2001年的487件增至2011年的4 285件，该领域的高性能纤维材料的专利申请量从2001年的318件增至2011年的1 899件。

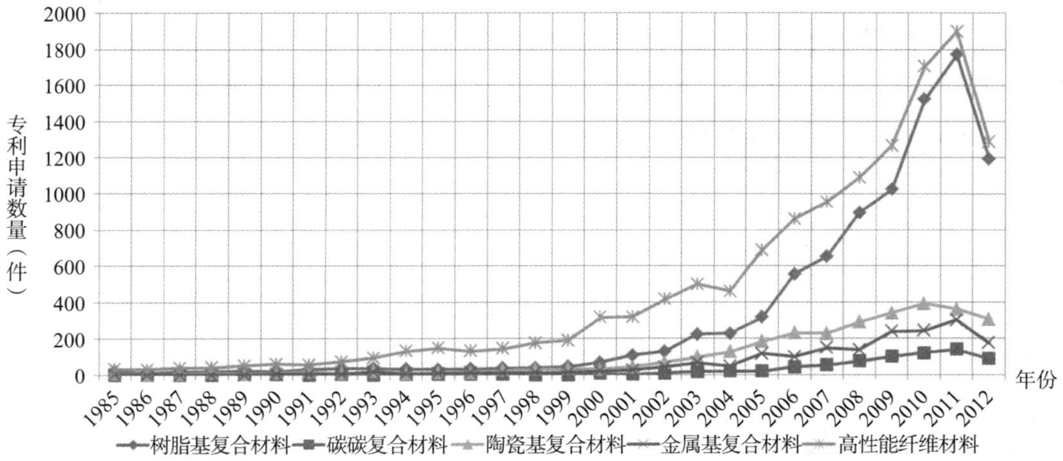

图2－10　高性能复合材料二级技术分支国内专利申请趋势

图2－11为前沿新材料国内专利申请趋势图。如图2－11所示，纳米材料、生物材料和智能材料是我国目前重点发展的技术。其中，纳米材料2001年的专利申请量为45件，2011年增加到909件；生物材料2001年的专利申请量为39件，2011年的专利申请量为660件；智能材料的专利申请量则从2001年的110件增至2011年的932件，通过上

述三大技术分支的快速发展，前沿新材料领域的专利申请量从 2001 年的 230 件增至 2011 年的 2 690 件。

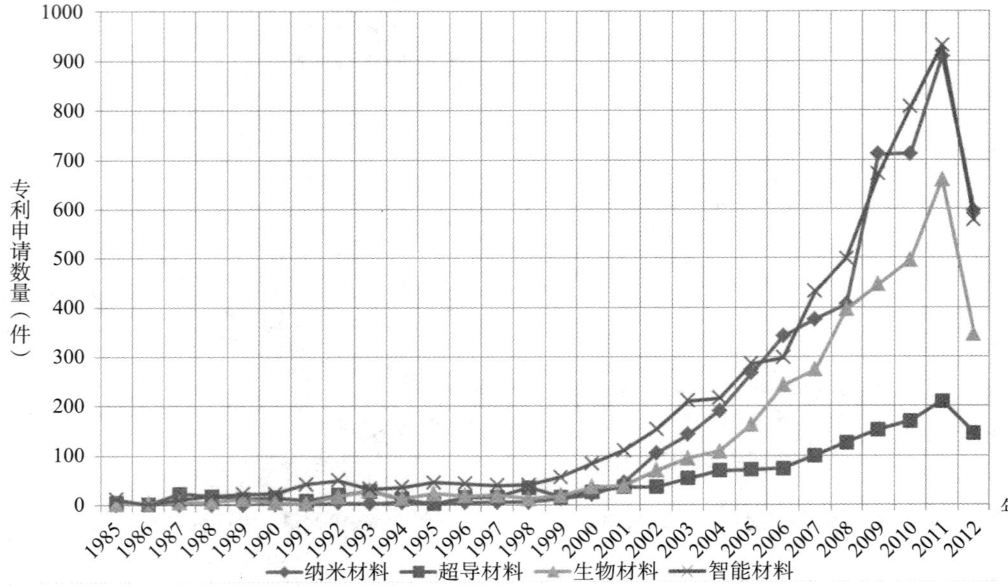

图 2－11　前沿新材料二级技术分支国内专利申请趋势

图 2－12 为高端金属结构材料国内专利申请趋势图。如图 2－12 所示，国内高端金属结构材料的专利申请规模远小于其他技术分支。21 世纪初至今高品质特殊钢和高强轻型合金的专利申请量增加明显，高强轻型合金的专利申请量高于高品质特殊钢的专利申请量，2001 年高强轻型合金的专利申请量仅有 61 件，2011 年则增加为 783 件。高品质特殊钢 2001 年和 2011 年的专利申请量分别为 30 件和 457 件。

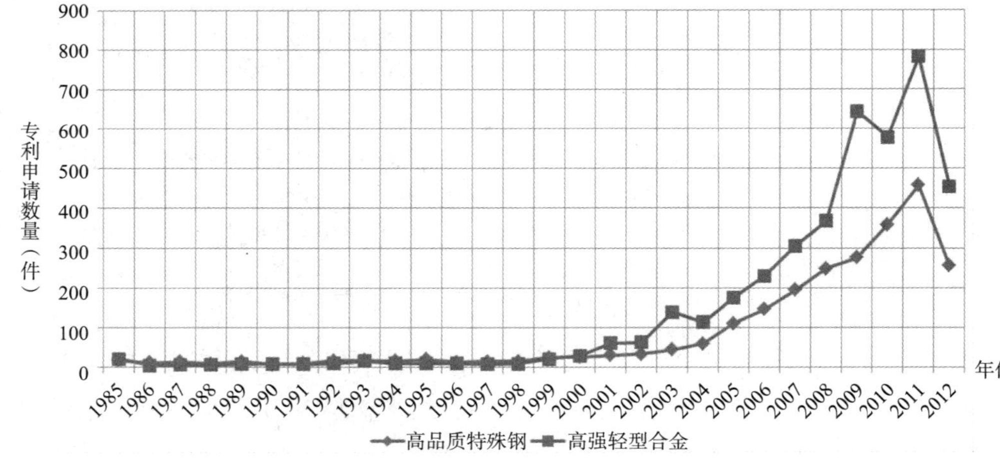

图 2－12　高端金属结构材料二级技术分支国内专利申请趋势

综合比较国内新材料产业和全球新材料产业的各时期发展路线，可知先进高分子材料在全球和国内都属于重点发展的技术领域，虽然全球范围内的专利申请量在2000～2010年有波动，但整体上呈现上升态势，国内该领域则始终处于上升态势。此外，新型无机非金属材料、特种金属功能材料和前沿新材料的全球发展呈现上升趋势，这与国内的技术领域发展趋势相同。全球范围内的高性能复合材料在2000～2010年处于下降的趋势，而国内高性能复合材料在这一时期则是快速发展时期。另外，高端金属结构材料在全球和国内的发展路线都呈现较为平缓的特征，整体上保持增加的态势。

三、新材料产业国外来华专利申请技术发展路线分析

图2－13为国外来华新材料产业专利申请技术发展路线图。国外来华新材料各一级分支的技术发展路线和专利申请量变化趋势与全球的1985～2012年的专利申请量的变化趋势相类似，主要是由于受到全球范围内的各种因素的制约。

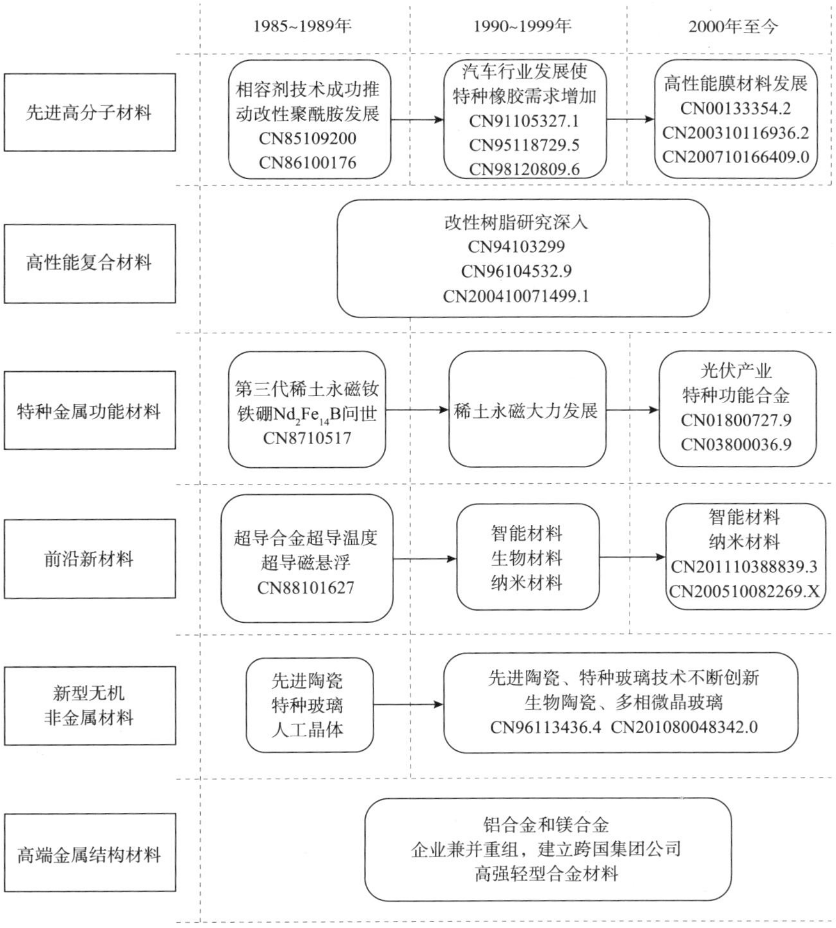

图2－13 国外来华新材料产业专利申请技术发展路线图

图 2－14 为国外来华先进高分子材料专利申请趋势图。推动国外来华先进高分子材料的专利申请量提升的因素有：20 世纪 80 年代，相容剂技术开发成功促进了改型聚酰胺的发展；全球汽车行业在 1995～2004 年的十年间迅速发展，推动了特种橡胶的技术发展；21 世纪以来，高性能膜材料在全球各行业应用的增加。

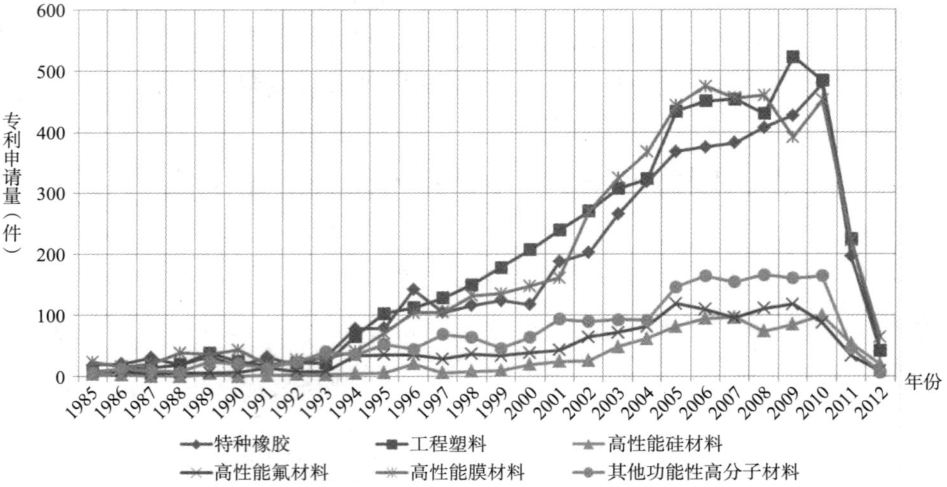

图 2－14　国外来华先进高分子材料专利申请趋势

同全球情况相似，国外来华高性能复合材料领域内的树脂基复合材料分支是该领域内专利申请量最多的技术，其余的碳碳复合材料、陶瓷基复合材料和金属基复合材料三个分支的专利申请发展较为平稳，如图 2－15 所示。20 世纪 80 年代开始，改性树脂的研究深入，提高了全球高性能复合材料的专利申请量，相应的国外来华的专利申请量也得到提升，这一趋势一直延续到 2010 年前后。

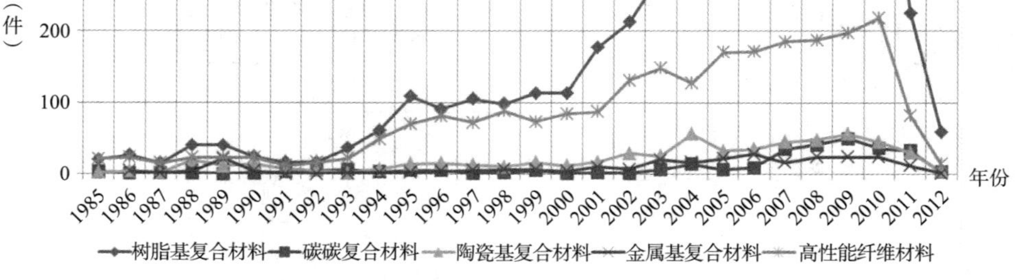

图 2－15　国外来华高性能复合材料专利申请趋势

图 2－16 为国外来华特种金属功能材料专利申请趋势图。特种金属功能材料方面的推动因素有：1982 年第三代稀土永磁 $Nd_2Fe_{14}B$ 的问世，加速了全球稀土功能材料技术的发展；21 世纪初以来世界光伏产业的迅猛发展，推动了多晶硅快速发展；以及 2005～2012 年特种功能合金的发展。

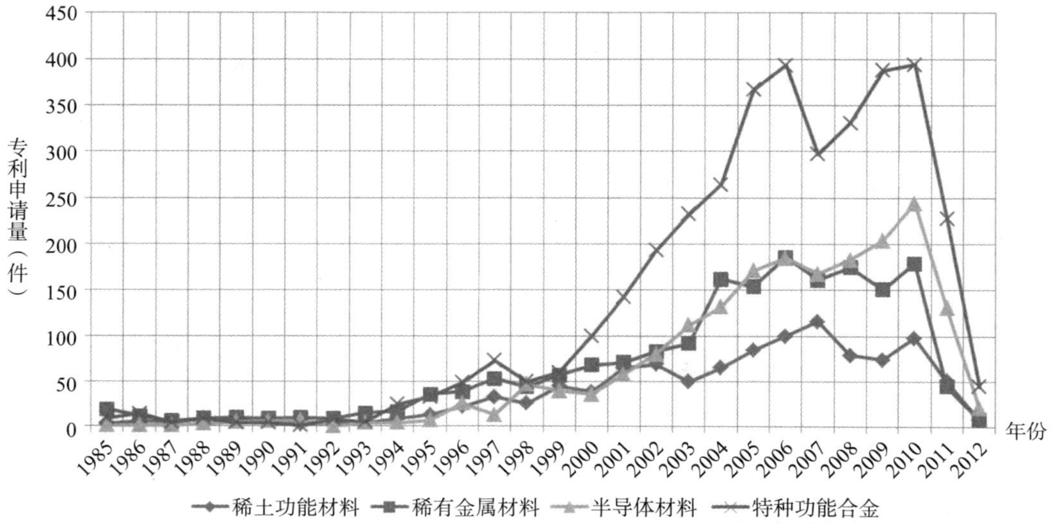

图 2－16　国外来华特种金属功能材料专利申请趋势

如图 2－17 所示，在 1985～1989 年，得益于超导材料的技术突破，前沿新材料国外来华的专利申请量出现激增。21 世纪初以来，则主要得益于纳米材料和智能材料的快速发展。

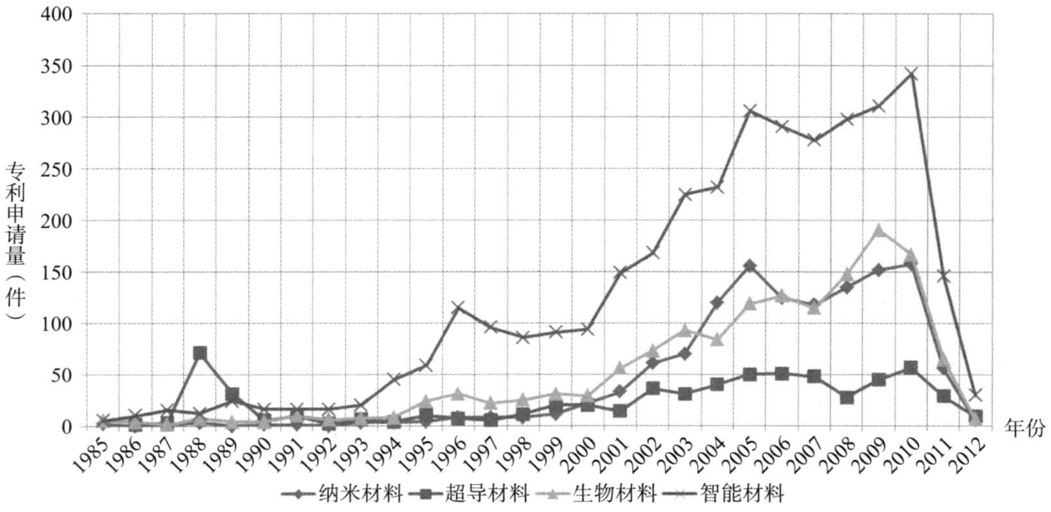

图 2－17　国外来华前沿新材料专利申请趋势

新型无机非金属材料方面与全球情况类似，如图 2－18 所示，先进陶瓷技术、特种玻璃技术和人工晶体技术的发展，推动了国外来华专利申请量的增加，尤其在进入 21 世纪之后，特种玻璃和先进陶瓷的专利申请量增加明显，主要是由于生物陶瓷在 2000 年后应用加快及结构更加复杂的多相微晶玻璃研制成功。

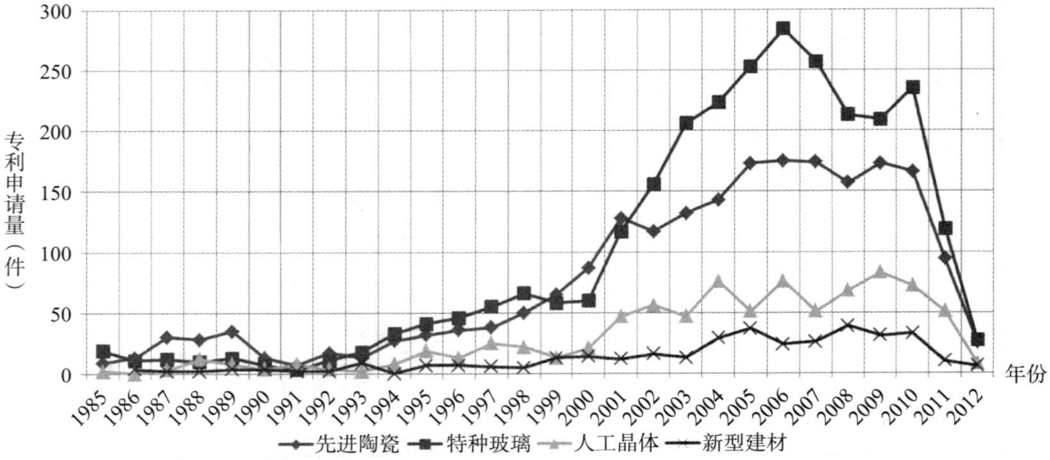

图 2－18　国外来华新型无机非金属材料专利申请趋势

高端金属结构材料方面同全球情况相同，如图 2－19 所示，高品质特殊钢形成了碳素结构钢、合金结构钢、超高强度钢等品种体系。高强轻型合金材料领域建立了跨国集团公司，推动了高强轻型合金材料的技术发展。

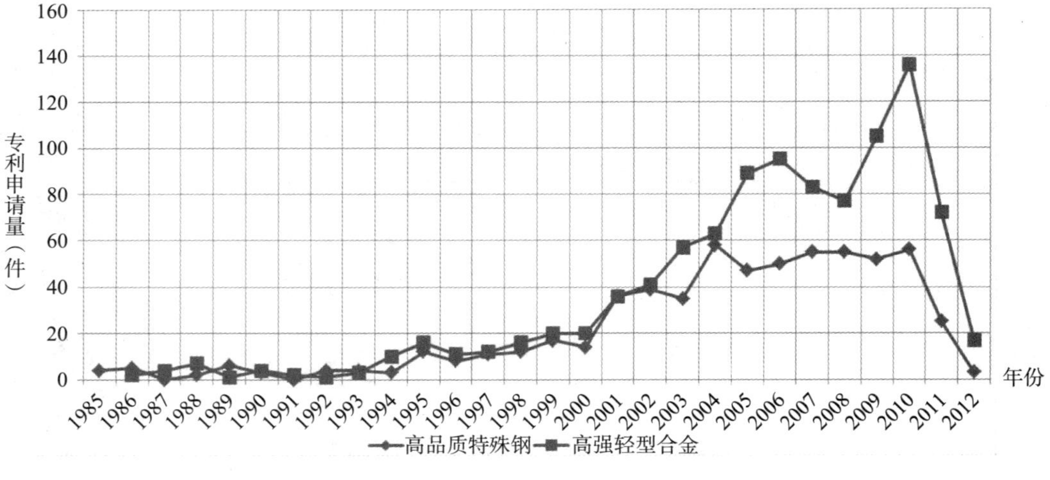

图 2－19　国外来华高端金属结构材料专利申请趋势

四、新材料产业中国专利技术国内研发重点与热点分析

通过对各二级技术分支专利申请量的统计（见表2－2），1985～2012年，高性能膜材料的专利申请量为16 397件，占新材料产业的11.88%，位居第一，是国内新材料产业中专利申请量最多的重点技术。同时，高性能膜材料2005～2012年的专利申请量为13 264件，占同期新材料产业专利申请总量的11.8%，也是近年来新材料产业研究的热点技术。热点技术方面，高性能纤维材料、特种功能合金、树脂基复合材料、新型建材、先进陶瓷和特种橡胶2005～2012年的专利申请量高于其他分支，且专利申请量的增长率较高，是国内新材料产业的研究热点。

表2－2　国内新材料各技术分支不同时间段专利申请量情况

一级分支（1985～2012年/2005～2012年）（件）	二级分支	1985～2012年			2005～2012年		
		专利申请量（件）	比例（%）	排名	专利申请量（件）	比例（%）	排名
先进高分子材料（37 353/32 344）	特种橡胶	6 966	5.05	7	6 341	5.64	7
	工程塑料	6 454	4.68	8	5 881	5.23	8
	高性能硅材料	797	0.58	24	746	0.66	24
	高性能氟材料	1 712	1.24	22	1 486	1.32	21
	高性能膜材料	16 397	11.88	1	13 264	11.80	1
	其他功能性高分子材料	6 447	4.67	9	4 626	4.12	10
高性能复合材料（26 407/22 101）	树脂基复合材料	9 102	6.59	5	7 926	7.05	4
	碳碳复合材料	717	0.52	25	640	0.57	25
	陶瓷基复合材料	2 892	2.10	18	2 327	2.07	18
	金属基复合材料	1 754	1.27	21	1 456	1.30	22
	高性能纤维材料	13 158	9.53	2	9 752	8.67	2
特种金属功能材料（20 081/17 385）	稀土功能材料	2 455	1.78	20	2 000	1.78	20
	稀有金属材料	4 105	2.97	15	3 346	2.98	15
	半导体材料	4 360	3.16	13	4 005	3.56	13
	特种功能合金	9 538	6.91	4	8 034	7.15	3
新型无机非金属材料（28 663/22 110）	先进陶瓷	8 086	5.86	6	6 346	5.65	6
	特种玻璃	6 113	4.43	10	4 992	4.44	9
	人工晶体	4 107	2.98	14	3 162	2.81	16
	新型建材	10 621	7.69	3	7 610	6.77	5

续表

一级分支（1985～2012年/2005～2012年）（件）	二级分支	1985～2012年			2005～2012年		
		专利申请量（件）	比例（%）	排名	专利申请量（件）	比例（%）	排名
前沿新材料（15 577/12 888）	纳米材料	4 873	3.53	12	4 317	3.84	12
	超导材料	1 501	1.09	23	1 048	0.93	23
	生物材料	3 562	2.58	17	3 021	2.69	17
	智能材料	5 750	4.17	11	4 502	4.00	11
高端金属结构材料（6 551/5 587）	高品质特殊钢	2 465	1.79	19	2 048	1.82	19
	高强轻型合金	4 101	2.97	16	3 539	3.15	14

图2－20为国内新材料产业各重点技术分支1985～2012年的专利申请量变化情况，各重点技术分支的专利申请量都呈现逐年增加的趋势。图2－21为国内新材料产业各热点技术分支2005～2012年的专利申请量情况，这一时期各技术分支的专利申请量呈现两个特点，一是专利申请量逐年增加，二是这一时期的专利申请量较之前时期的专利申请量增加明显。

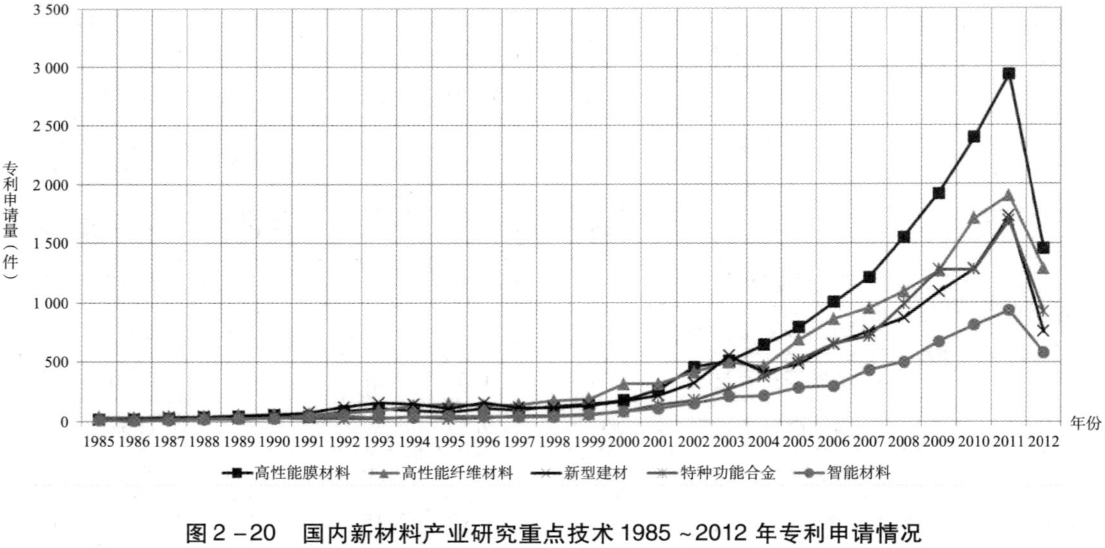

图2－20　国内新材料产业研究重点技术1985～2012年专利申请情况

我国的高性能膜材料现已成为国民经济发展中不可或缺的实用技术，在传统工艺改造、环境保护、新能源开发和水资源循环利用等领域中显示出非常突出的作用，在世界范围内，我国已成为高性能膜技术应用的大国。目前，我国的高性能膜技术的研究紧跟国际潮流，以新的膜材料研发、利用新工艺改善膜结构以提高膜的通水量和抗污染能力为主要的研究和发展方向。

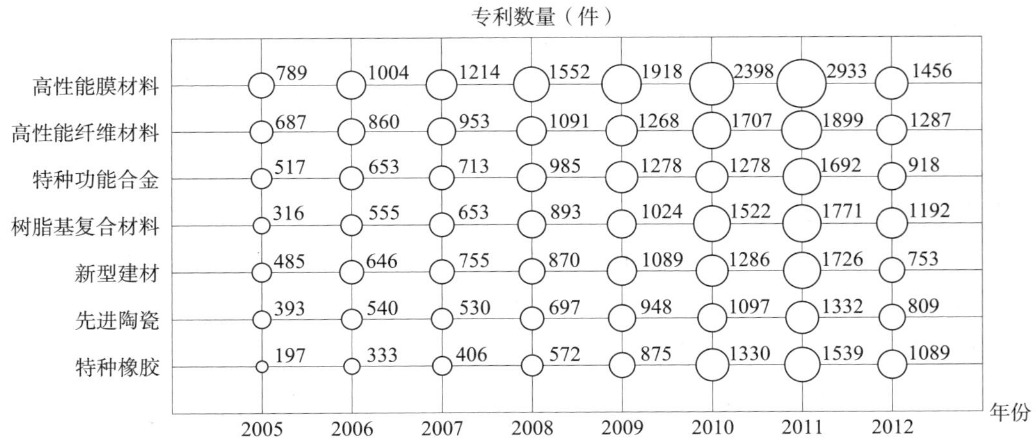

图 2－21　国内新材料产业研究热点技术 2005～2012 年专利申请情况

高性能纤维材料既是当代高新技术的重要组成部分，又是发展高新技术的重要支柱和突破口，是我国优先培育、扶持的重点产业之一。1985～2012 年，国内的高性能纤维专利申请量为 13 158 件，占比 9.53%，是国内新材料产业第二重点研究技术。2005～2012 年，国内的高性能纤维专利申请量为 9 752 件，占比 8.67%，是国内第二热点研究领域。从高性能纤维各品种趋势看，新型碳纤维原丝及工艺技术有待进一步发展，对位芳纶产业化进程加快，超高分子量聚乙烯纤维在防弹材料领域的研究将进一步深入，聚苯硫醚纤维在环保领域应用的研究有待进一步发展。

随着国民经济的发展和人民生活水平的逐步提高，人们对居住和工作场地的要求不断提高。发展多功能和高效的新型建材及制品，不仅可以显著改善建筑物的功能，而且可以提高社会经济效益，因此，发展新型建材及制品是社会进步和提高社会经济效益的重要一环。新型建材技术 1985～2012 年的专利申请量为 10 621 件，占比 7.69%，位居新材料产业的第三位。目前，工业副产石膏如何替代天然石膏作为新型建材的生产原料已成为世界各国的研究热点。国内新型建材领域 2005～2012 年的专利申请量为 7 610 件，占比 6.77%，是研究的热点技术之一。“十二五”规划期间，我国新型建材的发展将更趋向于多功能性，如调温调湿、抗菌除味、自洁净、防辐射等。

特种功能合金在国民经济发展中起着非常重要的作用，既是国内新材料产业重点研究领域，同时也是热点领域。其 1985～2012 年的专利申请量为 9 538 件，占比 6.91%，2005～2012 年的专利申请量为 8 034 件，占比 7.15%。

国内先进树脂基复合材料经过 30 多年的发展，初步形成了满足目前航空航天装备研制所需的复合材料体系，成形和配套技术逐渐成熟，已经成为支撑新型歼击机、大型飞机研制不可缺少的关键材料技术。树脂基复合材料 1985～2012 年国内专利申请量为9 102 件，占比 6.59%，是国内新材料产业另一重点研究领域。2005～2012 年的国内专利申请量为7 926件，占比7.05%，是近年来研究的热点领域之一。目前，国内先进树脂基复合材料的研究热点主要围绕以下几方面展开，一是提高复合材料应用的减重效率，二是提高应用效能，三是积极发展自动化和数字化制造技术。

我国先进陶瓷材料经过多年的发展，在粉体制备、成形、烧结、新材料应用以及探索性研究方面取得了丰硕的成果，这些新材料、新工艺、新技术，在节约能源、节约贵重金属资源、促进环境保护、提高生产效率，延长机器设备寿命以及实现尖端技术等方面，发挥着积极作用，促进了国民经济可持续发展、传统产业的升级改造和国防现代化建设。1985～2012年国内先进陶瓷的专利申请量为8 086件，占比5.86%，2005～2012年的专利申请量为6 346件，占比5.65%，是新材料产业的研究热点领域之一。目前，国内先进陶瓷的研究正紧跟国际科技前沿，包括自蔓延高温燃烧合成技术、凝胶注模成形技术、微观结构设计已成为研究的热点。

经过半个多世纪的发展，我国特种橡胶工业走过了一条国内自主研发和引进国外先进技术相结合的道路。目前，我国已初步形成了较为完整的合成橡胶工业体系。国内的特种橡胶企业重视新技术和新产品的开发工作，重视知识产权的开发和保护，1985～2012年国内特种橡胶的专利申请量为6 966件，占比5.05%，2005～2012年专利申请量为6 341件，占比5.64%，是另一研究热点领域。

第三节　新材料产业中国竞争态势分析

一、新材料产业各省市专利状况对比分析

（一）新材料产业各省市专利态势

新材料产业各省市专利申请如图2－22所示。截至2012年年底，新材料国内省市专利申请量排名前三位的依次为江苏、北京、上海，分别有14 283件、13 659件、12 308件，分别占国内专利申请总量的17.2%、16.4%、14.8%；广东专利申请量达12 197件，位列第四，占14.7%；其余省市专利申请均不超过8 000件。

针对专利申请排名前六位的北京、广东、江苏、山东、上海及浙江进行年度专利申请统计，得出图2－23。图中显示：2002年之前，北京新材料专利申请数量上领先其他省份；2002～2008年，上海和北京新材料专利申请在数量上交替领先，广东、江苏、浙江、山东位列其后；2009年起，江苏新材料专利申请量超过广东、北京、上海，跃居第一位。浙江、山东居于第五位、第六位；2011年江苏省新材料专利申请达3 298件，比第二位广东2 219件多出了1 079件，增长势头迅猛。

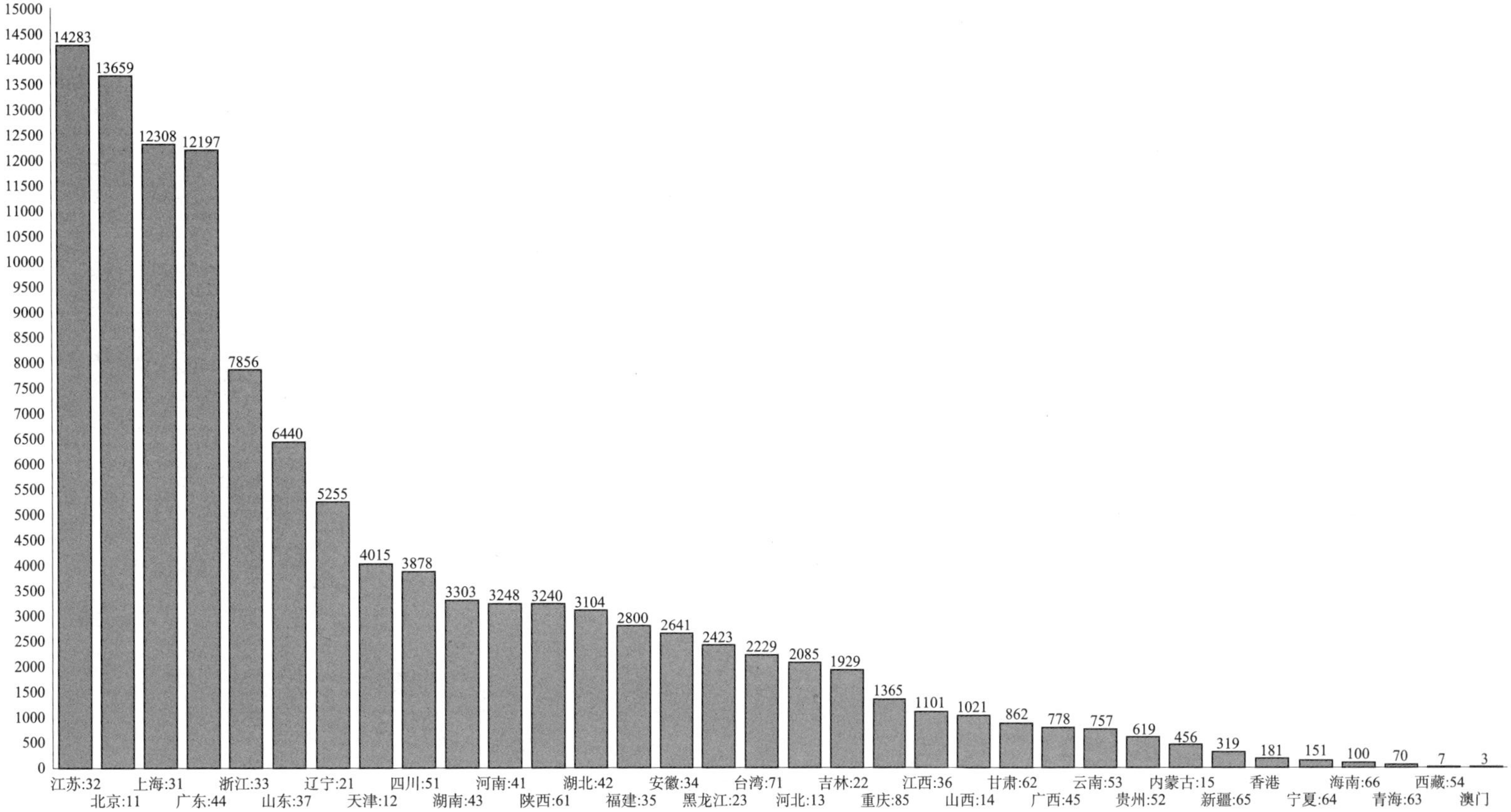

图 2－22　新材料产业各省市专利申请构成

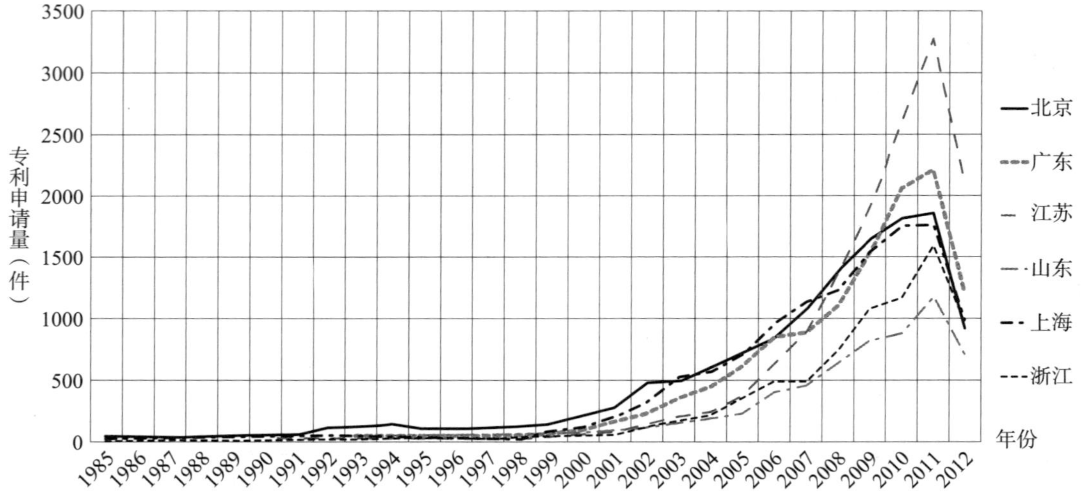

图2－23 新材料产业专利申请量前六的省市专利申请趋势

（二）新材料产业各省市技术布局

比较上述六省市在新材料技术领域的专利布局可知（参见图2－24）：先进高分子材料普遍为各省市专利申请的重点，江苏、广东、上海、北京先进高分子材料专利申请量都超过了4 000件，而在其他领域各省市专利申请布局各有强弱。北京在特种金属功能材料、前沿新材料领域专利申请量分别为3 222件、2 521件，居全国第一位；广东在新型无机非金属材料专利申请量3 433件，居国内第一位；江苏在高性能复合材料领域专利申请量2 472件，居于全国第一位。高端金属结构材料六省市专利申请相对其他技术分支较少，其中江苏省专利申请量1 142件，超出第二位上海400多件。

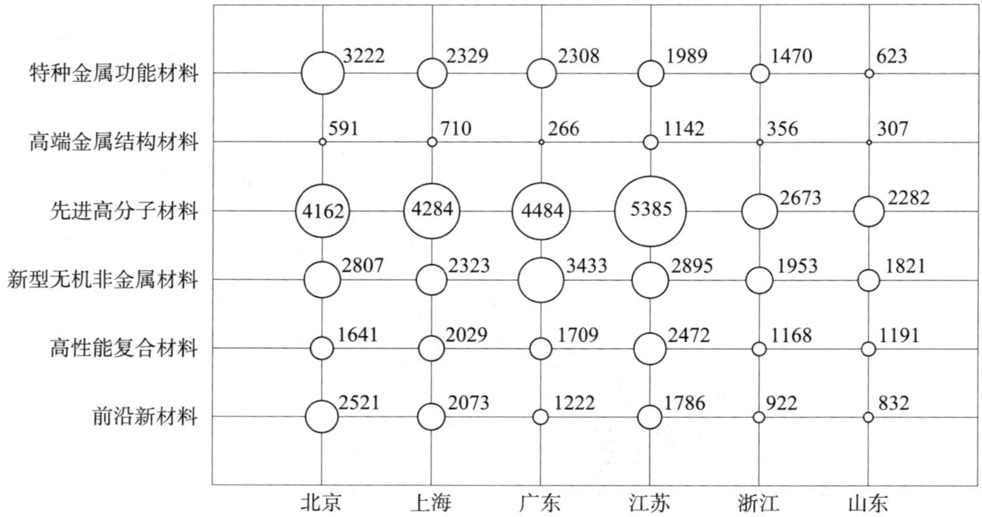

图2－24 新材料产业六大一级技术分支中六省市专利布局

下文针对六省市在六大一级技术分支下的二级技术分支中的专利申请情况进行比较分析。

如图 2－25 所示，北京在稀土功能材料、稀有金属材料技术分支专利申请位居国内第一，专利申请量分别为 649 件、697 件；半导体材料技术分支专利申请在国内相对集中于上海、北京、江苏，专利申请量分别为 776 件、727 件、676 件；广东、北京、上海在特种功能合金技术分支专利申请量居于国内前三，专利申请量分别为 1 773 件、1 236 件、933 件。

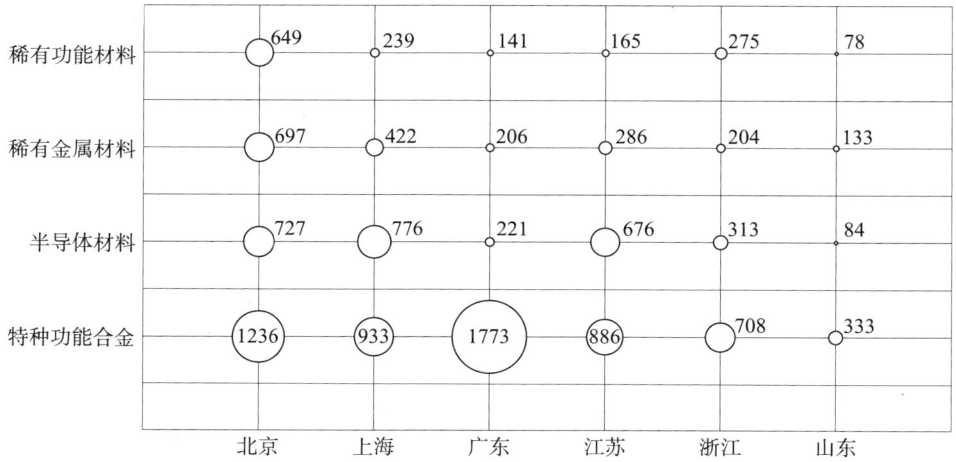

图 2－25　特种金属功能材料二级技术分支六省市专利布局

如图 2－26 所示，江苏省在高强轻型合金技术分支专利申请量达 746 件，超过北京、上海，位居国内第一；在高品质特殊钢技术分支专利申请量 401 件，与 374 件排在第二的上海差距不大。

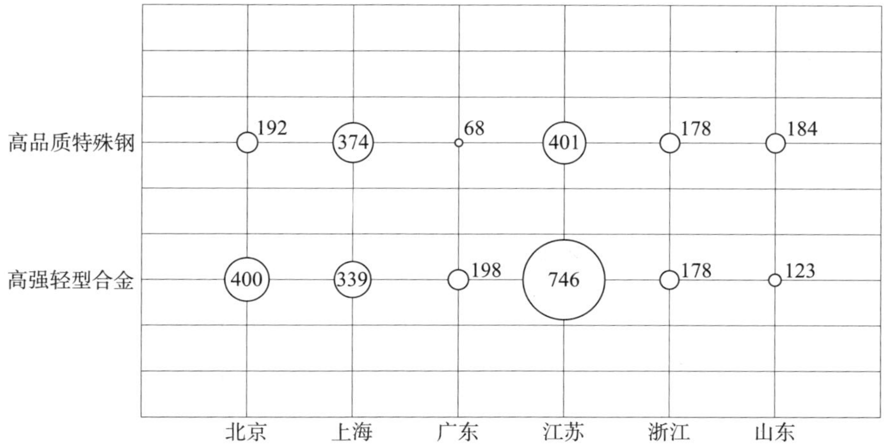

图 2－26　高端金属结构材料二级技术分支六省市专利布局

如图 2－27 所示，先进高分子材料领域，六省市重点申请的主要是高性能膜材料技术分支，江苏 2 118 件位居第一，北京 2 032 件排在第二，上海、浙江、山东都在 1 000

件以上；特种橡胶、工程塑料技术分支专利申请相对集中于上海、广东、江苏三省市，其专利申请差距也不大；六省市在高性能硅材料、高性能氟材料及其他功能性高分子材料技术分支专利申请量相比其他分支较少。

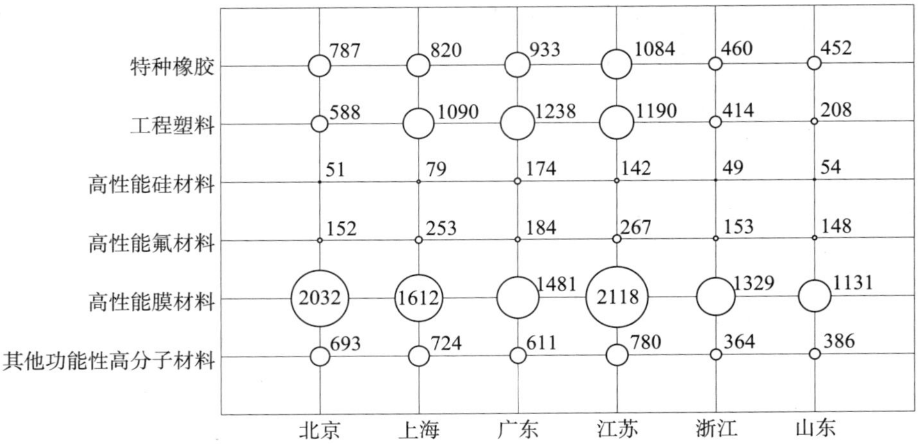

图 2－27　先进高分子材料二级技术分支六省市专利布局

如图 2－28 所示，在新型无机非金属材料领域，广东在先进陶瓷、特种玻璃、新型建材技术分支专利申请量超过北京、江苏，位于国内第一位，其专利申请量分别为 1 073 件、1 077 件、1 124 件；北京在人工晶体技术分支专利申请量 582 件，位于国内第一位，上海、江苏专利申请量分别为 461 件、272 件。

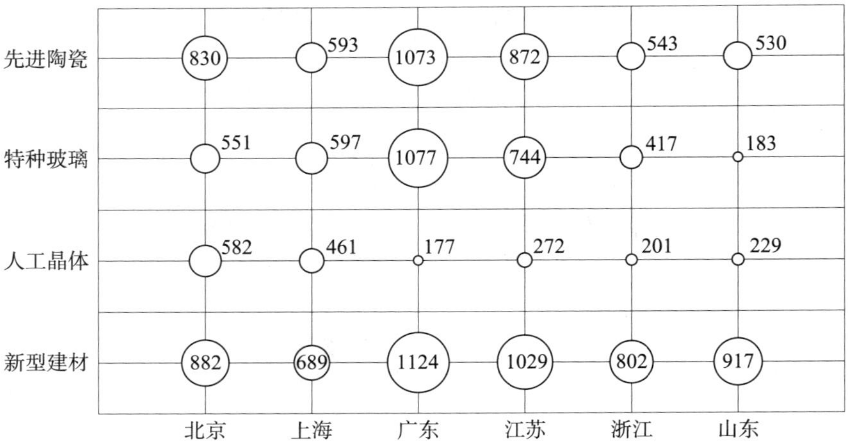

图 2－28　新型无机非金属材料二级技术分支六省市专利布局

如图 2－29 所示，在高性能复合材料领域，六省市在碳碳复合材料、陶瓷基复合材料、金属基复合材料技术分支专利申请量较少，专利申请布局重点放在了高性能纤维、树脂基复合材料。江苏在高性能纤维、树脂基复合材料技术分支专利申请量分别为 2 131 件、1 337 件，位于国内第一位。

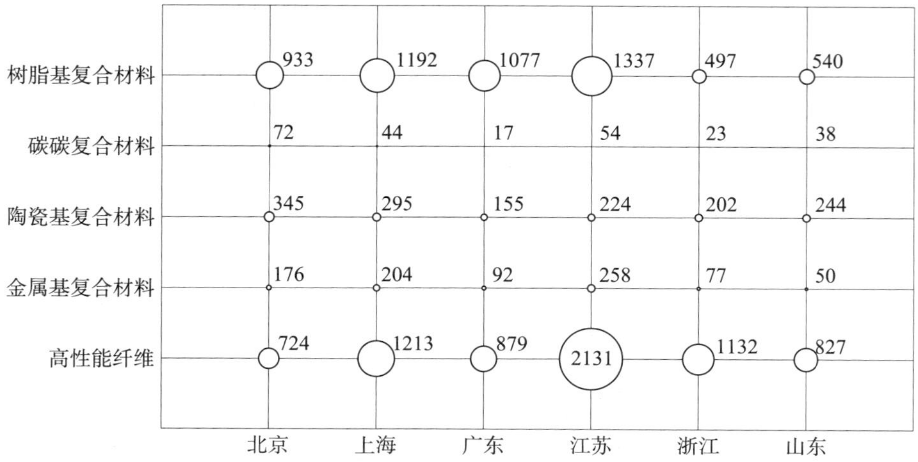

图2-29 高性能复合材料二级技术分支中六省市专利布局

如图2-30所示，在前沿新材料领域，智能材料技术分支江苏、北京、上海旗鼓相当，专利申请量皆在700件以上；纳米材料技术分支前三位北京专利申请量966件，上海782件，江苏380件；超导材料技术分支北京一枝独秀，专利申请量477件，其余五省市不超过130件；生物材料技术分支前三位的为江苏、上海、广东，专利申请量分别为553件、485件、362件，北京361件与广东相差无几。

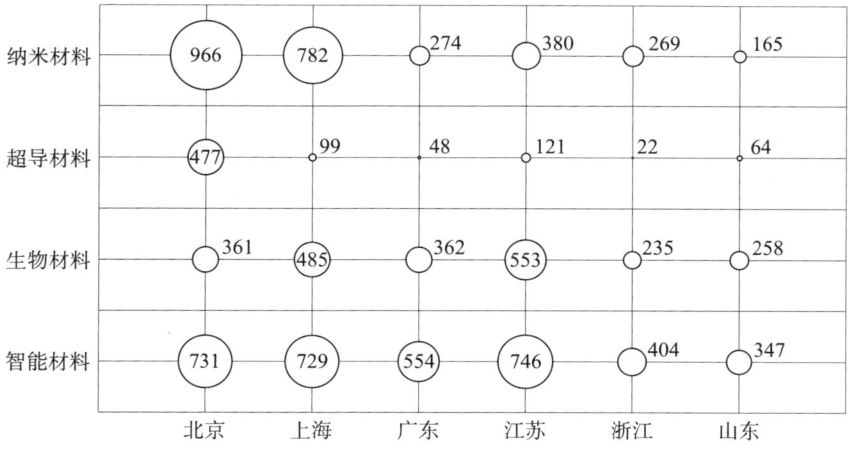

图2-30 前沿新材料二级技术分支中六省市专利布局

二、新材料产业国外来华申请主要国家/地区竞争态势

（一）新材料产业国外来华申请主要国家/地区专利态势

新材料产业国外来华专利申请的区域集中度很高，排名前二十位的国家拥有98%以上的国外来华专利申请量，截至2012年的专利申请量如图2-31所示。截至2012年年

底，新材料产业国外来华专利申请主要国家有日本、美国、德国、韩国，来华专利申请量分别有 18 753 件、10 369 件、3 935 件、2 490 件，占来华申请（去重后 42 340 件）的比例分别为 44. 3%、24. 9%、9. 3%、5. 9%。来华申请量 1 000 件以上、2 000 件以下的国家为法国、荷兰，其余国家来华申请量均少于 700 件。

国省	申请量
日本：JP	18 753
美国：US	10 369
德国：DE	3 935
韩国：KR	2 490
法国：FR	1 719
荷兰：NL	1 058
英国：GB	642
瑞士：CH	583
意大利：IT	489
加拿大：CA	297
瑞典：SE	289
比利时：BE	280
澳大利亚：AU	153
芬兰：FI	153
奥地利：AT	120
丹麦：DK	85
南非：ZA	63
西班牙：ES	63
新加坡：SG	62
挪威：NO	61

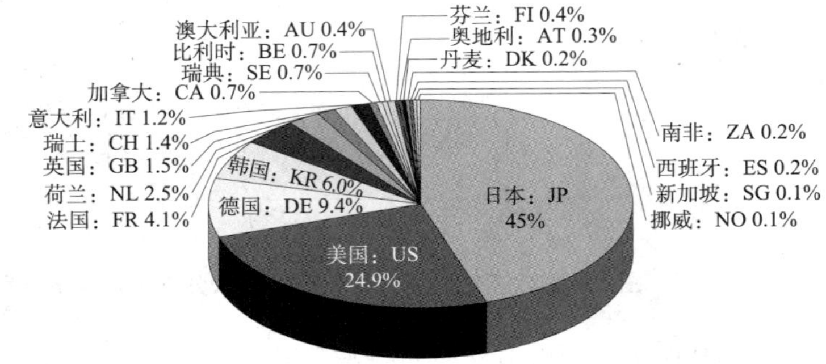

图 2-31　新材料产业国外来华申请排名前 20 的区域构成

注：图中比例为该国家/地区申请量占前 20 位国家/地区申请量的比例。

下文针对日本、美国、德国、韩国来华专利申请在新材料产业六大技术分支中的发展态势作进一步分析。

图 2-32 为日本来华申请的新材料产业六大一级分支趋势图。如图 2-32 所示，日本来华申请的新材料产业专利主要以先进高分子材料为主，其次为特种金属功能材料，高性能复合材料、新型无机非金属材料、前沿新材料分居三到五位，高端金属结构材料申请量最少。

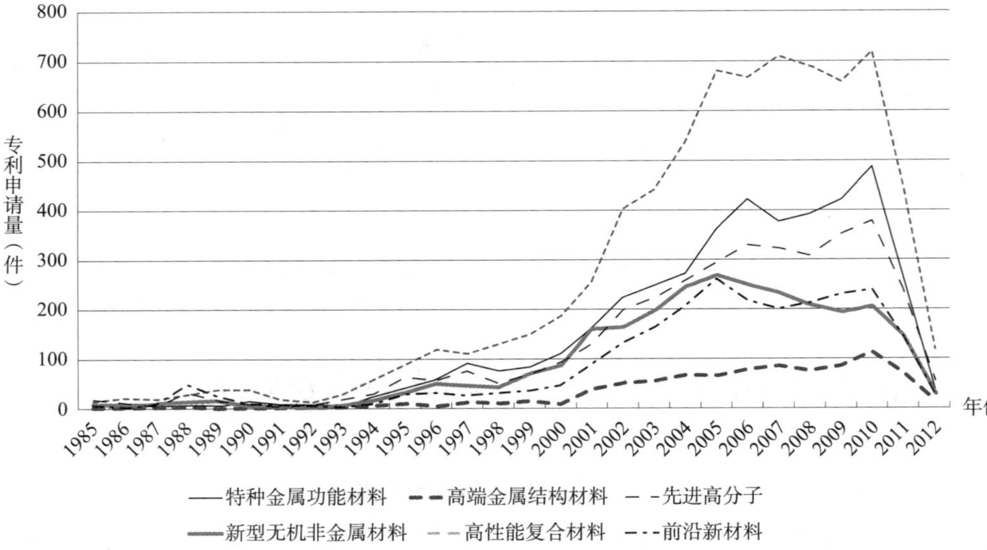

图 2-32　新材料产业日本来华专利申请趋势

图 2－33 为美国新材料产业来华专利申请趋势图。如图 2－33 所示，先进高分子材料技术分支为美国来华专利申请的重点技术分支。特种金属功能材料、前沿新材料和高性能复合材料的来华专利申请量趋势较为接近，新型无机非金属材料的专利申请量较其他分支少，高端金属结构材料的专利申请量则一直维持在较低水平。

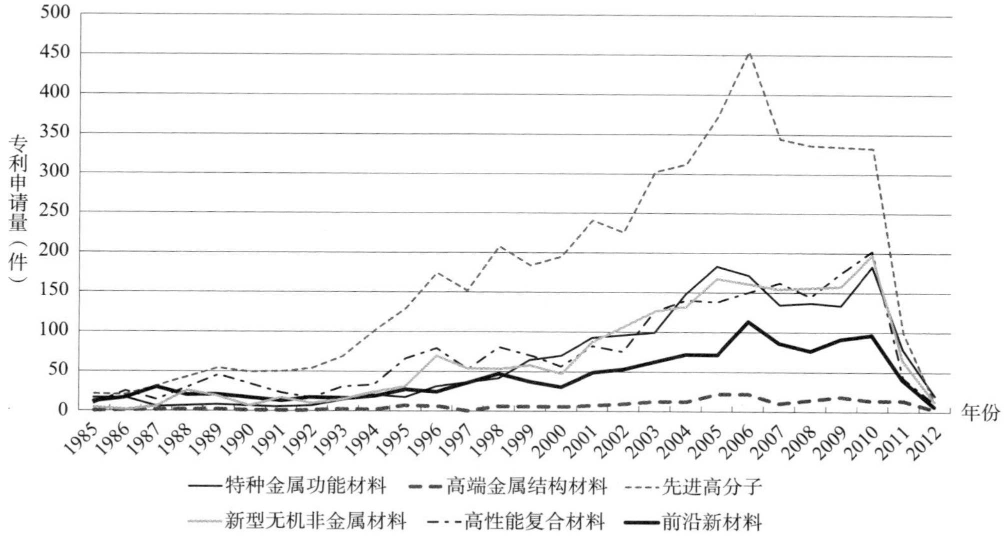

图 2－33　新材料产业美国来华专利申请趋势

图 2－34 为德国新材料产业来华专利申请趋势图。德国新材料产业六大一级分支来华申请专利数量少于美国和日本，各一级分支中，先进高分子材料的专利申请量最高，呈现螺旋上升的趋势。其他各一级分支的来华专利申请量则维持在较低水平。

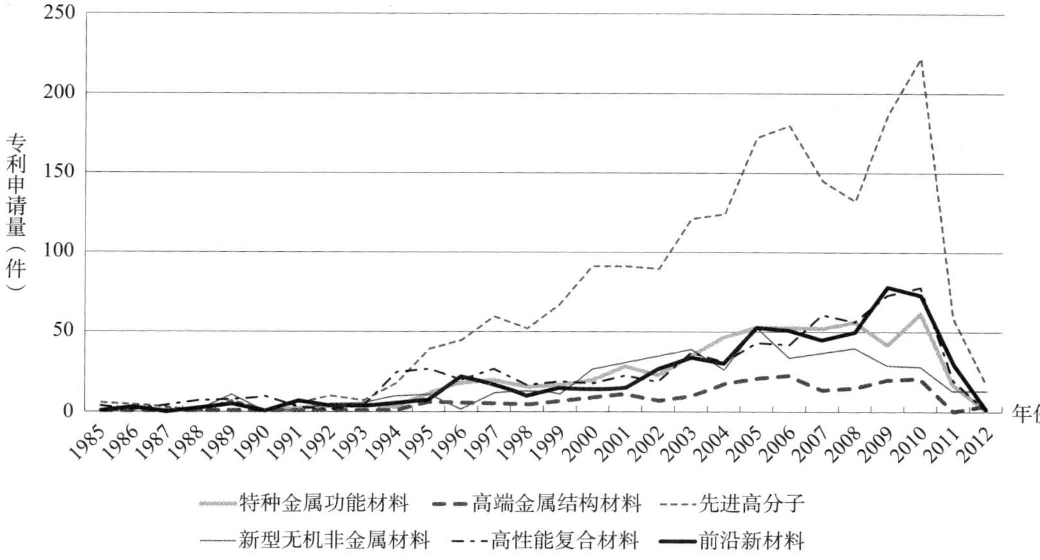

图 2－34　新材料产业德国来华专利申请趋势

图2－35为韩国新材料产业来华专利申请趋势图。与日本、美国和德国相比，韩国在六大一级分支来华专利申请量都维持在较低水平。各一级分支中，先进高分子材料、特种金属功能材料为专利申请量相对较多的技术分支，各一级分支都呈现波浪型的发展趋势。

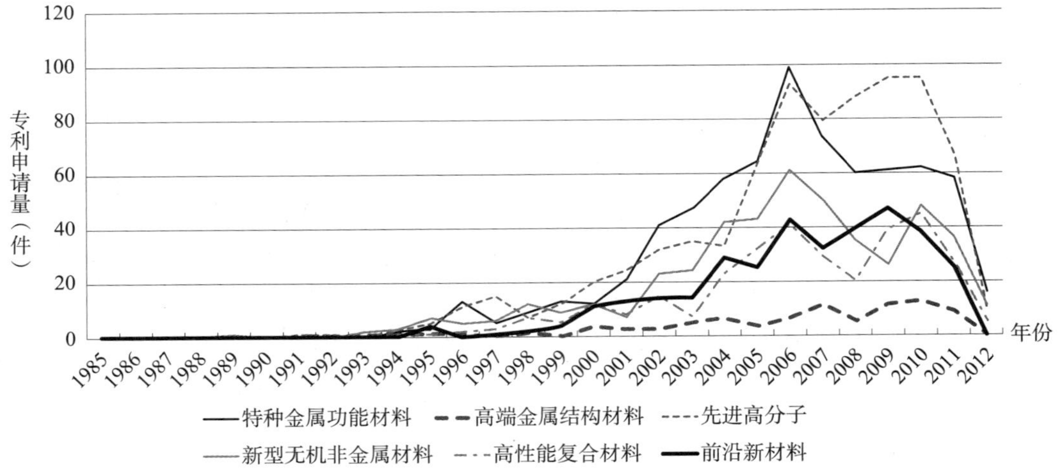

图2－35　新材料产业韩国来华专利申请趋势

（二）新材料产业国外来华申请主要国家/地区专利布局

总体来看，日本、美国、德国、韩国来华专利申请排名前四位，针对日本、美国、德国、韩国来华专利申请在各技术分支中的专利布局情况作进一步分析（参见图2－36）可知：新材料日本来华申请主要集中在先进高分子材料、特种金属功能材料领域，专利申请量分别为7 402件、4 229件；美国来华专利申请主要集中在先进高分子材料领域，专利申请量为4 907件；德国、韩国来华在先进高分子材料领域专利申请量分别为1 959件、792件。总地来说，先进高分子材料为国外来华专利申请的重点。

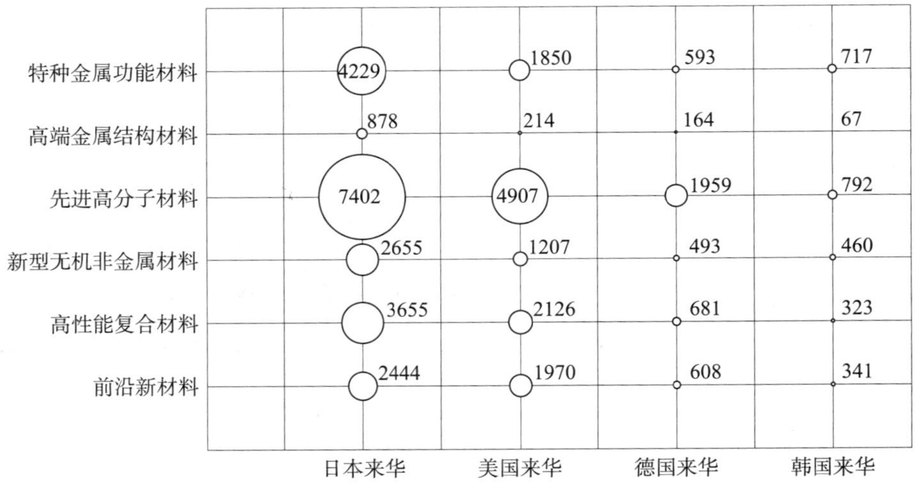

图2－36　新材料产业六大技术分支中的来华主要国家专利布局气泡图

为更详细地展现各技术领域中来华申请国家的专利布局情况，对新材料产业六大技术分支分别进行国外来华排名前10的国家专利申请情况的统计（拥有90%以上国外来华专利），并选取排名前四的国家进行二级技术分支专利布局的分析，具体如下所述。

1. 先进高分子材料

如图2－37，图2－38所示，先进高分子材料来华申请主要国家为日本、美国，专利申请量分别为7 402件、4 907件，在前10位国家中的占比为42.3%、28.0%；德国、法国、韩国、荷兰来华申请量分别为1 959件、839件、792件、603件；其余国家来华申请量均小于350件。日本来华申请重点集中于高性能膜材料、工程塑料、特种橡胶；美国则重点集中于特种橡胶、工程塑料、高性能膜材料；德国重点集中于工程塑料、特种橡胶；法国重点集中于工程塑料、特种橡胶。

国省	申请量
日本：JP	7 402
美国：US	4 907
德国：DE	1959
法国：FR	839
韩国：KR	792
荷兰：NL	603
意大利：IT	319
瑞士：CH	281
英国：GB	238
加拿大：CA	167

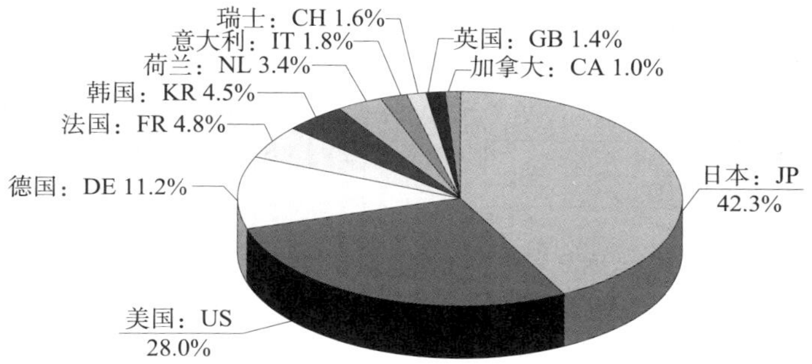

图2－37 先进高分子材料国外来华申请前10位国家构成

注：图中比例为该国来华申请量占前10位来华国家申请量的比例，图2－39、图2－41、图2－43、图2－45、图2－47亦如此。

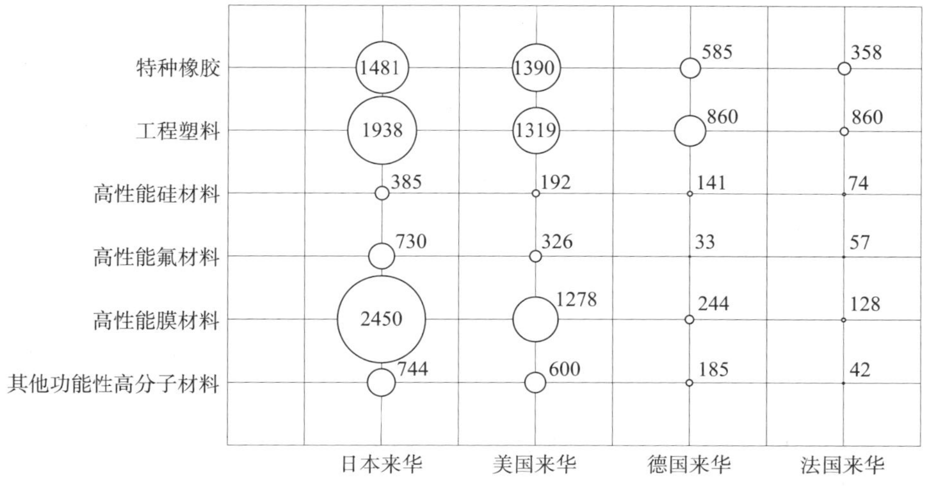

图2－38 先进高分子材料二级技术分支来华申请主要国家专利布局

2. 高性能复合材料

如图 2-39、图 2-40 所示，高性能复合材料来华申请主要国家包括：日本、美国，专利申请量分别为 3 655 件、2 126 件，在前 10 位国家中的占比为 47.2%、27.4%；德国、韩国、法国、瑞士、荷兰来华申请量分别为 681 件、323 件、303 件、221 件、215 件；其余国家来华申请量不超过 200 件。日本来华申请重点集中于树脂基复合材料、高性能纤维材料；美国同日本相同，重点集中于树脂基复合材料、高性能纤维材料；德国和韩国同样重点集中于树脂基复合材料、高性能纤维材料。

国家	来华申请量
日本：JP	4 229
美国：US	1 850
德国：DE	717
韩国：KR	593
法国：FR	188
瑞士：CH	136
荷兰：NL	107
英国：GB	90
比利时：BE	53
意大利：IT	44

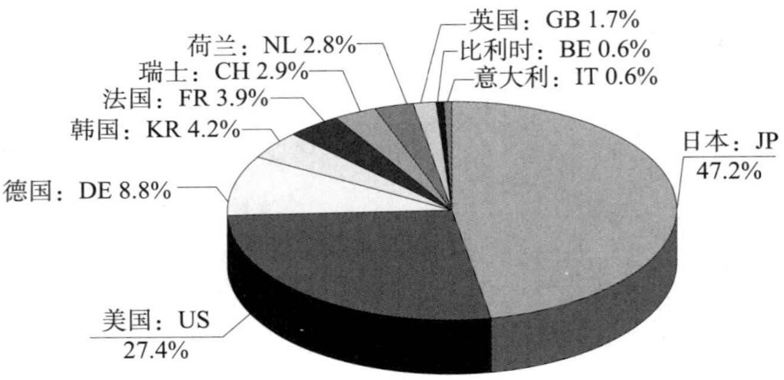

图 2-39　高性能复合材料国外来华申请前 10 位国家构成

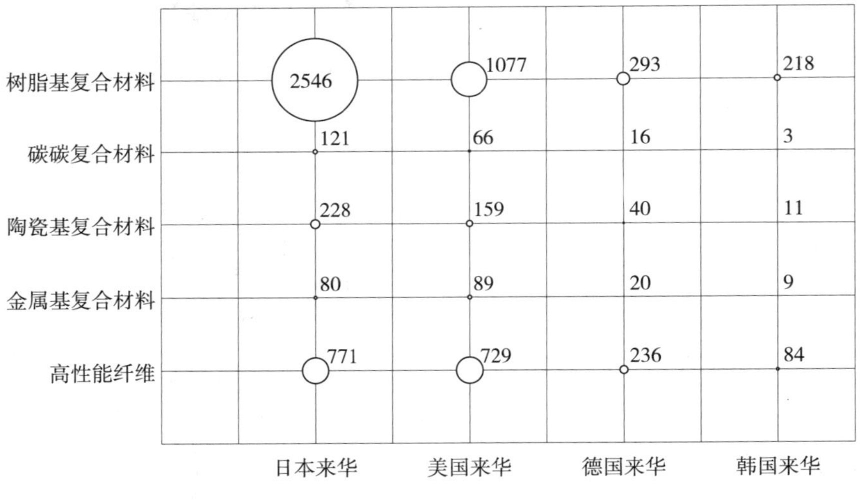

图 2-40　高性能复合材料二级技术分支来华申请主要国家专利布局

3. 特种金属功能材料

如图 2-41、图 2-42 所示，特种金属功能材料来华申请主要国家为日本、美国，专利申请量分别为 4 229 件、1 850 件，在前 10 位国家中的占比为 52.8%、23.1%；韩国、德国、法国、荷兰、英国来华申请量分别为 717 件、593 件、188 件、136 件、107 件；其余国家来华申请量小于 100 件。日本来华申请重点集中于特种功能合金，此外还有半导体材料、稀土功能材料和稀有金属材料；美国重点集中于特种功能合金和半导体材料；韩国同样重点集中于特种功能合金；德国的重点为稀有金属材料。

国家	来华专利申请量
日本：JP	4 229
美国：US	1 850
韩国：KR	717
德国：DE	593
法国：FR	188
荷兰：NL	136
英国：GB	107
瑞典：SE	90
比利时：BE	53
瑞士：CH	44

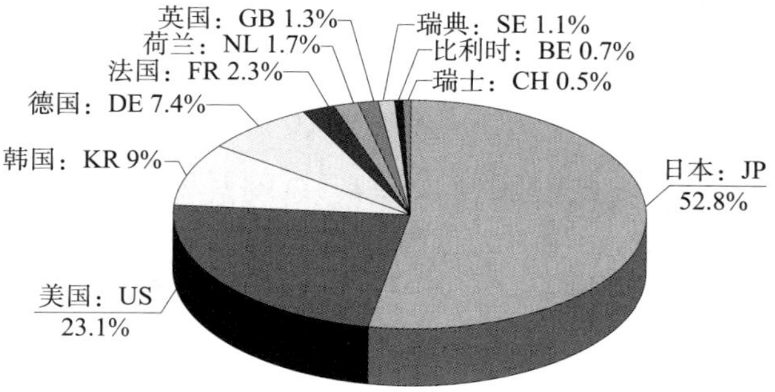

图 2-41　特种金属功能材料国外来华申请前 10 位国家构成

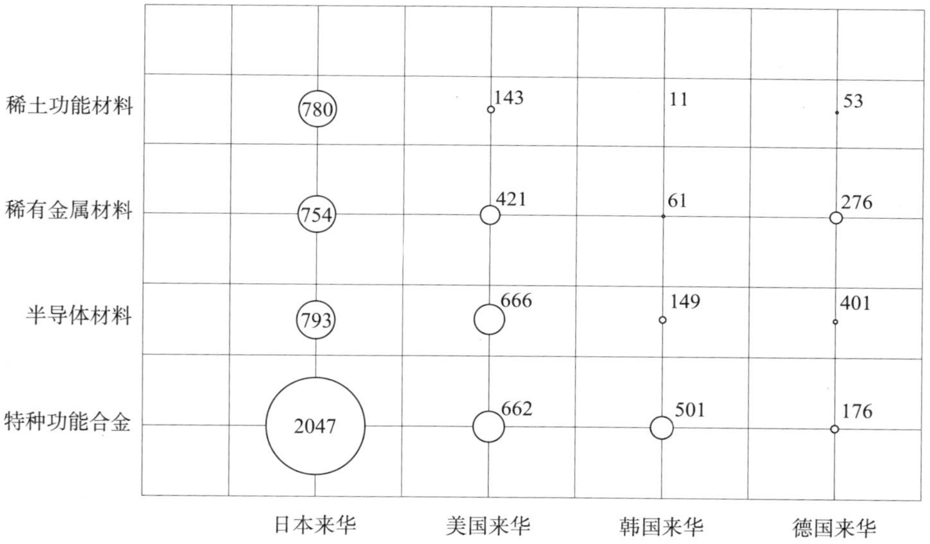

图 2-42　特种金属功能材料二级技术分支来华申请主要国家专利布局

4. 新型无机非金属材料

如图 2-43、图 2-44 所示，新型无机非金属材料来华申请主要国家为日本、美国，专利申请量分别为 2 709 件、1 207 件，在前 10 位国家中的占比为 48.1%、21.4%；德国、韩国、法国、英国来华申请量分别为 493 件、460 件、353 件、132 件；其余国家来华申请量小于 100 件。日本来华申请重点集中于先进陶瓷和特种玻璃；美国同样重点集中于先进陶瓷和特种玻璃；德国和韩国重点集中于特种玻璃。

国家	来华专利申请量
日本：JP	2 709
美国：US	1 207
德国：DE	493
韩国：KR	460
法国：FR	353
英国：GB	132
荷兰：NL	99
比利时：BE	68
意大利：IT	65
瑞典：SE	50

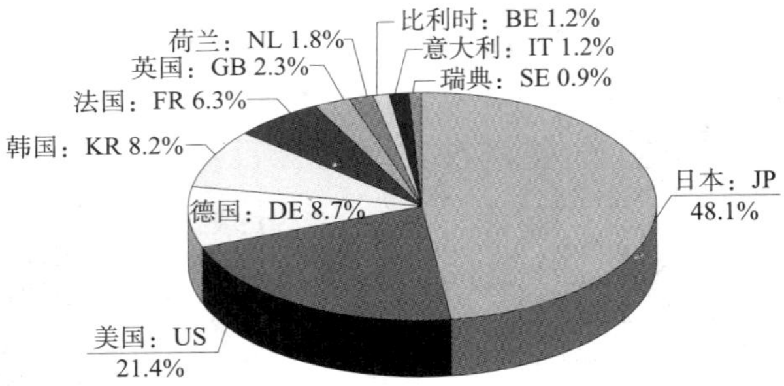

图 2－43　新型无机非金属材料国外来华申请前 10 位国家构成

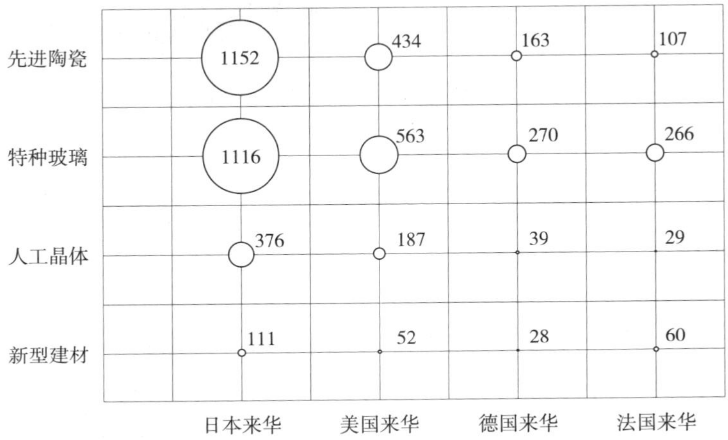

图 2－44　新型无机非金属材料二级技术分支来华申请主要国家专利布局

5. 前沿新材料

如图 2－45、图 2－46 所示，前沿新材料来华申请主要国家为日本、美国，专利申请量分别为 2 444 件、1 970 件，在前 10 位国家中的占比分别为 38.3%、30.9%；德国、法国、韩国来华申请量分别为 608 件、471 件、341 件；其余国家来华申请量小于 200 件。日本来华申请重点集中于智能材料，此外还有生物材料和纳米材料；美国同样重点集中于智能材料、生物材料和纳米材料；德国和法国重点都集中于智能材料。

国家	来华专利申请量
日本：JP	2 444
美国：US	1970
德国：DE	608
法国：FR	471
韩国：KR	341
意大利：IT	177
荷兰：NL	131
英国：GB	104
瑞士：CH	82
加拿大：CA	55

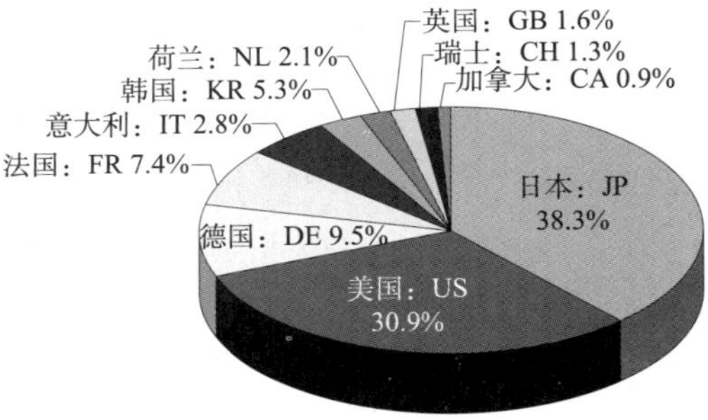

图 2－45　前沿新材料国外来华申请前 10 位国家构成

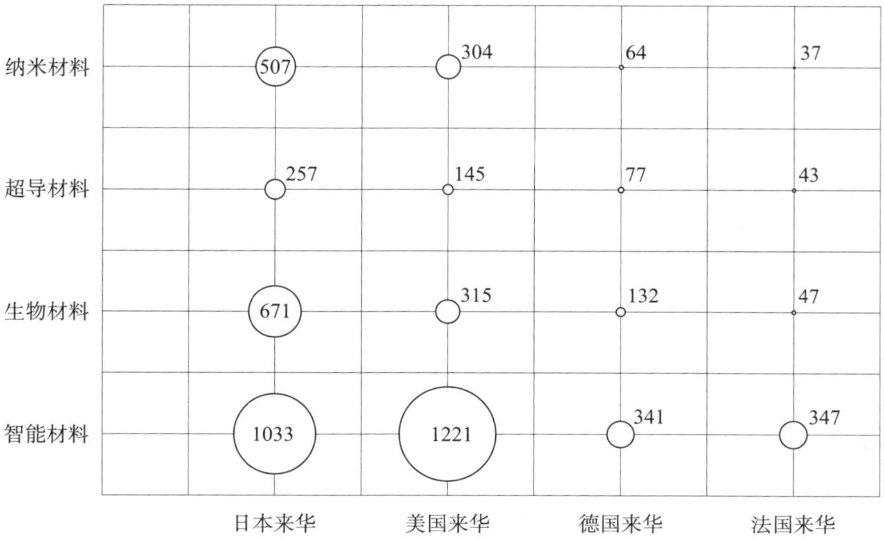

图 2 –46　前沿新材料二级技术分支来华申请主要国家专利布局

6. 高端金属结构材料

如图 2 –47、图 2 –48 所示，高端金属结构材料来华申请主要国家为日本、美国，专利申请量分别为 878 件、214 件，在前 10 位国家中的占比为 58. 2% 、14. 2% ；德国、韩国、法国来华申请量分别为 164 件、67 件、63 件；其余国家来华申请量小于 50 件。日本、美国、德国来华申请重点都集中于高强轻型合金，韩国的高强轻型合金和高品质特殊钢的专利申请量相差不大。

国家	国外来华专利申请量
日本：JP	878
美国：US	214
德国：DE	164
韩国：KR	67
法国：FR	63
瑞典：SE	42
澳大利亚：AU	26
加拿大：CA	24
英国：GB	18
挪威：NO	12

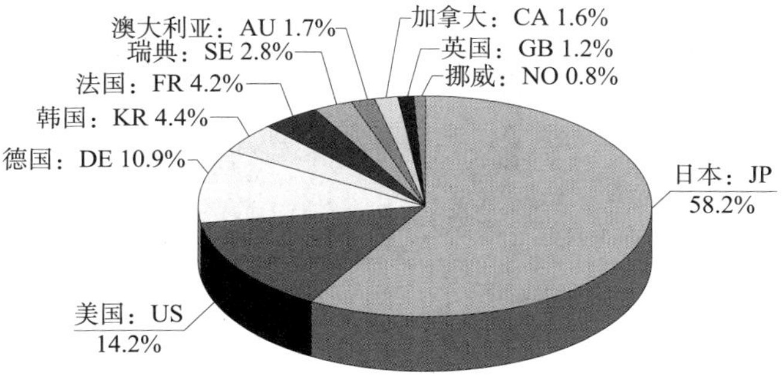

图 2 –47　高端金属结构材料国外来华申请前 10 位国家构成

三、新材料产业中国申请人分析

（一）新材料产业国内申请人构成分析

图 2 –49 显示的是新材料产业排名前 10 位的国内申请人，排名前三位的分别是清华

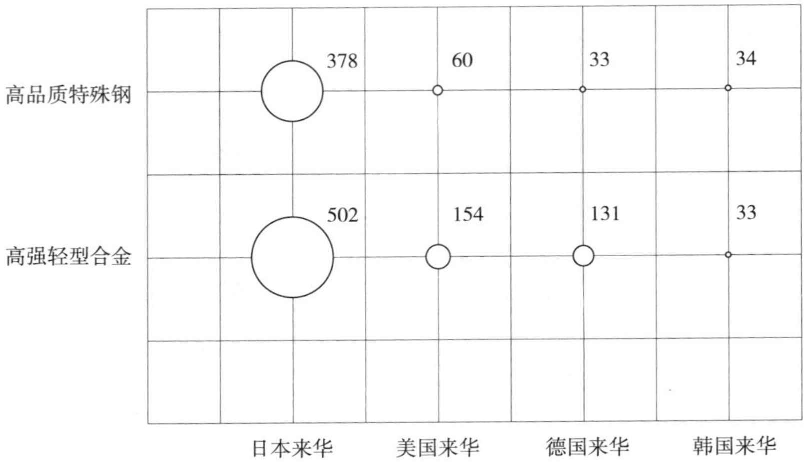

图 2-48　高端金属结构材料二级技术分支来华申请主要国家专利布局

大学、浙江大学、上海交通大学，专利申请量分别为 1 318 件、1 265 件、1 198 件，在前 10 位申请人中的专利申请量占比分别为 13.9%、13.3%、12.6%。前 10 位申请人中企业申请人主要有鸿海精密工业、中石化、比亚迪，专利申请量分别为 1 125 件、1 065 件、671 件，分别占前 10 位申请人中的专利申请量 11.8%、11.2%、7.1%。哈尔滨工业大学、天津大学、华南理工大学、北京科技大学也出现在前 10 位申请人中。总地来说，高校在新材料产业国内申请人中占了大多数。

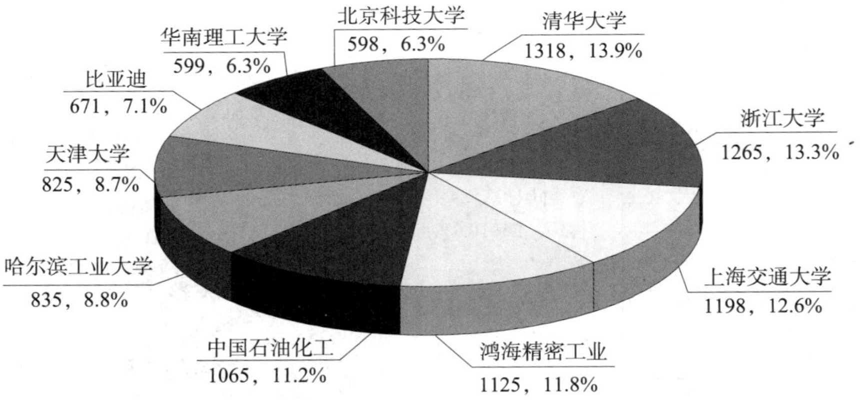

图 2-49　新材料产业国内申请人前 10 位构成

注：图中比例位该申请专利申请量占前 10 位申请人专利申请总量的比例。图 2-50 亦如此。

（二）新材料产业国外来华申请人构成分析

图 2-50 显示了新材料产业国外来华申请前 10 位申请人构成，排名前三的国外来华申请人为通用电气、住友、日立，专利申请量分别为 783 件、690 件、688 件，在前 10 位申请人中专利申请量占比为 12.7%、11.2%、11.1%；第四至第六位为松下、三菱、

拜尔，专利申请量分别为683件、665件、601件，在前10位中的占比为11%、10.7%、9.7%；杜邦、东京毅力科创、巴斯夫、三星SDI专利申请量分别为582件、528件、493件、475件。

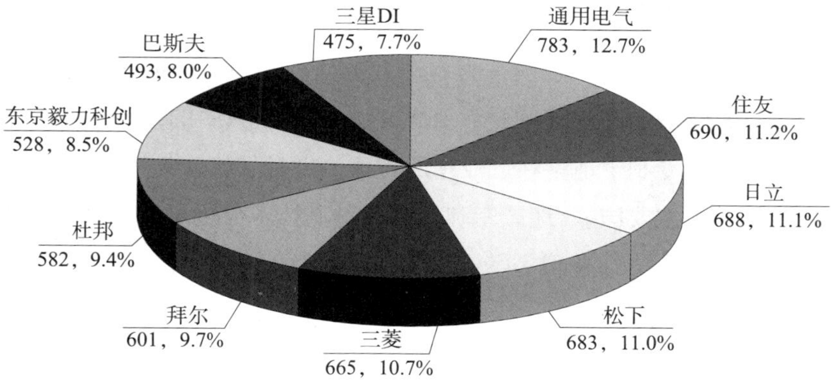

图2－50　新材料产业国外来华申请人前10位构成

与美日欧三方专利申请数量排名前10位的申请人（参见前表1－2）相比，日本企业在新材料来华申请人构成前10位中所占的比重更大，由3个增至5个。同时出现在两张表中的非日本企业申请人有通用电气、巴斯夫、杜邦，表明三家企业对中国市场的重视程度与美国、日本、欧洲相当。

第三章　结论和建议

第一节 新材料产业主要研究结论

一、新材料产业全球专利态势

以专利公开日计算，从1970～2012年，全球新材料产业专利申请总量为1 144 629件。新材料产业全球专利申请量总体呈现增长态势，1970～2010年的年均增长率为6.08%。依据专利申请量排名，1970～2012年公开的新材料产业前三位专利申请目标国为日本、美国、中国，分别有379 058件、194 537件、157 385件，占全球专利申请总量（去重后1 144 629件）的比例分别为33.12%、16.99%、13.74%。而从新材料产业主要国家/地区专利申请趋势可知，日本区域、美国区域、德国区域新材料专利申请量分别从2000年、2006年、1998年开始下降。2007年起新材料中国区域迅速增长的专利申请超越日本区域专利申请，跃居全球第一，即从2007年起新材料产业全球专利申请量的增长贡献主要来自中国。

通过对新材料产业六大一级技术分支共、25 个二级技术分支 1970 ~ 2012 年、2005 ~ 2012 年各自全球专利申请总量、在整个产业中所占比例及排名情况分析，可知先进高分子材料领域的工程塑料、特种橡胶，高性能复合材料领域的树脂基复合材料，特种金属功能材料领域的特种功能合金，前沿新材料领域的智能材料共五个二级技术分支专利申请在新材料产业领域中所占比例较大，为本产业的研究重点。同时，上述 5 个技术分支加上先进高分子材料领域的高性能膜材料和前沿新材料领域中的纳米材料两个二级技术分支共 7 个分支近几年专利申请量在产业中所占比例上升较快，为近年来的研究热点。

通过对新材料产业主要国家/地区专利布局及重点技术分析可知，日本区域在六大一级技术分支专利申请量皆排在首位；美国区域、中国区域、德国区域为其余三大专利申请目标国。

日本区域专利申请重点集中于特殊金属功能材料领域的半导体材料、特种功能合金技术分支；高端金属结构材料领域的高品质特殊钢、高强轻型合金技术分支；先进高分子材料领域的特种橡胶、工程塑料及其他功能性高分子材料技术分支；新型无机非金属材料领域的先进陶瓷、特种玻璃技术分支；高性能复合材料领域的树脂基复合材料、高性能纤维技术分支；前沿新材料领域的超导材料、生物材料、智能材料技术分支。在以上技术分支，日本具有很强的技术实力。

中国区域在先进高分子材料领域的高性能膜材料技术分支专利申请量位居第一，而在特殊金属功能材料领域的特种功能合金技术分支、新型无机非金属材料领域的新型建材技术分支专利申请量相比美国、德国具有一定优势。

美国区域专利申请相对集中于特殊金属功能材料领域的半导体材料，先进高分子材料领域的特种橡胶、工程塑料，高性能复合材料领域的树脂基复合材料，前沿新材料领域的生物材料、智能材料技术分支。

德国区域专利申请相对集中于先进高分子材料领域的特种橡胶、工程塑料；高性能复合材料领域的树脂基复合材料；前沿新材料领域的生物材料、智能材料技术分支。

二、新材料产业中国专利态势

（一）新材料产业国内专利态势

以专利公开日计算，从 1985 ~ 2012 年，国内新材料产业专利申请总量为 115 045 件。新材料产业专利申请量总体呈持续增长态势，1985 ~ 2011 年的年均增长率为 18.5%，目前处于快速发展期。

先进高分子材料领域的高性能膜材料是国内新材料产业中专利申请量最多的重点技术分支，1985 ~ 2012 年的专利申请量为 16 397 件，占新材料产业的 11.88%，位居第一。

高性能复合材料领域的高性能纤维材料技术分支、新型无机非金属材料领域的新型建材技术分支、特种金属功能材料领域的特种功能合金技术分支、高性能复合材料领域的树脂基复合材料技术分支专利申请量在新材料产业中所占的比例高于其他的技术分支，同样是国内新材料产业的研究重点。

热点技术方面，高性能膜材料、高性能纤维材料、特种功能合金、树脂基复合材料、新型建材、先进陶瓷和特种橡胶2005～2012年的专利申请量高于其他分支，且专利申请量的增长率较高，是国内新材料产业的研究热点。

新材料国内省市专利申请量排名前三为江苏、北京、上海，分别拥有专利申请量14 283件、13 659件、12 308件，分别占国内专利申请总量的17.2%、16.4%、14.8%；广东专利申请量达12 197件，位于第四，占14.7%；其余省市专利申请量不超过8 000件。

比较江苏、广东、上海、北京、浙江、山东六省市在新材料技术领域的专利布局可知：先进高分子材料普遍为江苏、广东、上海、北京、浙江、山东六省市专利申请的重点，而在其他领域各省市专利申请布局各有强弱。北京在特殊金属功能材料、前沿新材料领域专利申请量居全国第一，广东在新型无机非金属材料专利申请量居国内第一，江苏在高性能复合材料领域专利申请量居于全国第一，高端金属结构材料六省市专利申请相对其他技术分支较少。

具体到二级技术分支，广东的特种功能合金、特种玻璃、先进陶瓷；北京的稀土功能材料、稀有金属材料、高性能膜材料、纳米材料、智能材料；江苏的高强轻型合金、高性能膜材料、高性能纤维、智能材料；上海的纳米材料、智能材料分别为各省的专利申请重点技术分支。

（二）新材料产业国外来华专利态势

以专利公开日计算，从1985～2012年，国外来华新材料产业专利申请量总体呈现持续增长态势，年均增长率为13.5%，目前处于快速发展期后的调整期。

先进高分子材料领域的工程塑料、特种橡胶、高性能膜材料；高性能复合材料领域的树脂基复合材料；特种金属功能材料领域的特种功能合金共五个二级技术分支国外来华的专利申请总量多于其他二级技术分支，在新材料产业领域中所占比例较大，为新材料产业国外来华专利申请布局的重点。

上述五个二级技术分支以及前沿新材料领域中的智能材料、纳米材料两个二级技术分支在2005～2012年的全球专利申请总量较之前年份增长明显，是新材料产业近年来的研究热点领域。

新材料产业国外来华专利申请最多来源于日本，其次是美国、德国和韩国。六大一级技术分支中先进高分子材料为国外来华布局的重点，主要来源于日本、美国，尤其是其下高性能膜材料、工程塑料、特种橡胶三个二级技术分支。

三、新材料产业主要竞争者专利态势

（一）新材料产业全球主要竞争者专利态势

依据全球专利申请量排名，日本三菱、住友、日立、松下、东芝等16家企业进入了新材料产业全球申请人构成前20名，其余四家为美国的通用和杜邦、德国的拜尔和巴斯夫。

而依据美日欧三方专利申请量排名，德国拜尔、美国通用、德国巴斯夫位居前3，4~10位分别为法国塞诺菲－安万特公司、美国杜邦、美国陶氏化学、日本住友、日本永木精械株式会社、日本三菱、美国3M公司。可见新材料领域德国和美国的跨国公司更重视全球专利布局。

而通过申请人专利申请趋势分析可知，日本、美国、德国主要申请人专利申请高峰主要集中于1985~1994年。这意味着其大部分获得授权的专利申请已失效或者即将到期。

（二）新材料产业中国主要竞争者专利态势

1. 新材料产业国内主要竞争者专利态势

新材料产业国内专利申请量排名前三的申请人为清华大学、浙江大学、上海交通大学，专利申请量分别为1 318件、1 265件、1 198件，在前10位申请人中专利申请量占比分别为13.9%、13.3%、12.6%。前10位申请人中企业申请人主要有鸿海精密工业、中石化、比亚迪，专利申请量分别为1 125件、1 065件、671件，在前10位申请人中专利申请量占比为11.8%、11.2%、7.1%。总的来说，高校在新材料产业国内申请人前10中占了大多数。

2. 新材料产业国外来华主要竞争者专利态势

新材料产业国外来华申请人前三位为通用电气、住友、日立，专利申请量分别为783件、690件、688件，分别占前10位国外来华申请人专利申请量的12.7%、11.2%、11.1%。

与美日欧三方专利申请量排名前10的申请人列表相比，日本企业在新材料来华申请人构成前10中所占的比重更大，由3个增至5个。

同时出现在来华申请人构成前10的非日本企业申请人有通用电气、巴斯夫、杜邦，表明三家企业对中国市场的重视程度与美国、日本、欧洲相同。

第二节　我国新材料产业发展对策与建议

虽然我国新材料产业的发展取得了巨大成绩，但是总体发展水平仍与发达国家有较大差距，尚未实现由资源密集型向技术密集型的跨越，产业发展面临如自主开发能力薄弱，缺乏科学规划、统筹规划和政策引导，产业结构不合理、产业规模小，大型材料企业创新动力不强、研发投入少，产学研相互脱节等问题。

如何解决新材料产业发展面临的问题，加快新材料产业发展，建议如下所述。

（一）针对技术研发

技术研发——突出重点、跟踪热点；充分利用国外失效专利。我国新材料产业相关企业、高校和科研院所在未来应继续重视工程塑料、特种橡胶、树脂基复合材料、特种功能合金、智能材料等五个技术分支的研发；同时，跟踪高性能膜材料、纳米材料全球最新技术研发成果、相关专利申请。

技术劣势——国家给予更多的资金和政策倾斜，引导更多的科研力量到弱势领域创新。对比新材料产业“十二五”发展规划，特种金属功能材料中稀土功能材料，高端金属结构材料中的高品质特殊钢，先进高分子材料中的高性能硅材料、高性能氟材料，新型无机非金属材料中的人工晶体，高性能复合材料中的碳/碳复合材料、金属基复合材料、陶瓷基复合材料，前沿新材料中的超导材料，国内专利申请量在其各自领域发展较为落后，与发达国家的专利申请在数量和质量上都存在明显差距，国家应给予更多的资金和政策倾斜，引导在这些领域开展更多的研究，以弥补市场引导的科研投入不足。

（二）针对专利布局

专利主体——高校和科研院所应积极开展校企合作等多种专利运营方法，大力提升专利实施转化率。新材料产业中国内高校及科研院所的专利申请占国内专利申请总量的38%，企业申请则占41%；前十位国内专利申请人中高校占了7位。可以说，高校已经成为与企业旗鼓相当的新材料领域专利创新主体，亟需增强专利运营管理能力，提升专利实施转化率。

专利布局——重视先进高分子国外来华专利申请布局；积极部署高性能膜材料海外专利申请。先进高分子材料普遍为国内各省市专利申请的重点，同时也是国外来华布局的重点，尤其是工程塑料、特种橡胶、高性能膜材料三个技术分支，国内企业开展技术研发和专利布局是需要重视相关国外来华申请。在先进高分子材料领域，中国区域专利申请重点集中于高性能膜材料分支，具有一定的技术优势，可积极部署海外申请，为拓展海外市场做好准备。

海外布局——扶持新材料优势项目进行海外知识产权布局，培育新材料领域知识产权密集型企业，有效提升行业国际竞争力。国内申请人通过《专利合作条约》（PCT）途径提交的国际专利申请数量极少，仅有125件发明专利申请和2件实用新型专利申请。目前，我国的国际专利申请状况显然与提高国内新材料企业在国际市场上的竞争能力、保障自身权益的要求不相符，甚至可谓危机四伏。在新材料跨国企业在海外拓展市场和合资并购的力度不断加大的形势下，一方面，国家应加大和优化扶助政策，重点资助技术含量高、产业前景好、国外已有一定市场的新材料项目争取获得海外自主知识产权，同时培育一批具有海外专利优势的企业，有效提升新材料产业的国际竞争力。另外，还要优化对外申请专利的环境，加强宣传与指导，培养专业机构和人才，引导、帮助企业有效利用 PCT 途径对外申请专利，加强我国创新主体的海外专利保护力度。

（三）针对产业发展

区域布局——推进东中西部技术创新协调发展，优化中西部产业基地专利产出，促进东部优势技术向中西部输出。根据新材料产业专利中国地区竞争态势分析，东部、中部、西部和东北地区在新材料产业专利申请量中的占比分别为 67%、12%、11% 和 10%。东部地区新材料产业技术优势十分明显，江苏、上海、北京、广东等省市依托各自的新材料基地，配合其科研技术优势，起到了产业技术创新的领头作用；在三大综合性新材料产业集群方面，长三角、环渤海、珠三角地区新材料产业专利分别占国内专利申请总量的 31%、28%、11%，也确立了较为明显的领先优势。应鼓励东部地区充分发挥技术领先优势，加快先进技术产业化和市场化步伐，同时与中、西部地区展开合作，发挥优势互补的作用。

重大项目评议——建立政府主导、企业参与的重大经济活动知识产权评议和预警制度，规避新材料产业发展中的知识产权风险。随着国内新材料产业规模不断壮大，以及《新材料产业“十二五”发展规划》的出台，必定有一大批重大工程和重点项目等待审批，针对这些国家或地区级重大经济活动，有关部门应当高度重视相关领域的知识产权风险的研究和评估，在已有研究成果的基础上组织有关人员对新材料产业的重点技术和关键设备，如碳纤维、工程塑料、特种功能合金等，进行专利跟踪研究，建立相关领域专利分析和预警制度，在政府和重大项目承担单位之间架设信息沟通平台。同时，鼓励企业对主要竞争对手在我国的具体专利布局采取针对性措施，最大限度地制约竞争对手重要专利申请的保护范围，规避专利风险，并努力寻找突破国外来华专利申请的技术点，为国内新材料技术的发展营造良好的环境。

产业联盟——建立新材料产业联盟，共享知识产权创新成果，被侵权时集体参与维权。新材料产业作为新兴产业，相关细分领域联盟数量较少，发挥的作用有限，大多数新材料企业相互之间沟通不畅；企业与科研院所、下游用户也缺乏有效沟通，产业发展没有形成合力。产业联盟将有助于促进新材料产业的市场间合作，推动整个产业链的共同发展，拓展新材料产业的市场。产业联盟的深度融合离不开知识产权集体保护机制，发达国家产业联盟模式的核心往往就是知识产权创新联盟。建议新材料产业主管部门和企业加强沟通，共同努力建立起国家或地区级的新材料产业联盟，集中研发力量，共享知识产权创新成果，从而实现技术创新、推动行业共同发展，摆脱跨国公司新材料专利池等知识产权联盟的束缚，做大做强中国新材料行业。

附件　数据来源与术语

数据来源

本文所依据的国内外数据来源于 CNIPR 专利数据库，从 1970 年 1 月 1 日至 2012 年 12 月 31 日的专利公开日。

术语约定及分析术语

件：在进行专利申请数量统计时，例如，为了分析申请人在不同国家、地区或组织所提出的专利申请的分布情况，将同族专利申请分开进行统计，所得到的结果对应于申请的件数。

同族专利：同一项发明创造在多个国家申请专利人产生的一组内容相同或基本相同的专利文献出版物，称为一个专利族或同族专利。从技术角度来看，属于同一专利族的多件专利申请可视为同一项技术。

同族专利数量：一件专利同时在多个国家或地区的专利局申请专利的数量。

涉诉专利：涉及诉讼的专利。

技术发展路线关键节点：在该领域具有一定开创性的专利申请，此类申请申请人一般为研究机构或者主要申请人。

重要技术首次申请：业界公认的一些重要技术首次提出的专利申请，这些专利申请应当具备以下特征之一：①涉及新的技术领域或者扩展了原有的技术领域，对同一申请人来说，他的某件专利相对之前的专利申请出现新的主分类号或副分类号；②权利要求保护范围较大并获得授权；③主要申请人或主要发明人的最新专利申请。

全球申请：申请人在全球范围内的专利局专利申请。

在中国申请：申请人在中国国家知识产权局的专利申请。

国内申请：中国申请人在中国国家知识产权局的专利申请。

国外来华申请：外国申请人在中国国家知识产权局的专利申请。

国别归属规定：国别根据专利申请人的国籍予以确定，其中俄罗斯的数据包含苏联，德国的数据包括东德、西德，中国的数据包括中国台湾地区。

日期规定：依照授权最早优先权日确定每年的专利数量，无优先权日以申请日为准。

参考文献

[1] 蒋幼夫，杨亲民，赵安中．新材料与功能材料的战略地位、研发概况与发展趋势［J］．功能材料，2004（增刊），35：44－49.

[2] 韦远东. 世界新材料技术及其产业发展总体态势 [J]. 海峡科技与产业，2006 (4)：1-7.
[3] 杨亲民. 新材料与功能材料的分类、应用与战略地位 [J]. 功能材料信息，2004 (2)：17-23.
[4] 彭昊. 新材料产业特点及国外重点企业介绍 [J]. 新材料产业，2003 (5)：16-19.
[5] 崔成，牛建国. 日本新材料产业发展政策及启示 [J]. 中国科技投资，2010 (9)：31-33.
[5] 张娟娟. 浅谈国内外新材料产业发展状况与趋势 [J]. 科技创新导报，2012 (14)：242.
[6] 罗贞礼，曹磊. 我国新材料产业技术创新方向的选择探讨 [J]. 材料导报，2012 (9)：101-105.
[7] 苏波. 大力培育发展新材料产业，加快促进工业转型升级 [J]. 中国科技投资，2012 (29)：11-12.
[8] 许基南. 基于产业链分析的代工企业自主品牌战略研究 [J]. 当代财经，2007 (2)：71-75.
[9] 段浩，袁洋. 中国新材料产业基地布局导向与发展模式 [J]. 新材料产业，2012 (12)：59-62.
[10] 江华. 中国新材料产业集群发展研究 [J]. 新材料产业，2009 (8)：11-14.
[11] 陈建勋. 中国新材料产业成长与发展研究 [D]. 上海社会科学院，2008.
[12] 张菲. 跨国公司对中国新材料产业发展的影响及政策建议 [J]. 新材料产业，2012 (4)：69-73.
[13] 陈建军，杨庆山. 稀土功能材料综述 [J]. 湖南有色金属，2007 (5)：31-33.
[14] 黄小卫，庄卫东，李红卫. 稀土功能材料研究开发现状和发展趋势 [J]. 稀有金属，2004 (4)：711-715.
[15] 杨德清. 稀有金属材料 [J]. 物理，1959 (12)：567-570.
[16] 耿宏安. 钨钼材料在真空开关中的应用 [J]. 中国钼业，1999 (4)：18-19.
[17] 马春. 世界半导体硅材料发展现状 [J]. 上海有色金属，2005 (3)：145-148.
[18] 杨海锋. 新型半导体材料的光电特性研究 [D]. 上海交通大学，2003.
[19] 董建华. 高分子研究领域若干进展与国家自然科学基金概述 [J]. 2010年全国高分子材料科学与工程研讨会，中国南昌，2010：5-10.
[20] 叶宏明，叶国珍. 先进陶瓷材料的研究现状与发展趋势 [J]. 今日科技，2002 (10)：38-40.
[21] 苑晨丹. 浅析新型建筑材料的特点与发展 [J]. 赤峰学院学报，2012 (2)：146-148.
[22] 新型建筑材料工业“十二五”发展规划 [J]. 中国建材，2012 (4)：72-75.
[23] 林刚，屠年. 中国碳纤维及其复合材料产业链发展现状的反思 [J]. 高科技纤维与应用，2012 (4)：1-17.
[24] 王德禧，李蕴能，李兰. 世界塑料新材料发展概况 (2) ——纳米复合材料 [J]. 纳米材料，2000 (2)：1-3.
[25] 张希艳，卢利平. 稀土发光材料 [M]. 北京：国防工业出版社，2005.
[26] 上海东滩投资管理顾问有限公司. 新材料产业发展研究报告 [R]. 2009.
[27] 工程塑料 [EB/OL]. [2013-09-10]. http://baike.baidu.com/view/45821.htm.